识图部分

建筑预算与识图
从入门到精通

鸿图造价 组织编写

化学工业出版社

·北京·

本书依据现行的识图与预算标准、规范、定额及图集进行编写，分为识图部分和预算部分，共 29 章内容，全面介绍了工程预算从入门到精通应掌握的知识和技能。

　　识图部分共 14 章，主要内容有制图基本知识与技能、投影基本知识、体的投影、轴测图、剖面图与断面图、建筑构造、建筑施工图、结构施工图、装饰装修施工图、给水排水施工图、建筑供暖施工图、建筑电气施工图、通风与空调工程施工图、智能建筑施工图。

　　预算部分共 15 章，主要内容有建筑工程预算概述、建筑工程预算编制、预算定额及清单应用、工程量计算原理、建筑工程工程量计算、建筑工程计价、装饰装修工程工程量计算、装饰装修工程计价、安装工程工程量计算、安装工程计价、工程计量计价与支付、招（投）标控制（标）价编制、工程竣工结算与竣工决算、工程造价软件的运用、综合实训案例。

　　本书理论和实践操作相结合，内容由浅入深，语言通俗易懂，全书内容图解说明，对重点难点配有视频进行讲解，层次分明，重点突出，非常方便读者学习和使用。

　　本书可供土木工程、工程造价、工程管理、工程经济等相关工程造价人员学习使用，也可作为大中专学校、职业技能培训学校工程管理、工程造价专业及工程类相关专业的快速培训教材或教学参考书。

图书在版编目（CIP）数据

　　建筑预算与识图从入门到精通/鸿图造价组织编写.—北京：
化学工业出版社，2020.1（2023.11重印）
　　ISBN 978-7-122-35913-1

　　Ⅰ.①建…　Ⅱ.①鸿…　Ⅲ.①建筑预算定额-基本知识②建
筑制图-识图-基本知识　Ⅳ.①TU723.34②TU204.21

　　中国版本图书馆 CIP 数据核字（2019）第 297878 号

责任编辑：彭明兰　邹　宁　　　　　　　　　　装帧设计：韩　飞
责任校对：王素芹

出版发行：化学工业出版社（北京市东城区青年湖南街 13 号　邮政编码 100011）
印　　刷：三河市航远印刷有限公司
装　　订：三河市宇新装订厂
787mm×1092mm　1/16　印张 42　字数 1121 千字　　2023 年 11 月北京第 1 版第 7 次印刷

购书咨询：010-64518888　　　　　　　　　　售后服务：010-64518899
网　　址：http://www.cip.com.cn
凡购买本书，如有缺损质量问题，本社销售中心负责调换。

定　　价：99.00 元

随着建筑行业的不断发展和进步，工程预算已经被越来越多的企业和个人所关注。识图基础、计量与计价首当其冲是重点。无论是造价小白还是造价经验老手，掌握并熟练运用识图与计量技巧、组价方式与方法一直是造价行业从业者必备的技能。本书就巧妙地实现了识图和预算的结合，囊括建筑、装饰装修、建筑安装三个专业方向的内容，实现了工程识图、工程计量、工程计价、工程组价、招投标、竣工预结（决）算以及在软件中的操作和相应报表的制作与导出，真正实现预算从入门到精通。

识图是预算的前提，就如建造房子要先修好基础一样，有了前期的铺垫，到后面自然就水到渠成了，预算是识图的最终结果，把图中需要计量和计价的内容展示到相应的报表中，就是预算的最终成果。本书识图部分系统地介绍了建筑工程识读图的基础知识及识图要领，结合有关规范和部分工程施工图实例详尽地讲解了建筑、结构、装饰、给排水、供暖、电气、通风空调及智能建筑等方向识图的方法及要点，并针对实际工程中容易被初学者忽略的问题做了特别说明。预算部分是按照"该如何做？""从哪几部分入手？""工程量如何计算"？"如何进行组价及组价的技巧？"的思路分别针对建筑、装饰、安装三个专业方向的预算编制进行了详细讲解，同时关于各部分造价费用的组成与分析、清单的编制、费用计算中的工料分析、定额换算等预算重点都做了总结说明。

与同类书相比，本书具有以下特点：

（1）成体系地学习预算知识。告别零散知识的混乱，从识图基础到工程量计算再到套价组价，系统地学习工程预算，逐步进阶。

（2）采用二维码视频版的全新模式。造价基础概念、构造识图、计量要核、计价要点采用三维模型实景图，结合相应视频讲解和案例解读，重点内容一看就会。

（3）图文串讲，操作实践性强。书中的图片和相关的实例均取材于实际工程，在同类型实例中具有典型性，同时针对性也比较强，预算案例采用课件画面＋声音的形式讲解，剖析预算的重、难点。

（4）综合实训案例，系统再现预算流程。从图纸的识读到工程量计算到综合单价分析到各种报表的导出与完善，完美再现预算的精髓内涵。

（5）超值现场结算图纸。随书附送三套完整工程图纸供读者练习，帮助读者在实践中提高，在提高中检验。跟踪答疑服务，全程贴心指导，一学就会，一看就懂。

本书由鸿图造价组织编写，由杨霖华、赵小云任主编，由黄秉英、徐萍萍任副主编，参与编写的人员还有杨合省、任冲、赵剑、田拯、刘瀚、杨松涛、魏冉、田向军、夏冠华、白庆海、苏建华、王斌、白永志、朱军、杨恒博、孙红霞、周俊帆、王旻、张阳、计红芳、董佳宁、闫艳茹、苗龙、郭昊龙、胡玉磊、杨龙、姬灵、毛宁、张利霞、薛超伟、李军、陈付时、张振和。

本书在编写过程中，得到了许多同行的支持与帮助，在此一并表示感谢。由于编者水平有限和时间紧迫，书中难免有不妥之处，望广大读者批评指正。如有疑问，可发邮件至 zjyjr1503@163.com 或是申请加入 QQ 群 909591943 与编者联系。

目 录

第3章　体的投影　　32

第4章　轴测图　　55

第1章

制图基本知识与技能

1.1 制图标准

1.1.1 图纸的幅面规格

1.1.1.1 图纸幅面

① 为了合理使用图纸，便于装订和管理，设计者或制图人员根据所画图样的大小来选定图纸的幅面，图纸幅面及图框尺寸，表 1-1 和图 1-1 给出了标准中规定的图纸基本幅面尺寸，绘图时应优先采用。每张图样均需有细实线绘制的图幅。表中 B 与 L 分别代表图纸幅面的短边和长边的尺寸。必要时可加长边长，但加长量必须符合标准的规定，这些幅面的尺寸由基本幅面的短边乘整数倍增加后得出。

表 1-1　图纸基本幅面尺寸　　　　　　　　单位：mm

幅面代号		A0	A1	A2	A3	A4
幅面尺寸($B \times L$)		841×1189	594×841	420×594	297×420	210×297
周边尺寸	a	25				
	c	10			5	
	e	20		10		

注：B、L、a、c、e 见图 1-2、图 1-3。

② 需要微缩复制的图纸，其一个边上应附有一段准确米制尺度，四个边上均应附有对中标志，米制尺度的总长应为 100mm，分格应为 10mm。对中标志应画在图纸各边长的中点处，线宽应为 0.35mm，伸入框内应为 5mm。

③ 图纸的短边一般不应加长，长边可以加长，但应符合表 1-2 的规定。

④ 图纸以短边作为垂直边称为横式，以短边作为水平边称为立式。一般 A0～A3 图纸宜横式使用；必要时，也可立式使用。

⑤ 在一个工程设计中，每个专业所使用的图纸一般不宜多于两种幅面，不含目录及表格所采用的 A4 幅面。

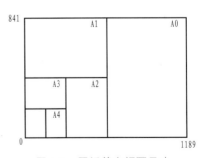

图 1-1　图纸基本幅面尺寸

表 1-2　图纸长边加长后的尺寸　　　　　　　　　　　单位：mm

幅面尺寸	长边尺寸	长边加长后的尺寸						
A0	1189	1486	1635	1783	1932	2080	2230	2378
A1	841	1051	1261	1471	1682	1892	2102	
A2	594	743	891	1041	1189	1338	1486	1635
		1783	1932	2080				
A3	420	630	841	1051	1261	1471	1682	1892

1.1.1.2　图框格式

在图样上必须用粗实线画出图框线。图框分为不留装订边和留有装订边两种格式，分别如图 1-2、图 1-3 所示。同一项目的图样只能采用一种格式。

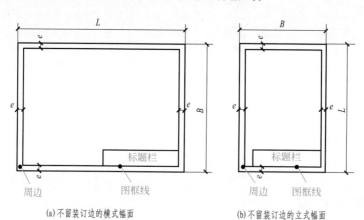

(a)不留装订边的横式幅面　　　　　　　(b)不留装订边的立式幅面

图 1-2　不留装订边的图框格式图

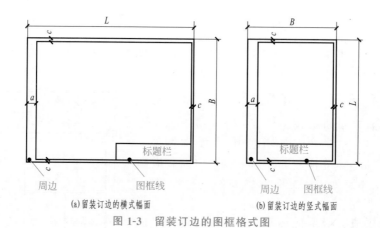

(a)留装订边的横式幅面　　　　　　　(b)留装订边的竖式幅面

图 1-3　留装订边的图框格式图

1.1.1.3　标题栏与会签栏

（1）标题栏及会签栏的位置

图纸的标题栏（通常被简称为"图标"）和会签栏及装订边的位置，应符合以下规定。

① 横式使用的图纸，应按图 1-4 所示的形式布置。

② 立式使用的图纸，应按图 1-5、图 1-6 所示的形式布置。

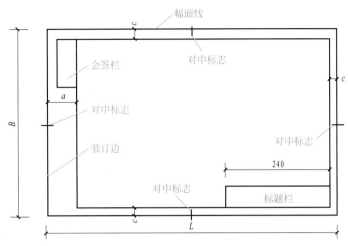

图 1-4　A0～A3 横式幅面图纸的布局

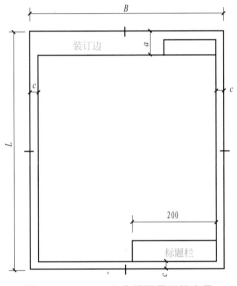

图 1-5　A0～A3 立式幅面图纸的布局

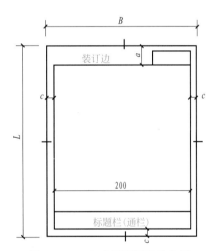

图 1-6　A4 立式幅面图纸的布局

（2）标题栏的尺寸、格式及分区

标题栏应根据工程需要选择确定其尺寸、格式及分区。签字区应包含实名列和签名列，如图 1-7 所示。涉外工程的标题栏内，各项主要内容的中文下方应附有译文，设计单位的上方或左方，应加"中华人民共和国"字样。

（3）会签栏的尺寸、格式

会签栏应按图 1-8 的格式绘制，其尺寸应为 100mm×20mm，栏内应填写会签人员所代表的专业、姓名、日期（年、月、日）。一个会签栏不够时，可以另加一个，两个会签栏应并列。不需会签栏的图纸可不设会签栏。

1.1.2　图线

工程图由形式和宽度不同的图线绘制而成，使图面主次分明、形象清晰、易读易懂。图线的基本线型有：实线、虚线、单点长划线、双点长划线、折断线、波浪线等。

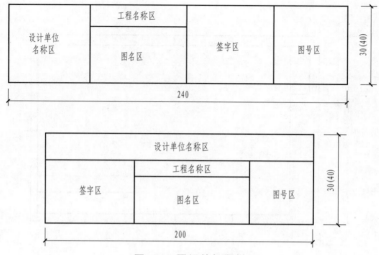

图 1-7　图纸的标题栏

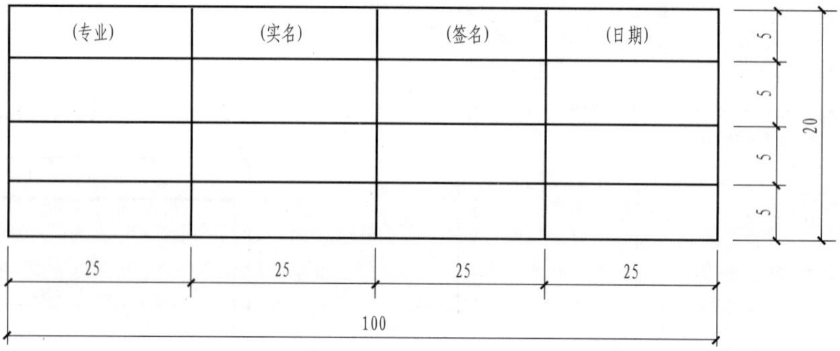

图 1-8　图纸的会签栏

① 粗线宽度 b，为图线的基本线宽。b 的取值按图样的复杂程度在 0.35mm、0.5mm、0.7mm、1mm、1.4mm、2mm 中选择。所有线型的图线分粗线、中粗线和细线三种，其宽度比率为 4：2：1。当选定粗线宽度 b 后，则同一图样中的中粗线宽为 $0.5b$、细线宽为 $0.25b$。在同一图样中，同类图线的宽度应基本一致。

② 在作图时，图线的画法应尽量做到：粗细分明、均匀光滑、清晰整齐、交接正确。虚线、点划线与同类型或其他线相交时，均应交于线段处；虚线为实线的延长线时，不得与实线连接；两条平行线之间的最小间隙不得小于 0.7mm。图线名称、型式、宽度及用途见表 1-3。

表 1-3　图线名称、型式、宽度及用途

图线名称		线型	线宽	一般用途
实线	粗	——————	b	主要可见轮廓线
	中	——————	$0.5b$	可见轮廓线
	细	——————	$0.25b$	可见轮廓线、图例线
虚线	粗	- - - - - - -	b	见有关专业制图标准
	中	- - - - - - -	$0.5b$	不可见轮廓线
	细	- - - - - - -	$0.25b$	不可见轮廓线、图例线

续表

图线名称		线型	线宽	一般用途
单点长划线	粗	—·—·—·—·—·—	b	见有关专业制图标准
	中	—·—·—·—·—·—	$0.5b$	见有关专业制图标准
	细	—·—·—·—·—·—	$0.25b$	中心线、对称线等
双点长划线	粗	—··—··—··—··—	b	见有关专业制图标准
	中	—··—··—··—··—	$0.5b$	见有关专业制图标准
	细	—··—··—··—··—	$0.25b$	假想轮廓线,成型前原始轮廓线
折断线		—————/\—————	$0.25b$	断开界线
波浪线		～～～～～	$0.25b$	断开界线

1.1.3　字体

工程图中的文字,必须遵循下列规定。

① 图样中书写的文字、数字、符号等,必须做到:字体端正、笔画清楚、排列整齐;标点符号应清楚正确。

② 文字的高度应从如下系列中选用:2.5mm、3.5mm、5mm、7mm、10mm、14mm、20mm。

③ 图样及说明中的汉字,宜采用长仿宋体,其字高不得小于3.5mm。汉字的简化书写应符合国务院公布的《汉字简化方案》和有关规定。图1-9所示为长仿宋体汉字示例。

10号字

字体端正笔画清楚排列整齐

7号字

横平竖直注意起落结构均匀填满方格

图 1-9　长仿宋体汉字示例

④ 字母和数字可写成斜体或直体（常用斜体）。斜体字字头向右倾斜,与水平线成 $75°$。

⑤ 数量的数值注写,应采用正体阿拉伯数字,如8层楼、③号钢筋等。各种计量单位凡前面有量值的,均应采用国家颁布的单位符号注写,单位符号应采用正体字母,如20mm、30℃、5km等。

⑥ 分数、百分数及比例的注写,应采用阿拉伯数字和数字符号,如3/4、25%、1:20等。

⑦ 当注写的数字小于1时,必须写出个位的"0",小数点应采用圆点,齐基准线书写,如-0.020、±0.000等。

1.1.4　比例

绘制图样时所采用的比例是制图中的一般规定术语,是指图中图形与其实物相应要素的线性尺寸之比。

比值为 1 的比例称为原值比例，比值大于 1 的比例称为放大比例，比值小于 1 的比例称为缩小比例。需要按比例绘制图样时，应从比例表规定的系列中选取适当的比例，见表 1-4。

表 1-4 比例表

种类	比例
常用比例	10∶1、5∶1、2∶1、1∶1、1∶2、1∶5、1∶10、1∶20、1∶50、1∶100、1∶150、1∶200、1∶500、1∶1000、1∶2000、1∶5000、1∶10000、1∶20000
可用比例	8∶1、4∶1、3∶1、2.5∶1、1∶3、1∶4、1∶6、1∶15、1∶25、1∶30、1∶40、1∶60、1∶80、1∶250、1∶300、1∶400、1∶600

图纸使用比例的作用，是为了将建筑结构和装饰结构不走样地缩小或放大在图纸上。图纸比例用阿拉伯数字，并用比例符号"∶"表示，如 1∶100、1∶50、1∶5 等。1∶100 表示图纸上所画物体是实体的 1/100，1∶1 表示图纸上所画物体与实体一样大。

比例符号标注在图名的右侧，当整张图纸上只有一种比例时，也可在图标近旁处注写，或注写在标题栏内。

不论绘图比例如何，标注尺寸时必须标注工程形体的实际尺寸，如图 1-10 所示。

比例宜注写在图名的右侧，字的基准线应取平；比例的字高宜比图名的字高小一号或两号，如图 1-11 所示。

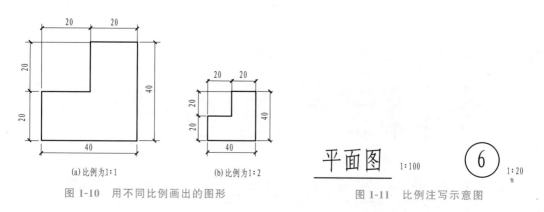

(a) 比例为1∶1   (b) 比例为1∶2

图 1-10 用不同比例画出的图形   图 1-11 比例注写示意图

1.1.5 尺寸标注

1.1.5.1 尺寸标注的概念

尺寸标注主要表达工程形体的形状及结构，而工程形体的大小通常由标注的尺寸确定。标注尺寸是一项极为重要的工作，必须认真细致，一丝不苟。如果尺寸有遗漏或错误，将会给施工带来困难和损失。

1.1.5.2 尺寸的组成

一个完整的尺寸一般应包括尺寸界线、尺寸线、尺寸起止符号和尺寸数字四个部分，如图 1-12(a) 所示。

（1）尺寸界线

尺寸界线应用细实线绘制，一般应与被注图样垂直，其一端应离开图样轮廓线不小于 2mm，另一端宜超出尺寸线 2～3mm。必要时，图样轮廓线或中心线也可用作尺寸界线。

扫码看视频

尺寸标注

（2）尺寸线

尺寸线也用细实线绘制，应与被注图样平行。图样本身的任何图线均不得用作尺寸线。

（3）尺寸起止符号

建筑图纸中的尺寸起止符号一般用中粗斜短线绘制，其倾斜方向应与尺寸界线成顺时针45°角，长度宜为 2～3mm，如图 1-12（b）所示。半径、直径、角度与弧长的尺寸起止符号宜用箭头表示。

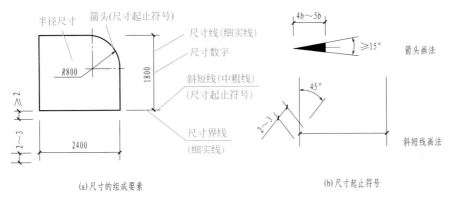

(a)尺寸的组成要素　　　　　　　　　　(b)尺寸起止符号

图 1-12　尺寸标注的组成示例

（4）尺寸数字

图样上的尺寸，应以尺寸数字为准，不应从图上直接量取；所注写的尺寸数字与绘图所选用的比例及作图准确性无关。图样上的长度尺寸单位，除标高及总平面图以"m"为单位外，都应以"mm"为单位。因此，图样上的长度尺寸数字不需注写单位。

尺寸数字的方向应按如图 1-13（a）的规定注写。若尺寸数字在30°斜线区内，宜按图 1-13（b）所示的形式注写。尺寸数字一般应依据其方向注写在靠近尺寸线的上方中部，如没有足够的注写位置，最外边的尺寸数字可注写在尺寸界线的外侧，中间相邻的尺寸数字可错开注写，也可引出注写，如图 1-13（c）所示。

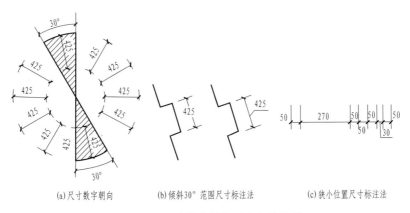

(a)尺寸数字朝向　　　(b)倾斜30°范围尺寸标注法　　　(c)狭小位置尺寸标注法

图 1-13　尺寸数字的注写方向及位置

1.1.5.3　尺寸的排列与布置

尺寸宜标注在图样轮廓线以外，不宜与图线、文字及符号等相交；如果图线不得不穿过尺寸数字时，应将尺寸数字处的图线断开。

互相平行的尺寸线，应从被注的图样轮廓线由近向远整齐排列：小尺寸应离轮廓线较近，大尺寸应离轮廓线较远。图样轮廓线以外的尺寸线，距图样最外轮廓线之间的距离不宜小于 10mm。平行排列的尺寸线的间距宜为 7～10mm，并保持一致。

1.1.5.4　直径、半径、角度的标注

大于半圆的圆弧或圆应标注直径，小于或等于半圆的圆弧应标注半径。标注角度时，尺寸数字一律水平注写。标注示例如图 1-14 所示。

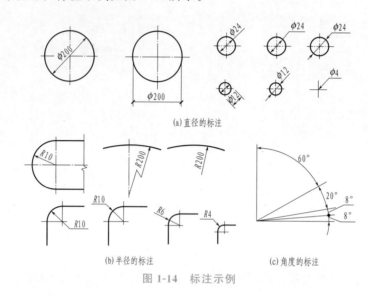

(a) 直径的标注

(b) 半径的标注　　　　　　(c) 角度的标注

图 1-14　标注示例

1.1.6　其他

1.1.6.1　符号

常使用的符号有以下几种。

（1）剖面符号

剖面符号分为用于剖面的和用于断面上的两种。剖面符号用于平面上，由剖面位置与剖视方向线组成，以粗实线绘制。其编号可用英文字母或阿拉伯数字表示，如 A—A，1—1。按顺序由左至右，由上至下连续编排，并应标注在剖视方向线的端部。需要转折的剖面位置线，每一剖面只能转折一次，并在转角的外侧加注与该符号相同的编号。断面剖面符号只用剖面位置线表示，按上述规定编号。编号应注在剖视方向一侧。

（2）索引符号

图样中的某一局部或构件，如需另见详图的，应以索引号索引。索引符号的圆与直径均以细实线示之。在圆圈内形成上下半圆，上半圆内为索引的详图编号，下半圆内为被索引的详图所在图纸标号，如图 1-15(a) 所示。下半圆内凡是用一段横线表示者，表明被索引的详图就在本张图纸内，如图 1-15(b) 所示。凡在水平直径的延长线上注有标准图编号的，则表明被索引的详图的所在图集编号，如图 1-15(c) 所示。

若要为剖断面查找详图，就要在被剖面的部位以粗短直线画出剖面位置线，并以引出线索引符号，引出线所在一侧即为剖视方向，如图 1-15(d)、(e) 所示。

（3）详图符号

详图符号用来标示详图，以便与其他详图区别。详图符号一般以直径为 14mm 的圆圈表示，圆圈用粗实线。若详图与被索引的图样在同一张图纸上，圆圈内仅注编号即可。如不

在同一张图纸上，可用细实线画水平直径分圆圈为上、下两半圆，上半圆内为详图编号，下半圆内为被索引图纸的编号，如图 1-16 所示。

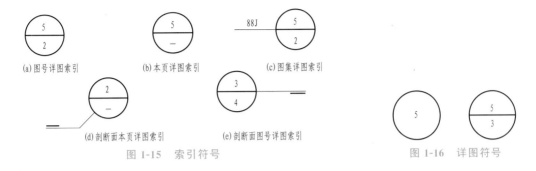

图 1-15　索引符号

图 1-16　详图符号

（4）引出线

引出线均以细实线绘制，宜采用水平向直线，或与水平向成 30°、45°、60°、90°的直线，或经上述角度后再折成水平线。文字说明在水平线的上方，或在水平线的端部，如图 1-17、图 1-18 所示。

图 1-17　引出线

图 1-18　公用引出线

1.1.6.2　定位轴线

定位轴线用于控制房屋的墙体和柱体。凡是主要的墙体和柱体，都要用轴线定位。房屋的墙体、柱体、大梁或屋架等主要承重结构件的平面图，都要标注定位轴线；对于非承重的隔墙及次要承重构件，一般不设定位轴线，而是在定位轴线之间增设附加轴线。

定位轴线，简称轴线，采用单点长划线绘制，其端部用细实线画出直径为 8～10mm 的圆圈，圆圈内部注写轴线的编号。平面图上定位轴线的编号标注在图样的下方与左侧。横向轴线编号应用阿拉伯数字，从左至右顺序编写，纵向轴线编号应用大写的拉丁字母，从下至上顺序编写，但 I、O、Z 三个字母不得用作轴线编号，如图 1-19 所示。组合较复杂的平面图中定位轴线可采用分区符号，如图 1-20 所示。

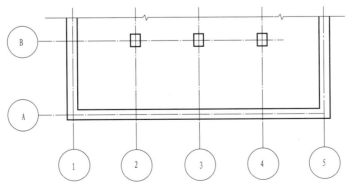

图 1-19　定位轴线的编号顺序

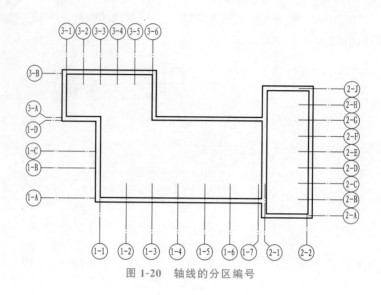

图 1-20　轴线的分区编号

1.1.6.3　常用图例

（1）建筑平面图常用图例

建筑平面图常用图例如表 1-5 所示。

表 1-5　建筑平面图常用图例

名称	图例	说明
新设计的建筑物		1.比例小于 1：2000 时，可以不画出入口 2.需要时可以在右上角以点数表示层数
原有的建筑物		在设计中拟利用者，均用编号说明
计划扩建的预留地或建筑物		用细虚线表示
拆除的建筑物		
围墙		上图表示砖石、混凝土及金属材料围墙 下图表示镀锌钢丝网、篱笆等围墙
坐标	$X=105.00$ $Y=425.00$ $A=131.51$ $B=278.25$	上图表示测量坐标 下图表示建筑坐标
原有的道路		
计划的道路	154.20	

（2）室内图纸常用图例

室内图纸常用图例如表 1-6 所示。

表 1-6　室内图纸常用图例

名称	图例	备注
双人床	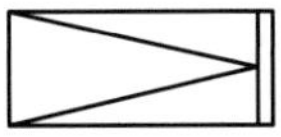	
单人床	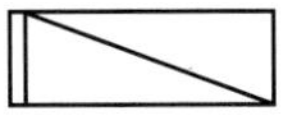	
沙发	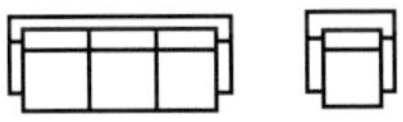	特殊家具根据实际情况绘制其外轮廓
凳椅		
桌		
钢琴	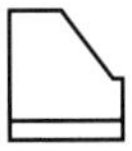	
地毯	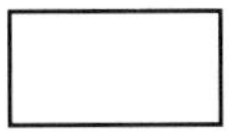	满铺地毯在地面用文字说明
花盆		
吊柜	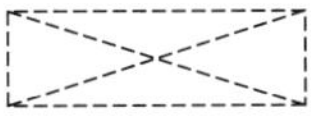	
浴缸	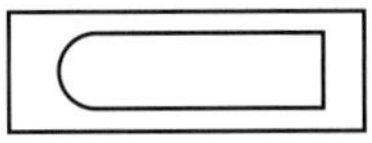	
坐便器	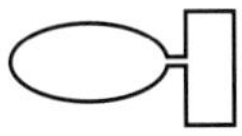	
蹲便器	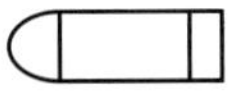	
盥洗盆	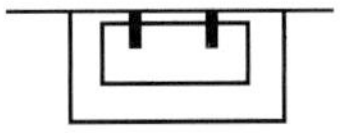	
淋浴器		
地漏		

1.2　常用制图工具

1.2.1　图板、丁字尺

（1）图板

图板是指制图时垫在图纸下面的有一定规格的木板。其作用是方便绘

扫码看视频

图板

图，尤其是在室外绘图，图板要求表面平整、重量轻、方便携带。图板有多种不同的规格，具体选择哪种规格应根据实际情况而定，如图1-21所示。

（2）丁字尺

丁字尺，又称T形尺，为一端有横档的"丁"字形直尺，由互相垂直的尺头和尺身构成，一般采用透明有机玻璃制作，常在工程设计上绘制图纸时配合绘图板使用。丁字尺为画水平线和配合三角板作图的工具，一般可直接用于画平行线或用作三角板的支承物来画与直尺成各种角度的直线，如图1-22所示。丁字尺多用木料或塑料制成，一般有600mm、900mm、1200mm三种规格。

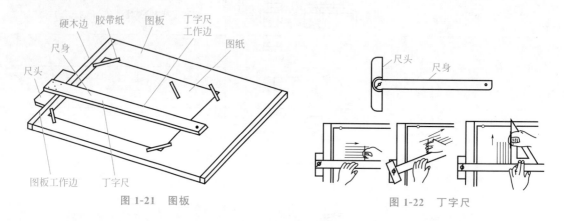

图1-21　图板　　　　　　　　　　图1-22　丁字尺

丁字尺的正确使用方法如下。

① 应将丁字尺尺头放在图板的左侧，并与边缘紧贴，可上下滑动使用。

② 只能在丁字尺尺身上侧画线，画水平线必须自左至右。

③ 画同一张图纸时，丁字尺尺头不得在图板的其他各边滑动，也不能用来画垂直线。

④ 过长的斜线可用丁字尺来画。

⑤ 较长的直平行线组也可用具有可调节尺头的丁字尺来作图。

⑥ 应保持工作边平直、刻度清晰准确、尺头与尺身连接牢固，不能用工作边来裁切图纸。

⑦ 丁字尺放置时宜悬挂，以保证丁字尺尺身的平直。

1.2.2　三角板

（1）三角板

在现代社会中，三角板是学数学、量角度的主要作图工具之一。每副三角板由两个特殊的直角三角形组成，一个是等腰直角三角板，另一个是特殊角的直角三角板，如图1-23所示。

（2）特点

等腰直角三角板的两个锐角都是45°。细长三角板的锐角分别是30°和60°。一块三角板上有1个直角、2个锐角。

两个完全一样的等腰直角三角板可以拼成一个正方形，也可以拼成一个更大的等腰直角三角形。等腰直角三角板的两条直角边长度相等。

两个完全一样的细长三角板可以拼成一个正三角形。细长三角板的斜边长度是短直角边长度的两倍。

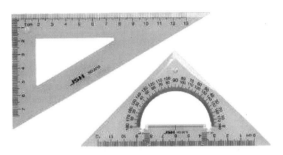

图 1-23　三角板

（3）用途

使用三角板可以方便地画出 15°的整倍数的角。特别是将一块三角板和丁字尺配合，按照自下而上的顺序，可画出一系列的垂直线。将丁字尺与一个三角板配合，可以画出 30°、45°、60°的角。画图时通常按照从左向右的原则绘制斜线。用两块三角板与丁字尺配合还可以画出 15°、75°的斜线。用两块三角板配合，可以画出任意一条图线的平行线。两块三角板拼凑可画出 135°、120°、150°、75°、105°的角。

1.2.3　建筑模板

建筑模板（图 1-24）是一种为了提高绘图的速度和质量，将图纸上经常会用到的一些符号、图例和比例等，刻画在透明的有机玻璃板上制成的模板。

擦图片（图 1-25）是用塑料薄片或金属片制作而成的，薄片上刻有各种形状的模孔。当需要擦掉图纸上的部分内容时，可将需要擦掉的部分从适当的模孔中露出，然后再用橡皮将其擦除，这样可以保护相邻的其他线条不被影响。

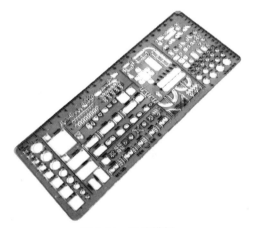

图 1-24　建筑模板

图 1-25　擦图片

1.2.4　曲线板

（1）曲线板的概念

曲线板，也称云形尺，绘图工具之一，是一种内外均为曲线边缘的薄板，用来绘制曲率半径不同的非圆自由曲线。曲线板一般采用木料、胶木或赛璐珞制成，大小不一，常无正反面之分，多用于服装设计、美术漫画等领域，也少量地用于工程制图。在绘制曲线时，选取板上与所拟绘曲线

扫码看视频

曲线板

某一段相符的边缘，用笔沿该段边缘移动，即可绘出该段曲线。除曲线板外，也可用由可塑性材料和柔性金属芯条制成的柔性曲线尺（通常称为蛇形尺）来绘制曲线。

（2）曲线板的使用方法

曲线板的缺点在于没有标示刻度，不能用于曲线长度的测量。曲线板在使用一段时间之后，边缘会变得凹凸不平，这时候画出来的线会不够圆滑，并破坏整个画面。曲线板如图 1-26 所示。

图 1-26　曲线板

为保证线条流畅、准确，应先按相应的作图方法定出所需画的曲线上足够数量的点，然后用曲线板连接各点，并且要注意采用曲线段首尾重叠的方法，这样绘制的曲线比较光滑。一般的步骤如下。

① 按相应的作图方法作出曲线上一些点。

② 用铅笔徒手将各点依次连成曲线，作为稿线的曲线不宜过粗。

③ 从曲线一端开始选择曲线板与曲线相吻合的四个连续点，找出曲线板与曲线相吻合的线段，用铅笔沿其轮廓画出前三点之间的曲线，留下第三点与第四点之间的曲线不画。

④ 继续从第三点开始，包括第四点，又选择四个点，绘制第二段曲线，从而使相邻曲线段之间存在过渡。然后如此重复，直至绘完整段曲线。

1.2.5　圆规和分规

圆规用于画圆及圆弧。使用前应先调整针脚，使针脚带阶梯的一端向下，并使针尖稍长于铅芯，如图 1-27 所示。

分规是用来截取线段、量取尺寸和等分线段或圆弧线的绘图工具。有两股，上端铰接，

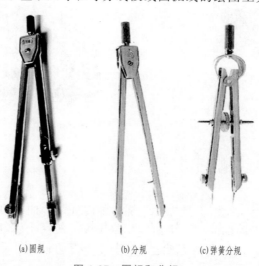

(a)圆规　　　　　(b)分规　　　　　(c)弹簧分规

图 1-27　圆规和分规

下端都是针脚，可以随意分开或合拢，以调整针尖间的距离。分规可以分为普通分规和弹簧分规两种。使用分规时，应注意的事项是：

① 量取等分线时，应使两个针尖准确落在线条上，不得错开。

② 普通的分规应调整到不紧不松、容易控制的工作状态。

1.3 作图的方法和步骤

1.3.1 绘图准备

开始绘图与刚开始学习写字一样，正确的方法和习惯将直接影响作图的质量及效率。

① 准备好所需的全部作图用具，擦净图板、丁字尺、三角板。

② 削磨铅笔、铅芯（通常应于课前进行，随时使绘图工具处于备用状态）。

③ 分析了解所绘对象，根据所绘对象的大小选择合适的图幅及绘图比例。

④ 固定图纸。通常将图板划分为作图区、丁字尺区、样图区和工具区，图纸应尽量固定于图板的左下方，但下方应留出放丁字尺的位置。固定图纸时首先用透明胶带贴住图纸的一个角，然后以丁字尺校正图纸（丁字尺与图纸边线或图框线对准），再固定其余三个角。

1.3.2 用铅笔绘制底稿

本阶段的目的是确定所绘对象在图纸上的确切位置，这是保证绘图正确、高效、准确的重要步骤。常不分线型，全部采用超细实线（比细实线更细、且轻）绘制。

① 绘图纸幅面线（也称边框线）、图框线和标题栏框线。

② 布图：使所绘对象处于图纸的适当位置。

③ 绘重要的基准线、轴线、中心线等。

④ 绘已知线段及已知圆弧。

⑤ 作图求解，绘制中间线段、连接线段。如圆弧连接，则需求出各中间弧及连接弧的圆心和切点。

⑥ 对照原图检查、整理全图，将不需要的作图过程线擦去。如发现与原图形状不符，应找出原因，并及时改正。

1.3.3 区分图线、上墨或描图

本阶段工作：加深、整理。该阶段是表现作图技巧、提高图面质量的重要阶段。所绘的全部内容都将是图纸的最终结果，故应认真、细致、一丝不苟。

加深的原则是：先细后粗，先曲后直；从上至下，从左至右。

图线要求：线型正确、粗细分明、均匀光滑、深浅一致。

图面要求：布图适中，整洁美观，字体、数字符合标准规定。

具体步骤如下。

① 加深图中的全部细线、包括轴线、中心线、虚线等。

② 加粗圆弧、圆弧与圆弧相接时应顺次进行。

③ 用丁字尺从上至下加粗水平直线，到图纸最下方后应刷去图中的碳粉，并擦净丁字尺。

④ 用三角板与丁字尺配合，从左至右加粗垂直方向的直线，到图纸最右方后刷去图中的碳粉，并擦净三角板。

⑤ 加粗斜线。

⑥ 一次性绘出标题栏内分格线、剖面线、尺寸界线、尺寸线及尺寸起止符号等。填写

尺寸数据、符号、文字及标题栏。

⑦ 检查、整理全图，擦去图中不需要的线条，擦净图中被弄脏的部分，如发现错误应及时修改。

⑧ 取下图纸，去掉透明胶带，完成作图。

1.3.4　注意事项

在画图时的时候，一定要注意细节问题，保持画面的整洁。

1.3.4.1　总图

① 注意图纸比例；图纸比例一般都是 1∶500、1∶1000。指北针、总平面图的标识一定要标明。主要技术经济指标表包括：规划总用地面积、总建筑面积、建筑基底面积、建筑密度、绿化率、容积率。图例中的拟建建筑要用粗线标明。

② 应注明黄海高程。

③ 应注明坐标值。

1.3.4.2　关于底层

① 应注明室外台阶、坡道、明沟、室内外标高。

② 底层若设车库，其外墙门洞口上方应设防火挑檐。楼梯间等公共出入口也应设防火挑檐。

1.3.4.3　关于标准层

① 应注明楼面标高；卫生间、阳台降低的标高。

② 门窗代号及编号标注方法：门窗按其开启形式冠以拼音字母，以资识别，代号如下：M—门、G—固定式、T—推拉式、P—平开式、C—窗、S—上悬式、H—滑撑式、DM—弹簧门、正—顺时针、反—逆时针等。

第 2 章

投影基本知识

2.1 投影的概念及分类

2.1.1 投影的概念

当物体在光线的照射下，地面或者墙面上会形成物体的影子，随着光线照射的角度以及光源与物体距离的变化，其影子的位置与形状也会发生变化。人们从光线、形体与影子之间的关系中，经过科学的归纳总结，形成了形体投影的原理以及投影作图的方法。

光线照射物体产生的影子可以反映出物体的外形轮廓。光线照射物体使物体的各个顶点和棱线在平面上产生影像，物体顶点与棱线的影像连线组成了一个能够反映物体外形形状的图形，这个图形为物体的影子。

在投影理论中，人们将物体称为形体，表示光线的线为投射线，光线的照射方向为投射线的透射方向，落影的平面称为投影面，产生的影子称为投影。用投影表示形体的形状与大小的方法为投影法，用投影法画出的形体图形称为投影图。

形体产生投影必须具备三个条件：形体、投影面与投射线，三者缺一不可，称为投影的三要素。

2.1.2 投影的分类

投影分为平行投影法与中心投影法两大类，这两种方法的主要区别是形体与投射中心距离的不同。

（1）中心投影法

当投射中心与投影面的距离有限远时，所有的投射线均从投射中心的一点 S 发出，所形成的投影称为中心投影，这种投影的方法为中心投影法，如图 2-1 所示。

中心投影的大小由投影面、空间形体以及投射中心之间的相对位置来确定，当投影面和投射中心的距离确定后，形体投影的大小随着形体与投影面的距离而发生变化。中心投影法作出的投影图，不能够准确反映形体尺寸的大小，度量性较差。

（2）平行投影法

当投射中心距离形体无穷远时，投射线可以看作是一组平行线，这种投影的方法称为平行投影法，所得的形体投影称为平行投影。根据投射线与投影面相对位置的不同，又可以分为斜投影法与正投影法，如图 2-2 所示。

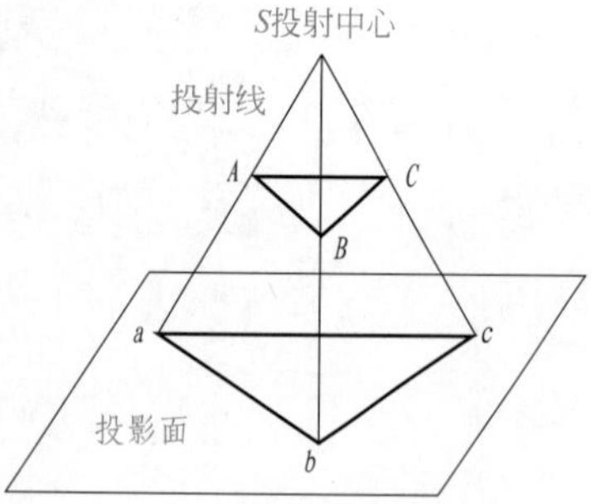

图 2-1　中心投影图

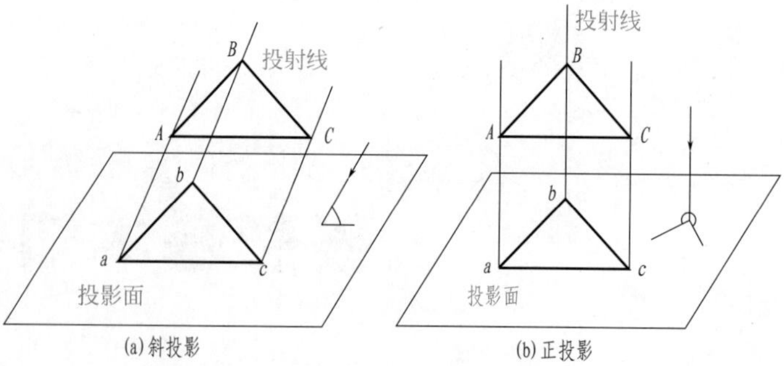

图 2-2　斜投影和正投影示意图

(a)斜投影　　(b)正投影

① 正投影法　相互平行的投射线与投影面垂直的投影法称为正投影法。根据正投影法所画出的图形称为正投影图，简称正投影。

② 斜投影法　相互平行的投射线与投影面呈倾斜角度的投影法称为斜投影法。根据斜投影法所画出的图形称为斜投影图，简称斜投影。

2.1.3　投影图的分类

投影图可分为正投影图、轴测投影图、透视投影图和标高投影图，如图 2-3 所示。

（1）正投影图

将空间物体用正投影法投射到互相垂直的两个或两个以上的投影面上，然后把投影面连同其上的正投影按一定方法展开在同一平面上，从而得到多面正投影。正投影图的优点是作图较简便，能准确地反映物体的形状和大小，便于度量和标注尺寸。缺点是立体感差，不易看懂。正投影图是工程图中主要的图示方法，如图 2-3(a) 所示。

扫码看视频

正投影

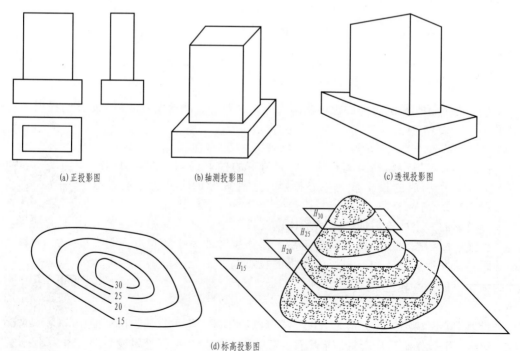

(a)正投影图　　　　(b)轴测投影图　　　　(c)透视投影图

(d)标高投影图

图 2-3　投影图的分类

（2）轴测投影图

轴测投影图是运用平行投影的原理，将物体平行投影到一个投影面上所作出的投影图。该图有很强的立体感，但作图方法比较复杂，度量性差，工程中常用作辅助图样，如图 2-3（b）所示。

（3）透视投影图

透视投影图是运用中心投影的原理，绘制出物体在一个投影面上的中心投影，简称透视图。这种图真实、直观、形象、逼真，且符合人们的视线习惯。但是作图复杂，不能表达物体的尺寸大小，所以不能作为施工的依据，如图 2-3（c）所示。

（4）标高投影图

用正投影法将物体向水平的投影面上投射，并在投影中用数字标记物体各部分的高度，所得到的单面正投影图就是标高投影图。标高投影法常用来表达地面的形状，如地形图等，如图 2-3（d）所示。

2.2　形体的三面投影图

2.2.1　三面投影图的形成

在工程制图中常把物体在某个投影面上的正投影称为视图，相应的投射方向称为视向，分别有正视、俯视、侧视。正面投影、水平投影、侧面投影分别称为正视图、俯视图、侧视图。三视图（正视图、侧视图、俯视图）即是三面投影图。

在建筑工程制图中三视图分别称为正立面图（简称正面图）、平面图、左侧立面图（简称侧面图）。物体的三面投影图总称为三视图或三面图，如图 2-4 所示。

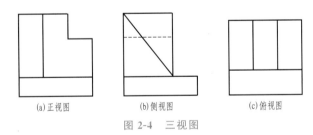

(a)正视图　　　　(b)侧视图　　　　(c)俯视图

图 2-4　三视图

一般不太复杂的形体，用其三面图就能将它表达清楚。因此三面图是工程中常用的图示方法。

2.2.2　三视图的投影规律

（1）三视图之间的投影规律

我们把物体的左右尺寸称为长，前后尺寸称为宽，上下尺寸称为高，则主视图、俯视图都反映了物体的长，主视图、左视图都反映了物体的高，左视图、俯视图都反映了物体的宽。所以可以归纳成以下三条投影规律：

① 主视图与俯视图长对正；

② 主视图与左视图高平齐；

③ 俯视图与左视图宽相等。

（2）基本几何体的三视图

① 圆柱的三视图如图 2-5 所示。

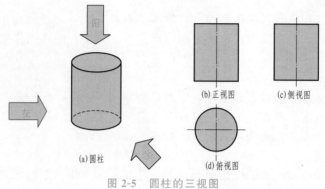

图 2-5   圆柱的三视图

② 球体的三视图如图 2-6 所示。

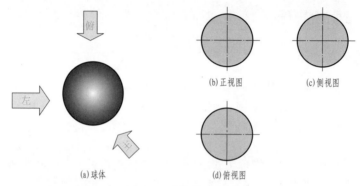

图 2-6   球体的三视图

③ 圆锥的三视图如图 2-7 所示。

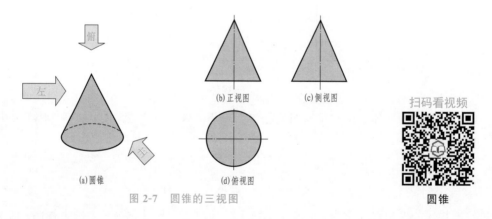

图 2-7   圆锥的三视图

扫码看视频

圆锥

2.3   点的投影

2.3.1   点的三面投影

（1）点投影的概念

点投影是一种最基本的投影，是指点的直角投影。在三面投影体系中，如图 2-8 所示，由空间点 B 分别向三个投影面作垂线，垂线与各投影面的交点称为点的投影。

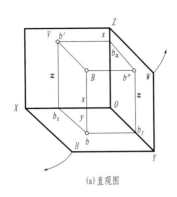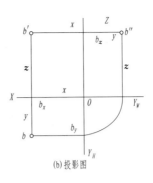

(a)直观图   (b)投影图

图 2-8   *B* 点投影三视图

在 *V* 面上的投影称为正面投影，以 *b'* 表示；在 *H* 面上的投影称为水平投影，以 *b* 表示；在 *W* 面上的投影称为侧面投影，以 *b"* 表示，然后，将投影面进行旋转，*V* 面不动，*H*、*W* 面按箭头方向旋转 90°，即可将三个投影面展成一个平面，从而得到点的三个投影的正投影图。

（2）点的投影特性

如图 2-9 所示，*A* 点具有下述投影特性。

① 点的投影连线垂直于投影轴。

② 点的投影与投影轴的距离，反映该点的坐标，也就是该点与相应的投影面的距离。

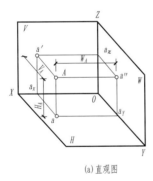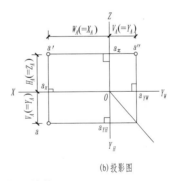

(a)直观图   (b)投影图

图 2-9   *A* 点三视图特性

2.3.2 点的空间坐标

点的空间位置
$\begin{cases} \text{点在空间：三个坐标值都不为 0} \\ \text{点在投影面上（三个坐标中有一个为 0）} \begin{cases} x=0，\text{点在 } W \text{ 面上} \\ y=0，\text{点在 } V \text{ 面上} \\ z=0，\text{点在 } H \text{ 面上} \end{cases} \\ \text{点在投影轴上（三个坐标有两个为 0）} \begin{cases} x，y=0，\text{点在 } Z \text{ 轴上} \\ x，z=0，\text{点在 } Y \text{ 轴上} \\ y，z=0，\text{点在 } X \text{ 轴上} \end{cases} \\ \text{点在原点上：三个坐标均为 0，即 } x=y=z=0 \end{cases}$

由此判断：点的空间位置是由三个坐标值或者由点的任意两面投影确定。

2.3.3 特殊位置的点

若两个点处于垂直于某一投影面的同一投影线上，则两个点在这个投影面上的投影便互相重合，这两个点就称为对这个投影面的重影点，如图 2-10 所示。

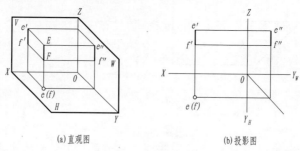

(a)直观图   (b)投影图

图 2-10   重影点的投影

2.3.4 两点的相对位置

两点的相对位置是指空间两个点的上下、左右、前后关系，在投影图中，是以它们的坐标差来确定的。两点的 V 面投影反映上下、左右关系；两点的 H 面投影反映左右、前后关系；两点的 W 面投影反映上下、前后关系。

2.3.5 点直观图的画法

直观反映点在三投影面体系之中的空间位置的立体图形称为点的直观图。学习点的直观图画法可以帮助我们进一步理解点的投影、判断点的位置。

【例 2-1】 已知点 $S(40,20,30)$，试作出直观图。

分析：可按投影的逆过程求点的原来空间位置，具体作图步骤如图 2-11 所示。

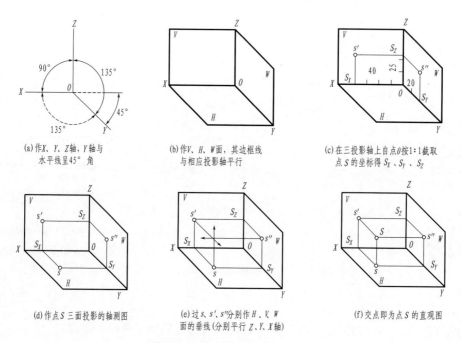

(a)作X、Y、Z轴，Y轴与   (b)作V、H、W面，其边框线   (c)在三投影轴上自点O按1:1截取
水平线呈45°角   与相应投影轴平行   点S的坐标得 S_X、S_Y、S_Z

(d)作点S三面投影的轴测图   (e)过s、s'、s''分别作H、V、W   (f)交点即为点S的直观图
面的垂线(分别平行Z、Y、X轴)

图 2-11   由点的坐标作直观图

2.4　直线的投影

2.4.1　各种位置直线的三面投影

2.4.1.1　直线的投影及其分类

两点可以确定一条直线，点沿着一定的方向运动的轨迹也是直线。为了方便表达，在本书中经常用线段代表直线。求作直线的投影时，可以这样来进行，如图 2-12 所示，直线 AB 与 H 面是倾斜的，过 A、B 两点分别作 H 面的垂线，两垂线分别与 H 面相交，得到 A 点和 B 点的投影 a、b，连接 a、b 两点，ab 就是过直线 AB 上的各点的投影线与 H 面的交点集合，也就是 AB 上各点在 H 面上的投影，因此，ab 就是直线 AB 在 H 面上的水平投影。由于直线 AB 与 H 面是倾斜的，Aa 和 Bb 均垂直于 H 面，所以四边形 $AabB$ 是一个梯形，$\angle Aab$ 是一直角，投影 ab 的长度小于 AB 的实长。

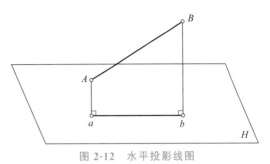

图 2-12　水平投影线图

投影面平行线和投影面垂直线统称为特殊位置直线。直线投影的分类如下。

① 投影面的平行线——特殊位置线　平行于一个投影面，而对于另外两个投影倾斜的直线段。

② 投影面的垂直线——特殊位置线　垂直于一个投影面，与另外两个投影面都平行的直线。

③ 投影面的倾斜线　对三个投影面都倾斜的直线为一般位置线。

2.4.1.2　一般位置直线

在介绍一般位置直线的投影时，首先介绍直线与平面的夹角，直线与其在投影面上的正投影之间的夹角，称为直线与平面的夹角。由于在三面投影体系中，存在着 H 面、V 面、W 面，因此，直线与 H 面、V 面、W 面的夹角分别是直线与其在水平面的投影、正立面的投影、侧立面的投影所形成的夹角，分别用 α、β、γ 表示，如图 2-13 所示。

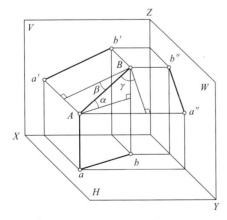

图 2-13　一般位置直线投影立体图

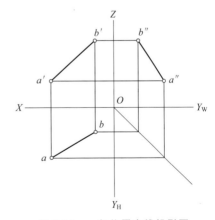

图 2-14　一般位置直线投影图

一般位置直线是指与三个投影面都是倾斜的直线，如图 2-14 所示，直线 AB 与 H 面、

V 面、W 面都倾斜，直线在三个投影面上的投影分别是 ab、$a'b'$、$a''b''$。由于直线 AB 与三个投影面倾斜，因此，在三投影面上的投影长度均小于直线 AB 的实长。

一般位置直线的投影特性是：在三个投影面上的投影与投影轴 OX、OY、OZ 都是倾斜的，投影的长度都小于直线的实长，直线的投影与投影轴的夹角，不等于直线与投影面的夹角。

2.4.1.3 投影面平行线

与一个投影面平行，而与另外两个投影面倾斜的直线，称为投影面的平行线。投影面的平行线分为以下三种情况。

① 正平线　与 V 面平行，而与 H 面、W 面倾斜的直线。

② 水平线　与 H 面平行，而与 V 面、W 面倾斜的直线。

③ 侧平线　与 W 面平行，而与 H 面、V 面倾斜的直线。

④ 投影面平行线的投影特性

a. 在其平行的那个投影面上的投影反映实长。

b. 另两个投影面上的投影平行于相应的投影轴。

⑤ 投影面平行线的投影特性　如表 2-1 所示。

表 2-1　投影面平行线的投影特性

名称	轴测图	投影图	投影特性
正平线	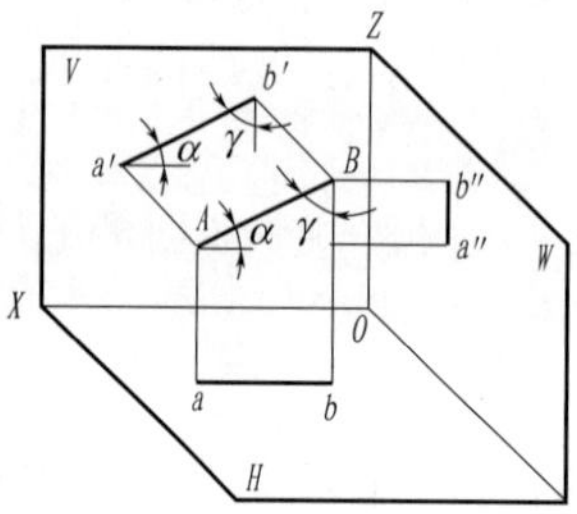	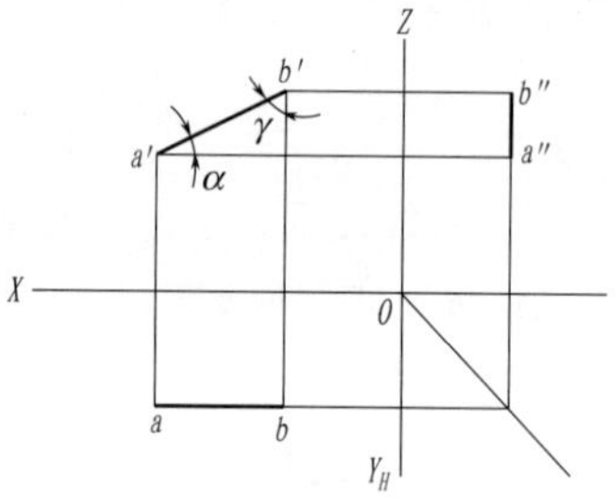	1. $a'b'$ 反映实长和 α、γ 角。 2. $ab /\!/ OX$，$a''b'' /\!/ OZ$，且长度缩短
水平线	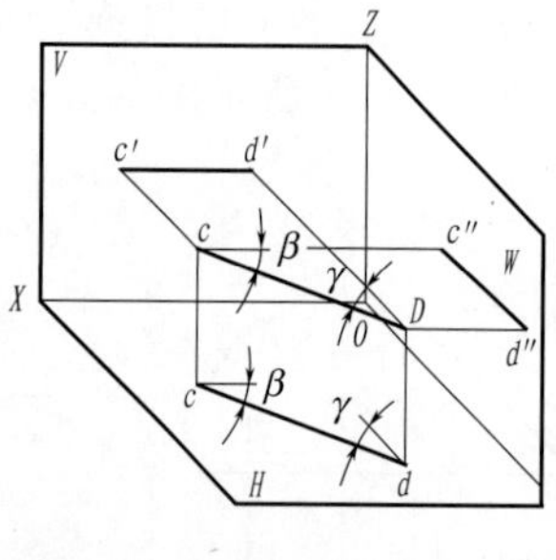	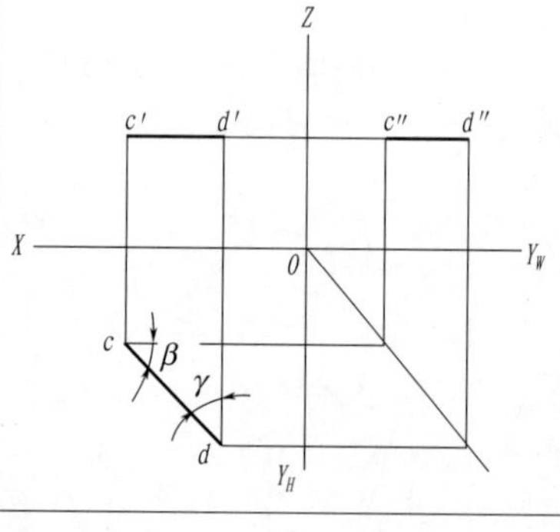	1. cd 反映实长和 β、γ 角。 2. $c'd' /\!/ OX$，$c''d'' /\!/ OY_W$，且长度缩短
侧平线	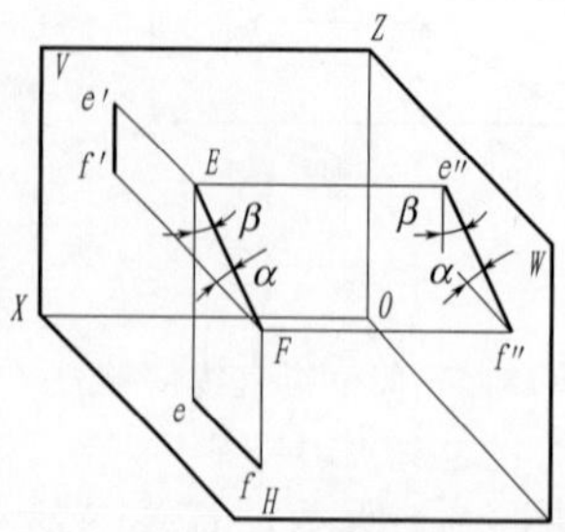	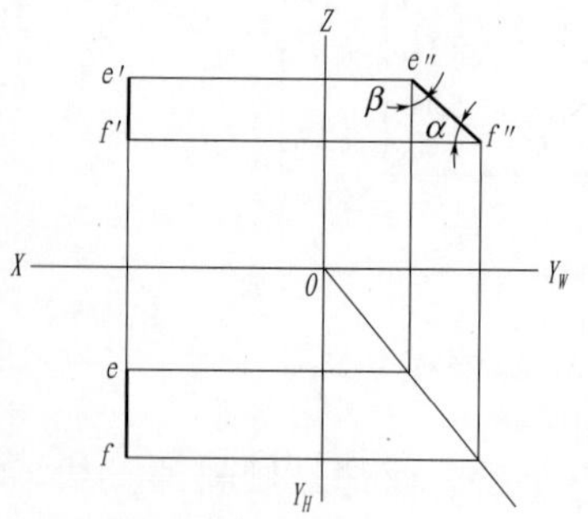	1. $e''f''$ 反映实长和 α、β 角。 2. $ef /\!/ OY_H$，$e'f' /\!/ OZ$，且长度缩短

2.4.1.4　投影面垂直线

（1）投影垂直线的种类

投影垂直线分为三种：铅垂线垂直于 H 面；正垂线垂直于 V 面；侧垂线垂直于 W 面。

（2）投影面垂直线的投影特性

① 在其垂直的投影面上，投影有积聚性。

② 另外两个投影，反映线段实长，且垂直于相应的投影轴。

（3）投影面垂直线的投影特性

投影面垂直线的投影特性如表 2-2 所示。

表 2-2　投影面垂直线的投影特性

名称	轴测图	投影图	投影特性
正垂线	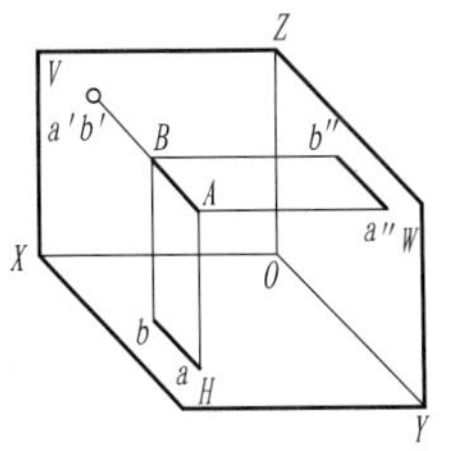	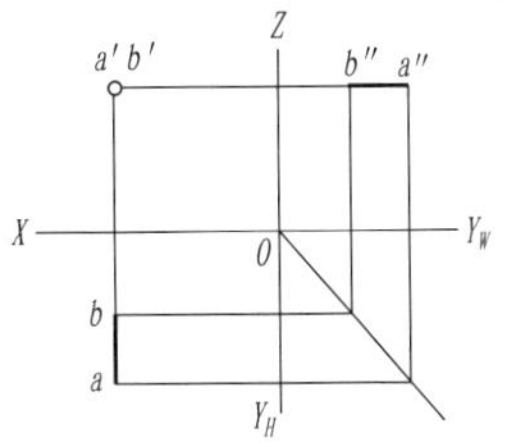	1. $a'b'$ 积聚成一点。 2. $ab//OY_H$，$a''b''//OY_W$，且反映实长
铅垂线	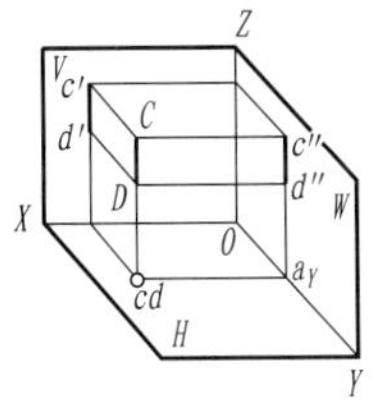	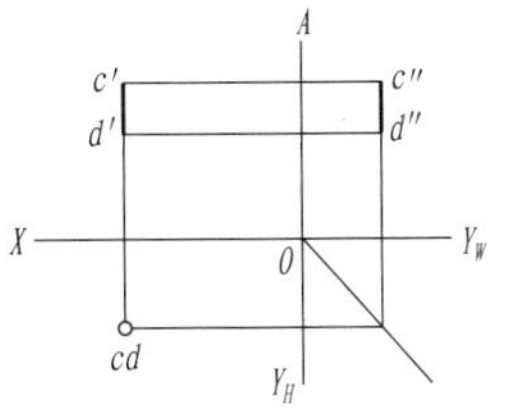	1. cd 积聚成一点。 2. $c''d''//OZ$，$c''d''//OZ$，且反映实长
侧垂线	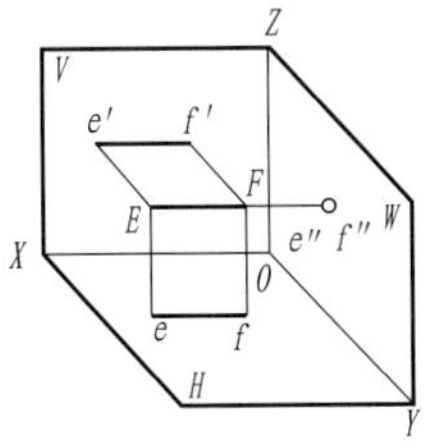	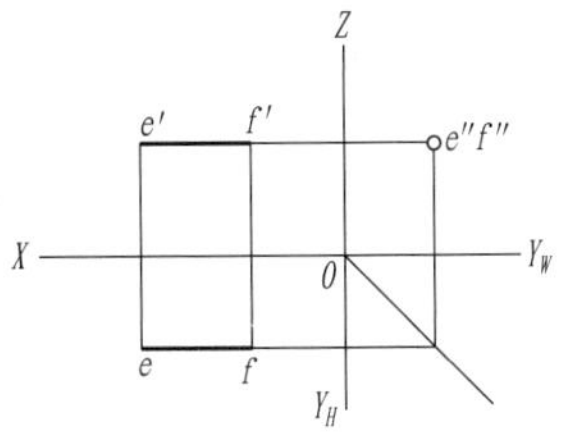	1. $e''f''$ 积聚成一点。 2. $ef//OX$，$e'f'//OX$，且反映实长

2.4.2　直线上点的投影

（1）直线上点的投影规律

直线上点的投影必在直线的同面投影上，并符合点的投影规律，这是正投影的从属性，如图 2-15 所示，C 点在直线 AB 上，则必有 c 在 ab 上，c' 在 $a'b'$ 上，c'' 在 $a''b''$ 上，c'、c'' 符合点的投影规律。由从属规律可以求直线上点的投影，或判定点是否在直线上。

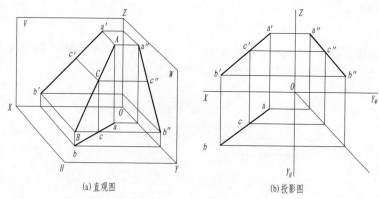

(a)直观图　　　　　　　(b)投影图

图 2-15　投影规律

（2）定比性

若点 C 在直线 AB 上，则有 $AC : CB = a'c' : c'b' = a''c'' : c''b''$，直线投影的这一性质称为定比性。

【例 2-2】　已知线段 AB 的两面投影线段 ab 和线段 $a'b'$，现在其上取一点 c，使得 $ac : cb = 1 : 2$。试做点 c 的投影，如图 2-16 所示。

【解】　根据定比性，只要将 ab 或 $a'b'$ 分成三等份就可以求出 c 和 c'。

作图过程如下。

（1）过 a 任意做一条辅助线，并将其从 a 点开始在该线上截取三等份。

（2）连接 $b3$，过 1 点做其平行线交 ab 于点 c。

（3）由 c 做出 c' 即可，如图 2-16（b）所示。

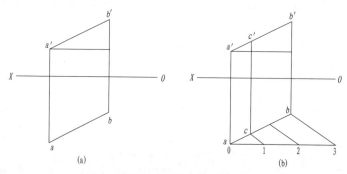

(a)　　　　　　　　　　(b)

图 2-16　c' 的求解过程

2.4.3　一般位置直线的实长及其与投影面的夹角

根据直角投影定理，垂直相交的两直线，若其中一直线平行于某投影面，则两直线在该投影面上的投影仍然反映直角关系，如图 2-17 所示，AB、BC 为相交成直角的两直线，其中直线 BC 平行于 H 面（即水平线），直线 AB 为一般位置直线。现证明两直线的水平投影 ab 和 bc 仍相互垂直，即 $bc \perp ab$。

证明：如图 2-17 所示，因为 $BC \perp Bb$，$BC \perp AB$，所以 $BC \perp$ 平面 $ABba$；又因 $BC /\!/ bc$，所以 bc 也垂直于平面 $ABba$。根据立体几何定理可知 bc 垂直于平面 $ABba$ 上的所有直线，故 $bc \perp ab$。

若相交两直线在某一投影面上的投影为直角，且其中一条直线平行于该投影面，则该两

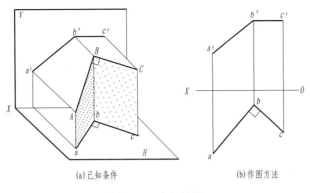

(a) 已知条件　　　　　　　(b) 作图方法

图 2-17　直角投影

直线在空间必相互垂直。

【例 2-3】　如图 2-18 所示正方体中，点 M 是棱 DD_1 的中点，点 O 为底面 $ABCD$ 的中心，点 P 为棱 A_1B_1 上任意一点，求直线 OP 与直线 AM 之间所成角的余弦值。

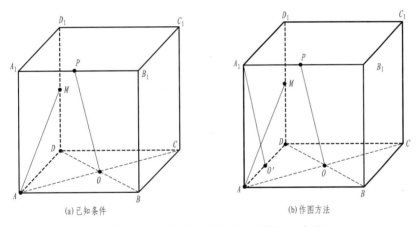

(a) 已知条件　　　　　　　　　　　　(b) 作图方法

图 2-18　直线 OP 与 AM 在正方体的示意图

【解】　点 P 在 A_1B_1 上运动，无论点 P 在哪个位置，OP 在左侧面上的投影均为 $O'A_1$，此时发现 AM 和 $O'A_1$ 之间的夹角为 $90°$，所以此时直线 OP 和 AM 所成角的余弦值就等于 OP 与左侧面夹角的余弦值，考虑到 AM 就在左侧面上，所以 AM 与左侧面的夹角为 0，正弦值也为 0，所以可知异面直线 OP 和 AM 之间夹角的余弦值等于 0，所以两条直线的夹角为 $90°$。

2.5　平面的投影

2.5.1　平面的表示法

2.5.1.1　平面的表示法的概念

平面可以用字母表示，如平面 H、平面 P、平面 α、平面 β 等，也可以用代表表示平面的平行四边形的四个顶点表示，如平面 $ABCD$ 等；还可以用相对的两个顶点字母表示。

2.5.1.2 平面的表示方法分类

平面的表示方法有两种，一种是用几何元素表示平面，另一种是用迹线表示平面。

（1）用几何元素表示平面

如图 2-19 所示，可用下列 5 种方式表示平面。

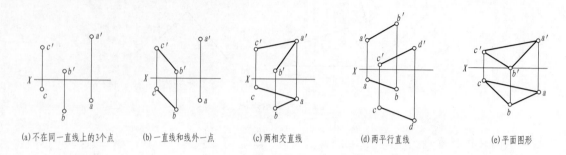

(a)不在同一直线上的3个点　　(b)一直线和线外一点　　(c)两相交直线　　(d)两平行直线　　(e)平面图形

图 2-19　平面的表示方法

（2）用迹线表示平面

空间平面 P 与 H、V、W 这 3 个投影面相交，交线分别为 P_H、P_V、P_W，则 P_H 称为水平迹线，P_V 称为正面迹线，P_W 称为侧面迹线。空间平面可用其 3 条迹线来表示，如图 2-20 所示。

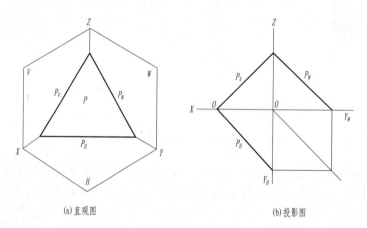

(a)直观图　　　　　　　　　　　(b)投影图

图 2-20　空间平面迹线

2.5.2　各种位置平面的三面投影

根据空间平面相对于投影面的位置，平面可分为一般位置平面、特殊位置平面两大类。特殊位置平面又分为投影面平行面和投影面垂直面。

2.5.2.1　投影面平行面的投影

投影面平行面与一个投影面平行，与另外两个投影面垂直。由此可以概括出投影面平行面的投影特性：在所平行的投影面上的投影反映实形，另外两投影积聚为直线且平行于相应投影轴，如图 2-21 所示。

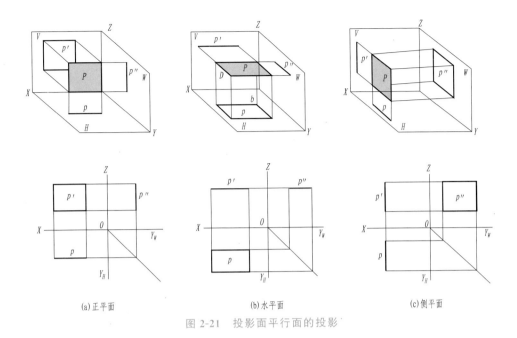

(a)正平面   (b)水平面   (c)侧平面

图 2-21　投影面平行面的投影

2.5.2.2　投影面垂直面的投影

垂直于一个投影面而倾斜于另外两个投影面的平面称为投影面垂直面。其投影特点为：因为它垂直于一个投影面，所以它在所垂直的投影面上的投影积聚为一条直线，且反映平面对另两个投影面倾角的大小；它倾斜于另外两个投影面，在另外两个投影面上的投影为该平面图形的类似形，如图 2-22 所示。

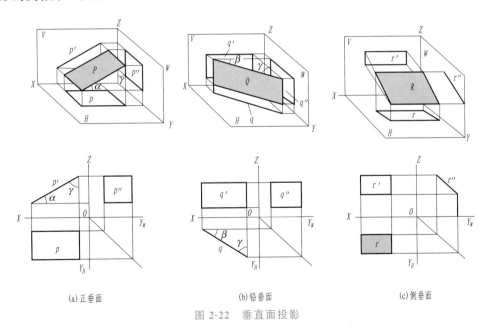

(a)正垂面   (b)铅垂面   (c)侧垂面

图 2-22　垂直面投影

2.5.2.3　一般位置平面的投影

与 3 个投影面均倾斜的平面，称为一般位置平面。它的 3 个投影均不反映实形，也没有积聚性，也不反映平面对投影面倾角的大小，但 3 个投影均为类似形，且小于实形，如图 2-23 所示。

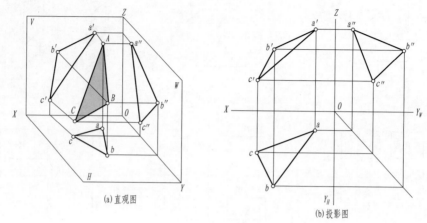

(a)直观图   (b)投影图

图 2-23 平面的投影

2.5.3 平面内点和直线的投影

2.5.3.1 平面内的点

点在平面上的几何条件是：点在平面内的某一直线上。若点的投影属于平面内某一直线的各同面投影，且符合点的投影规律，则点属于该平面。

在平面内取点的方法：首先要在平面内取一直线，然后在该直线上定点，这样才能保证点属于平面，如图 2-24 所示，要想判定 1 点是否在平面 ABC 内，首先过 1 点作直线 ak，求出 k 点的 V 面投影 k'，连接 $a'k'$，$1'$ 点在 $a'k'$ 上，说明空间点 1 在直线 AK 上，而 AK 又在平面 ABC 内，所以 1 点在平面 ABC 内。

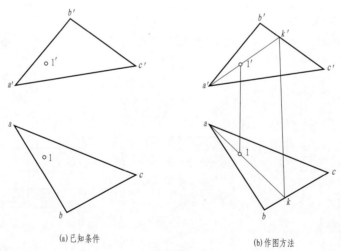

(a)已知条件   (b)作图方法

图 2-24 平面 ABC 内的点

2.5.3.2 平面内的直线

直线属于平面的几何条件是：直线通过平面上的两点；或直线通过平面上的一点且平行于平面上的另一条直线，如图 2-25 所示，直线 AB、CD 都满足直线属于平面 EFH 的几何条件，AB 过平面上的两点 M 和 N，CD 过平面上的一点且平行于 EH。

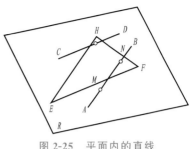

图 2-25　平面内的直线

平面内取直线的方法：在平面内取直线应先在平面内取点，并保证直线通过平面上的两个点，或过平面上的一个点且与另一条平面内的直线平行。

2.5.3.3　平面内的特殊位置直线

（1）平面内的水平线

一直线属于平面，且与 H 面平行，与另外两个投影面倾斜，称为平面内的水平线。

（2）平面内的正平线

一直线属于平面，且与 V 面平行，与另外两个投影面倾斜，称为平面内的正平线，如图 2-26 所示，$ab//OXZ$ 面，$a'b'//OZY$；$a'b'=AB$。

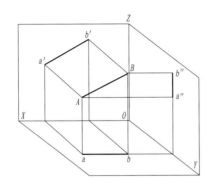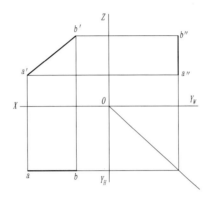

图 2-26　特殊位置直线

（3）平面内对投影面的最大斜度线

平面内对投影面倾角最大的直线称为平面上对该投影面的最大斜度线。平面内对投影面的最大斜度线必垂直于该平面内的该投影的平行线，如图 2-27 所示，L 是平面 P 内水平线，AB 属于 P，$AB \perp L$（或 $AB \perp P_H$），AB 即是平面 P 内对 H 面的最大斜度线。平面对投影面的倾角可用最大斜度线对投影面的倾角来定义，如图 2-27 所示，AB 对 H 面的倾角 α 就是平面 P 与 H 面所成二面角的平面角，即平面 P 对 H 面的倾角 α。

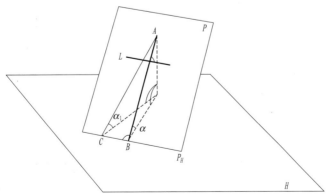

图 2-27　斜度线投影面

第 3 章

体的投影

3.1 平面体的投影

3.1.1 棱柱

当物体在光线的照射下，会在地面或者墙面形成影子，随着光线照射的角度以及光源与物体距离的变化，其影子的位置与形状也会发生变化。人们从光线、形体与影子之间的关系中，经过科学的归纳总结，形成了形体投影的原理以及投影作图的方法。

3.1.1.1 棱柱体投影特点

上、下底面平行且相等；各棱线平行且相等；底面的边数＝侧棱面数＝侧棱线数；表面总数＝底面边数＋2。如图 3-1 所示是直三棱柱投影示意图，其上、下底面为三角形，侧棱线垂直于底面，三个侧棱面均为矩形，共五个表面。

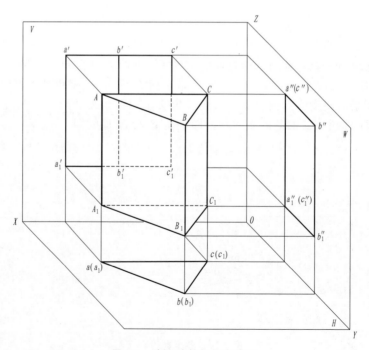

图 3-1　直三棱柱投影示意图

3.1.1.2　投影

（1）安放位置

同一形体因安放位置不同其投影也有不同。为作图简便，应将形体的表面尽量平行或垂直于投影面。图 3-1 放置的三棱柱，上、下底面平行于 H 面，后棱面平行于 V 面，则左、右棱面垂直于 H 面。这样安放的三棱柱投影就较简单。

（2）图 3-1 投影分析

H 面投影：是一个三角形。它是上、下底面实形投影的重合。

V 面投影：是两个小矩形合成的一个大矩形。

W 面投影：是一个矩形。它是左、右棱面投影的重合。

最后三面投影如图 3-2 所示。

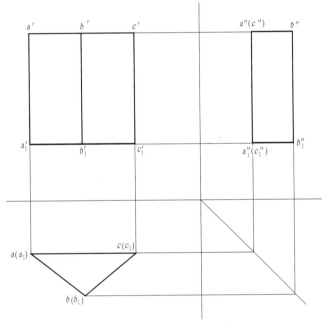

图 3-2　直三棱柱三面投影

图 3-3（a）所示为一个四棱柱三面投影的直观图，它的顶面和底面为水平面，前、后两个棱面是正平面，左、右两个棱面为侧平面。

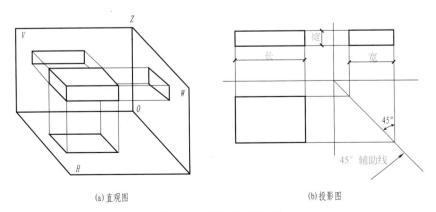

(a)直观图　　　　(b)投影图

图 3-3　四棱柱三面投影

图 3-3(b) 所示是这个四棱柱的三面投影图，H 面投影是个矩形，为四棱柱顶面和底面的重合投影，顶面可见，底面不可见，反映了它们的实形。矩形的边线是顶面和底面上各边的投影，反映实长。矩形的 4 个顶点是顶面和底面 4 个顶点分别互相重合的投影，也是 4 条垂直于 H 面的侧棱积聚性的投影。同理，也可以分析出该四棱柱的 V 面和 W 面投影也分别是一个矩形。

图 3-4（a）所示是一个三棱柱的投影直观图，上、下底面是水平面（三角形），后面是正平面（长方形），左、右两个面是铅垂面（长方形）。将三棱柱向 3 个投影面进行投影，得到三面投影图，如图 3-4(b) 所示。

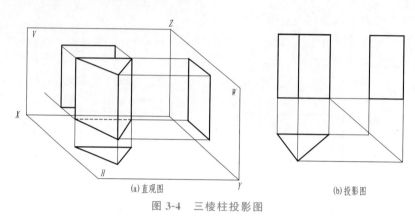

(a)直观图　　　　　　　　(b)投影图

图 3-4　三棱柱投影图

分析三面投影可知：水平面投影是一个三角形，从形体平面投影的角度看，它可以看作上、下底面的重合投影（上底面可见，下底面不可见），并反映实形，也可以看成是 3 个垂直于 H 面的 3 个侧面的积聚投影。从形体的棱线投影的角度看，可看作是上底面的 3 条棱线和下底面的 3 条棱线的重合投影，3 条侧棱的投影积聚在三角形的 3 个顶点上。

正面投影是两个长方形，可看作是左、右两个侧面的投影，但均不反映实形。两个长方形的外围构成一个大的长方形，是后侧面的投影（不可见），反映实形。上、下底面的积聚投影是最上和最下的两条横线，3 条竖线是 3 条棱线的投影都反映实长。侧面投影是一个长方形，它是左、右两个侧面的重合投影（左面可见，右面不可见），均不反映实形。上、下底面的积聚投影是最上和最下两条横线，后侧面的投影积聚在长方形的左边上，它同时也是左、右两条侧棱的投影。前面侧棱的投影是长方形的右边。

【例 3-1】　如图 3-5(a) 所示，补全 1、2、3 的三面投影，并判断其可见性。

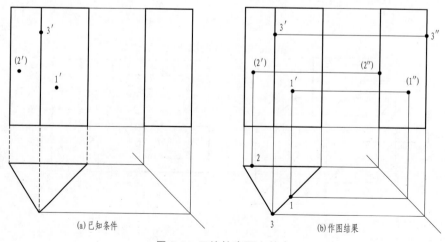

(a)已知条件　　　　　　　　(b)作图结果

图 3-5　三棱柱表面上的点

【解】 在棱柱上的点，要根据已知点的可见性，判断点在哪个平面上。由于放置的关系，一般棱柱的表面有积聚性，可以根据点的投影规律求出点的其余两个投影。

从图 3-5 所示的投影图中可以看出，点 1 在三棱柱的右棱面上，点 2 在不可见的后棱上，点 3 在最前面的棱线上，作图如图 3-4(b) 所示。

3.1.2 棱锥

(1) 棱锥体的基本概念

由一个多边形平面与多个有公共顶点的三角形平面所围成的几何体称为棱锥，图 3-6 所示为三棱锥。根据底面形状的不同，棱锥分为三棱锥、四棱锥和五棱锥等。

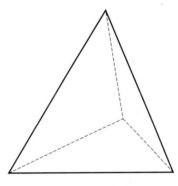

图 3-6 三棱锥

为了方便作棱锥体的投影，常使棱锥体的底面平行于某一投影面，通常使其底面平行于 H 面，如图 3-7(a) 所示，求其三面投影。

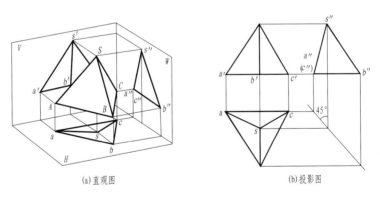

(a)直观图   (b)投影图

图 3-7 棱锥体

分析：底面 ABC 为水平面，水平投影反映实形（为正三角形），另外两个投影为水平的积聚性直线。侧棱面 SAC 为侧垂面，侧面投影积聚为一直线，另两个棱面为一般位置平面，3 个投影呈类似的三角形。棱线 SA、SC 为一般位置直线，棱线 SB 为侧平线，3 条棱线通过锥顶 S 作图时，可以先求出底面和锥顶 S 的投影，再补全其他投影，如图 3-7(b) 所示为作图结果。

(2) 表面上的点

由于棱锥体的表面一般不是特殊平面，因此在棱锥表面上定点，如果点在一般位置平面上，需要在所处的平面上作辅助线，然后在辅助线上作出点的投影，如图 3-8 所示。

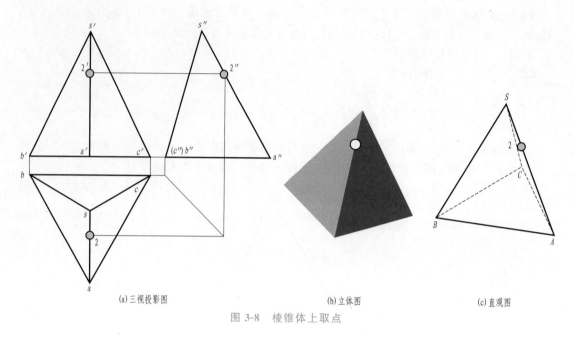

| (a)三视投影图 | (b)立体图 | (c)直观图 |

图 3-8　棱锥体上取点

【例 3-2】　如图 3-9（a）所示，已知三棱锥表面上的点 1 和 2 的水平投影，要求作出它们的正面投影和侧面投影。

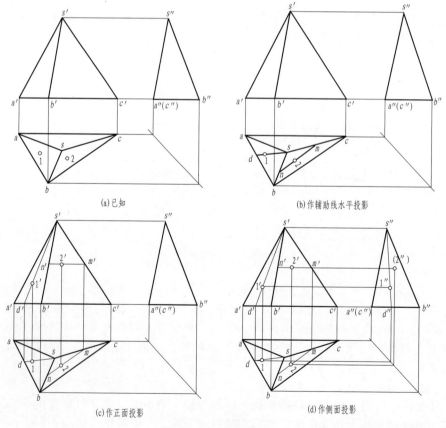

(a)已知　　　　　　　　　　　(b)作辅助线水平投影

(c)作正面投影　　　　　　　　(d)作侧面投影

图 3-9　在棱锥表面定点

【解】　从投影可分析：点 1 在左侧面 sab 上，点 2 在右侧面 sbc 上，两点所在平面均为一般位置平面，求它们的正面投影和侧面投影，必须作出辅助线。

作图过程如下。

（1）过 1 点和 2 点作辅助线。其中对于 1 点采用过 s 点的辅助线，对于 2 点采用过 2 点但平行于 bc 的辅助线，其作图过程为连 s 点和 1 点并延长交于 ab 上一点 d，得到辅助线 sd，过 2 点作平行直线平行于 bc，与 sc 相交于 m 点，与 sb 相交于 n 点，得到辅助线 mn，如图 3-9（b）所示。

（2）在正面投影中作出相应的辅助线的投影并求出 $1'$ 和 $2'$。由 d 向上引投射线交 $a'b'$ 于点 d'，连 s' 和 d' 点，得到辅助线 $s'd'$，由 1 向上引投射线与辅助线 $s'd'$ 相交，得到 $1'$。由 m 向上引投射线与 $s'c'$ 相交得到 m'；过 m' 作平行于 $b'c'$ 的直线作为辅助线（与 $s'b'$ 相交，交点为 n'），由 2 向上引投射线与辅助线 $m'n'$ 相交，得到 $2'$。

（3）作出 1 点和 2 点的侧面投影。对于侧面投影，可以继续用辅助线求出，也可直接采用"二补三"求出。对于 1 点，通过投射线得到 d''，画出辅助线 $s''d''$，再由 $1''$ 作投射线与 $s''d''$ 相交，得到 $1''$；对于 2 点，直接采用"二补三"求出，分别由 2 和 $2'$ 作投射线，在侧面投影中相交，得到 $2''$。

3.1.3　棱台

棱台可看作由棱锥用平行于锥底面的平面截去锥顶而形成的形体，上、下底面为各对应边相互平行的相似多边形，侧面为梯形，图 3-10 所示为五棱台的直观图和投影图。

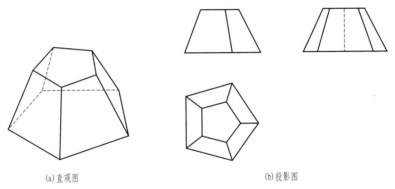

(a) 直观图　　　　　　　　　　　　(b) 投影图

图 3-10　五棱台

如图 3-10 所示中五棱台的底面为水平面，左侧面为正垂面，其他侧面是一般位置平面。可以看出，棱台的视图特征是：反映底面实形的视图为两个相似多边形和反映侧面的几个梯形，另两视图为梯形（或梯形的组合图形），因此亦有"梯梯为台"之说。

3.2　曲面体的投影

3.2.1　圆柱

（1）圆柱的概念

圆柱由圆柱面和顶面、底面所围成，它的投影图由圆柱面、顶面和底面的投影组成。作圆柱的投影时，常将圆柱的轴线垂直于投影面放置，如图 3-11（a）所示。圆柱三面投影图的投影特征：一个投影是圆，另两个投影是大小相同的矩形线框。

（2）圆柱表面取点

由于圆柱各表面的投影都有积聚性，其面上的点可以利用积聚投影作出，不必作辅助线。

【例 3-3】 已知圆柱体表面上点 M 的正面投影 m' 和点 N 的侧面投影（n''），求其他两面投影，如图 3-11(a) 所示。

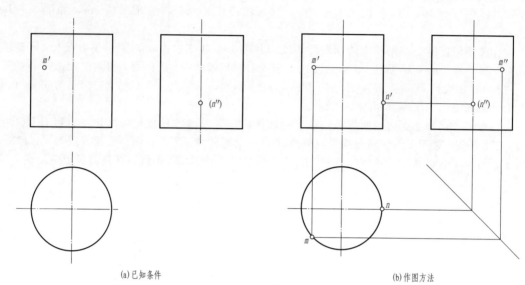

(a) 已知条件　　　　　　　　　　　　　(b) 作图方法

图 3-11　圆柱表面取点

分析：由 m' 可判断点 M 在左前方 1/4 圆柱面上，其 H 面投影在圆柱面的积聚投影圆周上，由（n''）可判断点 N 位于圆柱面的最右素线上，可利用直线上取点作图，如图 3-11(b) 所示。

（1）作点 M 的投影。由 m' 向下作投影连线，与圆周交得 m，再根据投影规律作出 m''，m'' 为可见。

（2）作点 N 的投影。点 N 位于最右素线上，可直接作出 n、n'。

3.2.2　圆锥

（1）圆锥的投影

圆锥的 H 面投影为一个圆，它是圆锥面和底面的重合投影，反映底面的实形，圆心是锥顶的投影，圆锥面上的点可见，底面上的点不可见。

圆锥的 V 面投影是一个等腰三角形，底边是底面的积聚投影，其长度是底圆直径的实长；两边为圆锥最左和最右素线的 V 面投影，这两条素线称为轮廓素线，它是圆锥面在正面投影中（前半个圆锥面）可见和（后半个圆锥面）不可见部分的分界线。

圆锥的 W 面投影也是一个等腰三角形，底边是底面的积聚投影，其长度反映底圆直径的实长；两边为圆锥最前和最后素线的 W 面投影，这两条素线称为轮廓素线，它是圆锥面在侧面投影中（左半个圆锥面）可见部分和（右半个圆锥面）不可见部分的分界线。

图 3-12 所示为一轴线垂直于 H 面的圆锥的三面投影。

（2）圆锥面上点的投影

由于圆锥面的三面投影都没有积聚性，所以圆锥面上取点需要作辅助线，常应用素线法和纬圆法。

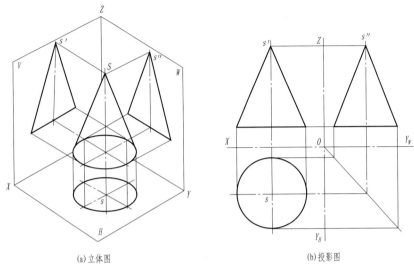

(a) 立体图　　　　　　　　　　(b) 投影图

图 3-12　圆锥的投影

【例 3-4】　已知圆锥表面上点 M 的正面投影 m'，求另两个投影，如图 3-13(a) 所示。

【解】　由 m' 可判断点 M 位于右前 1/4 圆锥面上，可应用圆锥面上的素线或纬圆作辅助线求解。

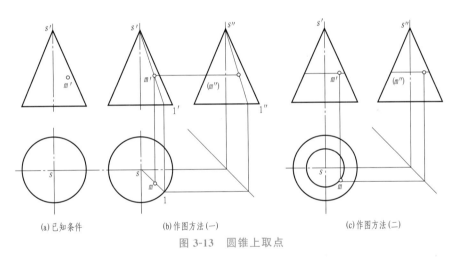

(a) 已知条件　　　　　　(b) 作图方法(一)　　　　　　(c) 作图方法(二)

图 3-13　圆锥上取点

(1) 素线法。圆锥面上任一点和锥顶相连即为一条素线。连接 $s'm'$ 延长后交底圆于 $1'$，点 M 位于素线 $s1$ 上，作出 $s1$、$s''1''$，然后由 m' 求出 m、m''，m'' 不可见，标记为（m''），如图 3-13(b) 所示。

(2) 纬圆法。圆锥面上任一点都在和轴线垂直的纬圆上。本例中纬圆都是水平圆，纬圆的水平投影是圆锥底圆的同心圆，正面投影和侧面投影积聚成水平线。在正面投影中过 m' 在圆锥面的轮廓线之间作一段水平线，长度即为纬圆的直径。然后作出该纬圆的 H 面投影，m 在此圆周上，再由 m 求出 m''，如图 3-13(c) 所示。

3.2.3　圆台

圆锥被垂直于轴线的平面截去锥顶部分，剩余部分称为圆台，其上下底面为半径不同的圆面，其直观图与投影图如图 3-14 所示。圆台的投影与圆锥的投影相仿，其上下底面、轮

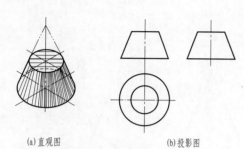

(a)直观图　　　　　　(b)投影图

图 3-14　圆台的投影图

廓素线的投影，读者可自行分析。

圆台的投影特征是：与轴线垂直的投影面、上的投影为两个同心圆，另两面上的投影均为等腰梯形。

3.2.4　圆球

（1）球的投影

由图 3-15 可以看出，球的三面投影是 3 个大小相同的圆，其直径即为球的直径，圆心分别是球心的投影。

H 面上的圆是球在 H 面投影的轮廓线，也是上半球面和下半球面的分界线，其中上半球面可见、下半球面不可见。

V 面上的圆是球在 V 面投影的轮廓线，也是前半球面和后半球面的分界线，其中前半球面可见、后半球面不可见。

W 面上的圆是球在 W 面投影的轮廓线，也是左半球面和右半球面的分界线，其中左半球面可见，右半球面不可见。

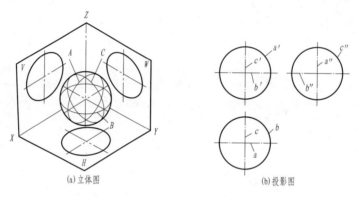

(a)立体图　　　　　　　　(b)投影图

图 3-15　球的投影

（2）球面上点的投影

球面上点的投影的求解一般采用纬圆法。通过球心的直线都可看作球的轴线，为了作图方便，通常选用投影面垂直线作为轴线，使纬圆都能平行于投影面。

【例 3-5】已知球面上 A 的正投影 a'，求另两个投影，如图 3-16 所示。

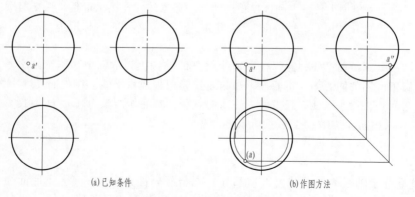

(a)已知条件　　　　　　　　(b)作图方法

图 3-16　球面上取点

【解】　由 a' 可判断点 A 在左、前、下 1/4 球面上，选用铅垂轴线作图，则纬圆都是水平圆。如图 3-16(b) 所示。

（1）过 a' 在球的正面投影轮廓线之间作一段水平线，长度为纬圆的直径。根据投影规律作出纬圆的 H、W 投影。

（2）点在纬圆上，由 a' 求出 a、a''。a 不可见，加括号表示。也可利用正平位置和侧平位置的纬圆作图，这里不再赘述。

3.3　平面与形体表面相交

3.3.1　平面与平面体相交

3.3.1.1　截交线

平面与平面立体相交所得的截交线为封闭的平面多边形，多边形的顶点是截平面与平面立体棱线的交点，多边形的每一条边是截平面与平面立体各侧面的交线。

如图 3-17(a) 所示，用来截切立体的平面称截平面，截平面与立体表面产生的交线称为截交线，截交线的顶点称为截交点，由截交线围成的平面图形称为断面，立体被平面截切后的剩余部分称为截断体。图 3-17(b) 所示为用多个平面截切立体产生的截交线。

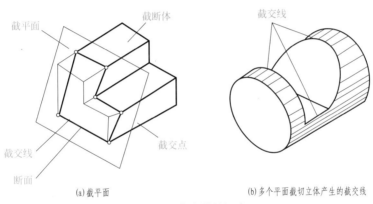

图 3-17　截交线的概念

截平面截切不同的立体或截平面与立体的相对位置不同，所产生的截交线形状也不相同。但无论是什么形状，截交线都具有以下性质。

①　表面性　截交线都位于立体的表面上。

②　共有性　截交线是截平面与立体表面的共有线。截交线上的每一点都是截平面与立体表面的共有点，这些共有点的连线就是截交线。

③　封闭性　因为立体是由它的各表面围合而成的封闭空间，所以截交线是封闭的平面图形。

截交线的性质是其作图的重要依据，掌握截交线的画法是解决截切问题的关键。

3.3.1.2　截交线画法

（1）求作平面立体截交线的方法

①　交点法　先求出平面立体的棱线、底边与截平面的交点，然后将各点依次连接起来，即得截交线。

②　交线法　即求出平面立体的棱面、底面与截平面的交线。

（2）求平面体截交线的一般步骤

① 空间及投影分析　通过投影图，确定平面体的形状和截平面的数量，分析各截平面与投影面的相对位置，确定各截交线的空间位置；分析各截平面与平面体的相对位置，确定截交点的数量，从而判断出各断面的边数，想象其空间形状。

② 求作截交线　按照平面体截交线的作图方法，用平面体表面取点的方法求出各截交点，依次连出截交线。连线时应注意判断其可见性。

③ 补全截断体的投影。

【例 3-6】　识读图 3-18（a）所示物体的三视图，想象其空间形状。

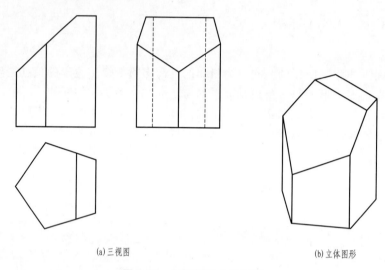

(a)三视图　　　　　　　　(b)立体图形

图 3-18　平面体截交线识读

【解】　该棱柱的读图步骤如下。

（1）根据棱柱的投影特征可知，原体是一个铅垂放置的五棱柱。

（2）由正面投影可判断五棱柱顶部被截切，截平面为一个正垂面。

（3）从正面投影看出，正垂面切到了三条棱线和顶面上的两条边线，确定截交线的形状为五边形。因为截平面为正垂面，所以断面五边形的三面投影符合正垂面的投影特征，为一倾斜线段和两类似的五边形。

（4）综合想象截切后截断体的空间形状，如图 3-18（b）所示。

3.3.2　平面与曲面体相交

有些构件的形状是由平面与其组成形体相交，截去基本形体的一部分而形成的。通常把与立体相交、截割形体的平面称为截平面，截平面与立体表面的交线称为截交线，截交线所围成的图形称为断面，或称截断面、截面。

（1）平面与圆柱的截交线

平面与曲面体相交，一般情况下，截面是由曲线或曲线与直线所组成的封闭图形。截交线是截平面与回转体表面的共有线。截交线的形状取决于曲面体的形状和截平面与曲面体的相对位置。截交线是曲面体和截平面的共有点的集合，如表 3-1 所示。

（2）平面与圆锥体的截交线

根据截平面与圆锥轴线的相对位置不同，截平面与圆锥面的交线有五种形状，如表 3-2 所示。

表 3-1 截交线集合

截平面位置	截面垂直于圆柱轴线	截面倾斜于圆柱轴线	截面平行于圆柱轴线
截交线形状	圆	椭圆	两条平行直线
立体图	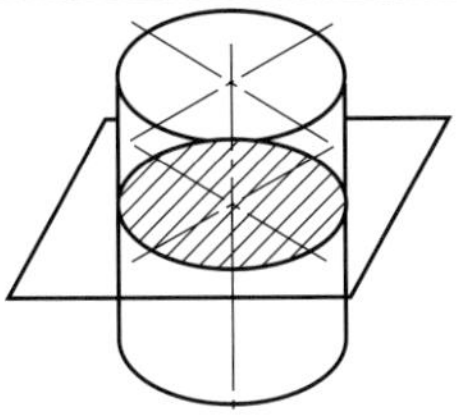	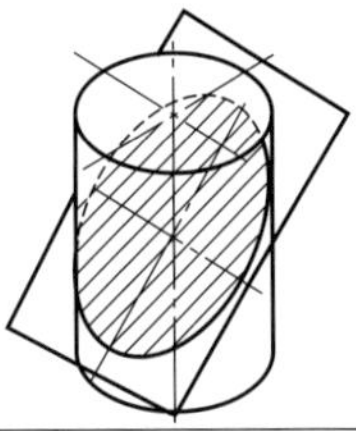	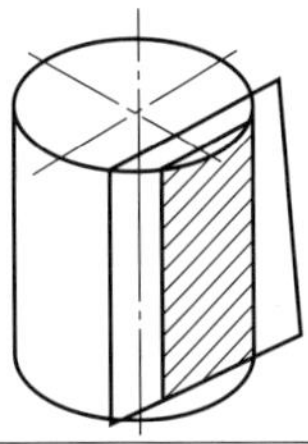
投影图	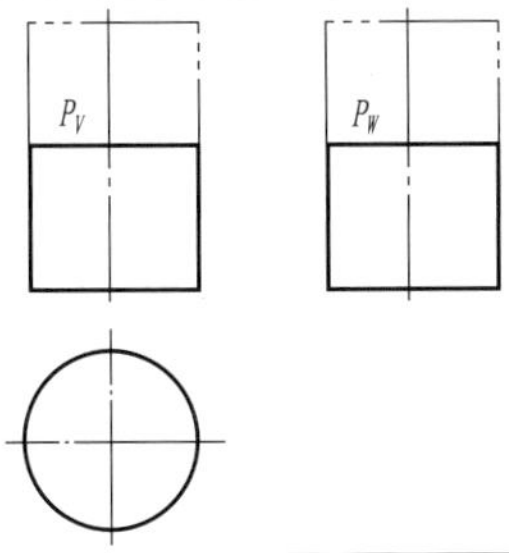	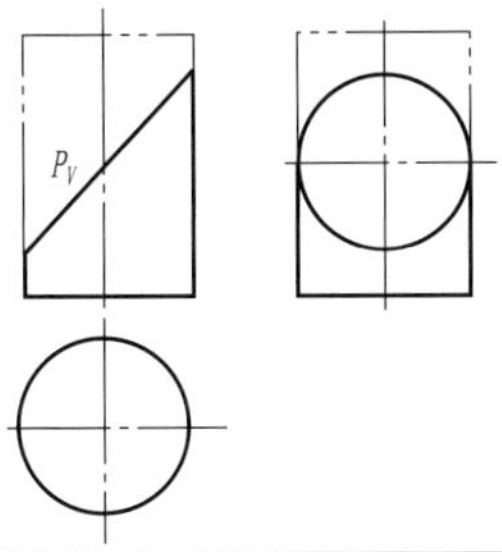	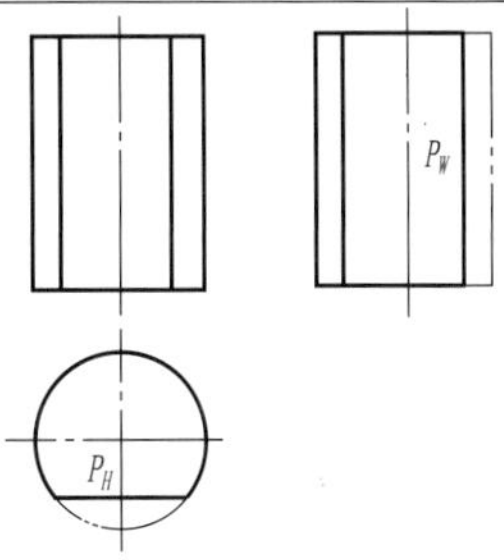

表 3-2 平面与圆锥体的截交线

截平面位置	垂直于轴线	倾斜于轴线并与所有素线相交	平行于圆锥面上一条素线	平行于圆锥面上两条素线	截平面通过锥顶
截交线的空间形状	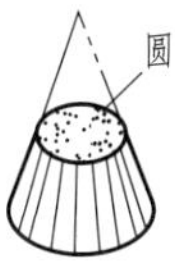 圆	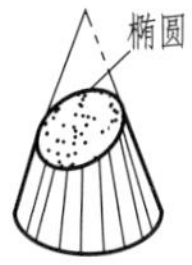 椭圆	 抛物线	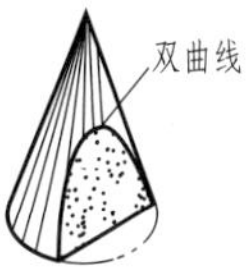 双曲线	 三角形
投影图	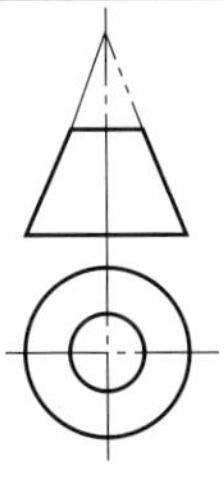	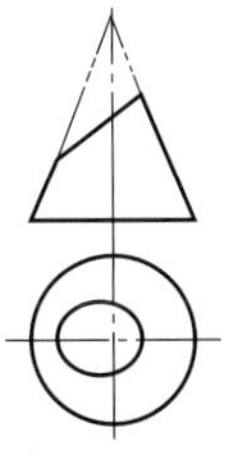	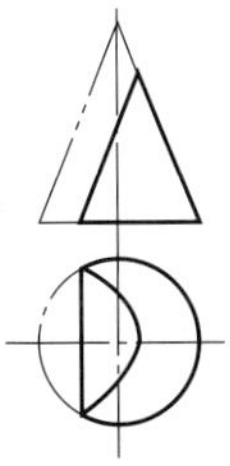	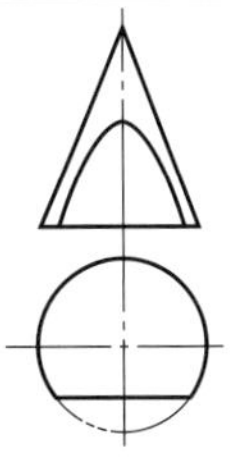	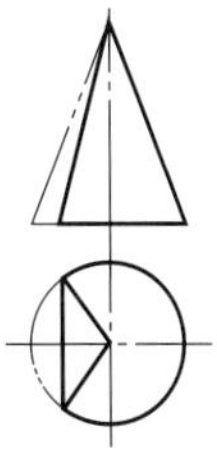

（3）曲面体截交线的画法

求作曲面体截交线投影，分为以下两种情况。

① 截交线为直线或平行于投影面的圆时，可由已知条件根据投影规律直接作图。

② 截交线为椭圆、抛物线、双曲线等非圆曲线或不平行于投影面的圆时，需求出截交线上一系列的点，然后连成光滑曲线。为了使所求的截交线形状准确，在求作非圆曲线截交线的投影时，应首先求出截交线上的特殊点，再求作若干一般点（也称中间点）。特殊点包括截交线对称轴上的顶点、截交线与曲面体轮廓素线的交点、截交线上的极限位置点（最高、最低、最左、最右、最前、最后点）等。一般是在特殊点、连点较稀疏处或曲线曲率变化较大处适当地选取点。

（4）求曲面体截交线的一般步骤

① 空间及投影分析 通过投影图，确定曲面体的形状和截平面的数量，分析各截平面与投影面的相对位置，确定各截交线的空间位置；分析各截平面与曲面体的相对位置，判断

出截交线的形状。

② 求作截交线 按照曲面体截交线的求作方法，用曲面体表面取点的方法求出各点，依次连出截交线，连线时应注意判断其可见性。

③ 补全截断体的投影。

【例 3-7】 识读如图 3-19(a) 所示物体的三视图，想象其空间形状。

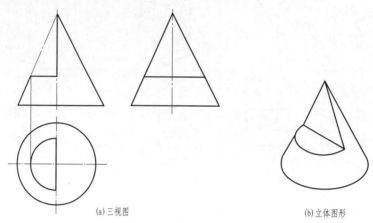

(a)三视图   (b)立体图形

图 3-19 曲面体截交线的识读

【解】 读图步骤如下。

(1) 补全缺口，不难看出原体为轴线铅垂位置的圆锥。

(2) 根据被截切后的正面投影看出截平面分别为水平面和侧平面。

(3) 水平面垂直圆锥轴线，截交线为半圆，三面投影为两直线及一个半圆实形。侧平面的截平面位于左右对称面上，截交线为三角形，三面投影为两直线及一个三角形实形。

(4) 综合想象截切后截断体的空间形状，如图 3-19(b) 所示。

3.3.3 平面与球相交

扫码看视频

平面与球相交

平面与球体的截交线是圆。当截平面平行于投影面时，截交线的投影反映实形；当截平面垂直于投影面时，截交线的投影为直线，长度等于截交线圆的直径；当截平面倾斜于投影面时，截交线的投影为椭圆。

图 3-20 中的截平面是水平面，截交线圆的水平投影反映实形，正面投影为长度等于截

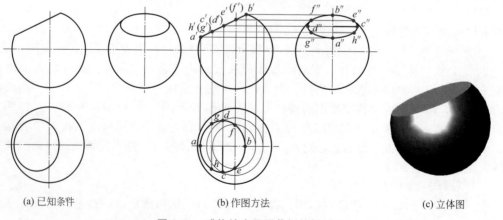

(a)已知条件   (b)作图方法   (c)立体图

图 3-20 球体被水平面截切的投影

交线圆的直径的直线，图中画出了截去球冠（截去的球冠的正面投影用细双点划线表示，也可不画）后的球体的两面投影。

3.4　直线与形体表面相交

　　直线与形体表面相交，即直线贯穿形体，所得的交点叫贯穿点，如图 3-21 所示。当直线和形体在投影图中给出后，便可求出贯穿点的投影。贯穿点是直线与形体表面的共有点，当直线或形体表面的投影有积聚性时，贯穿点的投影也就积聚在直线或形体表面的积聚投影上。

　　求贯穿点的一般方法是辅助平面法。其具体作图步骤是：经过直线作一辅助平面，求出辅助平面与已知形体表面的辅助截交线，辅助截交线与已知直线的交点即为贯穿点。

　　特殊情况下，当形体表面的投影有积聚性时，可以利用积聚投影直接求出贯穿点；当直线为投影面垂直线时，贯穿点可按形体表面上定点的方法作出。

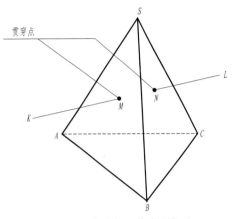

图 3-21　直线与形体表面相交

　　直线贯穿形体以后，穿进形体内部的那一段不需要画出，而位于贯穿点以外的直线需要画出，并且还要判别其可见性。

3.5　两形体表面相交

3.5.1　两平面体相交

　　有些建筑形体是由两个或两个以上的基本形体相交组成的。两相交的形体称为相贯体，它们的表面交线称为相贯线。相贯线的形状取决于两相交立体的形状、大小及其相对位置。当一立体全部棱线或素线都穿过另一立体时称为全贯；当两立体都只有一部分参与相交时称为互贯。全贯时一般有两条相贯线，互贯时只有一条相贯线，如图 3-22 所示。

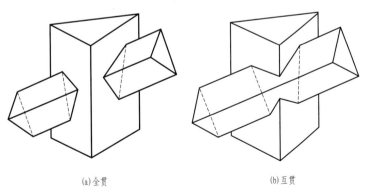

(a)全贯　　　　　　　　　　　(b)互贯

图 3-22　相贯体

（1）相贯线的性质

① 共有性　相贯线是两立体表面的公有线；相贯线上的点是两立体表面的公有点。

② 封闭性　由于立体的表面是封闭的，因此相贯线在一般情况下是封闭的空间曲线或折线。两平面立体的相贯线是一条闭合的空间折线（互贯）或两个相离的平面多边形（全贯）。

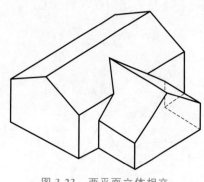

图 3-23　两平面立体相交

各段折线可看作是两立体相应棱面的交线；相邻两折线的交点是某一立体的交线与另一立体的贯穿点，如图 3-23 所示。因此，求两平面立体相贯线的方法，实质上就是求两个相应的棱面的交线，或求一立体的棱线与另一立体的贯穿点的方法。

（2）求两平面立体的相贯线常用的方法

① 交点法　先作出各个平面体的有关棱线与另一立体的交点，再将所有交点顺次连成折线，即组成相贯线。连接交点的规则是：只有当两个交点对每个立体来说都位于同一个棱面上时才能相连，否则不能相连。

② 交线法　将两平面立体上参与相交的棱面与另一平面立体各棱面求交线，交线即围成所求两平面立体的相贯线。

【例 3-8】　图 3-24（a）所示为两个四棱柱相贯，补画相贯线的正面投影并作出相贯体的侧面投影。

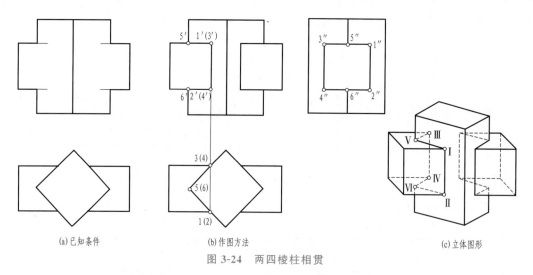

(a) 已知条件　　　　　　(b) 作图方法　　　　　　(c) 立体图形

图 3-24　两四棱柱相贯

【解】　分析：由图 3-24（a）可知，一个侧垂四棱柱从左向右贯穿铅垂四棱柱，整个相贯体前后、左右对称。相贯线分为左右对称的两组，每组上的转折点为六个，分别是两个四棱柱上参与相交的棱线与另一立体表面的交点，立体图如图 3-24（c）所示。铅垂四棱柱各棱面的水平投影有积聚性，因此相贯线的水平投影已知，由水平投影可求作正面投影和侧面投影。

作图步骤如图 3-24（b）所示。

（1）补画相贯体的侧面投影。侧垂四棱柱各棱面的侧面投影有积聚性，相贯线的侧面投影与之重合。

（2）求相贯线上的转折点。两组相贯线左右对称，求作左边一组，右边一组根据对称性作图即可。利用积聚投影在水平投影上标注各转折点 1(2)、3(4)、5(6)，在侧面投影上标注 1″、2″、3″、4″、5″、6″，由投影关系作出各点的正面投影 1′、2′、(3′)、(4′)、5′、6′。

（3）连出相贯线。正面投影中前半组相贯线与后半组相贯线投影重合。连线时只有位于同一表面的两点才能相连，只有两个可见表面交得的相贯线才可见。

（4）补全相贯体的投影。凡参与相交的棱线只画到与另一立体的交点为止。

【例 3-9】　图 3-25（a）所示为穿孔三棱柱的两面投影，试完成其侧面投影。

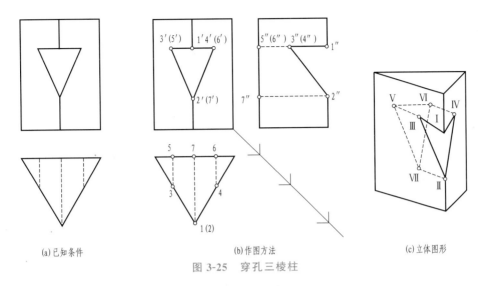

(a) 已知条件　　　　　　　　　(b) 作图方法　　　　　　　　　(c) 立体图形

图 3-25　穿孔三棱柱

【解】　分析：由图 3-25(a) 可看出，铅垂三棱柱上有一个从前向后的正垂三棱柱通孔。前后两组相贯线形成孔口轮廓线。前面一组相贯线上有Ⅰ、Ⅱ、Ⅲ、Ⅳ四个转折点，后面一组相贯线上有Ⅴ、Ⅵ、Ⅶ三个转折点，立体图如图 3-25(c) 所示。由投影的积聚性可知，相贯线的正面投影和水平投影已知，由投影规律可求作其侧面投影。

作图步骤如图 3-25(b) 所示。

(1) 作出三棱柱的侧面投影。

(2) 标出各转折点的水平投影与正面投影，然后根据投影规律求出各点的侧面投影。

(3) 判别可见性，连接各点得相贯线。

(4) 加深完成全图。注意用虚线画出孔壁交线的投影。

3.5.2　平面体与曲面体相交

平面体与曲面体相交的立体表面交线是平面体的各个棱面与曲面体相交的各段相贯线（与截交线类同）的组合。各段相贯线的结合点是平面体的棱线与曲面体表面的交点（又称为贯穿点），如图 3-26 所示。因此，求平面体与曲面体相交的立体表面交线，可把平面体的表面看成是平面切割曲面体，求其表面的截交线与贯穿点。

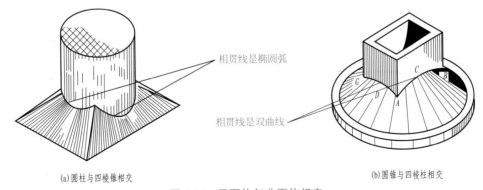

相贯线是椭圆弧

相贯线是双曲线

(a) 圆柱与四棱锥相交　　　　　　　　　　　　(b) 圆锥与四棱柱相交

图 3-26　平面体与曲面体相交

【例 3-10】　图 3-27(a) 所示为四棱柱与圆柱相贯，求作相贯线。

【解】　分析：由已知投影可看出，四棱柱从左向右贯穿圆柱，表面产生两组相贯线。相贯

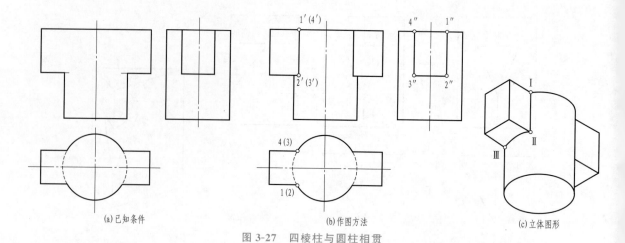

(a)已知条件　　　　　　　　(b)作图方法　　　　　　　　(c)立体图形

图 3-27　四棱柱与圆柱相贯

体前后、左右对称，相贯线也前后、左右对称。每组相贯线上有四个转折点，由于四棱柱与圆柱顶面共面，所以每组相贯线均不封闭，均由前后对称的两段直线段和一段圆弧组成。由圆柱的水平投影和四棱柱的侧面投影的积聚性可知，相贯线的水平投影和侧面投影已知，只需求作其正面投影。

作图步骤如图 3-27(b) 所示。

（1）求作转折点。在水平投影和侧面投影中标记Ⅰ、Ⅱ、Ⅲ、Ⅳ四个转折点的投影，利用投影关系求出正面投影。

（2）求作相贯线。Ⅰ、Ⅱ段和Ⅲ、Ⅳ段为直线段，投影重合。Ⅱ、Ⅲ段为水平圆弧，其正面投影为一水平线段。根据对称性作出右边一组相贯线。

（3）补全相贯体的投影。相贯体是一个实心的整体，每一立体的轮廓线都只画到相贯线为止。

【例 3-11】　图 3-28(a) 所示为圆台与三棱柱相贯，求作相贯线的投影。

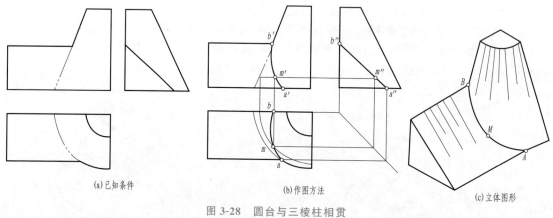

(a)已知条件　　　　　　　　(b)作图方法　　　　　　　　(c)立体图形

图 3-28　圆台与三棱柱相贯

【解】　分析：由图 3-28(a) 可知，三棱柱与 1/4 圆台相贯后，两立体的底面和后端面共面，只需求三棱柱侧垂棱面与圆台面产生的一段相贯线，该段相贯线是一段椭圆弧，作图时需求其上若干点后连线。相贯线的侧面投影已知，水平投影和正面投影需求作。

作图步骤如图 3-28(b) 所示。

（1）求特殊点。求作该段相贯线的两个端点 A、B。在侧面积聚投影中标出 a''、b''，根据投影规律可求出正面投影 a'、b' 和水平投影 a、b。

（2）求一般点。在 AB 间取一般点 M。先在侧面投影中确定 m''，利用纬圆法求出 m 和 m'。

3.5.3 曲面体与曲面体相交

（1）表面取点画法

两个相交的曲面立体中，如果其中一个是柱面立体（常见的是圆柱面），且其轴线垂直于某投影面时，相贯线在该投影面上的投影一定积聚在柱面投影上，相贯线的其余投影可用表面取点法求出。

（2）相贯线的近似画法

相贯线的作图步骤较多，如对相贯线的准确性无特殊要求，当两圆柱垂直正交且直径有相差时，可采用圆弧代替相贯线的近似画法，如图 3-29 所示，垂直正交两圆柱的相贯线可用大圆柱的 $D/2$ 为半径作圆弧来代替。

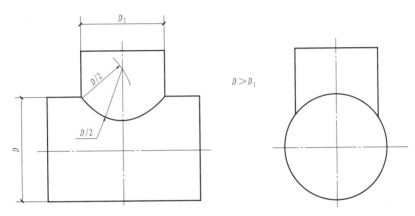

图 3-29 相贯线的近似画法

（3）两圆柱正交的类型

两圆柱正交有三种情况：两外圆柱面相交；外圆柱面与内圆柱面相交；两内圆柱面相交。这三种情况的相交形式虽然不同，但相贯线的性质和形状一样，求法也是一样的，如图 3-30～图 3-32 所示。

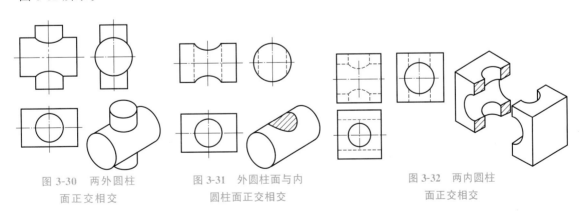

图 3-30 两外圆柱
面正交相交

图 3-31 外圆柱面与内
圆柱面正交相交

图 3-32 两内圆柱
面正交相交

【例 3-12】 图 3-33（a）所示为两直径不等的圆柱正交，求作相贯线的投影。

【解】 分析：侧垂大圆柱与铅垂小圆柱正交，相贯线是一条前后、左右对称的空间曲线。由于相贯线的共有性，由图 3-33（a）可看出，相贯线的水平投影与小圆柱表面的积聚投影重合，侧面投影与大圆柱表面的积聚投影的上部（大、小圆柱的公共部分）重合，均为已知，只有相贯线的正面投影需求作。

作图步骤如下。

（1）求特殊点。相贯线上有四个特殊点 A、B、C、D，均位于两圆柱面的轮廓素线上，如图 3-33（b）所示。在水平投影和侧面投影中标出 a、b、c、d 及 a''、(b'')、c''、d''，然后根据投影规律求出 a'、b'、c'、(d')，如图 3-33（c）所示。

（2）求一般点。取左右对称点 E、F，如图 3-33（b）所示。在水平投影中标出 e、f，由"宽相等"标出侧面投影 e''、(f'')，再根据投影规律求出正面投影 e'、f'，如图 3-33（d）所示。

（3）依次光滑连接各点，相贯线正面投影的前半部分与后半部分投影重合，前半部为可见，后半部为不可见，加深图线，完成作图，如图 3-33（d）所示。

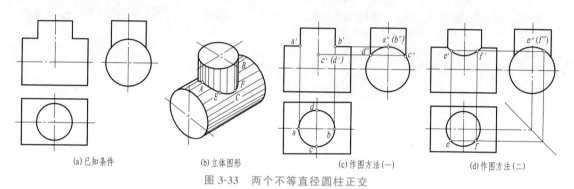

(a)已知条件   (b)立体图形   (c)作图方法（一）   (d)作图方法（二）

图 3-33　两个不等直径圆柱正交

3.6　组合体的投影

3.6.1　形体的组合方式

形体的组合方式有叠加式组合体、切割式组合体、复合式组合体。

（1）叠加式组合体

由若干个基本形体叠加而成的组合体称为叠加式组合体。如图 3-34（a）所示的物体是由两个圆柱体叠加而成的。

形体的组合方式

（2）切割式组合体

由基本形体经过切割组合而成的组合体称为切割式组合体。如图 3-34（b）所示，物体由一个四棱柱中间切一个槽、前面切去一个三棱柱而成。

（3）复合式组合体

既有叠加又有切割的组合体称为复合式组合体。如图 3-34（c）所示，物体是由两个四棱柱叠加而成的，其中上方的四棱柱又在中间切割了一个半圆形的槽。

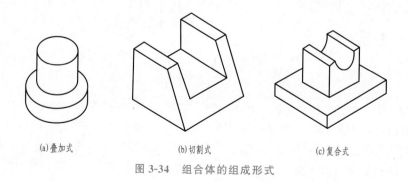

(a)叠加式   (b)切割式   (c)复合式

图 3-34　组合体的组成形式

3.6.2 组合体投影图的画法

选择组合体的投影图时，要求能够用最少数量的投影把形体表达得完整、清晰。主要考虑以下几个方面。

(1) 形体的安放位置

对于大多数的土建类形体主要考虑正常工作位置和自然平稳位置，而且这两个方面往往是一致的。但是对于机械类的形体相对要复杂一些，往往还要考虑生产、加工时的安放位置。如电线杆的正常工作位置是立着的，但是在工厂加工时必须横着放。

(2) 正面投影的选择

画图时，正面投影一经确定，那么其他投影图的投影方向和配置关系也随之而定。选择正面投影方向时，一般应考虑以下几个原则。

① 正面投影应最能反映形体的主要形状特征或结构特征。

② 有利于构图美观和合理利用图纸。

③ 尽量减少其他投影图中的虚线。

(3) 投影数量的选择

以正面投影为基础，在能够清楚地表示形体的形状和大小的前提下，其他投影图的数量越少越好。对于一般的组合体投影来说，要画出三面投影图。对于复杂的形体，还需增加其他投影图。

【例 3-13】 画出图 3-35(a) 所示叠加型组合体的三视图。

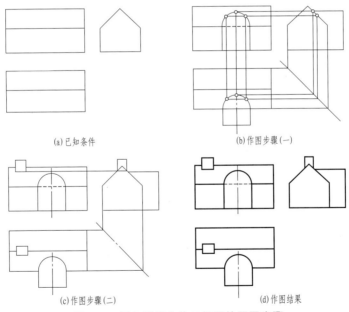

(a) 已知条件   (b) 作图步骤(一)

(c) 作图步骤(二)   (d) 作图结果

图 3-35　叠加型组合体三视图的画图步骤

【解】 分析：考虑物体的自然位置和形体特征，选取如图 3-35(a) 所示的箭头方向作为正面投影方向，按照先主后次的顺序作图。

作图步骤如下。

(1) 主体为侧垂五棱柱，先作出五棱柱的三视图，如图 3-35(a) 所示。

(2) 然后作出组合柱的三视图，组合柱与五棱柱相贯，特别注意组合柱的半圆柱面与五棱柱棱面产生的相贯线 H 投影的求作过程，如图 3-35(b) 所示。

（3）再作出顶部小四棱柱的三视图，小四棱柱与五棱柱相贯，注意相贯线的求作，如图 3-35（c）所示。

（4）最后考虑各部分间的相对位置，注意视图中的虚线，整理加深，如图 3-35（d）所示。

3.6.3 组合体投影图的识读

读图的基本方法常用的有形体分析法和线面分析法等。通常以形体分析法为主，当遇到组合体的结构关系不是很明确，或者局部比较复杂不便于形体分析时，可补充使用用线面分析法，即形体分析看大概，线面分析看细节。

（1）形体分析法

运用形体分析法阅读组合形体投影图，首先要分析该形体是由哪些基本形体所组成的，然后分别想出各个基本形体的现状，最后根据各个基本形体的相对位置关系，想出组合形体的整体现状。

（2）线面分析法

当组合体不宜分成几个组成部分或形体本身不规则时，可将围成立体的各个表面都分析出来，从而围合成空间整体，这就是线面分析法。简单地说，线面分析法读图就是一个面一个面地分析。

（3）切割法

形体分析法和线面分析法是读图的两个最基本的方法，由于线面分析法较难，所以一般在不便于形体分析法时不得已才用之。而且线面分析法的对象大都不是叠加类的形体，而是切割类的形体，因而可视具体情况，采用切割的方式分析其整体形状。其基本思想是：先构建一个简单的轮廓外形（一般是柱体），然后逐步地进行切割。

（4）斜轴测法

不管采用何种方法读图，确认读懂的方式之一是绘出其所表示的立体的轴测图。而且很多时候往往是借助于轴测图来帮助我们建立物体的空间形状。那么有什么方法可以快速建立物体的空间形状呢？在原正投影图上快速勾画斜轴测图不失为一种较好的方法。

【例 3-14】 如图 3-36（a）所示，已知组合体主、左视图，试想象组合体空间形状，补画俯视图。

【解】 （1）确定基本形体。根据主、左视图，组合体可以看作由长方体经多次切割而成。

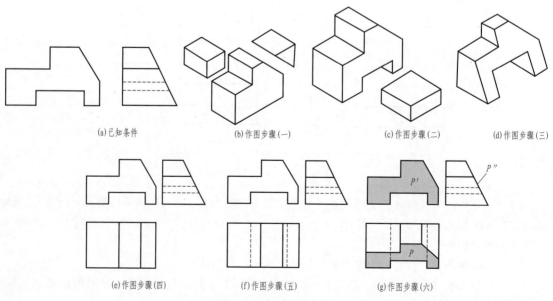

| (a)已知条件 | (b)作图步骤(一) | (c)作图步骤(二) | (d)作图步骤(三) |

| (e)作图步骤(四) | (f)作图步骤(五) | (g)作图步骤(六) |

图 3-36 组合体投影图

（2）划分线框、找对应投影、分析切割情况。分析主视图，可以看出长方体在左上方被一个水平面和一个侧平面切去一个缺口；在右上方被一个正垂面切去一个角，如图 3-36（b）所示，在下方被两个对称的侧平面和一个水平面共同从前向后挖出一矩形槽，如图 3-36（c）所示；分析左视图，可以看出长方体在前方被一侧垂面切去一个角，综合起来想整个形体，如图 3-36（d）所示。

（3）绘制俯视图时仍然按形体分析法一部分一部分地画。首先画出长方体的俯视图，然后画左、右切割后的投影，如图 3-36（e）所示，再画从前向后的矩形槽的投影，如图 3-36（f）所示。

（4）最后绘制前方侧垂面截切的投影，并用线、面分析法分析 P 面的投影是否正确，检查、加深并完成俯视图的绘制，如图 3-36（g）所示。

3.6.4　组合体投影图的尺寸标注

在组合体的尺寸标注中，首先按其组合形式进行形体分析，并考虑如下几个问题，然后再合理标注尺寸。

3.6.4.1　尺寸的种类

组合体的尺寸分为 3 类。

① 定形尺寸　确定各基本体大小（长、宽、高）的尺寸。

② 定位尺寸　确定各基本体相对位置的尺寸或确定截平面位置的尺寸。

③ 总体尺寸　确定组合体的总长、总宽、总高的尺寸。

3.6.4.2　尺寸基准

对于组合体，在标注定位尺寸时，须在长、宽、高 3 个方向分别选定尺寸基准，即选择尺寸标注的起点。通常选择物体上的中心线、主要端面等作为尺寸基准。

3.6.4.3　组合体尺寸标注的原则

（1）尺寸标注正确完整

尺寸标注的正确性和完整性是标注中的基本要求。物体的尺寸标注要齐全，各部分尺寸不能互相矛盾，也不可重复。

（2）尺寸标注清晰明了

① 尺寸一般应标注在反映形状特征最明显的视图上，尽量避免在虚线上标注尺寸。如图 3-37 所示，底板通槽的定形尺寸 12、4 标注在特征明显的侧面投影上，上部圆柱曲面和圆柱通孔的径向尺寸 $R6$、$\phi4$ 也标注在侧面投影上。

② 尺寸应尽量集中标注在相关的两视图之间，如图 3-37 所示中的高度尺寸。

③ 尺寸应尽量标注在视图轮廓线之外，必要时尺寸可以标注在轮廓线之内。

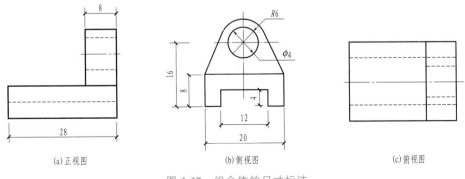

（a）正视图　　　　　　　（b）侧视图　　　　　　　（c）俯视图

图 3-37　组合体的尺寸标注

④ 尺寸线尽可能排列整齐，相互平行的尺寸线，小尺寸在内，大尺寸在外，且尺寸线间的距离应相等。同方向尺寸应尽量布置在一条直线上。

⑤ 避免尺寸线与其他图线相交重叠。

【例3-15】 标注图3-38(a) 所示组合体的尺寸。

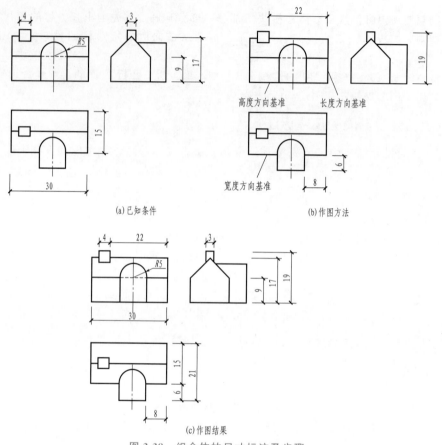

图3-38 组合体的尺寸标注及步骤

【解】 具体步骤如下。

(1) 形体分析。尺寸标注前，先要进行形体分析。本例为叠加型组合体，应先标注各组成部分的定形尺寸，再标注各部分间的定位尺寸，最后标总体尺寸。

(2) 标注各部分的定形尺寸，如图3-38(a) 所示，五棱柱端面尺寸为15、9、17，长度为30；顶部四棱柱的定形尺寸为4、3；前方组合柱上部为半圆柱，定形尺寸为 $R5$，下部为四棱柱，其宽度为半圆柱的直径，高度与五棱柱的高度尺寸9重复，不必标注。

(3) 标注各部分间的定位尺寸，如图3-38(b) 所示。首先选择各方向的尺寸基准，在本例中，以五棱柱的右端面作为长度方向基准，以五棱柱的前棱面作为宽度方向的基准，以该组合体的底面作为高度方向的基准。当两部分在某一方向上中心重合或端面平齐时，不需标注定位尺寸。顶部四棱柱左右方向的定位尺寸为22，上下方向的定位尺寸为19，前后方向不需定位尺寸；前方组合柱左右方向定位尺寸为8，前后方向定位尺寸为6，上下方向不需定位尺寸。

(4) 标注总体尺寸。如图3-38(c) 所示，总长为30、总宽为21、总高为19，其中总长、总高与前而已注尺寸重合。

(5) 按照标注原则对各尺寸进行调整排列，完成全图，如图3-38(c) 所示。

第 4 章

轴测图

4.1 轴测图基本知识

4.1.1 轴测图的形成

　　将长方体向 V、H 面作正投影得主俯两视图，若用平行投影法将长方体连同固定在其上的参考直角坐标系一起沿不平行于任何一个坐标平面的方向投射到一个选定的投影面上，在该面上得到的具有立体感的图形称为轴测投影图，又称轴测图。这个选定的投影面就是轴测投影面，如图 4-1 所示。

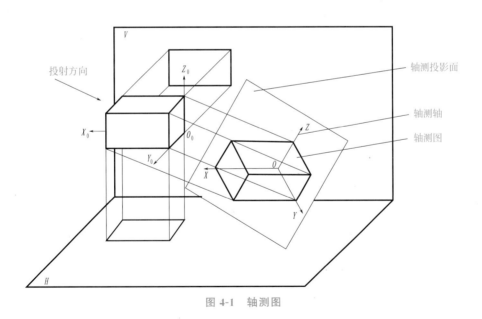

图 4-1　轴测图

4.1.2 轴测图的种类

　　轴测图分为正轴测图和斜轴测图两大类。

　　（1）正轴测图

　　投射方向垂直于轴测投影面所得到的轴测图称为正轴测图。如图 4-2（a）所示，使确定物体位置的三个坐标轴 O_1X_1、O_1Y_1、O_1Z_1 都与投影面 P 倾斜，然后用正投影法将物体连同坐标系一起投射到 P 投影面上，即得到此物体的正轴测图。

正轴测图按三个轴向伸缩系数是否相等而分为三种。

① 正等测图 简称正等测：三个轴向伸缩系数都相等。

② 正二测图 简称正二测：只有两个轴向伸缩系数相等。

③ 正三测图 简称正三测：三个轴向伸缩系数各不相等。

（2）斜轴测图

投射方向倾斜于轴测投影面所得到的轴测图称为斜轴测图。为了作图方便，通常使物体上两个主要方向的坐标轴平行于轴测投影面。如图 4-2（b）所示，使反映物体长和高的一面（即坐标面 $X_1O_1Z_1$）平行于投影面 P，然后用斜投影法将物体连同坐标系一起投射到 P 投影面上，即得到此物体的斜轴测图。根据需要，在斜轴测投影中也可以使反映物体长和宽的一面（即坐标面 $X_1O_1Y_1$）或宽和高的一面（即坐标面 $Y_1O_1Z_1$）平行于投影面 P。

斜轴测图也相应地分为三种。

① 斜等测图 简称斜等测：三个轴向伸缩系数都相等。

② 斜二测图 简称斜二测：只有两个轴向伸缩系数相等。

③ 斜三测图 简称斜三测：三个轴向伸缩系数各不相等。

由此可见，正轴测图是由正投影法得来的，而斜轴测图则是用斜投影法得来的。

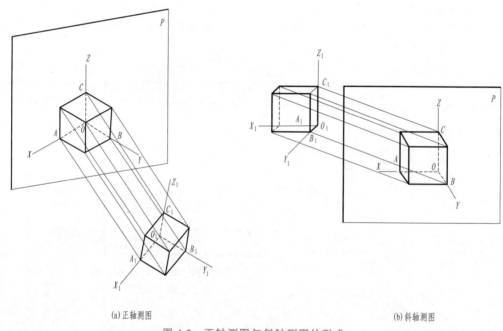

(a) 正轴测图　　　　　　　　　　　　　　　　(b) 斜轴测图

图 4-2　正轴测图与斜轴测图的形成

4.1.3　轴测投影的基本性质

① 物体上互相平行的线段，在轴测图中仍互相平行；物体上平行于坐标轴的线段，在轴测图中仍平行于相应的轴测轴，且同一轴向所有线段的轴向伸缩系数相同。

② 物体上不平行于坐标轴的线段，可以用坐标法确定其两个端点然后连线画出。

③ 物体上不平行于轴测投影面的平面图形，在轴测图中变成原形的类似形。如长方形的轴测投影为平行四边形，圆形的轴测投影为椭圆等。

4.2 正等轴测图

4.2.1 轴间角与轴向伸缩系数

正等测的轴间角 $\angle X_1 O_1 Y_1$、$\angle Y_1 O_1 Z_1$、$\angle X_1 O_1 Z_1$ 均为 $120°$，3 个轴向伸缩系数 $p=q=r=0.82$。为了作图简便，采用轴向简化伸缩系数，即 $p=q=r=1$，于是所有平行于轴向的线段都按原长量取，这样画出来的轴测图就沿着轴向放大了 $1/0.82≈1.22$ 倍，但形状不变。作图时，$O_1 Z_1$ 轴一般画成铅垂线，$O_1 X_1$、$O_1 Y_1$ 与水平成 $30°$角，如图 4-3 所示。

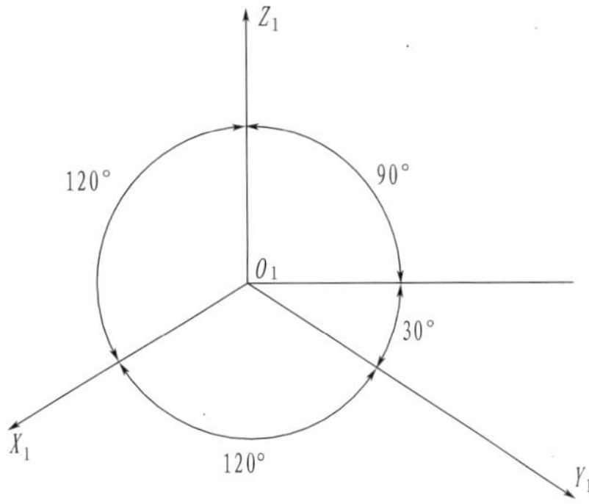

4.2.2 正等轴测图的画法

4.2.2.1 平面体的正等测图画法

画轴测图的方法有坐标法、切割法和叠加法三种，绘制轴测图最基本的方法是坐标法。

图 4-3 正等测系数

（1）坐标法

画轴测图时，先在物体三视图中确定坐标原点和坐标轴，然后按物体上各点的坐标关系采用简化轴向变形系数，依次画出各点的轴测图，由点连线而得到物体的正等测图。坐标法是画轴测图最基本的方法。

（2）切割法

在平面立体的轴测图上，图形由直线组成，作图比较简单，且能反映各种轴测图的基本绘图方法，因此，在学习轴测图时，一般先从平面立体的轴测图入手。当平面立体上的平面多数和坐标平面平行时，可采用叠加或切割的方法绘制，画图时，可先画出基本形体的轴测图，然后再用叠加切割法逐步完成作图。画图时，可先确定轴测轴的位置，然后沿与轴测轴平行的方向，按轴向缩短系数直接量取尺寸。特别值得注意的是，在画和坐标平面不平行的平面时，不能沿与坐标轴倾斜的方向测量尺寸。

（3）叠加法

绘制轴测图时，要按形体分析法画图，先画基本形体，然后从主要形体着手，由小到大，采用叠加或切割的方法逐步完成。在切割和叠加时，要注意形体位置的确定方法。轴测投影的可见性比较直观，对不可见的轮廓可省略虚线，在轴测图上形体轮廓能否被挡住要作图判断，不能凭感觉绘图。

【例 4-1】 图 4-4(a) 所示为三棱锥的两面投影，作其正等测。

【解】 分析：设定三棱锥的坐标系 $O_1 X_1 Y_1 Z_1$，从而可确定三棱锥上各点 S、A、B、C 的坐标值。为方便作图，使 $X_1 O_1 Y_1$ 坐标面与锥底面重合，$O_1 X_1$ 轴通过 B 点，$O_1 Y_1$ 轴通过 C 点，如图 4-4(a) 所示。

作图：如图 4-4(b) 所示，画出正等测的轴测轴，按照坐标值沿轴向量取尺寸，由此确定各点的位置。连接点 S、A、B、C，并描深可见的棱线和底边，结果如图 4-4(c) 所示。

【例 4-2】 图 4-5(a) 所示为物体的三面投影，作其正等测。

【解】 分析：该物体可以看成是"L"形棱柱被切割两次，右前上方切掉一个四棱柱，左前方切掉一个三棱柱。画轴测图时，可先画出完整的"L"形棱柱，再逐次进行切割。

作图：画出正等测的轴测轴，用特征面法作出"L"形棱柱，如图 4-5(b) 所示；由投影图

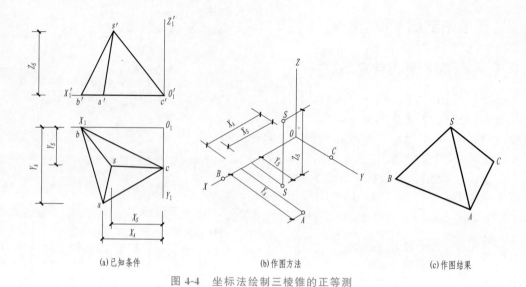

(a) 已知条件　　　　　　(b) 作图方法　　　　　　(c) 作图结果

图 4-4　坐标法绘制三棱锥的正等测

量取准确位置，切掉右前上方的小四棱柱，如图 4-5(c) 所示；量取准确位置，切去左前方三棱柱，如图 4-5(d) 所示；最后擦去作图线，描深可见的图线，结果如图 4-5(e) 所示。

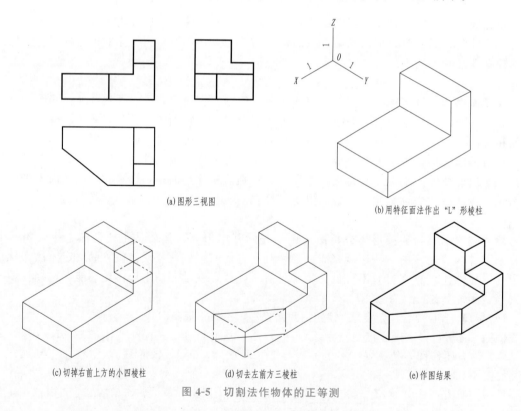

(a) 图形三视图　　　　　　　　　　　　(b) 用特征面法作出 "L" 形棱柱

(c) 切掉右前上方的小四棱柱　　　(d) 切去左前方三棱柱　　　(e) 作图结果

图 4-5　切割法作物体的正等测

【例 4-3】　图 4-6(a) 所示为挡土墙的两面投影，完成其正等测。

【解】　分析：该挡土墙可看成由一个正垂 "⊥" 形棱柱和前后对称的两个三棱柱叠加而成。先画 "⊥" 形棱柱，再逐一将两个三棱柱画出，完成作图。

作图：画出正等测的轴测轴，用特征面法画 "⊥" 形棱柱，如图 4-6(b) 所示；根据尺寸 Y_1 准确定位，以 A 为起画点，用特征面法画前方三棱柱，如图 4-6(c) 所示；根据尺寸 Y_2 准确定位，以 B 为起画点，用特征面法画后方三棱柱，如图 4-6(d) 所示；擦去被遮挡的图线，检查加深完成作图，如图 4-6(e) 所示。

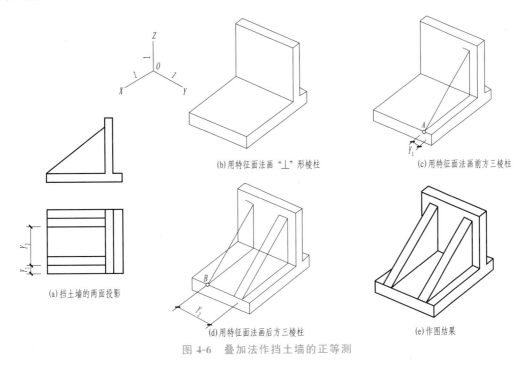

图 4-6　叠加法作挡土墙的正等测

4.2.2.2　圆的正轴测图的画法

平行于不同坐标面的圆的正等测图平行于坐标面的圆的正等测图都是椭圆，除了长短轴的方向不同外，画法都是一样的。图 4-7 所示为三种不同位置的圆的正等测图。作圆的正等测图时，必须弄清椭圆的长短轴的方向。分析图 4-7 所示的图形（图中的菱形为与圆外切的正方形的轴测投影）即可看出，椭圆长轴的方向与菱形的长对角线重合，椭圆短轴的方向垂直于椭圆的长轴，即与菱形的短对角线重合。

通过分析，还可以看出，椭圆的长短轴和轴测轴有关，即：

① 圆所在平面平行 XOY 面时，它的轴测投影——椭圆的长轴垂直 O_1Z_1 轴，即成水平位置，短轴平行 O_1Z_1 轴；

② 圆所在平面平行 XOZ 面时，它的轴测投影——椭圆的长轴垂直 O_1Y_1 轴，即向右方倾斜，并与水平线成 60°角，短轴平行 O_1Y_1 轴；

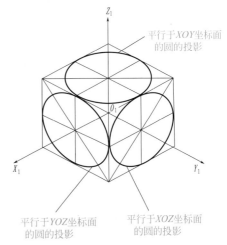

图 4-7　菱形为与圆外切的正方形的轴测投影

③ 圆所在平面平行 YOZ 面时，它的轴测投影——椭圆的长轴垂直 O_1X_1 轴，即向左方倾斜，并与水平线成 60°角，短轴平行 O_1X_1 轴。概括起来就是：平行坐标面的圆（视图上的圆）的正等测投影是椭圆，椭圆长轴垂直于不包括圆所在坐标面的那根轴测轴，椭圆短轴平行于该轴测轴。

4.2.2.3　曲面立体正轴测图的画法

用例题讲解正等测图的画法。圆柱和圆台的正等测图如图 4-8 所示，作图时，先分别作出其顶面和底面的椭圆，再作其公切线即可。边画图边讲解作图步骤。

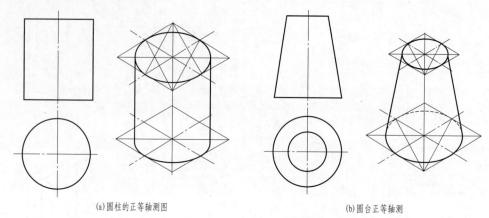

(a)圆柱的正等轴测图　　　　　　　　　　　(b)圆台正等轴测

图 4-8　曲面立体正轴测图的画法

【例 4-4】　图 4-9(a) 所示为铅垂圆柱的两面投影，作其正等测图。

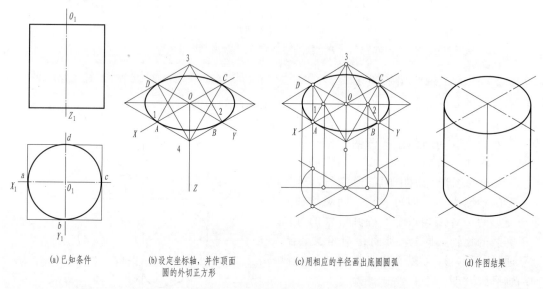

(a)已知条件　　(b)设定坐标轴，并作顶面　　(c)用相应的半径画出底圆圆弧　　(d)作图结果
　　　　　　　　圆的外切正方形

图 4-9　作铅垂圆柱的正等测

【解】　分析：该圆柱轴线为铅垂线，顶面圆和底面圆分别位于 $X_1O_1Y_1$ 坐标面及其平行面上，其正等测为形状、大小相同的两个椭圆，以菱形四心法作图，然后作两椭圆的公切线即可。

作图：以顶面圆心为坐标原点，设定坐标轴，并作顶面圆的外切正方形，切点为 a、b、c、d，如图 4-9(a) 所示，如图 4-9(b) 所示；为了减少作图，底面圆的正等测只需作三段可见的圆弧，为此，用移心法将顶圆圆心 O、圆弧圆心 1、2、3 和四个切点 A、B、C、D 均沿 OZ 轴下移圆柱的高度，然后用相应的半径画出底圆圆弧，得底圆的正等测，如图 4-9(c) 所示，作两椭圆的公切线，擦去作图线，描深可见轮廓线，完成作图，结果如图 4-9(d) 所示。

【例 4-5】　图 4-10(a) 所示为曲面体的两面投影，作其正等测。

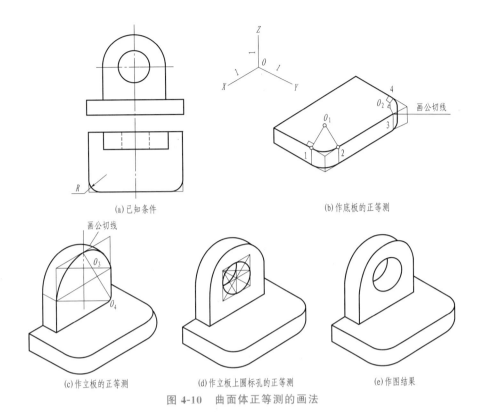

(a)已知条件

(b)作底板的正等测

画公切线

(c)作立板的正等测

(d)作立板上圆标孔的正等测

(e)作图结果

图 4-10 曲面体正等测的画法

【解】 分析：该曲面体由底板和立板两部分组成。底板前方左右两角为 1/4 圆角，需要作 1/4 圆的正等测。带有圆柱通孔的立板上部为半圆柱体，需要作 1/2 圆的正等测。画图时综合运用前述方法。

作图步骤如下。

（1）作底板的正等测。画底板的圆角时，从底板顶面左右两角点沿顶面的两边量取圆角半径，得切点 1、2、3、4，过切点作边线的垂线，交得圆心 O_1、O_2，以圆心到切点的距离为半径画弧，即为圆角正等测，用移心法画底面圆角，注意作出右前角处的公切线，如图 4-10(b)所示。

（2）作立板的正等测。立板由四棱柱和半圆柱组成，画半圆柱的正等测时，作出前端面上 1/2 圆的外切正方形的正等测，过切点作边线的垂线，交得圆心 O_3、O_4，以圆心到切点的距离为半径画弧，用移心法画后端面上的半圆，注意作出公切线，如图 4-10(c)所示。

（3）作立板上圆柱孔的正等测。圆柱通孔后孔口的轮廓线是否可见取决于板厚，如图 4-10(d)所示。

（4）擦去作图线，描深可见轮廓线，完成作图，如图 4-10(e)所示。

4.3　斜轴测图

4.3.1　正面斜轴测图

正面斜轴测图的形成如图 4-11(a)所示。物体上坐标系 $OXYZ$ 的 XOZ 坐标面平行于轴测投影面 P，轴 OX 和 OZ 分别与其投影 O_1X_1 和 O_1Z_1 平行且相等，即轴向伸缩系数 $p=r=1$，轴间角 $\angle X_1O_1Z_1=90°$。

轴测轴 O_1Y_1 的轴向伸缩系数和相应的轴间角随着投影方向 S 的变化而变化。为了作

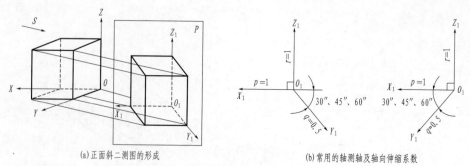

(a) 正面斜二测图的形成   (b) 常用的轴测轴及轴向伸缩系数

图 4-11 正面斜二测投影

图方便并考虑到所作图形的立体效果，按照"国标"推荐，通常选取 O_1Y_1 轴的轴向伸缩系数为 0.5，即 $q=0.5$，轴间角 $\angle X_1O_1Y_1 = \angle Y_1O_1Z_1 = 135°$，如图 4-11（b）所示，故这种正面斜轴测图又称为正面斜二测图。

画正面斜二测图时，还是以坐标法为基本方法，再辅以端面法，将物体上形状复杂、曲线多的特征面平行于轴测投影面，使这个面的投影反映实形，即可先拟绘该面的投影，再由相应各点作 OY 的平行线，根据轴向伸缩系数量取尺寸后相连即得所求斜二测图。

【例 4-6】 作图 4-12（a）所示物体的正面斜二测。

【解】 分析：该物体由台阶和栏板前后叠加而成，用叠加法完成作图。台阶和栏板前端面的正面斜二测均反映实形，各自用特征面法作图。

作图：画正面斜二测的轴测轴，画出台阶前端面的实形，从前端面的各顶点向后拉伸出 OY 方向的平行线，按 $q_1=0.5$ 确定台阶宽度，如图 4-12（b）所示；确定位置，同样的方法画出栏板，如图 4-12（c）所示；擦去作图线，加深可见轮廓线，完成全图，如图 4-12（d）所示。

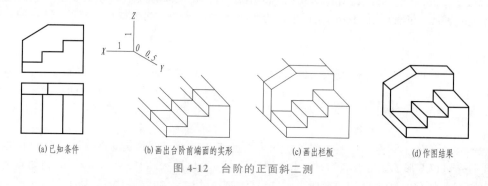

(a) 已知条件   (b) 画出台阶前端面的实形   (c) 画出栏板   (d) 作图结果

图 4-12 台阶的正面斜二测

【例 4-7】 作图 4-13（a）所示物体的正面斜二测。

【解】 分析：该物体由同轴的大、小两个圆柱叠加而成，用叠加法完成作图。由于大、小两圆柱的前后端面都是正平圆，其正面斜二测反映实形。

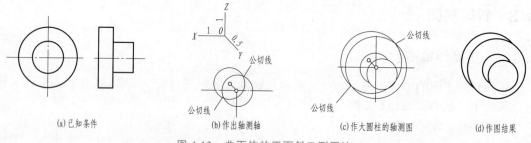

(a) 已知条件   (b) 作出轴测轴   (c) 作大圆柱的轴测图   (d) 作图结果

图 4-13 曲面体的正面斜二测画法

作图：作出轴测轴，先作小圆柱的轴测图，注意作前后端面圆的公切线，如图 4-13(b) 所示；准确定位，作大圆柱的轴测图，如图 4-13(c) 所示；擦去作图线，加深可见轮廓线，完成全图，如图 4-13(d) 所示。

4.3.2　水平斜轴测图

画水平斜轴测图时，一般仍将 O_1Z_1 轴画成铅垂线，用丁字尺和 $30°$ 三角板画出 O_1X_1 轴和 O_1Y_1 轴，使 $\angle Z_1O_1X_1 = 120°$、$\angle Z_1O_1Y_1 = 150°$、$\angle X_1O_1Y_1 = 90°$；或是 $\angle Z_1O_1X_1 = 150°$，$\angle Z_1O_1Y_1 = 120°$，而 $\angle X_1O_1Y_1 = 90°$ 不变，如图 4-14 所示。

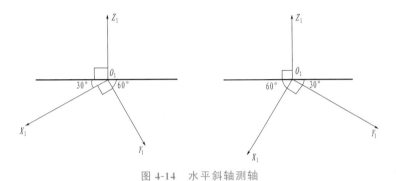

图 4-14　水平斜轴测轴

现在以一幢房屋的立面图和平面图为例，作出它被水平截面剖切后余下部分的水平斜轴测图，如图 4-15 所示。

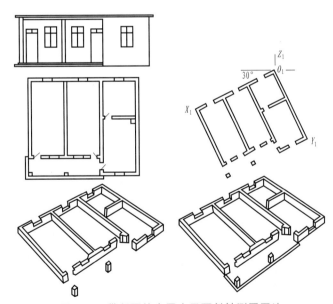

图 4-15　带断面的房屋水平面斜轴测图画法

① 在已知图上确定出水平截面的高度，明确剖切线的位置。

② 根据①中确定的截面高度的形象，画出截面。实际上是把房屋的平面图旋转 $30°$ 后画出其截面。

③ 过各个角点向下画高度线（注意，有些角点是不可见的，故不画），作出内外墙角、门、窗、柱子等主要构件的轴测图。

④ 画台阶、室外勒脚线等细部，完成水平斜轴测图。用水平斜轴测图的方法画一幅区

域规划图，如图 4-16 所示。

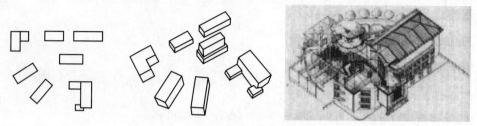

图 4-16　区域总平面图及单体建筑轴测图

【例 4-8】　画出图 4-17(a) 所示建筑物体的水平斜二测。

【解】　作图：作出轴测轴，将图 4-17(a) 中的水平投影逆时针旋转 30°后画出，如图 4-17(b) 所示；再在各转角处沿 OZ 轴方向画线，按照 $r_1=0.5$ 量取高度，最后画出各部分的顶面，完成其水平斜二测，如图 4-17(c) 所示。

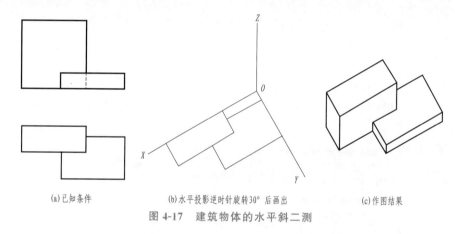

(a) 已知条件　　　　(b) 水平投影逆时针旋转 30° 后画出　　　　(c) 作图结果

图 4-17　建筑物体的水平斜二测

图 4-18(a) 为表达某小区总平面布置的平面图（即水平投影），其鸟瞰图如图 4-18(b) 所示。

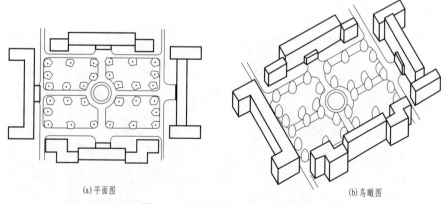

(a) 平面图　　　　　　　　　　　　　　　　(b) 鸟瞰图

图 4-18　某小区的总平面布置图

第 5 章

剖面图与断面图

5.1 基本视图与辅助视图

5.1.1 基本视图

在三个相互垂直的投影面组成的三投影面体系中，可以得到了主视图（正立投影面）、俯视图（水平投影面）、左视图（侧立投影面）三个视图。

如果在三投影面的基础上再加三个投影面，也就是在原来三个投影面的对面，再增加三个面，在就构成了一个空间六面体，然后将物体再从右向左投影，得到右视图；从下向上投影，得到仰视图；从后向前投影，得到后视图。

这样加上原来的三视图，就得到主视图、俯视图、左视图、右视图、仰视图、后视图，这六个视图称为基本视图。

其中主视图、俯视图、左视图分别用 V、H、W 表示。

5.1.2 辅助视图

辅助视图是有别于基本视图的视图表达方法，主要用于表达基本视图无法表达或不便表达的形体结构。下面介绍几种常用的辅助视图——局部视图、旋转视图、镜像视图。

（1）局部视图

将形体的某一部分向基本投影面投射所得到的视图称为局部视图，其目的是用于表达形体上局部结构的外形。

画图时，局部视图的名称用大写字母表示，注在视图的下方，在相应视图附近用箭头指明投影部位和投影方向，并注上同样的大写字母（如 A、B）。局部视图一般按投影关系配置，如图 5-1 所示中 A 向视图所示。必要时也可配置在其他适当位置，如图 5-1 所示中 B 向视图所示。

局部视图的范围应以视图轮廓线和波浪线的组合表示，如图 5-1 中的 A 向视图；当所表示的局部结构形状完整，且轮廓线呈封闭，波浪线可省略，如图 5-1 中的 B 向视图所示。

（2）旋转视图

旋转视图又称展开视图。当形体的某一部分与基本投影面倾斜时，假想将形体的倾斜部分旋转到与某一选定的基本投影面平行，再向该基本投影面投影，所得的视图称为旋转视图（又称展开视图），其目的是用于表达形体上倾斜部分的结构外形。

房屋中间部分的墙面平行于正立投影面，在正面上反映实形，而左右两侧面与正立投影面倾斜，其投影图不反映实形。为此，可假想将左右两侧墙面展至和中间墙面在同一平面

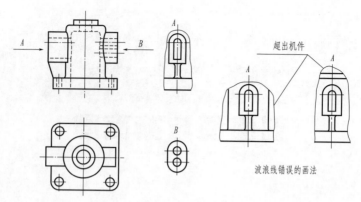

图 5-1　局部视图

上，这时再向正立投影面投影，则可以反映左右两侧墙面的实形。展开视图可以省略标注旋转方向及字母，但应在图名后加注"展开"字样。

（3）镜像视图

把镜面放在形体的下面，代替水平投影面，在镜面中反射得到的图像，称为镜像投影图。如图 5-2 所示可知它与通常投影法绘制的平面图是不相同的。

当直接用正投影法所绘制的图样虚线较多，不易表达清楚某些工程构造的真实情况时，可用镜像投影法绘制，但应在图名后注写"镜像"两字。

在室内设计中，镜像投影常用来反映室内顶棚的装修、灯具，或古代建筑中殿堂室内房顶上藻井（图案花纹）等的构造情况。

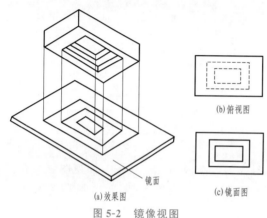

(a)效果图

(b)俯视图

(c)镜面图

图 5-2　镜像视图

5.2　剖面图

5.2.1　剖面图的形成

扫码看视频

剖面图的形成

在形体的视图中，可见的轮廓线绘制成实线，不可见的轮廓线绘制成虚线。因此，对于内部形状或构造比较复杂的形体，势必在投影图上出现较多的虚线，使得实线与虚线相互交错而混淆不清，不利于看图和标注尺寸。为了解决这一问题，工程上常采用剖切的方法，即假想用剖切面在形体的适当部位将形体剖开，移去剖切面与观察者之间的部分，将剩余的部分向投影面投射，使原来不可见的内部结构可见，这样得到的投影图称为剖面图，简称剖面。有些专业图（如水利工程图、机械图）中所提及的剖视就是此处的剖面。

如图 5-3(a) 所示为水槽的面投影图，其三面投影均出现了许多虚线，使图样不够清晰。假想用一个通过水槽排水孔轴线，且平行于 V 面的剖切面 P 将水槽剖开，移走前半部分，将剩余的部分向 V 面投影，然后在水槽的断面内画上通用材料图例（如需指明材料，则画上具体的材料图例），即得水槽的正视方向的剖面图，如图 5-3(c) 所示。这时水槽的槽壁厚度、槽深、排水孔大小等均被表达得很清楚，又便于标注尺寸。同理，可用一个通过水槽排水孔轴线，且平行于 W 面的剖切面 2 剖开水槽，移去 2 面的左边部分，然后将形体剩余的部分向 W 面投射，得到另一个方向的剖面图，如图 5-3(d) 所示。由于水槽下的支座在两个剖面图中已表达清楚，故在平面图中省去了表达支座的虚线。如图 5-3(b) 所示为水槽的剖面图。

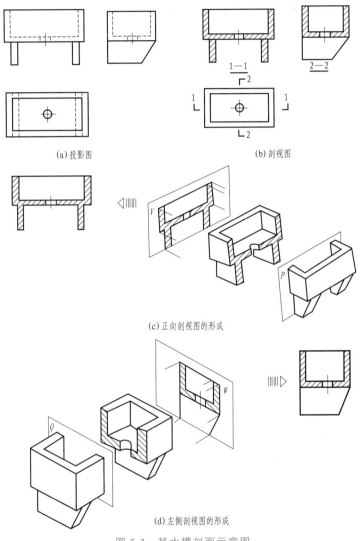

(a) 投影图　　　　　　　　　　　(b) 剖视图

(c) 正向剖视图的形成

(d) 左侧剖视图的形成

图 5-3　某水槽剖面示意图

5.2.2　剖面图的标注

　　表示建筑物垂直方向房屋各部分组成关系的图纸称为建筑剖面图。剖面设计图主要应表示出建筑各部分的高度、层数、建筑空间的组合利用以及建筑剖面中的结构、构造关系、层次、做法等。剖面图的剖视位置应选在层高不同、层数不同、内外部空间比较复杂、最有代表性的部分，主要包括以下内容。

　　① 墙、柱、轴线、轴线编号。

　　② 室外地面、底层地（楼）面、地坑、地沟、基座、各层楼板、吊顶、屋架、屋顶、出屋面烟囱、天窗、挡风板、消防梯、檐口、女儿墙、门、窗、吊车、吊车梁、走道板、

梁、铁轨、楼梯、台阶、坡道、散水、平台、阳台、雨篷、洞口、墙裙、雨水管及其他装修等可见的内容。

③ 高度尺寸、外部尺寸：门、窗、洞口高度，总高度，内部尺寸，地坑深度，隔断、洞口、平台、吊顶尺寸等。

④ 标高：底层地面标高，以上各层楼面、楼梯、平台标高，屋面板、檐口、女儿坡顶、烟囱顶标高，高出屋面的水箱间、楼梯间、机房顶部标高，室外地面标高，底层以下的地下各层标高。

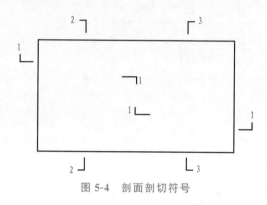

图 5-4　剖面剖切符号

在工程图中用剖切符号表示剖切平面的位置及投影方向。剖切符号由剖切位置线及投射方向线组成，均应以粗实线绘制。剖切位置线的长度一般为 6～10mm，投射方向线应垂直于剖切位置线，长度应短于剖切位置线，长度一般为 4～6mm，如图 5-4 所示。绘制时剖切符号应尽量不穿行图形上的图线。

剖切符号的编号宜采用阿拉伯数字，需要转折的剖切位置线在转折处加注相同的编号；在剖面图的下方应注出相应的编号，如 "X— X 剖面图"。

5.2.3　剖面图的种类

（1）全剖面图

假想用一个单一平面将形体全部剖开后所得到的投影图，称为全剖面图，如图 5-5 所示。它多用于在某个方向视图形状不对称或外形虽对称，但形状却较简单的物体。

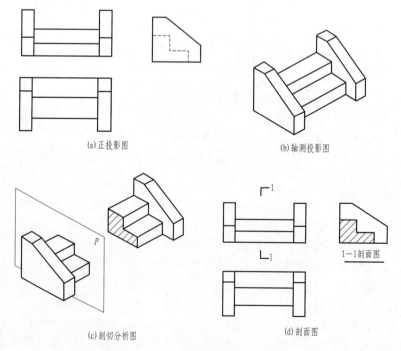

(a)正投影图　　(b)轴测投影图

(c)剖切分析图　　(d)剖面图

图 5-5　全剖面图

（2）半剖面图

当形体左右对称或前后对称，而外形比较复杂时，常把投影图的一半画成正投影图，另一半画成剖面图，这样组合的投影图叫做半剖面图，如图 5-6 所示。这样作图不但可以同时表达形体的外形和内部结构，并且可以节省投影图的数量

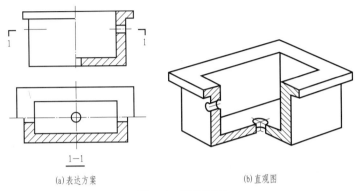

(a)表达方案　　　　　　　　　(b)直观图

图 5-6　半剖面图

（3）阶梯剖面图

当物体内部结构层次较多时，用一个剖切平面不能将物体内部结构全部表达出来，这时可以用几个相互平行的平面剖切物体，这几个相互平行的平面可以由一个剖切面转折成几个相互平行的平面，这样得到的剖面图称为阶梯剖面图，如图 5-7 所示。

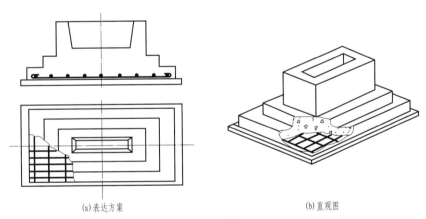

(a)表达方案　　　　　　　　　(b)直观图

图 5-7　阶梯剖面图

（4）局部剖面图

在建筑工程和装饰工程中，常使用分层局部剖面图来表达屋面、楼面、地面、墙面等的构造和所用材料。分层局部剖面图是用几个相互平行的剖切平面分别将物体局部剖开，把几个局部剖面图重叠画在一个投影图上，用波浪线将各层的投影分开，如图 5-8 所示。

注意：在工程图样中，正面投影中主要是表达钢筋的配置情况，所以图中未画钢筋混凝土图例。

作局部剖面图时，剖切平面图的位置与范围应根据物体的需要而定，剖面图与原投影图用波浪线分开，波浪线表示物体断裂痕迹的投影，因此波浪线应画在物体的实体部分。波浪线既不能超出轮廓线，也不能与图形中其他图线重合。局部剖面图画在物体的视图内，所以通常无须标注。

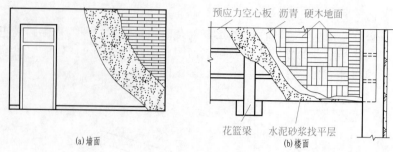

| (a)墙面 | (b)楼面 |

图 5-8 局部剖面图

（5）展开剖面图

用两个相交的剖切平面剖切形体，剖切后将剖切平面后的形体绕交线旋转到与基本投影面平行的位置后再投影，所得到的投影图称为展开剖面图，如图 5-9 所示。

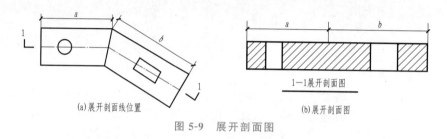

(a)展开剖面线位置　　　　　　(b)展开剖面图

图 5-9 展开剖面图

【例 5-1】 识读图 5-10 所示桥梁上部结构的行车道板的三视图。

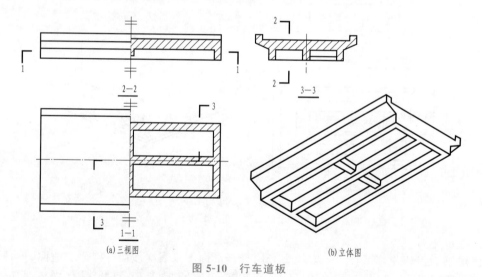

(a)三视图　　　　　　　　(b)立体图

图 5-10 行车道板

【解】 （1）分析视图。如图 5-10(a) 所示，该行车道板由三个视图共同表达，三个视图均为剖面图，按投影关系配置。平面图是一个半剖面图，由 1—1 剖切符号可看出，剖切面为水平面，剖切位置通过板下面的纵、横梁，投射方向由上向下；正立面图也是一个半剖面图，由 2—2 剖切符号可看出，剖切面为正平面，沿行车道板纵向剖切，投射方向从前向后；左侧立面图是一个阶梯剖面图，由 3—3 剖切符号可看出，用两个相平行的侧平面把行车道板横向剖切，分别剖切跨中和跨端，投射方向为从左向右。

（2）分部分想形状。如图 5-10(a) 所示，由三个视图可知该行车道板前后、左右对称，并可看出行车道板由上、下两部分组成。上部为行车道板板面，可看作一个棱柱体，其断面形状见

3—3 剖面。下部为纵、横梁，由 1—1 剖面、3—3 剖面可看出，剖切到的三道纵梁均为矩形截面，尺寸相同；由 1—1 剖面、2—2 剖面可看出，剖切到的横梁均为矩形截面，左右两道横梁截面的高度尺寸与纵梁相同，中心线位置横梁的截面高度尺寸小些。

（3）综合起来想象整体。综合上面的分析可知，在行车道板板面下部布置有纵、横梁，梁格布置前后、左右对称，其中左右两道横梁的外端面分别与行车道板的左右端面平齐。该行车道板的空间形状如图 5-10(b) 所示。

5.3　断面图

5.3.1　断面图的形成

断面图是用假想的剖切平面将物体切开，移开剖切平面与观察者之间的部分，用正投影的方法，仅画出物体与剖切平面接触部分的平面图形，而剖切后按投影方向可能看到的形体的其他部分的投影不画，并在图形内画上相应的材料图例的投影图，如图 5-11 所示。

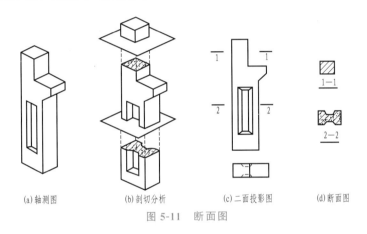

(a)轴测图　　(b)剖切分析　　(c)二面投影图　　(d)断面图

图 5-11　断面图

5.3.2　断面图的标注

（1）移出断面图的标注

① 移出断面图一般应用剖切符号表示剖切位置，用箭头表示投射方向，并注上字母，在断面图的上方用同样的字母标出其名称"×—×"。

② 配置在剖切符号延长线上的不对称移出断面图，应画出剖切符号和箭头，但可省略字母。

③ 不配置在剖切符号延长线上的对称移出断面图，不论画在什么地方，均可省略箭头。

④ 配置在剖切符号延长线上的对称移出断面图不必标注。

⑤ 按投影关系配置的移出断面图，可省略箭头。

（2）重合断面图的标注

对称的重合断面图不必标注，不对称的重合剖面图应画出剖切符号和箭头。

5.3.3　断面图的种类

（1）移出断面图

把断面图画在物体投影图的轮廓线之外的断面图，称为移出断面图。画断面图时应注意以下几点。

① 断面图应尽可能地放在投影图的附近，以便于识图。

② 断面图也可以适当地放大比例，以便于标注尺寸和清晰地表达内部结构。

③ 在实际施工图中，如梁、基础等都用移出断面表达其形状和内部结构。

（2）中断断面图

把断面图直接画在视图中断处的断面图，称为中断断面图，如图 5-12 所示。

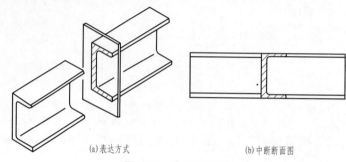

(a)表达方式　　　　　　　　　　(b)中断断面图

图 5-12　中断断面图

（3）重点断面图

把断面图直接画在投影图轮廓线内，使断面图与投影图重合在一起的断面图，称为重合断面图，如图 5-13 所示。

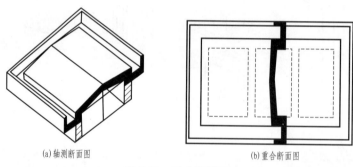

(a)轴测断面图　　　　　　　　　　(b)重合断面图

图 5-13　重合断面图

5.3.4　断面图与剖面图的区别

断面图与剖面图的区别如下。

扫码看视频

断面图与剖面图的区别

① 在画法上，断面图只画出物体被剖开后断面的投影，而剖面图除了要画出断面的投影，还要画出物体被剖开剩余部分的全部投影。

② 断面图是断面的面投影，剖面图是形体被剖开后剩余形体的投影。

③ 剖切编号不同。剖面图用剖切位置线、投影方向线和编号表示，断面图只画剖切位置线与编号，用编号的注写位置来代表投射方向。

④ 剖面图的剖切平面可以转折，断面图的剖切平面不能转折。

⑤ 剖面图是为了表达物体的内部形状和结构，断面图常用来表达物体中某一局部的断面形状。

⑥ 剖面图中包含断面图，断面图是剖面图的一部分。

⑦ 在形体剖面图和断面图中，被剖切平面剖到的轮廓线都用粗实线绘制。图 5-14 所示为剖面图与断面图的区别。

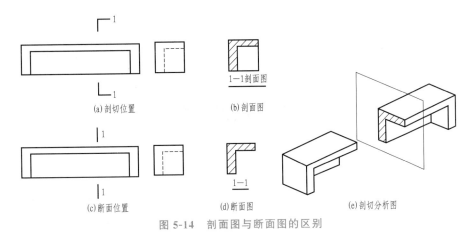

图 5-14　剖面图与断面图的区别

【例 5-2】　识读图 5-15(a) 所示的钢筋混凝土梁、柱节点的具体构造。

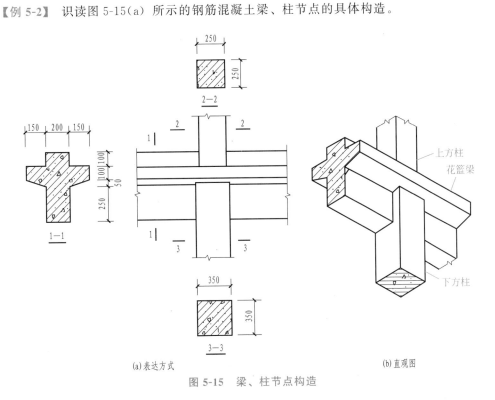

图 5-15　梁、柱节点构造

【解】　(1) 分析视图。由图 5-15(a) 可知，该节点构造由一个正立面图和三个断面图共同表达，三个断面图均为移出断面，按投影关系配置，画在杆件断裂处。

(2) 分部分想形状。由各视图可知该节点构造由三部分组成。水平方向的为钢筋混凝土梁，由 1—1 断面可知梁的断面形状为"十"字形，俗称"花篮梁"，尺寸见 1—1 断面。竖向位于梁上方的柱子，由 2—2 断面可知其断面形状及尺寸。竖向位于梁下方的柱子，由 3—3 断面可知其断面形状及尺寸。

(3) 综合起来想象整体。由各部分形状结合正立面图可看出，断面形状为方形的下方柱由下向上通至花篮梁底部，并与梁底部产生相贯线，从花篮梁的顶部开始向上为断面变小的楼面上方柱。该梁、柱节点构造的空间形状如图 5-25(b) 所示。

第 6 章

建筑构造

6.1 基础与地下室

6.1.1 地基

地基，是指支撑基础的土体或岩体。未经加固处理直接作为地基的天然土层称为天然地基；如地质状况不佳的条件下，如坡地、沙地或淤泥地质，或虽然土层质地较好，但上部荷载过大时，为使地基具有足够的承载能力，则要采用人工加固的地基，称为人工地基。

6.1.1.1 天然地基

（1）地基土的分类

① 岩石是整体或具有节理裂缝的岩层，地基承载力高。如花岗岩，石灰石等，其地耐力可达 4000kPa 以上。

② 碎石土是粒径大于 2mm 的颗粒含量超过 50% 的土。如卵石、碎石等，其地耐力可达 200～1000kPa。

③ 砂土是粒径大于 2mm 的颗粒含量不超过全重 50%，粒径大于 0.075mm 的颗粒超过全重 50% 的土。如砾砂、粗砂、中砂等，其地基承载力可达 140～340kPa。天然砂土地基如图 6-1 所示。

④ 粉土的塑性指数小于 10，粉土的性质介于砂土和黏土之间，容许承载力与粉土的孔隙比及天然含水量有关。粉土的承载力一般为 100～410kPa。

⑤ 黏性土的黏性及塑性大，按沉积年代不同可分为老黏性土和红黏土等，地基承载力可达 $100～475kPa$。黏性土按其塑性指数（I_P）分为粉质黏土（$10 < I_P \leqslant 17$）和黏土（$I_P > 17$）。

⑥ 人工填土是经过人工堆填而成的土。土层分布不规律、不均匀，压缩性高，浸水后易湿陷。其承载力较低，必须通过荷载试验等方式确定。

（2）地基土的特性

① 压缩与沉降　由于颗粒间的孔隙减小而产生垂直方向的沉降变形，称为土的压缩。由于地基土的压缩，使建筑物出现沉降，压缩量越大，沉降量就越大。

图 6-1　天然砂土地基示意图

② 抗剪与滑坡　土的抗剪强度是指土对于剪应力的极限抵抗强度。主要是取决于土的内聚力和内摩擦力。土的抗剪强度越大，抗滑坡的能力越强。

③ 土中水对地基的影响　土中水呈气态（水汽）、液态（水）、固态（冰）三种形态。土中含水量的多少，直接影响地基的承载力。含水率越小，地基的性能越好。

6.1.1.2　人工地基的处理方法

（1）密实法

密实法可分为碾压夯实法、重锤夯实法、机械碾压法、振动压实法、强夯法、堆载预压法、砂井堆载预压法。堆载预压法示意图如图 6-2 所示。

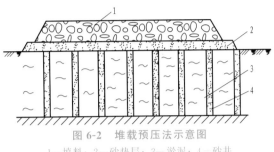

图 6-2　堆载预压法示意图
1—填料；2—砂垫层；3—淤泥；4—砂井

（2）换土法

当基础下土层比较弱，或部分地基有一定厚度的软弱土层，如淤泥、淤泥质土、充填土、杂壤土等，不能满足上部荷载对地基的要求时，可将软弱土层全部或部分挖去，换成其他较坚硬的材料，这种方法叫换土法。换土垫层如图 6-3 所示。

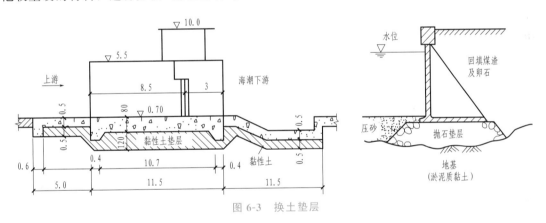

图 6-3　换土垫层

（3）加固法

加固法包括化学加固法、高压旋喷法、硅化加固法。

（4）桩基

当建筑物荷载很大、地基土层很弱时，可采用桩基。常用的桩有摩擦桩、端承桩、钢筋混凝土预制桩、灌注桩。桩基处理示意图如图 6-4 所示。

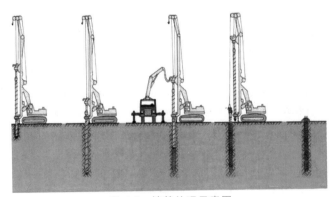

图 6-4　桩基处理示意图

6.1.2 基础

基础指建筑底部与地基接触的承重构件，它将结构所承受的各种荷载传递到地基上的结构组成部分，是建筑地面以下的承重构件。它承受建筑物上部结构传下来的全部荷载，并把这些荷载连同本身的重量一起传到地基上。

6.1.2.1 按材料及受力特点分类

（1）刚性基础

受刚性角限制的基础称为刚性基础。刚性基础所用的材料的抗压强度较高，但抗拉及抗剪强度偏低。刚性基础中压力分布角 α 称为刚性角。在设计中，应尽力使基础大放脚与基础材料的刚性角相一致，目的是确保基础底面不产生拉应力，最大限度地节约基础材料。构造上通过限制刚性基础宽高比来满足刚性角的要求。常用的有砖基础、灰土基础、三合土基础、毛石基础、混凝土基础和毛石混凝土基础。刚性基础示意图如图 6-5 所示。

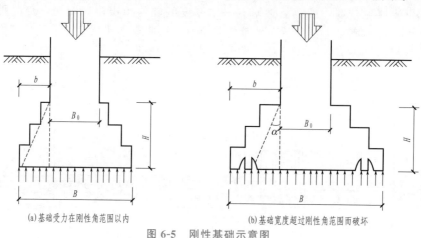

(a)基础受力在刚性角范围以内　　　　(b)基础宽度超过刚性角范围而破坏

图 6-5　刚性基础示意图

B_0—上部墙式柱的宽度；B—基础底面宽度；α—刚性角；H—基础高度

（2）柔性基础

在混凝土基础底部配置受力钢筋，利用钢筋受拉，这样基础可以承受弯矩，也就不受刚性角的限制，所以钢筋混凝土基础也称为柔性基础。

钢筋混凝土基础断面可做成梯形，最薄处高度不小于200mm；也可做成阶梯形，每踏步高300～500mm。通常情况下，钢筋混凝土基础下面设有C7.5或C10素混凝土垫层，厚度100mm左右；无垫层时，钢筋保护层为75mm，以保护受力钢筋不受锈蚀。柔性基础示意图如图6-6所示。

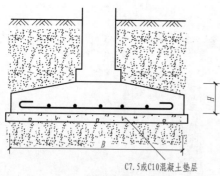

C7.5或C10混凝土垫层

图 6-6　柔性基础示意图

B—钢筋混凝土基础断面宽度；
H—钢筋混凝土基础断面高度

6.1.2.2 按构造分类

（1）独立基础（单独基础）

建筑物上部结构采用框架结构或单层排架结构承重时，基础常采用圆柱形和多边形等形式的独立式基础，这类基础称为独立式基础，也称单独基础。独立基础分三种，阶形基础、坡形基础、杯形基础。独立基础如图 6-7 所示。

（2）条形基础

条形基础指基础长度远远大于宽度的一种基础形式。按上部结构分为墙下条形基础和柱下条形基础。基础的长度大于或等于 10 倍基础的宽度。条形基础的特点是，布置在一条轴线上且与两条以上轴线相交，有时也和独立基础相连，但截面尺寸与配筋不尽相同，如图 6-8 所示。

图 6-7 独立基础

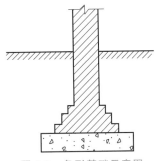

图 6-8 条形基础示意图

墙下条形基础和柱下独立基础（单独基础）统称为扩展基础。扩展基础的作用是把墙或柱的荷载侧向扩展到土中，使之满足地基承载力和变形的要求。

（3）柱下十字交叉基础

十字交叉基础是柱下条形基础在柱网的双向布置，相交于柱位处形成交叉条形基础。适用于荷载较大的高层建筑，如土质较弱，可做成十字交叉基础。当地基软弱，柱网的柱荷载不均匀，需要基础具有空间刚度以调整不均匀沉降时多采用此类型基础，此类基础计算较复杂。柱下十字交叉基础如图 6-9 所示。

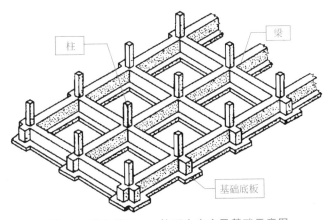

图 6-9 联合基础——柱下十字交叉基础示意图

（4）片筏基础

片筏基础，简称筏基，是一个等厚度的钢筋混凝土平板，用以支承上部结构的柱、墙或设备，如图 6-10 所示。板的厚度决定于土质情况及上部结构荷重的分布和大小。当地基基础软弱而荷载又很大，采用十字基础仍不能满足要求或相邻基槽距离很小时，可用钢筋混凝土做成整块的片筏基础。片筏基础具有减少基底压力，提高地基承载力和调整地基不均匀沉降的能力，可以避免结构物局部发生明显的不均匀沉降。片筏基础如图 6-10 所示。

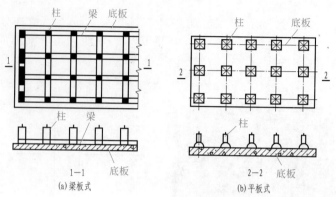

图 6-10　片筏基础示意图

（5）箱形基础

箱形基础由钢筋混凝土的底板、顶板、侧墙及一定数量的内隔墙构成封闭的箱体，基础中部可在内隔墙开门洞作地下室，如图 6-11 所示。这种基础整体性和刚度都好，调整不均匀沉降的能力较强，可消除因地基变形使建筑物开裂的可能性，减少基底处原有的地基自重应力，降低总沉降量。它适用于作软弱地基上的面积较小、平面形状简单、荷载较大或上部结构

箱形基础

分布不均的高层重型建筑物的基础及对沉降有严格要求的设备基础或特殊构筑物的基础，但混凝土及钢材用量较多，造价也较高。

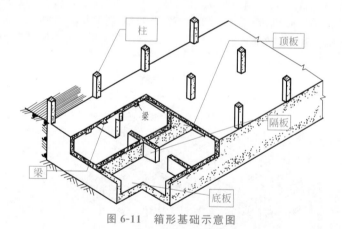

图 6-11　箱形基础示意图

（6）复合基础

复合基础针对同一个建筑下但地质情况变化很大或上部荷载很大（一般基础难以单独承载）的建筑物或构筑物，一个建筑下有两种或两种以上形式的基础，另外还有钢板桩等作为维护一定地质条件的施工手段。但所有的基础形式要根据地质报告、力学计算等通过设计部门和审核部门审定确定。

6.1.3　地下室

地下室由墙体、底板、顶板、门窗、楼（电）梯五大部分组成。

（1）墙体

地下室的外墙应按挡土墙设计，如用钢筋混凝土或素混凝土墙，应按计算确定，其最小厚度除应满足结构要求外，还应满足抗渗厚度的要求。其最小厚度不低于 300mm，外墙应

作防潮或防水处理，如用砖墙（现在较少采用），其厚度不小于490mm。

（2）顶板

可用预制板、现浇板或者预制板上作现浇层（装配整体式楼板）。如为防空地下室，必须采用现浇板，并按有关规定决定厚度和混凝土强度等级，在无采暖的地下室顶板上，即首层地板处应设置保温层，以利首层房间的使用舒适。

（3）底板

底板处于最高地下水位以上，并且无压力产生作用的可能时，可按一般地面工程处理，即垫层上现浇混凝土60～80mm厚，再做面层；如底板处于最高地下水位以下时，底板不仅承受上部垂直荷载，还承受地下水的浮力荷载，此时应采用钢筋混凝土底板，并双层配筋，底板下垫层上还应设置防水层，以防渗漏。

（4）门窗

普通地下室的门窗与地上房间门窗相同，地下室外窗如在室外地坪以下时，应设置采光井和防护箅，以利室内采光、通风和室外行走安全。防空地下室一般不允许设窗，如需开窗，应设置战时堵严措施。防空地下室的外门应按防空等级要求，设置相应的防护构造。

（5）楼梯

可与地面上的房间结合设置，层高小或用作辅助房间的地下室，可设置单跑楼梯，有防空要求的地下室至少要设置两部楼梯通向地面的安全出口，并且必须有一个是独立的安全出口。这个安全出口周围不得有较高建筑物，以防空袭时建筑倒塌堵塞出口而影响疏散。

6.2 墙体

6.2.1 墙体的类型和作用

扫码看视频　　扫码看视频　　扫码看视频

墙体　　　　砖墙　　　混凝土砌块柱

（1）墙体按材料分类

① 砖墙　用作墙体的砖有普通黏土砖、黏土多孔砖、黏土空心砖、焦渣砖等。黏土砖用黏土烧制而成，有红砖、青砖之分，如图6-12所示。焦渣砖用高炉硬矿渣和石灰蒸养而成。

② 加气混凝土砌块墙　加气混凝土砌块是一种轻质材料，其成分是水泥、砂子、磨细矿渣、粉煤灰等，用铝粉作发泡剂，经蒸养而成。加气混凝土具有密度小、体积质量轻、可切割、隔声、保温性能好等特点。这种材料多用于非承重的隔墙及框架结构的填充墙，如图6-13所示。

③ 石材墙　石材是一种天然材料，主要用于山区和产石地区，如图6-14所示。

④ 板材墙　板材以钢筋混凝土板材、加气混凝土板材为主，玻璃幕墙亦属此类。

图6-12　砖墙示意图　　　图6-13　加气混凝土砌块墙示意图　　　图6-14　石材墙示意图

⑤ 承重混凝土空心小砌块墙 采用 C20 混凝土制作，常用于 6 层及以下的住宅。

⑥ 整体墙 框架内现场制作的整块式墙体，无砖缝、板缝，整体性能突出。主要用材以轻集料钢筋混凝土为主，操作工艺为喷射混凝土工艺，整体强度略高于其他结构，再加上合理的现场结构设计，特适用于地震多发区、大跨度厂房建设和大型商业中心隔断。

（2）墙体按受力特点分类

① 承重墙 墙直接承受楼板及屋顶传下来的荷载，由于承重墙所处的位置不同，又分为承重内墙和承重外墙，如图 6-15 所示。

扫码看视频

承重墙

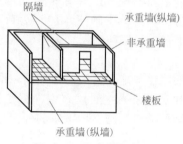

图 6-15 承重墙示意图

② 自承重墙 只承受墙体自身重量而不承受屋顶、楼板等竖向荷载，并把自重传给墙下基础。

③ 围护墙 与室外空气直接接触的墙体，它用于房屋的防风、防雪、防雨，并起着保温、隔热、隔声、防水等作用。

④ 隔墙 它起着分隔空间的作用，把自重传给楼板层，隔墙应满足自重轻、隔声、防火等要求。

（3）墙体的作用

① 承重作用 承重墙承受房屋的屋顶、楼层、人和设备的荷载，以及墙体自重、风荷载、地震荷载等，是建筑物的主要竖向承重构件。

② 维护作用 外墙是建筑围护结构的主体，担负着抵御自然界中的风、雨、雪及噪声、冷热、太阳辐射等不利因素侵袭的责任。

③ 分割作用 墙体是建筑水平方向划分空间的构件，把建筑物内部划分成不同的空间。

④ 装饰作用 墙体是建筑装修的重要组成部分，墙面装修对整个建筑物的装修效果作用很大。

6.2.2 砌体墙的构造

6.2.2.1 砌体墙的材料

（1）砖

砖墙是应用最广泛的一种墙体，它的材料由砖和砂浆砌筑而成。砖的材料有普通黏土砖、粉煤灰砖、矿渣砖、耐火砖等。

① 黏土砖 黏土砖是我国传统的墙体材料。我国标准黏土砖的规格为 240mm×115mm×53mm。砖的强度以强度等级表示，分别为 MU30、MU25、MU20、MU15、MU10、MU7.5六个级别。

② 非烧结砖 以工业废渣为原料制成的砖称为非烧结砖。常用黏土砖规格为 240mm（长）×115mm（宽）×53mm（厚），在实际工程中，加上砌筑所需的灰缝尺寸，正好形成 4：2：1 的比值，便于砌筑时互相搭接和组合。

（2）砌块

砌块是利用混凝土、工业废料（煤渣、矿渣等）或地方材料制成的人造块材，其外形尺寸比砖大，具有设备简单，砌筑速度快的优点，符合建筑工业化发展中墙体改革的要求。

砌块按不同尺寸和质量的大小分为小型砌块、中型砌块和大型砌块。砌块系列中主规格的高度大于 115mm 而又小于 380mm 的称为小型砌块，高度为 380～980mm 的称为中型砌块，高度大于 980mm 的称为大型砌块，使用中以中小型砌块居多。

（3）砂浆

砂浆是砌体的黏结材料，它将砖、砌块胶结成为整体，便于上层砖、砌块所承受的荷载逐层均匀地传至下层，以保证整个粘接起来的砌体的强度。同时砂浆还起着嵌缝作用，能提高墙体保温、隔热、隔声、防潮等性能。砂浆要求有一定的强度，以保证墙体的承载能力，还要求有适当的稠度和保水性（即和易性），方便施工。

砂浆的强度与砖一样，也以强度等级表示，分为 7 个级别：M15、M10、M7.5、M5、M2.5、M1、M0.4。在同一段砌体中，砂浆和块材的强度有一定的对应关系，以保证砌体的整体强度不受影响。

6.2.2.2　砌筑方式

由于在砖砌墙中，砂浆仍然是受力的薄弱环节，因此砌筑时应做到：横平竖直、错缝搭接、避免通缝、砂浆饱满（砂浆饱满则粘接力强）。要求墙不能砌歪，保证墙体稳定，不能形成通缝（一旦形成通缝，在上部荷载作用下，墙体将开裂破坏）。为保证砖墙的坚固，砖块排列的方式应遵循内外搭接、上下错缝的原则；同时应便于砌筑和少砍砖。

砖砌体墙砌筑砂浆的厚度一般在 8～12mm，通常按 10mm 计。砖缝又叫灰缝，连同灰缝的尺寸一起，在工程上将一皮（即一层）砌筑砖的标准尺寸定为 60mm；半砖为 120mm，一砖则在砌筑时要 240mm。砖砌体墙若要承重，厚度至少应为 18 墙（180mm）。

在砌筑工程中将砖的侧边叫做"顺"，顶端称为"丁"，砖缝形式见图 6-16。最通常的砌筑方式有以下几种。

（1）全顺式

全顺式亦称走砖式，每皮均为顺砖叠砌而成。上下皮搭头互为半砖，适用半砖墙，如图 6-17（a）所示。

扫码看视频
全顺式砌筑

扫码看视频
一顺一丁式

扫码看视频
每皮一顺一丁式

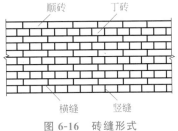
图 6-16　砖缝形式

扫码看视频
多顺一丁式

（2）一顺一丁式

此种砌式墙的整体体好、强度较高，如图 6-17（b）、（c）所示。

（3）每皮一顺一丁式

这种砌式的墙整体性好，墙面美观，但施工比较复杂。

（4）顺丁相间式

这种砌法是由顺砖和丁砖相间铺砌而成。这种砌法的墙厚至少为一砖墙，它整体性好，且墙面美观，如图 6-17（d）所示。

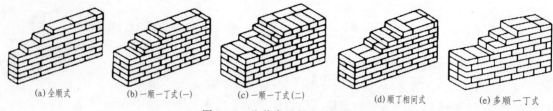

图 6-17　几种常见的砌墙砌法

（5）多顺一丁式

通常有三顺一丁式和五顺一丁式之分，即多层错位法，搭接不如一顺一丁式牢固，如用来砌筑两砖以上的厚墙时，不会影响墙身的强度，却可以提高砌筑速度，如图 6-17(e) 所示。

6.2.3　隔墙、隔断构造

（1）隔墙

隔墙和隔断是分隔空间的非承重构件。其作用是对空间的分隔、引导和过渡。

不承重的内墙叫隔墙（死隔断）。对隔墙的基本要求是自身重量小，以便减少对地板和楼板层的荷载，厚度薄，以增加建筑的使用面积；并根据具体环境要求隔声、耐水、耐火等。考虑到房间的分隔随着使用要求的变化而变更，因此隔墙应尽量便于拆装。

按施工工艺可分为砌筑类隔墙、立筋类隔墙、立条板类隔墙。

（2）隔断

① 固定式隔断　固定式隔断对划分和限定空间，增加空间层次和深度，创造似隔非隔、虚实兼具的空间意境有很大的帮助。所用材料有木制、竹制、玻璃、金属及水泥制品等，可做成花格、落地罩、飞罩、博古架等各种形式。

② 活动式隔断　活动式隔断又称移动式隔断，其特点是使用时灵活多变，可以随时打开和关闭，使相邻空间根据需要成为一个大空间或几个小空间，关闭时能与隔墙一样限定空间，阻隔视线和声音。也有一些活动式隔断全部或局部镶嵌玻璃，其目的是增加透光性，不强调阻隔人们的视线。按启闭的方式分为拼装式、直滑式、折叠式、卷帘式、起落式，其构造较为复杂。

（3）隔断的作用

隔断的作用包括分隔空间、遮挡视线、适当隔声、增强私密性、增强空间的弹性以及具有一定的导向作用。

6.3　楼板与楼地面

6.3.1　楼板

（1）楼板层的构造

楼板层是建筑物的重要组成之一，楼板层的建造必须具备一定的条件和满足一定的功能需求。其主要作用是用来承载其上面的家具、设备和人等荷载，并将荷载传递给承重构件，同时还需满足防水、防潮、防火、隔声等一系列功能需求。所以楼板层不仅要有刚度与强度，还需要根据建筑物来选择其适合的楼板层构造。

（2）楼板层的组成及其作用

楼板层自上而下有下述层次，根据需要设置。

① 面层　位于楼板层的最上层，起着保护楼板层、分布荷载和绝缘的作用，同时对室

内起美化装饰作用，如图 6-18 所示。

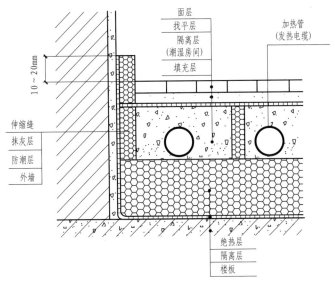

图 6-18　楼板层示意图

② 结合层　是面层与下层的连接层，具有支撑承重的作用。

③ 找平层　为不平整的下层找平或找坡的构造层，常用砂浆构筑，如图 6-18 所示。

④ 防水层和防潮层　用以防止室内的水透过和防止潮气渗透的构造层。

⑤ 保温层和隔热层　改善热工性能的构造层附加层，具有防火、保温隔热、防水防潮等作用。

⑥ 隔声层　隔绝楼板撞击声的构造层。

⑦ 隔蒸汽层　防止蒸汽渗透影响保温隔热功能的构造层。

⑧ 填充层　起填充作用的构造层，如图 6-18 所示。

⑨ 管道敷设层　敷设设备暗管线的构造层，常利用填充层的空间。

⑩ 结构层　主要功能在于承受楼板层上的全部荷载并将这些荷载传给墙或柱；同时还对墙身起水平支撑作用，以加强建筑物的整体刚度。

⑪ 顶棚　位于楼板层最下层，主要作用是保护楼板、安装灯具、遮挡各种水平管线，改善使用功能、装饰美化室内空间，如图 6-19 所示。

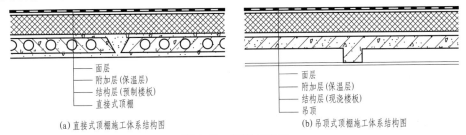

图 6-19　顶棚示意图

⑫ 附加层　附加层又称功能层，根据楼板层的具体要求而设置，主要作用是隔声、隔热、保温、防水、防潮、防腐蚀、防静电等。根据需要，有时和面层合二为一，有时又和吊顶合为一体。

（3）楼板的类型

根据使用材料不同，楼板可分为木楼板、钢筋混凝土楼板、砖拱楼板和钢衬板组合楼板等多种类型。

6.3.2 楼地面

（1）类型

根据构成楼板层的主要材料和结构形式的不同，可采用钢筋混凝土楼板、木楼板和钢楼板以及复合楼板等结构形式。

（2）组成及要求

楼板层由结构层、面层和顶棚三个基本部分组成。楼地面的要求为：首先必须具有足够的强度，其次要考虑隔声、防水、防火、设备管线等技术问题，最后则是方便工业化施工和经济合理。

（3）楼板的构造

钢筋混凝土楼板依施工方式的不同，分为现浇整体式、预制装配式和装配整体式三种。

① 现浇整体式　现浇钢筋混凝土楼板在现场绑扎钢筋并支模浇筑混凝土而成，分为板式、梁板式、井式和无梁楼板等几种。

② 预制装配式　预制装配式钢筋混凝土楼板，是将楼板的梁、板预制成各种形式和规格的构件在现场装配而成。由于构件在工厂或现场预制，可节省模板，改善劳动条件，提高效率，加快施工进度。

预制装配式钢筋混凝土楼板根据预制构件是否施加了预应力，可分为预应力和非预应力两种构件。根据楼板的形式有预制实心平板、空心板、槽形板、T形板等。

③ 装配整体式　装配整体式钢筋混凝土楼板是现浇和预制相结合的一种组合楼板，分为密肋填充块楼板和叠合式楼板。

6.4　楼梯与电梯

6.4.1　楼梯的类型、构成及尺度

（1）楼梯的类型

根据楼梯的样式不同，常见楼梯可分为以下 10 种。

① 直上式　楼梯直通楼上，没有经过转台，无拐弯。

② 伸缩楼梯　楼梯常采用高强度冷轧碳钢，最大可承受 200kgf 的压力。楼梯关节采用先进铆接技术，特制不锈钢 304 铆钉铆接，铆接强度高，行走非常稳定，克服了同类产品摇晃稳定性差的弊病。

③ 折叠楼梯　外形精致美观，适应于别墅的顶楼储藏室和相对狭小的空间。

④ 螺旋楼梯　螺旋式楼梯盘旋而上，表现力强、占用空间小、适用于任何空间，180°的螺旋形楼梯是一种能真正节省空间的楼梯建造方式，目前大多数建筑设计都采用这类楼梯。该款式的特点为，造型可以根据旋转角度的不同而变化。

⑤ 转角楼梯　转角的楼梯能给人很好的设计灵感。

⑥ 圆形楼梯　楼梯的设计是圆形的。

⑦ 单跑楼梯　单跑楼梯最为简单，适合于层高较低的建筑。

⑧ 双跑楼梯　最为常见，有双跑直上、双跑曲折、双跑对折（平行）等，适用于一般民用建筑和工业建筑。

扫码看视频

螺旋楼梯

扫码看视频

单跑楼梯

扫码看视频

三跑楼梯

⑨ 三跑楼梯　有三折式、丁字式等，多用于公共建筑。

⑩ 剪刀楼梯　由一对方向相反的双跑平行梯组成。

（2）楼梯的构成

楼梯的组成见图 6-20。

① 楼梯段　每个楼梯段上的踏步数目不得超过 18 级，不得少于 3 级。

② 楼梯平台　楼梯平台按其所处位置分为楼层平台和中间平台，如图 6-20 所示。

③ 栏杆（栏板）和扶手　栏杆（扶手）是设置在楼梯段和平台临空侧的围护构件，应有一定的强度和刚度，并应在上部设置供人们手扶持用的扶手。栏杆（扶手）是设在栏杆顶部供人们上下楼梯倚扶的连续配件，如图 6-20 所示。

④ 踏板　楼梯的面板，一般整体采用 38mm，水泥梯上用 30mm 厚。

（3）楼梯的尺度

楼梯，就是能让人顺利地上下两个空间的通道。它必须结构设计合理。对每一步踏步的要求，一般高在 15～18cm，太高或太矮都不适宜人的使用（最好选 17.2～17.8cm），宽度为 28～32cm，太宽浪费占地面积，太窄不适宜人们使用（最好选 29～30cm），另外对于楼梯每一段（每一跑）也有要求，一般要求在 12 步以下，不超过 18 步，以上是对住宅楼而言，如是大型广场、公园或公共场所，那么对踏步就另外有要求了，考虑人的休闲要求，高在 12～15cm，宽度在 32～35cm。楼梯的设计要行走便利，所占空间最少。

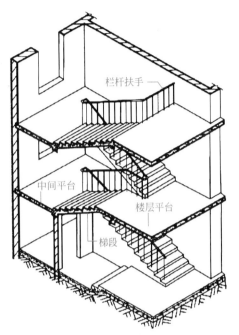

图 6-20　楼梯的组成

一般住宅楼梯踏步宽度不应小于 26cm，高度不应大于 17.5cm。具有其他用途的楼梯踏步尺寸都有具体的要求，根据建筑的用途（商店、幼儿园、仓库、敬老院、学校、酒店等）及消防疏散要求，各有不同。

6.4.2　楼梯的细部构造

（1）踏步

建筑物中，楼梯的踏面最容易受到磨损，影响行走和美观，因此踏面应光洁、耐磨、防滑、便于清洗，同时要有一定的装饰性。为了防止行人在行走时滑倒，踏步表面应采取防滑和耐磨措施，通常是在距踏步面层前缘 40～50mm 的位置设置防滑条。防滑条的材料可用铁屑水泥、金刚砂、塑料条、橡胶条、金属条、马赛克等。最简单的做法是在做踏步面层时，在靠近踏步面层前缘 40mm 处留两三道凹槽。也可以采用耐磨防滑材料，如缸砖、铸铁等做防滑包口，既能防滑又能起到保护作用，如图 6-21 所示。要求比较高的建筑，也可以铺地毯、防滑塑料或用橡胶贴面。防滑条或防滑凹槽长度一般按踏步长度每边减去 150mm。

（2）栏杆、栏板与扶手

楼梯的栏杆、栏板和扶手是梯段上所设置的安全设施，根据梯段的宽度设于一侧，或两

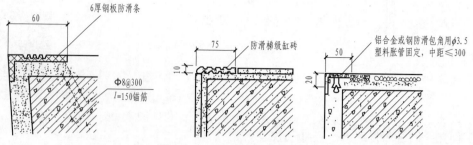

图 6-21 楼梯踏步的防滑处理

侧或梯段中间，应满足安全、坚固、美观、舒适、构造简单、施工维修方便等要求。

① 空心栏杆 空心栏杆多采用方钢、圆钢、钢管或扁钢等材料，并可焊接或铆接成各种图案，既起防护作用，又起装饰作用。空心栏杆的常见形式如图 6-22 所示。

② 实心栏板 实心栏板的材料有混凝土、砌体、钢丝网水泥、有机玻璃、装饰板等。

③ 组合式栏杆 将空花栏杆与实体栏板组合而成的组合式栏杆，空花部分多用金属材料如钢材或不锈钢等材料制成，作为主要的抗侧力构件，如图 6-23 所示。栏板部分常采用轻质美观的材料，如木板、塑料贴面板、铝板、有机玻璃、钢化玻璃等，两者共同组成组合式栏杆。

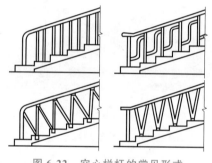

图 6-22 空心栏杆的常见形式

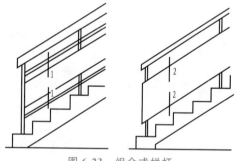

图 6-23 组合式栏杆

砖砌栏板是用普通砖侧砌，厚度为 60mm，栏板外侧用钢筋网加固，再用钢筋混凝土扶手与栏板连成整体。钢筋混凝土栏板有预制和现浇两种，通常多采用现浇处理，经支模、绑扎钢筋后与楼梯段整浇而成，比砖砌体栏板牢固、安全、耐久，但是栏板厚度和自重较大。也可以预埋钢板将预制钢筋混凝土栏板与楼梯段焊接。

④ 楼梯的基础 楼梯的基础简称梯基。梯基的做法有两种：一是楼梯直接设砖、石或混凝土基础；另一种是楼梯支承在钢筋混凝土地基梁上。

一般楼梯起步的基础包括在地梁的设计中，也就是说楼梯起步基础就是梁，一般高 500 的梁需配直径为 12～18mm 的螺纹钢。

一般情况下，楼梯不必单独设置基础。无论是砖混或框架结构的房屋，只要有楼梯，其必然与建筑物的基础相互连接，比如地圈梁、柱基础等。

6.4.3 室外台阶与坡道

6.4.3.1 台阶

（1）室外台阶的组成

室外台阶与坡道是设在建筑物出入口的辅助配件，用来解决建筑物室内外的高差问题。

一般建筑物多采用台阶，当有车辆通行或室内外底面高差较小时，可采用坡道。

室外台阶由平台和踏步组成，平台面应比门洞口每边宽出 500mm 左右，并比室内地坪低 20～50mm，向外做出约 1% 的排水坡度。台阶踏步所形成的坡度应比楼梯平缓，一般踏步的宽度不小于 300mm，高度不大于 150mm。当室内外高差超过 700mm 并侧面临空，应在台阶临空一侧设置围护栏杆或栏板。几种台阶的构造示意图如图 6-24 所示。

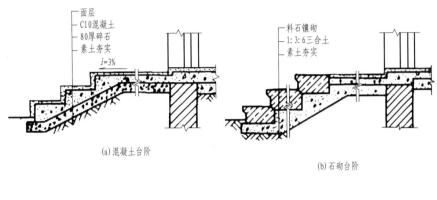

(a)混凝土台阶　　　　(b)石砌台阶

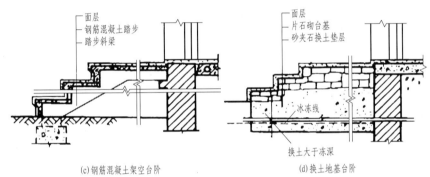

(c)钢筋混凝土架空台阶　　　(d)换土地基台阶

图 6-24　几种台阶构造示意图

（2）注意事项

台阶应在建筑主体工程完成后再进行施工，并与主体结构之间留出约 10mm 的沉降缝。台阶的构造与地面相似，由面层、垫层、基层等组成，面层应采用水泥砂浆、混凝土、地砖、天然石材等耐气候作用的材料。

（3）影响因素

在北方地区，室外台阶应考虑抗冻要求，面层选择抗冻、防滑的材料，并在垫层下设置非冻胀层或采用钢筋混凝土架空台阶。较常见的台阶形式有单面踏步、两面踏步、三面踏步以及单面踏步带花池（花台）等。

6.4.3.2　坡道

（1）坡道的作用

主要是为车辆及残疾人进出建筑而设置。

（2）坡道形式

坡道按用途的不同，可以分为行车坡道和轮椅坡道两类。

① 行车坡道　分为普通行车坡道与回车坡道两种，如图 6-25 所示。行车坡道布置在有车辆进出的建筑入口处，如车库等。回车坡道与台阶踏步组合在一起，布置在某些大型公共建筑的入口处，如办公楼、医院等。

扫码看视频

行车坡道

② 轮椅坡道　专供残疾人使用，又称为无障碍坡道，如图 6-26 所示。

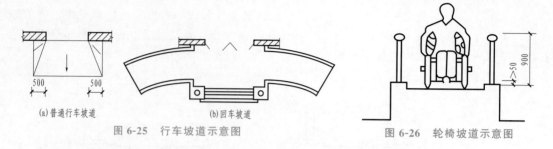

图 6-25　行车坡道示意图　　　　　图 6-26　轮椅坡道示意图

（3）坡道尺寸宽度

普通行车坡道的宽度应大于所连通的门洞宽度，一般每边至少≥500mm；回车坡道的宽度与坡道半径及车辆规格有关，不同位置的坡道坡度和宽度应符合表 6-1 的规定。供残疾人使用的轮椅坡道宽度不应小于 0.9m。当坡道的高度和长度超过表 6-2 的规定时，应在坡道中部设休息平台，其深度不小于 1.2m；坡道在转弯处应设休息平台，其深度不小于 1.5m。无障碍坡道在坡道的起点和终点应留有深度不小于 1.50m 的轮椅缓冲地带。坡道两侧应设置扶手，且与休息平台的扶手保持连贯。坡道侧面凌空时，在栏杆扶手下端宜设高不小于 50mm 的坡道安全挡台。

（4）坡度

普通行车坡道的坡度与建筑的室内外高差和坡道的面层处理方法有关。室内坡道的坡度宜不大于 1∶8；室外坡道的坡度宜不大于 1∶10；供残疾人使用的轮椅坡道的坡度不应大于 1∶12。每段坡道的坡度、允许最大高度和水平长度应符合表 6-2 的规定。

表 6-1　不同位置的坡道坡度和宽度

坡道位置	最大坡度	最小宽度/m
有台阶的建筑物入口	1∶12	1.20
只设坡道的建筑入口	1∶20	1.50
室内走道	1∶12	1.00
室外通路	1∶20	1.50
困难地段	1∶10～1∶8	1.20

表 6-2　每段坡道的坡度、最大高度和水平长度

坡道坡度(高/长)	1∶8	1∶10	1∶12	1∶16	1∶20
每段坡道允许高度/m	0.35	0.60	0.75	1.00	1.50
每段坡道允许水平长度/m	2.80	6.00	9.00	16.00	30.00

（5）坡道构造

坡道的构造与台阶基本相同，一般采用实铺，垫层的强度和厚度应根据坡道的长度及上部荷载的大小进行选择。严寒地区垫层下部设置砂垫层，如图 6-27 所示。

坡道设置应符合如下规定。

① 室内坡道坡度不宜大于 1∶8，室外坡道坡度不宜大于 1∶10。

② 室内坡道水平投影长度超过 15m 时，宜设休息平台，平台宽度应根据使用功能或设备尺寸缓冲空间而定。

③ 供轮椅使用的坡道不应大于 1∶12，困难地段不应大于 1∶8。

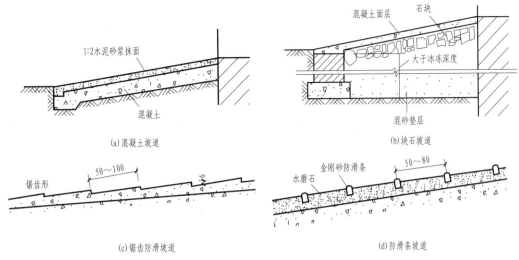

图 6-27 坡道构造示意图

④ 自行车推行坡道每段长不宜超过 6m，坡度不宜大于 1：5。

⑤ 坡道应采取防滑措施。

6.4.4 电梯与自动扶梯

扫码看视频

电梯

6.4.4.1 电梯

电梯是建筑物的垂直交通工具，对高层现代化建筑尤为重要。它运行速度快，节省人力和时间，便于搬运货物。

（1）电梯的类型

电梯按用途分为乘客电梯、载货电梯、客货电梯、病床电梯、住宅电梯、杂物电梯等；按电梯运行速度和乘客人数可分为 400kg（5 人）、630kg（8 人）、800kg（10 人）、1000kg（13 人）、1250kg（16 人）和 1600kg（21 人）等。

（2）电梯的组成

电梯由轿厢、井道和机房组成。

（3）电梯与建筑物相关部位的细部构造要求

① 电梯构造

a.通向机房的通道和楼梯的宽度不小于 1200mm，楼梯坡度不小于 45°。

b.机房楼板应平坦整洁，能承受 6kPa 的均布荷载。

c.井道壁多为钢筋混凝土井壁或框架填充墙井壁。井道壁为钢筋混凝土时，应预留 150mm 见方、150mm 深的孔洞，垂直中距为 2000mm，以便安装支架。

d.框架（圈梁）上应预埋钢板，铁板后面的焊件与梁中钢筋焊牢。每层中间加圈梁一道，并需设置预埋铁件。

e.电梯为两台并列时，中间可不用隔墙而按一定的间隔放置钢筋混凝土梁或型钢过梁，以便安装支架。

② 电梯井道构造尺寸　井道的平面尺寸应根据电梯的型号及其设备的大小和检修的需要来确定。井道净尺寸一般为 1800mm×2100mm、1900mm×2300mm、2200mm×2200mm、2400mm×2300mm、2600mm×2300mm、2600mm×2600mm 等。

6.4.4.2　自动扶梯

自动扶梯是指带有循环运动梯级，向上或向下倾斜输送乘客的固定电力输送设备。相比较电梯，自动扶梯的输送能力是电梯的十几倍，特别适合在短距离内输送较大客流。

（1）自动扶梯的分类

自动扶梯的分类方法很多，可从不同角度来分。

① 按驱动方式分　有链条式（端部驱动）和齿轮齿条式（中间驱动）两类。

② 按使用条件分　有普通型（每周少于 140h 运行时间）和公共交通型（每周大于 140h 运行时间）。

③ 按提升高度分　有最大至 8m 的小提升高度，和最大至 25m 中提升高度以及最大可达 65m 的大提升高度 3 类。

④ 按运行速度分　有恒速和可调速两种。

⑤ 按梯级运行轨迹分　有直线型（传统型）、螺旋型、跑道型和回转螺旋型 4 类。

（2）自动扶梯的组成

扶梯由桁架、驱动减速机、驱动装置、张紧装置、导轨系统、梯级、梯级链（或齿条）、扶栏扶手带以及各种安全装置所组成。其扶手驱动装置如图 6-28 所示。

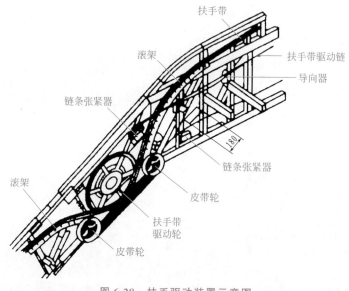

图 6-28　扶手驱动装置示意图

桁架是扶梯的基础构架，扶梯的所有零部件都装配在这一金属结构的桁架中。一般用角钢、型钢或方形与矩形管等焊制而成。有整体焊接桁架与分体焊接桁架两种。

分体桁架一般由 3 部分组成，即上平台、中部桁架与下平台。其中，上、下平台相对而言是标准的，只是由于额定速度的不同而涉及梯级水平段不同，影响到上平台与下平台的直线段长度。中间桁架长度将根据提升高度而变化。

（3）自动扶梯的倾斜角

自动扶梯的常用倾斜角有 30°、35° 和 27.3°。

① 30°自动扶梯　30°倾角的自动扶梯使用最广，其空间占用适中，乘客感觉安全舒适，适用于各种提升高度。

② 35°自动扶梯　自动扶梯最大倾角不应超过 35°。35°自动扶梯占用空间较少，制造扶

梯的材料相对减少。但乘客感觉较陡，容易产生畏高、紧张的不安全感，因此 35°自动扶梯的提升高度不应大于 6m、且速度不应大于 0.5m/s。

③ 27.3°自动扶梯　27.3°自动扶梯需要占用较多的安装空间，但较平的扶梯倾角能增加乘客的安全感。

6.5　屋顶

6.5.1　屋顶的分类及构成

（1）屋顶的分类

按照排水坡度和构造形式，屋顶分为平屋顶和坡屋顶两种类型。

① 平屋顶　屋面排水坡度小于或等于 10% 的屋顶，常用的坡度为 2%～3%，如图 6-29 所示。

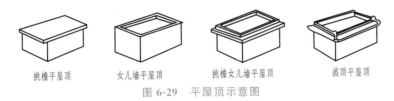

挑檐平屋顶　　女儿墙平屋顶　　挑檐女儿墙平屋顶　　盝顶平屋顶

图 6-29　平屋顶示意图

② 坡屋顶　指屋面排水坡度在 10% 以上的屋顶，如图 6-30 所示。

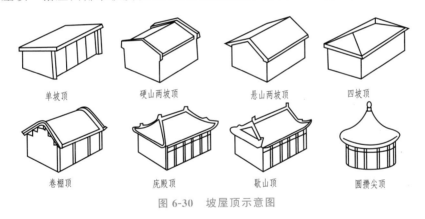

单坡顶　　硬山两坡顶　　悬山两坡顶　　四坡顶

卷棚顶　　庑殿顶　　歇山顶　　圆攒尖顶

图 6-30　坡屋顶示意图

（2）屋顶的构造

屋顶一般由屋面、承重结构、顶棚三个基本部分组成，当对屋顶有保温隔热要求时，需在屋顶设置保温隔热层。

① 屋面　屋面是屋顶构造中最上面的表面层次，要承受施工荷载和使用时的维修荷载，受自然界风吹、日晒、雨淋、大气腐蚀等的长期作用，因此屋面材料应有一定的强度、良好的防水性和耐久性能。屋面也是屋顶防水排水的关键层次，所以又叫屋面防水层。在平屋顶中，人们一般根据屋面材料的名称对其进行命名，如卷材防水屋面、刚性防水屋面、涂料防水屋面等。

② 承重结构　承重结构承受屋面传来的各种荷载和屋顶自重。平屋顶的承重结构一般采用钢筋混凝土屋面板，其构造与钢筋混凝土楼板类似；坡屋顶的承重结构一般采用屋架、横墙、木构架等；曲面屋顶的承重结构则属于空间结构。

③ 顶棚　顶棚位于屋顶的底部，用来满足室内对顶部的平整度和美观要求。按照顶棚

的构造形式不同,分为直接式顶棚和悬吊式顶棚。

④ 保温隔热层　当对屋顶有保温隔热要求时,需要在屋顶中设置相应的保温隔热层,防止外界温度变化对建筑物室内空间带来影响。

6.5.2　平屋顶的构成

扫码看视频

平屋顶

平屋顶一般由面层、结构层、保温隔热层和顶棚等主要部分组成,还包括保护层、结合层、找平层、隔气层等。由于地区和屋顶功能的不同,屋面组成略有区别,对上人屋顶则应设置有较好强度和整体性的屋面面层。普通卷材防水屋面和刚性防水屋面构造组成示意如图 6-31 所示。

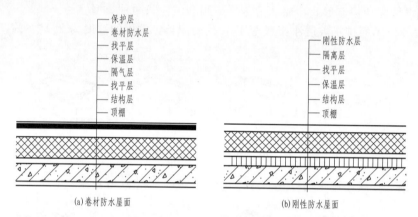

保护层
卷材防水层
找平层
保温层
隔气层
找平层
结构层
顶棚

刚性防水层
隔离层
找平层
保温层
结构层
顶棚

(a) 卷材防水屋面　　　　(b) 刚性防水屋面

图 6-31　防水屋面构造组成示意

6.5.3　坡屋顶的构成

扫码看视频

坡屋顶

坡屋顶是指屋面坡度在 10% 以上的屋顶。与平屋顶相比较,坡屋顶的屋面坡度大,因而其屋面构造及屋面防水方式均与平屋顶不同。坡屋面的屋面防水常采用构件自防水方式,屋面构造层次主要由屋顶天棚、承重结构层及屋面面层组成。

6.5.3.1　坡屋面的类型

(1) 平瓦屋面

平瓦有水泥瓦和黏土瓦两种,其外形按防水及排水要求设计制作,平瓦的外形尺寸约为 400mm×230mm,其在屋面上的有效覆盖尺寸约为 330mm×200mm,每平方米屋面约需 15 块瓦。

平瓦屋面的构造方式有下列两种:有椽条、有屋面板的平瓦屋面,屋面板平瓦屋面。

(2) 冷摊瓦屋面

这是一种构造简单的瓦屋面,在檩条上钉断面为 35mm×60mm、中距 500mm 的椽条,在椽条上钉挂瓦条(注意挂瓦条间距符合瓦的标准长度),在挂瓦条上直接铺瓦。由于构造简单,它只用于简易或临时建筑。

(3) 波形瓦屋面

波形瓦屋面包括水泥石棉波形瓦、钢丝网水泥瓦、玻璃钢瓦、钙塑瓦、金属钢板瓦、石棉菱苦土瓦等。根据波形瓦的波形大小可分为大波瓦、中波瓦和小波瓦三种。波形瓦具有重量轻、耐火性能好等优点,但易折断破碎,强度较低。

（4）小青瓦屋面

小青瓦屋面在我国传统房屋中采用较多，目前有些地方仍然采用。小青瓦断面呈弧形，尺寸及规格不统一。铺设时分别将小青瓦仰俯铺排，覆盖成垄。仰俯瓦成沟，俯铺瓦盖于仰铺瓦纵向交接处，与仰铺瓦间搭接瓦长 1/3 左右。上下瓦间的搭接长在少雨地区为搭六露四，在多雨区为搭七露三。小青瓦可以直接铺设于椽条上，也可铺于望板（屋面板）上。

6.5.3.2 坡屋面的细部构造

（1）檐口

坡屋面的檐口式样有两种，一是挑出檐，要求挑出部分的坡度与屋面坡度一致；另一种是女儿墙檐口，要做好女儿墙内侧的防水，以防渗漏。

（2）砖挑檐

砖挑檐一般不超过墙体厚度的 1/2，且不大于 240mm。每层砖挑长为 60mm，砖可平挑出，也可把砖斜放，用砖角挑出，挑檐砖上方瓦伸出 50mm。

（3）椽木挑檐

当屋面有椽木时，可以用椽木出挑，以支承挑出部分的屋面。挑出部分的椽条，外侧可钉封檐板，底部可钉木条并油漆。

（4）屋架端部挑檐木挑檐

如需要较大挑长的挑檐，可以沿屋架下弦伸出挑檐木，支承挑出的檐口木，并在挑檐木外侧面钉封檐板，在挑檐木底部做檐口吊顶。对于不设屋架的房屋，可以在其横向承重墙内压砌砖挑檐木并外挑，用挑檐木支承挑出的檐口。

（5）钢筋混凝土挑天沟

当房屋屋面集水面积大、檐口高度高、降雨量大时，坡屋面的檐口可设钢筋混凝土天沟，并采用有组织排水。

（6）山墙

双坡屋面的山墙有硬山和悬山两种。硬山是指山墙与屋面等高或高于屋面成女儿墙。悬山是把屋面挑出山墙之外。

（7）斜天沟

坡屋面的房屋平面形状有凸出部分，屋面上会出现斜天沟。构造上常采用镀锌铁皮折成槽状，依势固定在斜天沟下的屋面板上，以作防水层。

（8）烟筒泛水构造

烟筒四周应做泛水，以防雨水的渗漏。一种做法是镀锌铁皮泛水，将镀锌铁皮固定在烟筒四周的预埋件上，向下披水。在靠近屋脊的一侧，铁皮伸入瓦下，在靠近檐口的一侧，铁皮盖在瓦面上。另一种做法是用水泥砂浆或水泥石灰麻刀砂浆做抹灰泛水。

（9）檐沟和落水管

坡屋面房屋采用有组织排水时，需在檐口处设檐沟，并布置落水管。坡屋面排水计算、落水管的布置数量、落水管、雨水斗、落水口等要求同平屋顶有关要求。坡屋面檐沟和落水管可用镀锌铁皮、玻璃钢、石棉水泥管等材料。

6.5.3.3 坡屋顶的承重结构

（1）硬山搁墙

横墙间距较小的坡屋面房屋，可以把横墙上部砌成三角形，直接把檩条支承在三角形横墙上，叫做硬山搁檩。

檩条可用木材、预应力钢筋混凝土、轻钢桁架、型钢等材料。檩条的斜距不得超过 1.2m。木质檩条常选用 I 级杉圆木，木檩条与墙体交接段应进行防腐处理，常用方法是在山墙上垫上油毡一层，并在檩条端部涂刷沥青，如图 6-32 所示。

（2）屋架及支撑

当坡屋面房屋内部需要较大空间时，可把部分横向山墙取消，用屋架作为承重构件。坡屋面的屋架多为三角形（分豪式和芬克式两种）。屋架可选用木材（Ⅰ级杉圆木）、型钢（角钢或槽钢）制作，也可用钢木混合制作（屋架中受压杆件为木材，受拉杆件为钢材），或钢筋混凝土制作。若房屋内部有一道或两道纵向承重墙，可以考虑选用三点支承或四点支承屋架，如图 6-33 所示。

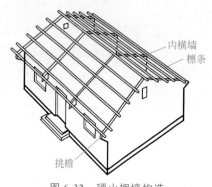

图 6-32　硬山搁墙构造

图 6-33　屋架及支撑

为了防止屋架的倾覆，提高屋架及屋面结构的空间稳定性，屋架间要设置支撑。屋架支撑主要有垂直剪刀撑和水平系杆等。

房屋的平面有凸出部分时，屋面承重结构有两种做法。当凸出部分的跨度比主体跨度小时，可把凸出部分的檩条搁置在主体部分屋面檩条上，也可在屋面斜天沟处设置斜梁，把凸出部分檩条搭接在斜梁上。当凸出部分跨度比主体部分跨度大时，可采用半屋架。半屋架的一端支承在外墙上，另一端支承在内墙上；当无内墙时，支承在中间屋架上。对于四坡形屋顶，当跨度较小时，在四坡屋顶的斜屋脊下设斜梁，用于搭接屋面檩条；当跨度较大时，可选用半屋架或梯形屋架，以增加斜梁的支承点。

（3）木构架承重

木构架结构是我国古代建筑的主要结构形式，它一般由立柱和横梁组成屋顶和墙身部分的承重骨架，檩条把一排排梁架联系起来形成整体骨架，如图 6-34 所示。

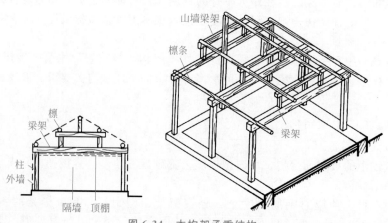

图 6-34　木构架承重结构

这种结构形式的内外墙填充在木构架之间，不承受荷载，仅起分隔和围护作用。构架交接点为榫齿结合，整体性及抗震性较好；但消耗木材量较多，耐火性和耐久性均较差，维修费用高。

6.6　门与窗

6.6.1　门

（1）门的分类

按门在建筑物中所处的位置分为内门和外门。按门的使用功能分为一般门和特殊门。按门的框料材质分为木门、铝合金门、塑钢门、彩板门、玻璃钢门、钢门等。按门扇的开启方式分为平开门、弹簧门、推拉门、折叠门、转门、卷帘门、升降门等。

（2）门的尺度

门的尺度是指门洞的高宽尺寸，应满足人流疏散，搬运家具、设备的要求，并应符合《建筑模数协调统一标准》（GB/T 50002—2013）中的相关规定。

一般情况下，门保证通行的高度不小于 2000mm，当上方设亮子时，应加高 300～600mm。门的宽度应满足一个人通行，并考虑必要的空隙，一般为 700～1000mm，通常设置为单扇门。对于人流量较大的公共建筑物的门，其宽度应满足疏散要求，可以设置两扇以上的门。

（3）门的组成

门一般由门框、门扇、五金零件及附件组成，如图 6-35 所示。门框是门与墙体的连接部分，由上框、边框、中横框和中竖框组成。门扇一般由上、中、下冒头和边梃组成骨架，中间固定门芯板。五金零件包括铰链、插销、门锁、拉手等。附件有贴脸板、筒子板等。

（4）平开木门的构造

① 门框　门框的断面形状与尺寸取决于门扇的开启方式和门扇的层数，由于门框要承受各种撞击荷载和门扇的重量作用，应有足够的强度和刚度，故其断面尺寸较大。门框在洞口中，根据门的开启方式及墙体厚度不同分为外平、居中、内平、内外平四种，如图 6-36 所示。

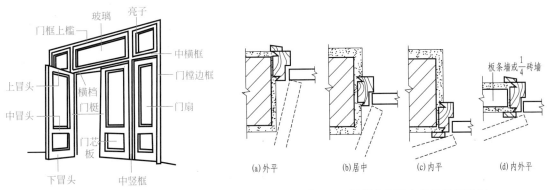

图 6-35　门的组成示意图　　　　图 6-36　门框在洞口中的位置示意图

② 门扇　平开木门的门扇有多种做法，常见的有镶板门、夹板门、拼板门等。

（5）金属门的构造

目前建筑工程中金属门包括塑钢门、铝合金门、彩板门等。塑钢门多用于住宅的阳台门或外门，其开启方式多为平开或推拉。铝合金门多为半截玻璃门，采用平开的开启方式，门扇边梃的上、下端用地弹簧连接。

6.6.2 窗

（1）窗的分类

窗按框料材质分为铝合金窗、塑钢窗、彩板窗、木窗、钢窗等；按层数分为单层窗和双层窗；按窗扇的开启方式分为固定窗、平开窗、悬窗、立转窗、推拉窗、百叶窗等，如图6-37所示。

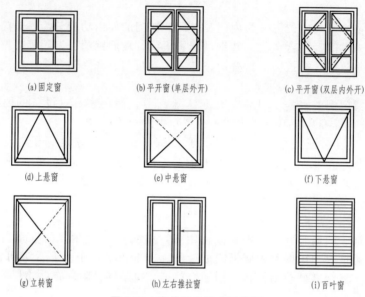

(a)固定窗　　　(b)平开窗(单层外开)　　　(c)平开窗(双层内外开)

(d)上悬窗　　　(e)中悬窗　　　(f)下悬窗

(g)立转窗　　　(h)左右推拉窗　　　(i)百叶窗

图6-37　窗的开启形式示意图

（2）窗的尺度

窗的尺度应根据采光、通风的需要来确定，同时兼顾建筑物的造型和《建筑模数协调统一标准》（GB/T 50002—2013）等的要求。首先根据房屋的使用形状确定其采光等级，再根据采光等级，确定窗与地面面积比（窗洞面积与地面面积的比值），最后根据窗的样式及采光百分率、建筑立面效果、窗的设置数量以及相关模数规定，确定单窗的具体尺寸。根据模数，窗的基本尺寸一般以300mm为模数，由于建筑物的层高为100mm的模数，故窗的高度一般在1200～2100mm。从构造上讲，一般平开窗的窗扇宽度为400～600mm，腰头上的气窗高度为300～600mm。上、下悬窗的窗扇高度为300～600mm；中悬窗窗扇高度不大于1200mm，其宽度不大于1000mm；推拉窗的高、宽均不宜大于1500mm。

（3）窗的构造

窗一般由窗框、窗扇和五金零件组成，如图6-38所示。

窗框是窗与墙体的连接部分，由上框、下框、边框、中横框和中竖框组成。

窗扇是窗的主体部分，分为活动窗扇和固定窗扇两种，一般由上冒头、下冒头、边梃和窗芯（又称为窗棂）组成骨架，中间固定玻璃、窗纱或百叶。

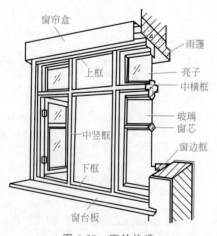

窗帘盒　　雨篷　　上框　　亮子　　中横框　　玻璃　　窗芯　　一中竖框　　窗边框　　下框　　窗台板

图6-38　窗的构造

五金零件包括铰链、插销、风钩等。

6.7　阳台与雨篷

6.7.1　阳台

阳台泛指有永久性上盖、有围护结构、有台面与房屋相连、可以活动和利用的房屋附属设施，是供居住者进行室外活动、晾晒衣物等的空间。

6.7.1.1　阳台的分类

① 据其与外墙面的关系分为挑阳台、凹阳台、半挑半凹阳台（图 6-39）。

② 根据其封闭情况可分为非封闭阳台和封闭阳台。

③ 根据其在外墙上所处的位置，可分为中间阳台和转角阳台。

④ 根据使用功能不同，可分为生活阳台（靠近卧室或客厅）和服务阳台（靠近厨房）。

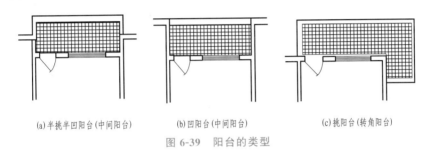

(a)半挑半凹阳台(中间阳台)　　(b)凹阳台(中间阳台)　　(c)挑阳台(转角阳台)

图 6-39　阳台的类型

6.7.1.2　阳台结构布置方式

（1）挑梁式

从横墙内外伸挑梁，其上搁置预制楼板，这种结构布置简单、传力直接明确、阳台长度与房间开间一致。挑梁根部截面高度 H 为 $\left(\dfrac{1}{6}\sim\dfrac{1}{5}\right)L$，$L$ 为悬挑净长，截面宽度为 $\left(\dfrac{1}{3}\sim\dfrac{1}{2}\right)h$。为美观起见，可在挑梁端头设置面梁，既可以遮挡挑梁头，又可以承受阳台栏杆重量，还可以加强阳台的整体性。挑梁式阳台见图 6-40。

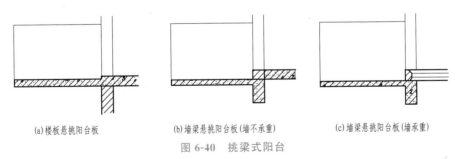

(a)楼板悬挑阳台板　　(b)墙梁悬挑阳台板(墙不承重)　　(c)墙梁悬挑阳台板(墙承重)

图 6-40　挑梁式阳台

（2）挑板式

当楼板为现浇楼板时，可选择挑板式，悬挑长度一般为 1.2m 左右。即从楼板外延挑出平板，板底平整美观，而且阳台平面形式可做成半圆形、弧形、梯形、斜三角等各种形状。挑板厚度不小于挑出长度的 1/12。挑板式阳台如图 6-41 所示。

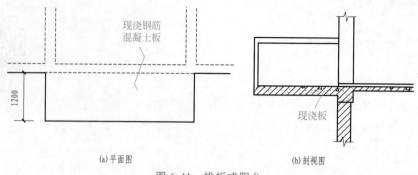

图 6-41　挑板式阳台

（3）压梁式

阳台板与墙梁现浇在一起，墙梁的截面应比圈梁大，以保证阳台的稳定，而且阳台悬挑不宜过长，一般为 1.2m 左右，并在墙梁两端设拖梁压入墙内。

6.7.1.3　阳台细部构造

（1）阳台栏杆

阳台栏杆是设置在阳台外围的垂直构件，主要供人们倚扶之用，以保障人身安全，且对整个建筑物起装饰美化作用，如图 6-42 所示。其构造如图 6-43 所示。

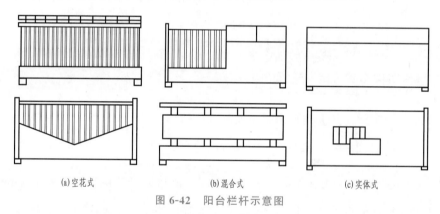

图 6-42　阳台栏杆示意图

（2）细部构造

阳台细部构造主要包括栏杆与扶手的连接、栏杆与面梁（或称止水带）的连接、栏杆与墙体的连接、栏杆与花池的连接等。

① 栏杆与扶手的连接方式有焊接、现浇等方式，如图 6-44 所示。

② 栏杆与面梁或阳台板的连接方式有焊接、榫接坐浆、现浇等，如图 6-45 所示。

③ 扶手与墙的连接，应将扶手或扶手中的钢筋伸入外墙的预留洞中，用细石混凝土或水泥砂浆填实固定牢固；现浇钢筋混凝土栏杆与墙连接时，应在墙体内预埋 240mm×240mm×120mm 的 C20 细石混凝土块，从中伸出 $2\phi6$，长 300mm，与扶手中的钢筋绑扎后再进行现浇扶手。

（3）阳台排水

阳台排水有外排水和内排水两种。外排水适用于低层和多层建筑，即在阳台外侧设置泄水管将水排出。内排水适用于高层建筑和高标准建筑，即在阳台内侧设置排水立管和地漏，将雨水直接排入地下管网，保证建筑立面美观。

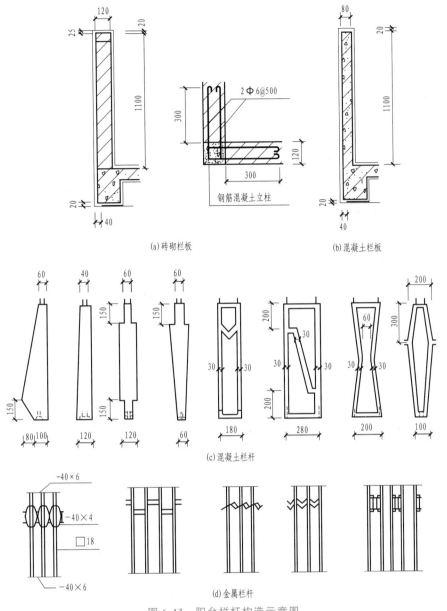

(a) 砖砌栏板　　　　　　　　　　　(b) 混凝土栏板

2 Φ 6@500

钢筋混凝土立柱

(c) 混凝土栏杆

−40×6
−40×4
□18
−40×6

(d) 金属栏杆

图 6-43　阳台栏杆构造示意图

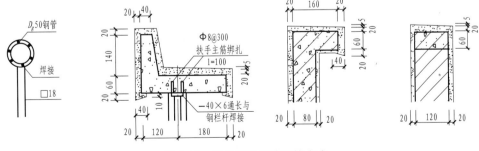

D_g50钢管

焊接

□18

Φ8@300
扶手主筋绑扎
l=100

−40×6通长与
钢栏杆焊接

图 6-44　栏杆与扶手的连接方式

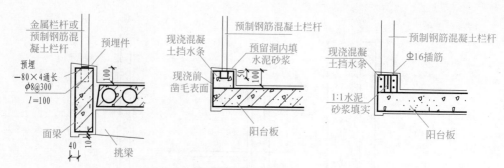

图 6-45 栏杆与面梁或阳台板的连接方式

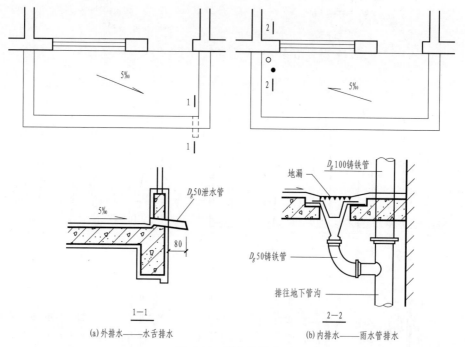

(a) 外排水——水舌排水 　　　(b) 内排水——雨水管排水

图 6-46 阳台的排水

6.7.1.4 建筑阳台的设计要求

（1）安全适用

悬挑阳台的挑出长度不宜过大，应保证在荷载作用下不发生倾覆现象，以 1.2～1.8m 为宜。低层、多层住宅阳台栏杆净高不低于 1.05m，中高层住宅阳台栏杆净高不低于 1.1m，但也不大于 1.2m。阳台栏杆形式应防坠落（垂直栏杆间净距不应大于 110mm）、防攀爬（不设水平栏杆），以免造成恶果。放置花盆处也应采取防坠落措施。

（2）坚固耐久

阳台所用材料和构造措施应经久耐用，承重结构宜采用钢筋混凝土，金属构件应做防锈处理，表面装修应注意色彩的耐久性和抗污染性。

（3）排水顺畅

为防止阳台上的雨水流入室内，设计时要求将阳台地面标高低于室内地面标高 60mm 左右，并将地面抹出 5‰的排水坡将水导入排水孔；使雨水能顺利排出。

还应考虑地区气候特点。南方地区宜采用有助于空气流通的空透式栏杆，而北方寒冷地区和中高层住宅应采用实体栏杆，并满足立面美观的要求，为建筑物的形象增添风采。

6.7.2 雨篷

雨篷是建筑出、入口处门洞上部的水平构件，可遮挡雨水、保护外门及装饰建筑。较大的雨篷常由梁、板、柱组成，其构造与楼板相同。较小的雨篷常与凸阳台一样作成悬挑构件。

（1）雨篷板类型

根据雨篷板的支承方式不同，雨篷分为悬板式和梁板式两种。

① 悬板式　雨篷外挑长度一般为 0.9～1.5m，板根部厚度不小于挑出长度的 1/12，雨篷宽度比门洞每边宽 250mm，雨篷排水方式可采用无组织排水和有组织排水两种。雨篷顶面距过梁顶面 250mm 高，板底抹灰可抹 1：2 水泥砂浆内掺 5% 防水剂的防水砂浆 15mm 厚，多用于次要出、入口，如图 6-47 所示。

扫码看视频

雨篷

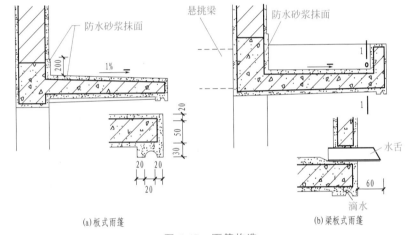

(a) 板式雨篷　　(b) 梁板式雨篷

图 6-47　雨篷构造

② 梁板式　雨篷多用在宽度较大的入口处，悬挑梁从建筑物的柱上挑出，为使板底平整，多做成倒梁式。

雨篷在构造上需解决好两个问题：一是防倾覆，保证雨篷梁上有足够的压重；二是板面上要做好排水和防水。

（2）悬挑要求

为防止倾覆，一般把雨篷板与入口门过梁浇筑在一起，形成由梁挑出的悬臂板。主要目的是保证其结构的牢固安全（防倾覆等）。

（3）防水构造

通常为了立面处理的需要，往往将雨篷处沿用砖砌出一定高度或用混凝土浇筑出一定高度。板面通常采用刚性防水层，即在雨篷顶面用防水砂浆抹面，并向排水口做出 1% 的坡度；当雨篷面积较大时，也可采用柔性防水。

（4）排水构造

对于挑出长度较大的雨篷，为了立面处理的需要，通常将周边梁向上翻起成侧梁式，可在雨篷外沿用砖或钢筋混凝土板制成一定高度的卷檐，雨篷的排水口可以设在前面，也可以设在两侧。雨篷上表应用防水砂浆向排水口做出 1% 的坡度，以便排除雨篷上部的雨水。雨篷也可采用无组织排水，在板底周边设滴水，雨篷顶面抹 15mm 厚 1：2 水泥砂浆内掺 5% 防水剂。

第 7 章

建筑施工图

7.1 建筑施工图概述

7.1.1 工程项目建造流程

建设单位提出拟建报告和计划任务书→上级主管部门对建设项目的批文→城市规划管理部门同意设计的批文→向建筑设计部门办理委托设计手续→初步设计→技术设计→施工图设计→招标施工、监理单位→施工单位施工→质检部门验收→交付使用。

任何一栋建筑物的建造，其设计工作都是不可缺少的重要环节。

7.1.2 施工图的产生

一个建筑工程项目，从制定计划到最终建成，必须经过一系列的过程。建筑工程施工图的产生过程，是建筑工程从计划到建成过程中的一个重要环节。

建筑工程施工图是由设计单位根据设计任务书的要求、有关的设计资料、计算数据及建筑艺术等多方面因素设计绘制而成的。根据建筑工程的复杂程度，其设计过程分两阶段设计和三阶段设计两种，一般情况都是按照两阶段设计，对于较大的或技术上要求较高的工程才按三阶段计算。

两阶段设计包括初步设计和施工图设计。

(1) 初步设计

初步设计的主要任务是根据建设单位提出的设计任务和要求，进行调查研究、收集资料，提出设计方案，其内容包括必要的工程图纸、设计概算和设计说明等。初步设计的工程图纸和有关文件只是作为提供方案和审批之用，不能作为施工的依据。

(2) 施工图设计

施工图设计的主要任务是满足工程施工各项具体技术要求，提供切准确、可靠的施工依据，其内容包括工程施工所有专业的基本图、详图及其说明书、计算书等。此外，还应有整个工程的施工预算书。整套施工图纸是设计人员的最终成果，是施工单位的施工依据。当工程项目比较复杂，许多工程技术问题和各工种之间的协调问题在施工图设计阶段无法确定时，就在初步设计阶段和施工图设计阶段之间插入个技术设计阶段，形成三阶段设计。技术设计的主要任务是在初步设计的基础上，进一步确定各专业间的具体技术问题，使各专业之间取得统一，达到互相配合协调的目的。在技术设计阶段，各专业均需绘制出相应的技术图纸，写出有关设计说明和初步计算等，为第三阶段施工图设计提供比较详细的资料。

7.1.3　施工图的分类和排序

（1）施工图的分类

房屋施工图按其专业分工的不同，可分为建筑施工图、结构施工图和设备施工图。

① 建筑施工图（简称建施图）　主要表示房屋建筑设计的内容，如建筑群的总体布局，房屋内部各个空间的布置，房屋的外观形状，房屋的装修、构造作法和所用材料等。

② 结构施工图（简称结施图）　主要表示房屋结构设计的内容，如房屋承重结构的类型、承重构件的种类、大小、数量、布置情况及详细的构造做法等。结施图一般包括结构设计说明、结构布置平面图、各种构件的构造详图等。

③ 设备施工图（简称设施图）　主要表示房屋的给排水、采暖通风、供电照明、燃气等设备的布置和安装要求等。设施图一般包括平面布置图、系统图与安装详图等内容。

（2）施工图的排序

① 图纸目录　图纸目录的主要作用是便于查找图纸。一般以表格形式编写，说明该套施工图有几类，各类图纸分别有几张，每张图纸的图名、图号、图幅大小等。

② 设计说明　设计说明主要用于说明建筑概况、设计依据、施工要求及需要特别注意的事项等。

③ 建筑施工图。

④ 结构施工图。

⑤ 给水排水施工图。

⑥ 采暖通风施工图。

⑦ 电气施工图。

如果是以某专业工种为主体的工程，则应该将突出该专业的施工图另外编排。

各专业的施工图应按图纸内容的主次关系系统地排列。例如，基本图在前，详图在后；总体图在前，局部图在后；主要部分在前，次要部分在后；布置图在前，构件图在后；先施工的图在前，后施工的图在后等。

7.1.4　建筑施工图内容与作用

建筑施工图（简称建施图）的作用是表示建筑物的总体布局、外部造型、内部布置、细部构造、内外装饰、固定设施和施工要求。

建筑施工图包括施工总说明、总平面图、建筑平面图、建筑立面图、建筑剖面图和建筑详图等，其中建筑平面图、建筑立面图、建筑剖面图属于基本图纸。

① 施工总说明　主要说明工程的概况和总的要求。

② 总平面图　通常表明一个工程的总体布局，简称总平面图。

③ 建筑平面图　是用以表达房屋建筑的平面形状、房间布置、内外交通联系以及墙、柱、门窗等构配件的位置、尺寸、材料和做法等内容的图样。建筑平面图简称平面图。

④ 建筑立面图　是建筑物外观立面的投影图，建筑立面图上的内容和尺寸要依据建筑平面图进行设计绘制。

⑤ 建筑剖面图　主要用来表达房屋内部垂直方向的结构形式、沿高度方向的分层情况、各层构造做法、门窗洞口高、层高及建筑总高等。

⑥ 建筑详图　是采用较大比例表示在平、立、剖面图中未交代清楚的建筑细部的施工图样。

7.1.5 施工图的图示特点和建筑施工图识读方法

7.1.5.1 施工图的图示特点

（1）严格遵守下列标准

应遵守《房屋建筑制图统一标准》（GB/T 50001—2017）、《建筑结构制图标准》（GB/T 50105—2010）和《建筑制图标准》（GB/T 50104—2010）等标准。

（2）图线选择

施工图中的不同内容，是采用不同规格的图线绘制，选取规定的线型和线宽，用以表明内容的主次和增加图面效果。总的原则是剖切面的截交线和房屋立面图中的外轮廓线用粗实线，次要的轮廓线用中实线，其他的线条一律用细实线。可见的用实线，不可见的用虚线。

（3）比例选用

房屋的平面、立面、剖面图采用小比例绘制，对无法表达清楚的部分，采用大比例绘制的建筑详图来进行表达。根据房屋的大小和选用的图纸幅面，按《建筑制图标准》（GB/T 50104—2010）中的比例选用。

（4）标准图和标准图集

为了加快设计和施工进度，提高设计与施工质量，把房屋工程中常用的、大量的构配件按统一模数、不同规格设计出系列施工图，供设计部门、施工企业选用。这样的图称为标准图集。

标准图集的分类方法有两种：一是按照使用性质范围分类；二是按照工种分类。

① 按照使用范围，标准图集大体分为以下 3 类。

第一类是国家标准图集，经国家建设委员会（现为住房和城乡建设部）批准，可以在全国范围内使用。

第二类是地方标准图集，经各省、市、自治区有关部门批准，可以在相应地区范围内使用。

第三类是各个设计单位编制的标准图集，仅供本单位设计使用，此类标准图集用得很少。

② 按照工种，标准图集可分为以下两类。

一类是建筑构件标准图集，一般用"G"或"结"表示。

另一类是建筑配件标准图集，一般用"J"或"建"表示。

（5）图例选用

由于建筑的总平面图、平面图、立面图和剖面图的比例较小，图样不可能按实际投影画出，各专业对其图例都有明确的规定。

7.1.5.2 施工图识读方法

分析整套图纸时，应按照总体了解、顺序识读、前后对照、重点细度的读图方法。

① 总体了解 一般是先看目录、总平面图和施工总说明（设计说明），大致了解工程的概况，如工程设计单位、建设单位、新建房屋的位置、周围环境、施工技术要求等。对照目录检查图纸是否齐全，采用了哪些标准图并备齐这些标准图。然后看建筑平面图、立面图、剖面图，大体上想象一下建筑物的立体形象及内部布置。

② 顺序识读 在总体了解建筑物的情况以后，根据施工的先后顺序，从基础、墙体（或柱）结构平面布置、建筑构造及装修的顺序仔细阅读有关图纸。

③ 前后对照 读图时，要注意平面图、剖面图对照分析，土建施工图与设备施工图对照分析，做到整个工程施工情况及技术要求心中有数。

　　④ 重点细读　根据专业工种的不同，将有关专业施工图的重点部分再仔细读一遍，将遇到的问题记录下来，及时向设计单位反映。

　　⑤ 识读其他工程设计、施工文件　其他工程设计、施工文件主要是指勘察报告、设计变更文件、图纸会审纪要等施工中必须识读的文件。

　　⑥ 专业技能要求　通过学习和训练，能够识读砌体结构房屋建筑施工图、结构施工图；能够识读混凝土结构房屋建筑施工图、结构施工图；能够识读单层钢结构房屋建筑施工图结构施工图；能够识读勘察报告、设计变更文件、图纸会审纪要等。

7.2　图例符号

7.2.1　常用建筑材料图例

　　常用建筑材料图例如表 7-1 所示。

表 7-1　常用建筑材料图例

序号	名称	图例	说明
1	自然土壤		包括各种自然土壤
2	夯实土壤		
3	砂、灰土	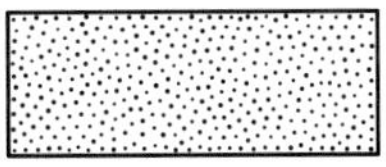	靠近轮廓线绘制较密的点
4	砂砾石、碎砖三合土	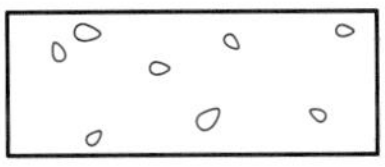	
5	石材	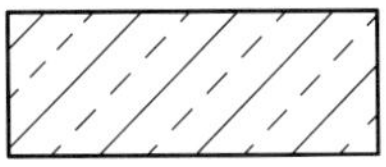	
6	碎石	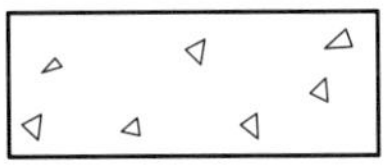	石子有棱角
7	毛石	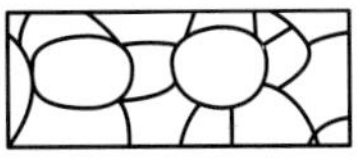	
8	玻璃	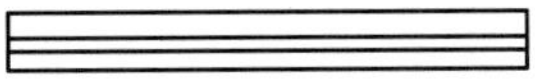	包括平玻璃、磨砂玻璃、夹丝玻璃、钢玻璃等
9	毛石混凝土	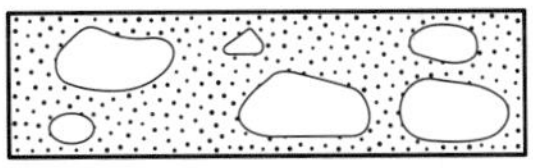	
10	焦渣、矿渣	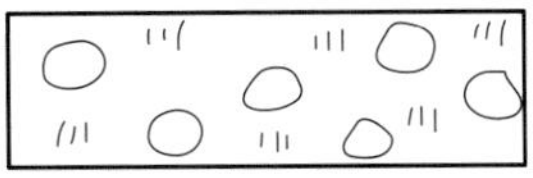	包括与水泥、石灰混合而成的材料
11	多孔材料	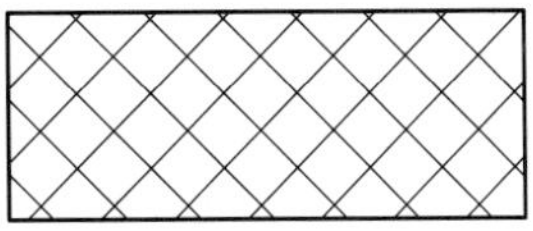	包括水泥珍珠岩、沥青珍珠岩、泡沫混凝土、泡沫塑料、软木等

续表

序号	名称	图例	说明
12	纤维材料	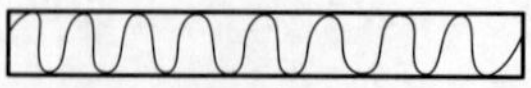	包括麻丝、玻璃棉、矿渣棉、木丝板等
13	松散保温材料		包括木屑、石灰木屑、稻壳等
14	木材		上图为横断图,左上图为垫木,右上图为木龙骨,下图为纵断面
15	普通砖	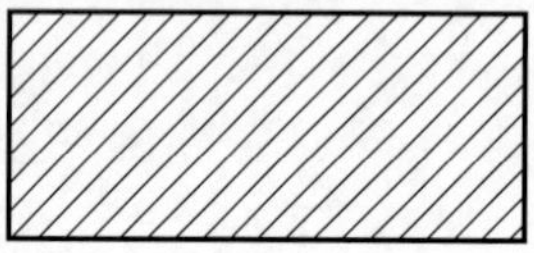	1.包括砌体、砌块 2.断面较窄,不易画出图例线时,可涂红
16	耐火砖	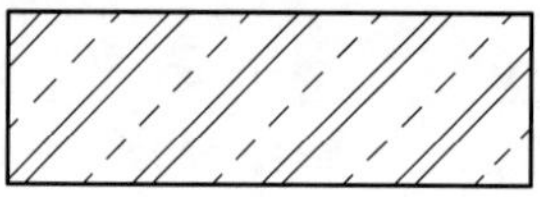	包括耐酸砖
17	空心砖	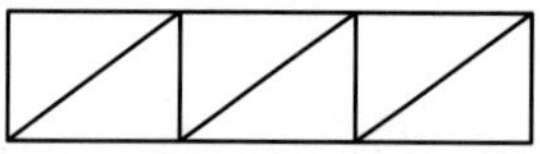	包括各种多孔砖
18	饰面砖	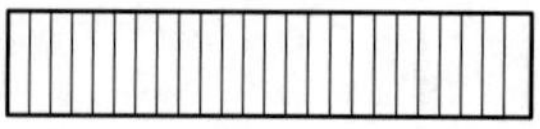	包括铺地砖、马赛克、陶瓷锦砖、人造大理石
19	混凝土	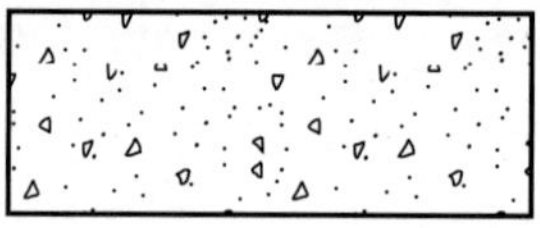	1.本图例仅适用于能承重的混凝土和钢筋混凝土。 2.包括各种标号、骨料、添加剂的混凝土。 3.在画断面图上的钢筋时不画出图例线。 4.断面较窄,不易画出图例线时,可涂黑
20	钢筋混凝土	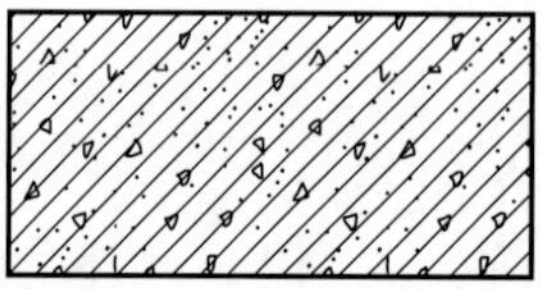	
21	橡胶	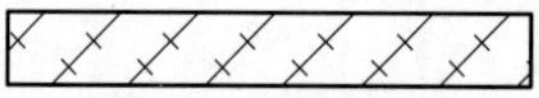	
22	胶合板	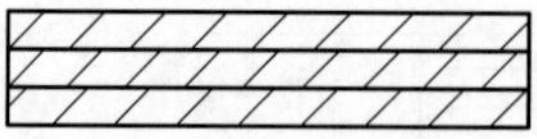	应注明 x 层胶合板
23	石膏板	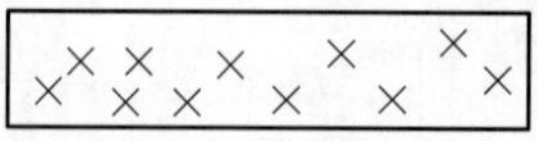	
24	金属	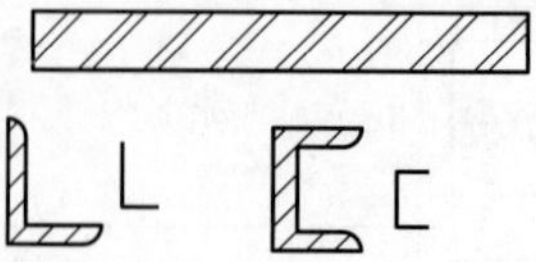	1.包括各种金属 2.图形小时可涂黑
25	网状材料		1.包括金属、塑料等网状材料 2.注明材料名称

序号	名称	图例	说明
26	液体	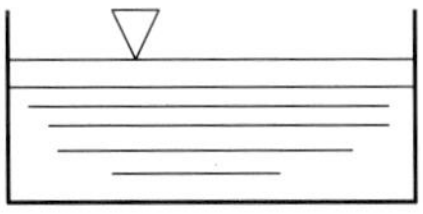	注明液体名称
27	塑料	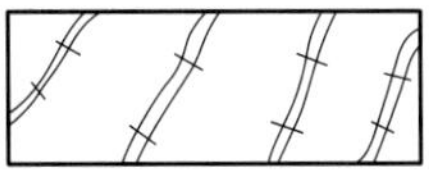	包括各种软、硬塑料以及有机玻璃
28	防水材料		构造层次多或比例较大时,采用上部画法;较小时,采用下部画法

7.2.2　建筑构造及配件图例

建筑构造及配件图例如表 7-2 所示。

表 7-2　建筑构造及配件图例

名称	图例	备注
墙体	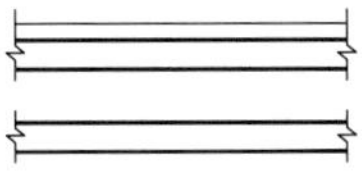	1.上图为外墙,下图为内墙 2.外墙细线表示有保温层或有幕墙 3.应加注文字或涂色或图案填充表示各种材料的墙体 4.在各层平面图中防火墙宜着重以特殊图案填充表示
隔断		1.加注文字或涂色或图案填充表示各种材料的轻质隔断 2.适用于到顶与不到顶隔断
玻璃幕墙		幕墙龙骨是否表示由项目设计决定
栏杆		
楼梯	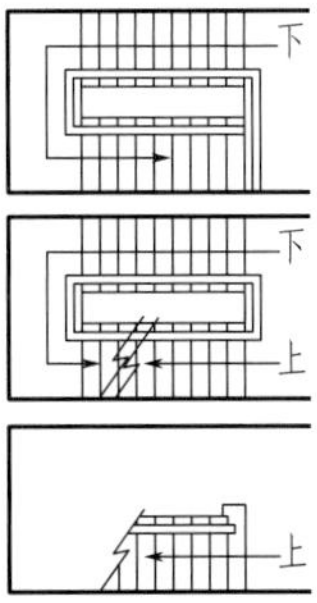	1.上图为顶层楼梯平面,中图为中间层楼梯平面,下图为底层楼梯平面 2.需设置靠墙扶手或中间扶手时,应在图中表示
坡道	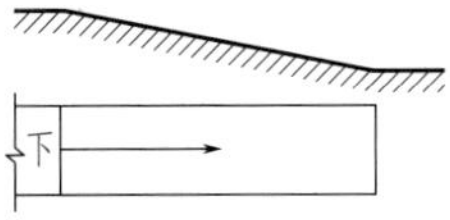	长坡道
坡道	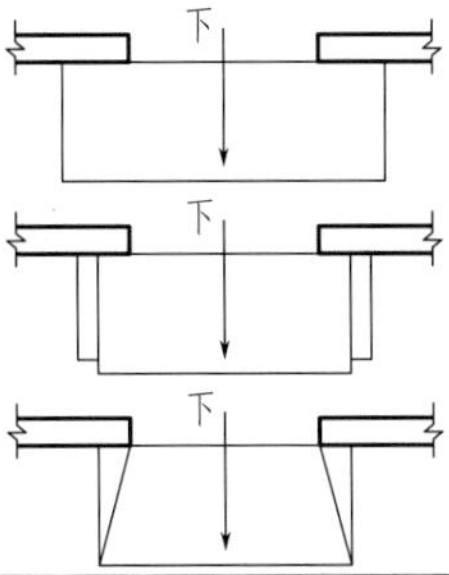	上图为两侧垂直的门口坡道,中图为有挡墙的门口坡道,下图为两侧找坡的门口坡道

名称	图例	备注
台阶	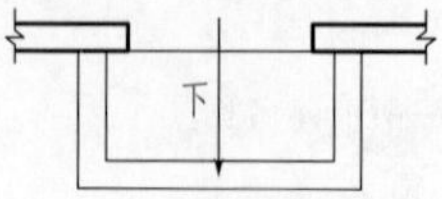	
平面高差	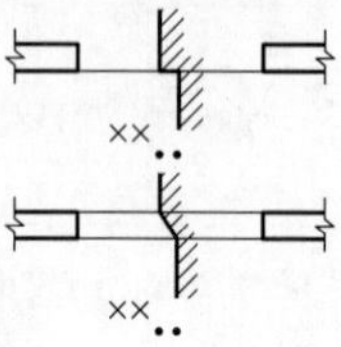	用于高差小的地面或楼面交接处,并应与门的开启方向协调
检查口		左图为可见检查口,右图为不可见检查口
孔洞		阴影部分亦可填充灰度或涂色代替
坑槽		
墙预留洞、槽	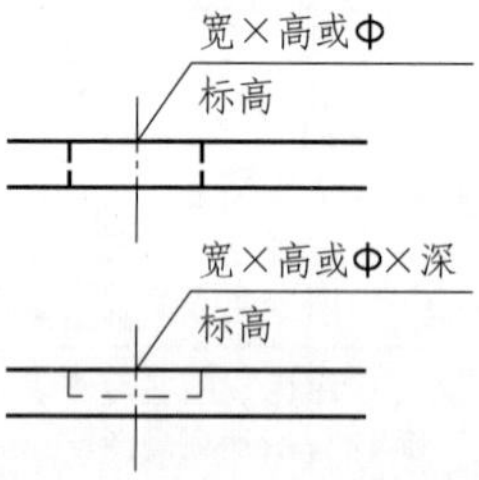 宽×高或Φ 标高 宽×高或Φ×深 标高	1.上图为预留洞,下图为预留槽 2.平面以洞(槽)中心定位 3.标高以洞(槽)底或中心定位 4.宜以涂色区别墙体和预留洞(槽)
地沟	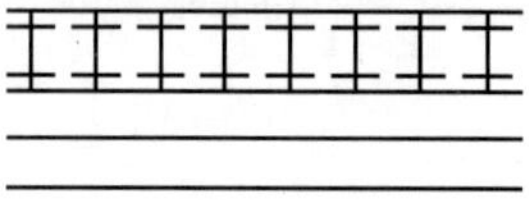	上图为活动盖板地沟,下图为无盖板明沟
烟道	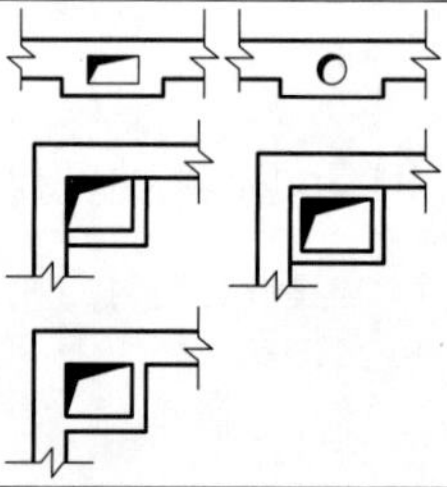	1.阴影部分亦可涂色代替 2.烟道、风道与墙体为相同材料,其相接处墙身线应连通 3.烟道、风道根据需要增加不同材料的内衬
风道	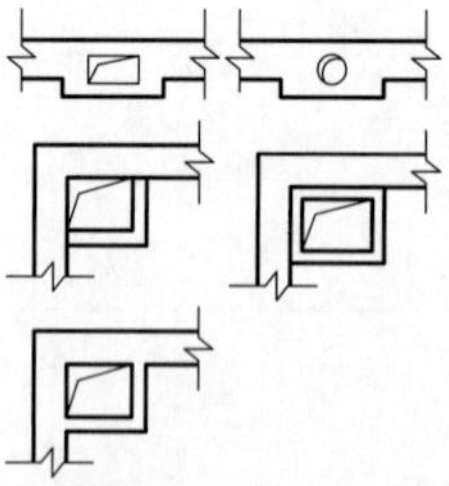	
新建的墙和窗	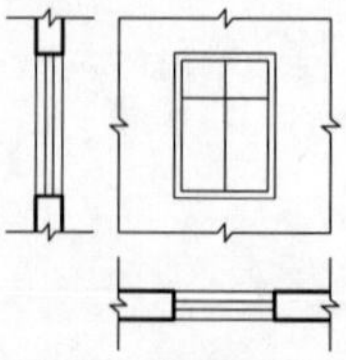	

名称	图例	备注
改建时保留的墙和窗	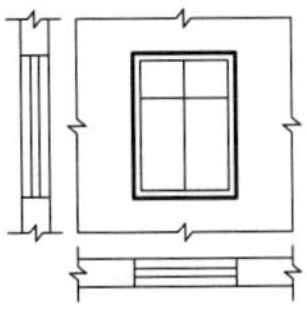	只更换窗,应加粗窗的轮廓线
拆除的墙	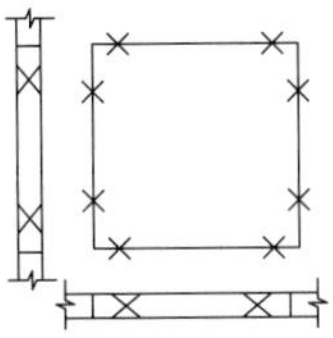	
改建时在原有墙或楼板新开的洞	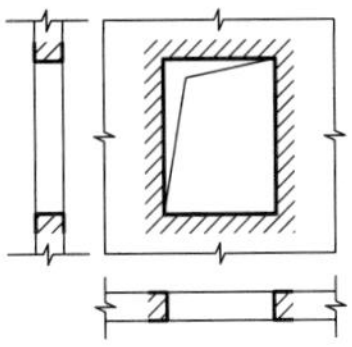	
在原有墙或楼板洞旁扩大的洞	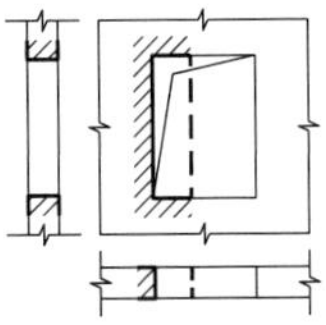	图示为洞口向左边扩大
在原有墙或楼板上全部填塞的洞	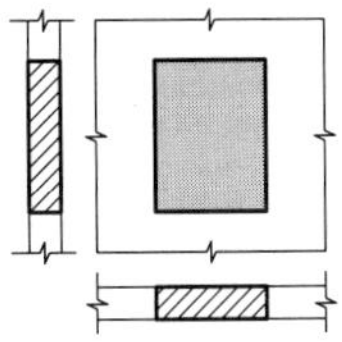	

7.2.3 建筑门窗图例

建筑门窗图例如表 7-3 所示。

表 7-3 建筑门窗图例

名称	图例	备注
在原有墙或楼板上局部填塞的洞	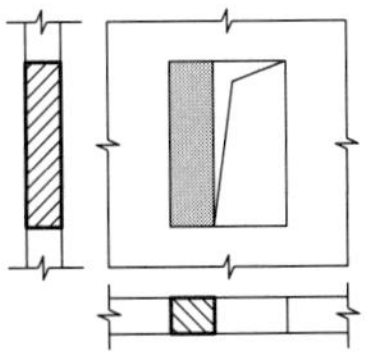	左侧为局部填塞的洞 图中立面图填充灰度或涂色
空门洞	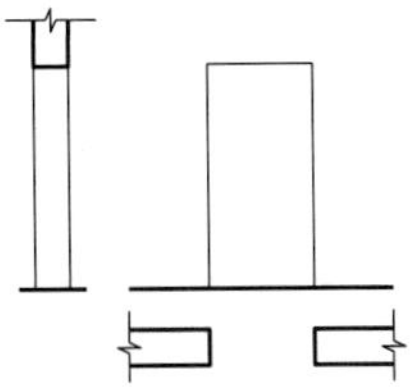	h 为门洞高度

名称	图例	备注
单扇平开或单向弹簧门	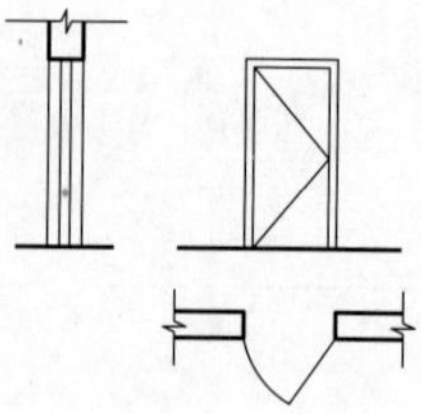	
单扇平开或双向弹簧门	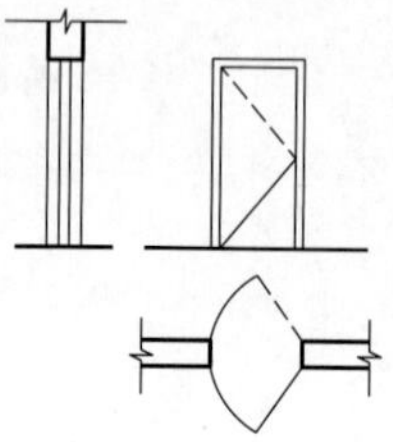	1.门的名称代号用 M 表示 2.平面图中,下为外,上为内,门开启线为 90°、60°或 45° 3.立面图中,开启线实线为外开,虚线为内开。开启线交角的一侧为安装合页一侧。开启线在建筑立面图中可不表示,在立面大样图中可根据需要绘出 4.剖面图中,左为外、右为内 5.附加纱扇应以文字说明,在平、立、剖面中均不表示 6.立面形式应按实际情况绘制
双层单扇平开门	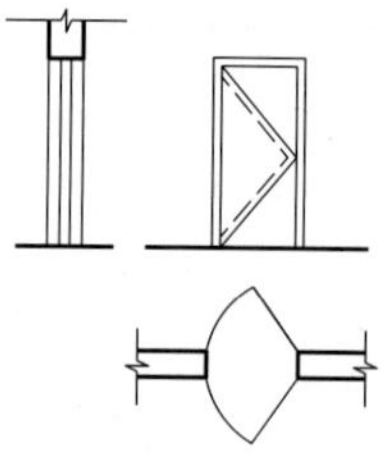	
单面开启双扇门(包括平开或单面弹簧)	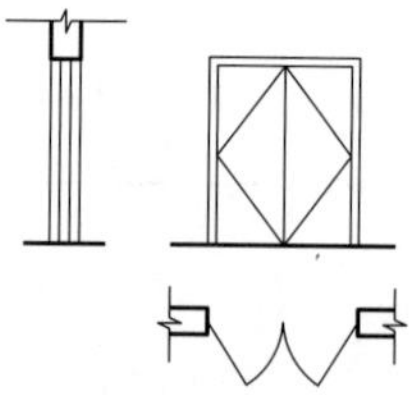	
双面开启双扇门(包括双面平开或双面弹簧)	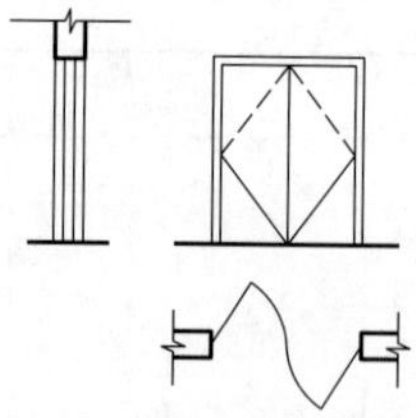	
双层双扇平开门	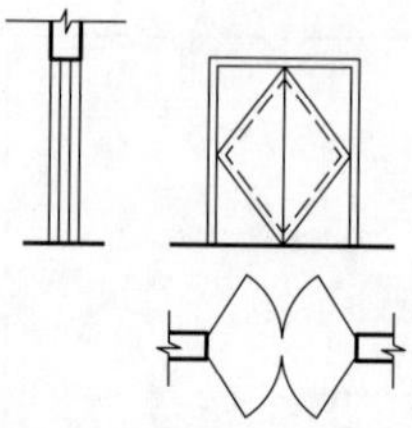	

续表

名称	图例	备注
折叠门	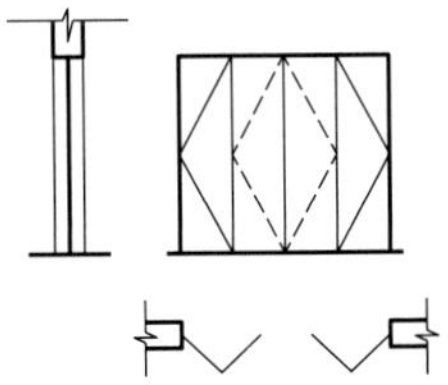	1.门的名称代号用 M 表示 2.平面图中,下为外、上为内 3.立面图中,开启线实线为外开,虚线为内开。开启线交角的一侧为安装合页一侧 4.剖面图中,左为外,右为内 5.立面形式应按实际情况绘制
推拉折叠门	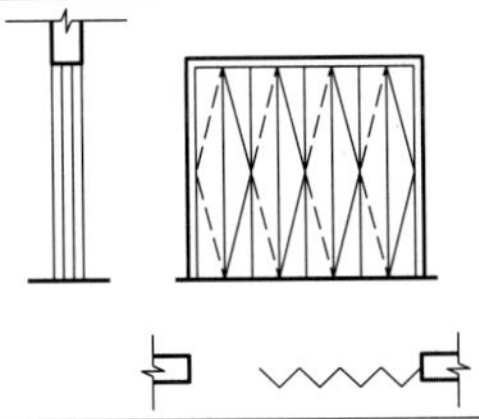	
墙洞外单扇推拉门	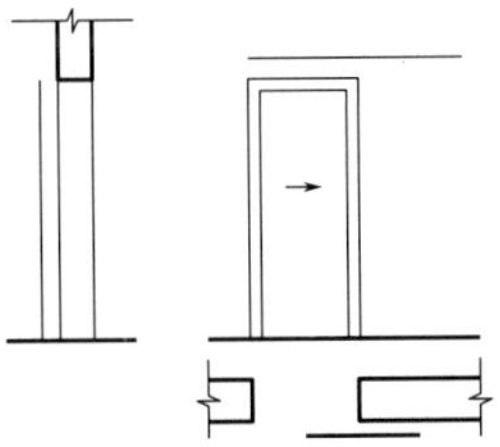	1.门的名称代号用 M 表示 2.平面图中,下为外、上为内 3.剖面图中,左为外、右为内 4.立面形式应按实际情况绘制
墙洞外双扇推拉门	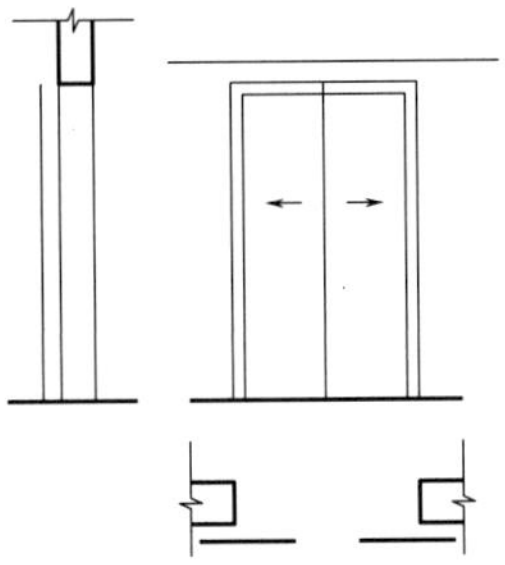	
墙中单扇推拉门	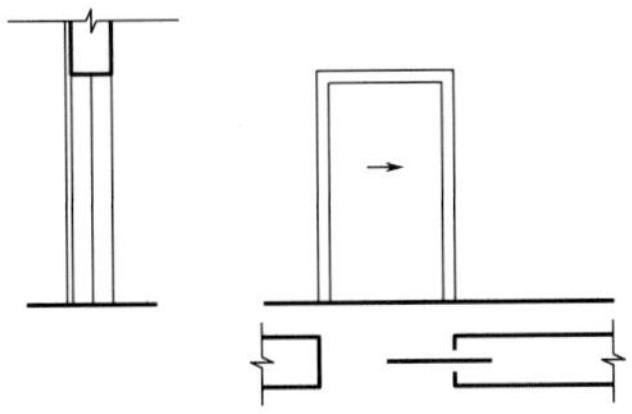	
墙中双扇推拉门	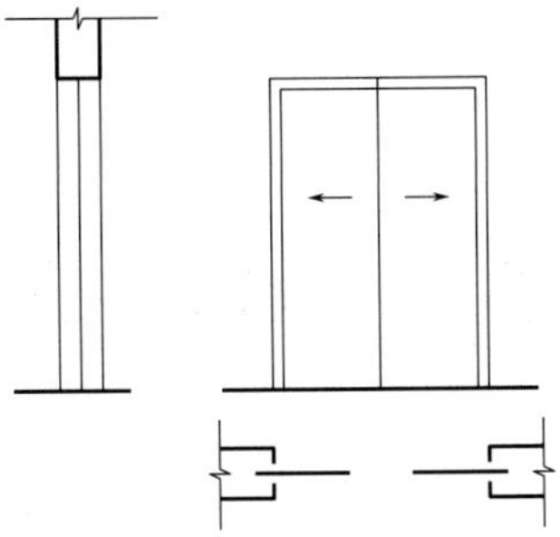	1.门的名称代号用 M 表示 2.立面形式应按实际情况绘制

名称	图例	备注
推拉门	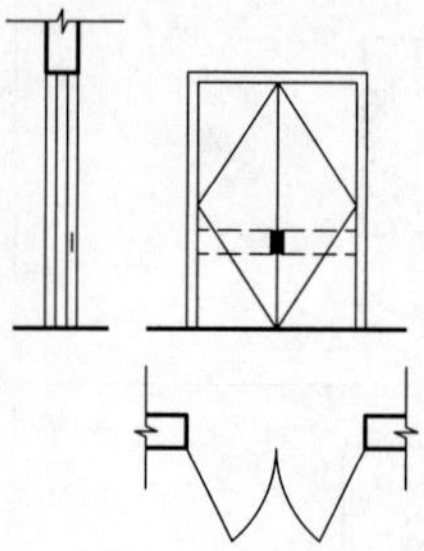	1.门的名称代号用 M 表示 2.平面图中,下为外、上为内,门开启线为 90°、60°或 45° 3.立面图中,开启线实线为外开,虚线为内开。开启线交角的一侧为安装合页一侧。开启线在建筑立面图中可不表示,在室内设计立面大样图中可根据需要绘出 4.剖面图中,左为外、右为内 5.立面形式应按实际情况绘制
门连窗	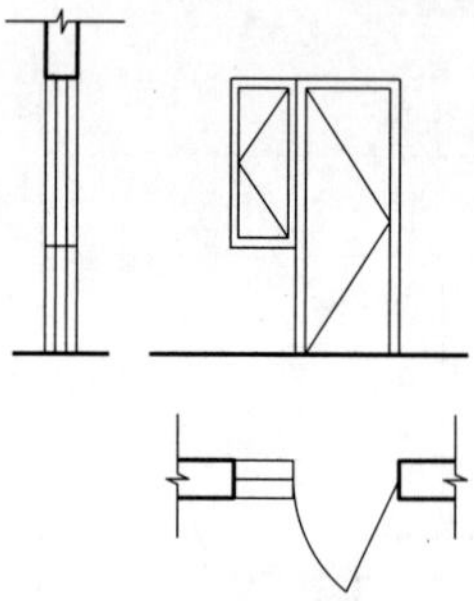	
旋转门	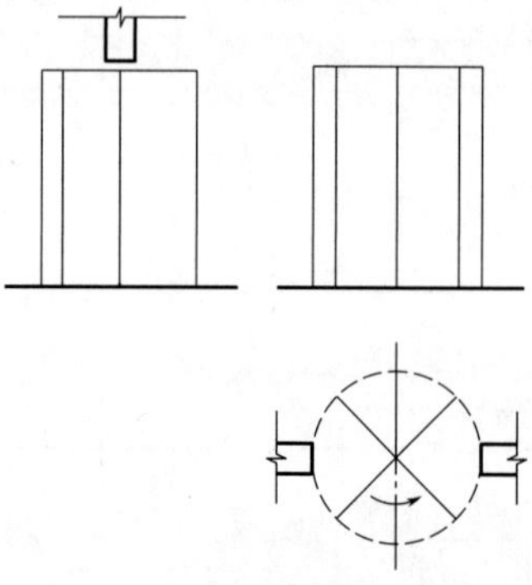	1.门的名称代号用 M 表示 2.立面形式应按实际情况绘制
两翼智能旋转门	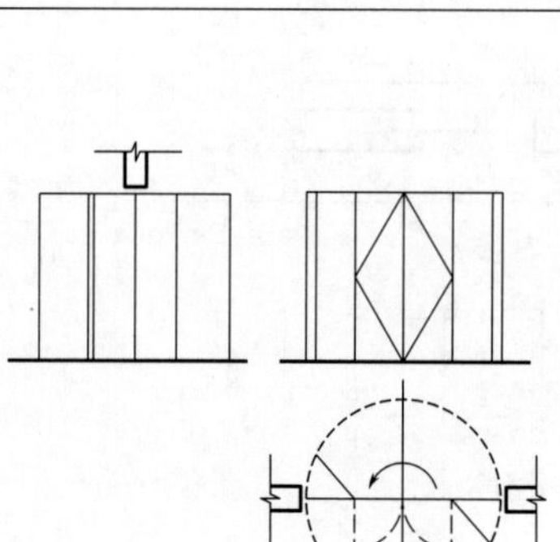	

续表

名称	图例	备注
自动门	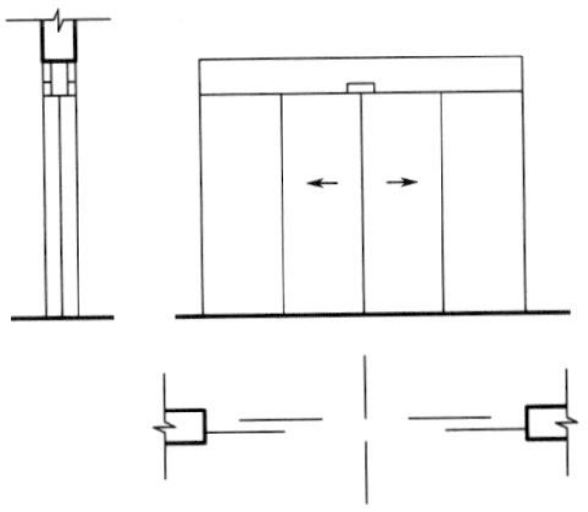	1.门的名称代号用 M 表示 2.立面形式应按实际情况绘制
折叠上翻门	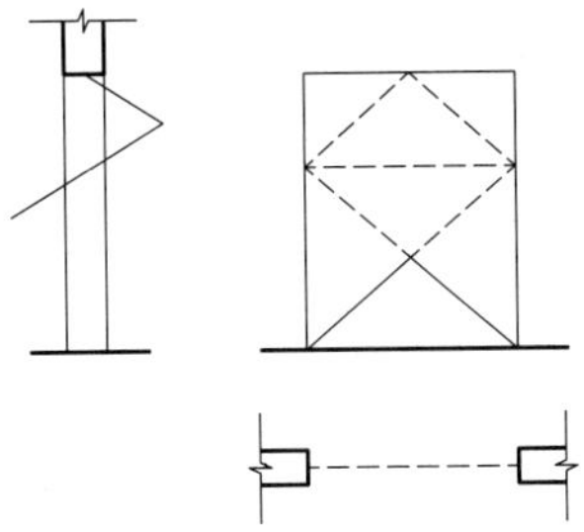	1.门的名称代号用 M 表示 2.平面图中,下为外、上为内 3.剖面图中,左为外,右为内 4.立面形式应按实际情况绘制
提升门	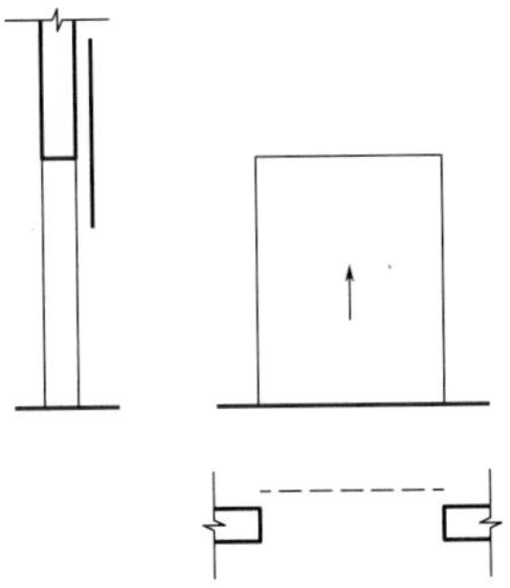	
分节提升门	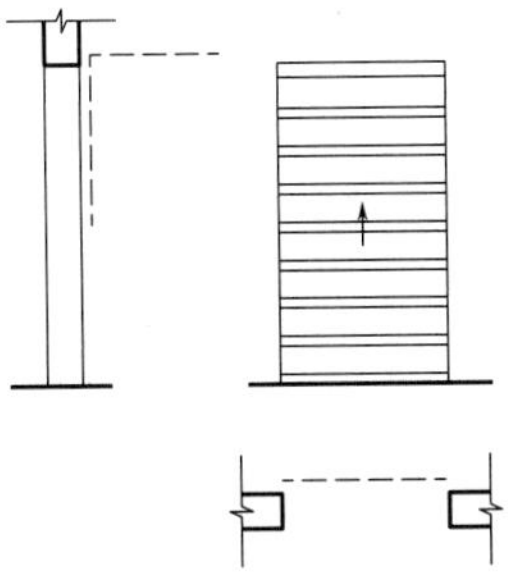	1.门的名称代号用 M 表示 2.立面形式应按实际情况绘制
人防单扇防护密闭门	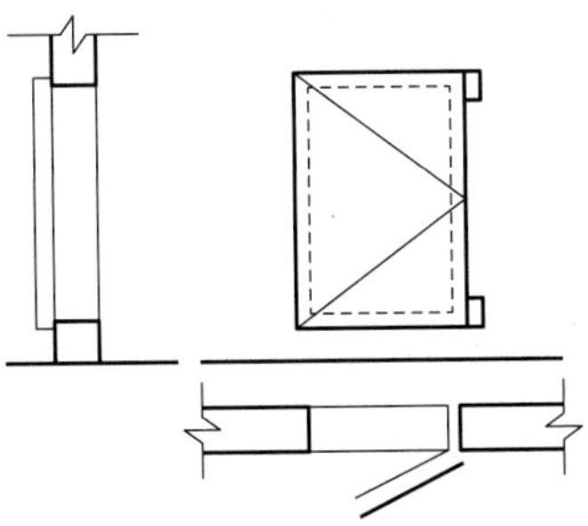	1.门的名称代号按人防要求表示 2.立面形式应按实际情况绘制

名称	图例	备注
人防单扇密闭门	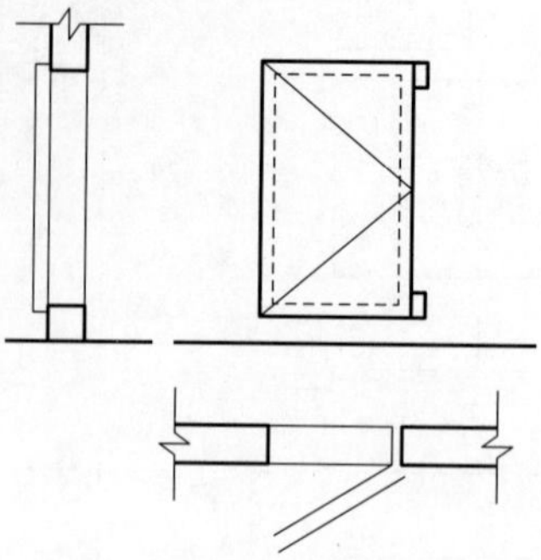	
人防双扇防护密闭门	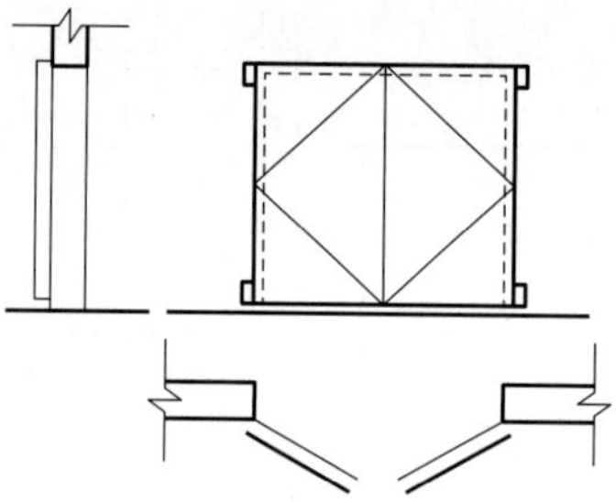	1.门的名称代号按人防要求表示 2.立面形式应按实际情况绘制
人防双扇密闭门	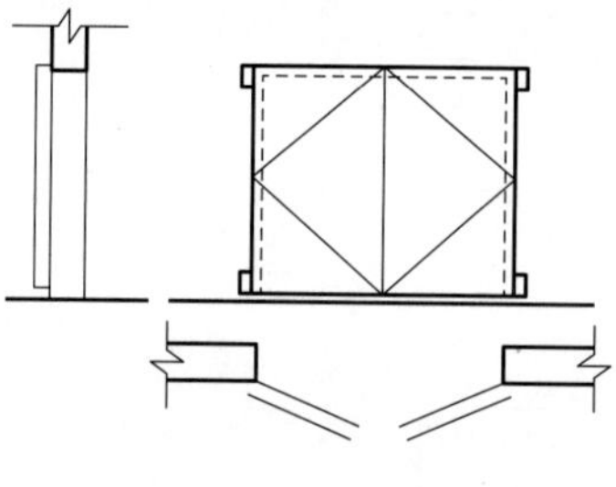	
横向卷帘门	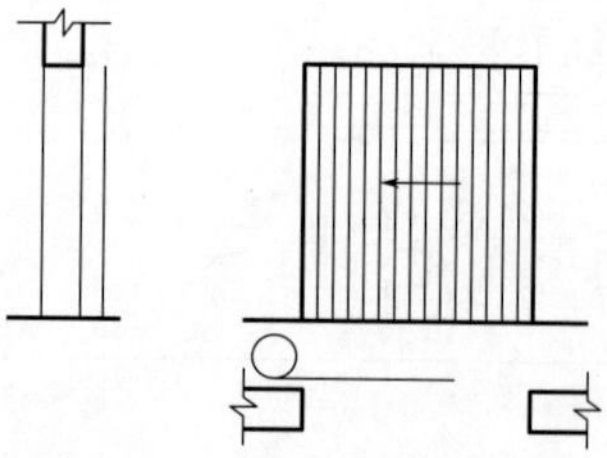	
竖向卷帘门	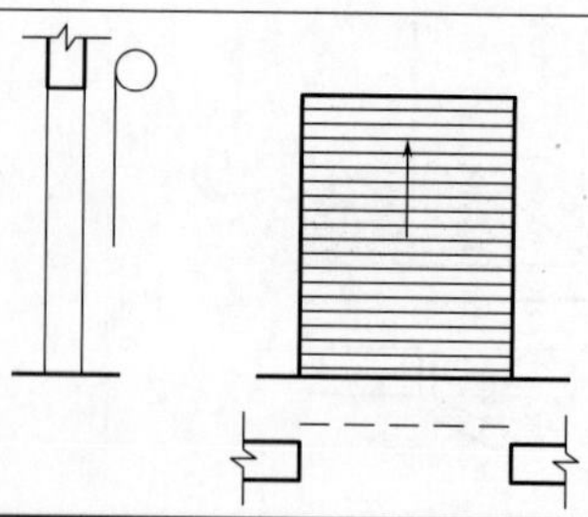	

续表

名称	图例	备注
单侧双层卷帘门	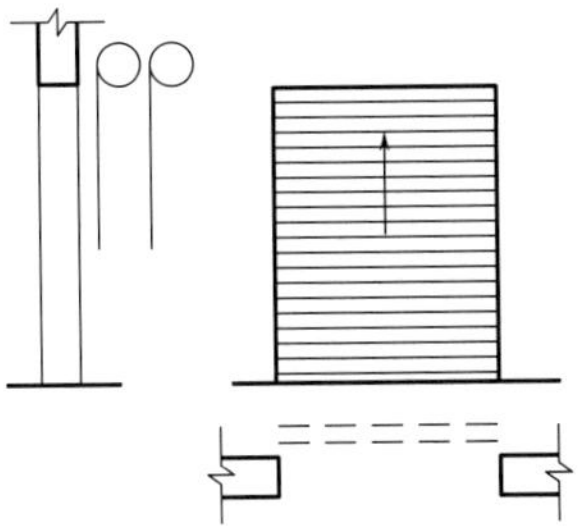	
双侧双层卷帘门	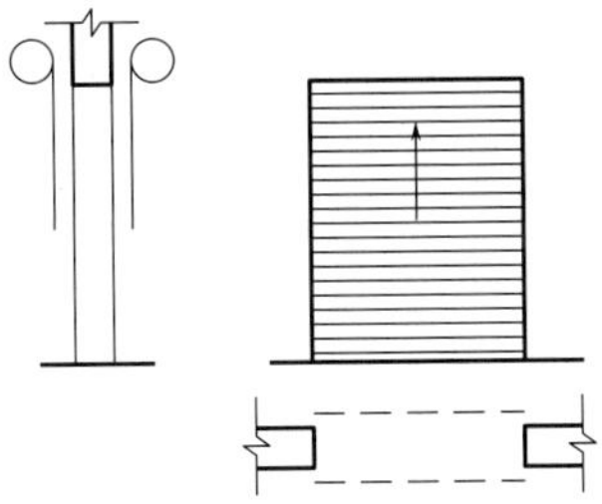	
固定窗	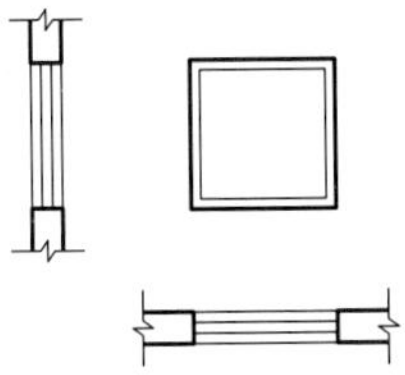	
上悬窗	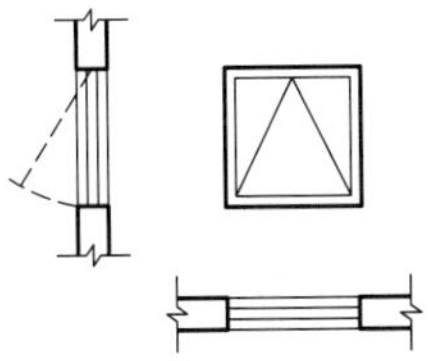	1.窗的名称代号用 C 表示 2.平面图中,下为外、上为内 3.立面图中,开启线实线为外开,虚线为内开。开启线交角的一侧为安装合页一侧,开启线在建筑立面图中可不表示,在门窗立面大样图中需绘出 4.剖面图中,左为外、右为内,虚线仅表示开启方向,项目设计不表示 5.附加纱窗应以文字说明,在平、立、剖面图中均不表示 6.立面形式应按实际情况绘制
中悬窗	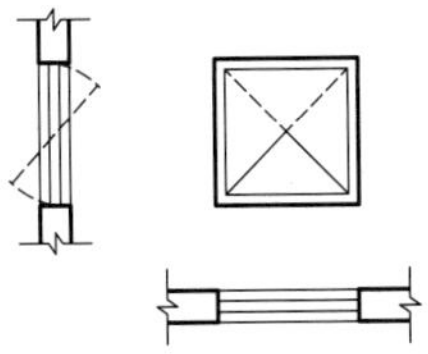	
下悬窗	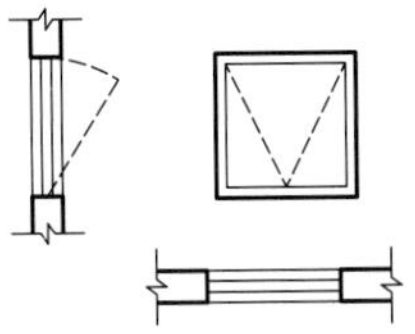	

续表

名称	图例	备注
立转窗	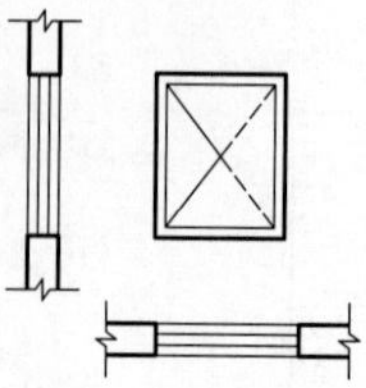	
内开平开内倾窗	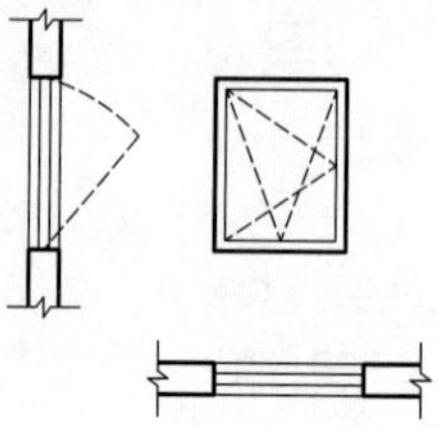	
单层外开平开窗	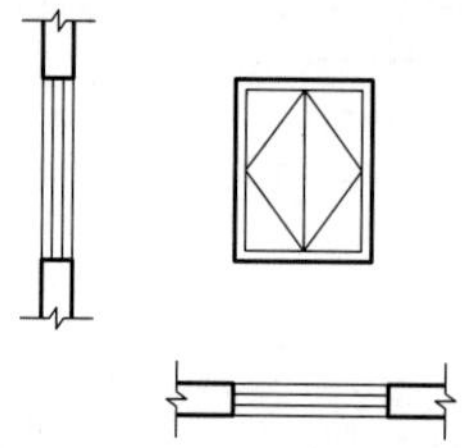	1.窗的名称代号用 C 表示 2.平面图中,下为外、上为内 3.立面图中,开启线实线为外开,虚线为内开。开启线交角的一侧为安装合页一侧。开启线在建筑立面图中可不表示,在门窗立面大样图中需绘出 4.剖面图中,左为外、右为内,虚线仅表示开启方向,项目设计不表示 5.附加纱窗应以文字说明,在平、立、剖面图中均不表示 6.立面形式应按实际情况绘制
单层内开平开窗	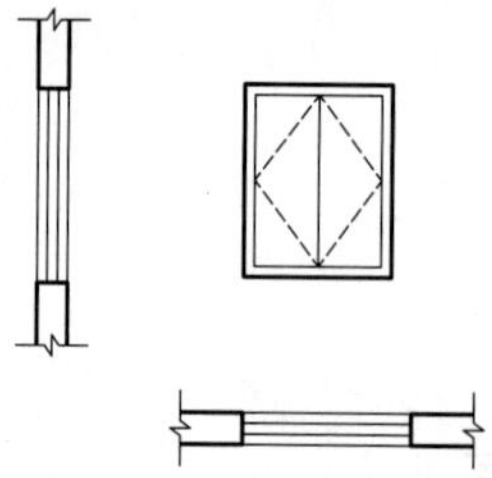	
双层内外开平开窗	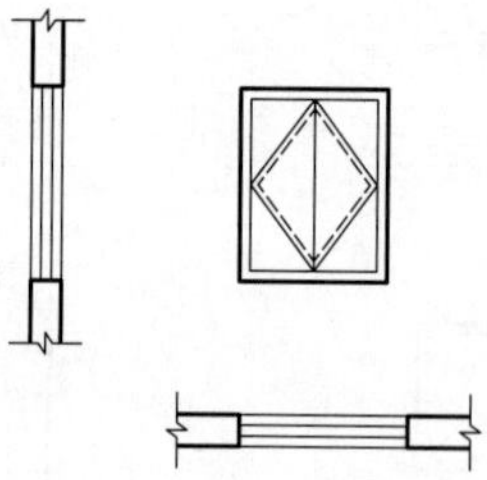	
单层推拉窗	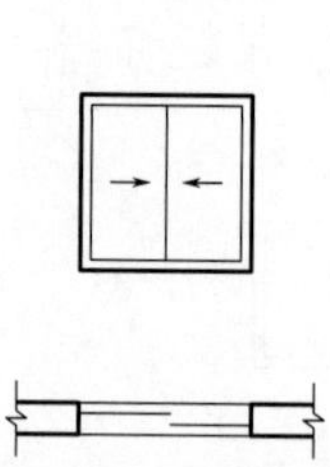	1.窗的名称代号用 C 表示 2.立面形式应按实际情况绘制

续表

名称	图例	备注
双层推拉窗		
上推窗	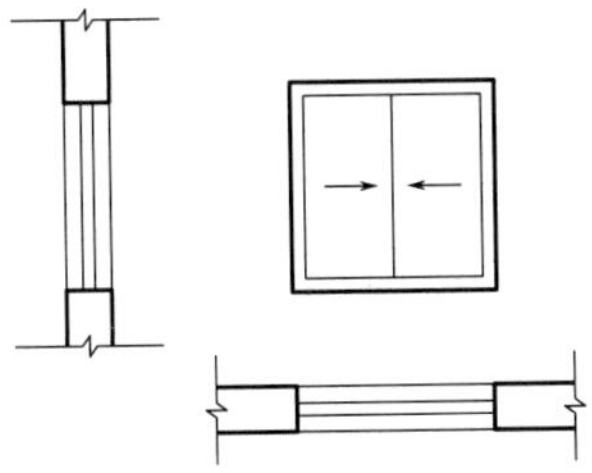	1.窗的名称代号用 C 表示 2.立面形式应按实际情况绘制
百叶窗		
高窗	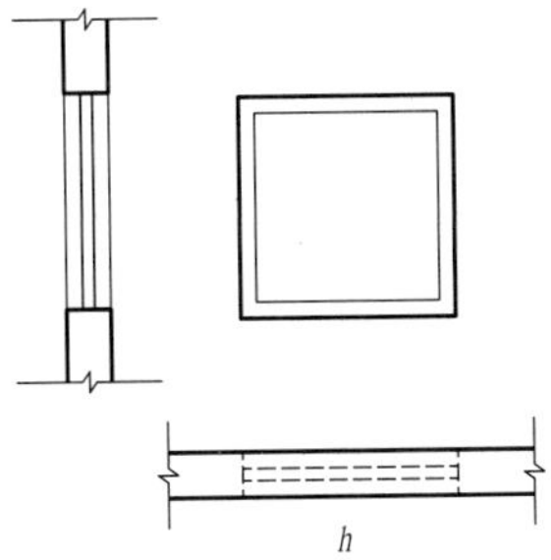 h	1.窗的名称代号用 C 表示 2.立面图中，开启线实线为外开，虚线为内开。开启线交角的一侧为安装合页一侧，开启线在建筑立面图中可不表示，在门窗立面大样图中需绘出 3.剖面图中，左为外、右为内 4.立面形式应按实际情况绘制 5.h 表示高窗底距本层地面标高 6.高窗开启方式参考其他窗型
平推窗	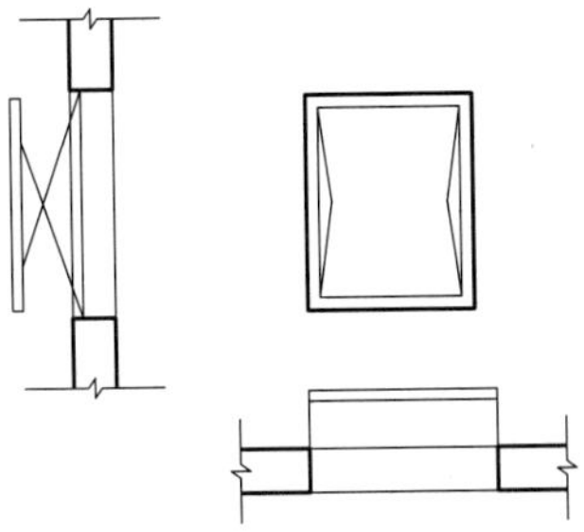	1.窗的名称代号用 C 表示 2.立面形式应按实际情况绘制

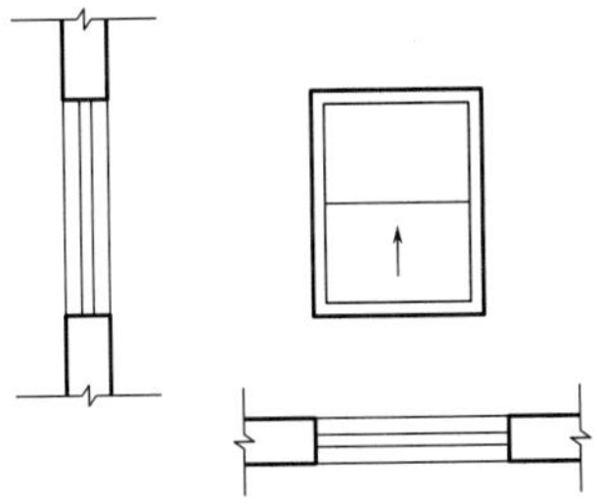

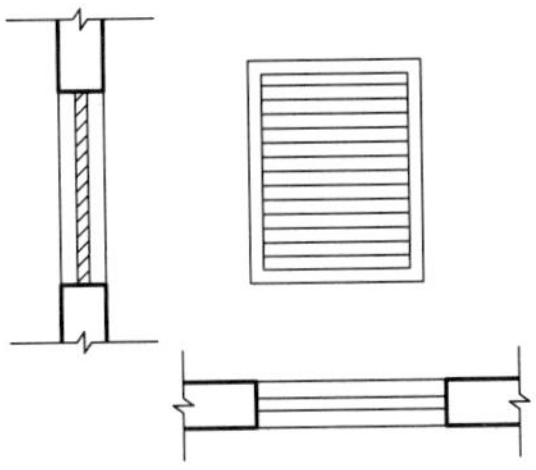

7.2.4 结构构件代号

结构构件代号如表7-4所示。

表7-4 结构构件代号

序号	名称	代号	序号	名称	代号	序号	名称	代号
1	板	B	15	吊车梁	DL	29	基础	J
2	屋面板	WB	16	圈梁	QL	30	设备基础	SJ
3	空心板	KB	17	过梁	GL	31	桩	ZH
4	槽形板	CB	18	连系梁	LL	32	柱间支撑	ZC
5	折板	ZB	19	基础梁	JL	33	垂直支撑	CC
6	密肋板	MB	20	楼梯梁	TL	34	水平支撑	SC
7	楼梯板	TB	21	檩条	LT	35	梯	T
8	盖板或沟盖板	GB	22	屋架	WJ	36	雨篷	YP
9	挡雨板或檐口板	YB	23	托架	TJ	37	阳台	YT
10	吊车安全走道板	DB	24	天窗架	DJ	38	梁垫	LD
11	墙板	QB	25	框架	KJ	39	预埋件	M
12	天沟板	TGB	26	刚架	GJ	40	天窗端壁	TD
13	梁	L	27	支架	ZJ	41	钢筋网	W
14	屋面梁	WL	28	柱	Z	42	钢筋骨架	G

7.2.5 钢筋图例

钢筋的外形有光圆钢筋和变形钢筋（表面有螺旋纹、人字纹或月牙纹）之分，按其强度及品种又可分为不同的等级，分别采用不同的符号表示，如表7-5所示。

表7-5 钢筋的级别和符号

钢筋种类	代号	钢筋种类	代号
Ⅰ级钢筋	ϕ	冷拉Ⅰ级钢筋	ϕ^I
Ⅱ级钢筋	Φ	冷拉Ⅱ级钢筋	Φ^I
Ⅲ级钢筋	Φ	冷拉Ⅲ级钢筋	Φ^I
Ⅳ级钢筋	Φ	冷拉Ⅳ级钢筋	Φ^I
热处理Ⅳ级钢筋	Φ^t	冷拔低碳钢丝	ϕ^b

钢筋图例如表7-6所示。

表7-6 钢筋图例

名称	图例	说明
钢筋横断面	●	
无弯钩的钢筋及端部		
带半圆弯钩的钢筋端部		
无弯钩的钢筋端部		长短钢筋重叠时,短钢筋端部用45°短划线表示

名称	图例	说明
带直钩的钢筋端部		
带丝扣的钢筋端部		
无弯钩的钢筋搭接		
带直钩的钢筋搭接		
带半圆弯钩的钢筋搭接		
套管接头（花篮螺丝）		

7.2.6　木结构与钢结构图例

7.2.6.1　木结构图例

木结构图例如表 7-7 所示。

表 7-7　木结构图例

名称	图例	说明
圆木		
半圆木		1.木材的剖面图均应画出横纹线或顺纹线 2.立面图一般不画出木纹线,但木材的立面图均需画出木纹线
方木		
木板		
螺纹连接		当为钢夹板时,可不画垫板线
钉连接正面画法		

名称	图例	说明
钉连接背面画法	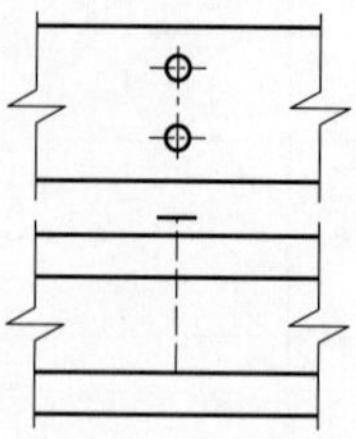	
木纹钉连接正面画法（看得见顶帽）	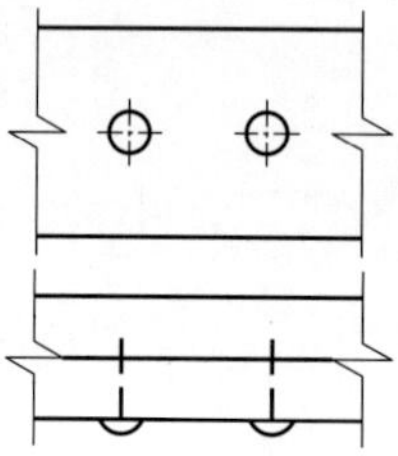	
木纹钉连接背面画法（看不见顶帽）	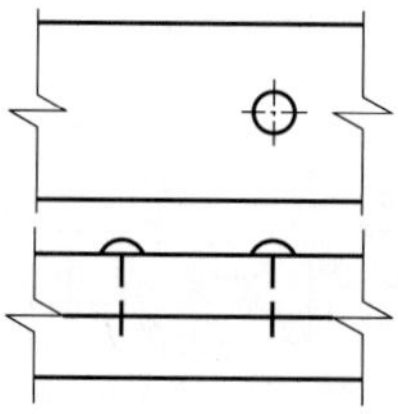	
杆件接头	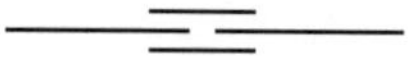	仅用于单线图中
齿连接	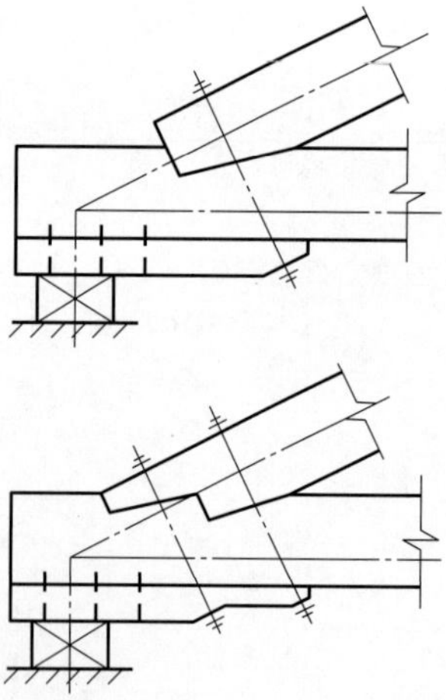	上图为单齿连接 下图为双齿连接

7.2.6.2　钢结构图例

钢结构图例如表 7-8 所示。

表 7-8　钢结构图例

名称	图例	名称	图例
等边角钢	∟	槽钢	 ⊏
不等边角钢	 ∟	方钢	▨
工字钢	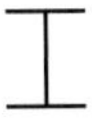 I	扁钢	—
钢板	—	圆钢	 ⊘

7.2.7　总平面图图例

常用的总平面图图例如表 7-9 所示。

表 7-9　常用的总平面图图例

名称	图例	名称	图例
新建建筑物	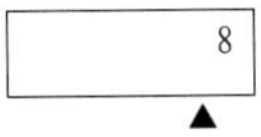 8 ▲ 需要时,可用▲表示出入口,可在图形内右上角用点数或数字表示层数	室内标高	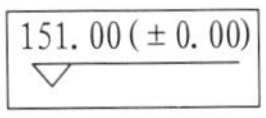 151.00(±0.00) ▽
		室外标高	●143.00 ▼143.00
原有建筑物	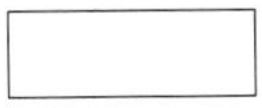	坐标	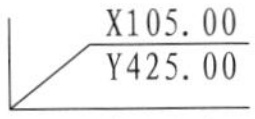 X105.00 Y425.00 表示测量坐标
计划扩建的预留地或建筑物			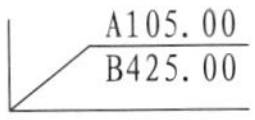 A105.00 B425.00 表示建筑坐标
拆除的建筑物	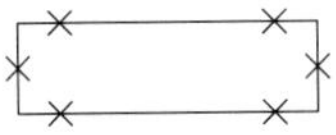 ╳ ╳ ╳ ╳	围墙及大门	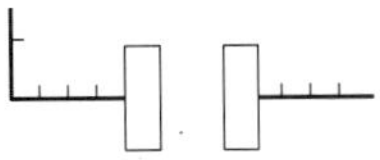 实体性质围墙
花坛	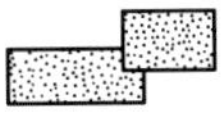		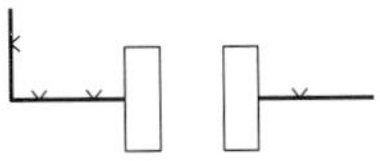 篱笆性质围墙

7.3　建筑施工说明与总平面图

7.3.1　图纸首页

在施工图的编排中,将图纸目录、建筑设计说明、门窗表等编排在整套施工图的前面,称为图纸首页。

7.3.2 图纸目录

图纸目录放在一套图纸的最前面，说明本工程的图纸类别、图号编排及图纸名称和备注等，以方便图纸的查阅。某住宅楼的施工图图纸目录如表7-10所示。该住宅楼共有建筑施工图12张，结构施工图4张，电气施工图2张。

表 7-10 某住宅楼的施工图图纸目录

图别	图号	图纸名称	备注	图别	图号	图纸名称	备注
建施	01	设计说明、门窗表		建施	10	1—1 剖面图	
建施	02	车库平面图		建施	11	大样图一	
建施	03	一～五层平面图		建施	12	大样图二	
建施	04	六层平面图		结施	01	基础结构平面布置图	
建施	05	阁楼层平面图		结施	02	标准层结构平面布置图	
建施	06	屋顶平面图		结施	03	屋顶结构平面布置图	
建施	07	①～⑩轴立面图		结施	04	柱配筋图	
建施	08	⑩～①轴立面图		电施	01	一层电气平面布置图	
建施	09	侧立面图		电施	02	二层电气平面布置图	

图纸目录还有其他样式，例如某工程建筑施工图图纸目录如表7-11所示。

表 7-11 某工程建筑施工图图纸目录

序号	图号	图纸名称	图纸规格	版次
01	01	建筑施工图设计说明	A1	1版
02	02	建筑施工图设计说明 室内装修做法表 节能设计表 图纸目录	A1	1版
03	03	一层平面图	A2+1/2	1版
04	04	二层平面图	A2+1/2	1版
05	05	三～八层平面图	A2+1/2	1版
06	06	九层平面图	A2+1/2	1版
07	07	屋顶层平面图	A2+1/2	1版
08	08	①～㊴立面图	A2+1/2	1版
09	09	㊴～①立面图	A2+1/2	1版
10	10	Ⓐ～Ⓡ立面图 Ⓡ～Ⓐ立面图	A2+1/2	1版
11	11	1—1剖面图 2—2剖面图	A2+1/2	1版
12	12	户型放大平面图(一)	A1	1版
13	13	户型放大平面图(二)	A1	1版
14	14	楼梯详图	A1	1版
15	15	节点详图(一)	A1	1版
16	16	节点详图(二)	A1	1版
17	17	节点详图(三)	A1	1版
18	18	住宅套型技术经济指标表 门窗表	A1	1版

7.3.3　建筑施工说明

拟建房屋的施工要求和总体布局，由施工总说明和建筑总平面图表示出来。一般中小型房屋建筑施工图首页（即是施工图的第一页）就包含了这些内容。

对整个工程的统一要求（如材料、质量要求）、具体做法及该工程的有关情况都可在施工总说明中做具体的文字说明。具体包括以下几个主要部分。

7.3.3.1　设计依据

设计依据包括政府的有关批文。这些批文主要有两个方面的内容：一是立项、规划许可证等；二是相关法规、规范。某工程的设计依据举例如下。

① 建设行政主管部门对本项目的批复文件。

② 与甲方签订的设计合同及经甲方同意的建筑方案。

③ 甲方提供的该项目用地坐标图及相关市政基础设施资料。

④ 现行国家有关建筑工程设计规范、标准：

GB/T 50103—2010《总图制图标准》；

GB/T 50001—2010《房屋建筑制图统一标准》；

GB 50180—93（2002 年版）《城市居住区规划设计规范》；

GB 50352—2005《民用建筑设计通则》；

GB 50016—（2006 版）《建筑设计防火规范》；

GB 50096—2011《住宅设计规范》；

GB 50368—2005《住宅建筑规范》；

DBJ 41/062—2012《河南省居住建筑节能设计标准（寒冷地区）》；

GB 50763—2012《无障碍设计规范》；

GB 50222—95（2001 修订版）《建筑内部装修设计防火规范》；

GB 50345—2012《屋面工程技术规范》；

GB 50118—2010《民用建筑隔声设计规范》；

JGJ 113—2015《建筑玻璃应用技术规程》；

GB/T 50353—2013《建筑工程建筑面积计算规范》；

GB 50176—93《民用建筑热工设计规范》；

GB 50325—2010（2013 年版）《民用建筑工程室内环境污染控制规范》；

GB/T 7106—2008《建筑外门窗气密、水密、抗风压性能分级及检测方法》；

GB/T 8484—2008《建筑外门窗保温性能分级及检测方法》；

GB/T 8485—2008《建筑门窗空气声隔声性能分级及检测方法》；

GB 50037—2013《建筑地面设计规范》；

GB 50631—2010《住宅信报箱工程技术规范》；

《工程建设标准强制性条文》（房屋建筑部分）（2013 年版）；

《建筑工程设计文件编制深度规定》（2008 年版）；

《民用建筑外墙保温系统及外墙装饰防火暂行规定》（公通字［2009］46 号）；

建科［2012］16 号文件等。

7.3.3.2　工程概况

工程概况主委包括建筑名称、地点、建设单位、建筑面积设计使用年限，建筑层数和高度、抗震等级、耐火等级等重要的工程建设信息。某工程的工程概况举例如下。

① 本工程为×××新城 D8♯住宅楼。

② 建筑主要技术经济指标如表 7-12 所示。

表 7-12　建筑主要技术经济指标

建筑基底面积/m²			787.62	备注
总建筑面积/m²			6652.80	外墙保温层 50mm 厚计入总建筑面积
其中	地上建筑面积/m²		6652.80	以上建筑面积按阳台一半面积计算
	其中	住宅建筑面积/m²	6391.44	
		阳台建筑半面积/m²	261.36	

③ 单体概况如表 7-13 所示。

表 7-13　单体概况

工程等级		二级	建筑使用性质		住宅	设计合理使用年限		50 年
建筑防火分类		多层住宅建筑				居住户数(户)		54
层数(层)	地上	9 层	耐火等级	地上	二级	结构类型		钢筋混凝土框架剪力墙
	地下			地下		抗震设防烈度		6 度
建筑功能	地上	地上 1~9 层均为普通住宅						
	地下							
建筑高度(m)		27.84m(从室外地坪至屋面面层,面层最高点厚度按 0.390m 算)						
附设人防工程		不设置	人防工程设置位置					
人防工程类别			防护等级					

7.3.3.3　施工基本要求

施工基本要求主要是对图纸中与施工相关的内容进行说明,另外,提出严格执行施工验收规范中的规定的要求。

7.3.3.4　各分部、分项工程的常规要求

例如,有关墙身防潮层的构造做法、砌体墙阳角处的构造做法等。

① 墙身防潮层的构造做法大体分三种,如图 7-1 所示。

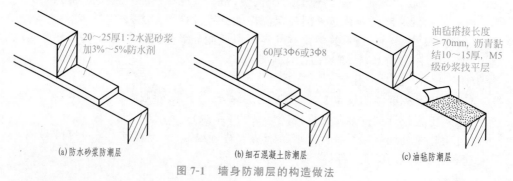

(a)防水砂浆防潮层　　(b)细石混凝土防潮层　　(c)油毡防潮层

图 7-1　墙身防潮层的构造做法

某工程墙身防潮层的构造做法举例如下。

墙身防潮层:在室内地坪下 60mm 处做 20mm 厚 1:2 水泥砂浆内加 3%~5%防水剂的墙身防水层(在此标高为钢筋混凝土构造,或下为砌石构造时可不做),在室内地坪变化处

防潮层应重叠，并在高低差埋土一侧墙身做 20mm 厚 1：2 水泥砂浆防潮层，如埋土侧为室外，还应刷 1.5mm 厚聚氨酯防水涂料（或其他防潮材料）。

该工程所描述防潮层的构造，符合如图 7-1(a) 所示的特征。

② 砌体墙阳角、阴角处的构造做法如图 7-2 所示。

某工程的砌体墙阳角处的（包）护角构造举例如下。

室内墙柱和门窗洞口的阳角，一律做 1：2 水泥砂浆暗护角到顶。

7.3.3.5　装修做法

装修做法方面的内容主要是对各种装修提出的要求，包括油漆工程、混凝土表面的处理、金属构件防锈等的做法。需要读懂说明中的各种数字、符号的含义。

某工程的装修做法说明举例如下。

① 室内装修所采用的涂料见室内装修做法表，见表 7-14。

② 内木门窗油漆选用灰色调和漆，木扶手油漆选用栗色调和漆，做法为 12YJ1 涂 101。

③ 楼梯钢栏杆选用墨绿色调和漆，做法为 12YJ1 涂 202。

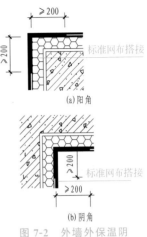

图 7-2　外墙外保温阴阳角构造节点

④ 室内各项外露金属件的油漆为刷防锈漆二道后再做与室内外部位相同颜色的调和漆，做法为 12YJ1 涂 202。

⑤ 所有室外金属管件均应先做防锈处理，油漆选用 12YJ1 涂 202，颜色除立面图及大样注明外均为深褐色。

⑥ 凡与砌体或混凝土接触的木材表面，均需做防腐处理；所有预埋铁件除锈后，刷防锈漆二道。

⑦ 各项油漆均由施工单位制作样板，经设计单位和建设单位确认后方可进行施工。

表 7-14　室内装修做法表

未注明者选自《工程用料做法》（12YJ1）

楼层	做法　　部位　房间名称	地面 12YJ1	楼面 12YJ1	墙裙 12YJ1	内墙 12YJ1	顶棚 12YJ1	踢脚 12YJ1
住宅	入口门厅		楼 201	裙 3-C	内墙 3-C，涂 304	顶 5，涂 304	踢 3-C
	楼梯间	地 201	楼 201		内墙 3-C，涂 304	顶 5，涂 304	踢 3-C
	走道		楼 201		内墙 3-C，涂 304	顶 5，涂 304	踢 3-C
	空调板		楼 101				
	客厅，餐厅，卧室		楼 1		内墙 3-C	顶 5	
	厨房		楼 1		内墙 6	顶 6	
	卫生间		楼 2		内墙 6	顶 6	
	阳台		楼 2		内墙 6	顶 5	
机房	电梯机房		楼 101		内墙 3-C，涂 304	顶 5，涂 304	踢 1-C
	备注	楼 201-F 中聚氨酯防水涂料沿四周墙体上翻 500 高					高度 150

续表

		住宅室内装修面层留毛,由用户二次装修
楼 1	12YJ1 楼 201 陶瓷地砖楼面	10mm 厚地砖铺平拍实,水泥浆擦缝(用户自理) 20mm 厚 1：4 干硬性水泥砂浆找平(用户自理) 素水泥浆结合层一遍 20 厚 C15 轻质混凝土(压实) 钢筋混凝土楼面(清扫干净,洒水湿润)
楼 2	12YJ1 楼 201F1 陶瓷地砖防水楼面	10mm 厚防滑地砖铺实拍平,水泥砂浆填缝(用户自理,完成面应低于室内 0.020m) 20 厚 1：4 干硬性水泥砂浆找平面层(用户自理) 1.5 厚聚氨酯防水涂料,面撒黄沙,四周沿墙上翻 300mm 最薄处 20 厚 C20 细石混凝土找坡层抹平 刷基层处理剂一遍 20 厚 1：2 水泥砂浆找平(用于阳台时无此层) 钢筋混凝土楼面(清扫干净)

7.3.3.6　相关注意事项

相关注意事项包括工程的一些一般规定。某工程的施工中注意事项举例如下。

① 所有需要由单项专业公司进行专项设计和施工的构件和部位以及需要提前订货的成品构件应在相关部位土建施工前提供有关资料配合施工,专业公司应具有相应资质并由建设方确认。

② 图中所选用标准图中有对结构工种的预埋件、预留洞,如楼梯、平台钢栏杆、门窗、建筑配件等,本图所标注的各种留洞与预埋件应与各专业图纸对照密切配合后,确认无误后方可施工。

③ 防水材料应选用相关标准规范推荐产品,除图纸明确选用的材料外,如若改变应由甲乙双方共同协商调研后,根据防水性能择优选用。

回填土必须符合相关质量规范,并按规范要求分层夯实(每回填 200mm 高即进行夯实,夯实系数≥94%,边角处须补夯密实)。回填前应去掉腐蚀性有机物等杂质,并严禁回填不符合要求的土壤和建筑垃圾。

④ 风井、烟道内侧墙面应随砌(随浇)随用 1：2.5 水泥砂浆抹光,要求内壁平整、密实、不透气,以利烟气排放通畅。

⑤ 预埋木砖及贴邻墙体的木质面均应做防腐处理,露明铁件均应做防锈处理。

⑥ 所有屋顶金属构件应同防雷接地有效连接。

7.3.4　工程做法表

对构造做法种类较多、变化较大的工程,使用工程做法表可使施工单位在进行工程量统计和材料用量统计时更加方便。

工程做法表的内容一般包括工程构造的部位、名称、做法及备注说明等。表 7-15 所列为某房屋建筑装修构造做法表,另有表现形式可参考表 7-14。

表 7-15　房屋建筑装修构造做法表

项目	编号	名称	做法所选用图集	适用部位
地面	地 1	陶瓷地砖卫生间地面	05ZJ001-P19-地 55	卫生间
	地 2	防滑地面	05ZJ001-7-地 3	无障碍坡道走道
	地 3	花岗岩地面	05ZJ001-11-地 25	出入口走道、室内中庭
	地 4	陶瓷地砖地面	05ZJ001-10-地 19	其他所有房间

续表

项目	编号	名称	做法所选用图集	适用部位
楼面	楼 1	防滑地砖防水楼面	05ZJ001-30-楼 33	卫生间
	楼 2	地砖楼面	05ZJ001-25-楼 10	楼梯间、走道及房间
内墙	墙 1	釉面砖墙面	05ZJ001-47-内墙 9	卫生间
	墙 2	内墙涂料	05ZJ001-46-内墙 7 05ZJ001-93-涂 23	其他所有房间
天棚	棚 1	石灰砂浆顶棚	05ZJ001-75-顶 1	卫生间
	棚 2	涂料顶棚	05ZJ001-75-顶 3 05ZJ001-93-涂 23	其他所有房间
踢脚	踢	面砖踢脚	05ZJ001-38-踢 18	所有房间
外墙	墙 1	塑玻面砖外墙	05ZJ001-66-外墙 12	参照立面
	墙 2	花岗岩外墙	05ZJ001-67-外墙 15	参照立面
	墙 3	外墙涂料	05ZJ001-63-外墙 2 05ZJ001-93-涂 30	参照立面

在工程做法表中应详细列出工程做法的分类名称、做法名称、适用部位、套用标准图集的代号，采用非标准做法或对标准做法做适当改变的应在备注中注明。

7.3.5　门窗表

门窗表反映门窗的类型、编号、数量、尺寸规格、采用标准图集等相应内容，以便工程施工、结算所需。某住宅楼门窗表如表 7-16 所示；某工程门窗表如表 7-17 所示。

表 7-16　某住宅楼门窗表

类别	门窗编号	标准图号	图集编号	洞口尺寸/mm		数量	备注
				宽	高		
门	M1	98ZJ681	GJM301	900	2100	78	木门
	M2	98ZJ681	GJM301	800	2100	52	铝合金推拉门
	MC1	见大样图	无	3000	2100	6	铝合金推拉门
	JM1	甲方自定	无	3000	2000	20	铝合金推拉门
窗	C1	见大样图	无	4260	1500	6	断桥铝合金中空玻璃窗
	C2	见大样图	无	1800	1500	24	断桥铝合金中空玻璃窗
	C3	98ZJ721	PLC70-44	1800	1500	7	断桥铝合金中空玻璃窗
	C4	98ZJ721	PLC70-44	1500	1500	10	断桥铝合金中空玻璃窗
	C5	98ZJ721	PLC70-44	1500	1500	20	断桥铝合金中空玻璃窗
	C6	98ZJ721	PLC70-44	1200	1500	24	断桥铝合金中空玻璃窗
	C7	98ZJ721	PLC70-44	900	1500	48	断桥铝合金中空玻璃窗

表 7-17 某工程门窗表

类型	设计编号	洞口尺寸/mm	数量	图集名称　页次　选用型号	备注
门	MLC-1	3000×2400	3	成品楼宇对讲防盗门,见本页详图	塑钢中空玻璃窗 6+9A+6
	HFM乙-1	1200×2100	60	成品保温、防盗乙级防火复合门甲方选定	
	FM丙-1	600×2000	54	成品木质丙级防火门甲方选定	200 高素混凝土门槛
	M-1	900×2100	162	见本页详图	
	M-2	800×2100	108		
	M-3	700×2500	18	见本页详图	塑钢中空玻璃窗 6+9A+6
	TLM-1	2400×2500	54	见本页详图	塑钢中空玻璃窗 6+9A+6
	TLM-2	1600×2100	54	见本页详图	塑钢中空玻璃窗 6+9A+6
	TLM-3	1800×2100	36	见本页详图	塑钢中空玻璃窗 6+9A+6
窗	C-1	1500×1800	54	12YJ4-1-21 页-TC1-1518	塑钢中空玻璃窗 6+9A+6
	C-2	500×1200	36	见本页详图	塑钢中空玻璃窗 6+9A+6
	C-3	1800×1500	18	12YJ4-1-21 页-TC1-1815	塑钢中空玻璃窗 6+9A+6
	C-4	1200×1500	54	12YJ4-1-21 页-TC1-1215	塑钢中空玻璃窗 6+9A+6
	C-5	900×1200	72	见本页详图	塑钢中空玻璃窗 6+9A+6
	C-6	1500×1150	21	参 12YJ4-1-21 页-TC1-1512	塑钢中空玻璃窗 6+9A+6
	C-6a	1500×1500	3	见本页详图	塑钢中空玻璃窗 6+9A+6
凸窗	TC-1	5400×1800	18	见本页详图	塑钢中空玻璃窗 6+9A+6
	TC-2	1800×1800	36	见本页详图	塑钢中空玻璃窗 6+9A+6

注：1. 一层外墙门、窗,各楼层外窗防盗甲方自理；

2. 所有门窗气密性等级为四级；

3. 门窗立面均表示洞口尺寸；

4. 门窗选料除门窗表特别注明外,外墙窗均采用 80 系列塑钢窗,6+9A+6 平板中空玻璃；

5. 所有卫生间窗均为压花玻璃；

6. 门窗数量以实际发生为准。

7.3.6 总平面图的内容

① 总平面有图名和比例,因总平面图所反映的范围较大,比例通常为 1∶500、1∶1000。

② 场地边界、道路红线、建筑红线等用地界线。

③ 新建建筑物所处的地形,若地形变化较大,应画出相应等高线。

④ 在总平面图中应详细地表达出新建建筑的位置。在总平面图中新建建筑的定位方式包括以下三种。

第一种,利用新建建筑物和原有建筑物之间的距离定位。

第二种,利用施工坐标确定新建建筑物的位置。

第三种,利用新建建筑物与周围道路之间的距离确定位置。

当新建建筑区域所在地形较为复杂时,为了保证施工放线的准确,常用坐标定位。坐标定位分为测量坐标和建筑坐标两种。

a. 测量坐标。在地形图上用细实线画成交叉十字线的坐标网,南北方向的轴线为 X,东西方向的轴线为 Y,这样的坐标为测量坐标。坐标网常采用 100m×100m 或 50m×50m 的方格网。一般建筑物的定位宜注写其三个角的坐标,若建筑物与坐标轴平行,可注写其对角坐标，如图 7-3 所示。

b. 建筑坐标。建筑坐标就是将建设地区的某一点定为"0"，采用 100m×100m 或 50m×50m 的方格网，沿建筑物主轴方向用细实线画成方格网。垂直方向为 A 轴，水平方向为 B 轴，如图 7-4 所示。

⑤ 注明新建建筑物室内地面绝对标高、层数和室外整平地面的绝对标高。

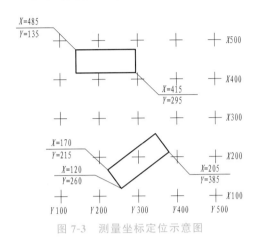

图 7-3　测量坐标定位示意图

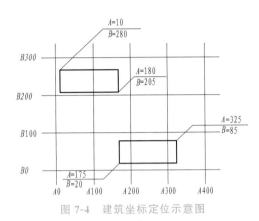

图 7-4　建筑坐标定位示意图

⑥ 与新建建筑物相邻有关建筑、拆除建筑的位置或范围。

⑦ 新建建筑物附近的地形、地物等，例如道路、河流、水沟、池塘和土坡等，应注明道路的起点、变坡、转折点、终点以及道路中心线的标高、坡向等。

⑧ 指北针或风向频率玫瑰图，在总平面图中通常画有指北针或风向频率玫瑰图表示该地区常年的风向频率和建筑的朝向。

⑨ 用地范围内的广场、停车场、道路、绿化用地等。

7.3.7　总平面图的读图注意事项

① 看图名、比例及有关文字说明。总平面图包括的地面范围较大，所以绘图比例较小，其内容多数是用符号表示的，所以要熟悉各种图示符号的意义。

② 了解新建工程的性质和总体布局。了解各建筑物及构筑物的位置、道路、场地和绿化等的布置情况和各建筑物的层数。

③ 明确新建工程或扩建工程的具体位置。新建工程或扩建工程一般根据原有房屋或道路来定位。当新建成片的建筑物或较大的建筑物时，可用坐标来确定每幢建筑物及道路转折点等的位置。

④ 看新建房屋底层室内地面和室外整平地面的绝对标高，可知室内外地面高差，及正负零与绝对标高的关系。

⑤ 看总平面图上的指北针或风向频率玫瑰图，可知新建房屋的朝向和常年风向频率。

⑥ 查看图中尺寸的表现形式，以便查清楚建筑物自身的占地尺寸及相对距离。

⑦ 总平面图上有时还画上给排水、采暖、电气等的管网布置图，一般与设备施工图配合使用。

7.3.8　识图示例

一个项目要立项，首先要规划部门在地形图上用红笔勾出项目实施的地域范围，只有红线内才是可施工的范围。建筑总平面图就是将红线内区域的总体规划和布局表达在一张平面图上，其上要表示新建筑的平面形状、位置、朝向、标高等，同时还需表示周围的道路、河流、街道以及原有的建筑物、拆除建筑物等。

识读总平面图时，需注意几个问题。

① 首先要认真阅读总平面图上的文字说明，对整个工程的概貌、性质有个整体的了解。

② 查看方向标，弄清建筑的方位；了解图纸的比例，对图纸涵盖的区域大小有个了解。

③ 熟悉图例后，考察图面整体布局情况，哪是道路、河流、原有建筑、新建建筑、拆除建筑，地坪标高如何，新建建筑有几座，方位、朝向、形状、与原有建筑的间距是多少等。

把握以上三点问题，再以此为基础来识读工程的总平面图。某工程的总平面图如图 7-5 所示。

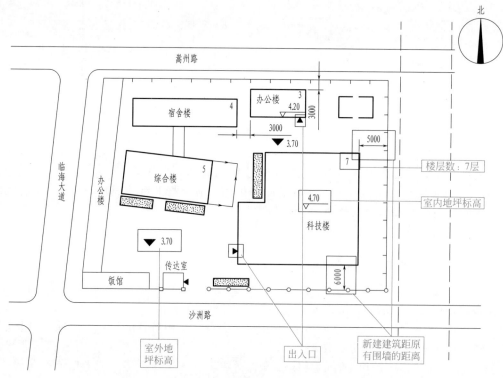

图 7-5　某工程总平面图（1∶500）

这是一张某单位扩建的总平面图。总平面图的比例一般情况采用 1∶500、1∶1000、1∶2000，本图所采用的比例尺是 1∶500。单位围墙的南、西、北有三条马路，东边计划扩建一条马路。单位南边的部分围墙是通透性质的围墙，东、北两面则是实体性质的围墙。单位原有建筑有：办公楼、综合楼、宿舍楼；新建建筑有：科技楼、办公楼；在院内东北角处有一个计划扩建建筑。

从方向标上看，新建建筑科技楼、办公楼均是坐北朝南的朝向，室外地坪标高 3.70m，室内地坪标高分别为 4.70m、4.20m，这些标高均为绝对标高，一般标高应注写到小数点后第三位，但在总图中可注写到小数点后两位。新建建筑距原有围墙的距离也在图中标示了出来，科技楼距东围墙 5m，距南围墙 6m；办公楼距北围墙与宿舍楼的距离都是 3m。

7.4　建筑平面图

7.4.1　建筑平面图认知

(1) 建筑平面图的概念

建筑平面图，又可简称平面图，是一种假想在房屋的窗台以上作水平剖切后，移去上面部分后作剩余部分的正投影而得到的水平剖面图，是将新建建筑物或构筑物的墙、门窗、楼梯、地面及内部功能布局等建筑情况，以水平投影方法和相应的图例所组成的图纸。

对多层楼房，原则上每一楼层均要绘制一个平面图，并在平面图下方注写图名（如底层平面图、二层平面图等）；若房屋某几层平面布置相同，可将其作为标准层，并在图样下方注写适用的楼层图名（如三、四、五层平面图）。若房屋对称，可利用其对称性，在对称符号的两侧各画半个不同楼层平面图。

建筑平面图实质上是房屋各层的水平剖面图。平面图虽然是房屋的水平剖面图，但按习惯不必标注其剖切位置，也不称为剖面图。建筑平面图的形成如图 7-6 所示。

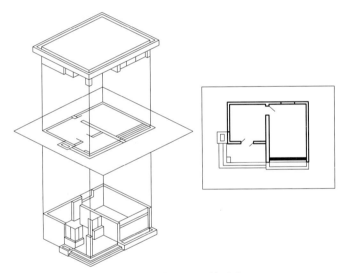

图 7-6　建筑平面图的形成

(2) 建筑平面图的作用

它反映出房屋的平面形状、大小和布置；墙、柱的位置、尺寸和材料；门窗的类型和位置等。建筑平面图可作为施工放线，砌筑墙、柱，门窗安装和室内装修及编制预算的重要依据。

(3) 建筑平面图的意义

建筑平面图作为建筑设计、施工图纸中的重要组成部分，它反映建筑物的功能需要、平面布局及其平面的构成关系，是决定建筑立面及内部结构的关键环节。其主要反映建筑的平面形状、大小、内部布局、地面、门窗的具体位置和占地面积等情况。所以说，建筑平面图是新建建筑物的施工及施工现场布置的重要依据，也是设计及规划给排水、强弱电、暖通设备等专业工程平面图和绘制管线综合图的依据。

7.4.2　建筑平面图的用途

平面图通常用 1∶50、1∶100、1∶200 的比例绘制，它反映出房屋的平面形状、大小和房间的布置，墙（或柱）的位置、厚度、材料，门窗的位置、大小、开启方向等情况，作为施工放线、安装门窗、预留孔洞、预埋构件、室内装修、编制预算、施工备料等工作的依据。

7.4.3　建筑平面图的内容、图示和示例

在多层或高层建筑中，一般有首层平面图、地下层平面图、标准层平面图、顶层平面图、屋顶平面图。首层平面图表示的是建筑底层的布置情况。地下层平面图表示建筑地下室的平面形状、各房间的平面布置及楼梯布置等情况。中间层平面图表示建筑中间各层的布置情况，还需画出下一层的雨篷、遮阳板等。顶层平面图表示建筑最上面一层的平面布置情况。屋顶平面图表示屋顶面上的情况和排水情况，如屋面排水的方向、坡度、雨水管的位置、上人孔及其他建筑配件的位置等。下面以标准层平面图为例进行介绍，如图 7-7 所示。

（1）图名、比例和图例

① 图名　标准层平面图。

② 比例　1：100。

③ 图例　图中所使用的图例有柱、墙、楼梯、门窗等。

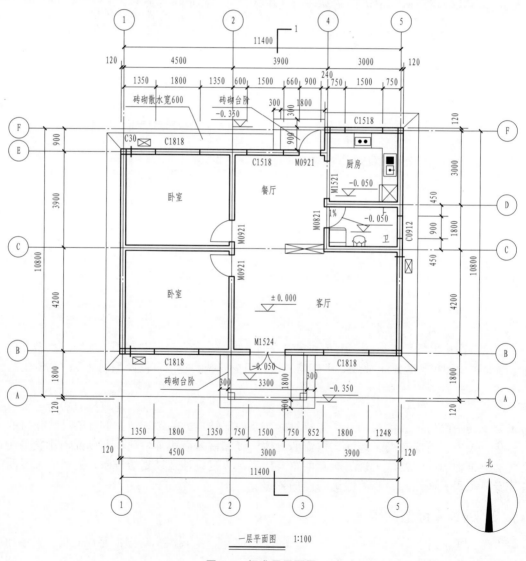

一层平面图　1：100

图 7-7　标准层平面图

（2）房间布置

当中间楼层平面图的布置与二层平面图的布置不同时，必须表示清楚。

（3）门与窗

标准层平面图中门窗设置与底层平面图往往不完全一样，在底层建筑物的入口处一般为大门或门洞，而在标准层平面图中相同的平面图位置处，一般情况下都改成了窗。

（4）表达内容

标准层平面图不再表示室外地面的情况，但要表示下一层可见的阳台或雨篷。楼梯表示有上、下的方向。

7.4.4　识图示例

【例 7-1】　试识读某值班室建筑平面图（如图 7-8 所示）。

（1）首先应查看图名，弄清此图表述的是哪个建筑。

（2）再看图中的说明文字，对建筑师的设计意图有一个大致的了解。

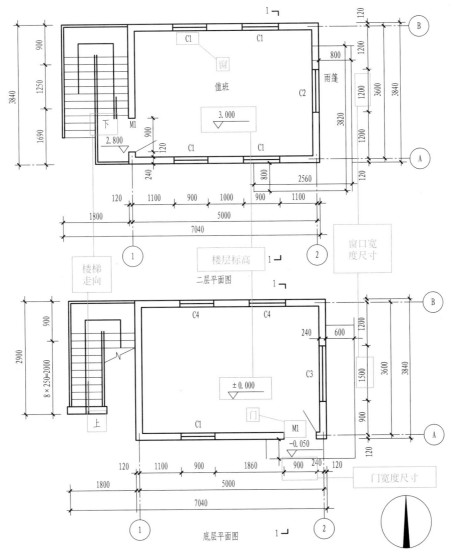

图 7-8　某值班室建筑平面图

（3）查看图纸的比例、风向标、定位轴线及有几个层面。

（4）了解每个层面的大致布局及面积，门窗、楼梯的位置及相关尺寸，地坪的标高等。

（5）查看有无为配合其他专业留的孔、洞槽、沟等，并查阅相关尺寸。

（6）同时还需注意室外的台阶、花池、散水明沟等的位置及尺寸。

（7）还要注意有无剖视符号，剖切在何位置等。

按照上述几点来识读图7-8：根据方向标的指示，此建筑坐北朝南；从图面上两个图的图名看，此建筑有两个层面；从轴线编号看，水平方向有两个轴线①、②，竖直方向有两个轴线Ⓐ、Ⓑ，轴线位于墙的中线位置。

看底层平面图：本层有一间房，楼梯在西墙外。一般建筑图标注尺寸有三层尺寸，最外层尺寸表示此建筑外形轮廓的最大尺寸，本图是7040mm×3840mm；第二层尺寸表示轴线间的尺寸，本图分别为5000mm和3600mm；最里面一层的尺寸表示门、窗的宽度及其位置尺寸，就本图而言，底层南边开了一扇宽900mm的门M1，三面墙上开了三种规格的窗C1、C3、C4。同一种编号的门、窗其构造及尺寸相同，详情可查阅同套图纸中有关的详图。在门前有一个踏步，其地坪标高为−0.050m。室内地坪标高为±0.000m。

看二层平面图：本层也只有一间房屋，楼梯在室外，门开在西墙上，编号为M1，剩下的三面墙上有两个规格的窗C1、C2。二层地坪标高为3.000m。在底层踏步的上方有一个宽800mm的雨篷。

【例7-2】 试识读A大楼的一层平面图，如图7-9所示，二层平面图如图7-10所示；图7-9中圈出部分分别对应图7-11～图7-14。

按照上面讲到的方法来识读图7-9：根据方向标的指示，此建筑坐北朝南；从轴线编号看，水平方向有十一条轴线①、②、…、⑩、⑪，竖直方向有五个轴线Ⓐ、Ⓑ、Ⓒ、Ⓓ、Ⓔ。

看一层平面图可知：本层有六个办公室、一个接待室、一个会议室、一个电梯厅、一个门厅、两部楼梯（如图7-12和图7-14所示）和两部电梯（如图7-11所示）、一个卫生间（如图7-13所示），楼梯在建筑中部及建筑物东边各设有一部。一般建筑图标注尺寸有三层尺寸，最外层尺寸表示此建筑外形轮廓的最大尺寸，本图是50400mm×22500mm；第二层尺寸表示轴线间的尺寸；最里面一层的尺寸表示门、窗的宽度及其位置尺寸，就本图而言，一层配有门窗表，见表7-18。室外地坪标高为−0.450m。室内地坪标高为±0.000m。

看二层平面图（如图7-10所示）：本层有六个办公室、一个档案室、一个小会议室、一个会议室、一个电梯厅、两部楼梯和两部电梯、一个卫生间。

表7-18 A大楼一层门窗表

编号	名称	规格/mm	数量/扇
M1	木质夹板门	1000×2100	10
M2	木质夹板门	1500×2100	1
LM1	铝塑平开门	2100×3000	1
TLM1	玻璃推拉门	3000×2100	1
YFM1	钢质乙级防火门	1200×2100	2
JXM1	木质丙级防火检修门	550×2000	1
JXM2	木质丙级防火检修门	1200×2000	1
LC1	铝塑上悬窗	900×2700	10
LC2	铝塑上悬窗	1200×2700	16
LC3	铝塑上悬窗	1500×2700	2
MQ1	铝塑上悬窗	21000×3900	1
MQ2	铝塑上悬窗	4975×16500	4

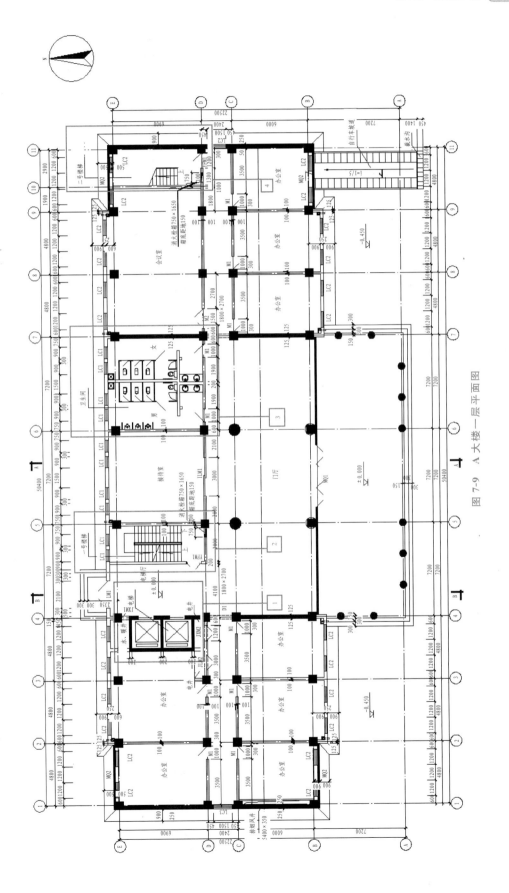

图 7-9　A 大楼一层平面图

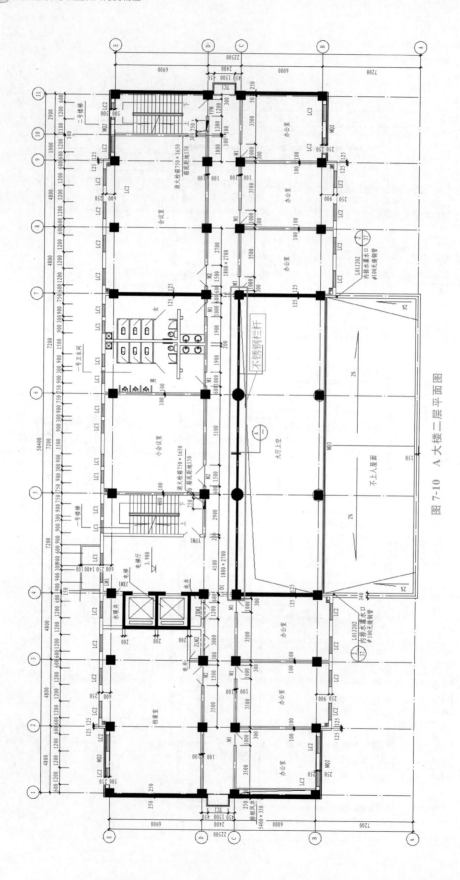

图 7-10 A 大楼二层平面图

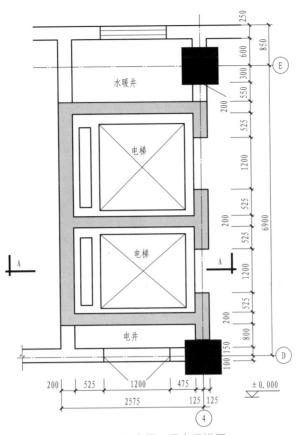

图 7-11　A 大楼一层电梯详图

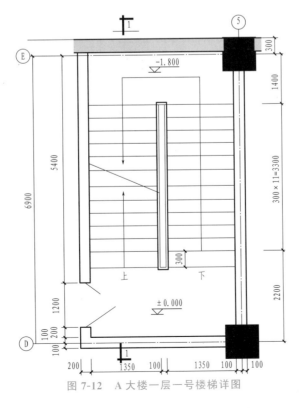

图 7-12　A 大楼一层一号楼梯详图

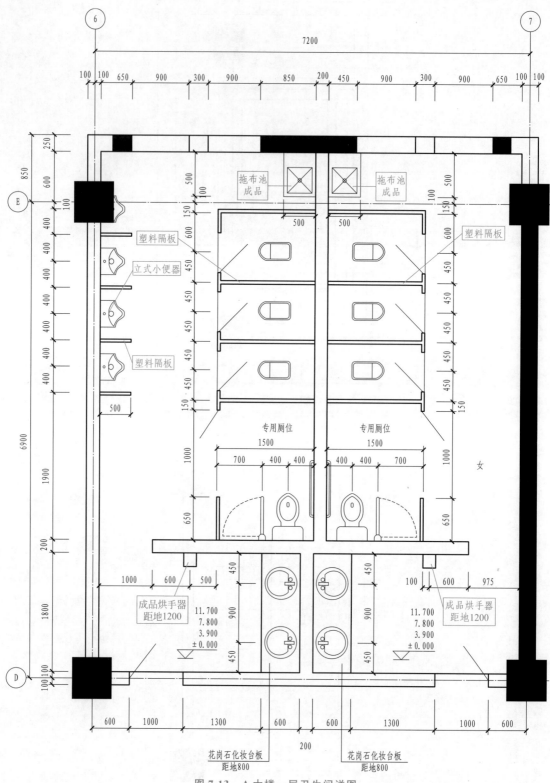

图 7-13　A 大楼一层卫生间详图

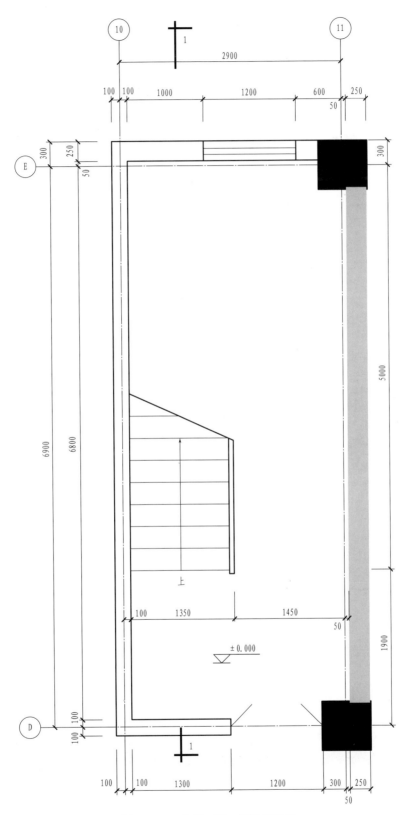

图 7-14　A 大楼一层二层楼梯详图

7.5 建筑立面图

7.5.1 建筑立面图的形成和作用

建筑立面图，简称立面图，它是在与房屋立面平行的投影面上所作的房屋正投影图，如图 7-15 所示。它主要反映房屋的长度、高度、层数等外貌和外墙装修构造。

它的主要作用是确定门窗、檐口、雨篷、阳台等的形状和位置及指导房屋外部装修施工和计算有关预算工程量。

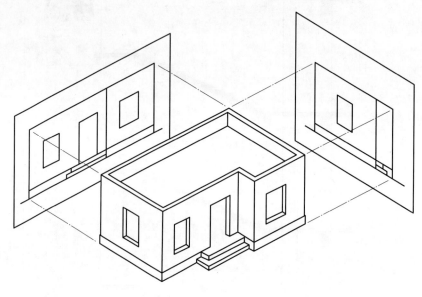

(a)立面的形成

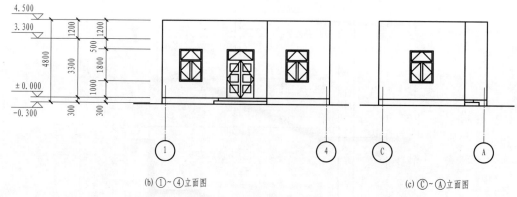

(b)①~④立面图   (c)ⓒ~Ⓐ立面图

图 7-15   建筑立面图的形成

7.5.2 建筑立面图的命名

建筑立面图的命名方式有以下三种。

① 可用朝向命名，立面朝向哪个方向就称为某方向立面图，如图 7-15 所示中的（b）、（c）两图图名可称为正立面图、侧立面图。

② 可用外貌特征命名，其中反映主要出入口或比较显著地反应房屋外貌特征的那一面

的立面图。

③ 可以立面图上首尾轴线命名，如图 7-15 所示中的（b）、（c）两图图名。

7.5.3 建筑立面图的内容、图示和示例

现以图 7-16 中所示立面图为例，说明建筑立面图的图示内容和读图要点。

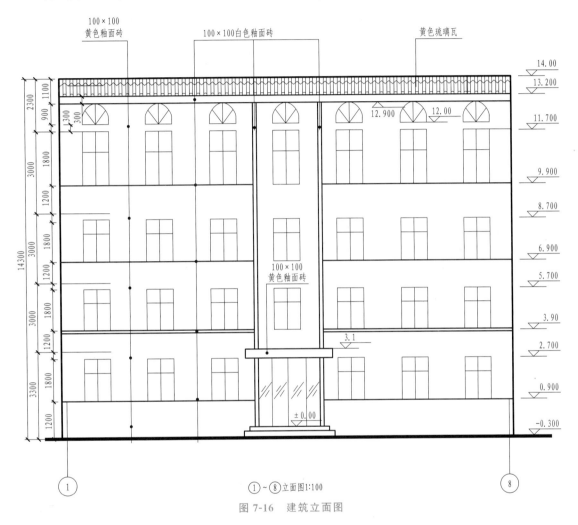

图 7-16　建筑立面图

（1）了解图名、比例

图名：①～⑧轴立面图，就是将此建筑由南向北投影所得。

比例：1：100，立面图比例应与建筑平面图所用比例一致，以便于对照阅读。

（2）了解立面图和平面图的对应关系

对照建筑首层平面图上的定位轴线编号，可知南立面图的左端轴线编号为①，右端轴线编号为⑧，与建筑平面图相对应，房屋主入口也在该立面，所以该立面是房屋的正立面图。

（3）了解房屋的体形和外貌特征

立面图应将立面上所有投影可见的轮廓线全部绘出，如室外地面线、勒脚、台阶、花池、门、窗、雨篷、阳台、檐口、女儿墙、外墙分格线、雨水管、出屋面的通风道、水箱间、室外楼梯等。识图时，先看总体特征，如在图 7-16 中，该建筑为四层，屋顶为

平屋顶。入口处有台阶、雨篷、雨篷柱；其他位置门洞处有阳台，利用坡屋面的坡度排除雨水。

（4）了解房屋各部分的高度尺寸及标高数值

立面图上要标注房屋外墙各主要结构的相对标高和必要的尺寸，如室外地坪、台阶、窗台、门窗洞口顶端、阳台、雨篷、檐口、屋顶等完成面的标高。

① 竖直方向：应标注建筑物的室内外地坪、门窗洞口上下端、台阶顶面、雨篷、檐口、屋面等处的标高，并在竖直方向标注三道尺寸。里边的道尺寸标注建筑的室内外高差、门窗洞口高度及在每层高度方向上门窗的定位；中间道尺寸标注层高尺寸；外边一道尺寸为总高尺寸。

② 水平方向：水平方向一般不标注尺寸，但需标出立面图最外两端墙的轴线及编号。从图中可知，室内外高差为 0.3m，首层及二层层高分别为 3.9m 和 3m，檐口处标高为13.5m，建筑总高度为 14.3m。

（5）了解门窗的形式、位置及数量

建筑中门窗位置、数量要对应平面图识图。门窗宽度与平面图中一致，门窗高度在立面图中有明确标注，至于门窗形式及开启方式应对照门窗表及门窗小样图等查阅。

（6）了解房屋外墙面的装修做法

立面图中要表示房屋的外檐装修情况，如屋顶、外墙面装修、室外台阶、阳台、雨篷等各部分的材料、色彩和做法。这些内容常用引出线做文字说明。

7.5.4　识图示例

某传达室的立面图（图 7-17）识读要点如下所示。

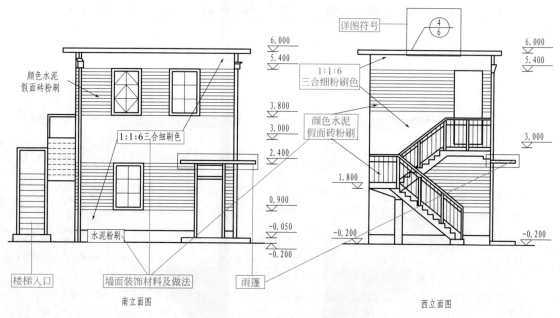

图 7-17　某传达室的立面图

识读立面图需把握几点。

① 首先查看房屋各立面的外观，了解屋面、门、窗、阳台、雨篷、楼梯、台阶、雨水管等的位置和形式。

② 了解房屋各个部位的标高。

③ 了解墙面修饰所用材料及做法。根据上述原则来识读图 7-17。

南立面图：Ml 是单扇门，门上是雨篷，雨篷标高为 2.400m，门下有踏步，标高为 −0.050m，墙角有雨水管，房子的西侧是楼梯，南面墙上有三扇同样规格的窗，但形式上有所差异。

西立面图：可看到楼梯的立面情况，楼梯在 1.800m 处转折，到 3.000m 标高处结束，二层门的位置以及檐口的情况通过立面图也反映了出来。

从图中标示的标高看，二层地坪标高为 3.000m，室外地坪为 −0.200m，檐口顶面标高为 6.000m。

墙面装饰材料及做法：与窗等高的墙面上用颜色水泥假面砖粉刷，其余墙面用 1∶1∶6 水泥三合细粉刷色，勒脚用水泥粉刷。

【例 7-3】　试识读某建筑的立面图（如图 7-18 所示）。

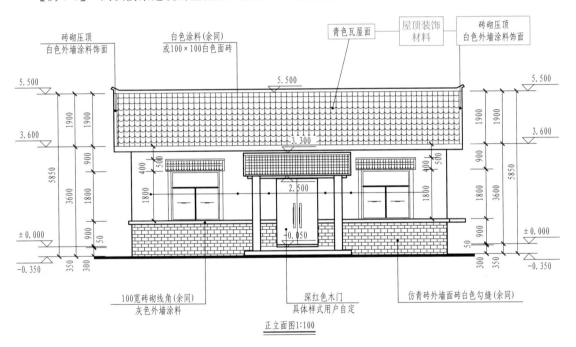

图 7-18　某建筑的立面图

正立面图：大门是双扇门（深红色木门），门高尺寸为 2.5m，门上是雨篷，雨篷底标高为 2.500m，门下有踏步，标高为 −0.050m，正面墙上有两扇同样规格的窗。

从图中标示的标高看，屋顶标高为 3.600m，室外地坪为 −0.350m，檐口顶面标高为 5.500m。

墙面装饰材料及做法：窗线以下的墙面上用灰色外墙涂料粉刷 100mm 宽，墙面再向下的部分用仿青砖外墙面砖白色勾缝。

【例 7-4】　试识读 A 大楼的立面图。

A 大楼①～⑪轴立面图（如图 7-19 所示）：MQ1 是 6 扇门，门上是雨篷，结合 A 大楼Ⓐ～Ⓔ轴立面图（如图 7-20 所示）可知雨篷标高为 4.500m，门下有平台与台阶，室内标高为 ±0.000m，室外地坪为 −0.450m。我们可看到该建筑共有四层，二层地坪标高为 3.900m，三层地坪标高为 7.800m，四层地坪标高为 11.700m，顶层地坪标高为 15.600m，建筑顶标高为 19.600m。

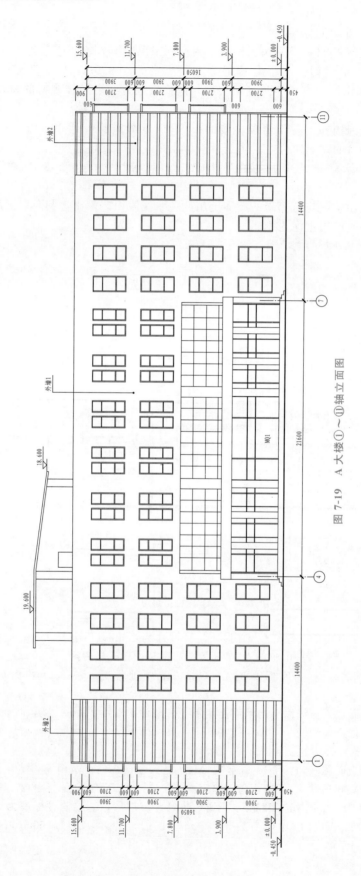

图 7-19　A 大楼①~⑪轴立面图

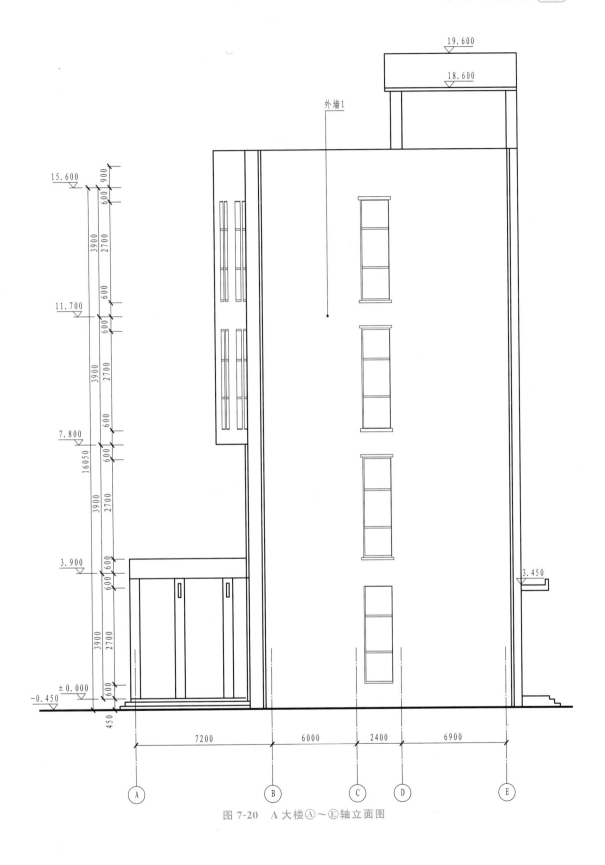

图 7-20　A 大楼Ⓐ～Ⓔ轴立面图

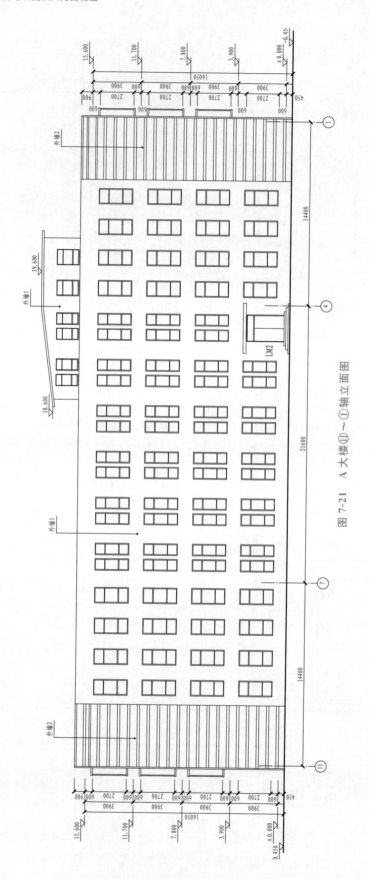

图 7-21 A 大楼①～⑪轴立面图

A 大楼⑪～①轴立面图（如图 7-21 所示）：LM1 是双扇门，门上是雨篷，结合 A 大楼Ⓔ～Ⓐ轴立面图（如图 7-22 所示）可知雨篷标高为 3.450m，门下有台阶，室内标高为±0.000m，室外地坪为－0.450m。

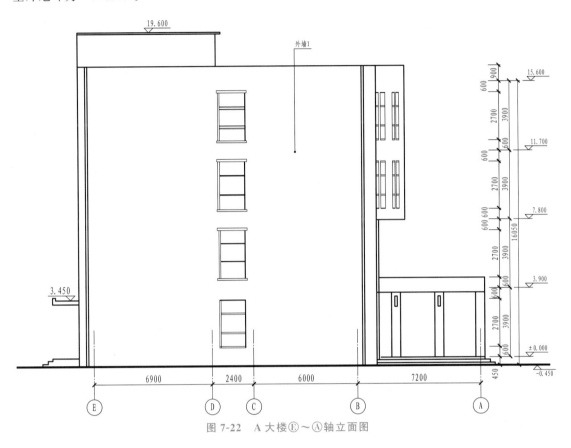

图 7-22　A 大楼Ⓔ～Ⓐ轴立面图

7.6　建筑剖面图

7.6.1　剖面图的形成和作用

建筑剖面图，简称剖面图，它是假想用一铅垂剖切面将房屋剖切开后移去靠近观察者的部分，作出剩下部分的投影图，如图 7-23 所示。

剖面图用以表示房屋内部的结构或构造方式，如屋面（楼、地面）形式、分层情况、材料、做法、高度尺寸及各部位的联系等。它与平、立面图互相配合用于计算工程量，指导各层楼板和屋面施工、门窗安装和内部装修等。

剖面图的数量是根据房屋的复杂情况和施工实际需要决定的；剖切面的位置，要选择在房屋内部构造比较复杂、有代表性的部位，如门窗洞口和楼梯间等位置，并应通过门窗洞口。剖面图的图名符号应与底层平面图上剖切符号相对应。

7.6.2　剖面图的内容、图示和示例

（1）剖面图的内容

建筑剖面图主要表示建筑各部分的高度、层数、建筑空间的组合利用，以及建筑剖面中的结构关系、层次、做法等。剖面图的剖视位置应选在层高不同、层数不同、内外部空间比

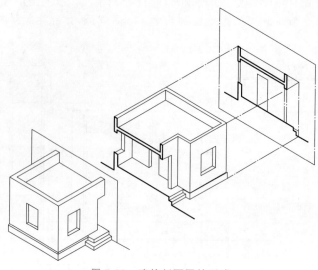

图 7-23　建筑剖面图的形成

较复杂、最有代表性的部分。它主要包括以下内容。

　　① 墙、柱及其定位轴线等必要的定位轴线及编号。

　　② 剖切到的墙体、梁等的轮廓及材料做法。

　　③ 表示室内地面、地坑，各层楼面、顶棚、屋顶、门窗、楼梯、阳台、雨篷、墙裙、踢脚板、防潮层、室外地面、散水、排水沟及其剖切到的可见内容、屋顶的形式及排水坡度。

　　④ 在剖视方向上可以看到的建筑物构配件。

　　⑤ 各层完成面标高、竖向尺寸、必须标注的局部尺寸。

　　⑥ 建筑物内部分层情况以及竖向、水平方向的分隔。

　　⑦ 表示楼地面的构造做法，一般用引出线说明。或在剖面图上引出索引符号，另画详图加注说明。

　　⑧ 表示需画详图之处的索引符号。

　　⑨ 必要的文字注释。

　　（2）建筑剖面图的图示内容

　　读者可结合本章所学剖面图的识读要求和内容，分析图 7-24 所示的某楼梯剖面图的细部构造。

7.6.3　建筑剖面图识读示例

　　【例 7-5】　试识读与平面图 7-8 上的剖切符号对应的剖面图（如图 7-25 所示）。

　　建筑物被剖切到的断面，需根据断面的不同材质，用剖面符号来表示，剖面符号可查阅《房屋建筑制图统一标准》（GB/T 50001—2017）常用建筑材料图例，表 7-1 所示是一些常用建筑材料图例。

　　识读剖面图需注意以下几点：

　　（1）首先需弄清剖面图是从哪点剖切，向哪个方向投影后得来的，每个剖面图下都有图名，需将此图名对应到平面图上，以便找到剖切位置；

　　（2）了解房屋主要构件的结构形式、位置及相互关系；

　　（3）了解屋面坡度及室外明沟、散水、踏步的情况；

　　（4）了解各部分的尺寸和标高。

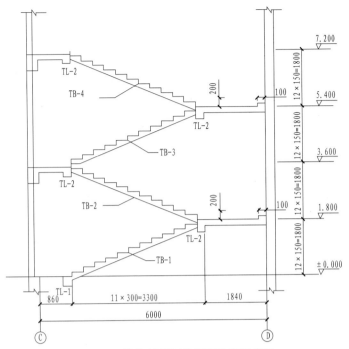

图 7-24　楼梯剖面图的细部构造示意图

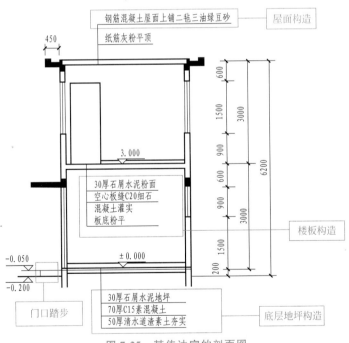

图 7-25　某传达室的剖面图

　　基于上述四点，来识读 7-25 所示的剖面图。对照平面图来看，剖切符号剖切到了底层的踏步地坪、门、窗、雨篷和二层的楼板、窗、屋面等。

　　从图中可看出，屋面是钢筋混凝土板上铺二毡三油绿豆砂；楼板为空心钢筋混凝土楼板；底层地坪为 50mm 厚清水道渣素土夯实后捣 70mm 素混凝土，然后用 30mm 石屑水泥砂浆粉平。

门口的踏步高 150mm，室外地坪比室内地坪低 200mm；传达室总高度为 6m。

【例 7-6】 试识读与图 7-7 上的剖切符号对应的剖面图（如图 7-26 所示）。

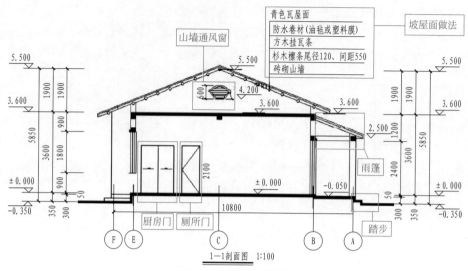

图 7-26 某建筑剖面图

从图中可看出，坡屋面做法从上至下依次是青色瓦屋面、防水卷材（油毡或塑料膜）、方木挂瓦条、杉木檩条（尾径 120、间距 550）、砖砌山墙。门口的踏步高 300mm，室外地坪比室内地坪低 350mm，该建筑总高度为 5.850m。

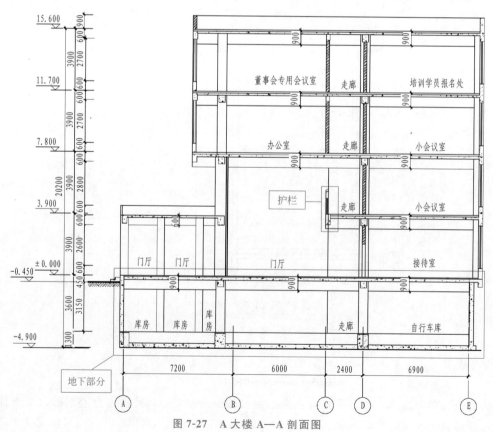

图 7-27 A 大楼 A—A 剖面图

【例 7-7】　试识读与图 7-9 上的剖切符号对应的剖面图（如图 7-27、图 7-28 所示）。

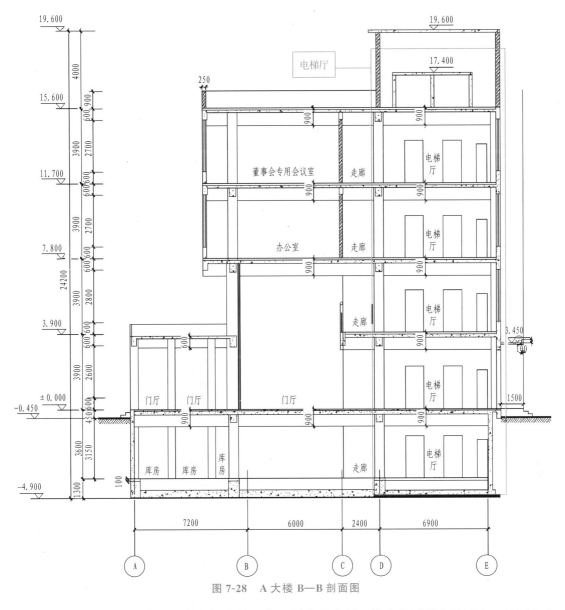

图 7-28　A 大楼 B—B 剖面图

从图中可看出，该建筑一楼大门处是一个两层高的大厅；该建筑还设有地下室。地下室室内地坪标高为 −3.600m，作为库房与自行车库使用。

一号楼梯剖面图：与平面图 7-12 上的剖切符号 1—1 对应的剖面图，如图 7-29 所示。一号楼梯通往一到顶楼及地下室，共设有五个休息平台（休息平台顶标高分别为：−1.800m、1.950m、5.850m、9.750m、13.650m）。楼梯为平行双跑楼梯，每层楼梯有 26 个踏步，楼梯栏杆高为 1.000m。

二号楼梯剖面图：与平面图 7-14 上的剖切符号 1—1 对应的剖面图，如图 7-30 所示。二号楼梯通往一～四楼，共设有三个休息平台（休息平台顶标高分别为：1.950m、5.850m、9.750m）。楼梯为平行双跑楼梯，每层楼梯有 26 个踏步，楼梯栏杆高为 1.000m。

A 大楼电梯剖面图：与平面图 7-11 上的剖切符号 A—A 对应的剖面图，如图 7-31 所示。电梯井底标高 −5.500m，电梯井顶标高 17.400m。

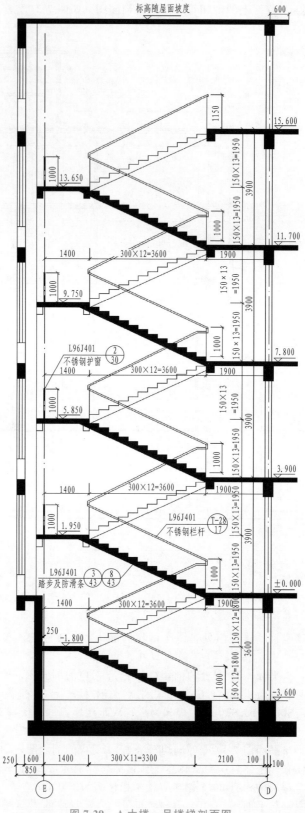

图 7-29　A大楼一号楼梯剖面图

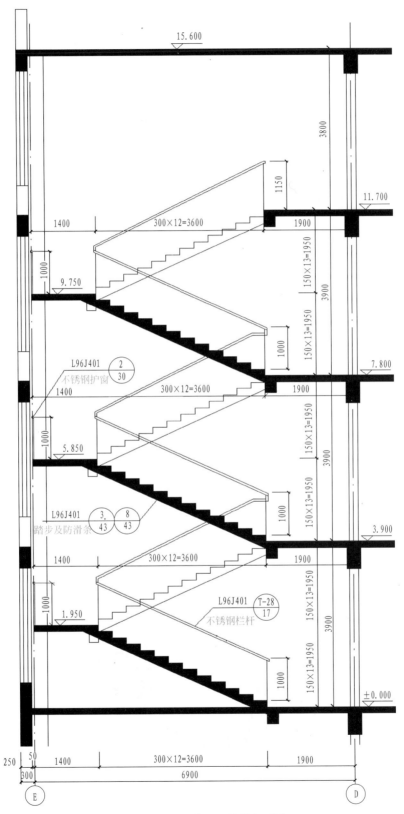

图 7-30　A 大楼二号楼梯剖面图

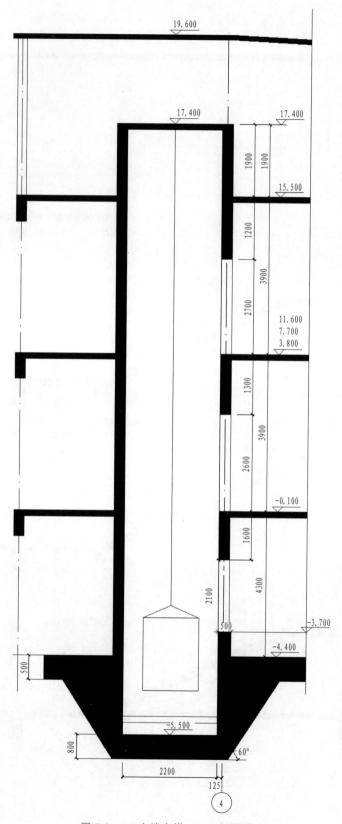

图 7-31 A 大楼电梯 A—A 剖面图

7.7 建筑详图

7.7.1 建筑详图认知

由于建筑平、立、剖面图一般采用较小比例绘制，许多细部构造、材料和做法等内容很难表达清楚。为了能够指导施工，常把这些局部构造用较大比例绘制成详细的图样，这种图样称为建筑详图（也称为大样图或节点图）。常用比例包括 1：2、1：5、1：10、1：20、1：50。

建筑详图可以是平、立、剖面图中局部的放大图。对于某些建筑构造或构件的通用做法，可直接引用国家或地方制定的标准图集（册）或通用图集（册）中的大样图，不必另列详图。常见建筑详图包括墙身剖面图和楼梯、阳台、雨篷、台阶、门窗、卫生间、厨房、内外装饰等详图。

（1）墙身剖面详图

墙身剖面详图主要用以详细表达地面、楼面、屋面和檐口等处的构造，楼板与墙体的连接形式以及门窗洞口、窗台、勒脚、防潮层、散水和雨水口等细部构造做法。平面图与墙身剖面详图配合，可作为砌墙、室内外装饰、门窗立口的重要依据。

（2）楼梯详图

楼梯详图表示楼梯的结构形式、构造做法、各部分的详细尺寸、材料和做法，是楼梯施工放样的主要依据。楼梯详图包括楼梯平面图和楼梯剖面图。

（3）索引符号

为了便于在平、立面图上查找详图，详图都需要一个索引标志，通过索引标志来建立基本图与详图之间的关系。索引标志分两类：一般索引标志和剖视索引标志。

① 一般索引标志　当图纸上某部分需有详图时，可用单圆圈表示，圆圈直径为 10mm，圆圈内过圆心画一水平线，水平线上的分子表示详图的编号，分母表示详图所在图纸的编号，如图 7-32 所示。

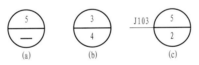

图 7-32　一般索引符号

图 7-32（a）表示 5 号详图在本张图纸上；图 7-32（b）表示 3 号详图在 4 号图纸上；图 7-32（c）表示用标准图，标准图册编号为 J103，5 号标准详图在 2 号图纸上。在此，我们简要介绍一下标准图。在建筑施工图中有一些通用的标准图样，为方便设计人员选用，将它们集结成册，称为标准图集，标准图集有全国通用、地区通用和某设计院内部通用之分，因此在施工选用时应注意区分。

② 剖视索引标志　当图纸中某部分需有一个剖视详图时，应在被剖切部位绘制一个短粗的剖切位置线，剖切是贯穿全图的全剖，并以引出线引出索引符号，引出线所在的一侧为投射方向，如图 7-33 所示。

图 7-33（a）表示 5 号剖面详图在本张图纸上，剖视方向向左；图 7-33（b）表示 3 号剖面详图在 4 号图纸上，剖视方向向左；图 7-33（c）表示 3 号剖面详图在本张图纸上，剖视方向向下；图 7-33（d）表示 2 号剖面详图在 4 号图纸上，剖视方向向下。

基本图上有了索引，可根据索引的指示去寻找详图，为了与索引对应，详图处也需有相应的标志。详图的标志为一个直径 14mm 的粗实线圆，详图比例写在详图标志的右下角，如图 7-34 所示。

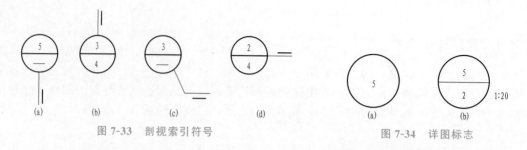

图 7-33　剖视索引符号　　　　　　　　图 7-34　详图标志

图 7-34（a）表示 5 号剖面详图在被索引的图纸内；图 7-34（b）表示 5 号剖面详图在 2 号图纸上，比例为 1：20。

7.7.2　外墙详图

外墙详图主要包括外墙节点详图和外墙墙身详图两部分。

7.7.2.1　外墙节点详图的识图技巧

① 了解图名、比例。

② 了解墙体的厚度及其所属的定位轴线。

③ 了解屋面、楼面、地面的构造层次和做法。

④ 了解各部位的标高、高度方向的尺寸和墙身的细部尺寸。

⑤ 了解各层梁（过梁或圈梁）、板、窗台的位置及其与墙身的关系。

⑥ 了解檐口、墙身防水、防潮层处的构造做法。

7.7.2.2　外墙节点详图实例

（1）住宅外墙

某住宅小区外墙身详图，如图 7-35 所示。

看完某住宅小区外墙身详图以后，可以得到以下信息。

① 该图为某住宅小区外墙身的详图，比例为 1：20。

② 图中表示出正门处台阶的形式，台阶下部的处理方法，台阶顶面向外侧设置了 1% 的排水坡，防止雨水进入大厅。

③ 正门顶部有雨篷，雨篷的排水坡度为 1%，雨篷上用防水砂浆抹面。

④ 正门门顶部位用聚苯板条塞实。

⑤ 一层楼面为现浇混凝土结构，做法见工程做法。

⑥ 从图中可知该楼房二、三楼楼面也为现浇混凝土结构。

⑦ 外墙面最外层设置隔热层，窗台下外墙部分为加气混凝土墙，此部分墙厚 200mm，窗台顶部设置矩形窗过梁，楼面下设 250mm 厚混凝土梁，窗过梁上面至混凝土梁之间用加气混凝土墙，外墙内面用厚 1：2 水泥砂浆做 20mm 厚的抹面。

⑧ 窗框和窗扇的形状和尺寸需另用详图表示，窗顶窗底施工时均用聚苯板条塞实，窗顶设有滴水。室内窗帘盒做法详见 05 系列建筑标准设计图集（DBJT 03-22—2005）《内装修-墙面、楼地面》（05J7-1）第 68 页 5 详图。

⑨ 檐口部分，从①～⑥立面图可知屋顶侧墙铺设屋面瓦，具体施工方法见 05 系列建筑标准设计图集（DBJT 03-22—2005）05J7-1 第 102 页 20 详图。檐口外挑宽度为 600mm，雨水管处另有详图①，雨水沿雨水管集中流到地面。

⑩ 雨水管的位置和数量可从立面图或平面图中查到。

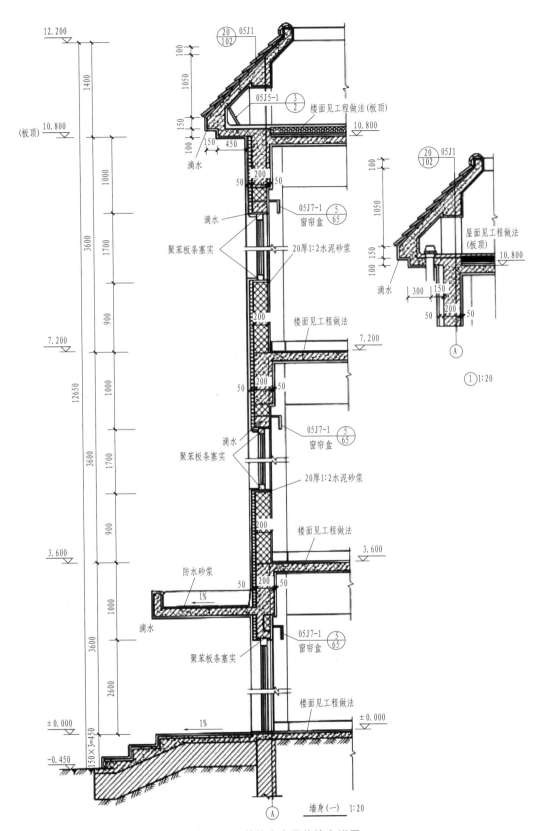

图 7-35　某住宅小区外墙身详图

（2）办公楼外墙

某办公楼外墙身详图，如图 7-36 所示。

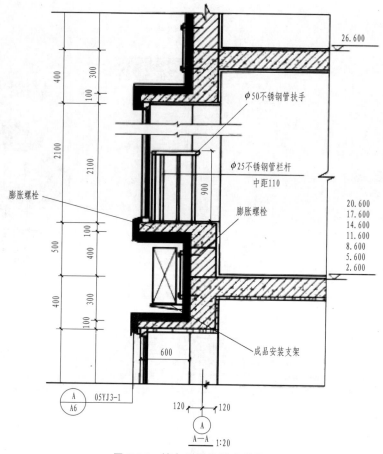

图 7-36　某办公楼外墙身详图

看完某办公楼外墙身详图以后，可以得到以下信息。

① 该图图名为 A—A，比例为 1：20。

② 适用于Ⓐ轴线上的墙身剖面，砖墙的厚度为 240mm，居中布置（以定位轴线为中心，其外侧为 120mm，内侧也为 120mm）。

③ 楼面、屋面均为现浇钢筋混凝土楼板构造。各构造层次的厚度、材料及做法，详见构造引出线上的文字说明。

④ 墙身详图应标注室内外地面、各层楼面、屋面、窗台、圈梁或过梁以及檐口等处的标高。同时，还应标注窗台、檐口等部位的高度尺寸和细部尺寸。在详图中，应画出抹灰和装饰构造线，并画出相应的材料图例。

⑤ 由墙身详图可知，窗过梁为现浇的钢筋混凝土梁，门过梁由圈梁（沿房屋四周的外墙水平设置的连续封闭的钢筋混凝土梁）代替，楼板为现浇板，窗框位置在定位轴线处。

⑥ 从墙身详图中檐口处的索引符号，可以查出檐口的细部构造做法，把握好墙角防潮层处的做法、材料和女儿墙上防水卷材与墙身交接处泛水的做法。

7.7.3　楼梯详图

楼梯详图的绘制是建筑详图绘制的重点。楼梯由楼梯段（包括踏步和斜梁）、平台和栏杆扶手等组成。楼梯详图主要表达楼梯的类型、结构形式、各部位的尺寸及装修尺寸，它是楼梯放样施工的主要依据。

楼梯详图一般包括平面图、剖面图及踏步、栏杆详图等，通常都绘制在同一张图纸中单独出图。平面和剖面的比例要一致，以便对照阅读。踏步和栏杆扶手的详图的比例应该大一些，以便详细表达该部分的构造情况。楼梯详图包含建筑详图和结构详图，分别绘制在建筑施工图和结构施工图中。对一些比较简单的楼梯，可以考虑将楼梯的建筑详图和结构详图绘制在同一张图纸上。

楼梯平面图和房屋平面图一样，要绘制出首层平面图、中间层平面图（标准层平面图）、和顶层平面图。楼梯平面图的剖切位置在该层往上走的第一梯段的休息平台下的任意位置。各层被剖切的梯段按照制图标准要求，用一条45°折断线表示，并用上、下行线表示楼梯的行走方向。

楼梯平面图要注明楼梯间的开间和进深尺寸、楼地面的标高、休息平台的标高和尺寸，以及各细部的详细尺寸。通常将梯段长度和踏面数、踏面宽度尺寸合并写在一起。如 $11 \times 260 = 2860 (\mathrm{mm})$，表示该梯段有 11 个踏面，踏面宽度为 260mm，梯段总长为 2860mm。

楼梯剖面图是用假想的铅垂面将各层通过某一梯段和门窗洞切开向未被切到的梯段投影。剖面图能够完整清晰地表达各梯段、平台、栏板的构造及相互间的空间关系。一般来说，楼梯间的屋面无特别之处，就无须绘制出来。在多层或高层房屋中，若中间各层楼梯的构造相同，则楼梯剖面图只需要绘制出首层、中间层和顶层剖面图，中间用 45°折断线分开。楼梯剖面图还应表达出房屋的层数、楼梯梯段数、踏面数及楼梯类型和结构形式。剖面图中应注明地面、平台面、楼面等的标高和梯段、栏板的高度尺寸。楼梯剖面图的图层设置与建筑剖面图的设置类似。但值得注意的是当绘图比例大于或等于1：50时，规范规定要绘制出材料图例。楼梯剖面图中除了断面轮廓线用粗实线外，其余的图形绘制均用细实线，如图 7-37 所示。

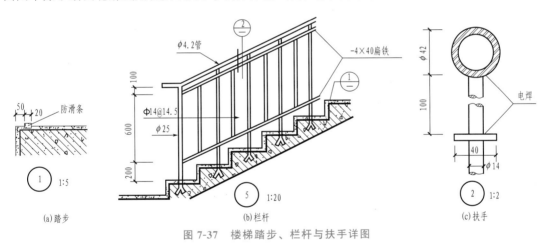

图 7-37　楼梯踏步、栏杆与扶手详图

7.7.4　识图示例

【例 7-8】　试识读某传达室的檐口构造详图，如图 7-38 所示。

在传达室立面图 7-17 的西立面图中，有一个详图索引符号，它表示详图 4 在 6 号图中。图 7-38 的详图表示的是檐口的构造、做法及各部尺寸：檐口由钢筋混凝土捣制而

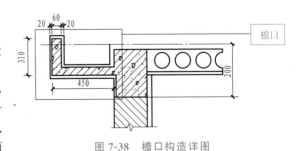

图 7-38　檐口构造详图

成，檐高 130mm、宽 450mm。

【例 7-9】 试识读某建筑在图 7-26 所示的剖面图中的雨篷，它的详图如图 7-39 所示。

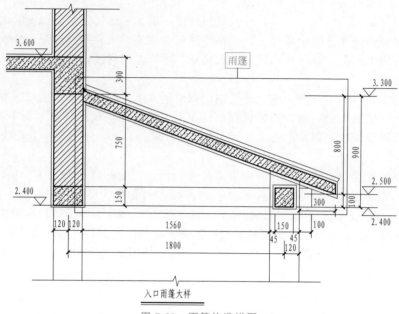

图 7-39 雨篷构造详图

详图中表示的是雨篷的构造及各部尺寸：雨篷底标高 2.500m，雨篷顶标高 3.300m，雨篷宽 1560mm。

【例 7-10】 从 A 大楼二层平面图和剖视图，如图 7-10 和图 7-27 所示中，可见二楼蓝色方框中是一道扶手和栏杆，识读扶手的详图如图 7-40 所示。

【解】 由图可知，扶手底标高为 3.900m，扶手顶标高为 5.100m。扶手采用 $\phi 50$ 不锈钢扶手、$\phi 30$ 不锈钢横杆、$\phi 50$ 不锈钢立柱、$\phi 20$ 不锈钢栏杆（间距 110mm）。

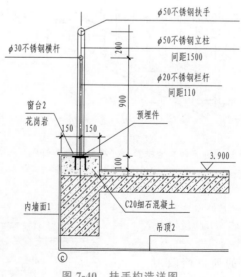

图 7-40 扶手构造详图

第8章

结构施工图

8.1 结构施工图概述

8.1.1 结构施工图简述

按照主要承重结构所用材料的不同，建筑结构可分为5类，分别是：土木结构、砖木结构、砖混结构、钢混结构和钢结构。结构施工图指的是关于承重构件的布置、使用的材料、形状、大小及内部构造的工程图样，是承重构件以及其他受力构件施工的依据。结构施工图集应按图纸序号排列，先列新绘制图纸，后列选用的重复利用图和标准图。

8.1.2 结构施工图的内容

不同类型的结构，其施工图的具体内容与表达也各有不同，但一般包括以下三个方面的内容。

(1) 结构设计说明

① 本工程结构设计的主要依据。

② 设计标高所对应的绝对标高值。

③ 建筑结构的安全等级和设计使用年限。

④ 建筑场地的地震基本烈度、场地类别、地基土的液化等级、建筑抗震设防类别、抗震设防烈度和混凝土结构的抗震等级。

⑤ 所选用结构材料的品种、规格、型号、性能、强度等级、受力钢筋保护层厚度、钢筋的锚固长度、搭接长度及接长方法。

⑥ 所采用的通用做法的标准图图集。

⑦ 施工应遵循的施工规范和注意事项。

(2) 结构平面布置图

① 基础平面图，采用桩基础时还应包括桩位平面图，工业建筑还包括设备基础布置图。

② 楼层结构平面布置图，工业建筑还包括柱网、吊车梁、柱间支撑、连系梁布置等。

③ 屋顶结构布置图，工业建筑还应包括屋面板、天沟板、屋架、天窗架及支撑系统布置等。

(3) 构件详图

① 梁、板、柱及基础结构详图。

② 楼梯、电梯结构详图。

③ 屋架结构详图。

④ 其他详图，如支撑、预埋件、连接件等的详图。

8.1.3 结构施工图的作用

建筑结构施工图（简称"结施"）是经过结构选型、内力计算、建筑材料选用，最后绘制出来的施工图。其内容包括房屋结构的类型、结构构件的布置，如各种构件的代号，位置，数量，施工要求及各种构件尺寸大小、材料规格等。

建筑结构施工图是用来指导施工用的，如指导放灰线、开挖基槽、模板放样、钢筋骨架绑扎、浇灌混凝土等，同时也是编制建筑预算、编制施工组织进度计划的主要依据，是不可缺少的施工图纸。

8.1.4 结构施工图常用符号

8.1.4.1 定位轴线

（1）作用

定位轴线是建筑总平面图中墙身砌筑、柱梁浇筑、构件安装等定位、放线的依据。

结构施工图中对定位轴线的规定是：主要承重构件，应绘制水平和竖向定位轴线，并编注轴线号；对非承重墙或次要承重构件，编写附加定位轴线。

（2）定位轴线的编号

① 横向定位轴线编号用阿拉伯数字，自左向右顺序编写。

② 纵向轴线编号用拉丁字母（除 I、O、Z），自下而上顺序编写。

建筑平面图上定位轴线的编号，宜标注在图样的下方与左侧。在两轴线之间，有的需要用附加轴线表示，附加轴线用分数编号。

③ 对于详图上的轴线编号，若该详图同时适用多根定位轴线，则应同时注明各有关轴线的编号，如图 8-1 所示。

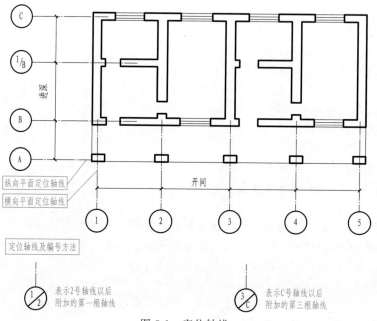

图 8-1 定位轴线

8.1.4.2 索引符号与详图符号

① 详细表示某些重要局部，需要另绘制其详图进行表达。

② 对需用详图表达部分应标注索引符号，并在所绘详图处标注详图符号，如图 8-2 所示。

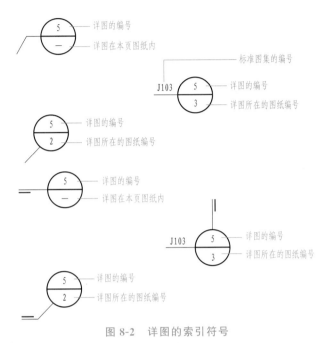

图 8-2 详图的索引符号

8.1.4.3 标高符号

标高是标注建筑设计高度方向的一种尺寸形式，以"m"为单位。标高符号如图 8-3 所示。

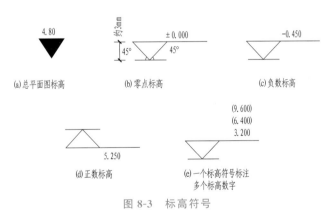

图 8-3 标高符号

① 绝对标高 绝对标高是以黄海平均海平面定为绝对标高的零点，其他地点相对于黄海的平均海平面的高度差。

② 相对标高 以图例符号物底层总平面图地面为零点测出的高度尺寸。

③ 建筑标高 指楼地面、户型设计等平面图完成后构件的表面的标高，如楼面、台阶顶面等标高。

④ 建筑物标高 指结构构件未经装修的表面的标高，如施工图底面、梁顶面等标高。

8.1.4.4 引出线

引出线示意图例如图 8-4 所示。

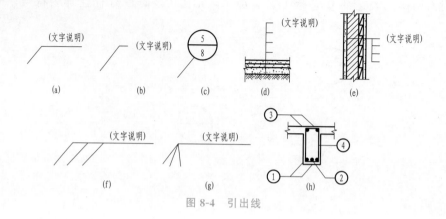

图 8-4 引出线

8.1.4.5 其他符号

图 8-5 连接符号

A—连接编号

（1）连接符号

对于较长的构件，当其长度方向的形状相同或按一定规律变化时，可断开绘制，断开处应用连接符号表示。

连接符号为折断线（细实线），并用大写拉丁字母表示连接编号，连接符号如图 8-5 所示。

（2）折断符号

① 直线折断　当图形采用直线折断时，其折断符号为折断线，它经过被折断的图面。

② 曲线折断　对圆形构件的图形折断，其折断符号为曲线，如图 8-6 所示。

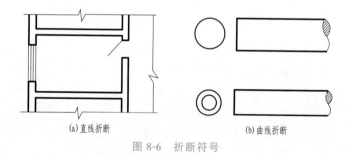

(a)直线折断　　　　　　　　(b)曲线折断

图 8-6 折断符号

（3）对称符号

当建筑物或构筑物的图形完全对称时，可只画该图形的一半，并画出对称符号，以节省图纸篇幅，对称符号如图 8-7 所示。

（4）指北针

在公寓及底层管道上，一般都画有指北针，以指明建筑物的朝向，指北针如图 8-8 所示。

（5）风向频率玫瑰图

用来表示该地区常年的风向频率和房屋的朝向。

风的吹向是指从外吹向中心。实线范围表示全年风向频率，虚线范围表示夏季风向频率，风玫瑰图如图 8-9 所示。

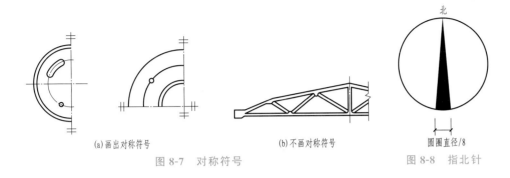

(a) 画出对称符号
(b) 不画对称符号

图 8-7　对称符号

北
圆圈直径/8

图 8-8　指北针

(6) 坡度

在施工图中对倾斜部分的标注，通常用坡度（斜度）来表示，当坡度方向不明显时，在坡度的数字下面应加注坡度符号，坡度符号一般指向下坡方向，坡度示意图例如图 8-10 所示。

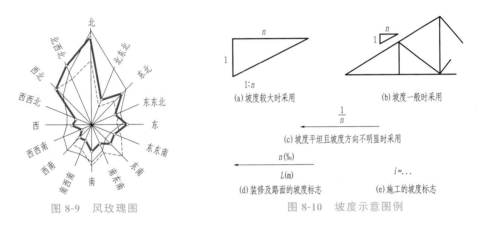

北
北东北
东北
东东北
东
东东南
东南
南东南
南
南西南
西南
西西南
西
西西北
西北
北西北

图 8-9　风玫瑰图

n
1
1:n
(a) 坡度较大时采用
n
1
(b) 坡度一般时采用
1/n
(c) 坡度平坦且坡度方向不明显时采用
n(‰)
L(m)
(d) 装修及路面的坡度标志
i=...
(e) 施工的坡度标志

图 8-10　坡度示意图例

8.2　基础图

8.2.1　基础平面图的内容

基础平面图的主要内容如下。

① 基础的样式、尺寸大小及基础内钢筋的锚固情况。

② 集水坑的大小、尺寸、标高等信息。

③ 基础的底标高和基础的构造做法。

④ 垫层的厚度及强度。

⑤ 后浇混凝土的做法。

⑥ 基础、地下墙体防水做法。

8.2.2　基础平面图

(1) 基础平面图的基本知识

基础是在建筑物地面以下承受房屋全部荷载的构件。常用的形式有条形基础和单独基础。基础平面图是假想用一个水平面沿房屋的地面与基础之间把整幢房屋剖开后，移开上层的房屋和泥土（基坑没有填土之前）所做出的基础水平投影，如图 8-11 所示。

基础底下天然的或经过加固的土壤称为地基。基坑是为基础施工而在地面开挖的坑。坑

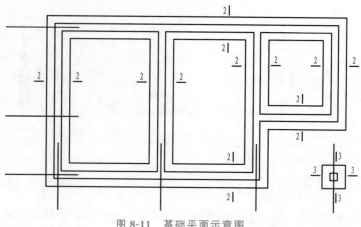

图 8-11　基础平面示意图

底就是基础的底面。埋置深度是从室内±0.000 地面到基础底面的深度。埋入地下的墙称为基础墙。基础墙与垫层之间做成阶梯形的砌体，称为大放脚。

基础图主要是表示建筑物在相对标高±0.000 以下基础结构的图纸，一般包括基础平面图和基础详图。它是施工时在基地上放灰线、开挖基槽、砌筑基础的依据。

（2）基础平面图的表示方法

在基础平面图中，只画出基础墙、柱及基础底面的轮廓线，基础的细部轮廓（如大放脚）可省略不画。凡被剖切到的基础墙、柱轮廓线，应画成中实线，基础底面的轮廓线应画成细实线。基础平面图中采用的比例及材料图例与建筑平面图相同。基础平面图应注出与建筑平面图相一致的定位轴线编号和轴线尺寸。当基础墙上留有管洞时，应用虚线表示其位置，具体做法及尺寸另用详图表示。当基础中设基础梁和地圈梁时，用粗单点长划线表示其中心线的位置。

（3）基础平面图的尺寸标注

基础平面图的尺寸标注分内部尺寸和外部尺寸两部分。外部尺寸只标注定位轴线的间距和总尺寸。内部尺寸应标注各道墙的厚度、柱的断面尺寸和基础底面的宽度等。平面图中的轴线编号、轴线尺寸均应与建筑平面图相吻合。

（4）基础平面图的剖切符号

凡基础宽度、墙厚、大放脚、基底标高、管沟做法不同时，均以不同的断面图表示，所以在基础平面图中还应注出各断面图的剖切符号及编号，以便对照查阅。

（5）基础平面图的主要内容

① 建筑物及其组成房间的名称、尺寸、定位轴线和墙壁厚等。

② 走廊、楼梯位置及尺寸。

③ 门窗位置、尺寸及编号。门的代号是 M，窗的代号是 C。在代号后面写上编号，同一编号表示同一类型的门窗，如 M-1、C-1。

④ 台阶、阳台、雨篷、散水的位置及细部尺寸。

⑤ 室内地面的高度。

⑥ 首层地面上应画出剖面图的剖切位置线，以便与剖面图对照查看。

（6）基础平面图的识读过程

① 了解图名、比例。

② 与建筑平面图对照，了解基础平面图的定位轴线。

③ 了解基础的平面布置，结构构件的种类、位置、代号。

④ 了解剖切编号，通过剖切编号了解基础的种类，各类基础的平面尺寸。

⑤ 阅读基础设计说明，了解基础的施工要求、用料。

⑥ 联合阅读基础平面图与设备施工图，了解设备管线穿越基础的准确位置，洞口的形状、大小以及洞口上方的过梁要求。

（7）图示方法

① 图名和比例。

② 纵横向定位轴线和编号。

③ 基础的平面位置和平面形状。

④ 基础详图的剖切位置和编号。

⑤ 基础平面图的尺寸标注。

8.2.3　基础详图

基础平面图仅表示基础的平面布置，而基础各部分的形状、大小、材料、构造及埋置深度需要画详图来表示。基础详图是用来详尽表示基础的截面形状、尺寸、材料和做法的图样。根据基础平面布置图的不同编号，分别绘制各基础详图。由于各条形基础、各独立基础的断面形式及配筋形式是类似的，因此一般只需画出一个通用的断面图，再附上一个表加以辅助说明即可。

条形基础详图通常采用垂直断面图表示。独立基础详图通常用垂直断面图和平面图表示。平面图主要表示基础的平面形状，垂直断面图表示了基础断面形式及基础底板内的配筋。在平面图中，为了明显地表示基础底板内双向网状配筋情况，可在平面图中一角用局部剖面表示，基础详图如图 8-12 所示。

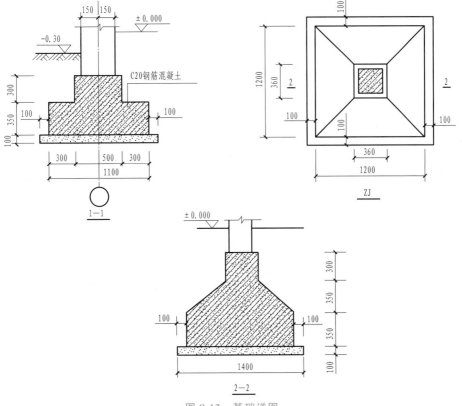

图 8-12　基础详图

基础详图识图要点如下。

① 看编号、对位置。先用基础详图的编号对基础平面的位置，看这是哪一条基础上的断面或哪一个柱基。如果该基础断面适用于多条基础的断面，则轴线圆圈内可不予编号。

② 看细部、看标高。条形基础断面图中注明了基础墙厚、大放脚尺寸、基础底宽，以及它们与轴线的相对位置。独立基础断面图中不仅注明了基础各部分细部尺寸，而且标明了底板和基础梁内配筋。从基础底面标高可知道基础的埋置深度。

③ 看施工说明，了解防潮层的做法，各种材料的强度和钢筋的等级以及对基础施工的要求。

8.2.4 识图示例

某工程的基础平面图、坡形截面普通独立基础竖向尺寸如图 8-13、图 8-14 所示。独立基础 1 详图如图 8-15 所示。

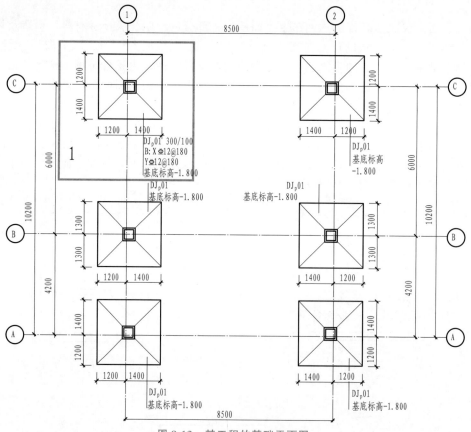

图 8-13 某工程的基础平面图

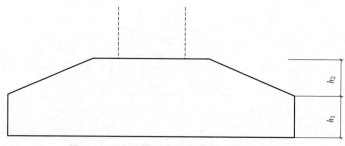

图 8-14 坡形截面普通独立基础竖向尺寸

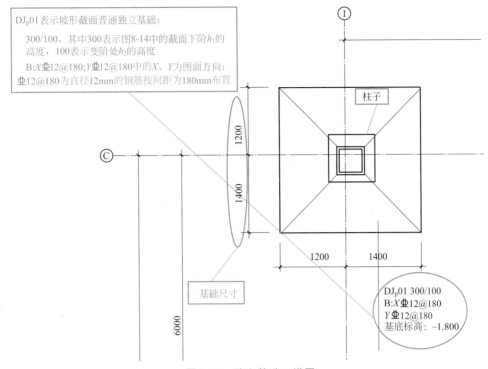

图 8-15 独立基础 1 详图

当坡形截面普通独立基础 DJ_p01 的竖向尺寸注写为 300/100 时，表示 $h_1 = 300$，$h_2 = 100$，基础底板总高度为 400。

如图 8-16 所示，当外填充墙基础为 DQL240×240 时，表示地圈梁尺寸为 240×240，条形基础材质为蒸压灰砂砖，垫层为 C15 素混凝土制作。4Φ12 表示 4 根角筋，Φ6@200 表示箍筋的直径为 6mm 按间距为 200mm 布置。

从图中可以了解到以下内容。

① 该建筑的基础形式是独立基础，以及基础的位置、大小尺寸。

② 从基础的集中标注上面，可以了解到该基础内部配置的钢筋信息以及基础的标高。

③ 基础下垫层的厚度和垫层宽出基础边的尺寸。

④ 从外墙填充基础大样图中，可以了解到基础的详细构造做法。

⑤ 圈梁的大小尺寸和钢筋配置信息等。

箍筋按肢数可以分为单肢箍（如图 8-17 所示）、双肢箍（如图 8-18 所示）、三肢箍（如图 8-19 所示）和四肢箍（如图 8-20 所示）等。

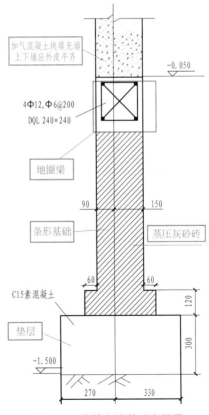

图 8-16 外填充墙基础大样图

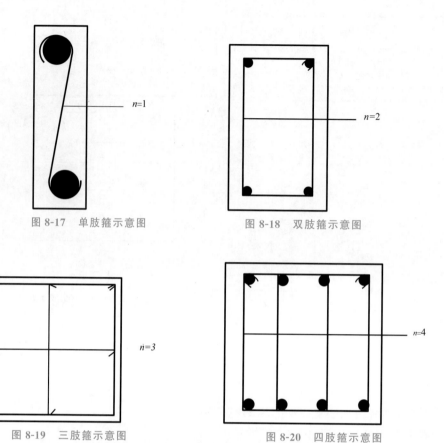

图 8-17　单肢箍示意图　　　　　　图 8-18　双肢箍示意图

图 8-19　三肢箍示意图　　　　　　图 8-20　四肢箍示意图

8.3　混凝土结构图与构件详图

8.3.1　混凝土构件的图示方法

　　钢筋混凝土构件的结构图主要表示构件的尺寸及其配筋情况，在构件的投影中假想混凝土为透明体，构件的外形轮廓线用细实线表示，钢筋用粗实线表示（箍筋用中实线），钢筋的截面画成黑圆点。根据国家标准《建筑结构制图标准》（GB/T 50105—2010）的规定，钢筋在图中的表示方法应符合表 8-1 的规定画法。

表 8-1　钢筋的一般表示方法

名称	图例
无弯钩的钢筋端部	
带半圆形弯钩的钢筋端部	
带直钩的钢筋端部	
无弯钩的钢筋搭接	
带半圆变钩的钢筋搭接	
带直钩的钢筋搭接	

8.3.2　钢筋混凝土构件详图内容

钢筋混凝土构件详图可以表示建筑物各承重构件的形状、大小、材质、构造以及连接情况等。某建筑外墙结构详图如图 8-21 所示。

当建筑外墙结构详图中有"基础圈梁 240×240"时，表示基础圈梁尺寸为 240mm×240mm，条形基础材质为混凝土普通砖。"2 Φ12；2 Φ12"表示两根上部筋和两根下部筋"Φ6@200（2）"表示箍筋直径为 6mm 按间距为 200mm 布置，（2）表示箍筋肢数为 2。

钢筋混凝土构件详图的主要内容如下。

① 柱、梁、板等钢筋混凝土构件配置的钢筋信息（钢筋的型号、数量、锚固情况以及保护层厚度）。

② 钢筋混凝土构件所在的位置及尺寸大小。

③ 预埋件的代号及布置情况（模板图）。

④ 楼梯、雨篷板、挑檐等构件的构造做法、钢筋信息。

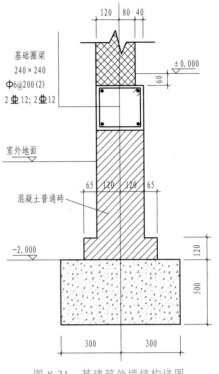

图 8-21　某建筑外墙结构详图

8.3.3　钢筋混凝土框架柱平面整体表示

柱平面整体表示采用列表注写方式或截面注写方式表达。柱表如图 8-22 所示。

列表注写方式是在柱平面布置图上分别在同一编号的柱中选择一个（有时需要选择几个）截面标注几何参数代号，在柱表中注写柱编号、柱段起止标高、几何尺寸（含柱截面对轴线的偏心情况）与配筋的具体数值，并配以各种柱截面形状及其箍筋类型图的方式来表达柱平法施工图。

柱号	标高	b×h	角筋	b 边一侧中部筋	h 边一侧中部筋	箍筋类型号	箍筋
KZ1	基础顶～11.100	450×450	4Φ18	2Φ18	2Φ18	1(4×4)	Φ8@100/200
KZ2	基础顶～3.100	400×400	4Φ16	2Φ16	2Φ16	1(4×4)	Φ8@100/200

图 8-22　柱表

8.3.4　钢筋混凝土框架梁平面整体表示

梁的平面整体表示采用集中标注和原位标注两种方式表达。

扫码看视频

梁的集中标注

8.3.4.1　集中标注

（1）集中标准的位置

集中标注可从梁的任意一跨引出。

（2）集中标注的内容

① 4 项必注值包括：梁编号、梁截面尺寸、梁箍筋、梁上部贯通筋或架立筋。

② 2 项选注值包括：梁侧面纵向构造钢筋或受扭钢筋、梁顶面标高高差。

③ 标注形式：梁代号（跨数，有无悬挑）梁宽×梁高。

④ 箍筋的肢数、上部贯通筋、下部贯通筋、腰筋。

⑤ 梁顶标高（无标注时同板顶标高）。

（3）梁集中标注示例

梁的集中标注示例如图 8-23 所示。

（4）集中标注的符号的含义

① 图中 WKL 表示屋面框架梁。其他代号的含义：KL 表示框架梁；KZL 表示框支梁；L 表示非框架梁；XL 表示悬挑梁；JZL 表示井字梁。

② 图中 200×400 表示：梁宽为 200mm，梁高为 400mm；（1）表示 1 跨，括号中可能出现的字母表示的是：A 为一端有悬挑；B 为两端有悬挑。

③ 图中Φ8@100/200（2）表示直径为 8mm 的Ⅲ级钢筋，加密区间距 100mm；非加密区间距 200mm，均为双肢箍。

④ 图中 2Φ16 表示梁的上部配置有 2 根直径为 16mm 的Ⅲ级钢筋作为通长筋，梁的下部同样配置有 2 根直径为 16mm 的Ⅲ级钢筋作为通长筋。

⑤ 图中该梁没有配置构造钢筋或受扭钢筋。

⑥ 3.100 表示梁顶标高为 3.100m。

8.3.4.2 原位标注

原位标注的内容包括：梁支座上部纵筋、梁下部纵筋、附加箍筋或吊筋等。梁原位标注如图 8-24 所示。

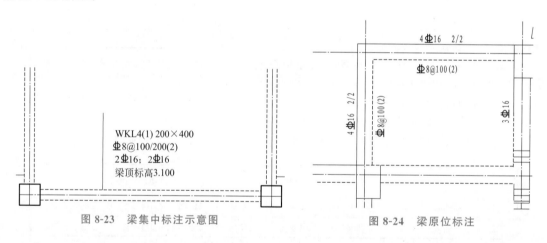

图 8-23　梁集中标注示意图　　　　图 8-24　梁原位标注

（1）梁支座上部纵筋

原位标注的支座上部纵筋应为包括集中标注的贯通筋在内的所有钢筋。多于一排时，用"/"自上而下分开；同排纵筋有 2 种不同直径时，用"＋"相连，且角部纵筋写在前面。如：6φ25 4/2 表示支座上部纵筋共 2 排，上排 4φ25，下排 2φ25。2φ25＋2φ22 表示支座上部纵筋共 4 根一排放置，其中角部 2φ25，中间 2φ22，（2）表示双肢箍，当梁中间支座两边的上部纵筋相同时，仅在支座的一边标注配筋值；否则，须在两边分别标注。

（2）梁下部钢筋

梁下部钢筋与上部纵筋标注类似，多于一排时，用"/"自上而下分开。

同排纵筋有 2 种不同直径时，用"＋"相连，且角部纵筋写在前面。如：6φ25 2/4 表示下部纵筋共 2 排，上排 2φ25，下排 4φ25。

（3）附加箍筋或吊筋

附加箍筋或吊筋直接画在平面图中的主梁上，用线引注总配筋值，附加箍筋的肢数注在括号内。当多数附加箍筋或吊筋相同时，可在图中统一说明，少数与统一说明不一致者，再原位引注。

当在梁上集中标注的内容（某一项或某几项）不适用于某跨或某悬挑段时，则将其不同数值原位标注在该跨或该悬挑段上。

8.3.5 钢筋混凝土板平面整体表示

板平面注写表示方法主要有板集中标注和板支座原位标注。

板集中标注的内容为：板编号、板厚、上部通长纵筋、下部纵筋以及当板面标高不同时的标高高差。板支座原位标注的内容为：板支座上部贯通纵筋和悬批板上部受力钢筋。板部分配筋图如图 8-25 所示。

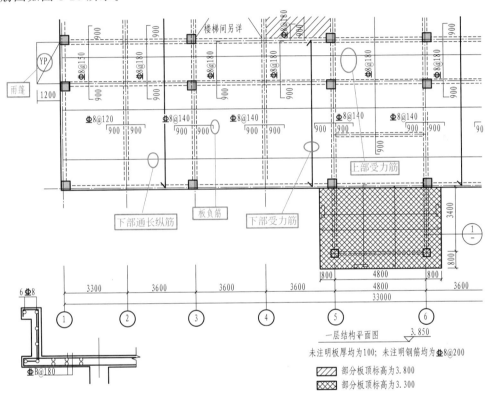

图 8-25 板部分配筋图

8.3.6 剪力墙平法施工图

剪力墙平法施工图是在剪力墙平面布置图上用列表注写方式或截面注写方式表达。

（1）列表注写方式

剪力墙由剪力墙柱、剪力墙身和剪力墙梁三类构件构成。注写方式分别在剪力墙柱表（如图 8-26 所示）、剪力墙身表（如图 8-27 所示）和剪力墙梁表（如图 8-28 所示）中。

如图 8-26 所示的五种墙柱中，GBZ1 为构造边缘构件，编号 1；YBZ 为约束边缘构件；AZ 为非边缘暗柱；FBZ 为扶壁柱。

如图 8-28 所示的五种墙梁中，LL1 为连梁，编号 1；LL（JC）为连梁（对角暗撑配

扫码看视频

剪力墙平法施工
图的注写方式

筋）；LL（JX）为连梁（交叉斜筋配筋）、LL（DX）为连梁（集中对角斜筋配筋）、AL 为暗梁；BKL 为边框梁。

截面	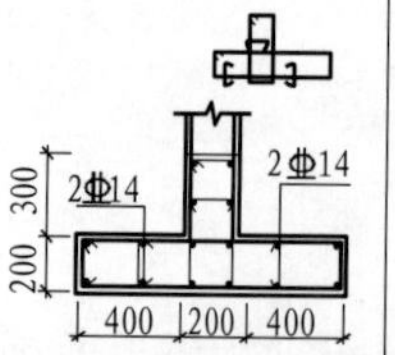	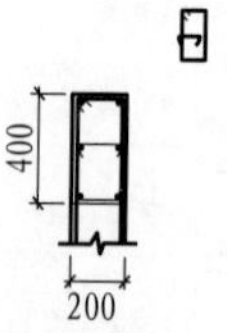	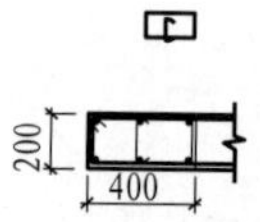	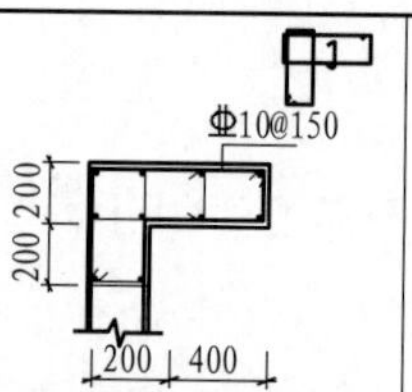	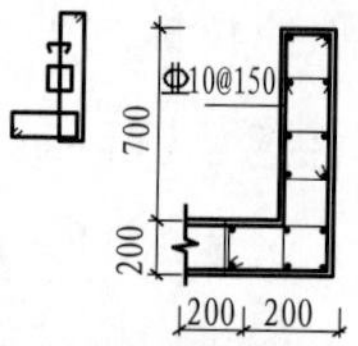
编号	YBZ1	YBZ2	GBZ1	GBZ2	GBZ3
标高	基础顶～8.950	基础顶～8.950	基础顶～8.950	基础顶～8.950	基础顶～8.950
纵筋	10Φ16＋4Φ14	6Φ14	6Φ12	10Φ12	14Φ12
箍筋/拉筋	Φ10@150(除标注外)	Φ10@150	Φ6@150(除标注外)	Φ6@150(除标注外)	Φ6@150(除标注外)

图 8-26 剪力墙柱表

编号	标高	截面	水平分布筋	垂直分布筋	拉筋	备注
Q1	基础顶～8.950	200	Φ10@300	Φ10@200	φ6@600×600	
Q2	基础顶～-0.050	250	Φ10@150	Φ10@150	φ6@600×600	
	-0.050～8.950	200	Φ10@300	Φ10@200	φ6@600×600	
Q3	基础顶～8.950	200	Φ10@200	Φ10@200	φ6@600×600	

图 8-27 剪力墙身表

编号	所在楼层号	梁顶相对标高高差	梁截面 $b \times h$	跨度(净跨)	上部纵筋	下部纵筋	箍筋	侧面纵筋
LL1	1～3	0.750	200×1200	1800	3Φ16	3Φ16	Φ8@100	10Φ12
LL2	1～3	0.000	200×450	1800	3Φ14	3Φ14	Φ8@100	2Φ12
LL3	1～3	0.000	200×450	1000	3Φ14	3Φ14	Φ8@100	2Φ12
LL4(双层)	1～3	-1.500 0.000	200×450	1000	3Φ14	3Φ14	Φ8@100	2Φ12
LL5	1～3	0.000	200×450	2000	3Φ14	3Φ14	Φ8@100	2Φ12

图 8-28 剪力墙梁表

（2）截面注写方式

截面注写方式是在分标准层绘制的剪力墙平面布置图上，以直接在墙柱、墙身、墙梁上注写截面尺寸和配筋具体数值的方式来表达剪力墙平法施工图。

（3）剪力墙洞口的表示方法

① 在剪力墙平面布置图上绘制洞口示意，并标注洞口中心的平面定位尺寸。

② 在洞口中心位置引注洞口编号、洞口几何尺寸、洞口中心相对标高、洞口每边补强钢筋 4 项内容。

8.3.7　识图示例

某培训楼二层结构布置平面图如图 8-29 所示，绘图比例为 1∶100。图上被剖切到的钢筋混凝土柱断面涂黑表示，并注出其相应代号和编号，如柱 Z2、Z3，框架梁 KL-1、KL-2 等，在楼板下的不可见轮廓以虚线表示。有些梁如 L-4，GL-2 等，在其中心位置用粗点划线表示。楼板是分区表示的，如位于⑥～⑦和Ⓓ和Ⓖ之间的区域，按投影画出了所铺设的各块预制楼板，并标注 5KB36-03 和 1KB36-53，表示该区共铺设 6 块板长为 3600mm 的空心板，其中 5 块板宽为 1000mm，1 块板宽为 500mm。将该铺板区编号为①，其他区的铺板规格与此相同时，就不必再重复详细绘图与标注，只需要注写相同编号①即可。

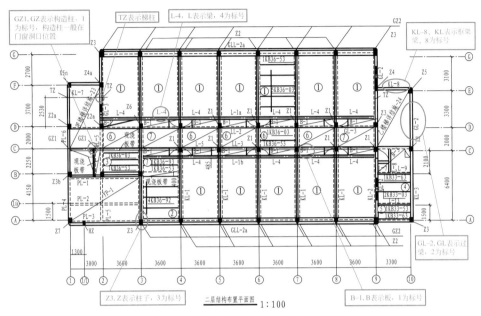

图 8-29　某培训楼二层结构布置平面图

局部现浇楼板可以直接在布板区绘出钢筋详图（如果图面大小允许），也可在该区画一条对角线，注写出相应代号，如 B-1，另画详图表示。

某建筑基础平面布置图如图 8-30 所示。

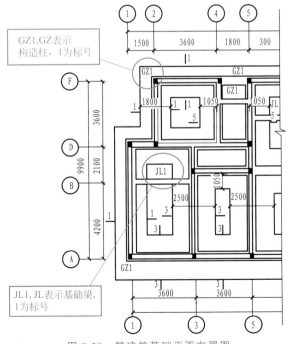

图 8-30　某建筑基础平面布置图

图 8-30 中的构造柱的做法如图 8-31 所示。

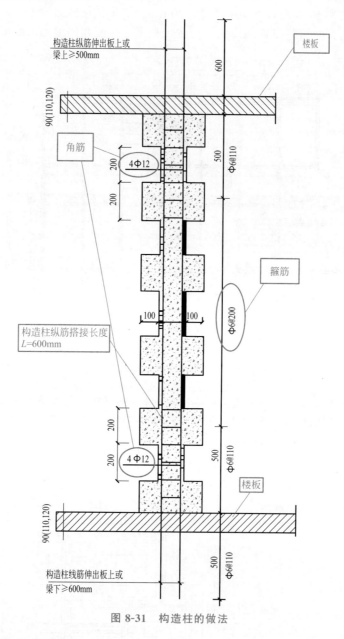

图 8-31 构造柱的做法

8.4 楼层、楼面结构图

8.4.1 楼层结构平面图的图示方法

楼层结构布置图是用平面图的形式来表示每层楼房的承重构件，如楼板、梁柱、墙的布置情况。楼层结构平面图是沿每层楼板上表面水平剖切后并向下投影的全剖面视图。

① 比例　一般楼层结构平面图比例同建筑平面图，以便查阅对照。

② 定位轴线　楼层结构平面图的轴线编号应与建筑平面图一致。

③ 图线　画墙、梁、柱的构件轮廓线时，用中实线表示剖到或可见的构件轮廓线，

用中虚线表示不可见构件的轮廓线，柱涂黑，门窗洞口一般不画出，楼梯间用交叉斜线表示。

④ 预制楼板和现浇楼板　房屋内铺设的楼板有预制和现浇两种，一般应分房间按区域表示。预制楼板按投影位置绘制，或者在铺楼板的区域内画一条对角线，并注写其代号、数量及有关规格。各地标准不同，代号也不一样。

⑤ 梁、柱等承重构件　剖切到的柱子涂黑，并注上相应代号。板下不可见梁画虚线加注代号表示，或在梁中心位置画粗点划线并加注代号表示。

⑥ 尺寸标注　一般楼层结构平面只需标注轴线之间的尺寸。

8.4.2　预制装配式楼层结构平面图

扫码看视频

预制装配式楼
层结构平面图

预制装配式楼层结构平面图是由预制构件组成的，然后再在施工现场安装就位，组成楼盖。这种楼盖的优点是施工速度快、节省劳动力和建筑材料、造价低、便于工业化生产和机械化施工。缺点是整体性不如现浇楼盖好。这种施工图主要表示支承楼盖的梁、板、柱等的结构构件的位置、数量和连接方法，标注时直接标注在结构平面图中。预制装配式楼层结构平面图如图 8-32 所示。

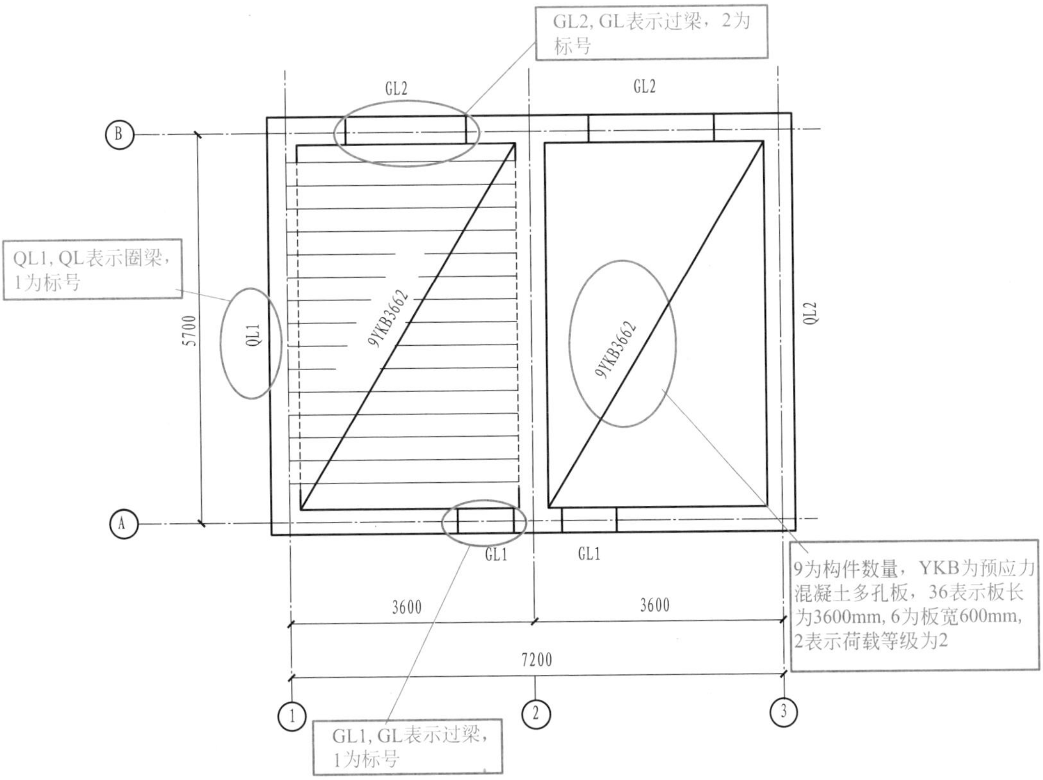

GL2, GL 表示过梁，2为标号

QL1, QL 表示圈梁，1为标号

9YKB3662

9YKB3662

QL1

QL2

5700

3600　3600

7200

GL2　GL2

GL1　GL1

9为构件数量，YKB为预应力混凝土多孔板，36表示板长为3600mm，6为板宽600mm，2表示荷载等级为2

GL1, GL 表示过梁，1为标号

B　A　① ② ③

图 8-32　预制装配式楼层结构平面图

① 图名、比例　结构平面图的比例要与建筑平面图的比例保持一致。

② 轴线　结构平面图的轴线布置要与建筑平面图的轴线位置一致，并标注出与建筑平面图一致的轴线编号和轴线间的尺寸、总尺寸，便于确定梁、板、柱等构件的安装位置。

③ 墙、柱　楼层结构平面图是用正投影的方法得到的，因为楼板压着墙，所以墙应画成虚线。

④ 梁 在结构平面图中，梁是用粗单点长划线表示或粗虚线表示，并标上梁的代号与编号。

⑤ 预制楼板 预制楼板主要有平板、槽形板和空心板 3 种。对于预制楼板，用粗实线表示楼层平面轮廓，用细实线表示预制板的铺设。在每一个开间，按照实际投影分别画出楼板，并注写数量及型号。或者画对角线并沿着对角线方向注明预制板数量及型号。对于预制板铺设方式相同的单元，用相同的编号表示，不用一一画出每个单元楼板的布置。预制楼板多采用标准图集，因此在楼层结构平面图中标明了楼板的数量、代号、跨度、宽度和荷载等级。

⑥ 过梁 在门窗洞口上为了支撑洞口的重量，并把它传给两旁的墙体，在洞口上沿墙设一道梁，这道梁就叫做过梁。在结构施工图中过梁用粗实线表示，过梁的代号为 GL。

⑦ 圈梁 为了增加建筑物的整体稳定性，提高建筑物的抗风、抗震和抵抗温度变化的能力，防止地基不均匀沉降对建筑物的不利影响，常在基础顶面、门窗洞口顶部、楼板和檐口等部位的墙内设置连续而封闭的水平梁，这种梁称为圈梁。设在基础顶面的圈梁称为基础圈梁，设在门窗洞口顶部的圈梁常代替过梁。圈梁的代号为 QL。

8.4.3 现浇整体式楼层结构平面图

现浇整体式楼层由板、主梁、次梁构成，经绑扎钢筋、支模板，将三者整体现浇在一起。整体式楼层的优点是整体性好、抗震性好、适应性强。缺点是模板用量大、现场浇灌工作量大、工期长、造价较高。

现浇板的平面图主要是画板的配筋详图，整体式楼层结构平面图如图 8-33 所示。表示出受力筋、分布筋和其他构造钢筋的配置情况，并注明编号、规格、直径、间距等。每种规

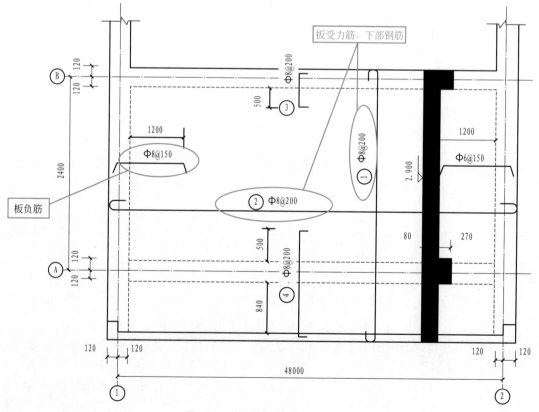

图 8-33 整体式楼层结构平面图

格的钢筋只画出一根，按其形状画在相应位置上。配筋相同的楼板，只需将其中一块板的配筋画出，其余各块分别在该楼板范围内画一对角线，并注明相同板号即可。

8.4.4 识图示例

（1）钢筋混凝土结构图图样

钢筋混凝土结构图包括两类图样，一类是一般构造图（又叫模板图）；另一类是钢筋结构图。构造图只表示构件的形状和大小，不涉及内部钢筋的布置情况，而钢筋结构图主要表示构件内部钢筋的配置情况。钢筋混凝土板和梁的钢筋结构图如图 8-34、图 8-35 所示。

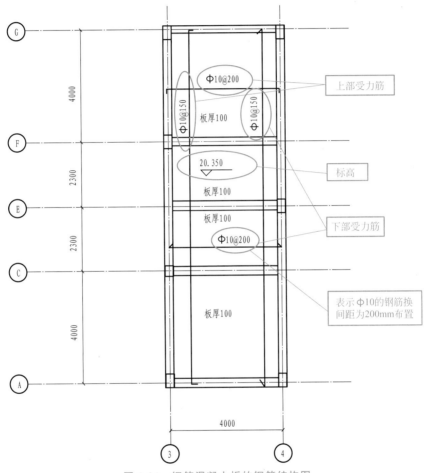

图 8-34　钢筋混凝土板的钢筋结构图

（2）钢筋结构图的图示特点

① 钢筋图主要是表示构件内部钢筋的布置情况，所以为了突出结构物中钢筋的配置情况，一般把混凝土假设为透明体，将结构外形轮廓画出细实线。

② 钢筋纵向画成粗实线，其中箍筋较细，可画为中实线，钢筋断面用黑圆点表示，钢筋重叠时可用小圆圈表示。

③ 当钢筋密集，难以按比例画出时，可允许采用夸张画法，当钢筋并在一起时，注意中间应留有一定的空隙。

④ 在钢筋结构图中，对指向阅图者弯折的钢筋，采用黑圆点表示；对背向阅图者弯折的钢筋，采用"×"表示。

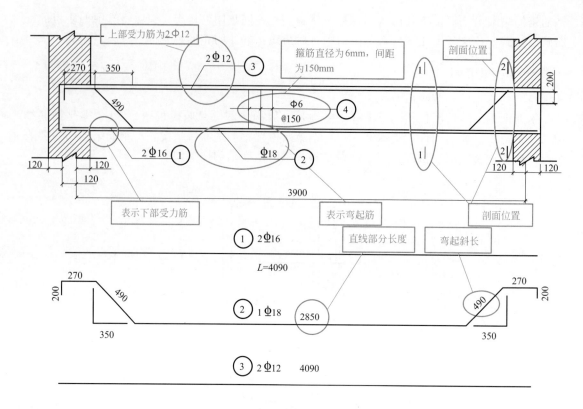

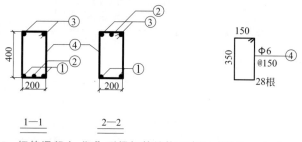

图 8-35　钢筋混凝土 "T" 形梁钢筋结构示意图（单位：mm）

⑤ 钢筋的弯钩和净距的尺寸都比较小，画图时不能严格按照比例画，以免线条重叠，要考虑适当放宽尺寸，以清楚为度，此种方法称为夸张画法。同理，在立面图中遇到钢筋重叠时，亦要放宽尺寸使图面清晰。

⑥ 画钢筋结构图时，三面投影图不一定都画出来，而是根据需要来决定，例如画钢筋混凝土梁的钢筋结构图，一般不画平面图，只用立面图和断面图表示。

⑦ 钢筋的标注。钢筋的标注应包括钢筋的编号、数量、长度、直径、间距，通常应沿钢筋的长度标注或标注在有关钢筋的引出线上。钢筋编号时，宜先编主、次部位的主筋，后编主、次部位的构造筋。如图 8-36 所示，n 为钢筋的根数，Φ 为钢筋直径及种类的符号，d 为钢筋直径数值，@ 为钢筋间距的代号，s 为钢筋间距的数值。

在纵断面图中，预应力钢筋除了标注钢筋的编号数量、长度、直径间距外，还用表格形式每隔 0.5～1m 的间距，标出纵、横、竖三维坐标值。

经过前面的学习，我们掌握了钢筋混凝土梁和板钢筋构造图的识图方法，下面再以某建筑的钢筋混凝土的梁和板为例进一步学习。

某建筑钢筋混凝土板的钢筋结构图如图 8-37 所示。

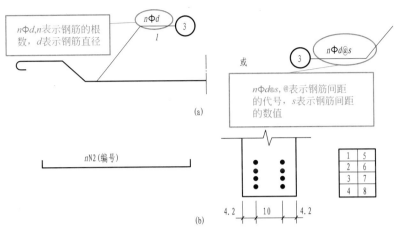

图 8-36 钢筋尺寸标注形式

① 号钢筋 6Φ10@120 表示 6 根直径为 10mm 的 Ⅰ 级钢筋，间隔 120mm 均匀布置为底部配筋。

② 号钢筋 11Φ6@120 表示 11 根直径为 6mm 的 Ⅰ 级钢筋，间隔 120mm 均匀布置为底部配筋。

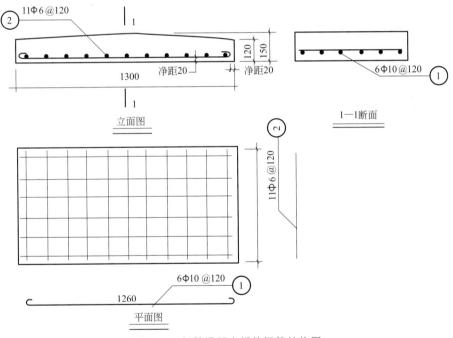

图 8-37 钢筋混凝土板的钢筋结构图

如图 8-38 所示，梁的内部钢筋有六种。

①、②、③为弯起筋，这三种都使用Φ22 的钢筋制作而成。

④ 是主筋，采用 3 根Φ22 的钢筋制作而成。

⑤ 是架立筋，采用 2 根Φ12 的钢筋制作而成。

⑥ 是箍筋，采用 24 根Φ6 的钢筋制作而成，每间隔 30mm 布置一根。

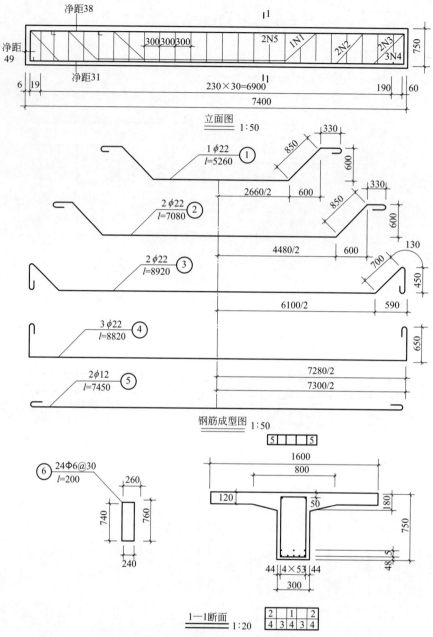

图 8-38 钢筋混凝土"T"形梁结构示意图

第 9 章

装饰装修施工图

9.1 装饰装修工程常用图例与规定

9.1.1 装饰装修施工图的特点

建筑装饰装修施工图与建筑施工图在绘图原理和图示标志形式上有许多方面基本一致，但是，由于专业分工不同，图示内容不同，总还是存在一定的差异。这些差异反映到图示表示方法上，主要有以下几个方面。

① 由于建筑装饰装修工程涉及面广，它不仅与建筑有关，与水、暖、电等设备有关，与家具、陈设、绿化以及各种室内配套产品有关，还与钢、铁、铝、铜、木等不同材质的结构处理有关。因此，建筑装饰装修施工图中常出现建筑制图、家具制图、园林制图和机械制图等多种画法并存的现象。

② 建筑装饰装修施工图所要表达的内容很多，它不仅要标明建筑的基本结构（是装饰装修设计的依据），还要表明装饰装修的形式、结构与构造。为了表达翔实，符合施工要求，装饰装修施工图一般都是将建筑图的一部分加以放大后进行图示，所以比例比较大，因而称为建筑局部放大图或详图。

③ 建筑装饰装修施工图图例部分无统一标准，多是在流行中互相沿用，各地多少有点大同小异，有的还不具有普遍意义，不能让人一望而知，需加文字说明。

④ 标准定型化设计少，可采用的标准图不多，致使基本图中大部分局部和装饰配件都需要专画详图来标明其构造。

⑤ 建筑装饰施工图多是建筑物某一装饰部位或某一装饰空间的局部图示，所用的比例较大，有些细部描绘比建筑施工图更细腻。例如，将大理石板画上石材肌理，玻璃或镜面上反光，金属装饰制品画上抛光线等。图像真实、生动，并具有一定的装饰感，简单明了，构成了装饰装修施工图自身形式上的特点。

9.1.2 装饰装修施工图的基础画法

9.1.2.1 建筑装饰装修施工图的主要内容

（1）装饰设计文件或说明

建筑装饰施工图的设计文件和说明可为施工提供工程的总体情况信息。

（2）室内装饰设计基本图样

① 平面图 包括平面布置图、顶棚平面图、地坪装饰图。

② 立面图 包括墙面立面图、装饰立面图。

③ 剖面图　包括整体剖面图、局部剖面图。

④ 构造详图　包括装饰构造详图、大样图。

（3）专业配合装饰设计图

① 结构专业　包括根据装饰设计对原建筑结构加固、局部改造等的施工图。

② 水、暖、通风及空调专业　包括水、暖、通风及空调设备管线布置施工图。

③ 电气专业　包括电路布置施工图。强电有照明、家用设施设备控制系统施工图；弱电有电话电视、音响、网线、安全控制系统施工图。

④ 园林专业　包括庭院花园、室内绿化、水体设计等施工图。

9.1.2.2　建筑装饰装修施工图画法的特点

建筑装饰装修施工图属于建筑装饰设计施工图的范畴，因此画法要求及规定理应与建筑工程图相同，然而住宅建筑装饰装修有着自己的特点，施工图的绘制追求美观，反映出设计理念，对设计细节有更深入的表现。

（1）省略原有的建筑结构材料及构造

室内装饰装修是在已建房屋中进行二次设计，在装饰设计和施工中只要不更改原有建筑结构，画图时可以省略原建筑结构的材质和构造。

（2）装饰施工图平面图、立面图中可以画出阴影和配景

室内装饰设计施工图为了增强装饰效果的艺术感受或感染力，在平面、立面图中允许加画阴影和配景，如花草、植物等配景。如图 9-1、图 9-2 所示。

图 9-1　客厅立面图

（3）施工图中尺寸的灵活性

室内装饰设计即使在图纸上已详尽地表现出来，但到施工时常常会有变化，因此施工图可以只标注影响施工的控制尺寸，对有些不影响工程施工的细部尺寸，图中也可以不细标，允许施工过程中按图的比例量取或依据施工现场实情确定。

（4）施工图中图示内容的不确定性

建筑室内除了界面的装饰外，家具摆设等也是组成住宅空间形象的内容之一，但设计师只提供家具、电器、摆设的大致构想，以使室内氛围和谐，因此在装饰施工图中的家具、电器图示只是示意，业主可根据情况自行确定。

（5）施工图中常附以效果图和直观图

为了保证装饰装修施工能准确地再现设计效果，在室内装饰装修设计施工图中常附以效果图、直观图或是彩色的平面、立面图，有助于表达设计思想，来帮助施工人员理解设计师的设计理念，并能够更好地进行施工工作。

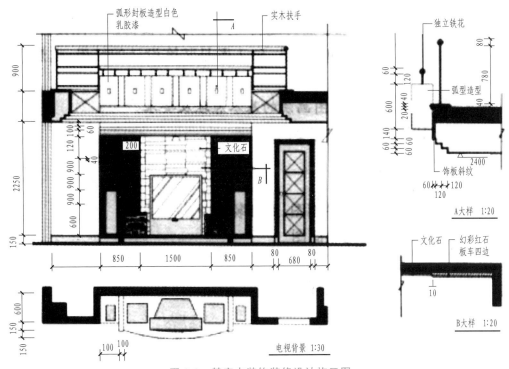

图 9-2　某室内装饰装修设计施工图

9.2　常用图例符号

9.2.1　常用建筑装饰装修材料图例

常用建筑装饰装修材料图例如表 9-1 所示。

表 9-1　常用建筑装饰装修材料图例

序号	名称	图例	备注
1	夯实土壤		—
2	砂砾石、碎砖三合土		—
3	石材		注明厚度
4	毛石		必要时注明石料块面大小及品种
5	普通砖		包括实心砖,多孔砖、砌块等砌体。断面较窄不易绘出图例线时,可涂红,并在图纸备注中加注说明,画出该材料图例
6	轻质砌块砖		指非承重砖砌体

序号	名称	图例	备注
7	轻钢龙骨板材隔墙	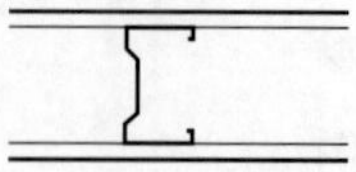	注明材料品种
8	饰面砖		包括铺地砖、锦砖、陶瓷锦砖、人造大理石等
9	混凝土	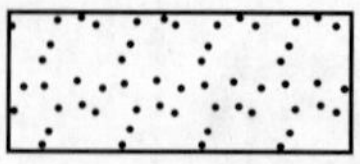	1.本图例指能承重的混凝土及钢筋混凝土 2.包括各种强度等级、骨料、添加剂的混凝土 3.在剖面图上画出钢筋时,不画图例线 4.断面图形小,不易画出图例线时,可涂黑
10	钢筋混凝土	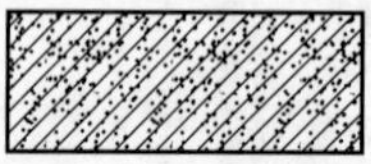	
11	多孔材料	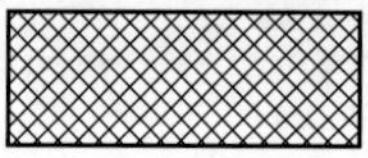	包括水泥珍珠岩、沥青珍珠岩、泡沫混凝土、非承重加气混凝土、软木、蛭石制品等
12	纤维材料	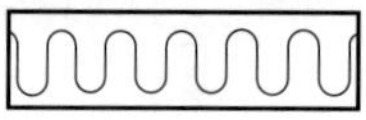	包括矿棉、岩棉、玻璃棉、麻丝、木丝板、纤维板等
13	泡沫塑料材料	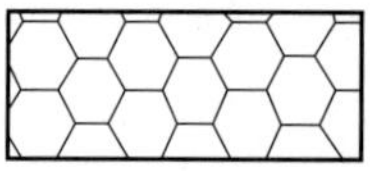	包括聚苯乙烯、聚乙烯、聚氨酯等多孔聚合物类材料
14	密度板	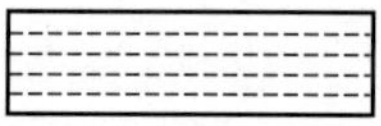	注明厚度
15	实木		表示垫木、木砖或木龙骨
		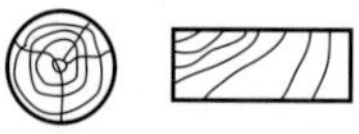	表示木材横断面
		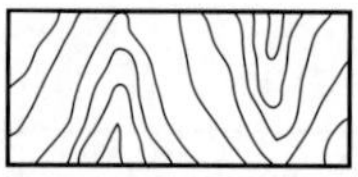	表示木材纵断面
16	胶合板	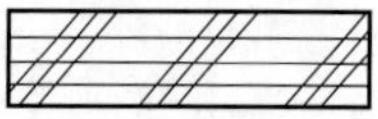	注明厚度或层数
17	多层板	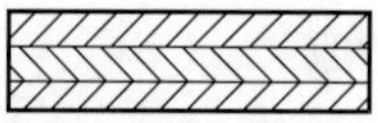	注明厚度或层数
18	木工板	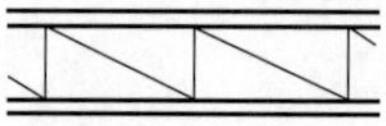	注明厚度
19	石膏板	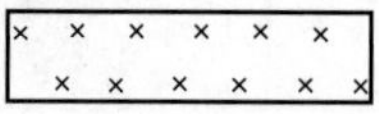	1.注明厚度 2.注明石膏板品种名称
20	金属	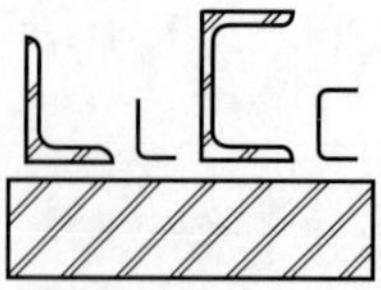	1.包括各种金属,注明材料名称 2.图形小时,可涂黑

序号	名称	图例	备注
21	液体	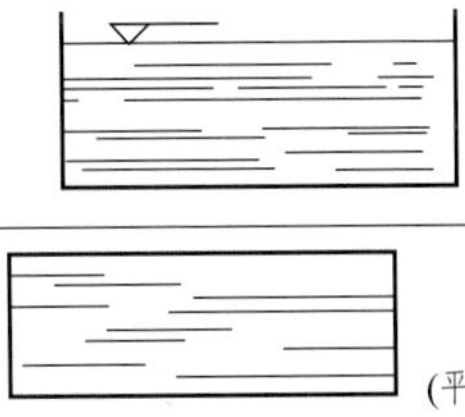 （平面）	注明具体液体名称
22	玻璃砖	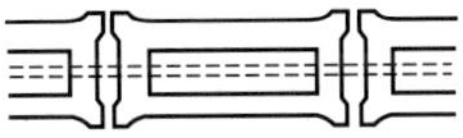	注明厚度
23	普通玻璃	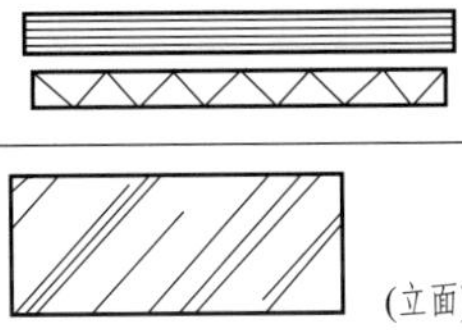 （立面）	注明材质、厚度
24	磨砂玻璃	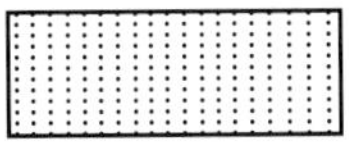 （立面）	1. 注明材质、厚度 2. 本图例采用较均匀的点
25	夹层（夹绢、夹纸）玻璃	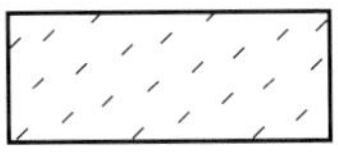 （立面）	注明材质、厚度
26	镜面	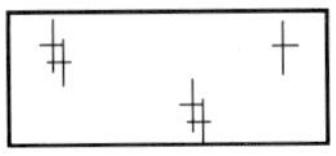 （立面）	注明材质、厚度
27	橡胶		—
28	塑料		包括各种软、硬塑料及有机玻璃等
29	地毯	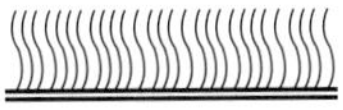	注明种类
30	防水材料	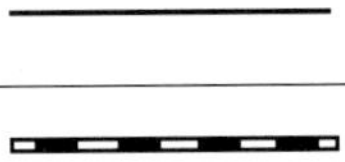 （小尺度比例） （大尺度比例）	注明材质、厚度
31	粉刷		本图例采用较稀的点
32	窗帘	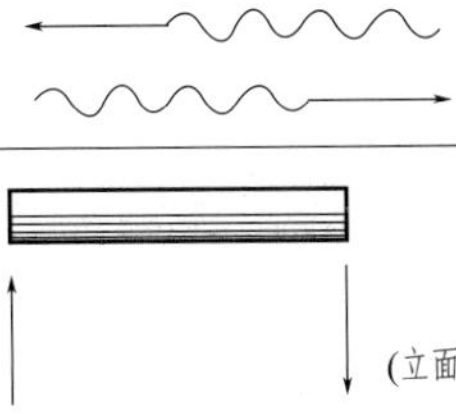 （立面）	箭头所示为开启方向

注：序号 1、3、5、6、10、11、16、17、20、23、25、27、28 图例中的斜线、短斜线、交叉斜线等均为 45°

9.2.2　常用建筑装饰装修设备端口图例

常用建筑装饰装修设备端口图例如表 9-2 所示。

表 9-2　常用建筑装饰装修设备端口图例

名称	图例	说明	名称	图例	说明
圆形散流器			扬声器		
方形散流器	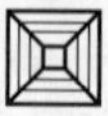		开关	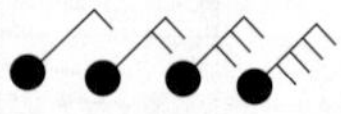	
剖面送风口			普通五孔插座		
剖面回风口	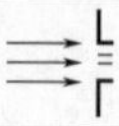		地面插座		
条形送风口	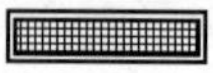	规格需单独注明	防水插座		规格需单独注明
条形回风口			空调插座	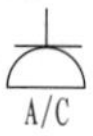 A/C	
排气扇			电话插座	TP	
烟感	 S		电视插座	TV	
喷淋					

9.2.3　室内装饰装修常用家具图例

室内装饰装修常用家具图例如表 9-3 所示。

表 9-3　常用家具图例

序号	名称		图例	备注
1	沙发	单人沙发	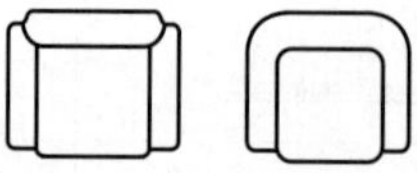	1. 立面样式根据设计自定 2. 其他家具图例根据设计自定
		双人沙发	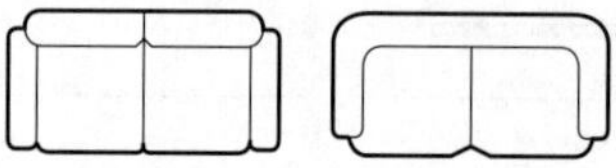	
		三人沙发	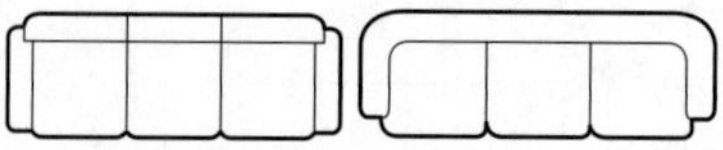	
2	办公桌		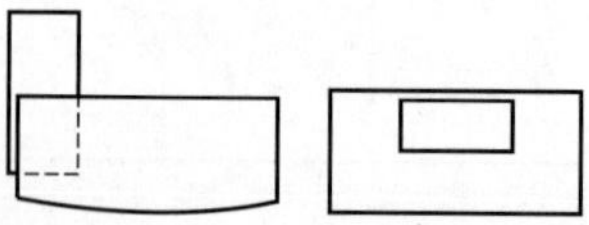	

续表

序号	名称		图例	备注
3	椅	办公椅		1. 立面样式根据设计自定 2. 其他家具图例根据设计自定
		休闲椅	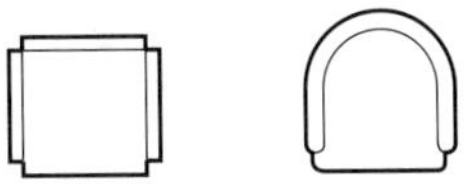	
		躺椅	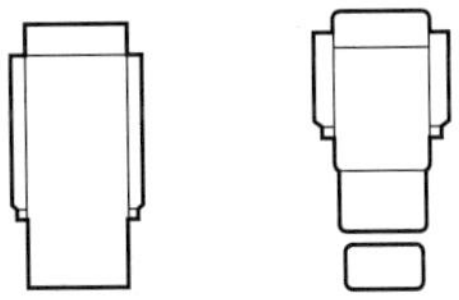	
4	床	单人床	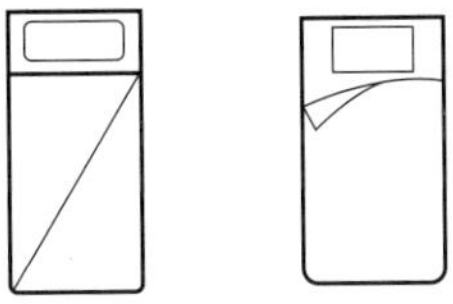	
		双人床	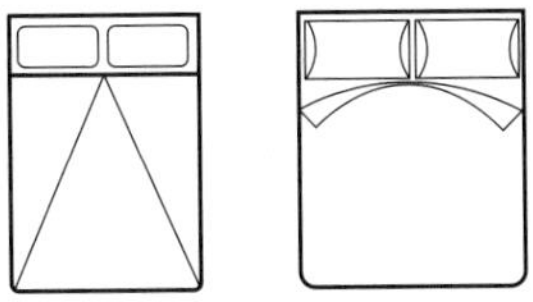	
5	橱柜	衣柜	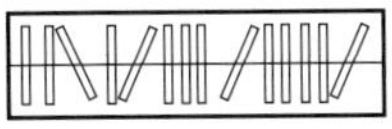	
		低柜	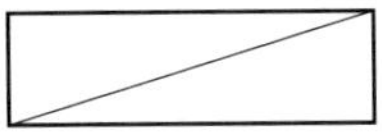	
		高柜	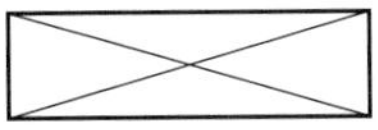	

9.2.4　建筑装饰装修常用电器和灯具图例

建筑装饰装修常用电器图例如表 9-4 所示。

表 9-4　常用电器图例

序号	名称	图例	备注
1	电视	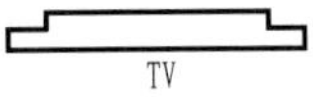 TV	1. 立面样式根据设计自定 2. 其他电器图例根据设计自定
2	冰箱	 REF	
3	空调	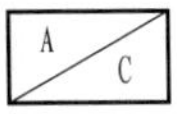 A / C	

续表

序号	名称	图例	备注
4	洗衣机	 W / M	
5	饮水机	 WD	1.立面样式根据设计自定 2.其他电器图例根据设计自定
6	电脑	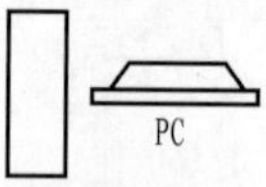 PC	
7	电话	 T E L	

建筑装饰装修常用灯具图例如表 9-5 所示。

表 9-5 常用灯具图例

名称	图例	说明	名称	图例	说明
筒灯	 ⊕		吸顶灯	 ⊗	
射灯	⊕		花式吊灯	 ⊕	
轨道射灯	 ⊕—⊕—⊕	规格需单独注明	单管格栅灯	 ▭	规格需单独注明
壁灯	 ⊕		双管格栅灯	 ▭	
			三管格栅灯	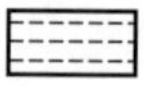 ▭	
防水灯	⊕		暗藏日光灯管	-------	

9.2.5 常用厨具图例

常用厨具图例如表 9-6 所示。

表 9-6 常用厨具图例

序号	名称		图例	备注
1	灶具	单头灶		1.立面样式根据设计自定 2.其他厨具图例根据设计自定
		双头灶	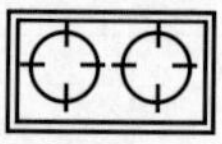	
		三头灶	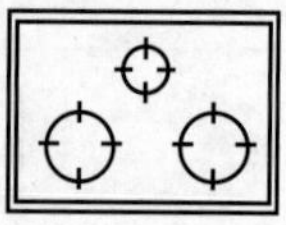	

续表

序号	名称		图例	备注
1	灶具	四头灶	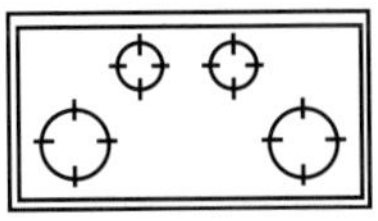	1.立面样式根据设计自定 2.其他厨具图例根据设计自定
		六头灶	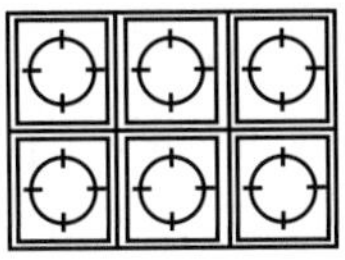	
2	水槽	单盆	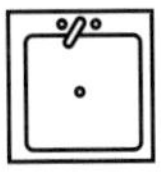 	
		双盆	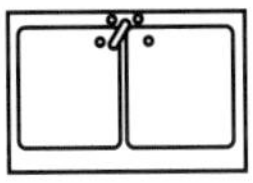 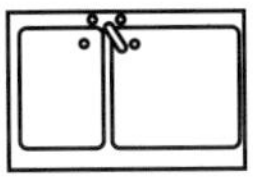	

9.2.6　常用洁具图例

常用洁具图例如表 9-7 所示。

表 9-7　常用洁具图例

序号	名称		图例	备注
1	大便器	坐式	 	1.立面样式根据设计自定 2.其他洁具图例根据设计自定
		蹲式	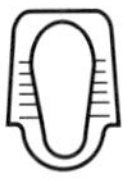 	
2	小便器		 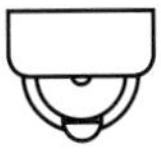	
3	台盆	立式	 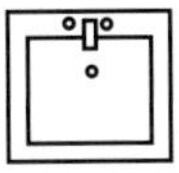	
		台式	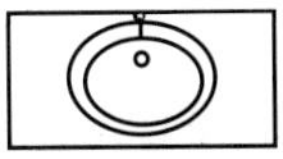 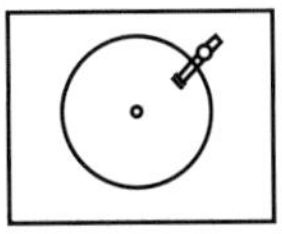	
		挂式	 	

续表

序号	名称		图例	备注
4	污水池		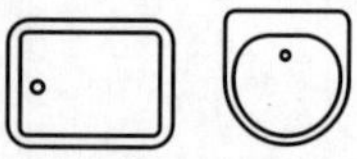	
5	浴缸	长方形	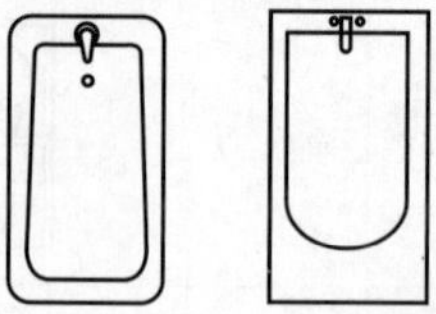	1. 立面样式根据设计自定 2. 其他洁具图例根据设计自定
		三角形	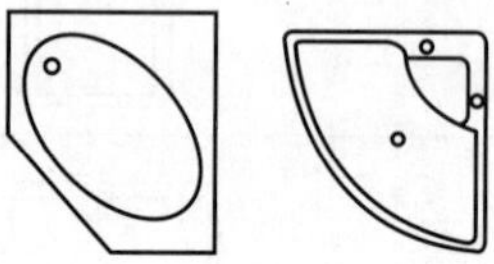	
		圆形	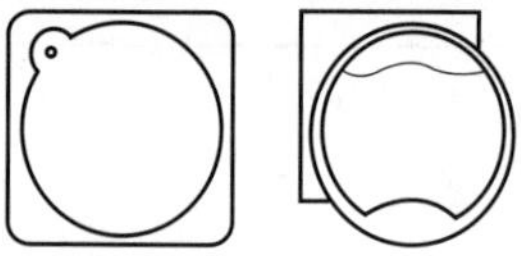	
6	沐浴房		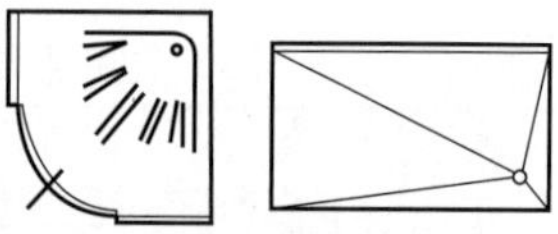	

9.2.7 常用景观图例

常用景观图例如表 9-8 所示。

表 9-8 常用景观图例

序号	名称		图例	备注
1	阔叶植物		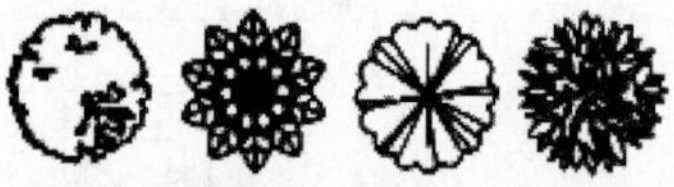	
2	针叶植物		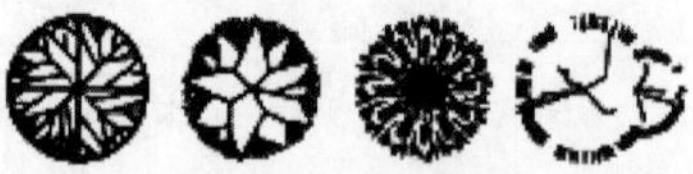	1. 立面样式根据设计自定 2. 其他景观配饰图例根据设计自定
3	落叶植物			
4	盆景类	树桩类		
		观花类		

续表

序号	名称		图例	备注
4	盆景类	观叶类		
		山水类		
5	插花类			
6	吊挂类			
7	棕榈植物			1. 立面样式根据设计自定 2. 其他景观配饰图例根据设计自定
8	水生植物			
9	假山石			
10	草坪			
11	铺地	卵石类		
		条石类		
		碎石类	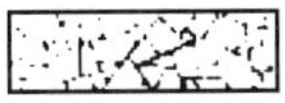	

9.3　装饰装修工程施工图识读

9.3.1　内视符号识读

为了表达室内立面在平面图中的位置，应在平面图上用内视符号注明视点位置、方向及立面编号。

内视符号一般用直径为 8～12mm 的细实线圆圈加实心箭头和字母表示。箭头和字母所在的方向表示立面图的投影方向，同时相应字母也被作为对应立面图的编号。如箭头指向 A 方向的立面图被称之为 A 立面图，箭头指向 B 方向的立面图被称之为 B 立面图。内视符号如图 9-3 所示，内视符号在实际中应用如图 9-4 所示。

单面内视符号

双面内视符号

四面内视符号

图 9-3　内视符号

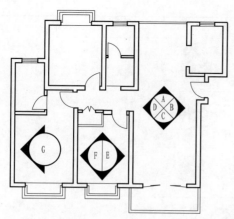

图 9-4 平面图中内视符号的应用示意图

9.3.2 装饰施工平面图

装饰施工平面图是装饰施工图的首要图纸，其他图纸均是以平面图为依据而设计绘制的。建筑装饰施工平面图包括平面布置图、地面铺装图和顶棚平面图。

扫码看视频

底层平面图

9.3.2.1 平面布置图与地面铺装图

装饰施工平面布置图与地面铺装图是假想用一水平剖切平面，沿着需要装修房间的门窗洞口处作水平全剖切，移去上面的部分，对剩下的部分所作的水平正投影图。

平面布置图主要用于表达装饰结构的平面布置、具体形状及尺寸，表明饰面的材料和工艺要求等；而地面铺装图则主要用于表达拼花、造型、块材等楼地面的装修情况。其与建筑平面图的形成及表达的结构体内容基本相同，所不同的是增加了装饰装修和陈设的内容。

在装饰施工平面图中，如果平面图所包含的内容复杂，如家具或构件、陈设较多，则地面铺装图可独立绘出；否则可在平面布置图纸中一并表示，如图 9-5 所示为某居室的平面布置图与地面铺装图的结合图。

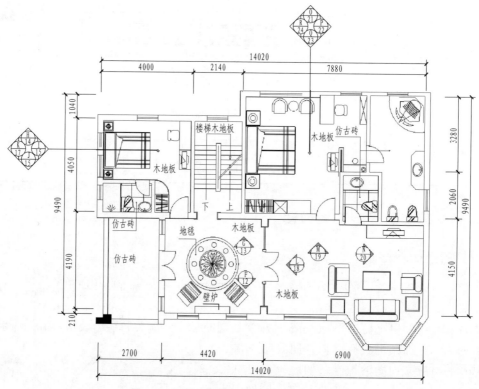

图 9-5 平面布置图与地面铺装图的结合图

（1）图示内容

平面布置图与地面铺装图所表达的主要内容如下。

① 建筑平面布置图基本内容和尺寸。图上的尺寸主要有三种：一是建筑结构体的尺寸；二是装饰布局和装饰结构的尺寸；三是家具、设备等的尺寸。

② 建筑主体结构（如墙、柱、台阶、楼梯、门窗等）的平面布置、具体形状以及各种房间的位置和功能。

③ 室内家具陈设、设施（如电器设备、卫生设备等）、绿化的摆放位置及说明。

④ 室内外地面的平面形状和位置。地面装饰的平面形式要求绘制准确、具体，按比例用细实线画出该形式的材料规格、铺装方式和构造分格线等，并标明其材料品种和工艺要求，必要时应填充恰当的图案和材质实景图表示。

⑤ 地面饰面材料的名称、规格以及拼花形状等。

⑥ 详图索引及各面墙的立面投影符号或剖切符号等。

⑦ 必要的文字说明。为了使图面的表达更为详尽周到，必要的文字说明是不可缺少的，如房间的名称、某些装饰构件与配套布置的名称等。

（2）图示方法

① 建筑平面图常用的比例是 1：50、1：100 或 1：200，其中 1：100 使用最多，若有台阶、造型、架空、沟坑等可增加剖面详图，常用的比例为 1：10 或 1：30。建筑平面图的方向宜与总平面图的方向一致，平面图的长边宜与横式幅面图纸的长边一致。

② 因平面图的实质是剖面图，因此应按剖面图的图示方法绘制，即被剖切平面剖切到的墙、柱等轮廓用粗实线表示，未被剖切到的部分如室外台阶、散水、楼梯、阳台、雨篷以及尺寸线等用细实线表示，门的开启线用中粗实线表示。

③ 平面图反映建筑物的平面形状和大小、内部布置、墙的位置、厚度和材料、门窗的位置和类型以及交通等情况，可作为建筑施工定位、放线、砌墙、安装门窗、室内装修、编制预算的依据。

④ 建筑构配件及室内家具陈设和设施用相应的图例表示，若已知品牌和规格的，则要在首页图中注明，或在平面图中用文字说明的方式说明。

⑤ 装饰施工平面图中尺寸分为外部尺寸和内部尺寸。外部尺寸主要有三道：最里一道为门窗洞口或结构构件的细部尺寸；第二道是轴线间尺寸，即开间和进深尺寸；第三道为建筑外墙面的总尺寸。内部尺寸标注在室内，如具体的内部装修构件或造型的尺寸、家具尺寸或设备距离墙面的距离等。

9.3.2.2 装饰施工平面图的识读技巧

① 看装修平面布置图要先看图名、比例标题栏，认定该图是什么平面图。再看建筑平面基本结构及其尺寸，把各房间名称、面积以及门窗、走廊、楼梯等的主要位置和尺寸了解清楚。然后看建筑平面结构内的装修结构和装修设计的平面布置等内容。

② 通过图中对装饰面的文字说明，了解各装饰面对材料规格、品种、色彩和工艺制作的要求，明确各装饰面的结构材料和饰面材料的衔接关系与固定方式，并结合面积作材料计划和施工安排计划。

③ 通过对各房间和其他空间主要功能的了解，明确为满足功能要求所设置的设备与设施的种类、规格和数量，以便制订相关的购买计划。

④ 通过读图了解各种尺寸。面对众多的尺寸，要注意区分建筑尺寸和装修尺寸。在装修尺寸中，又要能分清其中的定位尺寸、外形尺寸和结构尺寸。定位尺寸是确定装饰面或装饰物在平面布置图上位置的尺寸。在平面图上需两个定位尺寸才能确定一个装饰物的平面位置，其基准往往是建筑结构面。平面布置图上为了避免重复，同样的尺寸往往只代表性地标注一个，读图时要注意将相同的构件或部位归类。

⑤ 通过平面布置图上的投影符号，明确投影面编号和投影方向，并进一步查出各投影

方向的立面图。

　　⑥ 通过平面布置图上的索引符号，明确被索引部位及详图所在位置。

　　⑦ 通过平面布置图上的剖切符号，明确剖切位置及其剖视方向，进一步查阅相应的剖面图。

　　【例9-1】　请根据图9-6对某别墅一层平面布置图进行内容识读。

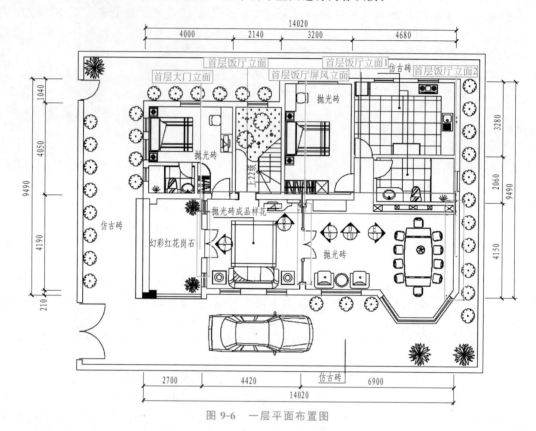

图 9-6　一层平面布置图

　　【解】　（1）看轴线尺寸和空间结构，了解工程的面积以及空间分割情况。由图可知，该建筑为两室两厅一厨一卫，共设置有6个房间，外墙共有13个窗户，总长为14.020m，总宽为9.490m，总面积约133m²。

　　（2）了解各个空间的布局情况和详细尺寸。以餐厅和厨房为例，由图可知，餐厅的开间为4.15m，地面材料为抛光砖，餐厅餐桌为10人方桌，餐厅和卫生间由隔墙进行分割。厨房的开间为3.28m，橱柜为L形布置，地面材料为仿古砖。以此为例，对照说明，识读其余的空间。

　　（3）看标高、内视符号和索引符号，了解各个空间的地面落差，掌握各个空间的立面图分布情况。以客厅为例，图中共出现了5个内视符号，餐厅和客厅之间有一索引符号，可通过此查找"9"号详图进行识读。

　　（4）铺装图与平面图一样，先了解建筑的结构情况。

　　（5）对照文字说明和图例，识读每个空间地面材料的使用情况。从图中可以看出，围墙内地面铺砌仿古砖，室内不同区域也设计了不同的地面装饰，卧式和客厅都采用的是抛光砖，厨房和卫生间都采用的是仿古砖。

9.3.3　装饰施工立面图

　　装饰施工立面图是将建筑物装饰的外观墙面向铅直的投影面所作的正投影图，主要用来表达墙面的立面装饰造型、材料、工艺要求，门窗的位置和形式等，是施工的重要依据。除了墙柱面装修立面图外，通常还需要剖面详图。

9.3.3.1　立面图的图示内容与图示方法

（1）图示内容

① 表明建筑的外形及门窗、阳台、雨篷、台阶、花台、门头、勒脚、檐口、雨水管、烟囱、通风道和外楼梯等的形式和位置。

② 通常外部在垂直方向标注三条尺寸线，即最外一道为室外地坪至檐口上皮（或女儿墙上皮）的总高度；中间一道为室内外高差，各层层高和顶层层高线至檐口上皮（或女儿墙上皮）的尺寸；最里一道为窗台高、门窗高、门窗以上至上层层高线的高度尺寸。水平方向仅标注轴线间的尺寸一道。

③ 通常标注室外地坪、首层地面、各层楼面、顶层结构顶板上皮（坡屋顶为屋架支座上皮）、檐口（或女儿墙）和屋脊上皮标高以及外部尺寸不易注明的一些构件的标高等。

④ 表明并用文字注明外墙各处外装修的材料与做法。

⑤ 固定家具在墙面中的位置、立面形式和主要尺寸。

⑥ 注明局部或外墙详图的索引。

⑦ 剖切符号及文字说明。

（2）图示方法

① 常用比例为1：30或1：60；图名通常按照平面图中的空间名称和内视符号的编号来命名，如客厅 A 向立面图等。

② 平面形状不规则的墙体在绘制立面图时可以展开绘制，或采用带角度的内视符号注明，并单独绘制；圆形或多边形的建筑空间，可分段展开立面图，但需要在图名中注明；对于平面尺寸较长而装饰内容重复的墙面，可采用折断画法仅表现其中一部分。

③ 立面图中对于吊顶，通常表现其剖面形式，但如果吊顶形式比较复杂，则立面图的顶面轮廓线通常只是表现到墙面与顶面的交接处；立面图中应表明吊顶的高度及其墙面造型的结构构造和材料尺寸。

④ 立面施工比较复杂，通常按墙面装饰所用材料分为抹灰类墙面、贴面类墙面、裱糊类墙面等不同的施工方法，因而在绘制的过程中要注意分清墙面的材料和构造。

⑤ 立面图墙面的装饰造型构造方式和材料，用引出线引出进行文字说明。

9.3.3.2　立面图的识读要点

① 首先应根据图名及轴线编号对照平面图，明确各立面图所表示的内容是否正确。

② 在明确各立面图表明的做法基础上，进一步校核各立面图之间有无交叉的地方，从而通过阅读立面图建立起房屋外形和外装修的全貌。

③ 明确地面标高、楼面标高、楼梯平台等于装饰工程有关的标高尺寸。

④ 装饰结构与建筑结构的连接方式和固定方法应搞清楚。

⑤ 熟悉每个立面有几种不同的装饰面，以及这些装饰面所选用的材料及施工要求。

⑥ 识读装饰立面图时，须结合平面图查对，细心地进行相应的分析研究，再结合其他图纸逐项审核，掌握装饰装修立面图的具体施工要求。

【例 9-2】　某室内装修立面图如图 9-7 所示，请对该图进行识读。

【解】　（1）该图是 A1 立面图，标高表明是底层。

（2）该图左边是总服务台，中部是后门过道，右边是底层楼梯。

（3）地面标高为±0.000。门厅四沿顶棚标高 3.050m。该图未标示门厅顶棚。

（4）总服务台上部有一下悬顶，标高 2.40m，立面有四个钛金字，字底是水曲柳板清水硝基

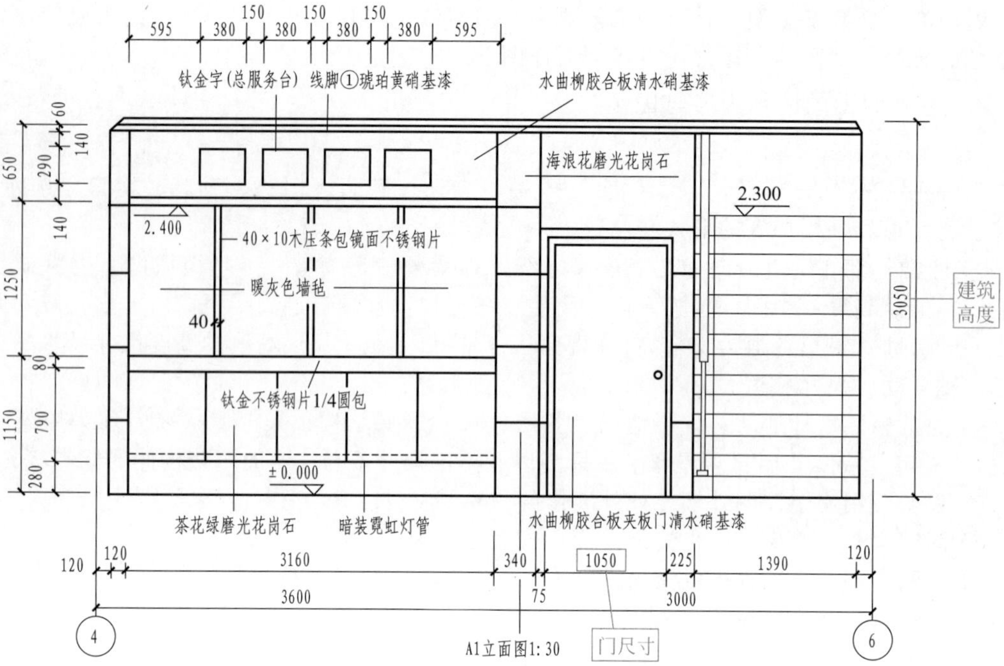

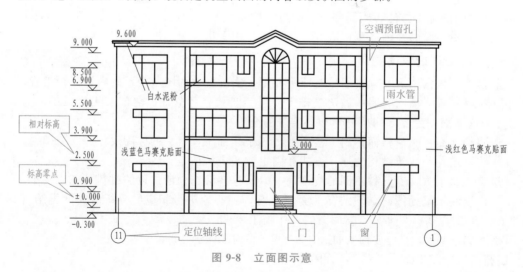

图 9-7　某室内装修立面图识读

漆。对应图 9-7，可知该下悬顶底面是磨砂玻璃，宽 0.50m。

（5）总服务台立面是茶花绿磨光花岗石板贴面，下部暗装霓虹灯管，上部圆角用钛金不锈钢片饰面。服务台内墙面贴暖灰色墙毡，用不锈钢片包木压条分格。

（6）总服务台立面两边墙柱面和后门墙面用海浪花磨光花岗石板贴面，对应门厅其他视向立面图，可知门厅全部内墙面都是花岗石板，工艺采用钢钉挂贴。

（7）门厅四周沿顶棚与墙面相交处用线脚①收口，从图纸目录中可查知其大样所在图纸。线脚属于装饰零配件，因而其索引符号用 6mm 的细实线圆表示。

【例 9-3】　以图 9-8 为例，说明建筑立面图的内容以及识图的步骤。

图 9-8　立面图示意

【解】　（1）该图为⑪～①轴立面图。

（2）主入口在中间，其上方有一连通窗（用简化画法表示），各层均有阳台，在两边的窗洞左（右）上方有一小洞，为放置空调器的预留孔洞。

（3）从图 9-8 中所表示的高度可知，此房屋室外地面比室内地面±0.000 低 300mm，女儿墙顶面处为 9.60m，因此房屋外墙总高度为 9.90m。标高一般注在图形外，并做到符号排列整齐、大小一致。若房屋立面左右对称时，一般注在左侧。不对称时，左右两侧均应标注。必要时为了更清楚，可标注在图内（如楼梯间的窗台标高）。

（4）从图上的文字说明可以了解到房屋外墙面装修的做法，如部分外墙为浅红色马赛克贴面，中间阳台和楼梯间外墙面用浅蓝色马赛克贴面，窗洞周边、檐口及阳台栏板边等为白水泥粉面（装修说明也可在首页图中列表详述）。

（5）图中靠阳台边上设有一雨水管。

扫码看视频

9.3.4　楼地面装修图

9.3.4.1　楼地面装饰平面图

楼地面装饰平面图是用一个假想的水平剖切平面在窗台略上的位置剖　楼地面装饰识图
切后，移去上面的部分，向下所做的正投影图。某楼层楼地面装饰图如图 9-9 所示。

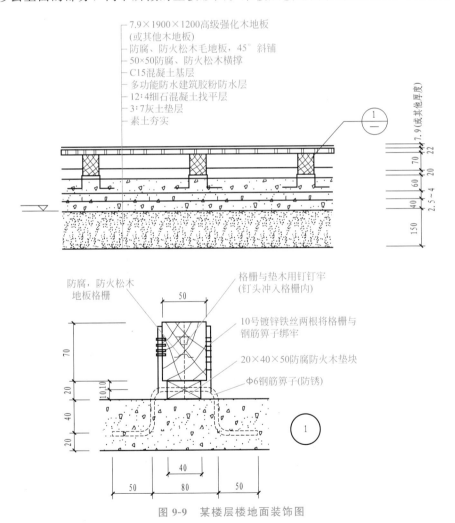

图 9-9　某楼层楼地面装饰图

与建筑平面图基本相似，不同之处是在建筑平面图的基础上增加了装饰和陈设的内容。

9.3.4.2　楼地面装饰平面图的图示内容

① 建筑平面的基本结构和尺寸。
② 装饰结构的平面位置和形式以及饰面材料和工艺要求。
③ 装饰结构与配套设施的尺寸标注。
④ 室内家具、陈设、织物、绿化的摆放位置及说明。
⑤ 内视图符号。

9.3.4.3　块材式楼地面

（1）大理石楼地面

花岗岩板和大理石板楼地面面层是在结合层上铺设而成的。一般先在刚性平整的垫层或楼板基层上铺30mm厚1∶3干硬性水泥砂浆结合层，找平压实；然后铺贴大理石板或花岗岩板，并用水泥浆灌缝，铺砌后表面应加以保护；待结合层的水泥砂浆强度达到要求，且做完踢脚板后，打蜡即可，其构造做法如图9-10所示。

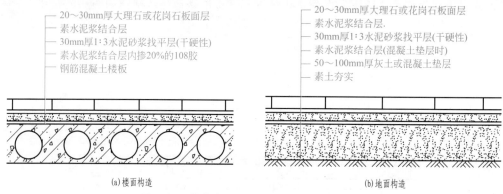

图 9-10　花岗岩板、大理石板的楼地面构造

利用大理石的边角料，将色泽鲜艳和品种繁多的大理石碎块无规则地拼接起来做成的碎拼大理石地面别具一格，其铺贴形式如图9-11所示。板的接缝有干接缝和拉缝两种形式，干接缝宽1～2mm，用水泥浆擦缝；拉缝又分为平缝和凹缝，平缝宽15～30mm，用水磨石面层石碴浆灌缝，凹缝宽10～15mm，凹进表面3～4mm，水泥砂浆勾缝。碎拼大理石楼地面构造做法如图9-12所示。

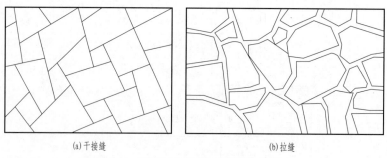

图 9-11　碎拼大理石楼地面的铺贴形式

（2）陶瓷地面砖楼地面

陶瓷地面砖铺贴时，所用的胶结材料一般为（1∶4）～（1∶3）水泥砂浆，厚15～20mm，砖块之间3mm左右的灰缝，用水泥浆嵌缝，如图9-13所示。

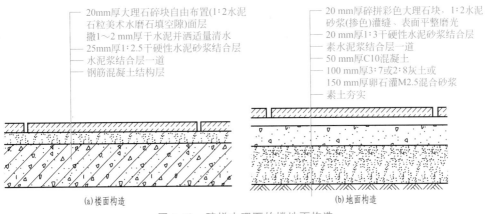

图 9-12　碎拼大理石的楼地面构造

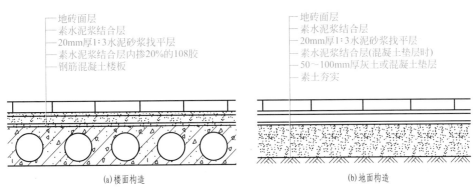

图 9-13　陶瓷地面砖楼地面的构造

（3）陶瓷锦砖楼地面

陶瓷锦砖楼地面的构造，如图 9-14 所示。施工时，先在基层上铺一层厚 15～20mm 的（1∶4）～（1∶3）水泥砂浆，将拼合好后的陶瓷锦砖纸板反铺在上面，然后用滚筒压平，使水泥砂浆挤入缝隙。待水泥砂浆硬化后，用水及草酸洗去牛皮纸，最后用白水泥浆嵌缝即成。

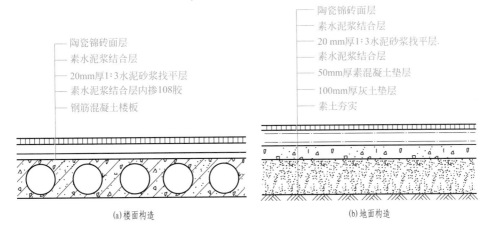

图 9-14　陶瓷地面砖楼地面的构造

（4）预制水磨石楼地面

预制水磨石面层是在结合层上铺设的。先在刚性平整的垫层或楼板基层上铺 300mm 厚 1：4 水泥砂浆，素水泥浆结合层，然后采用 12～20mm 厚 1：3 水泥砂浆铺砌，随刷随铺，铺好后用 1：1 水泥砂浆嵌缝。预制水磨石板的构造，如图 9-15 所示。预制水磨石楼地面的构造，如图 9-16 所示。

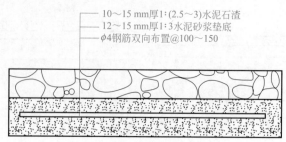

图 9-15　预制水磨石板的构造

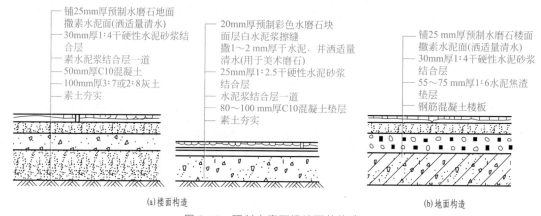

(a)楼面构造　　　　　　　　　　　　　　　　　(b)地面构造

图 9-16　预制水磨石楼地面的构造

9.3.4.4　木楼地面

（1）架空式木楼地面

架空式木楼地面如图 9-17 所示。

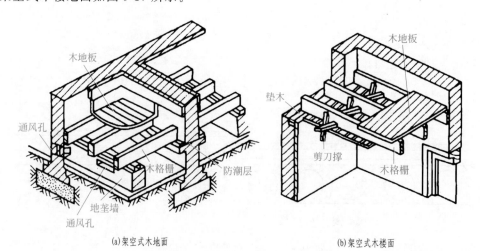

(a)架空式木地面　　　　　　　　　　　(b)架空式木楼面

图 9-17　架空式木楼地面构造

（2）实铺式木楼地面

实铺式木楼地面如图 9-18 所示。

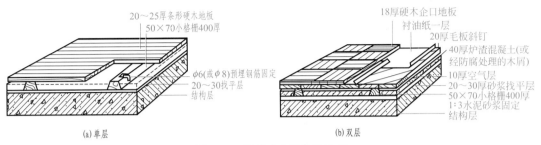

(a)单层   (b)双层

图 9-18 实铺式木楼地面构造

（3）粘贴式木楼地面

粘贴式木楼地面如图 9-19 所示。

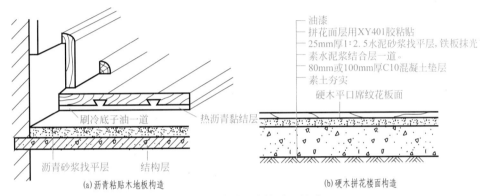

(a)沥青粘贴木地板构造   (b)硬木拼花楼面构造

图 9-19 粘贴式木楼地面构造

9.3.5 顶棚装修图

9.3.5.1 顶棚装修图

顶棚装修图，亦称为天花图或顶面图，是用一个假想的水平剖切平面，沿着需要装修房间的门窗洞口处作水平全剖切，移去下面部分，对剩余的上面部分所作的镜像投影。其作用不仅可以美化室内，使室内看起来更整洁，也能防止梁架挂灰落土，兼有照明、空调、防火等功能，在屋顶较简、薄的建筑物中设置顶棚，还能起到冬季保暖、夏季隔热的作用，是装饰处理的重要部分。顶棚装修施工图有顶棚平面图、节点详图、特殊装饰件详图等。

9.3.5.2 顶棚装修图的图示内容与方法

（1）图示内容

顶棚平面图所表达的主要内容如下。

① 主体结构：墙体的形状及位置。

② 灯具灯饰类型、规格说明、定位尺寸。

③ 各种设施（空调风口及消防报警等设备）外露件的规格、定位尺寸。

④ 藻井、跌级、装饰线等造型的定形、定位尺寸。

⑤ 节点详图标注，如剖面符号、详图索引等。

⑥ 文字说明，如饰面涂料的名称、做法等。

（2）图示方法

① 常用的比例是 1∶50、1∶100；其节点详图一般为剖面详图，用来表达一些较为复杂、特殊的部位（如藻井、灯槽等），比例一般为 1∶10 或 1∶20。

② 顶面中重要界面的交接处或复杂的构造要使用详图的索引符号、剖面符号等引出详图和大样节点图，并说明其详细的装修构造做法，也可以使用简单的文字说明。

③ 标注标高时，应采用当前楼层地坪的±0.000 进行相对标注。如果建筑装修空间较小，可以省略建筑轴线和符号。如图 9-20 所示为某居室的顶棚平面图。

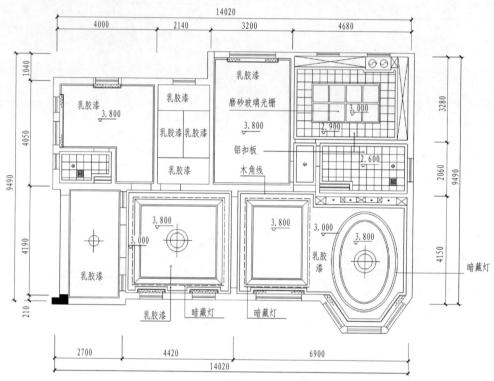

图 9-20　某居室的顶棚平面图

9.3.5.3　顶棚的分类

（1）直接抹灰顶棚

在上部屋面板或楼板的地面上直接抹灰的顶棚，称为直接抹灰顶棚。抹灰主要有纸筋灰抹灰、石灰砂浆抹灰、水泥砂浆抹灰等。普通抹灰适用于一般建筑或简易建筑，甩毛等特种抹灰适用于声学要求较高的建筑。

直接抹灰的构造做法是：先在顶棚的基层（楼板底）上刷一遍纯水泥浆，使抹灰层能与基层很好地黏合；然后用混合砂浆打底，再做面层。要求较高的房间，可在底板增设一层钢板网，在钢板网上再做抹灰，这种做法强度高、结合牢、不易开裂脱落。抹灰面的做法和构造与抹灰类墙面装饰的相同，如图 9-21 所示。

（2）喷刷类顶棚

喷刷类顶棚是在上部屋面或楼板的底面上直接用浆料喷刷而成的。常用的材料有石灰浆、大白浆、色粉浆、彩色水泥浆、可赛银等。

对于楼板底较平整又没有特殊要求的房间，可在楼板底嵌缝后，直接喷刷浆料，其具体做法可参照涂刷类墙体饰面的构造，如图 9-22 所示。喷刷类装饰顶棚主要用于一般办公室、宿舍等建筑。

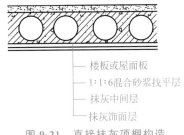

图 9-21　直接抹灰顶棚构造

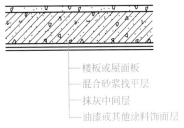

图 9-22　喷刷类顶棚构造

（3）裱糊类顶棚

有些要求较高、面积较小的房间顶棚，也可采用直接贴壁纸、贴壁布及其他织物的饰面方法。这类顶棚主要用于装饰要求较高的建筑，如宾馆的客房、住宅的卧室等空间。裱糊类顶棚的构造做法与墙饰面的相同，如图 9-23 所示。

（4）直接式装饰板顶棚

直接式装饰板顶棚分为直接粘贴装饰板和直接铺设龙骨两种构造方式。直接粘贴装饰板顶棚的构造做法是直接将装饰板粘贴在经抹灰找平处理的顶板上。常用的装饰板有釉面砖、瓷砖等，主要用于对防潮、防腐、防霉或清洁要求较高的建筑中。具体构造做法与墙体的贴面类构造相同。

直接铺设龙骨固定装饰板顶棚的构造做法与镶板类装饰墙面的相似，即在楼板底下直接铺设固定龙骨（龙骨间距根据装饰板规格确定），然后固定装饰板。常用的装饰板材有胶合板、石膏板等，主要用于对装饰要求较高的建筑中，如图 9-24 所示。

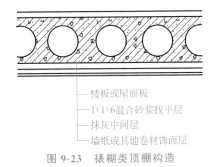

图 9-23　裱糊类顶棚构造

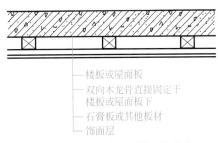

图 9-24　直接铺设龙骨顶棚构造

（5）结构式顶棚

将屋盖或楼盖结构暴露在外，利用结构本身的韵律做装饰，不再另做顶棚，这种顶棚称为结构式顶棚。例如，在网架结构中，构成网架的杆件本身很有规律，充分利用结构本身的艺术表现力，能获得优美的韵律感；在拱结构屋盖中，利用拱结构的优美曲面，可形成富有韵律的拱面顶棚。

结构式顶棚充分利用屋顶结构构件，并巧妙地组合照明、通风、防火、吸声等设备，形成和谐统一的空间景观。一般应用于体育馆、展览厅等大型公共性建筑中，如图 9-25 所示。

【例 9-4】　请结合图 9-26 对某别墅一层天花图，进行内容识读。

【解】　（1）房屋平面形状为不规则形，大小为 14.020m×9.490m。

（2）围墙内地面铺砌仿古砖。

（3）从图中可知，一层天花标高 3.800m；厨房天花标高 2.900m，中心区域标高 3.000m；卫生间天花标高 2.600m；饭厅周围天花标高 3.000m。

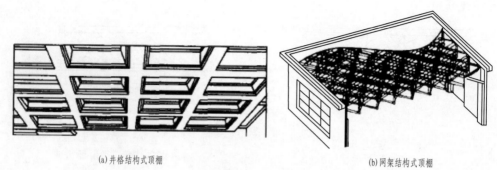

(a) 井格结构式顶棚　　　　　　　　　　　　　　　　　(b) 网架结构式顶棚

图 9-25　结构式顶棚构造

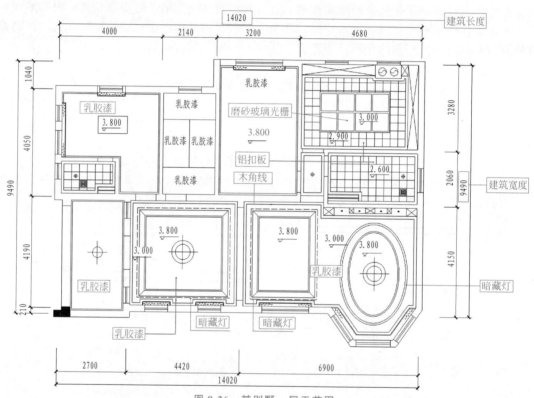

图 9-26　某别墅一层天花图

（4）建筑物一层各房间的装修材料均已在图上标注清楚。

9.3.6　室内装饰立面图

9.3.6.1　室内装饰立面图

将建筑物装饰的内部墙面与其平行的投影面所作的正投影图称为装饰立面图。它反映墙面或柱面的装饰造型、饰面处理以及饰面构件的形状、投影到的灯具或风管，以及附属的家具、陈设、植物等必要的尺寸和位置，部分天花剖面等内容。

9.3.6.2　室内装饰立面图的识图方法

室内装饰立面图目前采用的识图方法主要有三种。

① 一种是假想将室内空间垂直剖开，移去剖切平面和观察者之间的部分，对剩余部分

所作的正投影图。

　　② 第二种是假想将室内各墙面沿面与面相交处拆开，移去不予图示的墙面，将剩余墙面及其装饰布置，沿铅直投影面所作的投影。

　　③ 第三种是设想将室内各墙面沿某轴阴角拆开，依次展开，直至都平行于同一投影面，形成的立面展开图。

9.3.6.3 室内装饰立面图的图示内容与图示方法

（1）图示内容

　　① 墙面、柱面的装修做法，包括材料、造型、尺寸等。

　　② 表示门、窗及窗帘的形式和尺寸。

　　③ 表示隔断、屏风等的外观和尺寸。

　　④ 表示墙面、柱面上的灯具、挂件、壁画等装饰。

　　⑤ 表示山石、水体、绿化的做法形式等。

图 9-27 所示为某客厅立面图。

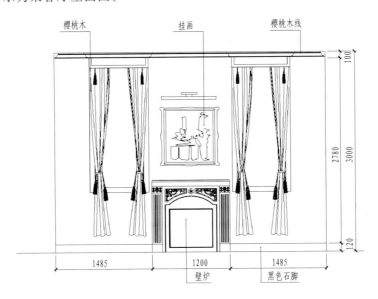

图 9-27　某客厅立面图

　　如图 9-28 所示，图中（a）～（c）分别为某客厅 A 向、B 向和 C 向立面图。

（2）图示方法

　　① 常用的绘图比例为 1∶50，图名通常按照平面图中的空间名称来命名，如卫生间立面图。

　　② 通过图中不同线型的含义，明确立面上有几种不同的装饰面，以及这些装饰面所用的材料和施工工艺要求。

　　③ 明确装饰结构之间以及装饰结构与建筑主体之间的连接固定方式，以便提前准备预埋件和紧固件。

　　④ 明确建筑室内装饰立面图上与该工程有关的各部分尺寸与标高。

　　⑤ 立面上各种装饰面之间的衔接收口较多，这些内容在立面图上标示得较为概括，多在节点详图表示。

　　⑥ 要注意设施的安装位置，确定电源开关、插座的安装位置。

　　⑦ 立面上的装饰造型构造方式和材料，用引出线引出进行文字说明。

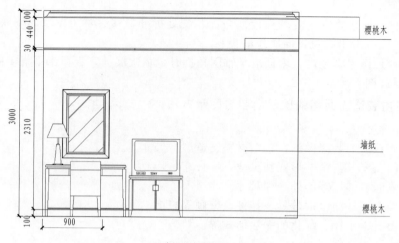

(a) 客厅A向立面图1:25

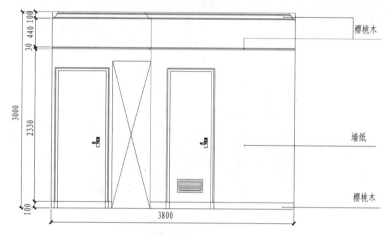

(b) 客厅B向立面图1:25

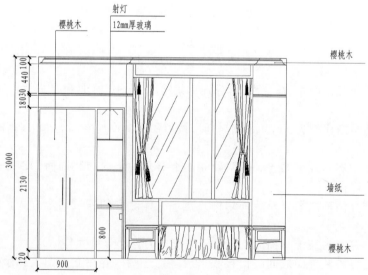

(c) 客厅C向立面图1:25

图 9-28　某室内客厅立面图

9.3.6.4 室内装饰立面图的识读技巧

① 看图名称、比例设置，与平面图进行比较，明确视图之间的关系和位置。

② 看室内的家具、挂物等的立面构造。

③ 根据尺寸、文字说明，看家具和挂物的规格大小、位置尺寸、材料和工艺要求。

④ 看室内装饰工程的规模大小，需结合平面图细心地进行相应的分析研究。

⑤ 结合详图看节点构造及做法。

【例 9-5】 图 9-6 中所标注的五个内视符号分别对应图 9-29～图 9-33，请分别对各图进行识读。

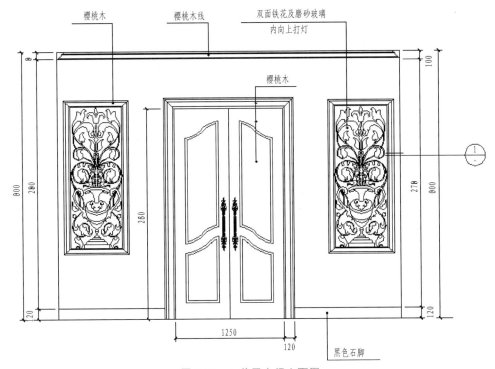

图 9-29 A 首层大门立面图

【解】 （1）A 首层大门立面图识读

① 该图是 A 室内立面装修图。

② 首层大门是采用樱桃木制作，首层大门两边各有一个雕花窗户，使用樱桃木为制作窗户边框，双面铁花及磨砂玻璃内部向上打灯，踢脚线采用黑色石脚线。

③ 本图中详图符号在本书 9.3.7 节中作详细解读。

（2）B 首层饭厅立面图识读

① 该图是 B 首层饭厅立面装修图。

② 首层大门是采用樱桃木制作，电视柜桌面是紫罗红石台面，墙面贴有墙纸。

③ 本图中详图符号在本书 9.3.7 节中作详细解读。

（3）C 首层大门立面图识读

① 该图是 C 首层大门立面装修图。

② 首层大门是采用樱桃木制作，门框内部采用工艺玻璃，踢脚线采用黑色石脚。

③ 本图中详图符号在本书 9.3.7 节中作详细解读。

（4）D 首层饭厅立面图的识读

① 该图是 D 首层饭厅立面装修图。

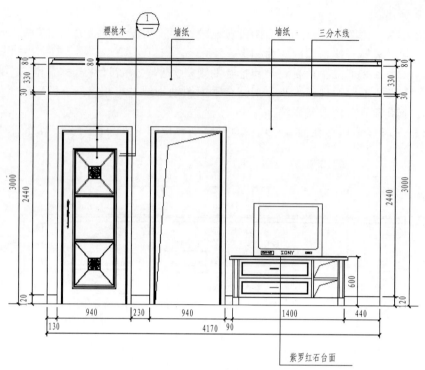

图 9-30　B 首层饭厅立面图

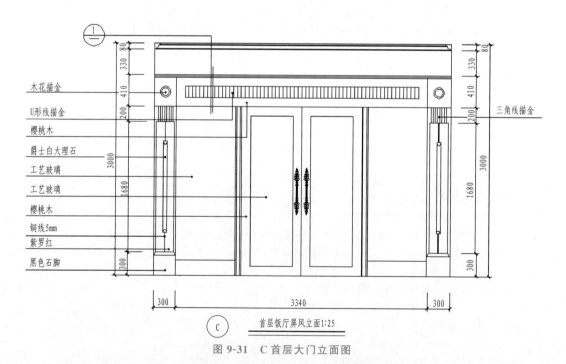

首层饭厅屏风立面1:25

图 9-31　C 首层大门立面图

② 备餐柜采用樱桃木制作，樱桃木制作的柜子配有玻璃层板及镜面背板，墙面贴有墙纸。

（5）E 首层饭厅立面图的识读

① 该图是 E 首层饭厅立面装修图。

② 装饰墙上挂有装饰画，墙上设置有两盏壁灯，墙面贴有墙纸。

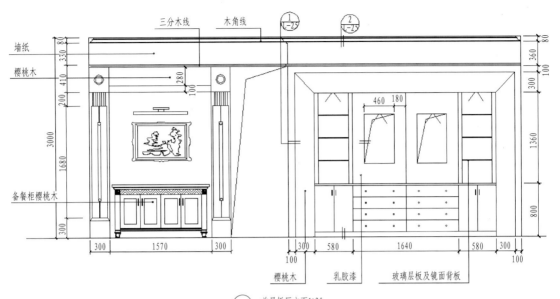

图 9-32 D 首层饭厅立面图

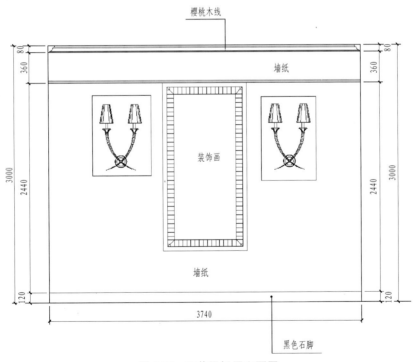

图 9-33 E 首层饭厅立面图

9.3.7 装饰施工剖面图与节点装修详图

由于装饰施工的工艺要求比较精细，节点和装饰构件详图是不可缺少的图样。虽然在标准图集中也有较常用的装饰做法详图可以套用，但由于装饰材料及工艺做法等的不断更新，尤其是如果设计者有新的构思和设想，则更需要详图来表现。详图的表达形式有剖面图、断面图和局部放大图等。

9.3.7.1 装饰施工剖面图的形成

装饰剖面图是假想将装饰面或装饰体整体或局部剖开后，得到的反映内部装饰结构与饰面材料之间关系的正投影图；或者说用一剖切平面将形体剖开，移去剖切平面与观察者之间的部分，对剩余部分向投影面所做的正投影，即为剖面图，如图9-34所示。而节点详图是各种图样中未明之处，用较大的比例画出的用于施工的图样。

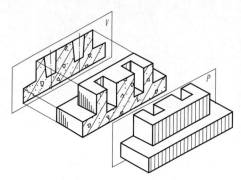

(a)假想用剖切面P剖开基础并向V面进行投影   (b)基础的V向剖面图

图 9-34 . 装饰施工剖面图的形成

9.3.7.2 装饰施工剖面图的图示内容与方法

（1）图示内容

① 顶棚、墙柱面、地面、门面、橱窗等造型较为复杂部位的形状尺寸、材料名称、材料规格、工艺做法等。

② 现场制作的家具、装饰构件等。

③ 特殊的工艺处理方式（收口做法）。

④ 详细的尺寸标注。

⑤ 其他文字说明等。

（2）图示方法

① 剖面图一般采用（1∶10）～（1∶50）的比例，其图名应该与平面图、立面图或顶面图的剖切符号编号一致；而节点详图则一般采用（1∶1）～（1∶10）等比例，因而也称为大样图。

② 剖面图主要表现被剖切面的构造和尺寸，因而应该采用粗实线或中实线绘制，而没有剖到的构件轮廓线，则用细实线绘制。

③ 剖面图中仍然表达不清的地方，需要使用索引符号引出详图。详图符号应该与被索引图样上的索引符号一一对应。

如图9-35所示为节点详图，图9-36所示为天花剖面图。

（1）节点详图的概述

节点详图是平、立、剖面图的补充图，标明前图之中未明之处，使用较大的比例绘制。

节点详图是两个以上装饰面的汇交点，按

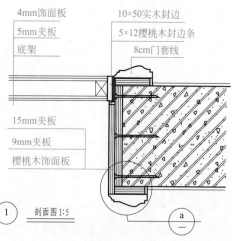

图 9-35 首层饭厅节点详图

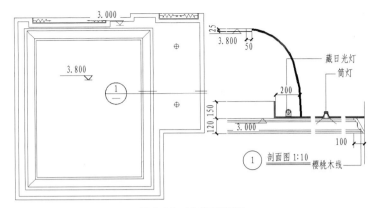

图 9-36　天花剖面图

垂直或水平方向切开，以标明装饰面之间的对接方式和固定方法。节点图应详细表现出装饰面连接处的构造，注有详细的尺寸和收口、封边的施工方法，如图 9-37 所示。

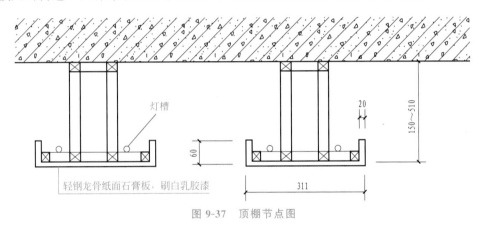

图 9-37　顶棚节点图

（2）详图的识读

① 根据图名，在平面图、立面图中找到相应的剖切符号或索引符号，弄清楚剖切或索引的位置及视图投影方向，如图 9-38 所示。

② 在详图中了解有关构件、配件和装饰面的连接形式、材料、截面形状和尺寸等内容。

【例 9-6】　以图 9-39 为例，说明建筑立面图的内容以及识图的步骤。

【解】　（1）如图 9-39 所示，根据详图的编号，对照剖面图上相应的索引符号，可知该详图的位置和投射方向。如图 9-46 所示，图中注上轴线的两个编号，表示这个详图适用于Ⓐ、Ⓓ两个轴线的墙身。也就是说，Ⓐ、Ⓓ两轴线上凡设置有窗的编号 C1 的地方，墙身各相应部分的构造情况都相同。

（2）在详图中，对屋面、楼层和地面的构造，采用多层构造方法来表示（本图没有画出楼层部分）。

（3）详图的上半部为檐口部分。从图中可了解到屋面的承重层为现浇钢筋混凝土板、水泥砂浆防水层、陶粒轻质隔热砖、水泥石灰砂浆顶棚和带有飘板的构造做法。

（4）详图的下半部为窗台及勒脚部分。从图中可了解到：以 C10 素混凝土做底层的水泥砂浆地面，带有钢筋混凝土飘板的窗台，带有 3‰坡度的散水和排水沟，内墙面和外墙面的装饰做法。

（5）在详图中，还注出有关部位的标高和细部的尺寸。因窗框、窗扇的形状和尺寸另有详图表示，故本图可简化或省略。

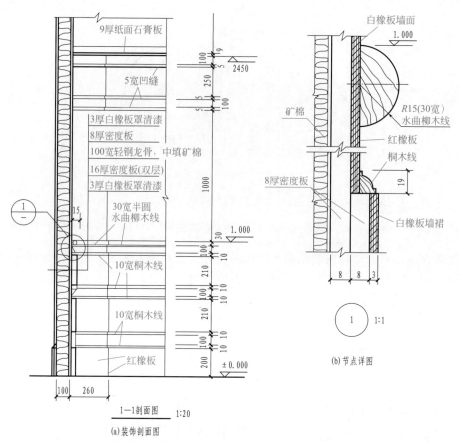

图 9-38 剖面及节点详图

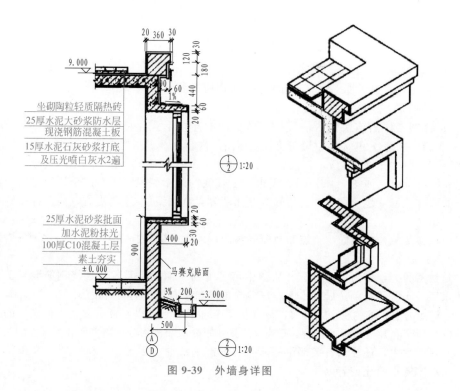

图 9-39 外墙身详图

【例 9-7】　以图 9-40 为例，说明建筑立面图的内容以及识图的步骤。

【解】　（1）图 9-31 中的详图符号对应如图 9-40 所示的详图。

（2）在详图中，窗户外层为铁花装饰。

（3）在详图中，樱桃木饰面板，有 15 厘（mm）夹板和 9 厘（mm）夹板两层。

【例 9-8】　以图 9-41 为例，说明建筑立面图的内容以及识图的步骤。

【解】　（1）图 9-32 中的详图符号对应如图 9-41 所示的详图。

（2）在详图中，门框采用 10mm×50mm 实木封边和 5mm×12mm 樱桃木封边条。

（3）在详图中，樱桃木饰面板，有 15 厘（mm）夹板和 9 厘（mm）夹板两层。

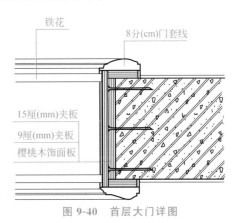

图 9-40　首层大门详图

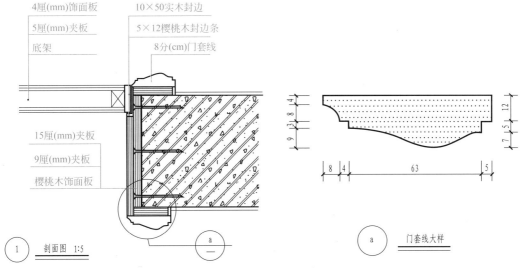

图 9-41　首层主卧门详图

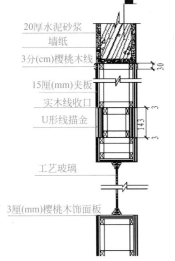

图 9-42　首层饭厅大门详图

【例 9-9】　以图 9-42 为例，说明建筑立面图的内容以及识图的步骤。

【解】　（1）图 9-33 中的详图符号对应如图 9-42 所示的详图。

（2）在详图中，饭厅大门从上向下的构造依次为：20 厚水泥砂浆，墙纸，3 分（cm）樱桃木线，15 厘（mm）夹板，实木线收口，U 形线描金，工艺玻璃，3 厘（mm）樱桃木饰面板。

9.4　装饰装修做法解读

（1）楼地面做法

《12YJ1 工程用料做法》防潮地面做法如下。

① 20 厚 1：2 水泥砂浆抹平压光。

② 素水泥浆一道。

③ 30 厚 C20 细石混凝土。

④ 1.2 厚合成高分子防水涂料。

⑤ 60 厚 C15 混凝土垫层随打随抹平。

⑥ 150 厚 3：7 灰土或碎石灌 M5 水泥砂浆。

⑦ 素土夯实。

（2）墙面做法

① 内墙面《12YJ1 工程用料做法》水泥砂浆墙面 B 做法如下。

a. 2 厚配套专用界面砂浆批刮。

b. 7 厚 2：1：8 水泥石灰砂浆。

c. 6 厚 1：2 水泥砂浆抹平。

② 外墙面《12YJ1 工程用料做法》做法如下。

a. 2 厚配套专用界面砂浆批刮。

b. 9 厚 2：1：8 水泥石灰砂浆。

c. 6 厚 1：2.5 水泥砂浆找平。

d. 5 厚干粉类聚合物水泥防水砂浆，中间压入一层耐碱玻璃纤维网布。

e. 喷或滚刷底涂料一遍。

f. 喷或滚刷面层涂料二遍。

（3）顶棚做法

《12YJ1 工程用料做法》水泥砂浆顶棚做法如下。

① 现浇钢筋混凝土板底面清理干净。

② 5 厚 1：3 水泥砂浆打底。

③ 3 厚 1：2 水泥砂浆抹平。

④ 表面刷（喷）涂料另选。

（4）屋面做法

《12YJ1 工程用料做法》不上人屋面（105A 隔汽层）做法如下。

① 20 厚 1：2.5 或 M15 水泥砂浆保护层。

② 隔离层：0.4 厚聚乙烯膜一层或 3 厚发泡聚乙烯膜或 $200g/m^2$ 聚酯无纺布或 2 厚石油沥青卷材一层。

③ 防水层。

④ 30 厚 C20 细石混凝土找平层。

⑤ 保温层。

⑥ 20 厚 1：2.5 水泥砂浆找平层。

⑦ 最薄处 30 厚找坡 2％找坡层，1：8 水泥憎水型膨胀珍珠岩；或 1：8 水泥加气混凝土碎块或 1：6 水泥焦渣或 LC5.0 轻骨料混凝土。

⑧ 隔汽层：1.5 厚聚氨酯防水涂料或 1.5 厚氯化聚乙烯防水卷材或 4 厚 SBS 改性沥青防水卷材。

⑨ 20 厚 1：2.5 水泥砂浆找平层。

⑩ 现浇钢筋混凝土屋面板。

第 10 章

给水排水施工图

10.1 建筑给水排水图识读

10.1.1 建筑给排水施工图的分类与组成

（1）给排水施工图的分类

给排水施工图按其内容和作用可以做如下分类。

① 管网平面图，主要包括室内给水平面图、室内排水平面图、室外（小区）给水平面图和室外（小区）排水平面图。

② 管网系统图，主要包括室内给水系统图和室内排水系统图。

③ 室外（小区）给排水断面图，主要包括室外（小区）给水断面图和室外（小区）排水断面图。

④ 管道配件和安装详图。

⑤ 给排水附属设备图和水处理工艺设备图。

（2）给排水施工图的组成

给排水施工图一般包括基本图和详图。基本图包括管网设计平面图、断面图、系统图以及图纸目录、设计说明、材料设备表等，详图包括局部放大图、安装详图等。

10.1.2 建筑给水排水图例

（1）建筑给水系统

高层建筑给水工程设计的主要内容：给水管网水利计算，给水方式的确定，管道设备的布置，管道的水利计算及室内所需水压的计算，水池水箱的容积确定和构造尺寸确定，水泵的流量、扬程及型号的确定，管道设备的材料及型号的选用。

（2）建筑排水系统

排水工程是指收集和排出人类生活污水和生产中各种废水、多余地表水和地下水（降低地下水位）的工程。主要设施有各级排水沟道或管道及其附属建筑物，视不同的排水对象和排水要求还可增设水泵或其他提水机械、污水处理建筑物等。主要用于农田、矿井、城镇（包括工厂）和施工场地等。

给水排水所需图例如表 10-1～表 10-5 所示。

表 10-1 管道图例

图形符号	说明	图形符号	说明
—— J ——	生活给水管	—— RJ ——	热水给水管
—— RH ——	热水回水管	—— ZJ ——	中水给水管
—— XJ ——	循环冷却给水管	—— XH ——	循环冷却回水管
—— RM ——	热媒给水管	—— RMH ——	热媒回水管
—— Z ——	蒸汽管	—— N ——	凝结水管
—— F ——	废水管 可与中水原水管合用	—— YF ——	压力废水管
—— T ——	通气管	—— W ——	污水管
—— YW ——	压力污水管	—— Y ——	雨水管
—— YY ——	压力雨水管	—— HY ——	虹吸雨水管
—— PZ ——	膨胀管	 〜〜〜〜	保温管 也可用文字说明保温范围
 - - - - - -	伴热管 也可用文字说明保温范围	 ⊣⊢⊣⊢⊣⊢	多孔管
 =======	地沟管	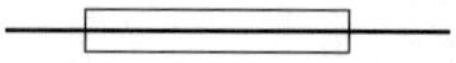 ▭▭▭	防护套管
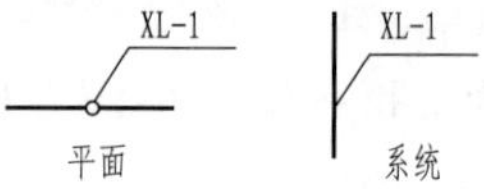 XL-1 平面 XL-1 系统	管道立管 X 为管道类别 L 为立管,1 为编号	—— KN ——	空调凝结水管
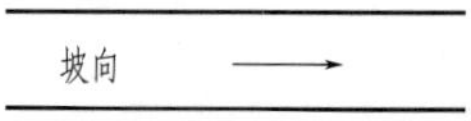 坡向 ——	排水明沟	 坡向 - - -	排水暗沟

表 10-2 管道附件图

图形符号	说明	图形符号	说明
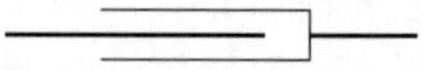 管道伸缩器	管道伸缩器	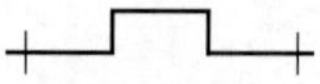 方形伸缩器	方形伸缩器
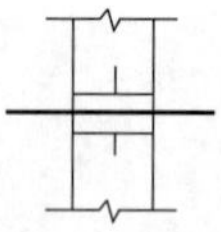 刚性防水套管	刚性防水套管	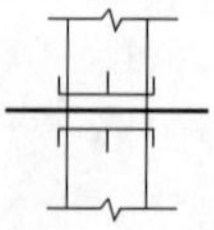 柔性防水套管	柔性防水套管
 —⋈— 波纹管	波纹管	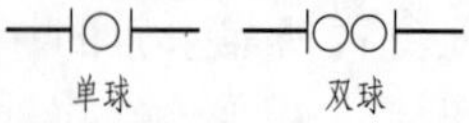 ⊣○⊢ ⊣○○⊢ 单球 双球	可曲挠橡胶接头
 ✳——✳ 管道固定支架	管道固定支架	 ⊢	立管检查口
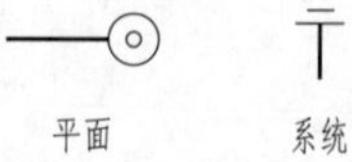 ⊙ ⊤ 平面 系统	清扫口	 ↑ ↑ 成品 蘑菇形	通气帽

续表

图形符号	说明	图形符号	说明
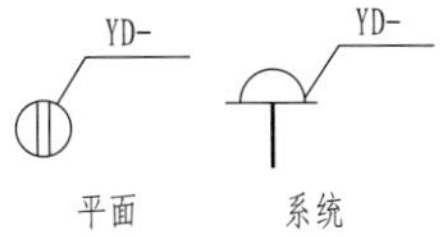 平面　　系统	雨水斗	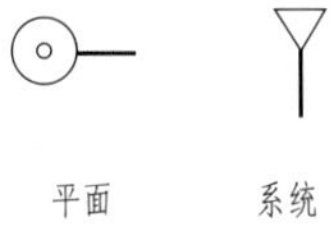 平面　　系统	排水漏斗
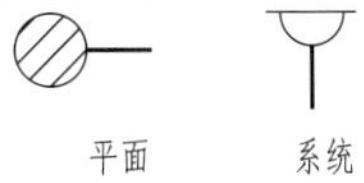 平面　　系统	圆形地漏 通用。如无水封, 地漏应加存水弯	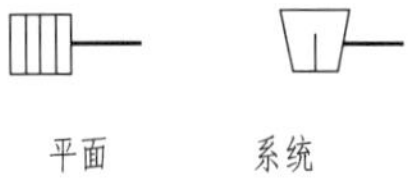 平面　　系统	方形地漏
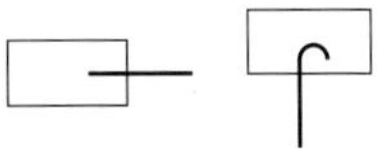	自动冲洗水箱	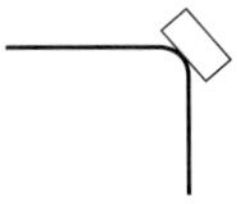	挡墩
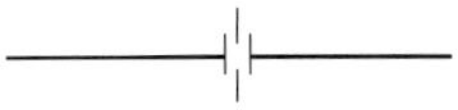	减压孔板	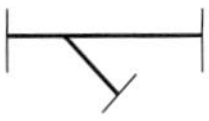	Y 形除污器
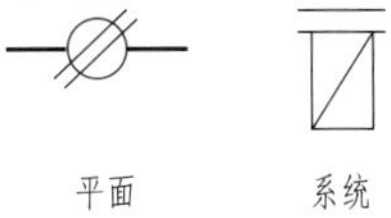 平面　　系统	毛发聚集器	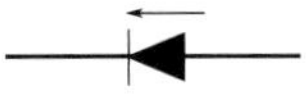	倒流防止器
	吸气阀		真空破坏器
	防虫网罩		金属软管

表 10-3　阀门图例

图形符号	说明	图形符号	说明
	闸阀	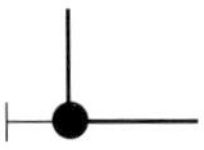	角阀
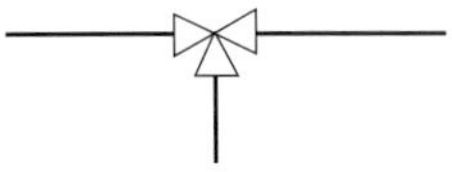	三通阀	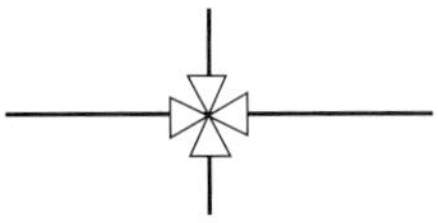	四通阀
	截止阀	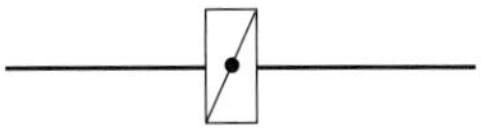	蝶阀
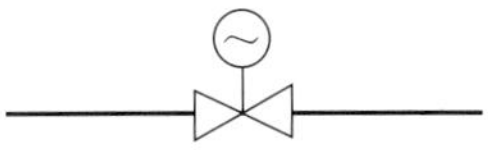	电动闸阀	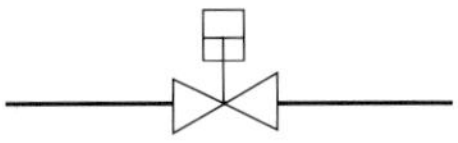	液动闸阀
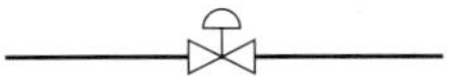	气动闸阀	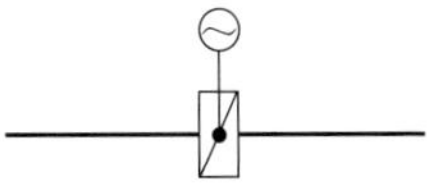	电动蝶阀
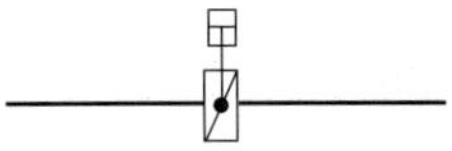	液动蝶阀	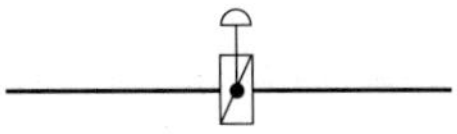	气动蝶阀
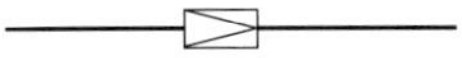	减压阀	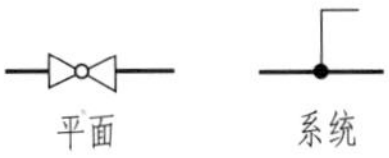 平面　　系统	旋塞阀

图形符号	说明	图形符号	说明
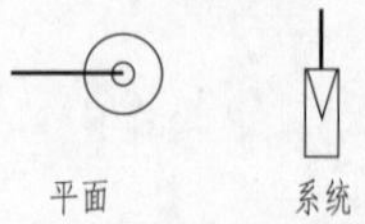 平面　　系统	底阀		球阀
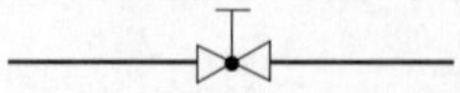	隔膜阀	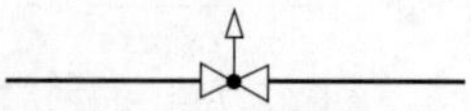	气开隔膜阀
	气闭隔膜阀		温度调节阀
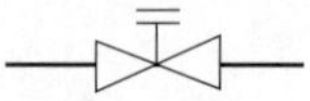	压力调节阀	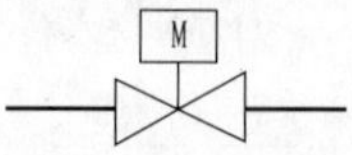 M	电磁阀
	止回阀	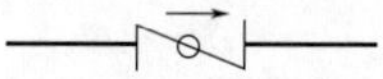	消声止回阀
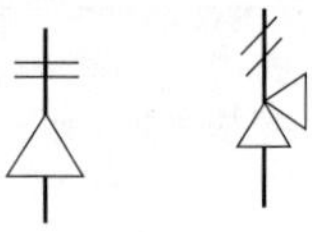	弹簧安全阀	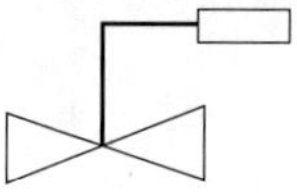	平衡锤安全阀
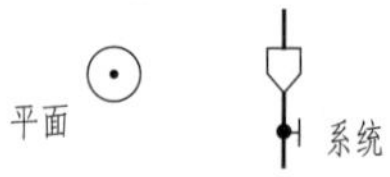 平面　　　系统	自动排气阀	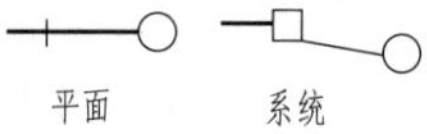 平面　　　系统	浮球阀
	延时自闭冲洗法	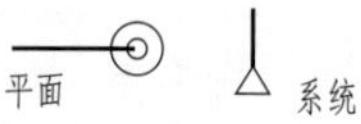 平面　　　系统	吸水喇叭口
	疏水器		

表 10-4　给水排水设备图例

图形符号	说明	图形符号	说明
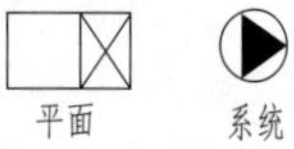 平面　　系统	水泵	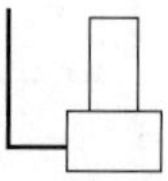	潜水泵
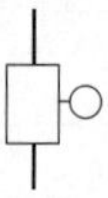	定量泵	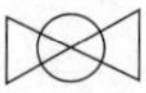	管道泵
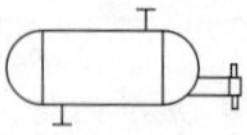	卧式热交换器	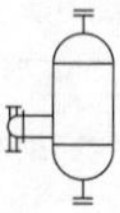	立式热交换器
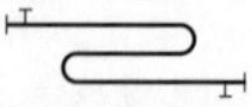	快速管式热交换器		开水器
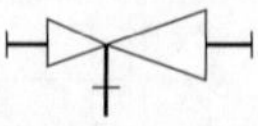	喷射器 小三角为进水端	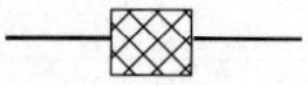	除垢器
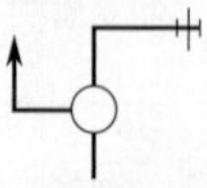	水锤消除器	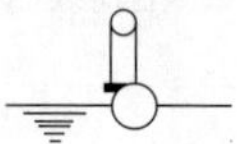	浮球液位器
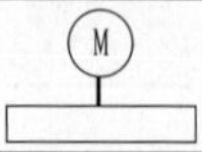 M	搅拌器		

表 10-5　消防设施图例

图形符号	说明	图形符号	说明
—— XH ——	消防栓给水管	—— ZP ——	自动喷水灭火给水管
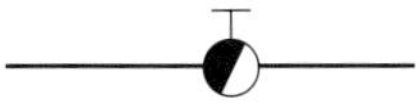	室外消火栓	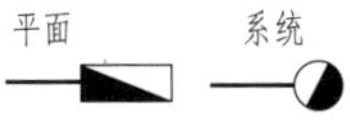 平面　系统	室内消火栓(单口) 白色为单启面
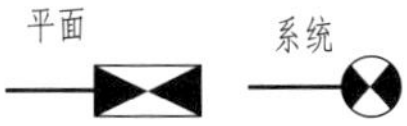 平面　系统	室内消火栓(双口)	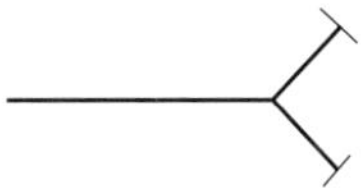	水泵接合器
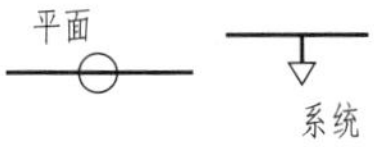 平面　系统	自动喷洒头(开式)	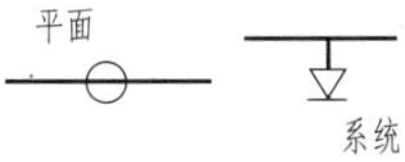 平面　系统	自动喷洒头(闭式) 下喷
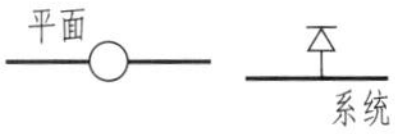 平面　系统	自动喷洒头(闭式) 上喷	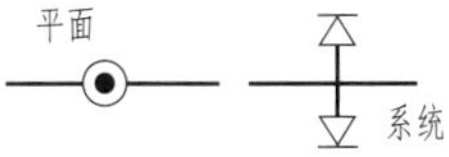 平面　系统	自动喷洒头(闭式) 上下喷
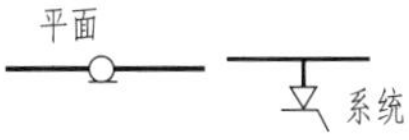 平面　系统	侧墙式自动喷洒头	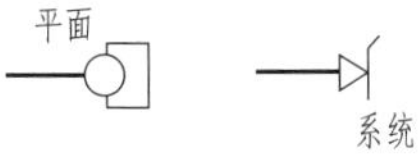 平面　系统	侧喷式喷洒头
—— YL ——	雨淋灭火给水管	—— SM ——	水幕灭火给水管
—— SP ——	水泡灭火给水管	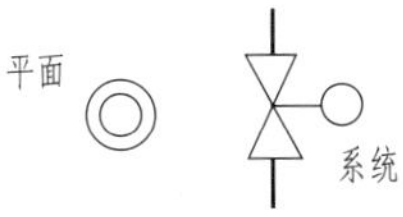 平面　系统	干式报警阀
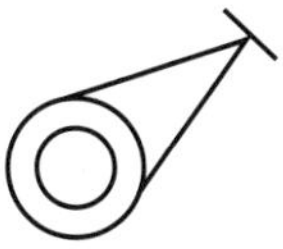	水炮	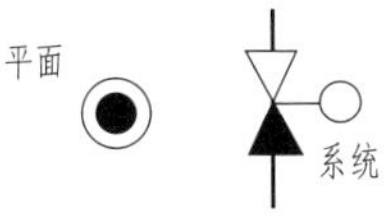 平面　系统	湿式报警阀
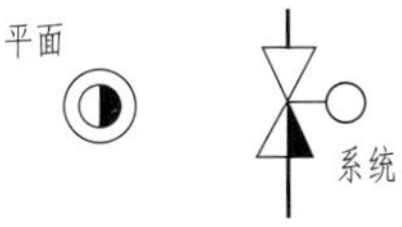 平面　系统	预作用报警阀	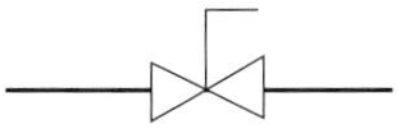	遥控信号阀
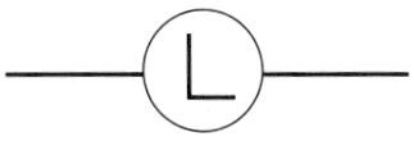	水流指示器	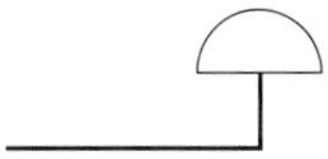	水力警铃
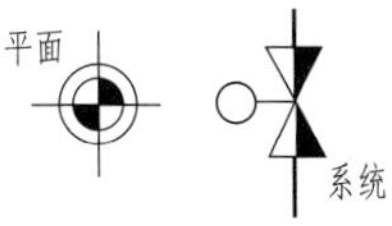 平面　系统	雨淋阀	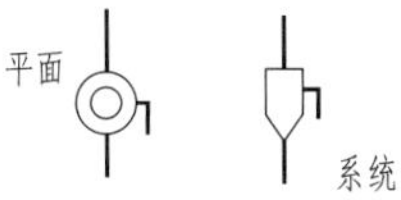 平面　系统	末端测试阀
	末端测试阀	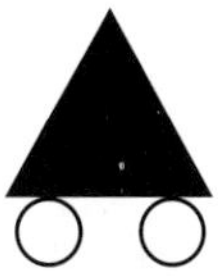	推车式灭火器

10.1.3 建筑卫生器具图例

卫生器具图例如表 10-6 所示。

表 10-6　卫生器具图例

图形符号	说明	图形符号	说明
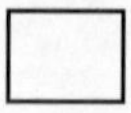	水盆水池用于一张图只有一种水盆或水池	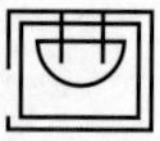	立式洗脸盆
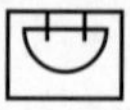	洗脸盆	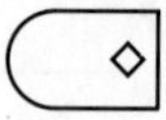	浴盆
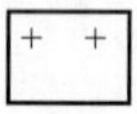	化验盆		挂式小便器
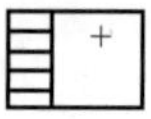	带算洗涤盆	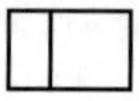	蹲式大便器
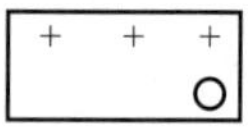	盥洗槽	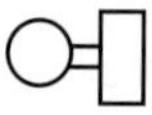	坐式大便器
	污水池		淋浴喷头
	妇女卫生盆	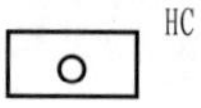 HC	矩形化粪池HC 为化粪池代号
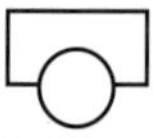	立式小便器	 HC	圆形化粪池
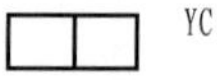 YC	除油池YC 为除油代号		放气井
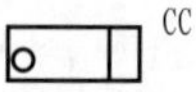 CC	沉淀池CC 为沉淀池代号		泄水井
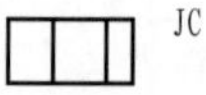 JC	降温池JC 为降温池代号		水封井
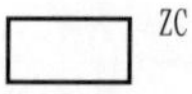 ZC	中和池ZC 为中和池代号		跌水井
	雨水口		水表井本图例与流量计相同

10.1.4 建筑给水排水制图的一般规定

（1）图线

给水排水施工图常用的各种线型宜符合表 10-7 的规定。图线的宽度 b 应根据图纸的类型比例和复杂程度，按现行国家标准《房屋建筑制图统一标准》（GB/T 50001—2007）中的规定选用。线宽宜为 0.7mm 或 1.0mm。

表 10-7 线型

名称	线型	线宽	用途
粗实线	——————————	b	新设计的各种排水和其他重力流管线
粗虚线	— — — — — —	b	新设计的各种排水和其他重力流管线的不可见轮廓线
中粗实线	——————————	$0.7b$	新设计的各种给水和其他压力流管线及原有的各种排水和其他重力流管线
中粗虚线	— — — — — —	$0.7b$	新设计的各种给水和其他压力流管线及原有的各种排水和其他重力流管线的不可见轮廓
中实线	——————————	$0.5b$	给排水设备、零（附）件的可见轮廓线,总图中新建建筑物和构筑物的可见轮廓线,原有的各种给水和其他压力流管线的可见轮廓线
中虚线	— — — — — —	$0.5b$	给排水设备、零（附）件的不可见轮廓线,总图中新建建筑物和构筑物的不可见轮廓线,原有的各种给水和其他压力流管线的不可见轮廓线
细实线	——————————	$0.25b$	建筑物的可见轮廓线,总图中原有的建筑物和构筑物的可见轮廓,制图中的各种标注线
细虚线	— — — — — —	$0.25b$	建筑物的不可见轮廓线,总图中原有的建筑物和构筑物的不可见轮廓线
单点长划线	— — — — · — — — · —	$0.25b$	中心线,定位轴线
折断线	———／———	$0.25b$	断开界限
波浪线	∿∿∿∿∿	$0.25b$	平面图中水面线、局部构造层次范围线、保温范围示意线等

（2）比例

给水排水施工图常用的比例宜符合表 10-8 的规定。

表 10-8 比例

名称	比例	备注
区域规划图、区域平面图	1：50000、1：25000、1：10000、1：5000、1：2000	宜与总图专业一致
总平面图	1：1000、1：500、1：300	宜与总图专业一致
管道纵断面图	竖向 1：200、1：100、1：50 横向 1：1000、1：500、1：300	—
水处理构筑物、设备间、卫生间、泵房平、剖面图	1：100、1：50、1：40、1：30	—
建筑给排水平面图	1：200、1：150、1：100	宜与建筑专业一致
建筑给排水轴测图	1：150、1：100、1：50	宜与相应图纸一致
详图	1：50、1：30、1：20、1：10、1：5、1：2、2：1	—

（3）标高

标高符号及一般标注方法应符合现行国家标准《房屋建筑制图统一标准》（GB/T 50001—2017）的规定。室内工程应标注相对标高，室外工程宜标注绝对标高，当无绝对标高资料时，可标注相对标高，但应与总图专业一致。标高的标注方法应符合下列规定。

① 平面图中，管道标高应按图 10-1（a）、（b）的方式标注，沟渠标高应按图 10-1（c）的方式标注。

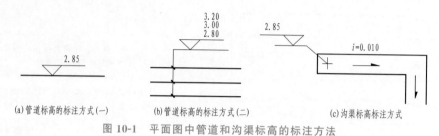

(a)管道标高的标注方式(一)　　(b)管道标高的标注方式(二)　　(c)沟渠标高标注方式

图 10-1　平面图中管道和沟渠标高的标注方法

② 剖面图中，管道及水位标高的标注方法如图 10-2 所示。

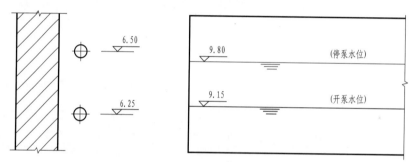

图 10-2　剖面图中管道及水位标高的标注方法

③ 轴测图中，管道标高的标注方法如图 10-3 所示。

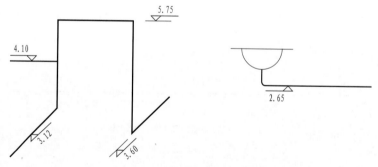

图 10-3　轴测图中管道标高的标注方法

④ 建筑物内的管道也可按本层建筑地面的标高加管道安装高度的方式标注管道标高，标注方法应为 $H+\times.\times\times$，H 表示本层建筑地面标高。

（4）管径

管径应以 mm 为单位。不同材料的管材管径的表达方法不同。管径的表达应符合以下规定。

① 水煤气输送钢管（镀锌或非镀锌）、铸铁管等管材，管径宜以公称直径 DN 表示。

② 无缝钢管、焊接钢管（直缝或螺旋缝）等管材，管径宜以外径×壁厚表示。

③ 铜管、薄壁不锈钢等管材，管径宜以公称外径 D_w 表示。

④ 建筑给排水塑料管材，管径宜以公称外径 dn 表示。

⑤ 钢筋混凝土（或混凝土）管，管径宜以内径 d 表示。

⑥ 复合管、结构壁塑料管等管材，管径应按产品标准的方法表示。

⑦ 当设计中均采用公称直径 DN 表示管径时，应有公称直径 DN 与相应产品规格对照表。

单根管道时，管径应按图 10-4(a) 的方式标注；多根管道时，管径应按图 10-4(b) 的方式标注。

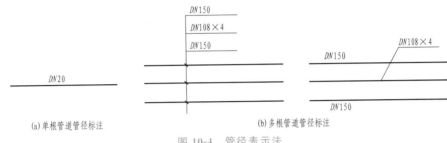

图 10-4 管径表示法

（5）编号

当建筑物的给水引入管或排水排出管的数量超过 1 根时应进行编号，编号宜按图 10-5 (a) 的方法表示。建筑物内穿越楼层的立管，其数量超过 1 根时应进行编号，编号宜按图 10-5(b) 的方法表示。

图 10-5 编号表示法

【例 10-1】 根据图 10-6 给出的卫生间给水平面图，按照图 10-7 给出的 JL-1 系统图示例，完成 JL-2、JL-3、JL-4 系统图绘制。

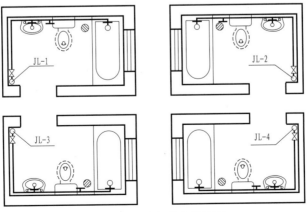

图 10-6 卫生间给水平面图

【解】 给水系统图 JL-2 和给水系统图 JL-3 如图 10-8 所示。给水系统图 JL-4 同 JL-1，如图 10-7 所示。

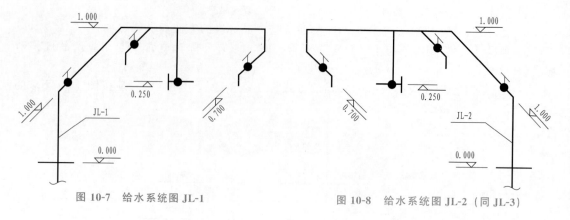

图 10-7　给水系统图 JL-1　　　　　　图 10-8　给水系统图 JL-2（同 JL-3）

10.2　室内给水排水施工图

10.2.1　室内给水施工图

（1）室内给排水工程图的组成及特点

① 室内给排水工程图的组成　室内给排水工程图包括设计总说明、给排水平面图、给排水系统图、详图等几部分。

② 室内给排水工程图的特点　室内给排水工程图的最大特点是管道首尾相连，来龙去脉清楚，从给水引入管到各用水点，从污水收集器到污水排出管，给排水管道既不突然断开消失，也不突然产生，具有十分清楚的连贯性。因此，读者可以按照从水的引入到污水的排出这条主线，循序渐进，逐一理清给水排水管道及与之相连的给排水设施。

（2）室内给水系统的组成

室内给水系统一般由水源、引入管、干管、立管、配水支管、水表节点、给水附件、升压与贮水设备等部分组成，如图 10-9 所示。

① 水源　是指市政给水管网或自备贮水池等。

② 引入管　引入管是指室外供水管网的水引入建筑内部的联络管段，也称进户管。

③ 干管　是指将引入管送来的水转送到给水立管中去的管段。

④ 立管　是指将干管送来的水沿垂直方向输送到各楼层的配水支管中去的管段。

⑤ 配水支管　是指将水从立管输送至各个配水龙头或用水设备处的供水管段。

⑥ 水表节点　是指引入管上装设的水表及前后设置的阀门和泄水装置的总称。

⑦ 给水附件　是用以调节系统内水量、水压、控制水流方向，以及关断水流、便于管道、仪表和设备检修的各类阀门，如截止阀、闸阀等。

⑧ 升压与贮水设备　当室外给水管网水压不足或室内对安全供水和稳定水压有要求时，需要设置各种附属设备，如水泵、水箱以及气压给水设备等。

（3）室内给水的基本方式

根据室内给水系统的组成不同，室内给水的基本方式主要有直接给水方式、设有水箱的给水方式、设置气压给水装置的给水方式和分区给水的给水方式四种。

① 直接给水方式　这是最为经济简单的给水方式，即由室外管网直接接入室内给水系统，满足室内生活和消防用水的需要，如图 10-10 所示。

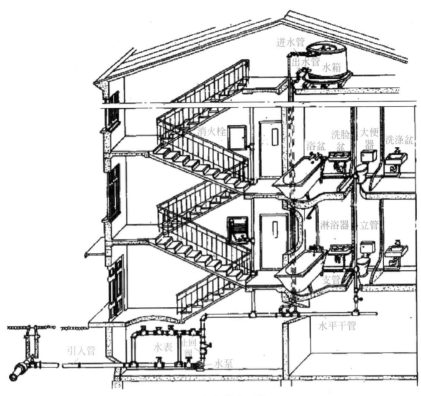

图 10-9 室内给水系统

这种给水方式的优点是：给水系统简单，投资少，安装维修方便，充分利用了室外管网压力，供水较为安全可靠。缺点是：此种系统内无储备水量。当室外管网停水时，室内系统立即断水。

②　设有水箱的给水方式　当建筑物用水需要较为稳定的水压、水量或要求连续供水，室外给水系统的水量能满足室内给水系统的需要，但水压间断不足时，可在直接给水方式基础上，在建筑物的顶层上设置一给水箱。当室外管网供水水压较高时，将水储存在水箱内，当室外管网水压低于供水水压时，即可由水箱供水。如图 10-11 所示。

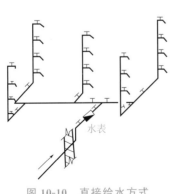

图 10-10　直接给水方式

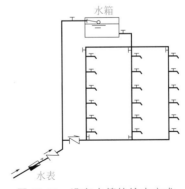

图 10-11　设有水箱的给水方式

这种给水方式的优点是：系统比较简单，投资较少；能充分利用室外管网的压力供水，节省电耗；具有一定的储备水量；供水可靠性较好。缺点是：由于设置了高位水箱，增加了建筑结构荷载，并给建筑的立面处理带来了一定的困难。

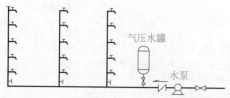

图 10-12 设置气压供水装置的给水方式

③ 设置气压给水装置的给水方式 在室外管网水压经常不足，而建筑内又不宜设置高位水箱或设水箱确有困难的情况下，可设置气压给水设备。气压给水装置是利用密闭压力水罐内空气的可压缩性贮存、调节和压送水量的给水装置，其作用相当于高位水箱和水塔。水泵从贮水池或由室外给水管网吸水，经加压后送至给水系统和气压水罐内，停泵时，再由气压水罐向室内给水系统供水，并由气压水罐调压水罐向室内给水系统供水，并由气压水罐调节、贮存水量及控制水泵运行。如图 10-12 所示。

这种给水方式的优点是：设备可设在建筑的任何高度上，安装方便，水质不易受污染。缺点是：由于给水压力变动较大，所以管理及运行费用较高，供水安全性也较差。

④ 分区给水的给水方式 在高层建筑中，室外给水管网水压只能满足下面几层的供水需要，而不能满足上面几层的需要，为了充分有效地利用室外管网水压，将建筑物分成上下两个供水区，下区直接由室外管网供水，上区则由贮水池、水箱、水泵联合供水，两区间也可由一根或两根给水立管相连通，在分区处装设止回阀。如图 10-13 所示。

10.2.2 室内排水施工图

室内排水系统图是反映室内排水管道及设备的空间关系的图样。

10.2.2.1 室内排水系统的组成

室内排水系统一般由污废水收集器、排水管系统、通气管、清通设备、抽升设备、污水局部处理设备等部分组成。室内排水系统举例如图 10-14 所示。

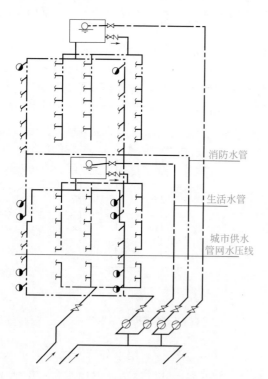

图 10-13 高层建筑的分区供水

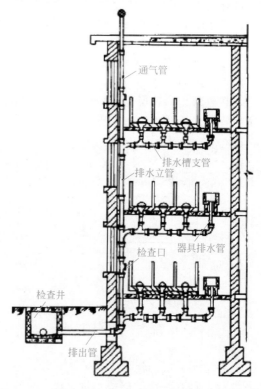

图 10-14 室内排水系统

（1）污废水收集器

污废水收集器是指用来收集污废水的器具。如室内的各种卫生器具、工业废水的排水设备及雨水斗等。它是室内排水系统的起点。

（2）排水管系统

排水管系统由器具排水管、排水横支管、排水立管和排出管等组成。

① 器具排水管　是指连接卫生器具与排水横支管之间的短管。除坐便器外，其他的器具排水管上均应设水封装置。

② 排水横支管　作用是将器具排水管送来的污水转输到立管中去。排水横支管应有一定的坡度，坡向立管。

③ 排水立管　用来收集其上所接的各横支管排来的污水，然后再排至排出管。

④ 排出管　用来收集一根或几根立管排来的污水，并将其排至室外排水管网中去。排出管是室内排水立管与室外排水检查井之间的连接管段，其管径不得小于与其连接的最大立管管径。

（3）通气管

通气管的作用是把管道内产生的有害气体排至大气中，以免影响室内的环境卫生，减轻废水、废气对管道的腐蚀，并在排水时向管内补给空气，减轻立管内气压变化幅度，防止卫生器具的水封受到破坏，保证水流通畅。

（4）清通设备

为了疏通排水管道，在室内排水系统中，一般均需设置检查口、清扫口、检查井等清通设备。

（5）抽升设备

民用和公共建筑的地下室、人防建筑及工业建筑内部标高低于室外地坪的车间等，其污水一般难以自流排至室外，需要抽升。

（6）污水局部处理设备

当室外无生活污水或工业废水专用排水系统，而又必须对建筑物内所排出的污（废）水进行处理后才允许排入合流制排水系统或直接排入水体时；或有排水系统但排出的污（废）水中某些物质危害下水道时，应在建筑物内或附近设置局部处理构筑物。

10.2.2.2　排水系统图的识读

图 10-15 所示是某商品楼 PL_1 和 PL_2 排水系统图，现以该图为例，介绍排水系统图的识读。

（1）PL_1 排水系统图的识读

PL_1 排水系统是单元一厨房的污水排放系统，从一层到六层，污水立管及排出管的管径均为 $DN75$，污水支管在每一层楼的地面上方引到立管中，支管的端部带有一个 P 形存水弯，用于隔气，支管的管径为 $DN50$。立管通向屋面部分（通气管）的管径为 $DN50$，立管露出屋顶平面有 700mm，并在顶端加设网罩。立管在一层、三层、五层、六层各设有检查口，离地坪高 1000mm。楼层二～六层的污水集中到排水立管中排放。而底层的洗涤池单设了一根 $DN50$ 排水管单独排放。由图中所注的标高可知，污水管埋入地下 850mm 处，在给水管之下（给水管道埋入地下 650mm），这些是设计规范规定的。图中污水立管与支管相交处三通为正三通，但也有时采用顺水斜三通，以利于排水的顺畅。

（2）PL_2 排水系统图的识读

在 PL_2 排水系统图中，除底层卫生设备采用单独排放的方法外，其余楼层卫生间内外侧的浴缸、坐便器、地漏、洗面盆的污水均通过支管排到立管中集中排放。首先看看立管，

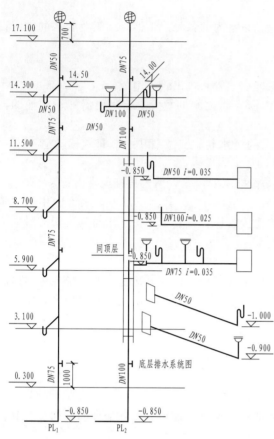

图 10-15　某商品楼PL₁ 和PL₂ 排水系统图

图中的立管管径为 $DN100$，直到六层，六层以上出屋面部分通气管管径为 $DN75$，管道露出屋面 700mm，同样在一、三、五、六层距离地坪 1000mm 的位置，设有立管检查口，与立管相连的排出管管径为 $DN100$，埋深为 850mm。其次，再看看楼层的排水支管，支管是以立管为界两侧各设一路，用四通与立管连接，并且接入口均设在楼面下方。图中左侧设有 $DN50$ 管带有 P 形存水弯，用于排除浴缸污水，地漏为 $DN50$ 防臭地漏，上口高度与卫生间地坪平齐，接下来与横支管相连的 "L" 形管，管径为 $DN100$，自此通向立管的横支管的管径也均为 $DN100$，"L" 形管道用于排除坐便器的污水。

注意在 "L" 形管道上未设存水弯，这是因为坐便器本身就带有存水弯，因此在管道上不需要再设。图中立管右侧，分别表示地漏及洗面盆的排水。地漏为防臭地漏，排水管的管径为 $DN50$，地漏的上表面比地坪表面低 5～10mm，在洗面盆下方的排水管，设有 "S" 形存水弯，管径为 $DN50$，该存水弯位于地坪的上方。左右两侧支管指向立管方向应有一定的排水坡度，其坡度值用 i 表示，管道上还应设置吊架。

底层的排水布置。底层的坐便器的污水，是用 $DN100$ 管道单独排出，而两个地漏、一个浴缸和一个洗面盆共用了一根 $DN75$ 排水管排出。值得注意的是，当埋入地下的管道较长时，为了便于管道的疏通，常在管道的起始端设一弧形管道通向地面，在地表上设清扫口。在正常情况下，清扫口是封闭的，在发生横支管堵塞时可以打开清扫口进行清扫。即使不是埋入地下的水平管道，如果水平管道的长度超过 12m 时，也应在它的中部设检查口，便于疏通检查。

10.2.3　室内给水排水详图

在以上所介绍的室内给水排水管道平面图、系统图中，都只是显示了管道系统的布置情况，至于卫生器具的安装、管道连接等，需要绘制能提供施工的安装详图。

详图要求详尽、具体、明确、视图完整、尺寸齐全、材料规格注写清楚，并附必要的说明。

一般常用的卫生器具及设备安装详图，可直接套用给水排水国家标准图集或有关详图图集，无须自行绘制。选用标准时只需在图例或说明中注明所采用图集编号即可。现对大便器作简单的介绍，其余卫生器具的安装详图可查阅《给水排水标准图集》S342。

图 10-16 是低水箱坐式大便器的安装详图，图中标明了安装尺寸的要求，如水箱的高度是 910mm，坐便器的高度是 390mm 等。

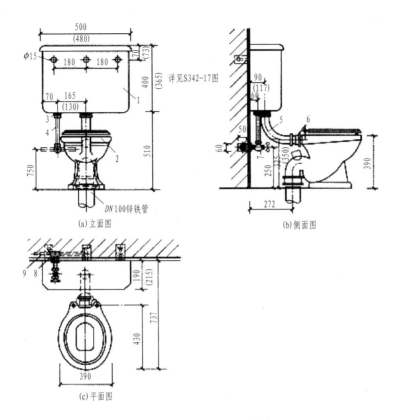

图 10-16　坐式大便器安装详图

1—低水箱；2—14 号坐式大便器；3—DN15 浮球阀配件；4—水箱进水管（DN15）；
5—DN50 冲洗管及配件；6—胶皮弯；7—DN15 角式截止阀；8—三通；9—给水管

10.2.4　识图示例

室内给水排水施工图中的管道平面图和管道系统图相辅相成、互相补充，共同表达屋内各种卫生器具和各种管道以及管道上各种附件的空间位置。在读图时要按照给水和排水的各个系统把这两种图纸联系起来互相对照、反复阅读，才能看懂图纸所表达的内容。

图 10-17 和图 10-18 所示分别是某住宅底层给水排水管道平面图和楼层给水排水管道平面图。

（1）识读各层平面图

① 搞清各层平面图中哪些房间布置有卫生器具、布置的具体位置及地面和各层楼面的标高。

各种卫生设备通常是用图例画出来的，它只能说明设备的类型，而不能具体表示各部分尺寸及构造。因此识读时必须结合详图或技术资料，搞清楚这些设备的构造、接管方式和尺寸。

在图 10-17 所示的底层给水排水管道平面图中，各户厨房内有水池且设在墙的转角处，厕所内有浴缸和坐式大便器。所有卫生器具均有给水管道和排水管道与之相连。各层厨房和厕所地面的标高均比同层楼地面的标高低 0.020m。

② 弄清有几个给水系统和几个排水系统。根据图 10-17 底层平面图中的管道系统编号。

（2）识读管道系统图

识读管道系统图时，首先在底层管道平面图中，按所标注的管道系统编号找到相应的管

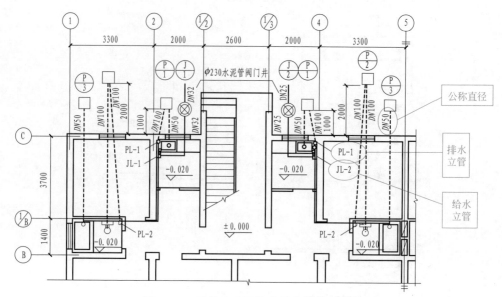

图 10-17　某住宅底层给水排水管道平面图

道系统图，再对照各层管道平面图找到该系统的立管和与之相连的横管和卫生器具，以及管道上的附件，再进一步识读各管段的公称直径和标高等。如图 10-18 所示。

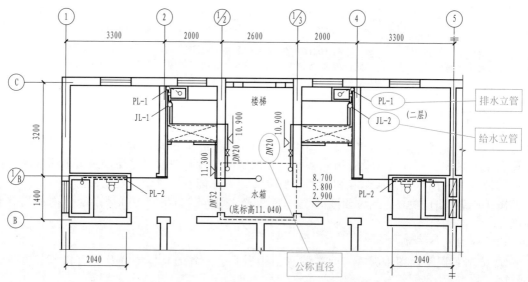

图 10-18　楼层给水排水管道平面图

10.3　室外给水排水施工图

10.3.1　室外给水施工图

庭院（小区）给水施工图的识读比较简单，注意按照一定顺序读图。识读时可以从城市给水干管的给水引入点开始，顺着管路的走向，逐个找到相连的各种设备管件以及各建筑物的给水引入管。图 10-19 所示是某小区的室外给水平面图。识读室外庭院（小区）给水施工图应注意以下几个方面的内容。

　　① 庭院（小区）的总体平面状况和给水管网布置方式。

　　② 庭院（小区）的供水引入点和水流流向。

　　③ 给水管网的管材、管径、敷设方式、连接方法等施工技术要求。

　　④ 给水管网中重要管件的位置和类型，如阀门、水表、消火栓等。

　　⑤ 庭院（小区）内各建筑物的室内给水接入点。

　　⑥ 由于规划发展的需要而为新建房屋留置的供水接口。

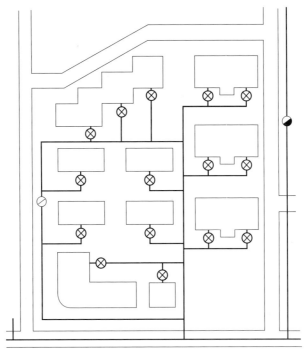

图 10-19　某小区的室外给水平面图

10.3.2　室外排水施工图

　　识读室外排水施工图时，首先应了解该庭院（小区）的地势情况，在此基础上注意排水布置形式、各检查井标高、排水走向和坡度、管道（沟渠）的埋深等，然后了解具体的材料、做法、细部尺寸等内容。特别应当注意的是，如果该庭院（小区）内布置有多种管道，必须搞清楚排水管道（沟渠）与其他管道（如给水管道、煤气管道等）之间的交叉、间距等问题，以免施工时造成损坏。图 10-20 所示是某小区的室外排水平面图。

10.3.3　屋面排水施工图

　　屋面雨水排水系统是汇集降落在建筑物屋面上的雨水和雪水，并将其沿一定路线排泄至指定地点去的系统。

　　按建筑物内部是否有雨水管道，可分为内排水系统和外排水系统；按照雨水排至室外的方法，内排水又可以分为架空管排水系统、埋地管排水系统；按雨水在管道内的流态，可分为重力无压流（堰流斗系统）、重力半有压流、压力流（虹吸式）。

　　（1）檐沟外排水

　　檐沟外排水由檐沟和水落管（立管）组成，如图 10-21 所示。一般居住建筑、屋面面积

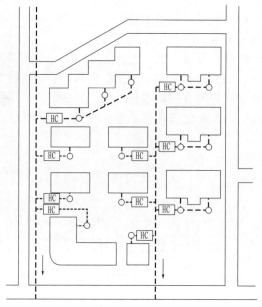

图 10-20　某小区的室外排水平面图

比较小的公共建筑和单跨工业建筑多采用此方式。屋面雨水汇集到屋顶的檐沟里，然后流入雨落管，沿雨落管排泄到地下管沟或排到地面。水落管一般用白铁皮管（镀锌铁皮管）或铸铁管，沿外墙布置，水落管的设置间距要根据降雨量和管道通水能力来确定。

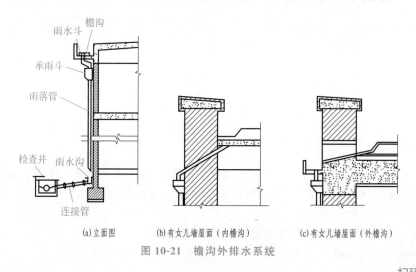

(a)立面图　　　(b)有女儿墙屋面（内檐沟）　　　(c)有女儿墙屋面（外檐沟）

图 10-21　檐沟外排水系统

（2）天沟外排水

天沟外排水系统由天沟、雨水斗和排水立管组成，如图 10-22 所示。一般用于排除大型屋面的雨、雪水。特别是多跨度的厂房屋面，多采用天沟外排水。

一般以建筑物伸缩缝、沉降缝和变形缝为屋面分水线，在分水线两侧分别设置天沟。天沟的排水断面形式多为矩形和梯形。天沟坡度不宜太大，以免天沟起端屋顶垫层过厚而增加结构的荷重，但也不宜太小，以免天沟抹面时局部出现倒坡，使雨水在天沟中积存，造成屋顶漏水，所以天沟坡度一般为 0.003~0.006。

扫码看视频

天沟外排水

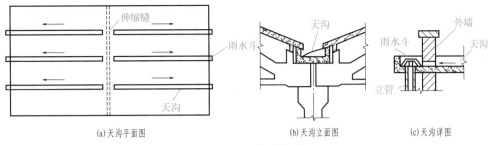

(a)天沟平面图 (b)天沟立面图 (c)天沟详图

图 10-22　天沟外排水

（3）内排水

内排水系统由雨水斗、连接管、悬吊管、立管、排出管、埋地干管和检查井组成。降落到屋面上的雨水，沿屋面流入雨水斗，经连接管、悬吊管流入排水立管，再经排出管流入雨水检查井，或经埋地干管排至室外雨水管道。

内排水是指屋面设雨水斗，建筑物内部有雨水管道的雨水排水系统。对于跨度大的多跨工业厂房，在屋面设天沟有困难的锯齿形或壳形屋面厂房及屋面有天窗的厂房应考虑采用内排水形式。对于建筑立面要求高的高层建筑，大屋面建筑及寒冷地区的建筑，在墙外设置雨水排水立管有困难时，也可考虑采用内排水形式。如图 10-23 所示。

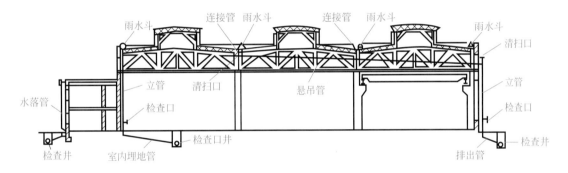

(a)剖面图

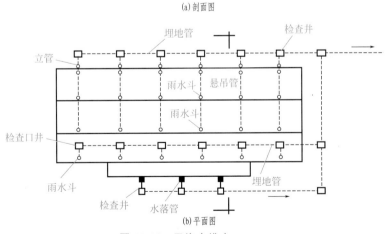

(b)平面图

图 10-23　天沟内排水

10.3.4　室外给水排水详图

所谓给排水详图，有时也称为大样图，就是将给排水平面图或给排水系统图中的某一位

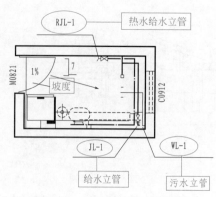

图 10-24　卫生间给排水平面图

置放大或者剖切后再放大而绘制的图样，它表达了该位置的详细做法。通常做法可以引用有关的标准图集上的详图，如果有特殊要求，就由设计人员在图纸上绘制详图。引用自标准图集的详图一般通过规定的索引号表示引用自何种标准图集的哪一个详图。因此要识读一套给排水施工图，仅仅看设计图样是不够的，同时还要查阅有关的标准图集。下面以卫生间给排水平面图和系统图为例向大家介绍，如图 10-24～图 10-26 所示。

如图 10-24 所示：WL-1 为卫生间横穿楼层的污水立管；JL-1 为卫生间横穿楼板的给水立管；RJL-1 为卫生间横穿楼板的热水给水立管；1％为卫生间地面的坡度。

如图 10-25 所示：JL-1 为卫生间横穿楼板的给水立管；DN15 为卫生间给水管道，公称直径为 15mm。

如图 10-26 所示：WL-1 为卫生间横穿楼层的污水立管；DN100 为卫生间排水管道，公称直径为 100mm。

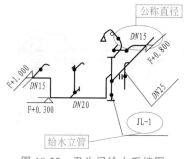

图 10-25　卫生间给水系统图

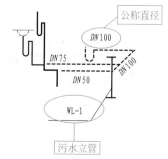

图 10-26　卫生间排水系统图

10.3.5　识图示例

（1）识读方法及步骤

① 了解设计说明，熟悉有关图例。

② 区分给水与排水及其他用途的管道，区分原有和新建管道，分清同种管道的不同系统。

③ 分系统按给水及排水的流程逐个了解新建阀门井、水表井、消火栓和检查井、雨水口、化粪池以及管道的位置、规格、数量、坡度、标高、连接情况等。

（2）举例说明

根据市政排水管网提供的条件采用分流制，分为污水和雨水两个系统分别排放。下面以图 10-27 所示给排水系统为例进行讲解。

① 污水系统　原有污水管道分两路汇集至化粪池的进水井。北路：连接锅炉房、库房和试验车间的污水排出管，由东向西接入化粪池（P5、P1—P2—P3—P4—HC）。南路：连接科研楼污水排出管向北排入化粪池（P6—HC）。新建污水管道是办公楼污水排出管，由南向西再向北排入化粪池（P7—P8—P9—HC）。汇集到化粪池的污水经化粪池预处理后，

从出水井排入附近市政污水管。各管段管径、检查井井底标高及管道、检查井、化粪池的位置和连接情况如图 10-27 所示，同时参阅图 10-28。

②　雨水系统　各建筑物屋面雨水经房屋雨水管流至室外地面，汇合庭院雨水经路边雨水口进入雨水管道，然后经由两路 Y1—Y2 向东和 Y3—Y4 向南排入城市雨水管。

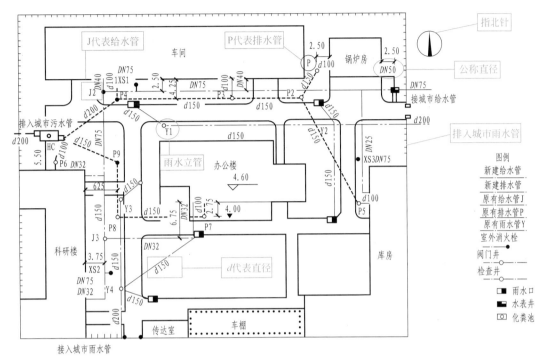

图 10-27　室外给排水平面图

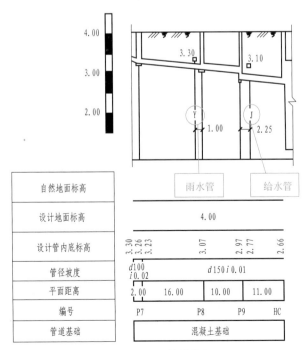

图 10-28　排水管道纵断面

10.4　消防系统

10.4.1　室内消防系统概述

　　室内消防系统主要安装在室内，用以扑灭发生在建筑物内初起的火的设施。随着建筑物的发展规模扩大，一旦发生火灾，人员疏散困难，所以我们必须更加重视室内消防系统。

图 10-29　建筑消防系统

　　建筑消防系统主要分为消火栓系统和自动喷水灭火系统，具体分类如图 10-29 所示。消火栓系统是一种常见的消防系统，属于低档的灭火系统，需要人为去操作，反应速度较慢，而自动喷水灭火系统可大大提高初期火灾灭火的成功率。本书介绍的工程项目中就同时采用了消火栓系统和自动喷水灭火系统这两种消防系统。

10.4.1.1　消火栓系统的组成

　　消火栓系统由以下几部分组成。

　　（1）消防水池

　　是消防系统的水源，供消防水泵吸水。消防水池是人工建造的供固定或移动消防水泵吸水的储水设施。

　　（2）消防水泵

　　为提升装置，当发生火灾时用于向管道加压供水。

　　（3）消防管道

　　输送水流，与给水系统一样可分为干管、立管和支管。

　　（4）消防设备

　　用于灭火的装置，包括以下 5 种。

　　① 消火栓　消火栓均为内扣式接口的球形阀式龙头，有单出口和双出口之分，如图 10-30、图 10-31 所示。双出口消火栓直径为 65mm，单出口消火栓直径有 50mm 和 65mm 两种。消火栓为控制水带水流的阀门，装设在距地面 1.1m 高度的消防立管上，一般为铜制品，栓口的出水方向宜与墙面成 90°角。

(a)双出口消火栓　　　　　　(b)单出口消火栓

图 10-30　消火栓实物图

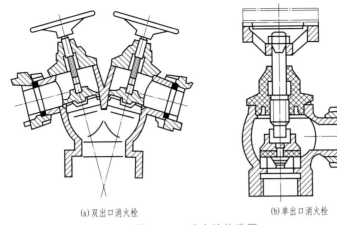

(a)双出口消火栓　　　　　　　　　(b)单出口消火栓

图 10-31　消火栓构造图

② 水枪　水枪为锥形喷嘴，喷嘴口径有 13mm、16mm、19mm 三种，水枪一般用不锈蚀材料制作，如铜、铝合金及尼龙塑料等。水枪与水带相接的口径有 50mm 和 65mm 两种。如图 10-32 所示。

③ 水带　水带为引水的软管，长度一般为 15m、20m、25m 和 30m 四种。水带一般以麻线等材料织成，可里衬橡胶，承受高压的可用尼龙丝编织。水带直径有 50mm 和 65mm 两种。如图 10-33 所示。

图 10-32　水枪

图 10-33　水带

④ 消防箱　用来放置消火栓、水带和水枪，一般嵌入墙体暗装，也可以明装和半暗装。其安装高度以消火栓栓口中心距地面 1.1m 为基准。常用消防箱的规格 800mm×650mm×200mm，用木材、铝合金或钢板制作而成，外装单开门，门上应有明显的标志。箱内水带和水枪平时应安放整齐，如图 10-34 所示。

⑤ 水泵结合器　水泵结合器是消防车向室内消防给水系统加压供水的装置。在水泵结合器附近 15～40m 范围内应设有室外消火栓或消防水池。水泵接合器有地上、地下和墙壁式 3 种，如图 10-35 所示。

10.4.1.2　自动喷水灭火系统

自动喷水灭火系统由以下几部分组成。

(1) 管道

自动喷水灭火系统的管网由供水管、配水立管、配水干管、配水管及配水支管组成。

(2) 喷头

喷头是自动喷头灭火的关键部件，起着探测火灾、喷水灭火的作用。喷头由喷头架、溅

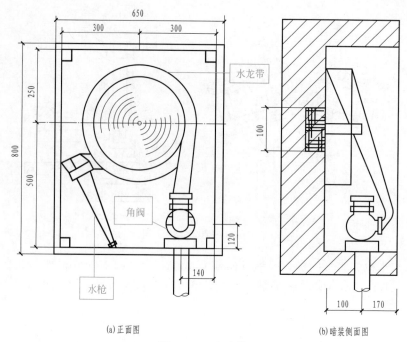

(a)正面图　　　　　　　　　　　(b)暗装侧面图

图 10-34　消防箱

图 10-35　消防水泵接合器

水盘和喷水口堵水支撑等组成,又分为闭式喷头和开式喷头。

① 闭式喷头　闭式喷头在系统中担负着探测火灾、启动系统和喷水灭火的任务,是系统中的关键组件。喷口用由热敏元件组成的释放机构封闭。当温度达到喷头的公称动作温度范围时,感温元件动作,释放机构脱落(如玻璃球爆炸、易熔合金脱离),喷头开启。其洒水喷头构造按溅水盘的形式和安装位置有直立型、下垂型、边墙型、普通型、吊顶型和干式下垂型之分。按感温元件的不同,分为易熔合金闭式喷头 [见图 10-36(a)] 和玻璃球闭式喷头 [见图 10-36(b)] 两种。

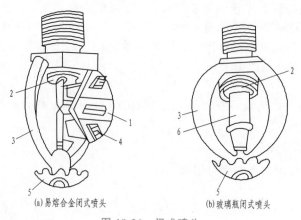

(a)易熔合金闭式喷头　　　　　(b)玻璃瓶闭式喷头

图 10-36　闭式喷头

1—易熔合金闸锁；2—阀片；3—喷头框架；4—八角支架；5—溅水盘；6—玻璃球

② 开式喷头　根据用途分为开启式、水幕式、喷雾式。

表 10-9 给出了各种类型喷头适用场所。

表 10-9　各种类型喷头适用场所

喷头类别		适用场所
闭式喷头	玻璃球洒水喷头	因具有外形美观、体积小、重量轻、耐腐蚀等特点,适用于宾馆等美观要求高和具有腐蚀性场所
	易熔合金洒水喷头	适用于外观要求不高、腐蚀性不大的工厂、仓库和民用建筑
	直立型洒水喷头	适合安装在管路下经常有移动物体的场所,或在尘埃较多的场所
	下垂型洒水喷头	适用于各种保护场所
	边墙型洒水喷头	安装空间狭窄、通道状建筑适用此种喷头
	吊顶型喷头	属装饰型喷头,可安装于旅馆、客厅、餐厅、办公室等建筑
	普通型洒水喷头	可直立、下垂安装,适用于有可燃吊顶的房间
	干式下垂型洒水喷头	专用于干式喷水灭火系统的下垂型喷头
开式喷头	开启式洒水喷头	适用于雨淋喷水灭火和其他开式系统
	水幕喷头	凡需保护的门、窗、洞、檐口、舞台口等均应安装这类喷头
	喷雾喷头	用于保护石油化工装置、电力设备等

（3）报警阀

控制水源、启动系统、启动水力警铃等报警装置的专用阀门。一般按用途和功能不同分为湿式报警阀、干式报警阀和雨淋阀。

（4）报警联动装置

用于报警和电气联动,包括以下三种。

① 水力警铃　当报警阀打开消防水源后,具有一定压力的水流冲动叶轮打击报警。水力警铃不得用电动报警装置代替。

② 压力开关　在水力警铃报警的同时,依靠警铃管内水压的升高自动接通电触点,完成电动警铃报警,并向消防控制室传送电信号或启动消防水泵。

③ 水流指示器　当某个喷头开启喷水时,水流指示器能感受到管道中的水流动,并产生电信号告知控制室该区域发生火灾。

10.4.2　消防系统施工图

要识读消防系统施工图,首先要熟悉图例,熟悉设计施工总说明。消防施工图大致是由平面图和系统图组成的,见图 10-37。将平面图和系统图结合起来识读对整个消防系统有一个概括性的了解。然后,再对消防系统的每一个功能分区具体分析,具体到每一个设备、每一个管段、每一个附件。这样就由粗到细对整个系统有了一个清晰的把握。主要流程如下。

① 消防图纸分消防水、消防电,还有气体消防。

② 任何一份图纸,都要先看设计说明、图例。设计说明是图纸的提纲,读懂它才能把握设计意图、内容等,不同的设计图例可能不一样。

③ 下一步识读系统图。系统图是一本书的目录,读懂它就知道整个系统的工作状态及连接方式。

④ 最后才是平面图,它是对系统图的进一步细化,标明设备的安装方式、位置及连接方式等。

⑤ 注意:读图时平面图与系统图要进行对照,用以将整个系统联系起来。

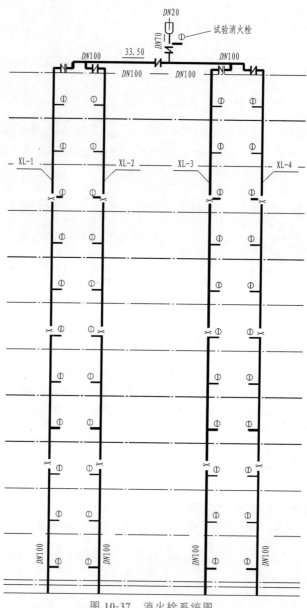

图 10-37 消火栓系统图

10.4.3 消防施工图示例

图 10-38 是某建筑消防自动报警及联动系统图，火灾报警与消防联动设备装在一层，安装在消防及广播值班室。火灾报警与消防设备的型号为 JB 1501A/G508-64，JB 为国家标准中的火灾报警控制器，消防电话设备的型号为 HJ-1756/2；消防广播设备型号为 HJ1757（120W×2）；外控电源设备型号为 HJ-1752。JB 共有 4 条回路，可设 JN1～JN4，JN1 用于地下层，JN2 用于 1～3 层，JN3 用于 4～6 层，JN4 用于 7、8 层。

（1）配线标注

报警总线 PS 采用多股软导线、塑料绝缘、双绞线，其标注为 RVS-2×1.0GS15CEC/WC；2 根截面积为 1mm²；保护管为水煤气钢管，直径为 15mm；沿顶棚、暗敷设及有一

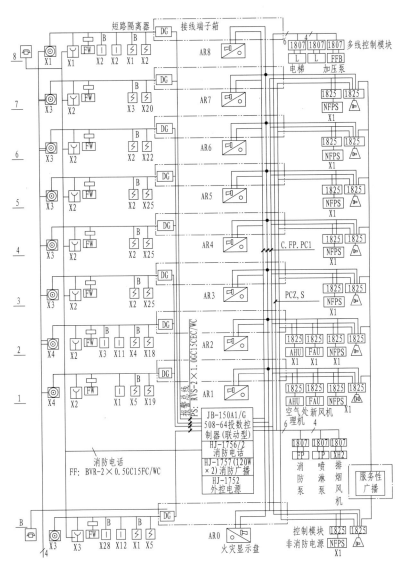

图 10-38　消防自动报警及联动系统图

段沿墙暗敷设，均指每条回路。消防电话线 FF 标注为 BVR-2×0.5GC15FC/WC，BVR 为塑料绝缘软导线。其他与报警总线类似。

火灾报警控制器的右边有 5 个回路标注，依次为 C、FP、FC1、FC2、S，其具体说明如下。

C：RS-485 通信总线 RVS-2×1.0GC15WC/FC/CEC。

FP：24VDC 主机电源总线 BV-2×4GC15WC/FC/CEC。

FC1：联动控制总线：BV-2×1.0GC15WC/FC/CEC。

FC2：多线联动控制线：BV-2×1.5GC20WC/FC/CEC。

S：消防广播线：BV-2×1.5GC15WC/CEC。

在系统图中，多线联动控制线的标注为 BV-2×1.5GC15WC/CEC。多线，即不是一根线，具体几根要根据被控设备的点数确定。从系统图中可以看出，多线联动控制线主要是控制 1 层的消防泵、喷淋泵、排烟风机，其标注为 6 根线，在 8 层有两台电梯和加压泵，其标注也是 6 根线。

（2）接线端子箱

从系统图中可知，每层楼安装一个接线端子箱，端子箱中安装短路隔离器 DG。其作用是当某一层的报警总线发生短路故障时，将发生短路故障的楼层报警总线断开，就不会影响其他楼层的报警设备正常工作了。

（3）火灾显示盘 AR

每层楼安装一个火灾显示盘，可以显示各个楼层，显示盘用 RS-485 总线连接，火灾报警与消防联动设备可以将信息传送到火灾显示盘上进行显示，因为显示盘有灯光显示，所以需接主机电源总线 FP。

（4）消火栓箱报警按钮

消火栓箱报警按钮也是消防泵的启动按钮，消火栓箱是人工用喷水枪灭火最常用的方式，当人工用喷水枪灭火时，如果给水管网压力低，就必须启动消防泵。消火栓箱报警按钮是击碎玻璃式，将玻璃击碎，按钮将自动动作，接通消防泵的控制电路，消防泵启动，同时通过报警总线向消防报警中心传递信息，每个消火栓箱按钮占一个地址码。在系统图中，纵向第 2 排图形符号为消火栓箱报警按钮，X3 代表地下层有 3 个消火栓箱，报警按钮编号为SF01、SF02、SF03。

消火栓箱报警按钮的连线为 4 根线，由于消火栓箱的位置不同，形成两个回路，每个回路 2 根线，线的标注是 WDC：启动消防泵。每个消火栓箱报警按钮与报警总线相连接。

（5）火灾报警按钮

扫码看视频

火灾报警按钮是人工向消防报警中心传递信息的一种方式，一般要求在防火区的任何地方至火灾报警按钮不超过 30m，纵向第 3 排图形符号是火灾报警按钮。X3 表示地下层有 3 个火灾报警按钮，火灾报警按钮编号为SB01、SB02、SB03。火灾报警按钮也与消防电话线 Ff 连接，每个火灾报警按钮板上都设置电话插孔，接上消防电话就可以用，8 层纵向第一个图符就是消防电话符号。

火灾报警按钮

（6）水流指示器

扫码看视频

纵向第 4 排图形符号是水流指示器 FW，每层楼一个。由此可以知道，该建筑每层楼都安装了自动喷淋灭火系统。火灾发生超过一定温度时，自动喷淋灭火的闭式感温元件融化或炸裂，系统将自动喷水灭火，水流指示器安装在喷淋灭火给水的支干管上，当支干管有水流动时，水流指示器的电触点闭合，接通喷淋泵的控制电路，使喷淋泵电动机启动加压。同时，

水流指示器

水流指示器的电触点也通过控制模块接入报警总线，向消防报警中心传递信息。每个水流指示器占一个地址码。

（7）感温火灾探测器

在地下层，1、2、8 层安装了感温火灾探测器，纵向第 5 排图符上标注 B 的为母座。编码为 ST012 的母座带动 3 个子座，分别编码为 ST012-1、ST012-2、ST012-3，此 4 个探测器只有一个地址码。子座到母座是另外接的 3 根线，ST 是感温火灾探测器的文字符号。

（8）感烟火灾探测器

纵向 7 排图符标注 B 的为子座，8 排没标注 B 的为母座，SS 是感烟火灾探测器的文字符号。

第 11 章

建筑供暖施工图

11.1 建筑供暖施工图概述

11.1.1 建筑供暖设备图例

供暖施工图中的管道及附件、管道连接、阀门、采暖设备及仪表等，采用《暖通空调制图标准》（GB/T 50114—2010）中统一的图例表示，凡在标准图中未列入的可自行设置，但在图纸上应当专门画出图例，并且加以说明。以下给出部分图例，见表 11-1、表 11-2。

表 11-1 供暖施工图常用图例

图形符号	说明	图形符号	说明
	供水（汽）管	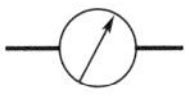	水表
	回（凝结）水管	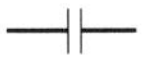	法兰
	流向		凝水器
	丝堵	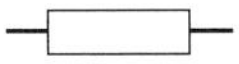	电阻器
	固定支架		开关
	立管		可曲挠接头
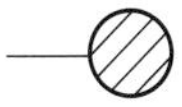	热水器	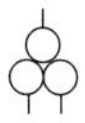	变压器
	水泵	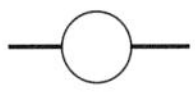	阀门井
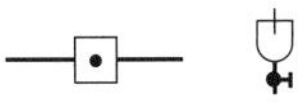	自动排气阀		水表井
	散热器		手动排气阀
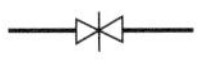	闸阀		截止阀
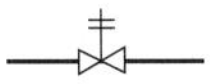	安全阀	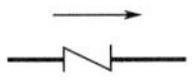	止回阀

续表

图形符号	说明	图形符号	说明
Ⓣ 或 ⊔	温度计	⊘ 或 ⊘	压力表
⊏ ⊏ ⊐	除污器	∿∿∿	绝热管

表 11-2　水气管道代号

代号	管道名称	备注
R	供暖用热水管	1.用粗实线、粗虚线区分供水、回水时,可省略代号 2.可附加阿拉伯数字 1、2 区分供水、回水 3.可附加阿拉伯数字 1、2、3…表示一个代号,不同参数的多种管道
Z	蒸汽管	需要区分饱和、过热、自用蒸汽时,可在代号前分别附加 B、G、Z
N	凝结水管	—
P	膨胀水管、排污管、排气管、旁通管	需要区分时,可在代号后附加一位小写拼音字母,即 Pz、Pw、Pq、Pt
G	补给水管	—
X	泄水管	—
XH	循环管、信号管	循环管为粗实线,信号管为细虚线。不致引起误解时,循环管也可为"X"
Y	溢排管	—

11.1.2　建筑供暖施工图图样画法

　　图 11-1 为管径尺寸的标注位置,图 11-2 为管道交叉表示法,图 11-3 为管道转向、连接的表示方法。

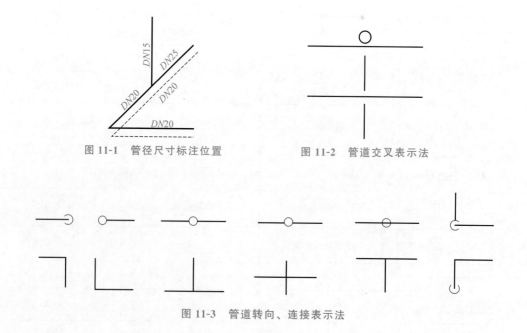

图 11-1　管径尺寸标注位置　　　　图 11-2　管道交叉表示法

图 11-3　管道转向、连接表示法

图 11-4 为供暖立管编号表示法，图 11-5 为供暖入口编号表示法，图 11-6 为单、双管系统画法，图 11-7 为散热器的画法，图 11-8 为轴测图中重叠处的引出画法及散热器的标注。

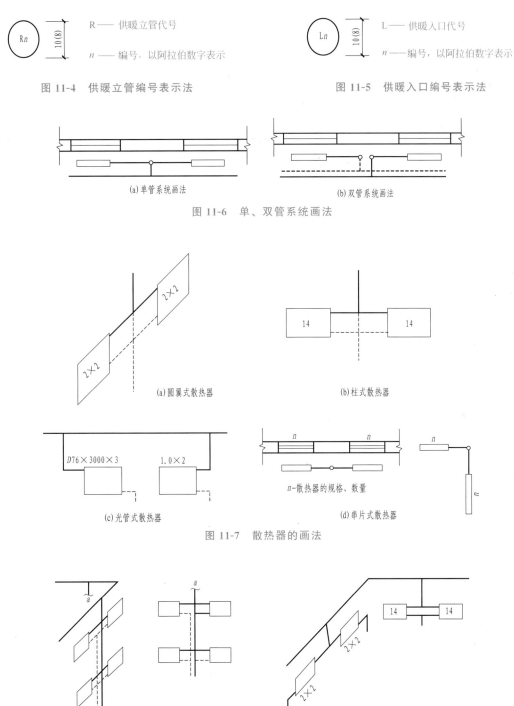

R—— 供暖立管代号

n—— 编号，以阿拉伯数字表示

图 11-4　供暖立管编号表示法

L—— 供暖入口代号

n—— 编号，以阿拉伯数字表示

图 11-5　供暖入口编号表示法

(a)单管系统画法

(b)双管系统画法

图 11-6　单、双管系统画法

(a)圆翼式散热器

(b)柱式散热器

$D76 \times 3000 \times 3$　　1.0×2

(c)光管式散热器

n-散热器的规格、数量

(d)串片式散热器

图 11-7　散热器的画法

图 11-8　轴测图中重叠处的引出画法及散热器的标注

图 11-9 为供暖系统示意图，图 11-10 为热水供暖系统立管形式示意图。

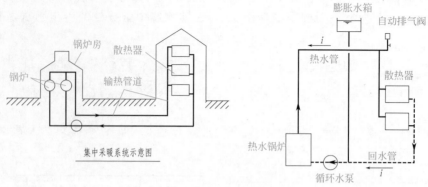

图 11-9　供暖系统示意图

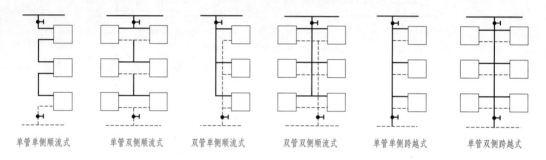

图 11-10　热水供暖系统立管形式

11.1.3　供暖系统施工图的识读

识读供暖施工图的基本方法是将平面图与系统对照。从供热系统入口开始，沿水流方向按供水干管、立管、支管的顺序到散热器，再由散热器开始，按回水支管、立管、干管的顺序到出口为止。

（1）平面图的识读

首先查明供暖总干管和回水总干管的出入口位置，了解供暖水平干管与回水水平干管的分布位置及走向；查看立管编号，了解整个供暖系统立管的数量和安装位置；查看散热器的布置位置；了解系统中设备附件的位置与型号，如热水系统中要查明膨胀水箱、集气罐的位置、型号及连接方式，蒸汽系统中则要查明疏水器的位置和规格等；查看管道的管径、坡度及散热器片数等。

供暖系统的供水管一般用粗实线表示，回水管用粗虚线表示，供回水管通常沿墙布置。散热器一般布置在窗口处，其片数一般标注在图例旁边。

图 11-11 为某学校三层教室的供暖平面图，其散热器型号为铸铁柱形 M132 型。

由图 11-11 可知，每层有 6 个教室，一个教员办公室，男女厕所各一间，左右两侧有楼梯。从底层平面图可知，供热总管从中间进入后即向上行；回水干管出口在热水入口处，并能看到虚线表示的回水干管的走向。

从顶层平面图可以看出，水平干管左右分开，各至男厕所，末端装有集气罐。各层平面图上标有散热器片数和各立管的位置。散热器均在窗下明装。供热干管在顶层上，说明该系统属于上供下回式。

（2）系统图的识读

首先沿热媒流动的方向直看供暖总管的入口位置，与水平干管的连接及走向，立管的分布及散热器通过支管与立管的连接形式；再从每组散热器的末端起查看回水支管、立管、回水干管，直至回水总干管出口的整个回水管路，了解管路的连接、走向及管道上的设备附件、固定支点等情况；然后查看管径、坡度和散热器片数；最后查看地面标高，管道的安装标高，从而掌握管道的安装位置。

在热水采暖系统中，供水水平干管的坡度顺水流方向越走越高，回水水平干管的坡度顺水流方向越走越低。

图 11-12 为某学校三层教室的供暖系统图。由图可知，该系统属于上供下回、单立管、同程式。供热总管从地沟引入，直径为 $DN50$。水平干管由 $DN40$ 变为 $DN32$，再变为 $DN25$、$DN20$。两条回水管径渐变为 $DN20$、$DN25$、$DN32$、$DN40$，再合并为 $DN50$。

左有 10 根立管，右有 9 根立管。双面连散热器时，立管管径为 $DN20$，散热器横支管管径为 $DN15$；单面连散热器时，立管管径、横支管管径均为 $DN15$。

散热器片数，以立管①为例，一层 18 片，二层 14 片，三层 16 片，共 6 组散热器。

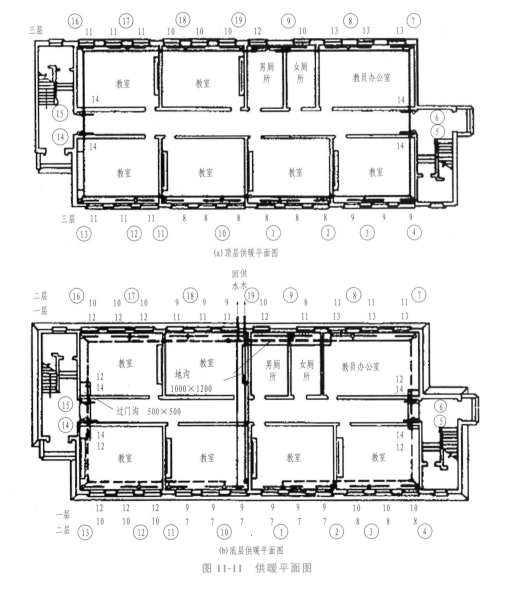

(a)顶层供暖平面图

(b)底层供暖平面图

图 11-11　供暖平面图

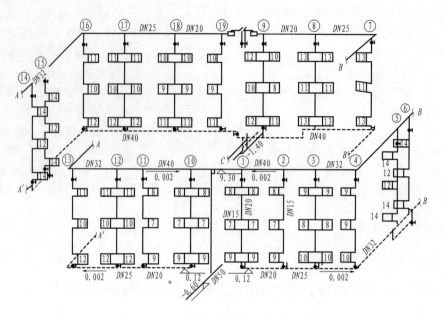

图 11-12 某学校三层教室的供暖系统图

（3）详图的识读

建筑供暖详图一般包括热力入口、管沟断面、设备安装、分支管大样等。如图 11-13 所示为两种引入管的安装方法。

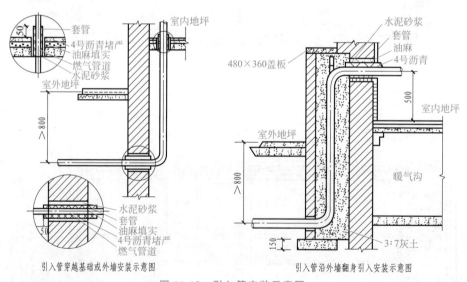

图 11-13 引入管安装示意图

11.2 建筑供暖施工图识图

11.2.1 建筑供暖施工图的内容

建筑供暖施工图包括系统平面图、系统图和详图，此外还有设计说明、图纸目录和设备材料明细表等。

（1）平面图

平面图表示的是建筑物内供暖管道及设备的平面布置，主要内容如下。

① 建筑物的层数、平面布置。

② 热力入口位置，散热器的位置、种类、片数和安装方式。

③ 管道的布置、干管管径和立管编号。

④ 主要设备或管件的布置。

（2）系统图

供暖系统图通常用正面斜二轴测法绘制，系统图与平面图配合，反映了供暖系统的全貌。供暖系统图应绘制在一张图纸上，除非系统较大，较复杂的，一般不允许断开绘制。通过系统图可以得到如下信息。

① 管道布置方式。

② 热力入口管道、立管、水平干管走向。

③ 立管编号，各管段管径和坡度，散热器片数，系统中所用管件的位置、个数和型号等。

（3）详图

详图又称大样图，是平面图和系统图表达不够清楚时而又无标准图时的补充说明图。一般需要局部放大比例单独绘制。详图一般可采用标准图集或绘制节点详图。

（4）设计与施工说明

设计与施工说明是设计图的重要补充，一般写在图纸的首页上，内容较多时也可以单独使用一张图纸，其主要有以下内容。

① 热源的来源、热媒参数、散热器型号。

② 安装、调整运行时应遵循的标准和规范。

③ 施工图表示的内容。

④ 管道连接方式及材料等。

（5）设备及主要材料表

在设计采暖施工图时，为方便做好工程开工前的准备，应把工程所需的散热器的规格和分组片数、阀门的规格型号、疏水器的规格型号以及设计数量等列在设备表中，把管材、管件、配件以及安装所需的辅助材料列在主要材料表中。

11.2.2 识图示例

某散热器采暖宿舍楼施工图如图 11-14～图 11-17 所示。

11.2.2.1 设计及施工说明

（1）建筑概况

本工程为某厂区职工宿舍散热器采暖施工图的设计。该建筑结构形式为砖混结构，主体 2 层，层高 3.3m。总建筑面积约为 1289.12m^2。

（2）设计依据

① 建筑专业根据甲方设计委托及要求提供文字。

② 平、立、剖面施工图。

③《采暖通风与空气调节设计规范》（GB 50019—2003）。

④《实用供热空调设计手册》。

⑤《建筑设计防火规范》（GB 50016—2014）。

⑥《建筑给水排水及采暖工程施工质量验收规范》（GB 50742—2016）。

⑦《通风与空调工程施工质量验收规范》（GB 50243—2016）。

（3）采暖设计及计算参数

冬季室外计算参数如下，冬季采暖室外计算温度：－10℃。冬季室外平均风速：6.0m/s。冬季室外最大冻土深度：800mm；冬季主导风向：NNW。

冬季室内计算参数如下。车间、办公室：18℃（根据甲方要求）。卫生间：16℃。楼梯间、走道：16℃。厨房：10℃。

（4）设计范围

楼内散热器采暖系统设计、卫生间排风系统设计、防火专篇、环保专篇。

（5）设计内容

① 楼内散热器采暖系统设计　本工程采暖热源由自建锅炉房热水提供，供回水温度为85℃/60℃，经无缝钢管引至建筑物热力入口处。该无缝钢管设有50mm厚聚氨酯保温层和聚乙烯护壳，室外直埋。保温管供楼内冬季散热器热水采暖使用。采暖系统定压及补水由锅炉房统一解决（系统工作压力0.4MPa）。采暖计算热负荷为 $Q=38.31$kW，面积热指标为 29.72W/m^2。

供暖方式采用单管跨越式上供中回采暖系统，保证管中的水流速不得小于0.25m/s，采用无坡敷设，供水干管顶层梁下敷设，回水干管一层梁下敷设，经校核采暖管道内的平均流速0.36m/s（＞0.25m/s），并在管道起端和终端设置了排气阀，满足无坡敷设要求。

散热器采用椭圆钢管柱散热器，高度635mm。GCZ2-II-600（宽×厚×高＝80mm×60mm×635mm），施工图中散热器均距地100mm挂墙安装。

排气阀均采用优质铜质立式自动排气阀（接管DN20）。

② 卫生间排风系统设计　卫生间按照10次/h计算通风量，设置吸顶式通风器，由变压式风道排至室外。

③ 防火专篇　本工程采暖热媒为85℃/60℃低温热水，椭圆钢管柱型散热器热水采暖。采暖管道均为热镀锌钢管，所有热水管道在穿墙及楼板处施工完后，均要求将其管道与穿墙套管之间的空隙用石棉麻絮非燃材料填充，外表抹平，采暖主管道均采用超细玻璃棉非燃保温材料。

④ 环保专篇　风机均选用低噪声设备。

11.2.2.2　图样分析

由一层供暖平面图（图11-14）可知，本建筑坐南朝北，房屋布局不对称，楼梯间、卫生间、休息间、活动室、工作间以及走道的两端均设置散热器。供暖引入管和和回水管设置于西单元楼梯间处，参照热力入口装置详图（图11-17）可知，引入管、回水管管径为DN32，引入管标高为－0.300m，回水管标高为－0.600m，引入管中设置闸阀、泄水阀、过滤器、压力表、温度计等。回水管中设置闸阀、温度计、压力表、自力式差压控制阀、泄水阀。引入管与回水管之间设置旁通管。立管总共31根，均靠墙角设置。

对比供暖二层平面图（图11-15）可知，二层散热器布置与一层基本相同，部分房间暖气片片数增加，二楼楼梯间未设置散热器。

结合采暖系统图（图11-16）、热力入口装置详图（图11-17）和设计说明可知，本系统采用上供中回式供暖，供水管由北边引入后靠楼梯间右侧墙角设置供水主立管L1，上升至二楼顶棚梁下，接供水横干管，依次供暖至立管L2～L31，其中，L28～L31为卫生间内供暖立管。立管上各散热器均为单管串联，回水管设置于一楼顶棚梁下。管道敷设均无坡度。

暖气片的片数均已标明，如立管L2设于楼梯间，在一楼处接散热器，暖气片片数为13片，二楼未设置。又如L31，每层楼均接2个散热器，总共4个，每个散热器片数均为4片。在供水立管L1、L27顶部设置排气阀，在回水横干管的起端和末端均设置排气阀。管道相应的位置还设有固定支架。

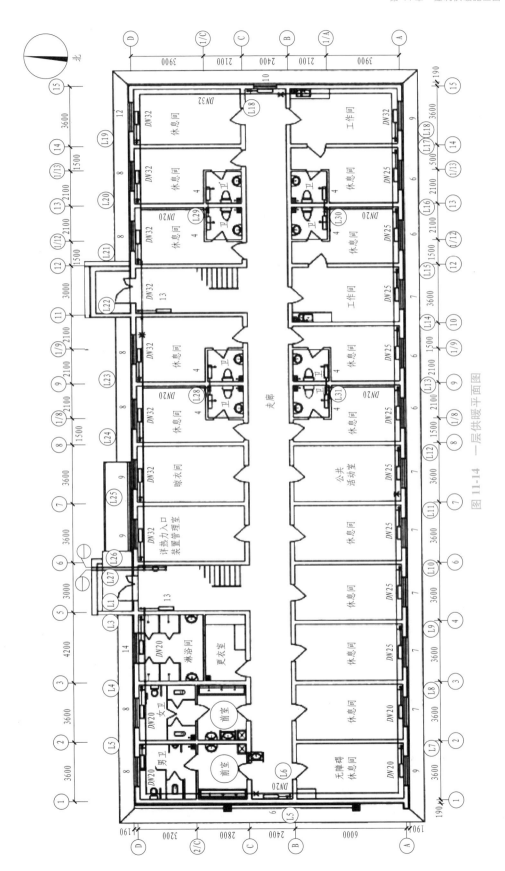

图 11-14 一层供暖平面图

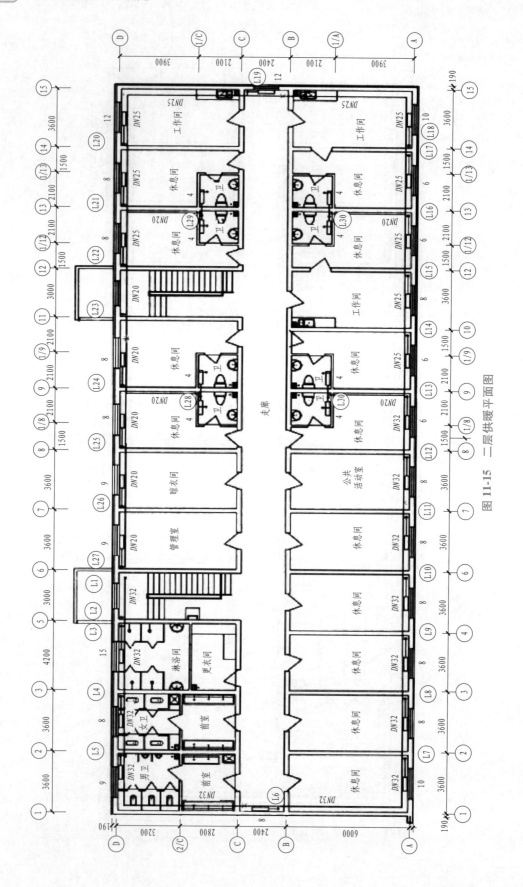

图 11-15 二层供暖平面图

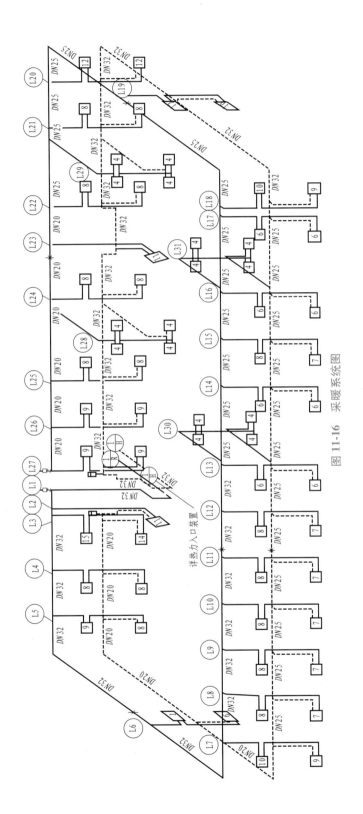

图 11-16　采暖系统图

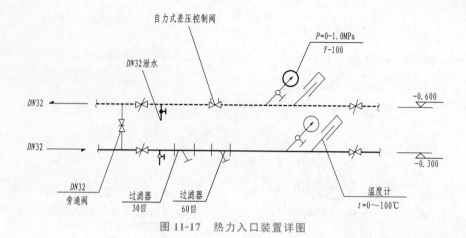

图 11-17　热力入口装置详图

第 12 章

建筑电气施工图

12.1 建筑电气识图基本知识

12.1.1 电气供应系统施工图绘制要求

（1）制图比例

大部分电气图都是采用图形符号绘制的，是不按比例的。但位置图即施工平面图、电气构造详图一般是按比例绘制的，且多用缩小比例绘制。通用的缩小比例系数为 1∶10、1∶20、1∶50、1∶100、1∶200、1∶500。最常用比例为 1∶100，即图纸上图线长度为 1，其实际长度为 100。

对于选用的比例应在标题栏比例一栏中注明。标注尺寸时，不论选用放大比例还是缩小比例，都必须是物体的实际尺寸。

（2）图线

绘制电气图所使用的各种线条称为图线，图线的线型、线宽及用途如表 12-1 所示。

表 12-1　电气图线及其应用

图线名称	图线形式	代号	图线宽度/mm	电气图应用
粗实线	——————	A	$b=0.5\sim2$	母线、总线、主电路图
细实线	————	B	约 $b/3$	可见导线、各种电气连接线、信号线
虚线	- - - - - - -	F	约 $b/3$	不可见导线、辅助线
细点划线	— · — · —	G	约 $b/3$	功能和结构图框线
双点划线	— ·· — ·· —	K	约 $b/3$	辅助图框线

（3）指引线

指引线用于指示注释的对象，其末端指向被注释处，并在其末端加注不同标记，如图 12-1 所示。

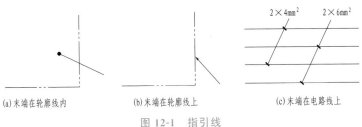

(a) 末端在轮廓线内　　　　(b) 末端在轮廓线上　　　　(c) 末端在电路线上

图 12-1　指引线

（4）中断线

在电气工程图中，为了简化制图，广泛使用中断线的表示方法，常用的表示方法如图 12-2 和图 12-3 所示。

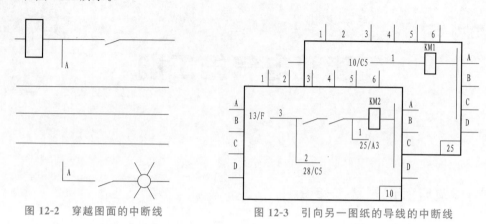

图 12-2　穿越图面的中断线　　　　图 12-3　引向另一图纸的导线的中断线

12.1.2　电气施工图图例

电气施工图上的各种电气元件及线路敷设均用图例符号和文字符号来表示，识图的基础是首先要明确和熟悉有关电气图例与符号所表达的内容和含义。常用电气图例符号和文字标注符号见表 12-2、表 12-3。

表 12-2　常用电气图例符号

图例	名称	备注	图例	名称	备注
	双绕组 变压器	形式 1 形式 2		电源自动切换箱（屏）	
				隔离开关	
	三绕组 变压器	形式 1 形式 2		接触器（在非动作 位置触点断开）	
	电流互感器 脉冲变压器	形式 1 形式 2		断路器	
	电压互感器	形式 1 形式 2		熔断器一般符号	
	屏、台、箱柜一般符号			熔断器式开关	
	动力或动力-照明配电箱			熔断器式隔离开关	

续表

图例	名称	备注	图例	名称	备注
	照明配电箱(屏)		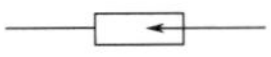	避雷器	
	事故照明配电箱(屏)		MDF	总配线架	
	室内分线盒		IDF	中间配线架	
	室外分线盒			壁龛交接箱	
	灯的一般符号			分线盒的一般符号	
	球型灯			单极开关(暗装)	
	顶棚灯		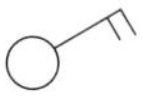	双极开关	
	花灯		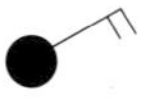	双极开关(暗装)	
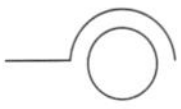	弯灯			三极开关	
	荧光灯		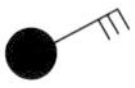	三极开关(暗装)	
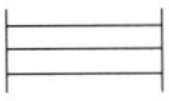	三管荧光灯			单相插座	
5	五管荧光灯			暗装	
	壁灯			密闭(防水)	
	广照型灯(配照型灯)			防爆	
	防水防尘灯			带保护接点插座	
	开关一般符号			带接地插孔的单相插座(暗装)	
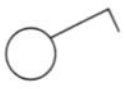	单极开关			密闭(防水)	
V	指示式电压表			防爆	
cosφ	功率因数表		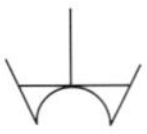	带接地插孔的三相插座	
Wh	有功电能表(瓦时计)			带接地插孔的三相插座(暗装)	
	(1)有接地极 (2)无接地极		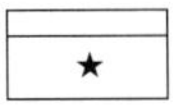 ★	火灾报警控制器	
F	电话线路			火灾报警电话机(对讲电话机)	
V	视频线路				

图例	名称	备注	图例	名称	备注
	电信插座的一般符号可用以下的文字或符号区别不同插座，TP—电话 FX—传真　M—传声器 FM—调频　TV—电视 扬声器			插座箱(板)	
	单极限时开关		A	指示式电流表	
	调光器			匹配终端	
	钥匙开关			传声器一般符号	
	电铃			扬声器一般符号	
	天线一般符号			感烟探测器	
	放大器一般符号			感光火灾探测器	
	分配器，两路，一般符号			气体火灾探测器(点式)	
	三路分配器		CT	缆式线型定温探测器	
	四路分配器			感温探测器	
	电线、电缆、母线、传输通路、一般符号				
	三根导线			手动火灾报警按钮	
	三根导线 n 根导线				
	接地装置			水流指示器	
B	广播线路		EEL	应急疏散指示标志灯	
	消火栓		EL	应急疏散照明灯	

表 12-3　电气施工图中常用文字标注符号

表达线路明敷设部位的代号	表达线路暗敷设部位的代号	表达线路敷设方式的代号	表达照明灯具安装方式的代号
BE—沿屋架明敷 CLE—沿柱明敷 WE—沿墙明敷 CE—沿顶棚明敷	BC—暗装在梁内 CLC—暗设在柱内 WC—暗设在屋面内或顶板内 FC—暗设在地面内或地板内 SCC—在顶棚内敷设	CT—电缆桥架敷设 MR—金属线槽敷设 SC—穿焊接钢管敷设 MT—穿电线管敷设 PC—穿硬塑料管敷设 FPC—穿聚乙烯管敷设 KPC—穿塑料波纹管敷设 CP—穿蛇皮管敷设 M—用钢索敷设 PR—塑料线槽敷设 DB—直埋敷设 TC—电缆沟敷设	SW—线吊式 CS—链吊式 DS—管吊式 W—壁装式 C—吸顶式 R—嵌入式 CR—顶棚内安装 WR—墙壁内安装 S—支架上安装 CL—柱上安装 HM——座装

【例 12-1】　识读 WL1-BV(3×2.5)-SC15-WC。

【解】　WL1 为照明支线第 1 回路，铜芯聚氯乙烯绝缘导线 3 根 $2.5mm^2$，穿管径为 15mm 的焊接钢管敷设，在墙内暗敷设。

12.1.3　电气施工图的组成

电气施工图的组成主要包括图纸目录、设计说明、图例材料表、系统图、平面图和详图等。

（1）图纸目录

图纸目录的内容包括图纸的组成、名称、张数、图号顺序等，编制图纸目录的目的是便于查找。

（2）设计说明

设计说明主要阐明单项工程的概况、设计依据、设计标准以及施工要求等，主要是补充说明图面上不能利用线条、符号表示的工程特点、施工方法、线路、材料及其他需要注意的事项。

（3）图例材料表

主要设备及器具在表中用图形符号表示，并标注其名称、规格、型号、数量、安装方式等。

（4）平面图

平面图是表示建筑物内各种电气设备、器具的平面位置及线路走向的图纸。平面图包括总平面图、照明平面图、动力平面图、防雷平面图、接地平面图、智能建筑平面图（如电话、电视、火灾报警、综合布线平面图）等。

（5）系统图

系统图是表明供电分配回路的分布和相互联系的示意图。具体反映配电系统和容量分配情况、配电装置、导线型号、导线截面、敷设方式及穿管管径，控制及保护电器的规格型号等。系统图分为照明系统图、动力系统图、智能建筑系统图等。

（6）详图

详图是用来详细表示设备安装方法的图纸，详图多采用全国通用电气装置标准图集。

12.1.4　电气施工图的识读方法

一套建筑电气施工图包含很多内容，图纸也有很多张，一般应按照以下顺序依次阅读或相互对照参阅。具体的识读方法如下。

（1）熟悉电气图例符号，弄清图例、符号所代表的内容

电气符号主要包括文字符号、图形符号、项目代号和回路标号等。在绘制电气图时，所有电气设备和电气元件都应使用国家统一标准符号，当没有国际标准符号时，可采用国家标准或行业标准符号。要想看懂电气图，就应了解各种电气符号的含义、标准原则和使用方法，充分掌握由图形符号和文字符号所提供的信息，这样才能正确地识图。

电气技术文字符号在电气图中一般标注在电气设备、装置和元器件图形符号上或者其近旁，以表明设备、装置和元器件的名称、功能、状态和特征。

单字母符号用拉丁字母将各种电气设备、装置和元器件分为23类，每大类用一个大写字母表示。如用"V"表示半导体器件和电真空器件，用"K"表示微电器、接触器类等。

双字母符号是由一个表示种类的单字母符号与另一个表示用途、功能、状态和特征的字母组成，种类字母在前，功能名称字母在后。如"T"表示变压器类，则"TA"表示电流互感器，"TV"表示电压互感器，"TM"表示电力变压器等。

辅助文字符号基本上是英文词语的缩写，表示电气设备、装置和元件的功能、状态和特征。例如，"启动"采用"START"的前两位字母"ST"作为辅助文字符号，另外辅助文字符号也可单独使用，如"N"表示交流电源的中性线，"OFF"表示断开，"DC"表示直流等。

（2）识读电气图的顺序

针对一套电气施工图，一般应先按以下顺序阅读，然后再对某部分内容进行重点识读。

① 看标题栏及图纸目录　了解工程名称、项目内容、设计日期及图纸内容、数量等。

② 看设计说明　了解工程概况、设计依据等，了解图纸中未能表达清楚的各有关事项。

③ 看设备材料表　了解工程中所使用的设备、材料的型号、规格和数量。如图12-4所示。

序号	图例	设备名称	型号规格	单位	数量	备注
		设备材料表				
1		动力配电箱		个	2	距地1.4m
2		电表箱		个	6	距地1.6m
3		照明配电箱		个	149	距地1.6m
4	⊗	白炽灯	220V 1×40W	个	142	吸顶
5		吸顶灯(荧光灯)	220V 1×28W	个	155	吸顶
6		双管荧光灯	220V 2×40W	个	142	距地2.8m
7		单极开关	250V 16A	个	296	距地1.3m
8		双极开关	250V 16A	个	24	距地1.3m
9		声光控开关		个	107	
10		楼层指示灯	HJD105 8W 1h	个	12	门上0.2m
11		单向疏散指示灯	HJD105 8W 1h	个	18	距地0.5m
12		单向疏散指示灯	HJD105 8W 1h	个	17	距地0.5m
13		安全出口标志灯	HJD105 8W 1h	个	16	门上0.2m
14	⊠	应急照明灯	HJD105 8W 1h	个	64	
15		安全型插座	250V 16A	个	710	距地0.3m
16		网络插座		个	568	距地0.3m
17		消火栓按钮		个	24	
18		风扇		个	284	吸顶
19		风扇调速器		个	284	距地1.3m

图12-4　设备材料表

④ 看电气系统图　了解系统基本组成，主要电气设备、元件之间的连接关系以及它们的规格、型号、参数等，掌握该系统的组成概况。

⑤ 看平面布置图　如照明平面图、插座平面图、防雷接地平面图等。了解电气设备的规格、型号、数量及线路的起始点、敷设部位、敷设方式和导线根数等。平面图的阅读可按照以下顺序进行：电源进线→总配电箱干线→支线→分配电箱→电气设备。

⑥ 看控制原理图　了解系统中电气设备的电气自动控制原理，以指导设备安装调试工作。

⑦ 看安装接线图　了解电气设备的布置与接线。

⑧ 看安装大样图　了解电气设备的具体安装方法、安装部件的具体尺寸等，如图 12-5 所示。

（3）抓住电气施工图要点进行识读

在识图时，应抓住要点进行识读。

① 在明确负荷等级的基础上，了解供电电源的来源、引入方式及路数。

② 了解电源的进户方式是由室外低压架空引入还是电缆直埋引入。

③ 明确各配电回路的相序、路径、管线敷设部位、敷设方式以及导线的型号和根数。

④ 明确电气设备、器件的平面安装位置。

（4）结合土建施工图进行阅读

电气施工与土建施工结合得非常紧密，施工中常常涉及各工种之间的配合问题。电气施工平面图只反映电气设备的平面布置情况，结合土建施工图的阅读还可以了解电气设备的立体布设情况。

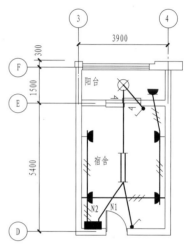

图 12-5　宿舍照明插座布置图

（5）熟悉施工顺序，便于阅读电气施工图

识读配电系统图、照明与插座平面图时，应首先了解室内配线的施工顺序，如图 12-6 所示。

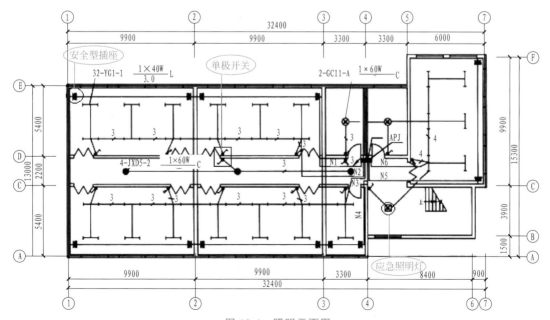

图 12-6　照明平面图

① 根据电气施工图确定设备安装位置、导线敷设方式、敷设路径及导线穿墙或楼板的位置。

② 结合土建施工进行各种预埋件、线管、接线盒、保护管的预埋。

③ 装设绝缘支持物、线夹等，敷设导线。

④ 安装灯具、开关、插座及电气设备。

⑤ 进行导线绝缘测试，检查及通电试验。

⑥ 工程验收。

(6) 识读时，施工图中各图纸应协调配合阅读

对于具体工程来说，为说明配电关系则需要有配电系统图；为说明电气设备、器件的具体安装位置则需要有平面布置图；为说明设备工作原理则需要有控制原理图；为表示元件连接关系则需要有安装接线图；为说明设备、材料的特性、参数则需要有设备材料表等。这些图纸各自的用途不同，但相互之间是有联系并协调一致的。在识读时应根据需要，将各图纸结合起来识读，以达到对整个工程或分部项目全面了解的目的。

12.2 建筑电气施工图识读

12.2.1 设计说明

阅读设计说明应当了解包括图纸内容、数量、工程概况、设计依据以及图中未能表达清楚的各有关事项。如供电电源的来源、供电方式、电压等级、线路敷设方式、防雷接地、设备安装高度及安装方式、工程主要技术数据、施工注意事项等。

设计说明实例如下。

电气设计说明

一、设计依据

(1)《民用建筑电气设计规范》(JGJ 16—2008)；

(2)《建筑物防雷设计规范》(GB 50057—2010)；

(3)《有线电视系统工程技术规范》(GB 50200—1994)；

(4) 其他有关国家及地方的现行规程、规范及标准。

二、设计内容

本工程电气设计项目包括 380V/220V 供配电系统、照明系统、防雷接地系统和电视电话系统。

三、供电系统

(1) 供电方式

本工程拟由小区低压配电网引来 380V/220V 三相四线电源，引至住宅首层总配电箱，再分别引至各用电点；接地系统为 TN-C-S 系统，进户处零线须重复接地，设专用 PE 线，接地电阻不大于 40Ω；本工程采用放射式供电方式。

(2) 线路敷设

低压配电干线选用铜芯交联聚乙烯绝缘电缆 (YJV) 穿钢管埋地或沿墙敷设；支干线、支线选用钢芯电线 (BV) 穿钢管沿建筑物墙、地面、顶板暗敷设。

四、照明部分

(1) 本工程按普通住宅设计照明系统。

(2) 所有荧光灯均配电子镇流器。

(3) 卫生间插座采用防水防溅型插座；户内低于 1.8m 的插座均采用安全型插座。

(4) 各照明器具的安装高度详见主要设备材料表。

五、防雷接地系统

（1）本工程按民用三类建筑防雷要求设置防雷措施，利用建筑物金属体做防雷及接地装置，在女儿墙上设人工避雷带，利用框架柱内的两根对角主钢筋做防雷引下线，并利用结构基础内钢筋做自然接地体，所有防雷钢筋均焊接连通，屋面上所有金属构件和设备均应就近用 $\phi 10$ 镀锌圆钢与避雷带焊接连通，接地电阻不大于 4Ω，若实测大于此值应补打接地极直至满足要求；具体做法详见相关图纸。

（2）本工程设总等电位连接。应将建筑物的 PE 干线、电气装置接地极的接地干线、水管等金属管道、建筑物的金属构件等导体作等电位连接。等电位连接做法按国标《等电位联结安装》（02D501—2）。

（3）所有带洗浴设备的卫生间均作等电位连接，具体做法参见 98ZD501—51、52。

（4）过电压保护：在电源总配电柜内装第一级电涌保护器（SPD）。

（5）本工程接地形式采用 TN-C-S 系统，电源在进户处做重复接地，并与防雷接地共用接地极。

六、电话、宽带系统

（1）电话电缆由室外穿管埋地引入首层的电话组线箱，再引至各个用户点。

（2）电话系统的管线、出线盒均为暗设，管线规格型号见系统图。

七、共用天线电视系统

（1）电视电缆由室外穿管埋地引入首层的电视前端箱，再分配到各用户分网。

（2）电视系统的管线、出线盒均为暗设，管线规格型号见系统图。

八、安装方式

① 各照明配电箱、除竖井、防火分区隔墙上明装外，其他均为暗装（剪力墙上除外），安装高度为底边距地 1.5m。应急照明箱箱体及所有消防设备应有明显标志，应急照明箱体做防火处理。

② 动力箱、控制箱除竖井、机房、车库、防火分区隔墙上明装外，其他均暗装，型号规格和安装方式见图例说明和相应的系统图。

③ 各类电气设备安装前需要详细阅读制造厂商的相关资料说明。开关、插座等型号规格和安装方式见图例说明和平面标注。

④ 风机、水泵、消火栓等设备位置详见水、暖专业相关图纸。

⑤ 工程施工时要统筹兼顾、全面考虑、以免错、漏、碰、缺。各工种要紧密配合，施工结束后参照国家及地方规范标准验收。

九、其他

施工中应与土建密切配合，做好预留、预埋工作，严格按照国家有关规范、标准施工，未尽事宜在图纸会审及施工期间另行解决，变更应经设计单位认可。

12.2.2　设备材料表

一般工程中，电气部分的设备表和材料表会统一作为一张表格出现，附在说明的旁边。设备材料表是以表格形式列出工程所需的材料、设备名称、规格、型号、数量、要求等。以某综合楼电气专业施工图为例，其组成主要有：设备序号、设备图例、设备名称、设备型号（规格）、设备单位、设备数量以及备注（对设备主要用途和特殊要求的补充），如表 12-4 所示。

表 12-4　设备材料表

设备材料表						
序号	图例	设备名称	型号规格	单位	数量	备注
1		动力配电箱		个	2	距地 1.4m
2		电表箱		个	6	距地 1.6m

序号	图例	设备名称	型号规格	单位	数量	备注
		设备材料表				
3		照明配电箱		个	149	距地 1.6m
4		白炽灯	220V 1×40W	个	142	吸顶
5		吸顶灯（荧光灯）	220V 1×28W	个	155	吸顶
6		双管荧光灯	220V 2×40W	个	142	距地 2.8m
7		单极开关	250V 16A	个	296	距地 1.3m
8		双极开关	250V 16A	个	24	距地 1.3m
9		声光控开关		个	107	
10		楼层指示灯	HJD105 8W 1h	个	12	门上 0.2m
11		单向疏散指示灯	HJD105 8W 1h	个	18	距地 0.5m
12		单向疏散指示灯	HJD105 8W 1h	个	17	距地 0.5m
13	E	安全出口标志灯	HJD105 8W 1h	个	16	门上 0.2m
14		应急照明灯	HJD105 8W 1h	个	64	
15		安全型插座	250V 16A	个	710	距地 0.3m
16	TO	网络插座		个	568	距地 0.3m
17		消火栓按钮		个	24	
18		风扇		个	284	吸顶
19		风扇调速器		个	284	距地 1.3m

（1）图例

图例是用表格形式列出图纸中使用的图形符号或文字符号的含义，以使读图者读懂图纸。

除统一图例外，专业图例各有不同表示，读图时应注意图例及说明，最好能够记忆图例所代表的设备，以便后期阅读图纸时，能够更加快捷、高效，同时也利于后期阅读图纸时，能够顺利根据图例查找到该设备的名称及参数。

（2）名称

应采用国家本行业通用术语表示，一般都比较精准，不易混淆，阅读时要注意每个字眼，一字之差就变为另外一种设备了。

（3）设备型号（规格）

一般都标明了设备的主要参数，例如灯具的功耗，电线电缆的截面积，开关的大小等。

（4）备注（设备主要用途及特殊要求）

标明该设备用在何处、作何用途，有些设备还必须增补文字来更加明确地指向其特殊要求。

12.2.3　配电系统图

12.2.3.1　配电系统图基本知识

供配电系统是电力系统中最重要的组成部分，是直接与用户相连的部分，通常由用户变电站、供配电线路及用电设备组成，是建筑电气的最常用的配电系统，它对电能起着接收、转换和分配的作用，向各种用电设备提供电能。供配电系统图使用单线图来表示电能或设备的容量、控制方式等内容。

（1）回路额定功率

回路额定功率指在同一回路中所有负载（用电设备）的额定功率的总和。

（2）线管、线槽的规格以及敷设方式

常用管线有镀锌电线管（TC）、聚氯乙烯硬质管（PC）、塑料线槽（PR）、镀锌线槽（SR）；常用敷设方式有吊顶内敷设（SCE）、墙内暗敷设（WC）、地板内暗敷设（FC）、沿天棚面或顶板面敷设（CE）、沿墙面敷设（WE）。不同的敷设方式影响工程量和人工成本，例如墙内暗敷设（WC）需开槽，开槽需要开槽费。

（3）电线电缆规格、型号

常用的电线电缆有 ZR-BV、ZR-BVV、NH-VV、NH-YJV。ZR-BV 是指阻燃型铜芯聚氯乙烯绝缘线，ZR-BVV 是指阻燃型铜芯聚氯乙烯绝缘聚氯乙烯护套线，NH-VV 是指耐火型铜芯聚氯乙烯绝燃聚氯乙烯护套电力电缆，电压等级 $1 \sim 6kV$；YJV 是指铜芯交联聚氯乙烯绝燃聚氯乙烯护套电力电缆，电压等级 $6 \sim 500kV$。电线电缆常用标称截面规格：$1mm^2$、$1.5mm^2$、$2.5mm^2$、$4mm^2$、$6mm^2$、$10mm^2$、$16mm^2$、$25mm^2$、$35mm^2$、$50mm^2$、$70mm^2$、$95mm^2$、$120mm^2$、$150mm^2$、$185mm^2$。

（4）回路编号

回路编号线路名称常用 n1、n2、n3 来表示，但是通常一个比较大的工程中都会有 2 个以上的配电箱，如果都使用 n1、n2、n3 来表示线路容易混淆不清；一般不同负载的线路由不同的代号表示，例如照明线路用"WL"表示，插座线路用"WX"表示，电力线路用"WP"表示，应急照明线路用"WE/WEL"表示，混合型一般也用"WL"表示，但用阿拉伯数字分级区分开来，例如 1WL、1WL1、1WL1-1、1WL1-1-1，这样来保证整个系统的回路有且只有一个代号。

（5）三相线代号

三相线电源由三条相线 L1、L2、L3 和 1 条中性线 N 组成。其中的中性线 N 和地线 PE 不在系统图上表现出来，如果回路是三相电源则用 L1、L2、L3 表示，如果回路是单相电源，而配电箱是三相电源，则该回路用 L1、L2、L3 区分开来，若电箱进来的是单相电源则不需标注。三相线代号在系统图的设计作用是维持三相电源的三相平衡。

（6）分路断路器

分路断路器主要用于对电路出现短路电流的保护，当电路出现短路时立即断开电路。

【例 12-2】　在系统图上进户线的旁边标示：$3N \sim 50Hz$，380V，试解读该标示内容。

【解】　表示三相四线（N 表示零线）制供电，电源频率为 50Hz，线点压为 380V。

12.2.3.2　电气主接线图

变（配）电所是联系发电厂与用户的中间环节，它起着变换与分配电能的作用。它主要由变压器、高压开关柜（断路器）、低压开关柜（隔离开关、空气开关、电流互感器、计量仪表）、母线等组成。

变（配）电所的主接线（一次接线）是指由各种开关电器、电力变压器、互感器、母线、电力电缆、并联电容器等电气设备按一定次序连接的接受和分配电能的电路。它是电气设备选择及确定配电装置安装方式的依据，也是运行人员进行各种倒闸操作和事故处理的重要依据。用图形符号表示主要电气设备在电路中连接的相互关系，称为电气主接线图。电气主接线图通常以单线图形式表示。

主接线的基本形式有单母线接线、双母线接线、桥式接线等多种，本节配合例图只介绍建筑电气中常见的单母线接线。

（1）单母线不分段主接线

这种接线的优点是线路简单，使用设备少，造价低；缺点是供电的可靠性和灵活性差，母线故障检修时将造成所有用户停电。因此，它适应于容量较小、对供电可靠性要求不高的场合。单母线不分段主接线如图 12-7 所示。

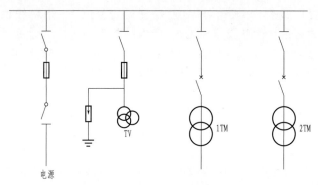

图 12-7　单母线不分段主接线

（2）单母线分段主接线

它在每一段接一个或两个电源，在母线中间用隔离开关或断路器来分段。引出的各支路分别接到各段母线上。这种接线的优点是供电可靠性较高，灵活性增强，可以分段检修。缺点是线路相对复杂，当母线故障时，该段母线的用户停电。采用断路器连接分段的单母线，可适用于一、二级负荷。采用这种供电方式注意保证两路电源不并联运行。单母线分段主接线如图 12-8 所示。

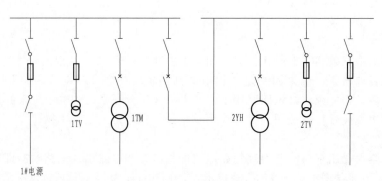

图 12-8　单母线分段主接线

12.2.3.3　电气二次回路图

（1）二次设备的概念

二次设备是指对一次设备的工作进行监测、控制、调节、保护以及为运行、维护人员提供允许工况或生产指挥信号所需的低压电器设备，如熔断器、控制开关、继电器、控制电缆等。由二次设备相互连接，构成对一次设备进行监测、控制、调节和保护的电气回路称为二次回路或二次接线系统。

二次回路图的主要表示方法有：集中表示法、分开（展开）表示法和半集中表示法三种。其主要类型有：阐述电气工作原理的二次电路图和描述连接关系的接线图两大类。

（2）二次回路组成

① 控制回路　指断路器控制回路，主要完成控制（操作）断路器的合闸、分闸功能。

② 信号回路　主要有线路的状态信号、断路器位置信号、事故信号和预告信号等。

③ 监视回路　如测量电流、电压、频率及电能等，主要用于监视供电系统一次设备的运行情况和计量-次电路产生或消耗的电能，保证系统安全、可靠、优质和经济合理运行。

④ 继电保护回路　为了检测电气设备和线路在运行时发生的不正常运行或故障情况，并使线路和设备及时脱离这些故障而设立继电保护回路。

⑤ 自动装置回路　由强电、弱电、电子计算机、网络等现代技术组成的控制混合体，可以实现遥测、遥信、遥控和无人值班的整体装置。

（3）二次回路的符号标注规则

为了便于安装、运行和维护，在二次回路中的所有设备间的连线都要进行标号，这就是二次回路的标号。标号一般采用数字或数字与文字的组合，它表明了回路的性质和用途。回路标号的基本原则是：凡是各设备间要用控制电缆经端子排进行联系的，都要按回路原则进行标号。此外，某些装在屏顶上的设备与屏内设备的连接，也需要经过端子排，此时屏顶设备可看作是屏外设备，而在其连接线上同样按回路编号原则给以相应的标号。

为了明确起见，对直流回路和交流回路采用不同的标号方法，而在交、直流回路中，对各种不同的回路又赋予不同的数字符号，因此在二次回路接线图中，我们看到标号后，就能知道这一回路的性质而便于维护和检修。

① 二次回路标号的基本方法

a.由 3 位或 3 位以下的数字组成，需要标明回路的相别或某些主要特征时，可在数字符号的前面（或后面）增注文字符号。

b.按等电位的原则标注，即在电气回路中，连于一点上的所有导线（包括接触连接的可折线段）需标以相同的回路编号。

c.电气设备的触点、线圈、电阻、电容等元件所间隔的线段，即视为不同的线段，一般给以不同的编号；对于在接线图中不经过端子而在屏内直接连接的回路，可不标号。

② 直流回路的标号原则

a.对于不同用途的直流回路，使用不同的数字范围，如控制和保护回路用 001～099 及 100～599，励磁回路用 601～699。

b.控制和保护回路使用的数字标号，按熔断器所属的回路进行分组，每 100 个数为一组，如 101～199、201～299、301～399……其中每段里面先按正极性回路（编为奇数）由小到大，再编负极性回路（偶数）由大到小 101、103、105……141、142、140、138……

c.信号回路的数字标号，按事故、位置、预告、指挥信号进行分组，按数字大小接线排列。

d.开关设备、控制回路的数字标号组，应按开关设备的数字序号接线选取，例如有 3 个控制开关 1KK、2KK、3KK，则 1KK 对应的控制回路数字标号选 101～199，2KK 所对应的选 201～299，3KK 对应的选 301～399。

e.正极回路的线段按奇数标号，负极回路的线段按偶数标号，每经过的主要压降元（部）件（如线圈、绕组、电阻等）后，即行改变其极性，其奇偶顺序随之改变，对不能标明极性或其极性在工作中改变的线段，可任选奇数或偶数。

f.对于某些特定的主要回路通常给予专用的标号组，例如：正电源为101、201，负电源为102、202；合闸回路中的绿灯回路为105、205、305、405；跳闸回路中的红灯回路标号为35、135、235等。

③ 交流回路的标号原则

a.交流回路按相别顺序标号，它除用3位数字编号外，还加有文字标号以示区别，例如：U411、U411、U411，如表12-5所示。

表12-5　交流回路的文字标号方法1

相别 类别	L₁相	L₂相	L₃相	中性	零	开口三角形电压 互感器的任一相
文字标号	U	V	W	N	L	X
脚注标号	u	v	w	n	l	x

b.对于不同用途的交流回路，使用不同数字组，如表12-6所示。

表12-6　交流回路的文字标号方法2

回路类型	控制、保护、信号回路	电流回路	电压回路
标号范围	1～399	400～599	600～799

电流回路的数字标号，一般以十位数字为一相，如 U401～U409、V401～V409、W401～W409、…、U591～U599、V591～V599。若不够也可以20位数为一组，供一套电流互感器之用。

几组相互并联的电流互感器的并联回路，应先取数字组中最小的一组数字标号。不同相的电流互感器并联时，并联回路应选任何一相电流互感器的数字组进行标号。

电压回路的标号，应以十位数字为一组，如 U601～U609、V601～V609、W601～W609、U791～9、…以供一个单独互感器回路标号之用。

c.电流互感器和电压互感器的回路，均需在分配给它们的数字组范围内，自互感器引出端开始，按顺序编号，例如"TA"的回路标号用411～419，"2TV"的回路标号用621～629等。

d.某些特定的交流回路（如母线电流差动保护公共回路、绝缘监察电压表的公共回路等）给予专用标号组。

（4）二次回路图的识读方法

由于二次回路图比较复杂，难以看懂，因此在识读二次回路图时，需掌握以下方法。

① 首先需要大概了解图中全部内容，譬如图的名称、设备或元件表及其对应的符号、设计说明等内容，接着纵观全图，重点要看主电路以及它与二次回路之间的关系。

例如，断路器的控制回路电路图主要表达该电路是如何对断路器进行合闸，分闸动作的，所以应抓住这个问题来分析；同样的信号回路电路图表达了发生事故或不正常运行情况时怎样发出声光报警信号；继电保护回路表达了怎样检测出故障特征的物理量及怎样进行保护的等。抓住了主题后，一般可以采用逆推法，分析出各回路的工作过程或原理。

② 电路图中各触点元件都是在没有外来激励的情况下的原始状态。例如按钮没有按下、开关未合闸、继电器线圈没有电、温度继电器在常温状态下，压力继电器在常压状态下等。在分析图时必须假定某一激励，例如按钮被按下，将会产生什么样的一个或一系列反应，并以此为依据来分析。

③ 在电路图中，同一设备的各个元件位于不同回路的情况比较多，用分开法表示的图

中往往将各个元件画在不同的回路，甚至不同的图纸上，看图时应从整体出发，了解各设备的功能。例如，断路器的辅助触点状态应从主触点状态去分析，继电器触点的状态应从继电器线圈带电状态或其他感受元件的工作状态去分析。

④ 任何一个复杂的电路都是由若干基本电路、基本环节构成的，看复杂电路图时一般要化整为零，把它分成若干个基本电路或部分，然后先看主电路，后看二次回路，由易到难，层层深入，分别将各部分、各个回路看懂，最后将其贯穿，电路的工作原理或过程就清晰明了了。

⑤ 集中式二次电路图、分开式二次电路图、半集中式二次电路图以及二次接线图等，是从不同的角度和侧面对同一对象采用不同的描述手段，它们之间存在着内部联系，因此，读各种二次图时应将各种图联系起来。例如，读集中式电路图时可与分开式电路图相联系，读接线图时可与电路图相联系。

12.2.4　防雷接地图

防雷接地是为了泄雷电电流，从而对建筑物、电气设备和设施起到保护作用。对于建筑物、电气设备和设施的安全使用是十分必要的。建筑物的防雷接地，一般分为避雷针和避雷线两种方式。电力系统的接地一般与防雷接地系统分别进行安装和使用，以免造成雷电对电气设备的损害。对于高层建筑，除屋顶防雷外，还有防侧雷击的避雷带以及接地装置等设施，通常是将楼顶的避雷针、避雷线与建筑物的主钢筋焊接为一体，再与地面下的接地体相连接，构成建筑物的防雷装置，即自然接地体与人工接地体相结合，以达到最好的防雷效果。

防雷平面图是指导具体防雷接地施工的图纸。建筑物防雷接地工程图一般包括防雷工程图和接地工程图两个部分。通过阅读，可以了解工程的防雷接地装置所采用的设备和材料的型号、规格、安装敷设方法、各装置之间的连接方式等内容，在识读的时候还需要结合相关的数据手册、工艺标准和施工规范，由此对该建筑物的防雷系统有一个全面的了解。

12.2.4.1　防雷的基本原理

雷电是自然界中的一种放电现象。大气中饱和水蒸气由于气候的变化，发生上升和下降的对流，在对流过程中由于强烈的摩擦和碰撞，大量的水滴聚集成带有不同电荷的雷云，大地就会感应出与雷云极性相反的电荷。当带电云块对地电场强度达到 $25 \sim 30 \mathrm{kV/cm}$ 时，周围的空气会被击穿，雷云对大地发生击穿放电，这就是平时我们看到的闪电，放电时间一般为 $30 \sim 50 \mu s$。因为避雷设备上的避雷针等处于地面上建筑物的最高处，所以比较容易使雷电经避雷针和与之连接的引下线将雷电电流泄到大地中去，从而使被保护的建筑物等免受直接雷击。

（1）避雷针

避雷针是用来防护电气设备和较高建筑物使其避免遭受直接雷击的装置，避雷针实际上是起引雷（接闪器）作用。因为避雷针的高度超过被保护的建筑物，所以在雷云笼罩下，它的尖端有较大的电能场，能首先将空气中的雷电电流引向尖端而泄入大地，从而避免了该处的雷云向被保护物体放电。如图 12-9 所示。

避雷针一般使用镀锌圆钢或使用镀锌钢管加工制成。圆钢的直径一般不小于 8mm，钢管的直径一般不小于 25mm。它通常安装在电杆或构架、烟囱、建筑物上，下端经引下线与接地装置焊接。避雷针的长度一般不大于 5m。

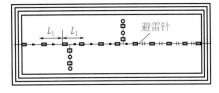

图 12-9　避雷针

避雷针引下线的安装一般采用圆钢或扁钢,其规格要求为圆钢直径不小于8mm,扁钢厚度为4mm、截面积不小于48mm^2。

安装在烟囱上的避雷针引下线规格要求为圆钢直径不小于12mm,扁钢厚度为4mm、截面积不小于100mm^2。

所有避雷针引下线均要镀锌或涂漆,在腐蚀性较强的场所,还应加大截面积或采取其他防腐措施。

避雷针引下线的固定支持点间隔不得大于1.5~2m,引下线的敷设应保持一定的松紧度。从接口到接地体,引下线的敷设越短越好。距离地面2m以内的引下线,应有良好的保护覆盖物,可穿塑料管进行保护,避免人员触及。

避雷针的引下线应安装在人不易碰到的隐藏处,以免受到机械损坏或接触电压对人员造成伤害。墙壁较厚的建筑物可将引下线埋设在墙壁里,也可以放在伸缩缝中。但圆钢规格直径应大于12mm,若采用扁钢,其截面积应大于100mm^2。

（2）避雷线

避雷线（避雷网）用途有两种:一种用于架空电力线路,以保护电力线路防止其遭受雷电侵害,确保架空电力线路的正常运行;另一种用于高层建筑物的防雷,即在建筑物的最高处,沿屋顶边,用直径不小于8mm的镀锌钢筋敷设,钢筋距离建筑物的垂直距离不小于100mm,以防建筑物遭受雷击。如图12-10所示。

（3）避雷器

为防雷电波侵入建筑物,可利用避雷器或保护间隙将雷电流在室外引入大地。如图12-11所示,避雷器装设在被保护物的引入端。其上端接入线路,下端接地。正常时,避雷器的间隙保持绝缘状态,不影响系统正常运行;雷击时,有高压冲击波沿线路袭来,避雷器击穿而接地,从而强行截断冲击波。雷电流通过以后,避雷器间隙又恢复绝缘状态,保证系统正常运行。

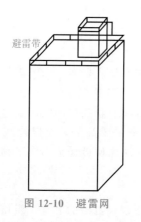

图 12-10　避雷网

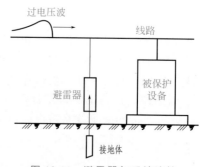

图 12-11　避雷器与系统连接

（4）引下线

引下线的作用是将接闪器承受的雷电流顺利引到接地装置,如图12-12所示。引下线一般采用圆钢或扁钢,有明装和暗装两种方式。现在一般采用暗装。暗装引下线时可利用钢筋混凝土柱中直径不小于10mm的主筋作为引下线,作为引下线的主筋应从上到下焊接成一个电气通路。

（5）接地体

接地体是用于将雷电流或雷电感应电流迅速疏散到大地中去的导体。接地体有三类。

① 自然接地体　利用地下的已有其他功能的金属物体作为防雷接地装置。

② **基础接地体**　当混凝土是采用以硅酸盐为基料的水泥且基础周围的土壤含水量不低于 4％时，应尽量利用基础中的钢筋作为接地装置，以降低造价。引下线应与基础内钢筋焊在一起。简单地说，就是利用建筑物基础圈梁内（外围）的两根主钢筋焊接成环网，引下线与环网焊成一体，如图 12-13 所示。

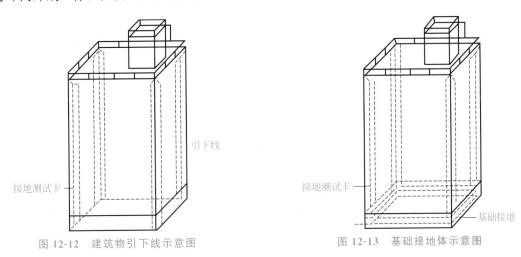

图 12-12　建筑物引下线示意图　　　　　图 12-13　基础接地体示意图

③ **人工接地**　当采用自然接地体和基础接地体不能满足防雷设计要求时，应采用人工接地，如图 12-14 所示。人工接地体一般采用镀锌钢材，如角钢、钢管和圆钢等，如图 12-15 所示。防雷装置接地电阻值应符合规范的要求。当接地电阻达不到规范要求时，应补做人工接地极，直到满足规范要求为止。

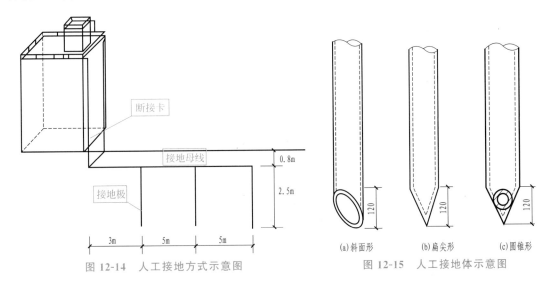

图 12-14　人工接地方式示意图　　　　图 12-15　人工接地体示意图

12.7.4.2　防雷接地平面图

建筑物的防雷接地平面图通常表示出该建筑防雷接地系统的构成情况及安装要求，一般由屋顶防雷平面图、基础接地平面图等组成。

（1）屋顶防雷平面图

结合高层建筑进行说明，这里只说明一般民用住宅楼的屋顶防雷接地平面图，如图 12-16 所示。

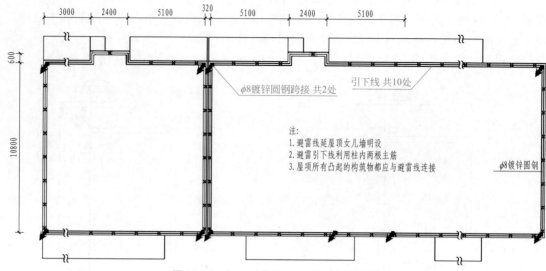

图 12-16　工厂厂房屋顶防雷接地平面图

屋顶避雷线用 $\phi8\sim\phi12$ 镀锌圆钢沿屋顶边缘或四周女儿墙明设安装，其使用专用镀锌卡子固定，间距一般是 $600\sim800mm$（图中未标出），该避雷线是与结构柱子中主钢筋可靠焊接制成的，作为引下线，共有 14 处（↙）。屋顶其他凸出物（如烟囱、抽气筒、水箱间或其他金属物等）均应用 $\phi8$ 镀锌圆钢与其可靠连接。图中伸缩缝 S 处应分别设置避雷线，且用 $\phi8$ 镀锌圆钢跨接。要求柱内与梁内主筋应可靠焊接，接地电阻 $\leq4\Omega$，如果实测达不到则应在距底梁水平距离 3m 处增设接地极并用镀锌扁钢与梁内主筋可靠连接。防雷接地与保护接地如单独使用，防雷接地电阻可为 $\leq10\Omega$。系统如不用主筋下引，则应在墙外单独设置引下线（$\phi8\sim\phi12$ 镀锌圆钢用卡子固定）并与接地极连接，引下处数与图中相同。

（2）防雷接地平面图

某工厂厂房防雷接地平面图如图 12-17 所示。从图上可以看出该厂房设置了 10 根避雷针引下线，引下线采用的是 $\phi8$ 镀锌圆钢，并做绝缘保护，上端与金属屋顶焊接或螺栓连接。

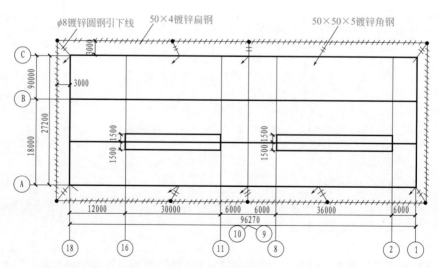

图 12-17　某工厂厂房防雷接地平面图

该厂房设计使用 12 根 50×50×5 的热镀锌角钢做 6 组人工垂直接地极,水平连接使用 50×4 镀锌扁钢,与建筑物墙体间距 3m。该厂房防雷与接地共用综合楼接地装置,接地电阻不大于 4Ω,实测达不到设计要求时,应该补打接地极。

12.2.5　动力系统施工图

动力系统电气工程图是建筑电气工程图中最基本最常用的图纸之一,是用图形符号、文字符号绘制的,用来表达建筑物内动力系统的基本组成及相互关系的电气工程图。动力系统电气工程图一般用单线绘制,能够集中体现动力系统的计算电流、开关及熔断器、配电箱、导线或电缆的型号规格、保护套管管径和敷设方式、用电设备名称、容量及配电方式等。

低压动力配电系统的电压等级一般为 380V/220V 中性点直接接地系统,线路一般从建筑物变电所向建筑物各用电设备或负荷点配电,低压配电系统的接线方式有三种:放射式、树干式和链式(是树干式的一种变形)。

图 12-18 所示为放射式动力配电系统图,这种供电方式的可靠性较高,当动力设备数量不多,容量大小差别较大,设备运行状态比较平稳时,可采用此种接线方案,这种接线方式的主配电箱宜安装在容量较大的设备附近,分配电箱和控制开关与所控制的设备安装在一起。

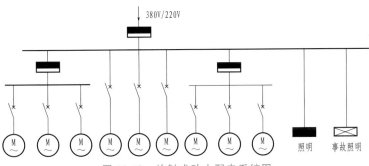

图 12-18　放射式动力配电系统图

图 12-19 所示为树干式动力配电系统图,当动力设备分布比较均匀、设备容量差别不大且安装距离较近时,可采用树干式动力系统配电方案。这种供电方式的可靠性比放射式要低一些。在高层建筑的配电系统设计中,垂直母线槽和插接式配电箱组成树干式配电系统。

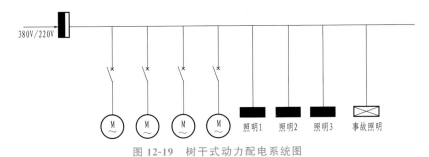

图 12-19　树干式动力配电系统图

图 12-20 示为链式动力配电系统图,当设备距离配电屏较远,设备容量比较小且相距比较近时,可以采用链式动力配电方案。这种供电方式可靠性较差,条线路出现故障,可影响多台设备正常运行。链式供电方式由一条线路配电,先接至一台设备,然后再由这台设备接至相邻近的动力设备,通常一条线路可以接 3~4 台设备,最多不超过 5 台,总功率不超过 10kW。

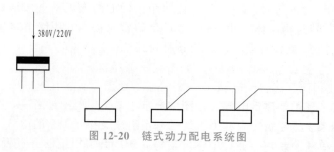

图 12-20　链式动力配电系统图

图 12-21 所示为某锅炉房的动力系统图。图中所示共五台配电箱，其中 AP1～AP3 三台配电箱内装有断路器、接触器和热继电器，也称控制配电箱；另外两台配电箱 ANX1 和 ANX2 内装有操作按钮，也称按钮箱。

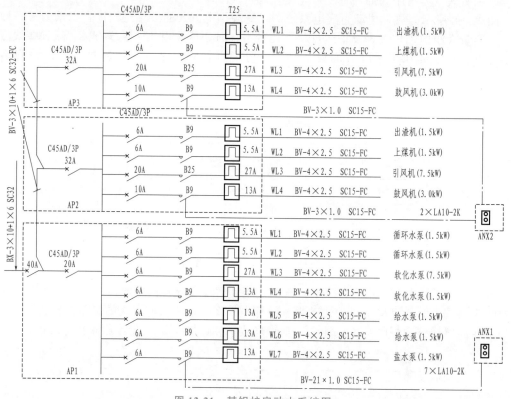

图 12-21　某锅炉房动力系统图

电源从 AP1 箱左端引入，使用 3 根截面积为 $10mm^2$ 和 1 根截面积为 $6mm^2$ 的 BX 型橡胶绝缘铜芯导线，穿直径为 32mm 的焊接钢管。电源进入配电箱后接主开关，型号为 C45AD/3P-40，额定电流为 40A，D 表示短路动作电流为 10～14 倍额定电流。主开关后是本箱 AP1 主开关，额定电流为 20A 的 C45A 型断路器，配电箱 AP1 共有 7 条输出支路，分别控制 7 台水泵。每条支路均使用容量为 6A 的 C45A 型断路器，后接 B9 型交流接触器，用作电动机控制，热继电器为 T25 型，动作电流为 5.5A，作为电动机过载保护。操作按钮箱装在 ANX1 中，箱内有 7 只 LA10-2K 型双联按钮，控制线为 21 根截面积为 $1.0mm^2$ 的塑料绝缘铜芯导线，穿直径为 25mm 的焊接钢管沿地面暗敷。从 AP1 配电箱到各台水泵的线路，均为 4 根截面积为 $2.5mm^2$ 的塑料绝缘铜芯导线，穿直径为 12mm 的焊接钢管埋地暗敷。4 根导线中 3 根为相线，1 根为保护中性线，各台水泵功率均为 1.5kW。

AP2 和 AP3 为两台相同的配电箱，分别控制两台锅炉的风机（鼓风机、引风机）和煤机（上煤机、出渣机）。到 AP2 箱的电源从 AP1 箱 40A 开关右侧引出，接在 AP2 箱 32A 断路器左侧，使用 3 根截面积为 $10mm^2$ 和 1 根截面积为 $6mm^2$ 的塑料铜芯导线，穿直径为 32mm 的焊接钢管埋地暗敷。从 AP2 配电箱主开关左侧引出 AP3 配电箱相电源线，与接 AP2 配电箱的导线相同。每台配电箱内有 4 条输出回路，其中出渣机和上煤机 2 条回路上装有容量为 6A 的断路器、引风机回路装有容量为 20A 的断路器、鼓风机回路装有容量为 10A 的断路器。引风机回路的接触器为 B25 型，其余回路的均为 B9 型。热继电器均为 T25 型，动作电流分别为 5.5A、5.5A、27A 和 13A，导线均采用 4 根截面积为 $2.5mm^2$ 的塑料绝缘铜芯导线，穿直径为 15mm 的焊接钢管埋地暗敷。出渣机和上煤机的功率均为 1.5kW，引风机的功率为 7.5kW，鼓风机的功率为 30kW。

12.2.6　建筑电气照明系统施工图

电气照明系统图是用来表示照明系统网络关系的图纸，系统图应表示出系统的各个组成部分之间的相互关系、连接方式，以及各组成部分的电器元件和设备及其特性参数。照明线路的基本形式如图 12-22 所示。

图 12-22　照明线路的基本形式

照明配电系统有 380V/220V 三相五线制（TN-C 系统、TT 系统）和 220V 单相两线制。在照明分支中，一般采用单箱供电，在照明总干线中，为了尽量把负荷均匀地分配到各线路上，以保证供电系统的三相平衡，常采用三相五线制供电方式。

照明系统根据接线方式的不同可以分为以下几种方式。

（1）单电源照明配电系统

照明线路与动力线路在母线上分开供电，事故照明线路与正常照明分开，如图 12-23 所示。

（2）有备用电源照明配电系统

照明线路与动力线路在母线上分开供电，事故照明线路由备用电源供电，如图 12-24 所示。

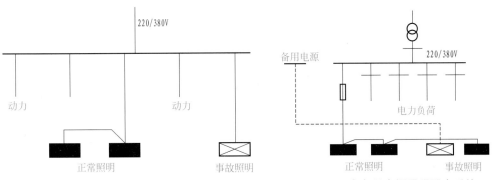

图 12-23　单电源照明配电系统　　　　图 12-24　有备用电源照明配电系统

（3）多层建筑照明配电系统

多层建筑照明一般采用干线式供电，总配电箱设在底层，如图 12-25 所示。

在电气照明系统图中，可以清楚地看出照明系统的接线方式及进线类型与规格、总开关型号、分开关型号、导线型号规格、管径及敷设方式、分支路回路编号、分支回路设备类型、数量及计算负荷等基本设计参数，图 12-25 所示为一个分支照明线路的照明配电系统图，从图中可知：电源为单电源，进线为 5 根截面积为 $10mm^2$ 的 BV 塑料铜芯导线，绝缘等级为 500V，总开关为 C45N 型断路器，4 极，整定电流为 32A，照明配电箱分 6 个回路，即 3 个照明回路、2 个插座回路和 1 个备用回路。3 个照明回路分别列到 L1、L2、L3 三相线上，3 个照明回路均为 2 根截面积为 $2.5mm^2$ 的铜芯导线，穿直径为 20mm 的 PVC 阻燃塑料管在吊顶内敷设。2 路插座回路分别列到 L1、L2 相线，L3 相引出备用回路，插座回路导线均为 3 根截面积为 $2.5mm^2$ 的 BV 塑料铜芯导线，敷设方式为穿直径为 20mm 的 PVC 阻燃塑料管沿墙内敷设。

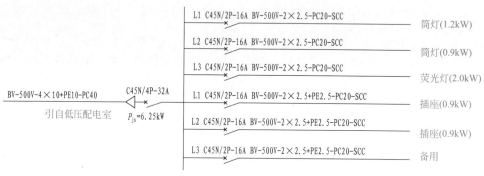

图 12-25　多层建筑照明配电系统图

12.2.7　建筑电气施工图示例

一、电气设计说明

1. 工程概况

本工程为学生宿舍一号楼，地上六层。结构形式为砖混结构，建筑面积 $5807.88m^2$，建筑高度 21.65m。

2. 设计依据

(1)《民用建筑电气设计规范》（JGJ 16—2008）；

(2)《建筑设计防火规范》（GB 50016—2006）；

(3)《供配电系统设计规范》（GB 50052—95）；

(4)《低压配电设计规范》（GB 50054—95）；

(5)《建筑物防雷设计规范》（GB 50057—94）（2000 年版）；

(6)《建筑照明设计标准》（GB 50034—2004）；

(7)《宿舍建筑设计规范》（JGJ 36—2005）；

(8) 甲方设计委托书及各专业提供资料。

3. 设计范围

(1) 供配电系统；

(2) 一般照明及应急照明系统；

(3) 防雷与接地系统；

(4) 电话系统及网络系统；

(5) 电能计量系统。

二、施工图

1. 配电干线系统图

配电干线系统图如图 12-26 所示。

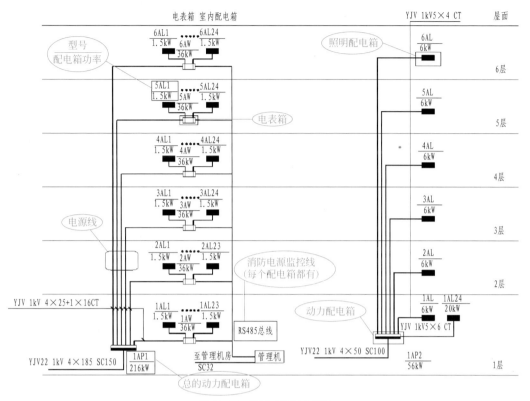

图 12-26　配电干线系统图

2.配电系统图

电表箱配电图如图 12-27 所示，配电箱系统图如图 12-28 所示。

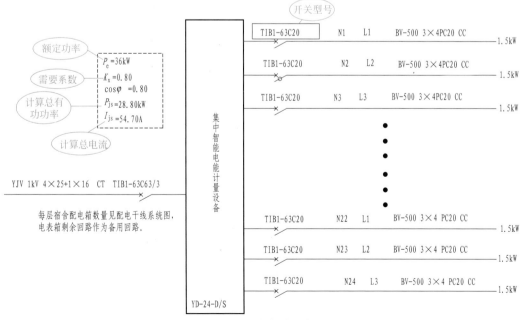

图 12-27　电表箱配电图

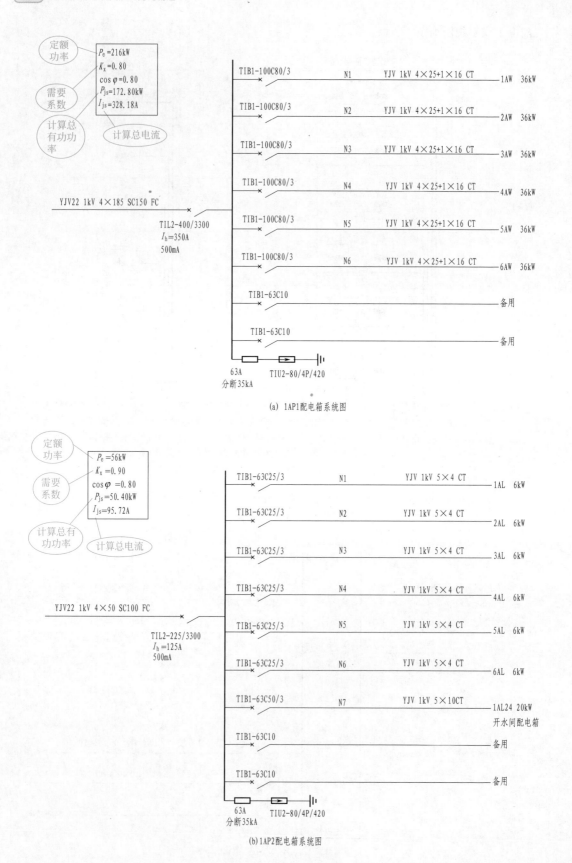

P_e =216kW
K_x =0.80
cos φ =0.80
P_{js} =172.80kW
I_{js} =328.18A

定额功率
需要系数
计算总有功功率
计算总电流

YJV22 1kV 4×185 SC150 FC

TIL2-400/3300
I_h=350A
500mA

TIB1-100C80/3　　N1　　YJV 1kV 4×25+1×16 CT　　1AW　36kW

TIB1-100C80/3　　N2　　YJV 1kV 4×25+1×16 CT　　2AW　36kW

TIB1-100C80/3　　N3　　YJV 1kV 4×25+1×16 CT　　3AW　36kW

TIB1-100C80/3　　N4　　YJV 1kV 4×25+1×16 CT　　4AW　36kW

TIB1-100C80/3　　N5　　YJV 1kV 4×25+1×16 CT　　5AW　36kW

TIB1-100C80/3　　N6　　YJV 1kV 4×25+1×16 CT　　6AW　36kW

TIB1-63C10　　　　　　　　　　　　　　　　　备用

TIB1-63C10　　　　　　　　　　　　　　　　　备用

63A
分断35kA
TIU2-80/4P/420

(a) 1AP1配电箱系统图

P_e =56kW
K_x =0.90
cos φ =0.80
P_{js} =50.40kW
I_{js} =95.72A

定额功率
需要系数
计算总有功功率
计算总电流

YJV22 1kV 4×50 SC100 FC

TIL2-225/3300
I_h=125A
500mA

TIB1-63C25/3　　N1　　YJV 1kV 5×4 CT　　1AL　6kW

TIB1-63C25/3　　N2　　YJV 1kV 5×4 CT　　2AL　6kW

TIB1-63C25/3　　N3　　YJV 1kV 5×4 CT　　3AL　6kW

TIB1-63C25/3　　N4　　YJV 1kV 5×4 CT　　4AL　6kW

TIB1-63C25/3　　N5　　YJV 1kV 5×4 CT　　5AL　6kW

TIB1-63C25/3　　N6　　YJV 1kV 5×4 CT　　6AL　6kW

TIB1-63C50/3　　N7　　YJV 1kV 5×10CT　　1AL24 20kW
开水间配电箱

TIB1-63C10　　　　　　　　　　　　　　　备用

TIB1-63C10　　　　　　　　　　　　　　　备用

63A
分断35kA
TIU2-80/4P/420

(b)1AP2配电箱系统图

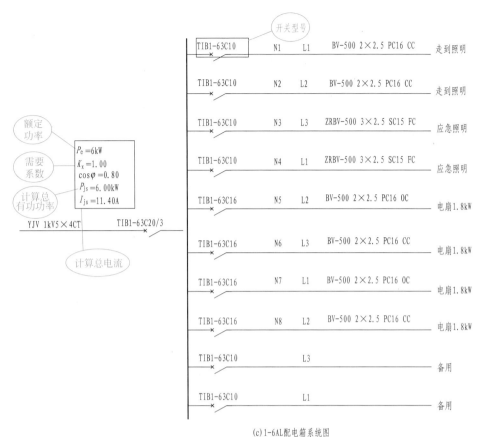

(c)1-6AL配电箱系统图

图 12-28　配电箱系统图

3.照明平面图

以一层为例,一层照明平面图如图 12-29 所示。

4.防雷接地平面图

屋顶防雷平面图如图 12-30 所示,基础接地平面图如图 12-31 所示。

三、识图

1.供配电系统

本工程采用 TN-C-S 系统,供电电压为 380V,每间宿舍设计容量为 1.5kW,总容量为216kW。

2.一般照明及应急照明系统

本工程设有一般照明、应急照明和疏散指示。其中应急照明和疏散指示由双回路供电,一路由市电供电,一路由蓄电池供电。应急照明和疏散指示设置在宿舍走廊、楼梯间等公共部分。

3.防雷与接地系统

本工程按三类防雷设计,屋面避雷带采用 $\phi12$ 镀锌圆钢,防雷引下线利用构造柱中不少于两根主钢筋焊接引下,基础钢筋做接地极,接地电阻不大于 1Ω,在电源进线处做重复接地,大楼做总等电位联结,有洗浴的卫生间内金属管线及设备做局部等电位联结。

4.电话系统及网络系统

宿舍楼预留两根钢管(一根用于电话,另一根用于网络),进入竖井内设总配线设备。具体设备及配置方式由甲方和网络部门商定。每层设配线设备,由桥架将网络线缆送至各个网络终端。每间宿舍设网络插座,共 4 个。插座安装高度距地 0.3m,电话在宿舍楼一层大厅公共部分设置。

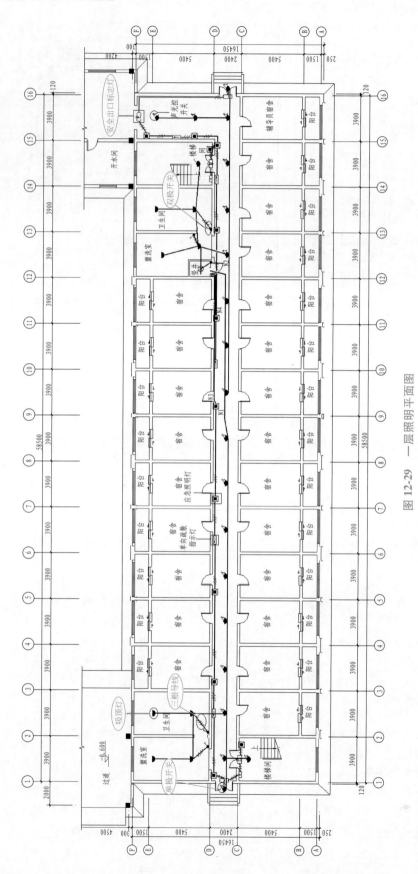

图 12-29 一层照明平面图

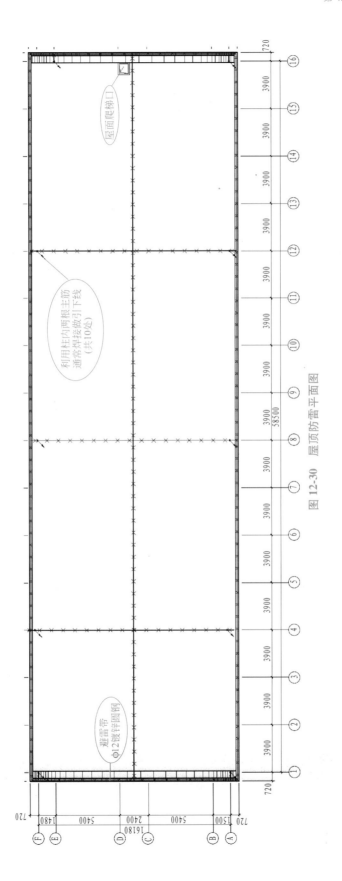

图 12-30　屋顶防雷平面图

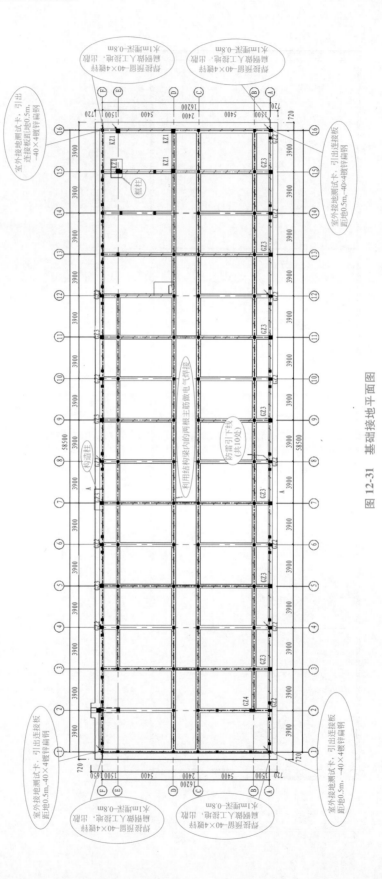

图 12-31 基础接地平面图

5.电能计量系统

每层在公共位置设集中智能电表计量装置（根据甲方要求可满足定时开断电、电费计量及预收费、短路过载保护及负载识别等功能）。

6.线路敷设及设备安装

电源采用电力电缆直埋引入竖井，再由总配电箱引至各层箱。宿舍内配电箱埋墙暗装，安装高度距地 1.6m，开关安装高度距地 1.3m，电源插座安装高度均距地 0.3m。宿舍照明采用节能型荧光灯，公共走廊采用节能型灯具并暗装声光控自熄开关。

第 13 章

通风与空调工程施工图

13.1　通风与空调工程施工图识图基本知识

13.1.1　建筑通风空调系统制图一般规定

（1）图线

图线的基本宽度 b 和线宽组，应根据图样的比例、类别及使用方式确定。基本宽度 b 宜选用 0.18mm、0.35mm、0.7mm、1.0mm。

图样中仅使用两种线宽的情况，线宽组宜用 b 和 $0.25b$。三种线宽的线宽组宜为 b、$0.5b$ 和 $0.25b$。

在同一张图纸内，各不同线宽组的细线，可统一采用最小线宽。通风空调制图中图线的选用如表 13-1 所示。

表 13-1　通风空调制图中图线的选用

线型	线宽	一般用途
粗实线	b	单线表示的管道
中粗实线	$0.5b$	本专业设备轮廓、双线表示的管道轮廓
细实线	$0.25b$	建筑物轮廓；尺寸、标高、角度等标注线及引出线；非本专业设备轮廓
粗虚线	b	回水管线
中粗虚线	$0.5b$	本专业设备及管道被遮挡轮廓
细虚线	$0.25b$	地下管沟、改造前风管的轮廓线、示意性连线
中粗波浪线	$0.5b$	单线表示的软管
细波浪线	$0.25b$	断开界线
单点长划线	$0.25b$	轴线、中心线
双点长划线	$0.25b$	假想或工艺设备轮廓线
折断线	$0.25b$	断开界线

（2）通风空调系统施工图绘制的基本规定

通风空调安装工程施工图作为专业图纸，与其他的图纸是有差别的。掌握好绘制通风空调安装工程施工图的基本规定，如线型、图例符号的含义等，有助于顺利进行图纸的识读。

虽然通风空调系统千变万化，但我们可以把它们归成两种类型：一种是风系统，包括通风系统、全空气空调系统以及空气-水系统中的新风系统；另一种是水系统，包括全水系统、空气水系统中的水系统以及制冷剂系统。同种类型的施工图的识读方法基本上是相似的。在本节中，将以通风系统和全水系统为例来学习这两类图纸的识读方法。

13.1.2 通风与空调工程标注及图例

通风空调制图中常用的代号及图例分别如表 13-2～表 13-4 所示。

表 13-2　水、汽管道代号

代号	管道名称	备注
R	热水管（采暖、生活、工艺用）	1.用粗实线、粗虚线区分供水、回水时，可以省略代号 2.可附加阿拉伯数字 1、2 区分供水、回水 3.可附加阿拉伯数字 1、2、3、…表示一个代号、不同参数的多种管道
Z	蒸汽管	需要区分饱和、过热、自用蒸汽时，可在代号前分别附加 B、G、Z
N	凝结水管	
P	膨胀水管、排污管、排气管、旁通管	需要区分时，可在代号后附加一位小写拼音字母，即 P_z、P_w、P_q、P_t
G	补给水管	
X	泄水管	
XH	循环管、信号管	循环管为粗实线，信号管为细虚线。不致引起误解时，循环管也可为"X"
Y	溢排管	
L	空调冷水管	
LR	空调冷/热水管	
LQ	空调冷却水管	
n	空调冷凝水管	
RH	软化水管	
CY	除氧水管	

表 13-3　风道代号

代号	风道名称	代号	风道名称
K	空调风管	H	回风管（一、二次回风可附加 1、2 区别）
S	送风管	P	排风管
X	新风管	PY	排烟管或排烟、排风共用管道

表 13-4　通风空调系统常用图例

名称	图例	说明	名称	图例	说明
法兰盖	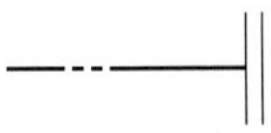		砌筑风、烟道	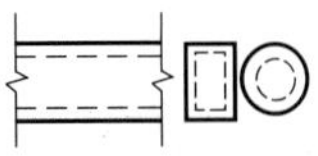	其余风、烟道不画虚线
丝堵	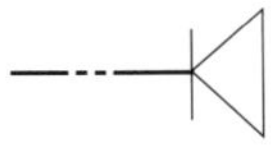	也可表示为: 	轴流风机	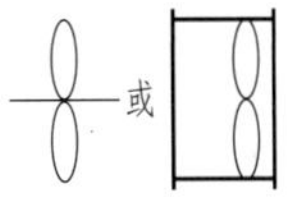	或

续表

名称	图例	说明	名称	图例	说明
弧形补偿器	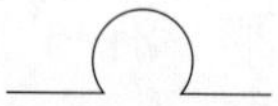		离心风机		左为左式风机,右为右式风机
绝热管			水泵	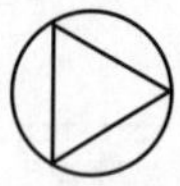	左侧为进水,右侧为出水
止回阀	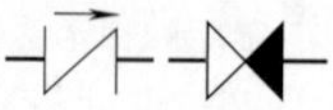	左为通风,右为升降式止回阀	风口	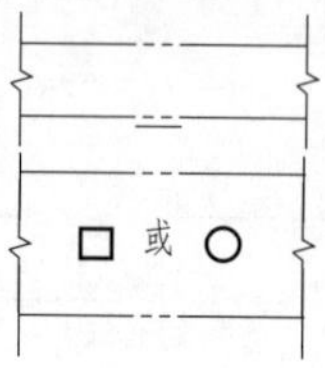	通用风口,左为矩形,右为圆形
疏水阀	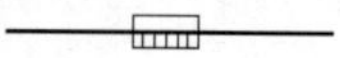	也称疏水器		□ 或 ○	
散热器	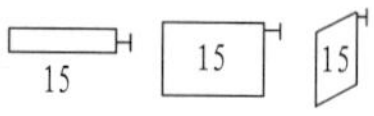 15 15 15	左为平面,中、右为系统(附有手动放水阀)	方形散流器	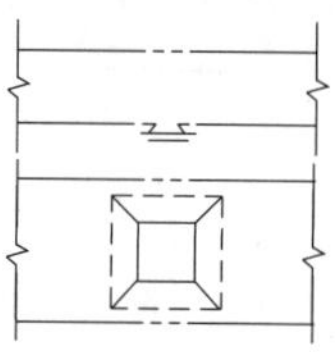	散流器可见时虚线改为实线
集气罐	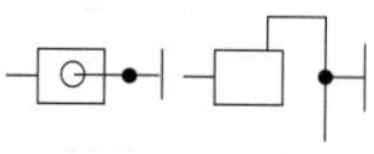	左为平面,右为系统(包括排气装置)			

13.1.3 通风与空调工程施工图组成与识读

(1) 通风工程施工图表达的内容

① 通风系统的管道、管道配件、设备规格、型号等技术参数及其在某个特定建筑空间的布置。

② 建筑物的轮廓及其在空间上与通风系统的相对关系。

③ 需现场加工制作的异形通风管道、管道配件、设备配件等非标准构配件。

(2) 通风工程施工图表达的特殊性

所表述的对象的几何形状特殊,用一般工程图的视图、剖视、剖面等方法不能很好地表达工程的设计意图及技术要求。

如通风管道,其长度方向尺寸与径(横)向尺寸相比要大得多,其沿长度方向的截面形状不变,但尺寸在变,且这个变化量相对于长度方向尺寸来说甚小。

再如,通风系统的管道配件(阀门、变形接头)、设备(除尘器)的几何形体与尺寸,就很难用工程图方法画出这些实物在通风系统中的真正视图。还有,在同一个建筑空间,输送不同介质的管道之区别等。

(3) 通风工程施工图上的建筑轮廓

通风工程是项与建筑相关的设备工程,因此,其工程图样是在建筑工程图样的基础上绘制的,所以通风工程施工图上也绘有建筑物有关轮廓线,但这些建筑物轮廓线又不是通风工程施工图的主要部分,通常用比较细的线型绘制。

(4) 通风工程施工图的构成

通风工程施工图的基本构成要素如图 13-1 所示。

（5）空调系统施工图的内容

施工图一般包括如下内容。

① 图纸目录　一般目录前面列出的是新绘制的图纸，后面列出的是选用的标准图或重复利用图。

② 设计说明　对于大型复杂的设计，设计说明会单独出一张图纸；对于简单的工程，设计说明内容少，一般合并写在底层平面图上。

③ 空调平面图。

④ 空调剖面图。

⑤ 空调机房平面图。

⑥ 空调机房剖面图。

⑦ 系统图　按正等测或斜等测画法绘制的系统图。对大型复杂的系统，还配有系统流程图。

⑧ 详图。

⑨ 计算书。

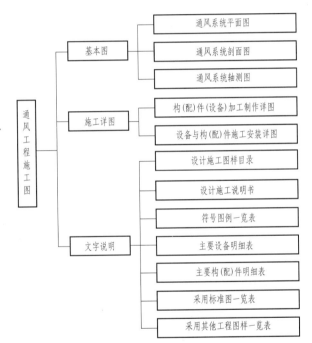

图 13-1　通风工程施工图的基本构成要素

（6）通风与空调系统施工图的基本规定和图样画法

① 通风空调管道和设备布置平面图、剖面图应以直接正投影法绘制。管道系统图的基本要求应与平面图、剖面图相对应，如采用轴测投影法绘制，宜采用与相应的平面图一致的比例，按正等轴测或正面斜二轴测的投影规则绘制。原理图（即流程图）不按比例和投影规则绘制，其基本要求是应与平面图、剖面图及管道系统图相对应。

② 通风与空调施工图依次包括图纸目录、选用图集（纸）目录、设计施工说明、图例、设备及主要材料表、总图、工艺（原理）图、系统图、平面图、剖面图、详图等。

③ 设备表一般包括序号、设备名称、技术要求、数量、备注栏。

材料表一般包括序号、材料名称、规格或物理性能、数量、单位、备注栏；设备部件需标明其型号、性能时，可用明细栏表示。

④ 通风与空调图样包括平面图、剖面图、详图、系统图和原理图。通风与空调平面图应按本层平顶以下俯视绘出，剖面图应在其平面图上选择能反映该系统全貌的部位直立剖切。通风与空调剖面图剖切的视向宜向上、向左。平面图、剖面图应绘出建筑轮廓线，标出定位轴线编号、房间名称，以及与通风空调系统有关的门、窗、梁、柱、平台等建筑构配件。

平面图、剖面图中的风管宜用双线绘制，以便增加直观感。风管的法兰盘可用单线绘制。平面图、剖面图中的各设备、部件等宜标注编号。对于通风与空调系统，宜用系统名称的汉语拼音字头加阿拉伯数字进行编号。如送风系统 S-1、S-2 等，排风系统 P-1、P-2 等。设备的安装图应由平面图、剖面图、局部详图等组成，图中各细部尺寸应标注清楚，设备、部件均应标注编号。

通风与空调系统图是施工图的重要组成部分，也是区别于建筑、结构施工图的一个主要特点。它可以形象地表达出通风与空调系统在空间的前后、左右、上下的走向，以突出系统的立体感。为了使图样简洁，系统图中的风管宜按比例以单线绘制。系统的主要设备、部件应标注出编号，对于各设备、部件、管道及配件要表示出它们的完整内容。系统图宜注明管径、标高，其标注方法应与平面图、剖面图一致。图中的土建标高线，除注明其标高外，还应加文字说明。

（7）通风空调安装施工图的识读方法

在一般情况下，根据通风空调安装工程施工图所包含的内容，可按以下步骤对通风空调安装工程施工图进行识读。

① 阅读图纸目录　通过阅读图纸目录，了解整套通风空调安装工程施工图的基本概况，包括图纸张数、名称以及编号等。

② 阅读设计和施工总说明　通过阅读施工总说明，全面了解通风空调系统的基本概况和施工要求。

③ 阅读图例符号说明　通过阅读图例符号说明，了解施工图中所用到的图例符号的含义。

④ 阅读系统原理图　通过阅读系统原理图，了解通风空调系统的工作原理和流程。

⑤ 阅读平面图　通过阅读通风空调平面图，详细了解通风空调系统中设备、管道、部件等的平面布置情况。

⑥ 阅读剖面图　通风空调安装工程剖面图应与平面图结合在一起识读。对于在平面图中一些无法了解到的内容，可以根据平面图上的剖切符号查找相应的剖面图进行阅读。

⑦ 阅读其他图纸　在掌握了以上内容后，可根据实际需要阅读其他相关图纸（如设备及管道的加工安装详图、立管图等）。

（8）通风空调安装施工图的识读举例

以某厂化学合成车间通风系统的若干图样为例，进一步说明通风空调系统施工图的识读方法。图 13-2 是某化工车间通风系统平面图。从图中可以看出：靠近轴线Ⓒ的一排柱子旁装了一条矩形送风管。在轴线Ⓓ～Ⓕ间的通风机房安装了两套排风管道。送风室设在轴①与轴②和轴Ⓐ与轴Ⓑ图中厂房的低跨部分。矩形送风管断面尺寸是由 850mm×400mm 到 300mm×400mm 均匀变化的。风量由进风小室的百叶窗经加热器由风机抽入风管，通过风管上的 7 个送风口将热风送入车间。

图 13-3 为该车间的通风剖面图。在其中的 1-1 剖面图中，轴线Ⓐ～Ⓒ间表示的是送风系统的设备，风管的安装位置和高度，风管在屋面下的吊装方式，进风室的横断面及其高度等；轴线Ⓒ～Ⓕ间表示的是排风系统的设备，风管风帽的安装位置和高度。

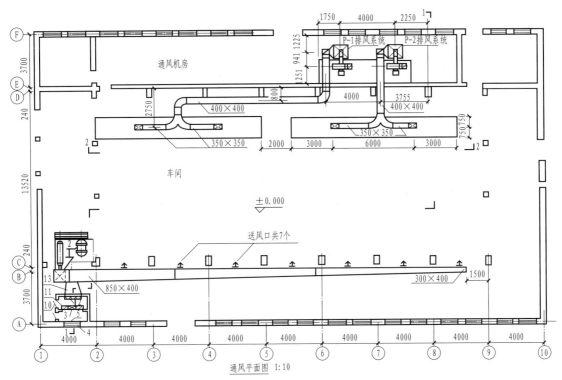

图 13-2 某化工车间通风平面图

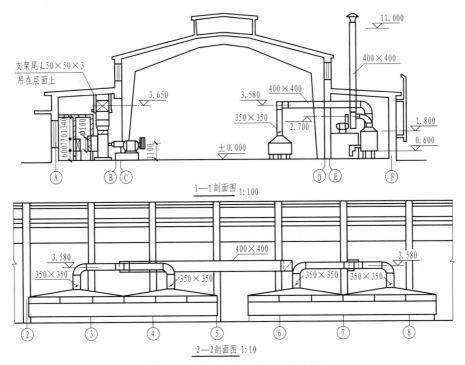

图 13-3 某化工车间的通风剖面图

13.2　通风与空调工程施工图识图

13.2.1　风管与部件

（1）风管

风管用来输送空气，是通风系统重要的组成部分，如图13-4、图13-5所示，在总造价中它占有较大的比例。对风管的要求是有效和经济地输送空气。

其中有效是指：严密，不漏气；有足够强度；耐火、耐腐蚀、耐潮。

经济是指：材料价格低廉、施工方便；表面光滑，具有较小的流动阻力。

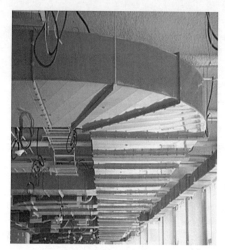

图13-4　消防风管

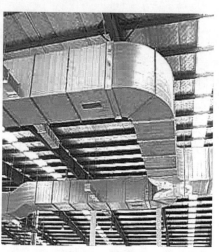

图13-5　空调风管

（2）风管间的连接

风管最主要的连接方式是法兰连接，但除此之外还可采用无法兰连接的形式。

风管与扁钢法兰之间的连接可采用翻边连接。风管与角钢法兰之间的连接，当管壁厚度小于等于1.5mm时，可以采用翻边铆接；当管壁厚度大于1.5mm时，可以采用翻边点焊或周边满焊的方法。法兰盘与风管的连接方式如图13-6所示。

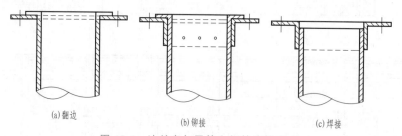

(a)翻边　　　　　　　(b)铆接　　　　　　　(c)焊接

图13-6　法兰盘与风管之间的连接方式

13.2.2　风管支吊架

风管常沿着墙、柱、楼板、屋架或屋梁敷设，应当安装在支架或吊架上。

（1）风管支架

将风管沿墙、柱敷设时，多使用支架来承托管道，风管能否安装平直，依赖于支架安装得合适与否。

　　风管的支架依据现场支持构件的具体情况以及风管的质量，选择使用圆钢、扁钢、角钢等来制作。大型风管构件也可用槽钢制成。既要节约钢材，又要保证支架的强度，以防支架变形。支架形式和尺寸应按照全国通用《采暖通风标准图集》TG16 进行制作。

　　风管沿墙上支架的安装如图 13-7 所示，可按风管标高，定出支架与地面的距离。矩形风管是风管管底标高；圆形风管为中心标高，安装时应注意区别。

　　支架埋入砖墙内的尺寸应不小于 200mm，用水泥砂浆填实。支架要水平，且垂直于墙面。

　　在钢筋混凝土柱子上安装支架，如图 13-8 所示，可使用预埋螺杆或钢板，或用型钢或圆钢做抱箍。

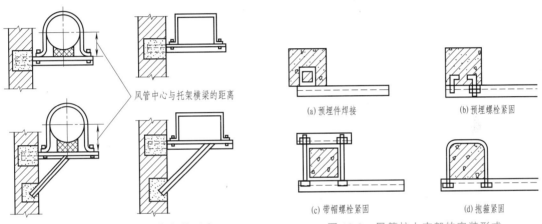

图 13-7　风管沿墙上支架的安装形式　　　　图 13-8　风管柱上支架的安装形式

（2）风管吊架

　　将风管敷设在楼板、屋面大梁或是屋架下面，离墙柱较远时，常用吊架来固定风管。

　　圆形风管的吊架由吊杆和抱箍组成，矩形风管的吊架使用吊杆和托铁构成。吊杆用圆钢制作，下端套用 50～60mm 的螺丝，以利于调整支架的高度，如图 13-9 所示。抱箍根据风管的直径使用扁钢制作两个半圆，安装时用螺栓将两者连接在一起。托铁用角钢制作而成，

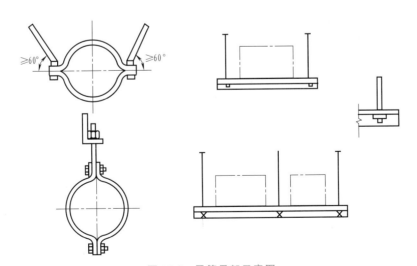

图 13-9　风管吊架示意图

角钢上穿吊杆的螺孔,应比风管边长宽45~50mm。安装时,矩形风管用双吊杆或多吊杆,圆风管每隔两个单吊杆中间设置一个双吊杆,以防风管晃动。吊杆的上部可以采用预埋设法、膨胀螺栓法、射钉枪法与楼板、梁或屋架连接固定。吊架不得直接吊在法兰之上。

13.2.3 空调设备及部件

13.2.3.1 风口

风口的形式、大小、位置对室内空气流动的合理组织有着重要的作用。风口分送风口和回风口。

(1) 送风口

送风口按出气流的形式可分为以下四种。

① 辐射型送风口　送出气流呈辐射状向四周扩散,如各式散流器。

② 轴向送风口　气流沿送风口轴线方向送出,如格栅、百叶、条缝送风口、喷口。

③ 线形送风口　气流从狭长的线状风口送出,如长宽比很大的条缝形送风口。

④ 面形送风口　气流从大面积的平面上均匀送出,如孔板送风口。

常见送风口如表13-5所示。

表13-5　常见送风口

风口类型	风口基本构造	射流特征及应用范围
格栅送风口	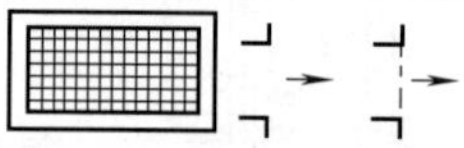	叶片或空花图案的格栅用于一般空调工程
单层百叶送风口	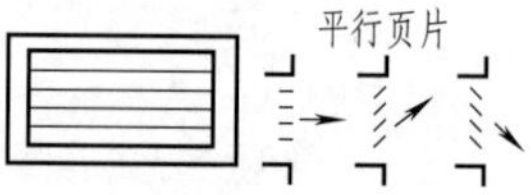 平行页片	叶片活动,可根据冷、热射流调节送风的上下倾角,用于一般空调工程
双层百叶送风口	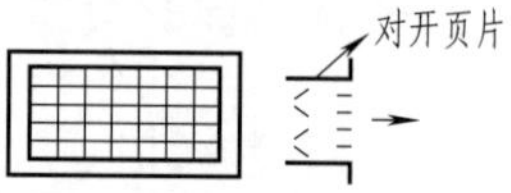 对开页片	叶片可活动,内层对开叶片用以调节风量,用于较高精度空调工程
三层百叶送风口	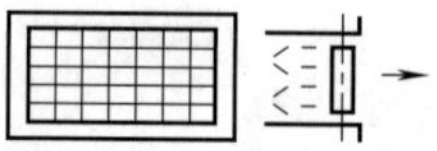	叶片可活动,有对开叶片可调节风量,又有水平、垂直叶片可调上下倾角和射流扩散角,用于高精度空调工程
带调节板活动百叶送风口	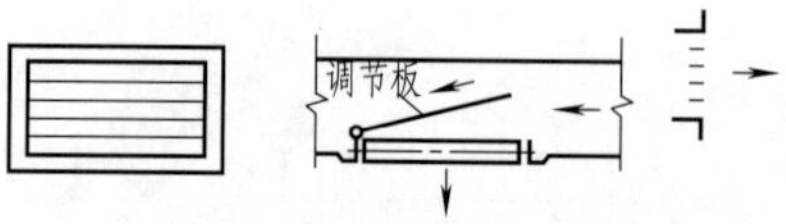 调节板	通过调节板调整风量用于较高精度空调工程
带出口隔板的条缝形送风口	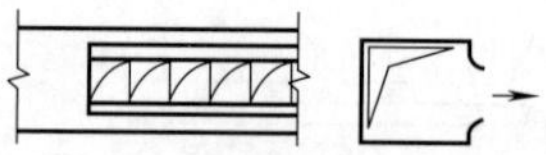	常设于工业车间的截面变化均匀送风管道上,用于一般精度的空调工程
条缝形送风口	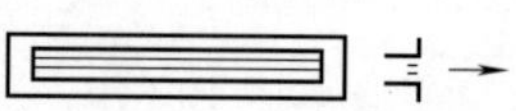	常配合静压箱(兼作吸音箱)使用,可作为风机盘管、诱导器的出风口,适用于一般精度的民用建筑空调工程

(2) 回风口

回风口对室内气流组织影响不大,构造简单,类型也不多。如在孔口上,根据需要装上阻挡杂物的金属网;或为了美观,装上各种图案的格栅;或为了调节装上活动百叶,如图13-10所示。在空调工程中,风口均应能进行风量调节,若风口上无调节装置,则其后的风管上要有调节装置。回风口若装在房间下部,为避免灰尘和杂物的吸入,风口下缘离地面至少为0.15m。

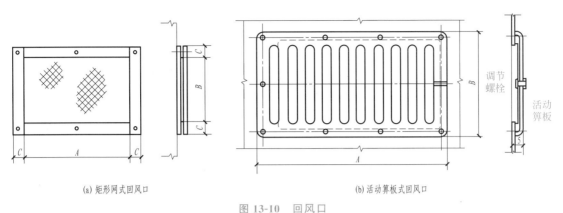

(a) 矩形网式回风口　　　　　　(b) 活动算板式回风口

图 13-10　回风口

A—回风口长度；*B*—回风口宽度；*C*—回风口边框宽度

13.2.3.2　风阀

通风系统中的阀门主要用于启动风机，关闭风道、风口，调节管道内空气量，平衡阻力等。阀门安装于风机出口的风道上，主干风道上、分支风道上或空气分布器之前等位置。常用的阀门有蝶阀、风量调节阀等。

蝶阀的构造如图 13-11 所示，分拉链式和手柄式，形状有圆形、方形和矩形。通过转动阀板的角度即可改变空气流量。蝶阀使用较为方便，但严密性较差。

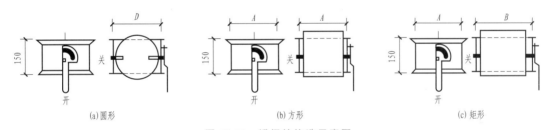

(a)圆形　　　　　　(b)方形　　　　　　(c)矩形

图 13-11　蝶阀的构造示意图

A—方形蝶阀的长度；*B*—矩形蝶阀的长度；*D*—圆形蝶阀直径

风量调节阀则是依靠转动多个叶片的角度来实现对风量的调控。常用的电动风量调节阀如图 13-12 所示。

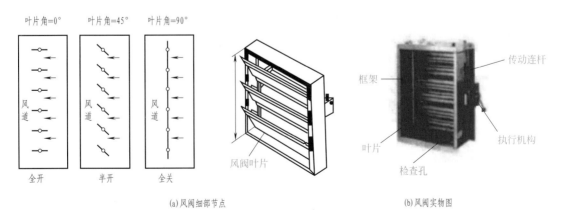

(a) 风阀细部节点　　　　　　(b) 风阀实物图

图 13-12　常用电动风量调节阀

13.2.3.3 防火、防烟阀

当风道需多处穿越防火或防烟分区时，需设置防火或防烟阀。

① 防火阀 防火阀在正常情况下是开启的，发生火灾时，防火阀上的易熔金属片在高于 70℃时自动熔断，阀门自动关闭，从而防止火及烟气通过风管进行蔓延，如图 13-13 所示。防火阀与一般调节风门结合使用时，可兼起风量调节作用，称为防火调节风门。

② 防烟阀 防烟阀是与烟感器连锁的风门，即通过能探知火灾初期烟气的烟感器来关闭风门，以防止本区的烟气通过风管蔓延至他处，如图 13-13 所示。若在这种阀门上加上易熔合金，也能起到防火的作用，称为防烟防火风门。也有将防火、防烟和风量调节三者结为一体的风门，称防火防烟调节阀。

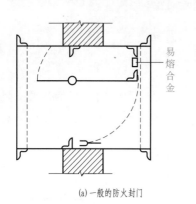
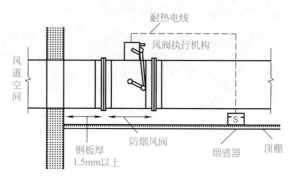

(a) 一般的防火封门　　　　(b) 防烟风门

图 13-13 防火、防烟阀示意图

13.2.3.4 通风机

通风机是用于为空气气流提供必需的动力以克服输送过程中的阻力损失。根据通风机的作用原理有离心式、轴流式和贯流式三种类型，大量使用的是离心式与轴流式通风机。

扫码看视频

离心式风机

① 离心式风机的构造如图 13-14 所示。离心式风机的全称包括名称、型号、机号、传动方式、旋转方式以及出风口位置六个部分，一般书写顺序如图 13-15 所示。

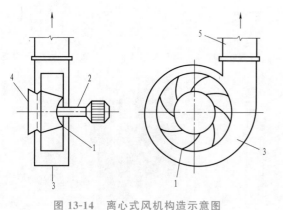

图 13-14 离心式风机构造示意图
1—叶轮；2—风机轴；3—机壳；4—导流器；5—排风口

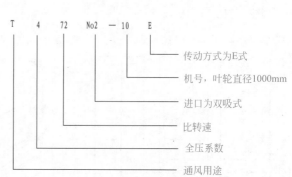

图 13-15 离心式风机书写顺序示意图

② 轴流式通风机的构造如图 13-16 所示。叶轮安装在圆筒形外壳中，当叶轮由电动机带动旋转时，空气从吸风口进入，在风机中沿轴向流动经过叶轮和扩压器时压头增大，从出

风口排出。轴流风机以 500Pa 为界分为低压轴流风机和高压轴流风机。

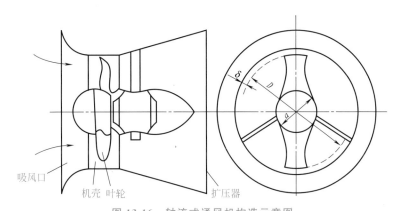

图 13-16　轴流式通风机构造示意图

D—叶轮外直径；a—叶轮轮毂直径；δ—机壳与叶轮间隔距离

13.2.3.5　空调消声器

在空调系统中，用来降低沿风管道传播的空气动力噪声的装置称为空调消声器。常用的消声器有阻性消声器、抗性消声器、共振型消声器、复合式消声器。

阻性消声器对中、高频噪声的消声效果较好。影响阻性消声器性能的因素有吸声材料的种类、吸声层厚度及密度、气流通道断面形状及大小、气流速度及消声器长度。

吸声材料的吸声性能用吸声系数 α 来表示，它是材料吸收的声能与入射声能的比值，吸声系数越大，吸声性能越好。

阻性消声器有管式、片式、格式（蜂窝式）、折板式、声流式、小室式以及弯头等，如图 13-17 所示。

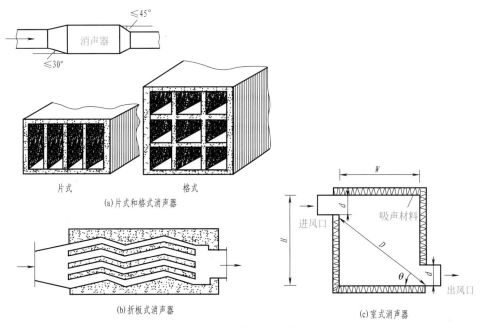

图 13-17　阻性消声器

W—室内净长；H—室内净宽；D—室内对角线长度；θ—室内对角线夹角；d—消声器宽度

13.2.3.6 空气处理装置

① 空气加热器（冷却器） 是由金属制成的，分为光管式和肋片管式两大类。光管式空气加热器由联箱（较粗的管子）和焊接在联箱间的钢管组成，一般在现场按标准图加工制作。这种加热器的特点是加热面积小，金属消耗多，但表面光滑，易于清灰，不易堵塞，空气阻力小，易于加工，适用于灰尘较大的场合；肋片管式空气加热器根据外肋片加工的方法不同而分为套片式绕片式、镶片式和轧片式，其结构材料有钢管钢片、钢管铝片和铜管铜片等。

② 除尘设备 是净化空气的一种器具，一般由专业工厂制造，有时安装单位也可制造。

③ 空调器 是空调系统中的空气处理设备。常用空调器有 39F 型系列空调器。YZ 型系列卧式组装空调器、JW 型系列卧式组装空调器、BWK 型系列玻璃钢卧式组装空调器、JS 型系列卧式组装空调器。

④ 风机盘管 由箱体、出风格栅、吸收材料、循环风吸过滤器、前向多翼离心风机或轴流风机冷却加热两用换热盘管、单相电容调速低噪音电机、控制器和凝水盘等组成，如图 13-18 所示。

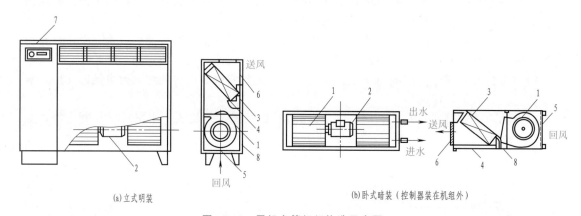

(a) 立式明装   (b) 卧式暗装（控制器装在机组外）

图 13-18　风机盘管机组构造示意图

1—离心式风机；2—电动机；3—盘管；4—凝水盘；5—空气过滤器；
6—出风格栅；7—控制器（电动阀）；8—箱体

13.2.4　管道及设备

管道和设备布置平面图、剖面图和详图的画法要点如下。

① 管道和设备布置平面图、剖面图应直接以正投影法绘制。

② 用于暖通空调系统设计的建筑平面图、剖面图，应用细实线绘制出建筑轮廓线和与暖通空调系统有关的门、窗、梁、柱、平台等建筑结构配件，并标明相应定位轴线编号、房间名称、平面标高。

③ 管道和设备布置平面图应按假象除去上层板后俯视规则绘制，其相应的垂直剖面图应该在平面图中标明剖切符号，如图 13-19、图 13-20 所示。

④ 剖面图的剖切符号应当由剖切位置线、投影方向线及编号组成，剖切位置线与投射方向线都采用粗实线绘制。

⑤ 平面图、剖面图中的水、汽管道可用单线绘制，风管不宜用单线绘制。

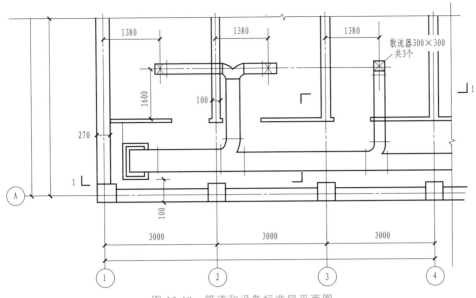

图 13-19　管道和设备标准层平面图

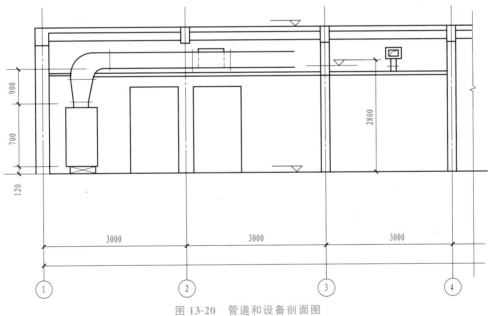

图 13-20　管道和设备剖面图

13.2.5　空调系统平面图

某办公楼通风空调系统如图 13-21～图 13-26 所示。

如图 13-21、图 13-22 所示，L1 为空调冷冻水供水管，供水管由冷水机组引出，其上设置水流开关、橡胶软接头、蝶阀、压力表、温度计，此水管出水温度为 7℃，输送至换热设备，通过换热设备与热空气进行热交换，温度升高为 12℃，再通过冷冻水回水管 L2 回到冷水机组内。冷却水供水管道为 L3，此水管水温大约 37℃，由冷水机组通向冷却塔，在冷却塔内冷却为 32℃，由冷却水回水管 L4 输送至冷水机组。冷冻水回管上设置冷冻水泵，冷却水回水管上设置冷水泵。冷却塔中设置补水管 S。冷冻水泵进水管前端设置膨胀水箱，水箱上设置补水管和溢流管。水泵前设置蝶阀、Y形水过滤器、橡胶软接头，水泵后设置橡胶软接头、温度表、蝶阀、压力表。

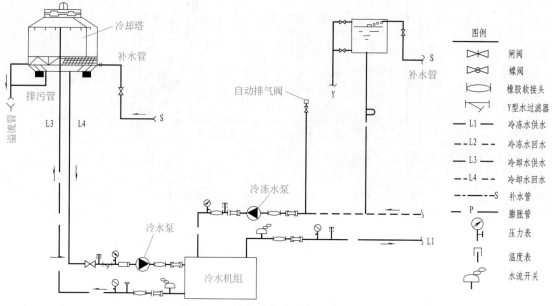

图 13-21 某办公楼冷冻水系统原理图

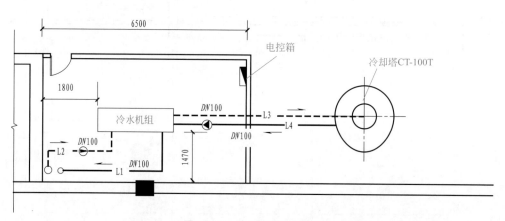

图 13-22 空调机房平面图

由图 13-23 可知，该办公楼的卫生间、休息室和会议室均设置排风口和排风管，三个排风立管尺寸均为 400mm×400mm。

由图 13-24、图 13-25 知，办公楼通风空调房间内采用独立新风加风机盘管系统。新风由走廊吊顶新风机组提供。超薄吊顶新风机组设置于走道西端，新风口设置防雨百叶、密闭保温阀，新风机组后管道设置防火阀，由矩形管道输送至健身房、休息室、办公楼和会议室，管道分支处均设置调节阀。独立新风系统共设置 8 个送风口，新风加风机盘管系统设有 8 个风机盘管，8 个回风口和 8 个送风口。

由图 13-24～图 13-26 可知，空调供回水立管由卫生间引出，L1 为供水管，L2 为回水管，Ln 为空调冷凝水管。供回水管将冷媒或热媒分别输送至各个房间的风机盘管内，在盘管内与房间内的空气进行热交换。

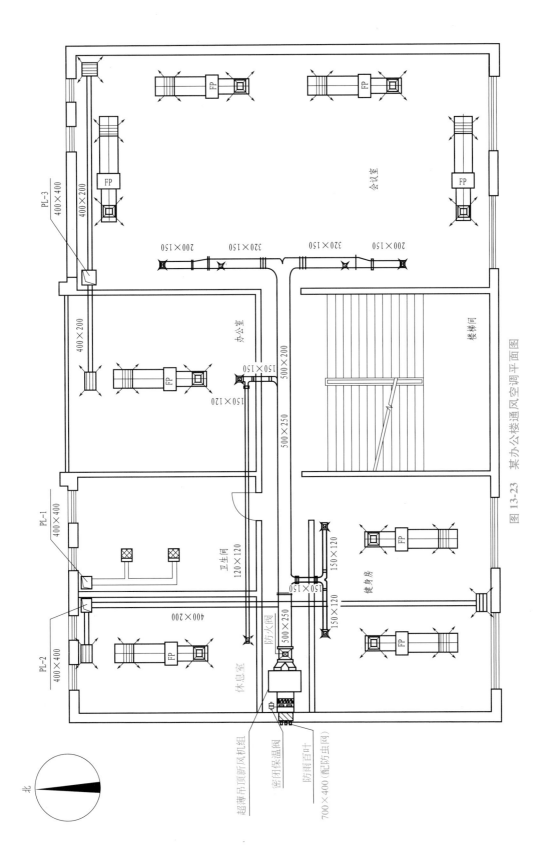

图 13-23　某办公楼通风空调平面图

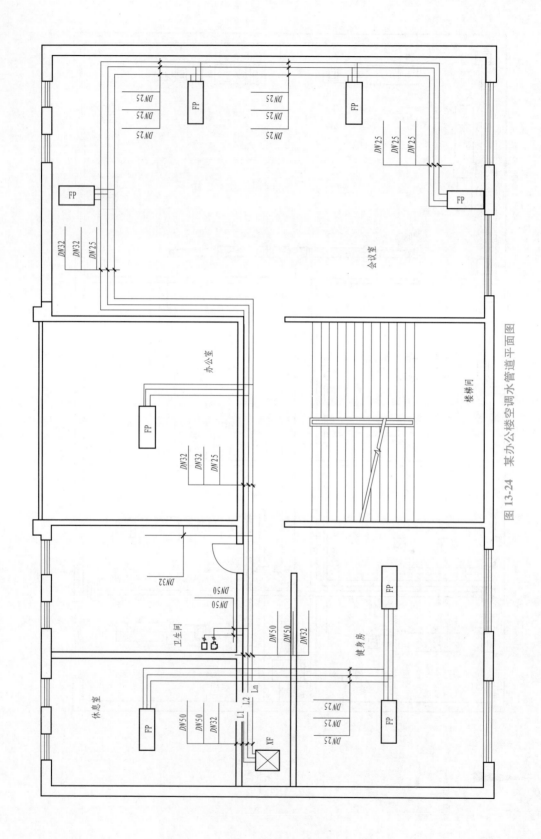

图 13-24　某办公楼空调水管道平面图

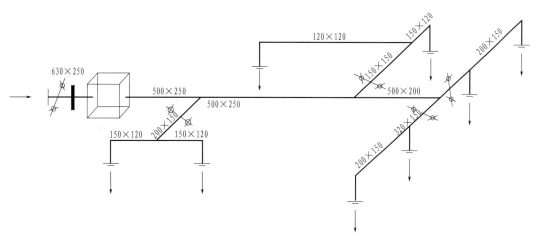

图 13-25　某办公楼风机系统图

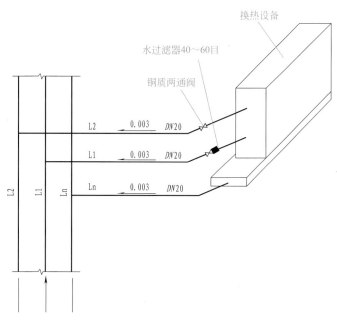

图 13-26　风机盘管接管图

L2—热水回水管；L1—热水供水管；Ln—冷凝水管

第14章

智能建筑施工图

14.1 智能建筑施工图基本知识

14.1.1 智能建筑的分类与组成

14.1.1.1 分类

(1) 智能建筑

以建筑物为平台，兼备信息设施系统、信息化应用系统、建筑设备管理系统、公共安全系统等，集结构、系统、服务、管理及其优化组合为一体，向人们提供安全、高效、便捷、节能、环保和健康的建筑环境。

(2) 智能化集成系统

将不同功能的建筑智能化系统，通过统一的信息平台实现集成，以形成具有信息汇集、资源共享及优化管理等综合功能的系统。

(3) 信息设施系统

为确保建筑物与外部信息通信网的互联及信息畅通，对语音、数据、图像和多媒体等各类信息予以接收、交换、传输、存储、检索和显示等进行综合处理的多种类信息设备系统加以组合，提供实现建筑物业务及管理等应用功能的信息通信基础设施。

(4) 信息化应用系统

以建筑物信息设施系统和建筑设备管理系统等为基础，为满足建筑物各类业务和管理功能的多种类信息设备与应用软件而组合的系统。

(5) 建筑设备管理系统

对建筑设备监控系统和公共安全系统等实施综合管理的系统。

(6) 公共安全系统

为维护公共安全，综合运用现代科学技术，以应对危害社会安全的各类突发事件而构建的技术防范系统或保障体系。

(7) 机房工程

为提供智能化系统的设备和装置等安装条件，以确保各系统安全稳定和持续运行与维护建筑环境而实施的综合工程。

14.1.1.2 组成

(1) 智能建筑的组成的依据及需求

根据国家标准《智能建筑设计标准》（GB/T 50314—2006）甲级设计标准的要求，以及

《建筑及居住区数字化技术应用》（GB/T 20299—2006）对建筑设施数字化管理和建筑综合安防数字化管理的要求，确定智能化系统的组成和功能，为智能建筑提供一个安全舒适、便捷、高效、节能、环保的工作环境。

（2）智能化建筑系统组成

智能化建筑系统的组成如图 14-1 所示。

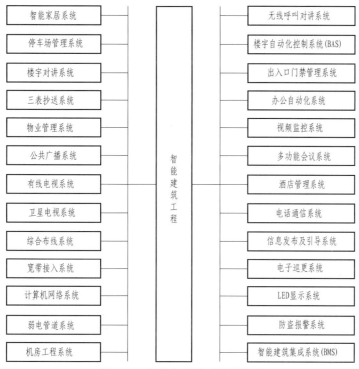

图 14-1　智能化建筑系统的组成

14.1.2　图纸目录与设计说明

（1）图纸目录

智能建筑专业的施工图组成，通常单独一套图纸第一张是封面（如果跟其他专业在一起放，直接是图纸目录）。在本书所提供的某综合楼建筑施工图当中，第一张是图纸目录，如图 14-2 所示。

① 封面内容大致由项目名称、设计单位和设计时间等组成。

② 智能建筑工程施工图图纸目录的内容一般有设计/施工/安装说明、平面图、原理图、系统图、设备表材料表和设备/线箱柜接线图或布置图等。

（2）设计说明

设计说明部分介绍工程设计概况和智能建筑设计依据、设计范围、设计要求和设计参数，凡不能用文字表达的施工要求，均应以设计说明表述。

安装/施工说明介绍设备安装位置、高度、管线敷设、注意事项、安装要求、系统形式、调测和验收、相关标准规范和控制方法等。系统说明一般包括系统概念、功能和特性等。

设计依据必须来自国家规范性文件，具有权威性。这些文件是强制推行的，具有法律效应，并且必须标明规范性文件的详细编号，还应精确到文件颁布实施的年份。设计采用的标准和规范，只需列出规范的名称、编号、年份，应选用最新版本的国家、行业、地方法规。

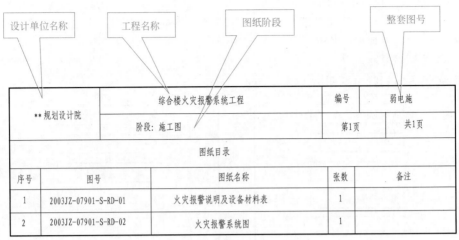

图 14-2　图纸目录组成

没有依据国家规范，或者选用了因颁行年份过时或其他多种原因而失效的规范，此设计文件会被视同不合法。如选用了地方、行业规定，其前提必须是在与国家法规不相冲突。如有冲突之处，以国家法规为准。

14.1.3　图例及标注

（1）图例

图例是在图纸上采用简洁、形象、便于记忆的各种图形、符号，来表示特指的设备、材料、系统。如果说图纸是工程师的语言，那么图例就是这种语言中的单词、词组和短句。表 14-1 所示为综合布线工程图例。

表 14-1　综合布线工程图例

序号	图形符号	说明	符号来源	序号	图形符号	说明	符号来源
1	NDF	总配线架	YD/T 5015—95	12	CP	聚合点	YD 5082—99
2	ODF	光纤配线架	YD/T 5015—95	13	DP	分界点	
3	FD	楼层配线架	YD/T 926.1—2001	14	TD	信息插座（一般表示）	YD/T 926.1—2001
4	FD	楼层配线架		15		信息插座	
5	◁▷	楼层配线架（FD 或 FST）	YD/T 926.1—2001	16	n70	信息插座（n 为信息孔数）	GJBT-532/00DX001
6	⊗	楼层配线架（FD 或 FST）	YD/T 926.1—2001	17	—on70	信息插座（n 为信息孔数）	GJBT-532/00DX001
7	BD	建筑物配线架（BD）	YD/T 926.1—2001	18		电话出线口	GB/T 4728.11—2000
8	◁▷	建筑物配线架（BD）	YD 5082—99	19	TV	电视出线口	GB/T 4728.11—2000
9	CD	建筑群配线架（CD）	YD/T 926.1—2001	20		程控用户交换机	GB/T 4728.9—99
10	◁▷◁▷	建筑群配线架（CD）		21	LAN	局域网交换机	
11		家居配线装置	CECS 119:2000	22		计算机主机	
				23	HDB	集线器	YD 5082—99
				24		计算机	

序号	图形符号	说明	符号来源	序号	图形符号	说明	符号来源
25		电视机	GB/T 5465.2—1996	28		光纤或光缆的一般表示	GB/T 4728.9—1999
26		电话机	GB/T 4728.9—1999				
27		电话机（筒化形）	YD/T 5015—95	29		整流器	GB/T 4728.6—2000

　　智能化工程的图例一般都比较形象和简单，不过初学者还是会觉得陌生，需要进行一段时间的强行记忆，但是在联系实物形状后，就能融会贯通，遇见陌生的图例时也能进行推测，迅速接受。例如，阻燃导线是以字母"ZR"标注，即为"阻燃"的汉语拼音的字母；扬声器的图例就是一个圆里面有个喇叭的简略平面图。

（2）标注

线路敷设方式及导线敷设部位的标注如表 14-2 所示。

表 14-2 线路敷设方式及导线敷设部位的标注

线路敷设方式的标注			导线敷设部位的标注		
7-001	穿焊接钢管敷设	SC	7-013	混凝土排管敷设	CE
7-002	穿电线管敷设	MT	7-014	沿或跨梁（屋架）敷设	AB
7-003	穿硬塑料管敷设	PC	7-015	暗敷在梁内	BC
7-004	穿阻燃半硬聚氯乙烯管敷设	FPC	7-016	沿或跨柱敷设	AC
7-005	电缆桥架敷设	CT	7-017	暗敷设在柱内	CLC
7-006	金属线槽敷设	MR	7-018	沿墙面敷设	WS
7-007	塑料线槽敷设	PR	7-019	暗敷设在墙内	WC
7-008	用钢索敷设	M	7-020	沿天棚或顶板面敷设	CE
7-009	穿聚氯乙烯塑料波纹电线管敷设	KPC	7-021	暗敷设在屋面或顶板内	CC
7-010	穿金属软管敷设	CP	7-022	吊顶内敷设	SCE
7-011	直接埋设	DB	7-023	地板或地面下敷设	F
7-012	电缆沟敷设	TC			

14.2 综合布线系统施工图识图

14.2.1 综合布线系统与组成

　　综合布线系统是一种开放式的结构化布线系统。它采用模块化方式，以星形拓扑结构，支持大楼（建筑群）的语音、数据、图像及视频等数字及模拟传输应用。它既实现了建筑物或建筑群内部的语音、数据、图像的彼此相连传输，也实现了各个通信设备和交换设备与外部通信网络相连接。综合布线系统由各个不同系列的器件所构成，包括传输介质、交叉/直接连接设备、介质连接设备、适配器、传输电子设备、布线工具及测试组件。这些器件可组合成系统结构各自相关的子系统，分别实现各自的功能，如图 14-3 所示。

扫码看视频　　扫码看视频

综合布线系统　　综合布线识图

综合布线系统一般由六个独立的子系统组成，采用星形结构布放线缆，可使任何一个子系统独立地进入综合布线系统中。其六个子系统分别为工作区子系统、水平子系统、管理区子系统、垂直干线子系统、设备间子系统和建筑群子系统。综合布线系统所遵循的国际标准为 ISO \ IEC 11801 及北美标准 TIA \ ELA-568-B。国内综合布线系统标准为 2009 年 9 月 1 日正式实施的《大楼通信综合布线系统》。综合布线系统各子系统的构成如图 14-4 所示。

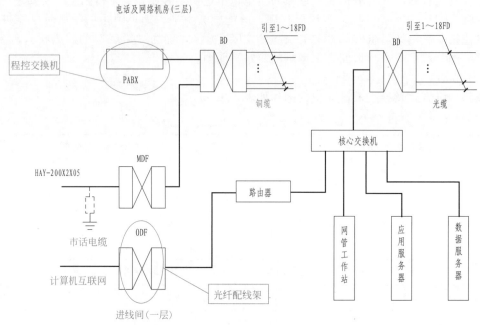

图 14-3　综合布线系统

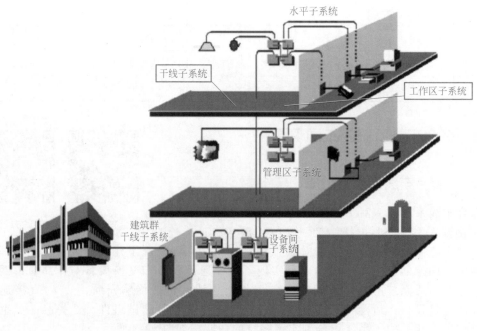

图 14-4　综合布线系统各子系统的构成

（1）管理间子系统

一般在每幢楼都应设计一个管理间或配线间。其主要功能是对本层楼所有的信息点实现配线管理及功能变换，以及连接本层楼的水平子系统和骨干子系统（垂直干线子系统）。管理间子系统一般包括双绞线跳线架和跳线。如果使用光纤布线，就需要有光纤跳线架和光纤跳线。当终端设备位置或局域网的结构变化时，仅需改变跳线方式，不必重新布线。

（2）工作区子系统

工作区子系统是指从信息插座延伸到终端设备的整个区域，即一个独立的需要设置终端的区域划分为一个工作区。工作区域可支持电话机、数据终端、计算机、电视机、监视器以及传感器等终端设备。它包括信息插座、信息模块、网卡和连接所需的跳线，并在终端设备和输入/输出（I/O）之间搭接，相当于电话配线系统中连接话机的用户线及话机终端部分，工作区子系统如图 14-5 所示。

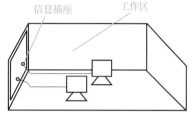

图 14-5　工作区子系统

（3）水平子系统

水平子系统一般采用 6 类 UTP 线缆，所有工作区的信息点（无论是数据还是语音）均采用一根单独的 6 类 UTP 线缆连接到管理子系统的 24 口数据配线架，为了保证未来模拟电话系统可以很方便地升级到 IP 电话系统，所有 6 类 UTP 线缆均应采用中心十字骨架的结构，而考虑到目前绿色环保的要求应采用低烟无卤型线缆。

（4）垂直干线子系统

垂直干线子系统是用线缆连接设备间子系统和各层的管理子系统。一般采用大对数电缆馈线或光缆，两端分别接在设备间和管理间的跳线架上，负责从主交换机到分交换机之间的连接，提供各楼层管理间、设备间和引入口（由电话企业提供的网络设施的一部分）设施之间的互联。

垂直子系统所需要的电缆总对数一般按下列标准确定：基本型每个工作区可选定两对双绞线，增强型每个工作区可选定三对双绞线，对于综合型每个工作区可在基本型或增强型的基础上增设光缆系统。

（5）设备间子系统

设备间是在每幢大楼的适当地点设置进线设备，也是放置主配线架和核心网的设备进行网络管理及管理人员值班的场所。它是智能建筑线路管理的集中点。设备间子系统由设备间的电缆配线架及相关支撑硬件、防雷电保护装置等构成，将各种公共设备（如中心计算机、数字程控交换机、各种控制系统等）与主配线架连接起来。如果将计算机机房、交换机机房等设备间设计在同一楼层中，既便于管理，又节省投资。

（6）建筑群子系统

建筑群子系统是将多个建筑物的设备间子系统连接为一体的布线系统，应采用地下管道或架空敷设方式。管道内敷设的铜缆或光缆应遵循电话管道和人孔的各项设计规定，并安装有防止电缆的浪涌电压进入建筑物的电气保护装置。建筑群子系统安装时，一般应预留一个或两个备用管孔，以便今后扩充。

建筑群子系统采用直埋沟内敷设时，如果在同一沟内埋入了其他的图像监控电缆，应有明显的共用标志。

总之，智能建筑在智能控制、信息通信系统中有多种要求，不同系统应用有着不同要求。随着综合布线和网络技术的发展，多业务网络平台是一个经济的选择，综合布线也因此有更丰富的含义，它承担的不仅仅是语音、数据网络通信，更多的是它可能成为多种智能业务的平台，对于基于各系统资源总体功能的发挥并保持系统高效率运转起着重要的作用。

14.2.2 综合布线系统识图

（1）综合布线系统图的识读

综合布线系统图分析的主要内容如下。

① 主配线架的配置情况。

② 建筑群干线线缆采用哪类线缆，干线线缆和水平线缆采用哪类线缆。

③ 是否有二级交接间对干线线缆进行接续。

④ 通过布线系统，使用交换机组织计算机网络的情况。

⑤ 整个布线系统对数据的支持和对语音的支持情况，即指数据点和语音点的分布情况。

⑥ 设备间的设置位置以及设备间内的主要设备，包括主配线架和网络互联设备的情况。

⑦ 布线系统中光纤和铜缆的使用情况。

（2）平面图的识读分析

综合布线平面图分析内容主要有以下几类。

① 水平线缆使用线缆种类及采用的敷设方式，如 2 根 4 对对绞电缆穿 SC20 钢管暗敷在墙内或吊顶内。

② 每个工作区的服务面积，每个工作区设置信息插座数量，及数据点信息插座和语音点信息插座的分布情况。

③ 由于用户的需求不同，对应就有不同的布线情况，如有无光纤到桌面、有无特殊的布线举措、大开间办公室内的信息插座既有壁装的也有地插式的等。

④ 各楼层配线架 FD 装设位置（楼层配线间或直接将楼层配线架 FD 装设于弱电竖井内），各楼层所使用的信息插座是单孔、双孔或四孔等情况。

⑤ 随着光网络技术的发展，综合布线系统和电信网络的配合是一个必须要考虑的问题，如布线系统是否采用 FTTB+LAN 方式，还是采用 FTTC 或 FTTH 方式等。

14.2.3 识图示例

（1）某综合教学楼综合布线系统设计

为满足建筑物及建筑群内信息网络与通信网络的布线要求，综合教学楼的设计应能支持语言、数据、图像等多媒体业务信息传输的要求。

该系统采用 6 芯光缆干线，超 5 类 8 芯双绞线水平干线，快速传输的数据包括计算机数据、电话信号、各种弱电传感器信号；语言数据网络主干线带宽大于 400MHz，分干线带宽大于 156MHz，专线大于 100MHz；大楼信息网与国际互联网相连，并在监控室设定网关。布线系统由不同系列的部件组成，包括传输介质、线路管理硬件、连接器、插座、插头、适配器、传输电子线路、电器保护设备和支持硬件。

设计时只考虑该建筑物自成一个局域网，但相关设备的选择注重了今后发展的需要，满足其兼容性和灵活性的要求。某综合教学楼弱电设计综合布线系统图如图 14-6 所示。

（2）某酒店综合布线系统设计

图 14-7 为某酒店弱电系统综合布线图。市政电话电缆先由室外引入地下一层弱电机房的总接线箱，再由总接线箱经各层分线箱引至楼内的每个电话、数据插座。在竖井内，垂直干线沿桥架接入每层分配线架，水平干线沿桥架与各个终端相连。

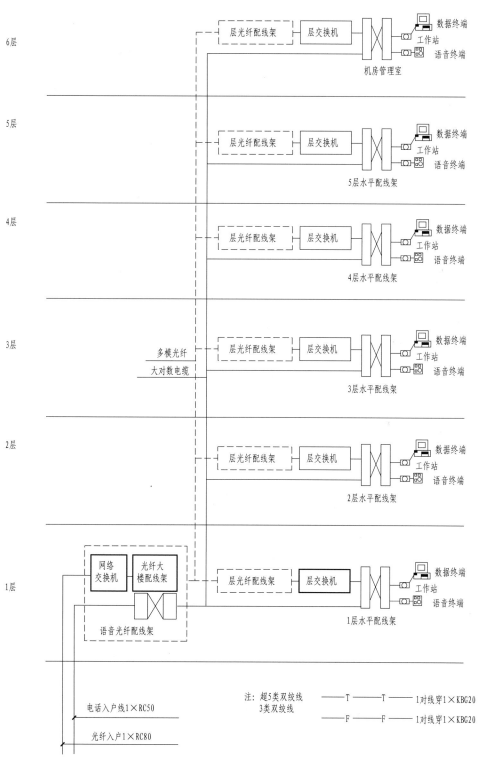

图 14-6 某综合教学楼弱电设计综合布线系统图

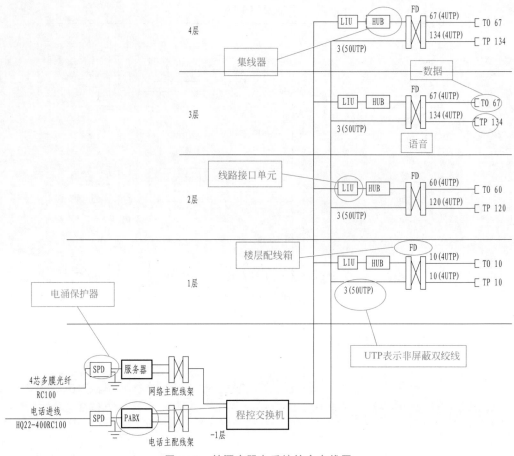

图 14-7　某酒店弱电系统综合布线图

14.3　有线电视系统施工图识图

14.3.1　有线电视系统的组成

有线电视系统起源于共用天线电视系统。以一组室外天线，用同轴电缆或光缆将相应设备及许多用户电视接收机连接起来，传输电视音响、图像信号的分配网络系统，称为共用天线电视系统（Community Antenna Television，CATV）。共用天线电视系统的组成如图 14-8 所示。

有线电视系统的组成与共用天线电视系统相似，包括信号接收系统、前端系统、信号传输系统、用户分配系统。

（1）信号接收系统

信号接收系统有无线接收天线、卫星电视地球接收站、微波站（MMDS）和自办节目源等，用电缆将信号输入前端系统。

（2）前端系统

前端系统有信号处理器、A（音频）/V（视频）解调器、信号电平放大器滤波器、混合器及前端 18V 稳压电源，自办节目的录像机、摄像机、VCD、DVD 及特殊服务设备等，将信号调制混合后送出高稳定的电平信号。

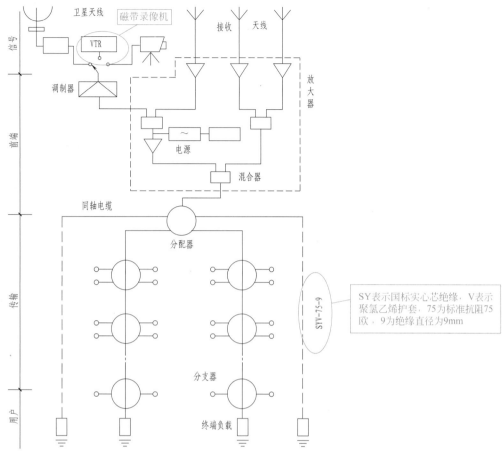

图 14-8　共用天线电视系统的组成

（3）信号传输系统

信号传输系统将前端送来的电平信号用单模光缆、同轴电缆连接各种类型的放大器进行传输，以减少电平信号衰减，使用户端接收到高稳定的信号。我国常用同轴射频电缆 SYV-75-5、SWY-75-5 及单模光缆作为电视信号传输系统的干线和支线。

（4）用户分配系统

在支线上连接分配器、分支器线路放大器，将信号分配到各个用户终端盒（TV/FM）的设备。

14.3.2　有线电视系统识图

识读有线电视平面布置图时，注意掌握以下内容。

① 装置有线电视主要设备场所的位置及平面布置、前端设备规格型号、台数、电源柜和操作台规格型号及安装位置要求，交流电源进户方式、要求、线缆规格型号，天线引入位置及方式、天线数量。

② 信号引出回路数、线缆规格型号、电缆敷设方式及要求、走向。

③ 各房间有线电视插座安装位置标高、安装方式、规格型号数量、线缆规格型号及走向、敷设方式。

④ 在多层结构中，房间内有线电视插座的上下穿越敷设方式及线缆规格型号；是否有中间放大器，其规格型号数量、安装方式及电源位置等。

⑤ 如果提供自办节目频道节目时，应标注演播厅、机房平面布置及其摄像设备的规格型号、电缆及电源位置等。

⑥ 设置室外屋顶天线时，说明天线规格型号、数量、安装方式、信号电缆引下及引入方式、引入位置、电缆规格型号、天线电源引上方式及其规格和型号，天线安装要求（方向、仰角、电平等）。

14.3.3 对安全防范系统平面图的阅读

安全防范系统的平面图阅读时，注意掌握以下内容。

① 保安中心（机房）平面布置及位置、监视器、电源柜及 UPS 柜、模拟信号盘、通信总柜、操作柜等机柜室内安装排列位置、台数、规格型号、安装要求及方式。

② 各类信号线、控制线的引入及引出方式、根数、线缆规格型号、敷设方法、电缆沟、桥架及竖井位置、线缆敷设要求。

③ 所有监控点摄像头安装及隐蔽方式、线缆规格型号、根数、敷设方法要求，管路或线槽安装方式及走向。

④ 所有安防系统中的探测器，如红外幕帘、红外对射主动式报警器、窗户破碎报警器、移动入侵探测器等的安装及隐蔽方式、线缆规格型号、根数、敷设方法要求，管路或线槽安装方式及走向。

⑤ 门禁系统中电动门锁的控制盘、摄像头、安装方式及要求，管线敷设方法及要求、走向，终端监视器及电话安装位置方法。

⑥ 将平面图和系统图对照，核对回路编号、数量、元件编号。

⑦ 核对以上的设备组件的安装位置标高。

14.3.4 识图示例

下面以某小区公寓楼弱电系统设计为例说明智能建筑弱电系统图的识读方法。

本工程为某小区公寓商住综合楼的电气设计，其弱电系统图如图 14-9、图 14-10 所示。综合楼属二类高层建筑。总建筑面积 $36637m^2$，建筑高度 48.75m。建筑主体 12 层，其中 4~12 层为老年公寓，层高 3.4m。地下 1 层、地上 3 层为底商，底商各层层高均为 4.6m。底商设有商场、管理室等。老年公寓层设有老人房套间、医务室、治疗室、管理室、阅览室、多功能大厅等。

（1）综合布线系统

本工程中的综合布线系统（图 14-9）设计，将地下 1 层到地上 12 层都视为一个单独的布线区域，设计独立的综合布线系统。

光纤埋地入户，弱电间设中央设备，各老人房、办公室设终端，入户采用光纤接 1000Mbit/s 市网，户内采用超 5 类线传输数据和语音，确保各终端传输速率合格并要求各个子系统结构化配置。

市政电话、宽带光缆先由室外引入至地下 1 层弱电管理室的总接线箱，再由总接线箱经各层分线箱引至楼内的每个电话、数据插座。在竖井内，垂直干线沿桥架接入每层分配线架，水平干线沿桥架与各个终端相连。

本工程综合布线系统的五个子系统分别如下。

① 工作区子系统。平均按 $10m^2$ 为一工作区，每个工作区接一部电话及一个计算机网络终端。本设计使用通用两孔信息插座。

② 水平配线子系统。终端插座选用 RJ45 标准插座，在地面或墙上暗装。每个工作区信息插座均布满 2 对非屏蔽双绞线（2UTP），所有水平电缆敷设在各层的架空层或活动地板

内，穿金属桥架或金属线槽敷设。

③ 垂直干线子系统。楼内的干线采用光缆或铜缆通过每层的楼层配线将分配线架与主配线架用星形结构连接；光缆干线主要用于通信速率要求较高的计算机网络，铜缆主要用于低速语音通信，并可在管理子系统相互跳接。语音部分的干线采用 25 对非屏蔽电缆，数据部分的干线采用 12 对室内多模光纤。

④ 设备间子系统。本工程中综合布线系统的语音设备间和数据设备间共用，设在地下 1 层弱电管理间内。在弱电管理间设有主配线架，主配线架的语音部分与市政电话线路、程控交换机相连，可拨打内线和外线；主配线架的数据部分与进入楼内的光纤、计算机主机及网络设备相连。

⑤ 管理子系统。管理子系统设在每层的弱电竖井内，内置光缆和铜缆配线架等楼层配线设备，管理各层的水平布线，连接相应的网络设备。

（2）商场二次装修后再确定电视终端的分配

在确定有需要电视终端的柱子和墙面上，布置有线电视终端，4～12 层在各老人房布置有线电视终端。有线电视系统采用分配一分支一分配的系统形式，即在地下 1 层设置分配器将信号分至各楼层，各楼层分区设置分支分配箱，以满足各个房间的需求。有线电视系统设计可参看图 14-10。

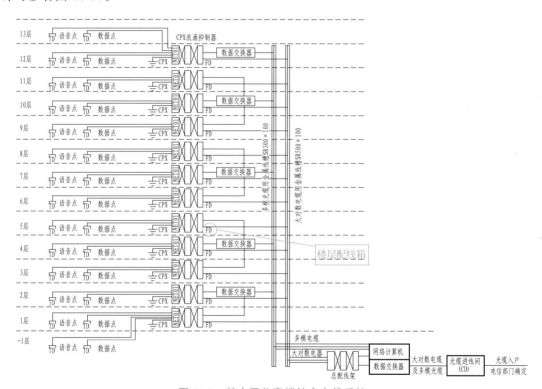

图 14-9 某小区公寓楼综合布线系统

有线电视系统是一种将各种电子设备、传输线路组合成一个整体的综合网络。本工程要求用户终端电平在（73±5）dB 范围内，并且要求图像清晰度不小于 4 级标准。

电视前端信号采用市有线电视信号，从楼外由电缆引入。分配网络采用分配一分支形式，一方面可以有效地抑制反射信号，另一方面由于终端是分配一分支独立连接的，终端与终端之间互不影响，便于维修和以后的收费管理。但要注意分配期的输出端不能开路，否则会造成输入端的严重失真，还会影响其他输出端。因此，分配器输出端不适合直接用于用户终端。在系统中当分配器有输出端空余时，必须接 752 负载电阻。

　　具体方式为：市有线电视信号通过电缆引至各区首层的前端箱，通过分配器将信号分至各层，再由各层的分支分配箱按顺序依次向后传递，同时就近提供给附近的终端。进楼干线电缆选用 SYKV-75-9 型，每层干线电缆选用 SYWV-75-9 型，每层分支分配箱至用户终端电缆选用 SYKV-75-5 型。

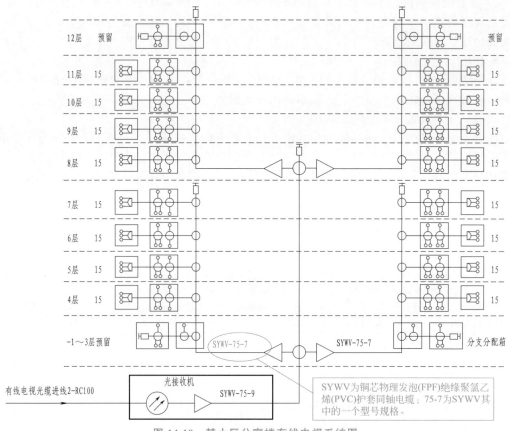

图 14-10　某小区公寓楼有线电视系统图

14.4　安全防范系统施工图识图

14.4.1　安全防范系统的构成

　　智能建筑的安全防范系统是智能建筑设备管理自动化一个重要的子系统，是向大厦内工作和居住的人们提供安全、舒适及便利工作生活环境的可靠保证。

　　智能建筑的安全防范系统一般共由 6 个系统组成，如图 14-11 所示，闭路电视监控和防盗报警系统是其中两个最主要的组成部分。

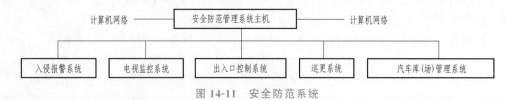

图 14-11　安全防范系统

（1）闭路电视监控系统（CCTV）

CCTV 的主要任务是对建筑物内重要部位的事态、人流等动态状况进行宏观监视、控制，以便对各种异常情况进行实时取证、复核，达到及时处理的目的。

（2）防盗报警系统

对于重要区域的出入口、财物及贵重物品库的周界等特殊区域及重要部位，需要建立必要的入侵防范警戒措施，这就是防盗报警系统。

（3）巡更系统

安保工作人员在建筑物相关区域建立巡更点，按所规定的路线进行巡逻检查，以防止异常事态的发生，便于及时了解情况，加以处理。

（4）通道控制系统

它对建筑物内通道、财物与重要部位等区域的人流进行控制，还可以随时掌握建筑物内各种人员出入活动情况。

（5）访客对讲（可视）、求助系统

也可称为楼宇保安对讲（可视）求助系统，适用于高层及多层公寓（包括公寓式办公楼）、别墅住宅的访客管理，是保障住宅安全的必备设施。

（6）停车库管理系统

停车库管理系统对停车库/场的车辆进行出入控制停车位与计时收费管理等。

14.4.2　安全防范系统识图

安全防范系统的平面图阅读时，注意掌握以下内容。

① 保安中心（机房）平面布置及位置、监视器、电源柜及 UPS 柜、模拟信号盘、通信总柜、操作柜等机柜室内安装排列位置、台数、规格型号、安装要求及方式。

② 各类信号线、控制线的引入及引出方式、根数、线缆规格型号、敷设方法、电缆沟、桥架及竖井位置、线缆敷设要求。

③ 所有监控点摄像头安装及隐蔽方式、线缆规格型号、根数、敷设方法要求，管路或线槽安装方式及走向。

④ 所有安防系统中的探测器，如红外幕帘、红外对射主动式报警器、窗户破碎报警器、移动入侵探测器等的安装及隐蔽方式、线缆规格型号、根数、敷设方法要求，管路或线槽安装方式及走向。

⑤ 门禁系统中电动门锁的控制盘、摄像头、安装方式及要求，管线敷设方法及要求、走向，终端监视器及电话安装位置方法。

⑥ 将平面图和系统图对照，核对回路编号、数量、元件编号。

⑦ 核对以上的设备组件的安装位置标高。

［1］ GB/T 50001—2017 房屋建筑制图统一标准 ［S］.

［2］ GB/T 50104—2010 建筑制图标准 ［S］.

［3］ GB/T 50104—2010 建筑结构制图标准 ［S］.

［4］ 16G101 混凝土结构施工图平面整体表示方法制图规则和构造详图 ［S］.

［5］ 李怀健，陈星铭. 土建工程制图 ［M］. 第 4 版. 上海：同济大学出版社，2012.

［6］ 吴运华，高远建. 建筑制图与识图 ［M］. 第 3 版. 武汉：武汉理工大学出版社，2012.

［7］ 高恒聚. 建筑 CAD ［M］. 北京：北京邮电大学出版社，2013.

［8］ 张喆，武可娟. 建筑制图与识图 ［M］. 北京：北京邮电大学出版社，2013.

［9］ 向欣. 建筑构造与识图 ［M］. 北京：北京邮电大学出版社，2013.

［10］ 张小平. 建筑识图与房屋构造 ［M］. 第 2 版. 武汉：武汉理工大学出版社，2013.

［11］ 陈翼翔. 建筑设备安装识图与施工 ［M］. 北京：清华大学出版社，2015.

［12］ 张健. 建筑给水排水工程 ［M］. 第 2 版. 北京：中国建筑工业出版社. 2005.

［13］ 蔡秀丽，鲍东杰. 建筑设备工程 ［M］. 第 2 版. 北京：科学出版社，2007.

［14］ 汤万龙. 建筑设备安装识图与施工工艺 ［M］. 北京：中国建筑工业出版社. 2007.

［15］ 刘颖. 建筑制图与 CAD ［M］. 北京：清华大学出版社，2016.

预算部分

建筑预算与识图
从入门到精通

鸿图造价 组织编写

化学工业出版社

·北京·

内 容 提 要

本书依据现行的识图与预算标准、规范、定额及图集进行编写，分为识图部分和预算部分，共 29 章内容，全面介绍了工程预算从入门到精通应掌握的知识和技能。

识图部分共 14 章，主要内容有制图基本知识与技能、投影基本知识、体的投影、轴测图、剖面图与断面图、建筑构造、建筑施工图、结构施工图、装饰装修施工图、给水排水施工图、建筑供暖施工图、建筑电气施工图、通风与空调工程施工图、智能建筑施工图。

预算部分共 15 章，主要内容有建筑工程预算概述、建筑工程预算编制、预算定额及清单应用、工程量计算原理、建筑工程工程量计算、建筑工程计价、装饰装修工程工程量计算、装饰装修工程计价、安装工程工程量计算、安装工程计价、工程计量计价与支付、招（投）标控制（标）价编制、工程竣工结算与竣工决算、工程造价软件的运用、综合实训案例。

本书理论和实践操作相结合，内容由浅入深，语言通俗易懂，全书内容图解说明，对重点难点配有视频进行讲解，层次分明，重点突出，非常方便读者学习和使用。

本书可供土木工程、工程造价、工程管理、工程经济等相关工程造价人员学习使用，也可作为大中专学校、职业技能培训学校工程管理、工程造价专业及工程类相关专业的快速培训教材或教学参考书。

　　随着建筑行业的不断发展和进步，工程预算已经被越来越多的企业和个人所关注。识图基础、计量与计价首当其冲是重点。无论是造价小白还是造价经验老手，掌握并熟练运用识图与计量技巧、组价方式与方法一直是造价从业者必备的技能。本书就巧妙地实现了识图和预算的结合，囊括建筑、装饰装修、建筑安装三个专业方向的内容，实现了工程识图、工程计量、工程计价、工程组价、招投标、竣工预结（决）算以及在软件中的操作和相应报表的制作与导出，真正实现预算从入门到精通。

　　识图是预算的前提，就如建造房子要先修好基础一样，有了前期的铺垫，到后面自然就水到渠成了，预算是识图的最终结果，把图中需要计量和计价的内容展示到相应的报表中，就是预算的最终成果。本书识图部分系统地介绍了建筑工程识读图的基础知识及识图要领，结合有关规范和部分工程施工图实例详尽地讲解了建筑、结构、装饰、给排水、供暖、电气、通风空调及智能建筑等方向识图的方法及要点，并针对实际工程中容易被初学者忽略的问题做了特别说明。预算部分是按照"该如何做？""从哪几部分入手？""工程量如何计算"？"如何进行组价及组价的技巧？"的思路分别针对建筑、装饰、安装三个专业方向的预算编制进行了详细讲解，同时关于各部分造价费用的组成与分析、清单的编制、费用计算中的工料分析、定额换算等预算重点都做了总结说明。

　　与同类书相比，本书具有以下特点：

　　（1）成体系地学习预算知识。告别零散知识的混乱，从识图基础到工程量计算再到套价组价，系统地学习工程预算，逐步进阶。

　　（2）采用二维码视频版的全新模式。造价基础概念、构造识图、计量要核、计价要点采用三维模型实景图，结合相应视频讲解和案例解读，重点内容一看就会。

　　（3）图文串讲，操作实践性强。书中的图片和相关的实例均取材于实际工程，在同类型实例中具有典型性，同时针对性也比较强，预算案例采用课件画面＋声音的形式讲解，剖析预算的重、难点。

　　（4）综合实训案例，系统再现预算流程。从图纸的识读到工程量计算到综合单价分析到各种报表的导出与完善，完美再现预算的精髓内涵。

　　（5）超值现场结算图纸。随书附送三套完整工程图纸供读者练习，帮助读者在实践中提高，在提高中检验。跟踪答疑服务，全程贴心指导，一学就会，一看就懂。

　　本书由鸿图造价组织编写，由杨霖华、赵小云任主编，由黄秉英、徐萍萍任副主编，参与编写的人员还有杨合省、任冲、田拯、刘瀚、杨松涛、田向军、于素海、夏冠华、白庆海、苏建华、王斌、白永志、杨恒博、孙红霞、周俊帆、王旻、计红芳、董佳宁、闫艳茹、苗龙、张文杰、郭昊龙、胡玉磊、杨龙、姬灵、毛宁、张利霞、李军、邢马龙、陈付时、张振和。

　　本书在编写过程中，得到了许多同行的支持与帮助，在此一并表示感谢。由于编者水平有限和时间紧迫，书中难免有不妥之处，望广大读者批评指正。如有疑问，可发邮件至 zjyjr1503@163.com 或是申请加入 QQ 群 909591943 与编者联系。

→ 目 录

第4章 工程量计算原理   37

第5章 建筑工程工程量计算   71

第6章　建筑工程计价　　116

第7章 装饰装修工程工程量计算 189

第8章　装饰装修工程计价　225

第9章　安装工程工程量计算　239

第10章　安装工程计价　258

第 1 章

建筑工程预算概述

1.1 建筑工程预算的含义与特点

1.1.1 建筑工程预算的概念

工程预算是对工程项目在未来一定时期内的收入和支出情况所做的计划。它可以通过货币形式来对工程项目的投入进行评价并反映工程的经济效果。它是加强企业管理、实行经济核算、考核工程成本、编制施工计划的依据；也是工程招投标报价和确定工程造价的主要依据。

1.1.2 建筑工程预算的特点

工程建设的特殊性决定了工程预算具有以下特点。

（1）大额性

任何一项建设项目，不仅实物形体庞大，耗费的资源数量多，构造复杂，而且造价高昂，动辄需要投资几百万、几千万甚至几十亿元人民币的资金。工程造价的大额性涉及有关各个方面的重大经济利益，同时也对宏观经济产生重大影响。工程造价的数量越大，其节约的潜力就越大。所以，加强工程造价的管理可以取得巨大的经济效益，这也体现了工程造价管理的重要作用。

（2）单个性

任何一个建设项目都有特定的用途，由于其功能、规模各不相同，使得每一项工程的结构、造型、平面布置、设备配置和内外装饰都有不同要求。工程所处地区、地段不同，其投资费用也不同。这些工程内容和实物形态的个体性和差异性，决定了工程造价的单个性，每项工程都需要单独计价。

（3）动态性

任何一项工程从决策到竣工交付使用，都有一个较长的建设期。在建设期间，存在许多影响工程造价的动态因素，如工程变更、设备材料价格、人工费用、索赔事件以及利率、汇率甚至于计价政策的变化，都会造成工程造价的变动。所以，工程造价在整个建设期都处于不确定状态，不能事先确定其变化后的准确数值，只有在竣工决算后，才能最终确定工程的实际价格。所以，工程造价必须考虑风险因素和可变因素。

（4）层次性

工程造价的层次性取决于基本建设项目的层次划分。一个建设项目往往含有多个单项工程，一个单项工程又由多个单位工程组成。一个单位工程又可分为多个分部工程，一个分部工程又可分为多个分项工程。与此相对应，工程造价也应该反映这些层次组成。因此，工程造价是由建设工程总造价、单项工程造价、单位工程造价、分部工程造价和分项工程造价这五个层次组成的。

（5）地区性

工程项目一般不能移动，因此工程项目具有地区性，所以工程造价也有地区性。地区性使不同地区工程项目的造价水平、计价因素、工程造价的可变性和竞争性等，均有很大差异。

1.2 建筑工程预算的分类与构成

1.2.1 建筑工程预算的分类

（1）投资估算

投资估算是指在整个投资决策过程中，依据现有的资料和一定的方法，对建设项目的投资额（包括工程造价和流动资金）进行的估计。投资估算总额是指从筹建、施工直至建成投产的全部建设费用，其包括的内容应视项目的性质和范围而定。

（2）设计概算

设计概算是在初步设计或扩大初步设计阶段，由设计单位根据初步设计或扩大初步设计图纸、概算定额、指标，工程量计算规则，材料、设备的预算单价，建设主管部门颁发的有关费用定额或取费标准等资料预先计算估算的工程从筹建至竣工验收交付使用全过程的建设费用的经济文件。简言之，即计算建设项目总费用。

（3）施工图预算

施工图预算是指拟建工程在开工之前，根据已批准并经会审后的施工图纸、施工组织设计、现行工程预算定额、工程量计算规则、材料和设备的预算单价、各项取费标准，预先计算工程建设费用的经济文件。

（4）招投标价格

招投标价格是指在工程招标项目阶段，根据工程预算价格和市场竞争情况等，由建设单位或委托相应的造价咨询机构预先测算和确定招标标底，投标单位编制投标报价，再通过评标、定标确定的合同价。

（5）施工预算

施工预算是施工单位内部为控制施工成本而编制的一种预算。它是在施工图预算的控制下，由施工企业根据施工图纸、施工定额并结合施工组织设计，通过工料分析，计算和确定拟建工程所需的工、料、机械台班消耗及其相应费用的技术经济文件。施工预算实质上是施工企业的成本计划文件。

（6）竣工结算

竣工结算是指一个建设项目或单项工程、单位工程全部竣工，发承包双方根据现场施工记录、设计变更通知书、现场变更鉴定、定额预算单价等资料，进行合同价款的增减或调整计算。竣工结算应按照合同有关条款和价款结算办法的有关规定进行，合同通用条款中有关条款的内容与价款结算办法的有关规定有出入的，以价款结算办法的规定为准。

（7）竣工决算

工程竣工决算是指在工程竣工验收交付使用阶段，由建设单位编制的建设项目从筹建到竣工验收、交付使用全过程中实际支付的全部建设费用。竣工决算是整个建设工程的最终价格，是建设单位财务部门汇总固定资产的主要依据。

1.2.2　建筑工程预算的构成

建筑工程预算费由直接费（直接工程费和措施费）、间接费（企业管理费和规费）、利润和税金（增值税）构成。

1.2.2.1　直接费的构成

直接费由直接工程费和项目措施费组成。

1.2.2.2　直接工程费

直接工程费是指在施工过程中消耗的构成工程实体的各项费用，包括人工费、材料费、施工机械使用费。

① 人工费　是指直接从事建筑工程施工的生产工人开支的各项费用。

② 材料费　是指施工过程中耗费的构成工程实体的原材料、辅助材料、构配件、零件、半成品以及周转材料（如模板、脚手架等）的费用。

③ 施工机械使用费　是指施工机械作业所发生的机械使用费以及机械安拆费和场外运费。

1.2.2.3　直接费——项目措施费

项目措施费是指为完成工程项目施工，发生于该工程施工前和施工过程中非工程实体项目的费用。项目措施费包括单价类措施费和总价类措施费，总价措施费包括安全文明施工费、其他措施费。

（1）单价类措施费

单价类措施费是指计价定额中规定的，在施工过程中可以计量的措施项目。内容如下。

① 脚手架费　指施工需要的各种脚手架搭、拆、运输费用及脚手架的摊销（或租赁）费用。

② 垂直运输费　垂直运输费指现场所用材料、机具从地面运至相应高度以及职工人员上下工作面等所发生的运输费用。

③ 超高增加费　是指操作高度距离楼地面超过一定的高度需要增加的人工降效和机械降效等费用。

④ 大型机械进出场费及安拆费　是指机械在施工现场进行安装、拆卸所需的人工费、材料费、机械费、试运转费和安装所需的辅助设施的费用及机械整体或分体自停放场地运至施工现场或由一个施工地点运至另一个施工地点所发生的机械进出场运输及转移费用。

⑤ 施工排水及井点降水　是指工程地点遇有积水或地下水影响施工需采用人工或机械排（降）水所发生的费用（包括井点安装、拆除和使用费用等）。

⑥ 其他。

（2）总价类措施费

总价类措施费包括安全文明施工费和其他措施费。

① 安全文明施工费　按照国家现行的建筑施工会安全、施工现场环境与卫生标准和有关规定，购置和更新施工安全防护用具及设施、改善安全生产条件和作业环境及因施工现场扬尘污染防治标准提高所需要的费用。

a.环境保护费：是指施工现场为达到环保部门要求所需要的各项费用。

b.文明施工费：是指施工现场文明施工所需要的各项费用。

c.安全施工费：是指施工现场安全施工所需要的各项费用。

d.临时设施费：是指施工企业为进行建设工程施工所必须搭设的生活和生产用的临时建筑物、构筑物和其他临时设施费用。包括临时设施的搭设、维修、拆除、清理费或摊销费等。

e.扬尘污染防治增加费：施工现场扬尘污染防治标准提高所需增加的费用。

② 其他措施费（费率类）　是指计价定额中规定的，在施工过程中不可计量的措施项目（见表1-1）。内容如下。

a.夜间施工增加费：是指因夜间施工所发生的夜班补助费、夜间施工降效、夜间施工照明设备摊销及照明用电等费用。

b.二次搬运费：是指因施工场地条件限制而发生的材料、地点，必须进行二次或多次搬运所发生的费用。

c.冬雨期施工增加费：是指在冬期施工需增加的临时设施、防滑、除雪等费用。

表 1-1　其他措施费

费用名称	所占比例（占定额其他措施费比例）
夜间施工增加费	25%
二次搬运费	50%
冬雨期施工增加费	25%

d.其他。

1.2.2.4　间接费

间接费由企业管理费和规费组成。

（1）企业管理费

企业管理费是指建、安企业组织施工生产和经营管理所需费用。其包括如下内容。

① 管理人员工资　指管理人员的基本工资、工资性补贴、职工福利费、劳动保护费等。

② 办公费　是指企业管理办公用的文具、纸张、账表、印刷、邮电、书报、会议、水电、烧水和集体取暖（包括现场临时宿舍取暖）用煤等费用。

③ 差旅交通费　是指职工因公出差、调动工作的差旅费、住勤补助费、市内交通费和误餐补助费，职工探亲路费，劳动力招募费，职工离退休、退职一次性路费，工伤人员就医路费，工地转移费以及管理部门使用的交通工具的油料、燃料、养路费及牌照费。

④ 固定资产使用费　是指管理和试验部门及附属生产单位使用的属于固定资产的房屋、设备仪器等的折旧、大修、维修或租赁费。

⑤ 工具用具使用费　是指管理使用的不属于固定资产的生产工具、器具、家具、交通工具和检验、试验、测绘、消防用具等的购置、维修和摊销费。

⑥ 劳动保险费　是指用于为职工缴交社会保险和支付职工劳动保险的费用。

⑦ 财产保险费　是指施工管理用财产、车辆保险。

⑧ 财务费　是指企业为筹集资金而发生的各种费用。

⑨ 税金　是指企业按规定缴纳的房产税、车船使用税、土地使用税、印花税等。

⑩ 其他　包括技术转让费、技术开发费、业务招待费、绿化费、广告费、公证费、法律顾问费、审计费、咨询费等。

（2）规费

是指按国家法律、法规规定，由省级政府和省级有关权力部门规定必须缴纳或计取的费用。包括如下费用。

① 社会保险费

a.养老保险费：是指企业按照规定标准为职工缴纳的基本养老保险费。

b.失业保险费：是指企业按照规定标准为职工缴纳的失业保险费。

c.医疗保险费：是指企业按照规定标准为职工缴纳的基本医疗保险费。

d.生育保险费：是指企业按照规定标准为职工缴纳的生育保险费。

e.工伤保险费：是指企业按照规定标准为职工缴纳的工伤保险费。

② 住房公积金　是指企业按规定标准为职工缴纳的住房公积金。

③ 工程排污费　是指按规定缴纳的施工现场工程排污费。

④ 其他应列而未列入的规费，按实际发生计取。

1.2.2.5　利润

利润是劳动者为社会劳动、为企业劳动创造的价值。利润按国家或地方规定的利润率计取。

利润的计取具有竞争性。承包商投标时，可根据本企业的经营管理水平和建筑市场的供求状况，在一定的范围内确定本企业的利润水平。

1.2.2.6　税金（增值税）

（1）税金的定义

税金是指国家税法规定的应计入建筑安装工程造价内的城市维护建设税、教育费附加以及地方教育附加。建筑工程费用的税金是指国家税法规定应计入建筑安装工程造价内的增值税销项税额，按税前造价乘以增值税税率确定。增值税是以商品（含应税劳务）在流转过程中产生的增值额作为计税依据而征收的一种流转税。从计税原理上说，增值税是对商品生产、流通、劳务服务中多个环节的新增价值或商品的附加值征收的一种流转税。根据财政部、国家税务总局《关于全面推开营业税改征增值税试点的通知》（财税〔2016〕36号）要求，建筑业自2016年5月1日起纳入营业税改征增值税试点范围（简称营改增）。建筑业营改增后，工程造价按"价税分离"计价规则计算，具体要素价格适用增值税税率执行财税部门的相关规定。税前工程造价为人工费、材料费、施工机具使用费、企业管理费、利润与规费之和。

（2）增值税计税方法

① 一般计税方法（表1-2）　一般计税方法的应纳税额，是指当期销项税额抵扣当期进项税额后的余额，应纳税额计算公式为

$$应纳税额＝当期销项税额－当期进项税额$$

a.销项税额。销项税额是指纳税人发生应税行为按照销售额和增值税税率计算并收取的增值税额。销项税额计算公式为

$$销项税额＝销售额×增值税税率$$

b.进项税额。进项税额是指纳税人购进货物、加工修理修配劳务、服务、无形资产或者不动产，支付或者负担的增值税额。

这里必须注意：下列进项税额准予从销项税额中抵扣。

• 从销售方取得的增值税专用发票上注明的增值税额。

• 从海关取得的海关进口增值税专用缴款书上注明的增值税额。

• 购进农产品，除取得增值税专用发票或者海关进口增值税专用缴款书外，按照农产品收购发票或者销售发票上注明的农产品买价和13％的扣除率计算的进项税额。计算公式为

$$进项税额＝买价×扣除率$$

• 从境外单位或者个人购进服务、无形资产或者不动产，自税务机关或者扣缴义务人

取得的解缴税款的完税凭证上注明的增值税额。

工程造价计价程序表一般采用一般计税方法。

c.采用一般计税方法时增值税的计算方法如下。

当采用一般计税方法时，建筑业增值税税率为9%。计算公式为

$$建筑业增值税 = 税前造价 \times 9\%$$

税前造价为人工费、材料费、施工机具使用费、企业管理费、利润和规费之和，各费用项目均以不包含增值税可抵扣进项税额的价格计算。

② 简易计税方法（见表1-3）

a.简易计税的适用范围：根据《营业税改征增值税试点实施办法》以及《营业税改征增值税试点有关事项的规定》，简易计税方法主要适用于以下几种情况。

ⅰ.小规模纳税人发生应税行为适用简易计税方法计税。小规模纳税人通常是指纳税人提供建筑服务的年应征增值税销售额未超过500万元，并且会计核算不健全，不能按规定报送有关税务资料的增值税纳税人。年应税销售额超过500万元，但不经常发生应税行为的单位也可选择按照小规模纳税人计税。

ⅱ.一般纳税人以清包工方式提供的建筑服务，可以选择适用简易计税方法计税。以清包工方式提供建筑服务，是指施工方不采购建筑工程所需的材料或只采购辅助材料，并收取人工费、管理费或者其他费用的建筑服务。

ⅲ.一般纳税人为甲供工程提供的建筑服务，可以选择适用简易计税方法计税。甲供工程，是指全部或部分设备、材料、动力由工程发包方自行采购的建筑工程。

ⅳ.一般纳税人为建筑工程老项目提供的建筑服务，可以选择适用简易计税方法计税。建筑工程老项目的范围如下。

• 《建筑工程施工许可证》注明的合同开工日期在2016年4月30日前的建筑工程项目。

• 未取得《建筑工程施工许可证》的，建筑工程承包合同注明的开工日期在2016年4月30日前的建筑工程项目。

b.简易计税方法的应纳税额：应纳税额，是指按照销售额和增值税征收率计算的增值税额，不得抵扣进项税额。应纳税额计算公式为

$$应纳税额 = 销售额 \times 征收率$$

c.采用简易计税方法时增值税的计算：当采用简易计税方法时，建筑业增值税税率为3%，计算公式为

$$增值税 = 税前造价 \times 3\%$$

税前造价为人工费、材料费、施工机具使用费、企业管理费、利润和规费之和，各项目费用均以包含增值税进项税额的含税价格计算。

表1-2　工程造价计价程序表（一般计税方法）

序号	费用名称	计算公式	备注
1	分部分项工程费	(1.2)+(1.3)+(1.4)+(1.5)+(1.6)+(1.7)	
1.1	综合工日	定额基价分析	
1.2	定额人工费	定额基价分析	
1.3	定额材料费	定额基价分析	
1.4	定额机械费	定额基价分析	

续表

序号	费用名称	计算公式	备注
1.5	定额管理费	定额基价分析	
1.6	定额利润	定额基价分析	
1.7	调差	$(1.7.1)+(1.7.2)+(1.7.3)+(1.7.4)$	
1.7.1	人工费差价		
1.7.2	材料费差价		不含税价调差
1.7.3	机械费差价		
1.7.4	管理费差价		按规定调差
2	措施项目费	$(2.2)+(2.3)+(2.4)$	
2.1	综合工日	定额基价分析	
2.2	安全文明施工费	定额基价分析	
2.3	单价类措施费	$(2.3.1)+(2.3.2)+(2.3.3)+(2.3.4)+$ $(2.3.5)+(2.3.6)$	
2.3.1	定额人工费	定额基价分析	
2.3.2	定额材料费	定额基价分析	
2.3.3	定额机械费	定额基价分析	
2.3.4	定额管理费	定额基价分析	
2.3.5	定额利润	定额基价分析	
2.3.6	调差	$(2.3.6.1)+(2.3.6.2)+(2.3.6.3)+(2.3.6.4)$	
2.3.6.1	人工费差价		
2.3.6.2	材料费差价		不含税价调差
2.3.6.3	机械费差价		
2.3.6.4	管理费差价		按规定调差
2.4	其他措施费(费率类)	$(2.4.1)+(2.4.2)$	
2.4.1	其他措施费(费率类)	定额基价分析	
2.4.2	其他(费率类)		按约定
3	其他项目费	$(3.1)+(3.2)+(3.3)+(3.4)+(3.5)$	
3.1	暂列金额		按约定
3.2	专业工程暂估价		按约定
3.3	计日工		按约定
3.4	总承包服务费	业主分包专业工程造价×费率	按约定
3.5	其他		按约定
4	规费	$(4.1)+(4.2)+(4.3)$	不可竞争费

序号	费用名称	计算公式	备注
4.1	定额规费	定额基价分析	
4.2	工程排污费		据实计取
4.3	其他		
5	不含税工程造价	(1)+(2)+(3)+(4)	
6	增值税	(5)×9%	一般计税方法
7	含税工程造价	(5)+(6)	

表 1-3　工程造价计价程序表（简易计税方法）

序号	费用名称	计算公式	备注
1	分部分项工程费	(1.2)+(1.3)+(1.4)+(1.5)+(1.6)+(1.7)	
1.1	综合工日	定额基价分析	
1.2	定额人工费	定额基价分析	
1.3	定额材料费	定额基价分析	
1.4	定额机械费	定额基价分析/(1-11.34%)	
1.5	定额管理费	定额基价分析/(1-5.13%)	
1.6	定额利润	定额基价分析	
1.7	调差	(1.7.1)+(1.7.2)+(1.7.3)+(1.7.4)	
1.7.1	人工费差价		
1.7.2	材料费差价		含税价调差
1.7.3	机械费差价		
1.7.4	管理费差价	(管理费差价)/(1-5.13%)	按规定调差
2	措施项目费	(2.2)+(2.3)+(2.4)	
2.1	综合工日	定额基价分析	
2.2	安全文明施工费	定额基价分析/(1-10.08%)	
2.3	单价类措施费	(2.3.1)+(2.3.2)+(2.3.3)+(2.3.4)+(2.3.5)+(2.3.6)	
2.3.1	定额人工费	定额基价分析	
2.3.2	定额材料费	定额基价分析	
2.3.3	定额机械费	定额基价分析/(1-11.34%)	
2.3.4	定额管理费	定额基价分析/(1-5.13%)	
2.3.5	定额利润	定额基价分析	
2.3.6	调差	(2.3.6.1)+(2.3.6.2)+(2.3.6.3)+(2.3.6.4)	

续表

序号	费用名称	计算公式	备注
2.3.6.1	人工费差价		
2.3.6.2	材料费差价		含税价调差
2.3.6.3	机械费差价		按规定调差
2.3.6.4	管理费差价	（管理费用差价）/（1−5.13%）	按规定调差
2.4	其他措施费（费率类）	（2.4.1）+（2.4.2）	
2.4.1	其他措施费（费率类）	定额基价分析	
2.4.2	其他（费率类）		按约定
3	其他项目费	（3.1）+（3.2）+（3.3）+（3.4）+（3.5）	
3.1	暂列金额		按约定
3.2	专业工程暂估价		按约定
3.3	计日工		按约定
3.4	总承包服务费	业主分包专业工程造价×费率	按约定
3.5	其他		按约定
4	规费	（4.1）+（4.2）+（4.3）	不可竞争费
4.1	定额规费	定额基价分析	
4.2	工程排污费		据实计取
4.3	其他		
5	不含税工程造价	（1）+（2）+（3）+（4）	
6	增值税	（5）×[3%/（1+3%）]	简易计税方法
7	含税工程造价	（5）+（6）	

注：本表数据摘录于河南省房屋建筑与装饰工程预算定额。

1.2.3 建筑工程预算确定的依据

建筑工程预算确定的依据如下。

① 国家、行业和地方政府有关工程建设和造价管理的法律、法规和规定。

② 经过批准和会审的施工图设计文件，包括设计说明书、标准图、图纸会审纪要、设计变更通知单及经建设主管部门批准的设计概算文件。

③ 施工现场勘察地质、水文、地貌、交通、环境及标高测量资料等。

④ 预算定额（或单位估价表）、地区材料市场与预算价格等相关信息以及颁布的材料预算价格、工程造价信息材料调价通知取费调整通知等，工程量清单计价规范。

⑤ 当采用新结构、新材料、新工艺、新设备而定额缺项时，按规定编制的补充预算定额，也是编制施工图预算的依据。

⑥ 合理的施工组织设计和施工方案等文件。

⑦ 工程量清单招标文件、工程合同或协议书。它明确了施工单位承包的工程范围，应承担的责任权利和义务。

⑧ 项目有关的设备、材料供应合同、价格及相关说明书。

⑨ 项目的技术复杂程度，新技术、专利使用情况等。

⑩ 项目所在地区有关的气候水文、地质地貌等自然条件。

⑪ 项目所在地区有关的经济、人文等社会条件。

⑫ 预算工作手册，常用的各种数据、计算公式、材料换算表，常用标准图集及各种必备的工具书。

1.3　建筑工程预算的计价特征

（1）计价的单件性

由于建设工程设计用途和工程的地区条件是多种多样的，几乎每一个具体的工程都有它的特殊性。建设工程在生产上的单件性决定了在造价计算上的单件性，不能像一般工业产品那样，可以按品种、规格、质量成批地生产、统一地定价，而只能按照单件计价。国家或地区有关部门不可能按各个工程逐件控制价格，只能就工程造价中各项费用项目的划分，工程造价构成的一般程序，概预算的编制方法，各种概预算定额和费用标准，地区人工、材料、机械台班计价的确定等做出统一性的规定，据此作宏观性的价格控制。所有这一切规定，具有某种程度上的强制性，直接参加建设的有关设计单位、建设单位、施工单位都必须执行。为了区别于一般工业产品的价格系列，通常把上述一系列规定称为基建价格系列。

（2）计价的组合性

一个建设项目的总造价是由各个单项工程造价组成的，而各个单项工程造价又是由各个单位工程造价组成的。各单位工程造价是按分部工程、分项工程和相应定额、费用标准等进行计算得出的。可见，为确定一个建设项目的总造价，应首先计算各单位工程造价，再计算各单项工程造价（一般称为综合概预算造价），然后汇总成总造价（又称为总概预算造价）。显然，这个计价过程充分体现了分部组合计价的特点。

（3）计价方法的多样性

工程造价多次性计价有各自不相同的计价依据，对造价的精确度要求也不相同，这就决定了计价方法有多样性特征。计算概、预算造价的方法有单价法和实物法等。计算投资估算的方法有设备系数法、生产能力指数估算法等。不同的方法利弊不同，适应条件也不同，计价时要根据具体情况加以选择。

（4）计价依据的复杂性

影响造价的因素多、计价依据复杂，种类繁多。主要可分为以下7类。

① 计算设备和工程量的依据　包括项目建议书、可行性研究报告、设计文件等。

② 计算人工、材料、机械等实物消耗量的依据　包括投资估算指标、概算定额、预算定额等。

③ 计算工程单价的价格依据　包括人工单价、材料价格、材料运杂费、机械台班费等。

④ 计算设备单价的依据　包括设备原价、设备运杂费、进口设备关税等。

⑤ 计算措施费、间接费和工程建设其他费用的依据　主要是相关的费用定额和指标。

⑥ 政府规定的税费。

⑦ 物价指数和工程造价指数。

第 2 章

建筑工程预算编制

2.1 建筑工程预算编制的原理

2.1.1 建筑工程预算费用组成

建筑工程预算的主要作用就是确定工程预算造价，如果从产品的角度看，工程造价就是建筑产品的价格。

工程造价管理机构或工程预算职能部门在计算工程造价，编制工程预算、结算以及决算时，要符合《工程费用组合》的规定，对工程费用进行分类核算，并按分类项目计算工程预算的成本。工程费用之和组成了工程的总造价，是建设方与承建方进行结算的主要依据。工程造价包括直接费、间接费、规费和利润。

（1）直接费

直接费是与建筑产品生产直接有关的各项费用，包括直接工程费和措施费。

① 直接工程费 是指施工过程中耗费的构成工程实体的各项费用，包括人工费、材料费、施工机械使用费。

② 措施费 措施费是指有助于构成工程实体形成的各项费用，主要包括冬雨期施工增加费、夜间施工增加费、材料二次搬运费、脚手架搭设费、临时设施费等。

（2）间接费

间接费是指费用发生后，不能直接计入某个建筑工程，而只有通过分摊的办法间接计入建筑工程成本的费用，主要包括企业管理费和规费。

（3）规费

规费是指按国家法律、法规规定，由省级政府和省级有关权力部门规定必须缴纳或计取的费用。

2.1.2 影响工程造价准确性的因素

（1）合同因素

在建筑工程造价控制与管理中，一个重要的影响因素就是施工合同。施工合同是规定双方权利和义务的有力的文件，这种合同是具备很强的法律效力。但是，在实际生活中由于受到各方面现实条件的制约，部分合同存在内容不全面、条款不清晰的现象，导致双方没有按照合同的条款来执行，使得现场施工管理缺少条理性，工程项目预算的作用不能得到发挥，出现造价失控现象。

（2）人为因素

人为因素也是影响建筑工程造价控制与管理的直接因素。因为建筑工程造价属于一项比较大的工程，这项工程也比较复杂，需要工作过程中设计人员以及造价控制人员都具备很强的责任心。但是一部分施工单位的造价控制人员缺少专业化的知识，没有很好地把握市场动态，导致造价控制出现问题。此外，受到市场人工价格波动的影响，施工工人的工资与日常开销也是造价控制的组成部分，需要给予重视。

（3）施工因素

① 施工组织　在建筑工程施工的时候，部分监理单位工程师的专业技能比较缺乏，在工程造价方面的责任心不强，没有严格按照技术标准对技术进行全面分析来制定合理的施工方案，导致施工方案变得复杂，在一定程度上增加了建筑资金消耗。

② 施工程序　一般来说，建筑项目都有一定的工期要求，一部分施工单位为了能够在预定的时间内完成施工，没有严格按照施工技术和标准来施工，还有一部分施工单位为了赶工期无视建筑标准，盲目地设计和施工，导致施工程序变得复杂、混乱，难以有效地控制工程造价。

2.1.3　常见工程造价指标参考

（1）普通住宅建筑混凝土用量和用钢量

① 多层砌体住宅　钢筋：$30kg/m^2$；混凝土：$0.3\sim0.33m^3/m^2$。

② 多层框架　钢筋：$38\sim42kg/m^2$；混凝土：$0.33\sim0.35m^3/m^2$。

③ 小高层（11～12层）　钢筋：$50\sim52kg/m^2$；混凝土：$0.35m^3/m^2$。

④ 高层（17～18层）　钢筋：$54\sim60kg/m^2$；混凝土：$0.36m^3/m^2$。

⑤ 高层30层（$H=94m$）　钢筋：$65\sim75kg/m^2$；混凝土：$0.42\sim0.47m^3/m^2$。

⑥ 高层酒店式公寓28层（$H=90m$）　钢筋：$65\sim70kg/m^2$；混凝土：$0.38\sim0.42m^3/m^2$。

⑦ 别墅混凝土用量和用钢量　介于多层砌体住宅和小高层（11～12层）之间。

以上数据按抗震7度区规则做结构设计。

（2）普通多层住宅楼施工预算经济指标

① 室外门窗（不包括单元门、防盗门）面积　占建筑面积20%～24%。

② 模板面积　占建筑面积的2.2倍左右。

③ 室外抹灰面积　占建筑面积40%左右。

④ 室内抹灰面积　占建筑面积的3.8倍。

（3）施工工效

① 一个抹灰工一天抹灰约$35m^2$。

② 一个砖工一天砌红砖1000～1800块。

③ 一个砖工一天砌空心砖800～1000块。

④ 瓷砖$15m^2$。

⑤ 刮大白：第一遍$300m^2/d$，第二遍$180m^2/d$，第三遍压光$90m^2/d$。

（4）基础数据

① 混凝土密度$2500kg/m^3$。

② 钢筋每延长米质量$0.00617d^2$。

③ 干砂子密度$1500kg/m^3$，湿砂密度$1700kg/m^3$。

④ 石子密度$2200kg/m^3$。

⑤ $1m^3$红砖525块左右（分墙厚）。

⑥ $1m^3$空心砖175块左右。

⑦ 筛得 1m³ 干净砂需 1.3m³ 普通砂。

（5）建筑工程清包工价格

① 模板：19～23 元/m²（粘灰面）。

② 混凝土：38～41 元/m³。

③ 钢筋：500～600 元/t，或 10～13 元/m²。

④ 砌筑：55～70 元/m³。

⑤ 抹灰：10～25 元/m²（不扣除门窗洞口，不包括脚手架搭拆）。

⑥ 面砖粘贴：18～28 元/m²。

⑦ 室内地面砖（600mm×600mm）：15～20 元/m²。

⑧ 踢脚线：3 元/m。

⑨ 室内墙砖：25 元/m²（包括倒角）。

⑩ 楼梯间石材：28 元/m²。

⑪ 踏步板磨边：10 元/m。

⑫ 石膏板吊顶：20 元（平棚）。

⑬ 铝扣板吊顶：25 元/m²。

⑭ 大白乳胶漆：6 元/m²。

⑮ 外墙砖：43 元/m²。

⑯ 外墙干挂蘑菇石：50 元/m²。

⑰ 屋面挂瓦：13 元/m²。

⑱ 水暖：9 元/m²（建筑面积）。

⑲ 电气照明部分：6 元/m²。

⑳ 木工：35～50 元/m²。

㉑ 架子工：5.5 元/m²。

（6）房地产建筑成本（按建筑面积，以"m²"计算）

① 桩基工程（如有）：70～100 元/m²。

② 钢筋：40～75kg/m²（多层含量较低，高层含量较高），合 160～300 元/m²。

③ 混凝土：0.3～0.5m³/m²（多层含量较低，高层含量较高），合 100～165 元/m²。

④ 砌体工程：60～120 元/m²（多层含量较高，高层含量较低）。

⑤ 抹灰工程：25～40 元/m²。

⑥ 外墙工程（包括保温）：50～100 元/m²（以一般涂料为标准，如为石材或幕墙，则可能高达 300～1000 元/m²）。

⑦ 室内水电安装工程（含消防）：60～120 元/m²（按小区档次，多层略低一些）。

⑧ 屋面工程：30 元/m²（多层含量较高，高层含量较低）。

⑨ 门窗工程（不含进户门）：每平方米建筑面积门窗面积 0.25～0.5m²（与设计及是否高档有很大关系，高档的比例较大），造价 90～300 元/m²，一般为 90～150 元/m²，如采用高档铝合金门窗，则可能达到 300 元/m²。

⑩ 土方、进户门、烟道及公共部位装饰工程：30～150 元/m²（与小区档次高低关系很大，档次越高，造价越高）。

⑪ 地下室（如有）：增加造价 40～100 元/m²（多层含量较高、高层含量较低）。

⑫ 电梯工程（如有）：40～200 元/m²，与电梯的档次、电梯设置的多少及楼层的多少有很大关系，一般工程约为 100 元/m²。

⑬ 人工费：130～200 元/m²。

⑭ 室外配套工程：30～300 元/m²，一般为 70～100 元/m²。

⑮ 模板、支撑、脚手架工程（成本）：70～150 元/m²。

⑯ 塔吊、人货电梯、升降机等各型施工机械等（为总造价的 5%～8%）：60～90 元/m²。

⑰ 临时设施（生活区、办公区、仓库、道路、现场其他临时设施，如水、电、排污、形象、生产厂棚与其他生产用房）：30～50 元/m²。

⑱ 检测、试验、手续、交通、交际等费用：10～30 元/m²。

⑲ 承包商管理费、资料、劳保、利润等各种费用（约为 10%）：以上各项之和×10%＝90～180 元/m²。

⑳ 上交国家各种税费（总造价 3.3%～3.5%）：33～70 元/m²，高档的可能高达 100 元/m²。

以上没有算精装修，一般造价为 1000～2000 元/m²，高档小区可达 3500 元/m² 以上。精装修造价一般为 500～1500 元/m²，这要看档次高低，也有 300 元/m² 的简装修，更有 3000～10000 元/m² 的超高档装修（拎包入住）。

㉑ 设计费（含前期设计概念期间费用）：15～100 元/m²。

㉒ 监理费：3～30 元/m²。

㉓ 广告、策划、销售代理费：一般 30～200 元/m²，高者可达 500 元/m² 以上。

㉔ 土地费：一般二线城市市区（老郊区地带）为 70～100 万/亩❶，容积率一般为 1.0～2.0，故折算房价为 525～1500 元/m²，市区中心地带一般为 200 万元/亩，折算房价为 1500～3000 元/m²，核心区域可达 300 万元/亩以上，单方土地造价更高；一线城市甚至有高达 20000 元/m² 以上的土地单方造价；三线城市、县城等土地单方造价较低，一般为 100～500 元/m²，也有高达 2000 元/m² 以上的情况。

㉕ 土地税费与前期费，一般为土地费的 15% 左右，二线城市一般为 100～500 元/m²，各地标准都不一样。

2.1.4　保证工程造价准确性的措施

影响工程造价的因素很多，这些问题产生既有客观原因，也有主观因素，要想从根本上来解决这些问题和矛盾，就需要在工程项目造价实践中不断完善和改进，本着对工程项目负责的认真态度，科学、合理、有序、有据编制工程造价文件，从而合理确定造价、有效控制工程投资。

（1）强化施工方案编制

要充分认识和重视对施工方案可行性、合理性、经济性、重要性的分析，不同的施工方法，不同的设计意图，不同的施工设备，就要因时制宜、因地制宜地编制与之相适应的施工要求，并体现到施工方案设计中，包括一些临时性的工程项目工作量，都要一并考虑进去。

（2）严格执行工程造价法律法规

工程项目必须依照工程建设程序，根据建设期不同阶段的计价依据，编制建设工程投资估算、设计概算、施工图预算及竣工结算。投资估算应根据建设规模、建设内容、建设标准、主要设备选型、建设工期，在优化建设方案的基础上，依据投资估算指标及有关规定进行编制。设计概算应根据初步设计（扩初设计）、概算定额（概算指标）、费用定额、工程建设其他费用定额以及编制时的价格进行编制，并合理地考虑建设期内的价格、利率、汇率等

---

❶　15 亩＝1 公顷，即，1 亩≈666.667m²。

动态变化因素，不得留有投资缺口。

（3）保证预算资料准确

概预算相关资料是确保设计是否经济合理的依据，在整个工程建设过程中起着举足轻重的作用，做好各类资料搜集整理工作是一项非常细致和复杂的工作，来不得丝毫马虎与轻视。当然，现场调查和资料收集是概预算编制工作的一项重要工作，为使编制的概算能准确、完整地反映建设项目的实际情况和符合设计文件的内容与要求，必须对建设项目的实际情况和各种价格信息进行全面、详细的调查，并应取得相关协议的书面文件。

（4）提高造价从业人员综合素质

要加强职业教育培训，提高造价从业人员职业道德修养。同时，要积极拓宽造价知识范围、掌握多种职业技能。工程造价管理对项目全过程各个阶段的计价与控制，涉及建设项目可行性研究、设计、施工招标投标、合同签订、索赔处理、竣工决算鉴定、项目评估等方方面面，从业人员不仅需要通晓工程技术、工程经济与管理知识，还要掌握金融、法律、房地产、计算机信息等相关专业知识，具有经济分析、预测未来、项目管理的能力。

2.2　建筑工程预算编制的程序

2.2.1　建筑工程预算编制依据

建筑工程预算编制的依据是施工图预算，有规律的步骤和顺序，施工图预算是以施工图设计文件为依据，按照规定的程序、方法和依据，在工程施工前对工程项目的工程费用进行的预测与计算。

① 施工图纸及其说明　经审批后的施工图纸及设计说明书，是编制施工图预算的主要工作对象和依据，施工图纸必须经过建设、设计和施工单位共同会审确定后，才能着手编制施工图预算，使预算编制工作能正常进行，避免不必要的返工。

② 现行的预算定额、计价表、地区材料预算价格　现行建筑工程预算定额是编制预算的基础资料。编制工程预算，从划分分部、分项工程项目到计算分项工程量，都必须以预算定额（包括已批准执行的概算定额、预算定额、单位估价表、计价表、费用定额、该地区的材料预算价格及其有关文件）作为标准和依据。现在，有部分省市编制了建筑与装饰工程计价表，并能与建设工程工程量清单计价规范相对应，编制预算时可直接使用。

③ 施工组织设计或施工方案　施工组织设计是确定单位工程施工方法或主要技术措施以及施工现场平面布置的技术文件，该文件所确定的材料堆放地点、机械的选择、土方的运输工具及各种技术措施等，都是编制施工图预算不可缺少的依据。

④ 现行的建设工程工程量清单计价规范。

⑤ 甲乙双方签订的合同或协议。

⑥ 有关部门批准的拟建工程概算文件　经批准的拟建工程设计概算，是拟建工程投资的最高限额，所编制的施工图预算不得超过这一限额。

⑦ 预算工作手册　预算工作手册是将常用的数据、计算公式和系数等资料汇编而成的手册，方便查用，以加快工程量计算速度。

⑧ 市场采购材料的市场价格。

2.2.2　建筑工程预算编制内容

扫码看视频

建筑工程预算
编制内容及定
额计价方法

（1）施工图预算文件的组成

施工图预算由建设项目总预算、单项工程综合预算和单位工程预算组成。建设项目总预算由单项工程综合预算汇总而成，单项工程综合预算由组成本单项工程的各单位工程预算汇总而成。

施工图预算根据建设项目实际情况可采用三级预算编制或二级预算编制形式。当建设项目有多个单项工程时，应采用三级预算编制形式，三级预算编制形式由建设项目总预算、单项工程综合预算、单位工程预算组成。当建设项目只有一个单项工程时，应采用二级预算编制形式，二级预算编制形式由建设项目总预算和单位工程预算组成。

采用三级预算编制形式的工程预算文件包括：封面、签署页及目录、编制说明，总预算表、综合预算表、单位工程预算表、附件等内容。采用二级预算编制形式的工程预算文件包括：封面、签署页及目录、编制说明，总预算表、单位工程预算表、附件等内容。

（2）施工图预算的内容

按照预算文件的不同，施工图预算的内容有所不同。建设项目总预算是反映施工图设计阶段建设项目投资总额的造价文件，是施工图预算文件的主要组成部分，由组成该建设项目的各个单项工程综合预算和相关费用组成。单项工程综合预算是反映施工图设计阶段一个单项工程（设计单元）造价的文件，是总预算的组成部分，由构成该单项工程的各个单位工程施工图预算组成。

单位工程预算是依据单位工程施工图设计文件、现行预算定额以及人工、材料和施工机具台班价格等，按照规定的计价方法编制的工程造价文件。

2.2.3　建筑工程预算编制流程

（1）用定额单价编制流程

定额单价编制流程如图 2-1 所示。

图 2-1　定额单价编制流程

（2）用实物量法的编制流程

实物量法的编制流程如图 2-2 所示。

图 2-2　实物量法的编制流程

2.3　编制建筑工程预算的过程

2.3.1　图纸及相关资料准备

图纸及相关资料准备工作内容如下。

① 全套建筑施工图　包括建筑设计说明、建筑平面图（各层）、建筑立面图（正、背、侧面）、建筑剖面图、地沟平面及详图、屋顶平面图、建筑节点详图等。

② 全套结构施工图　包括结构设计说明、结构平面布置图（各层）、钢筋混凝土结构配筋图、钢结构图、木结构图、结构节点详图等。

③ 所索引的建筑构配件标准图。

④ 所索引的结构构件标准图。

⑤ 工程地质勘察报告。

⑥ 建筑工程施工组织设计或施工方案。

⑦ 建筑工程施工协议或施工合同。

⑧ 施工企业资质证书及营业执照。

⑨ 建筑工程施工许可证。

⑩ 有关建筑工程量计算手册。

2.3.2　定额与清单准备

（1）定额准备

① 中华人民共和国住房和城乡建设部《房屋建筑与装饰工程消耗量定额》（TY01-31—2015）。

② 中华人民共和国　建设部《全国统一施工机械台班费用定额》。

③ 中华人民共和国建设部《全国统一建筑工程预算工程量计算规则》土建工程（GJD-101—95）

④ 各省、市、自治区建设厅《建筑工程预算定额》。

⑤ 各省、市、自治区建设厅《建筑材料预算价格表》。

⑥ 各省、市、自治区建设厅《建筑工程费用定额》《装饰工程费用定额》。

（2）清单的准备

① 中华人民共和国住房和城乡建设部《建设工程工程量清单计价规范》。

② 中华人民共和国住房和城乡建设部《房屋建筑与装饰工程工程量计算规范》。

③ 中华人民共和国住房和城乡建设部《安装工程工程量计算规范》。

2.3.3　《全国统一施工机械台班费用定额》简述

《全国统一施工机械台班费用定额》由中华人民共和国原建设部发布。

《全国统一施工机械台班费用定额》内容包括：说明；12 类施工机械（土石方及筑路机械、打桩机械、水平运输机械、垂直运输机械混凝土及砂浆机械、加工机械、泵类机械、焊接机械、地下工程机械、其他机械）费用定额表；附表及其说明；费用定额编制说明等。

费用定额编制说明主要阐明以下内容。

① 费用定额编制依据。

② 定额包括范围。

③ 每台班工作小时数。

④ 定额七项费用的组成。

⑤ 各种费用调整原则。

⑥ 定额附表中所列各种机械费用调整原则。

⑦ 盾构掘进台班费未包括的费用处理。

⑧ 顶管设备台班费未包括的费用处理。

⑨ 养路费、车船使用税的补充。

⑩ 油料、电力损耗已包括在定额内。

⑪ 注有"××以内"或"××以外"的说明。

⑫ 定额中机型的划分。

⑬ 定额中的计量单位。

⑭ 未列机械费用定额的补充。

⑮ 定额的基础数据、动力消耗量及人工工日数的确定原则及调整方法。

⑯ 定额的燃料动力、材料、机械等采用北京地区××年底预算价格。

各类施工机械费用定额表中列出定额编号、机械名称、机械类型、规格型号、台班基价等。其中，台班基价包括：折旧费、大修理费、经常修理费、安拆费及场外运费、燃料动力费、人工费、养路费及车辆使用税等（安拆费及场外运费、养路费及车辆使用税由各省、自治区、直辖市另行补充或调整）。

2.3.4 《建筑工程材料预算价格》简述

《建筑工程材料预算价格》由各省、自治区、直辖市建设厅发布，应根据当时颁发的材料价格由发布日起执行。一般3～4年修改一次，在执行期间如主要材料价格变动较大，应根据当时颁发的材料价格调整动态文件进行调价。

《建筑工程材料预算价格》内容包括：说明；12类材料（黑色金属、有色金属、木材及制品、硅酸盐及水泥制品、地方材料、装饰材料、保温防腐防火材料、油漆化工材料、金属制品、其他材料、电工器材、水暖卫生器材）预算价格表；附录等。

说明部分主要阐述以下几方面。

① 预算价格编制原因。

② 预算价格所包括材料种类。

③ 预算价格的组成和编制依据。

④ 预算价格的适用范围。

⑤ 钢材镀锌费计算。

⑥ 有关材料价格的说明。

各类材料预算价格表中包括材料名称、规格型号、各地区价格等。各地区是指省内各行政专区。

附录包括材料质量表、材料截面面积表、材料型号对照表等。

2.3.5 地区省份《房屋建筑与装饰装修工程预算定额》简述

《房屋建筑与装饰装修工程预算定额》由各省、自治区、直辖市建设厅发布，自发布日起执行。

《房屋建筑与装饰装修工程预算定额》内容包括：总说明、17章（土石方、地基处理与基坑支护工程、桩基工程、砌筑工程、混凝土及钢筋混凝土工程、金属结构工程、木结构工程、门窗工程、屋面及防水工程、保温隔热防腐工程、楼地面装饰工程、墙柱面装饰与隔断幕墙工程、天棚工程、油漆涂料裱糊工程、其他装饰工程、拆除工程、措施项目）。

2.3.6 建筑工程预算编制表式

建筑工程预算编制样式见图2-3及表2-1～表2-4。

```
                    建设工程造价预（结）算书

                          （建筑工程）

    建设单位：              工程名称：              建设地点：

    施工单位：              取费等级：              工程类别：

    工程规模：   平方米      工程造价：   元        单位造价：   元/平方米

    建设（监理）单位：-------              施工（编制）单位 ：--------

    技术负责人：------                     技术负责人：------

    审核人：                               编制人：

    资格证章：------                       资格证章：------

                    年 月 日              年 月 日
```

图 2-3　建筑工程预算书封面

表 2-1　工程量计算表

工程名称：

序号	定额编码	分部工程名称	单位	工程量	计算式

表 2-2　定额直接费、工料分析表

工程名称：

序号	定额编码	项目名称	单位	工程量	定额直接费/元					主要材料用量
					单价	合价	人工费		机械费		
							单价	小计	单价	小计	

表 2-3　材料汇总表

工程名称：

序号	材料名称及规格	单位	数量	备注

表 2-4　工程造价计算表

序号	费用名称	计算式	金额/元
1	直接工程费		

续表

序号	费用名称		计算式	金额/元
2	单项材料价差调整			
3	综合系数调整材料价差			
4	措施费	环境保护费		
		文明施工费		
		安全施工费		
		临时设施费		
		夜间施工增加费		
		二次搬运费		
		大型机械进出场及安拆费		
		脚手架费		
		已完工程及设备保护费		
		混凝土及钢筋混凝土模板及支架费		
		施工排、降水费		
5	规费	工程排污费		
		社会保障费		
		住房公积金		
6	企业管理费			
7	利润			
8	增值税			
9	城市维护税			
10	教育费附加			
	工程造价		1~10之和	

2.3.7 建筑工程预算编制步骤

① 根据施工图纸及全国统一的工程量计算规则，计算各分项工程的工程量。工程量的计算是施工图预算编制中工作量最大，也是十分重要的一项工作，在案例分析中，应注意把这一部分的内容与前面工程量计算部分的内容结合起来进行学习。

② 根据计算出的各分项工程的工程量、定额消耗指标、砂浆及混凝土配合比等资料进行工料分析，计算出工程所需的人工、材料、机械的消耗量。

③ 根据题目中给出的资源价格表计算出人工费、材料费、机械费，此三项费用的合计即为定额直接费。

④ 根据题目中给出的费率计算规定计算各项费用。在这一步骤中，主要应注意各项费用的计算基础，如间接费的计算基础是直接工程费，利润的计算基础是直接工程费加间接费，而税金的计算基础是直接工程费加间接费加利润。另外还应注意各项费用的组成内容，如直接工程费不仅包括定额直接费，还包括脚手架费及零星工程费等，这些都是案例分析应注意的问题。

⑤ 汇总以上计算出的各项费用，即可编制出工程的施工图预算。

第 3 章

预算定额及清单应用

3.1 建筑工程定额

3.1.1 建筑工程定额概述

建筑工程定额是指在建筑产品生产中所需消耗的人工、材料、机械和资金的数量标准，是在正常施工的条件下，为完成一定量的合格产品所规定的消耗标准。它反映的是生产关系和生产过程的规律，应用现代科学技术方法，找出产品生产与生产消耗之间的数量关系，用以寻求最大限度地节约生产消耗和提高劳动生产率的途径。在我国，建筑工程定额包括两大类，生产性定额和计价性定额。典型的生产性定额是施工定额，典型的计价性定额是预算定额。

3.1.2 施工定额

施工定额是施工企业为组织生产和加强管理在企业内部使用的一种定额，属于企业生产定额的性质，是建筑工人合理地组织劳动或工人小组在正常施工条件下，为完成单位合格产品所需消耗的劳动、机械、材料数量标准。施工定额分为劳动定额、材料消耗定额、机械定额三种。

3.1.2.1 劳动定额

（1）劳动定额的概念

劳动定额，即人工定额。在先进合理的施工组织和技术措施下，完成合格的单位建筑产品所需要消耗的人工数量。它通常以劳动时间（工日或工时）来表示。劳动定额是施工定额的主要内容，主要表示生产效率的高低，劳动力的运用是否合理，劳动力和产品的关系以及劳动力的配备情况。

（2）劳动定额的表现形式

劳动定额的表现形式可分为时间定额和产量定额。

① 时间定额 就是某种专业、某种技术等级工人班组或个人，在合理的劳动组织和合理使用材料的条件下，完成单位合格产品所必需的工作时间。定额时间包括准备与结束时间、基本工作时间、辅助工作时间、不可避免的中断时间及工人必需的休息时间。时间定额以一个工人 8 小时工作日的工作时间为一个工日。时间定额的计算方法为

$$单位产品时间定额（工日）= 1/每工产量 \tag{3-1}$$

$$单位产品时间定额（工日）= 小组成员工日数总和/机械台班产量 \tag{3-2}$$

② 产量定额 是指在技术条件正常，生产工具使用合理和劳动组织正确的条件下，工

人在单位时间（工日）内完成合格产品的数量。

产量定额的单位为产品的单位，产量定额的计算方法为

$$每日产量＝1/单位产品时间定额（工日） \tag{3-3}$$

③ 时间定额与产量定额的关系 时间定额与产量定额互为倒数，即

$$时间定额×产量定额＝1 \tag{3-4}$$

$$产量定额＝1/时间定额 \tag{3-5}$$

$$时间定额＝1/产量定额 \tag{3-6}$$

3.1.2.2 材料消耗定额

（1）材料消耗定额概念

必需消耗的材料数量，是指在合理用料的条件下，生产合格产品所需消耗的材料数量。它包括直接用于建筑工程的材料、不可避免的施工废料和不可避免的材料损耗。其中：直接用于建筑工程的材料数量，称为材料净用量；不可避免的施工废料和材料损耗数量，称为材料损耗量。

（2）材料消耗的公式

用公式表示为

$$材料总耗用量＝材料净用量＋材料损耗量 \tag{3-7}$$

材料损耗量是不可避免的损耗，如：场内运输及场内堆放在允许范围内不可避免的损耗、加工制作中的合理损耗及施工操作中的合理损耗等。常用计算方法是

$$材料损耗量＝材料净用量×材料损耗率 \tag{3-8}$$

3.1.2.3 机械定额

（1）机械消耗定额概念

机械台班消耗定额是指在正常的施工（生产）技术组织条件及合理的劳动组合和合理地使用施工机械的前提下，生产单位合格产品所必须消耗的一定品种、规格施工机械的作业时间。

（2）机械台班时间定额

机械台班时间定额，是指在合理劳动组织和合理使用机械的条件下，完成单位合格产品所必需的工作时间，包括有效工作时间（正常负荷下的工作时间和降低负荷下的工作时间）、不可避免的中断时间、不可避免的无负荷工作时间。机械时间定额以"台班"表示，即一台机械工作一个作业班时间。一个作业班时间为8h。

$$单位产品机械时间定额（台班）＝1/台班产量 \tag{3-9}$$

$$单位产品人工时间定额（工日）＝小组成员总人数/台班产量 \tag{3-10}$$

（3）机械台班产量定额

机械台班产量定额，是指在合理劳动组织与合理使用机械的条件下，机械在每个台班时间内应完成的合格产品的数量，其计算公式为

$$机械台班产量定额＝1/机械时间定额（台班） \tag{3-11}$$

机械台班产量定额和机械台班时间定额互为倒数关系。

3.1.3 预算定额

3.1.3.1 预算定额的概念

预算定额是主管部门颁发的用于确定一定计量单位的分项工程或结构构件的人工、材料和施工机械台班消耗的数量标准以及用货币来表现建筑工程预算成本的额度，是在施工定额的基础上进行综合扩大编制而成的。预算定额中的人工、材料和施工机械台班的消耗水平根

据施工定额综合取定，定额子目的综合程度大于施工定额，从而可以简化施工图预算的编制工作。预算定额是编制施工图预算的主要依据。预算定额项目中人工、材料和施工机械台班消耗量指标，应根据编制预算定额的原则、依据，采用理论与实际相结合、图纸计算与施工现场测算相结合、编制定额人员与现场工作人员相结合等方法进行计算。

3.1.3.2　预算定额的编制

（1）编制原则

① 必须全面贯彻执行党和国家有关基本建设产品价格的方针和政策。

② 必须贯彻"技术先进、经济合理"的原则。

③ 必须体现"简明扼要、项目齐全、使用方便、计算简单"的原则。

（2）编制依据

① 劳动定额、材料消耗定额和施工机械台班定额，以及现行的建筑工程预算定额等有关定额资料。

② 现行的设计规范、施工及验收规范、质量评定标准和安全操作规程等文件。

③ 通用设计标准图集、定型设计图纸和有代表性的设计图纸等有关设计文件。

④ 新技术、新材料、新工艺和新结构资料。

⑤ 现行的工人工资标准、材料预算价格和施工机械台班费用等有关价格资料。

（3）预算定额的编制步骤

① 准备阶段　在这一阶段主要是调集人员、成立编制小组，收集编制资料，拟定编制方案，确定定额项目、水平和表现形式。

② 定额编制阶段　在这一阶段主要是审查、熟悉和修改资料，进行测算和分析，按确定的定额项目和图纸等资料计算工程量，确定人工、材料和施工机械台班消耗量，计算定额基价，编制定额项目表和拟定文字说明。

③ 审查定稿、报批阶段　在这一阶段主要是测算新编定额水平，审查、修改所编定额，定稿后报送上级主管部门审批、颁发并执行。

3.1.4　概算定额

3.1.4.1　概算定额的概念

概算定额是在预算定额的基础上，按常用主体结构工程列项，以主要工程内容为主，适当合并相关预算定额的分项内容进行综合扩大而编制的。例如砖基础的概算定额是以砖基础为主，综合了平整场地、挖地坑、砌砖基础、铺设防潮层、回填土、运土等分项工程而形成。

定额基准价＝定额单位人工费＋定额单位材料费＋定额单位机械费

$$＝\sum（人工概算定额消耗量×人工工资单价）＋\sum（材料概算定额消耗量×材料预算价格）＋\sum（施工机械概算定额消耗量×机械台班费用单价） \qquad (3-12)$$

概算定额与预算定额相比，简化了计算程序，省时省事，但是其精确度降低了。其不同之处是，项目划分和综合扩大程度上的差异，同时，概算定额主要用于设计概算的编制。由于概算定额综合了若干分项工程的预算定额，因此使概算工程量计算和概算表的编制都比编制施工图预算简化一些。

3.1.4.2　概算定额的作用

① 概算定额是扩大初步设计阶段编制设计概算和技术设计阶段编制修正概算的依据。按有关规定应按设计的不同阶段对拟建工程估价，初步设计阶段应编制设计概算，技术设计阶段应修正概算，因此必须要有与设计深度相适应的计价定额。概算定额是为适应这种设计

深度而编制的。

② 概算定额是对设计项目进行技术经济分析和比较的基础资料之一。设计方案的比较主要是对建筑、结构方案进行技术、经济比较，目的是选出经济合理的优秀设计方案。概算定额按扩大分项工程或扩大结构构件划分定额项目，可为设计方案的比较提供方便的条件。

③ 概算定额是编制建设项目主要材料计划的参考依据。项目建设所需要的材料、设备，应先提出采购计划，再据此进行订购。根据概算定额的材料消耗指标计算工、料数量比较准确、快速，可以在施工图设计之前提出计划。

④ 概算定额是编制概算指标的依据。概算指标比概算定额更加综合扩大，因此概算指标的编制需以概算定额作为基础，结合其他资料和数据才能完成。

⑤ 概算定额是编制招标控制价和投标报价的依据。使用概算定额编制招标标底、投标报价，既有一定的准确性，又能快速报价。

3.1.4.3　概算定额的编制依据

① 现行国家和地区的建筑标准图、定型图集及常用工程设计图纸。
② 现行工程设计规范、施工质量验收规范、建筑工程操作规程等。
③ 现行全国统一预算定额、地区预算定额及施工定额。
④ 过去颁发的概算定额。
⑤ 现行地区人工工资标准、材料价格、机械台班单价等资料。
⑥ 有关的施工图预算、工程结算、竣工决算等资料。

3.1.4.4　概算定额的内容

概算定额由文字说明、定额项目表及附录三部分组成。

总说明是对定额的使用方法及共同性的问题所做的综合说明和规定，它一般包括以下几点。

① 概算定额的性质与作用。
② 定额的适用范围、编制依据和指导思想。
③ 有关定额的使用方法的统一规定。
④ 有关人工、材料、机械台班的规定和说明。
⑤ 有关定额的解释和管理。

3.1.5　概算指标

3.1.5.1　概算指标的概念

建筑安装工程概算指标通常是以整个建筑物和构筑物为对象，以建筑面积、体积或成套设备装置的台或组为计量单位规定的人工、材料、机械台班的消耗量标准和造价指标。

概算指标是概算定额的扩大与合并，它是以整个房屋或构筑物为对象，以更为扩大的计量单位来编制的，也包括劳动力、材料和机械台班定额三个基本部分。同时，还列出了各结构分部的工程量及单位工程（以体积计或以面积计）的造价。例如 1000m 道路所需要的劳动力、材料和机械台班的消耗数量等。

3.1.5.2　概算指标的作用

① 概算指标是编制投资估价、控制初步设计概算和工程概算造价的依据。
② 概算指标中的主要材料指标可以作为匡算主要材料用量的依据。
③ 概算指标是设计单位进行设计方案的技术经济分析、衡量设计水平、考核投资效果的标准。

④ 概算指标是编制固定资产投资计划、确定投资额和主要材料计划的主要依据。

3.1.5.3　概算指标的原则

（1）按平均水平确定概算指标的原则

在我国社会主义市场经济条件下，概算指标作为确定工程造价的依据，同样必须遵照价值规律的客观要求，在其编制时必须按照社会必要劳动时间，贯彻平均水平的编制原则。只有这样才能使概算指标合理确定和控制工程造价的作用得到充分发挥。

（2）简明适用的原则

为适应市场经济的客观要求，建筑工程概算指标的项目划分应根据用途的不同，确定其项目的综合范围。遵循粗而不漏、适应面广的原则，体现综合扩大的性质。概算指标从形式到内容应该简明易懂，要便于在采用时根据拟建工程的具体情况进行必要的调整换算，能在较大范围内满足不同用途的需要。

（3）概算指标的编制依据必须具有代表性

概算指标所依据的工程设计资料，应是有代表性的、技术上是先进的、经济上是合理的。

3.1.6　投资估算指标

3.1.6.1　投资估算指标的概念

投资估算指标通常是以独立的单项工程或完整的工程项目为计算对象编制确定的生产要素消耗的数量标准或项目费用标准，是根据已建工程或现有工程的价格数据和资料，经分析、归纳和整理编制而成的。

投资估算指标通常是以独立的单项工程或完整的工程项目为计算对象编制确定的生产要素消耗的数量标准或项目费用标准，是根据已建工程或现有工程的价格数据和资料，经分析、归纳和整理编制而成的。

3.1.6.2　投资估算指标的作用

工程建设投资估算指标是编制建设项目建议书、可行性研究报告等前期工作阶段投资估算的依据，也可以作为编制固定资产长远规划投资额的参考。投资估算指标为完成项目建设的投资估算提供依据和手段，它在固定资产的形成过程中起着投资预测、投资控制、投资效益分析的作用，是合理确定项目投资的基础。

3.1.6.3　投资估算指标的内容

投资估算指标是确定和控制建设项目全过程各项投资支出的技术经济指标，其范围涉及建设前期、建设实施期和竣工验收交付使用期等各个阶段的费用支出，内容因行业不同而各异，一般可分为建设项目综合指标、单项工程指标和单位工程指标三个层次。

（1）建设项目综合指标

建设项目综合指标指按规定应列入建设项目总投资（图 3-1）的从立项筹建开始至竣工验收交付使用的全部投资额，包括单项工程投资、工程建设其他费用和预备费等。

（2）单项工程指标

单项工程指标是指按规定应列入能独立发挥生产能力或使用效益的单项工程内的全部投资额，包括建筑工程费，安装工程费，设备、工器具及生产家具购置费和其他费用。

（3）单位工程指标

单位工程指标按规定应列入能独立设计、施工的工程项目的费用，即建筑安装工程费用。

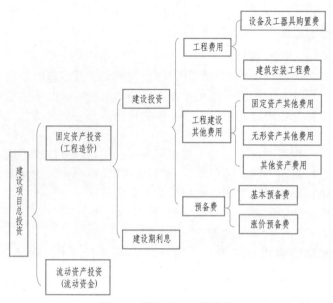

图 3-1　建设项目总投资图

3.2　预算定额简述

3.2.1　预算定额的组成

预算定额包括有预算定额总说明、工程量计算规则、分部工程说明、分部工程定额表头说明和定额项目表五部分内容。

（1）预算定额总说明

预算定额总说明包含如下内容。

① 预算定额的适用范围、指导思想和目的作用。

② 预算定额的编制原则、主要的依据和上级下达的相关定额修编文件。

③ 使用本定额必须遵守的规则及适用范围。

④ 定额所采用的材料规格、材质标准，允许换算的原则。

⑤ 定额在编制过程中已经包括及未包括的内容。

⑥ 各分部工程定额的共性问题的有关统一规定及使用方法。

（2）工程量计算规则

在工程量计算规则内容中，必须根据国家有关规定，对工程量的计算做出统一的规定。工程量是核算工程造价的基础，是分析建筑工程技术经济指标的重要数据，是编制计划和统计工作的指标依据。

（3）分部工程说明

分部工程说明包含的内容如下。

① 分部工程所包括的定额项目内容。

② 分部工程各定额项目工程量的计算方法。

③ 分部工程定额内综合的内容及允许换算和不得换算的界限及其他规定。

④ 使用本分部工程允许增减系数范围的界定。

扫码看视频

预算定额
的组成

（4）分项工程定额表头说明

分项工程定额表头说明由以下内容组成。

① 在定额项目表表头上方说明分项工程工作内容。

② 本分项工程包括的主要工序及操作方法。

（5）定额项目表

定额项目表由以下内容组成。

① 分项工程定额编号（子目号）。

② 分项工程定额名称。

③ 预算价值（基价）　其中包括人工费、材料费、机械费。

④ 人工表现形式　包括工日数量、工日单价。

⑤ 材料（含构配件）表现形式　材料栏内一系列主要材料和周转使用材料名称及消耗数量。次要材料一般都以其他材料形式以金额"元"或占主要材料的比例表示。

⑥ 施工机械表现形式　机械栏内有两种列法：一种列主要机械名称规格和数量；另一种次要机械以其他机械费形式用金额"元"或占主要机械的比例表示。

⑦ 预算定额的基价　人工工日单价、材料价格、机械台班单价均以预算价格为准。

⑧ 说明和附注　在定额表下说明应调整、换算的内容和方法。

3.2.2　预算定额的分类

建筑工程预算定额按不同专业性质、适用范围和执行范围及构成生产要素的不同进行分类。

3.2.2.1　按专业性质分

预算定额有建筑工程预算定额和安装工程预算定额两大类。建筑工程预算定额按专业对象又可分为建筑工程预算定额、市政工程预算定额、铁路工程预算定额、公路工程预算定额、房屋修缮工程预算定额、矿山井巷预算定额等。

安装工程预算定额按专业对象又分为电气设备安装工程预算定额、机械设备安装工程预算定额、通信设备安装工作定额、化学工业设备安装工程预算定额、工业管道安装工程预算定额、工艺金属结构安装工程预算定额、热力设备安装工程预算定额等。

3.2.2.2　按定额适用范围分类

（1）全国统一定额

全国统一定额是由国家建设行政主管部门，综合全国工程建设中技术和施工组织管理的情况编制，并在全国范围内执行的定额，如全国统一安装工程定额。全国统一定额反映的是一定时期内我国社会生产力水平的一般情况，是各省、自治区、直辖市编制各地单位估价表的依据。

（2）行业部门统一定额

行业部门统一定额，是考虑到各行业部门专业工程技术特点以及施工生产和管理水平编制的。一般只在本行业和相同专业性质的范围内使用的专业定额。

（3）地区统一定额

地区统一定额是各省、自治区、直辖市考虑地区特点并结合全国统一定额水平适当调整补充而编制、在规定的地区范围内使用的定额。各地的气候条件、经济技术条件、物质资源条件和交通运输条件等，都是编制地区统一定额的重要依据。

（4）企业定额

企业定额是承包商考虑到本企业的具体情况，参照国家、部门或地区定额的水平制定的定额。企业定额只在企业内部使用，是企业素质的一个标志。企业定额水平一般应高于国家现行定额，这样才能满足生产技术的发展、企业管理和市场竞争的需要。

3.2.2.3 按生产要素分类（按定额反映的物质内容分类）

预算定额按生产要素可分成劳动消耗定额、材料消耗定额和机械台班定额，但它们相互依存形成一个整体，作为编制预算定额依据，各自不具有独立性。

（1）劳动消耗定额

劳动消耗定额，简称劳动定额，是指在正常施工条件下，完成单位合格产品所规定的必要劳动消耗数量标准。劳动定额有两种表现形式，即时间定额和产量定额。时间定额是指某种专业、某种技术等级的工人在合理的劳动组织与合理地使用材料的条件下，完成单位合格产品所必需的工作时间，包括基本生产时间、辅助生产时间、不可避免的中断时间、准备与结束时间和工人必需的休息时间等；产量定额是指在合理劳动组织与合理使用材料的条件下，某种专业、某种技术等级的工人在单位工日中应完成的合格产品的数量。为了便于综合与核算，劳动定额大多采用工作时间消耗量来计算劳动消耗的数量，所以，劳动定额的主要表现形式是时间定额。时间定额以工日为单位，每一工日按 8 小时计算。

（2）材料消耗定额

材料消耗定额，简称材料定额，是指在正常施工条件下完成单位合格产品所规定的各种材料、半成品、成品和构配件消耗的数量标准。由于材料费在装饰装修工程造价中所占比例极大，所以，材料消耗量的多少对产品价格和工程成本有着直接的影响。材料消耗定额，在很大程度上可以影响材料的合理调配和使用。在产品生产数量和材料质量一定的情况下，材料的供应计划和需求都会受材料定额的影响。重视和加强材料定额管理，制定合理的材料消耗定额，是组织材料的正常供应，保证生产顺利地进行，以及合理利用资源，减少积压、浪费的必要前提。

（3）机械台班定额

机械台班定额，是指在正常施工条件下，合理地组织劳动与使用机械而完成单位合格产品所规定的施工机械消耗的数量标准。机械台班定额同样可分为时间定额和产量定额。机械时间定额是指完成单位合格产品，施工机械所必需消耗的时间；机械产量定额是指在台班工作时间内，由每个机械台班和小组成员总工日数所完成的合格产品数量。通常，机械台班定额的表现形式是机械时间定额，时间定额以台班为单位，每一台班按 8 小时计算。机械台班定额是施工机械生产率的反映，高质量的施工机械台班定额，是合理组织机械化施工、有效地利用施工机械和进一步提高机械生产率的必备条件。

3.2.2.4 按定额用途分类

工期定额。工期定额是为各类工程规定的施工期限的定额天数，包括建设工期定额和施工工期定额两个层次。

建设工期是指建设项目或独立的单项工程在建设过程中所耗用的时间总量，即从开工建设时起至全部建成投产或交付使用时为止所经历的时间，一般以月数或天数表示，但不包括由于计划调整而停缓建所延误的时间。施工工期一般是指单项工程或单位工程从正式开工起至完成承包工程全部设计内容并达到国家验收标准为止的全部有效天数。

建设工期是评价投资效果的重要指标，直接标志着建设速度的快慢。缩短工期，提前投产，不仅能节约投资，也能更快地发挥效益，创造出更多的物质和精神财富。工期对于施工企业来说，也是在履行承包合同、安排施工计划、减少成本开支以及提高经营成果等方面必须考虑的指标。但是，各类工程所需工期有一个合理的界限，在一定的条件下，工期长短也是有规律性的,如果违背这个规律就会造成质量问题和经济效益降低。这里关键是需要一个合理工期和评价工期的标准,工期定额提供了这样一个标准。因为,在工期定额中已经考虑了季节性施工因素、地区性特点、工程结构和规模、工程用途以及施工技术与管理水平等因素对工期的影响。因此,工期定额是评价工程建设速度、编制施工计划、签订承包合同以及评价全优工程的可靠依据。

3.2.3 预算定额的编制

(1) 编制原则

① 必须全面贯彻执行党和国家有关基本建设产品价格的方针和政策。

② 必须贯彻"技术先进、经济合理"的原则。

③ 必须体现"简明扼要、项目齐全、使用方便、计算简单"的原则。

(2) 编制依据

① 劳动定额、材料消耗定额和施工机械台班定额以及现行的建筑工程预算定额等有关定额资料。

② 现行的设计规范、施工及验收规范、质量评定标准和安全操作规程等文件。

③ 通用设计标准图集、定型设计图纸和有代表性的设计图纸等有关设计文件。

④ 新技术、新材料、新工艺和新结构资料。

⑤ 现行的工人工资标准、材料预算价格和施工机械台班费用等有关价格资料。

⑥ 现行的预算定额、材料预算价格及有关文件规定等,包括过去定额编制过程中积累的基础资料,也是编制预算定额的依据与参考资料。

(3) 预算定额的编制步骤

① 准备阶段 在这一阶段主要是调集人员、成立编制小组,收集编制资料,拟定编制方案,确定定额项目、水平和表现形式。

② 定额编制阶段 在这一阶段主要是审查、熟悉和修改资料,进行测算和分析,按确定的定额项目和图纸等资料计算工程量,确定人工、材料和施工机械台班消耗量,计算定额基价,编制定额项目表和拟定文字说明。

③ 审查定稿、报批阶段 在这一阶段主要是测算新编定额水平,审查、修改所编定额,定稿后报送上级主管部门审批、颁发并执行。

3.3 预算定额的使用

3.3.1 预算定额的使用原则

(1) 理解预算定额

为了正确运用预算定额编制施工图预算、进行设计技术经济分析以及办理竣工结算,应认真地学习预算定额。

① 要浏览一下目录,了解定额分部、分项工程是如何划分的,不同的预算定额、分部、分项工程的划分方法是不一样的。有的以材料、工种及施工顺序划分;有的以结构性质和施工顺序划分,且分项工程的含义也不完全相同。掌握定额分部、分项工程划分方法,了解定额分项工程的含义,是正确计算工程量、编制预算的前提条件。

② 要学习预算定额的总说明、分部工程说明。说明中指出的编制原则、依据、适用范围、已经考虑和尚未考虑的因素以及其他有关问题的说明,是正确套用定额的前提条件。由于建筑安装产品的多样性,且随着生产力的发展,新结构、新技术、新材料不断涌现,现有定额已不能完全适用,就需要补充定额或对原有定额作适当修正(换算),总

说明、分部工程说明则为补充定额、换算定额提供依据，指明路径。因此，必须认真学习，深刻理解。

③ 要熟悉定额项目表，能看懂定额项目表内的"三个量"和"三个价"的确切含义（如材料消耗量是指材料总的消耗量，包括净用量和损耗量或摊销量；又如材料单价是指材料预算价格的取定价等），对常用的分项工程定额所包括的工程内容，要联系工程实际，逐步加深印象，对项目表下的附注，要逐条阅读，不要求背出，但要求留有印象。

④ 要认真学习，正确理解，实践练习，掌握建筑面积计算规则和分部、分项工程量的计算规则。

只有在学习、理解、熟记上述内容的基础上，才会依据设计图纸和预算定额，不遗漏、也不重复地确定工程量计算项目，正确计算工程量，准确地选用预算定额或正确地换算预算定额或补充预算定额，以编制工程预算，这样，才能运用预算定额做好其他各项工作。

（2）预算定额选用方法

使用定额，包含两方面的内容：一是根据定额分部、分项工程划分方法和工程量计算规划，列出需计算的工程项目名称，并且正确计算出其工程量；另一是正确选用预算定额（套定额），并且在必要时换算定额或补充定额。

当根据设计图纸和预算定额列出了工程量计算项目，并计算完工程量后，接下去便是套定额计算直接费，编制预算书。

要学会正确选用定额，必须首先了解定额分项工程所包括的工程内容。应该从总说明、分部工程说明、项目表表头工程内容栏中了解分项工程的工程内容，甚至应该从项目表中的工、料消耗量中去琢磨分项工程的工程内容，只有这样，才能对定额分项工程的含义有深刻的了解。

3.3.2 定额项目表

分项工程定额项目表是以各分部工程进行归类，又按照不同的设计形式、施工方法、用料和施工机械等因素划分为若干个分项工程定额项目表。其中按一定顺序排列的分项工程项目表是预算定额的核心内容。

① 定额项目的划分　概算定额项目一般按以下两种方法划分。一是按工程结构划分：一般是按土石方、基础、墙、梁板柱、门窗、楼地面、屋面、装饰、构筑物等工程结构划分。二是按工程分部划分：一般是按基础、墙体、梁、柱、楼地面、屋盖、其他工程部位等划分，如基础工程中包括了砖、石、混凝土基础等项目。

② 定额项目表　定额项目表是概算定额手册的主要内容，由若干分节定额组成。各节定额由工程内容、定额表及附注说明组成。定额表中列有定额编号，计量单位，概算价格，人工、材料、机械台班消耗量指标，综合了预算定额的若干项目与数量。

③ 附录　一般列在概算定额手册之后，通常包括各种砂浆、混凝土配合比表，各种材料、机械台班造价表及其他相关资料，供定额换算、编制施工作业计划等使用。

3.4 预算定额的应用

3.4.1 建筑工程预算定额的直接套用

当施工图的设计要求与预算定额的项目内容一致时，可直接套用定额。例如柱模板的定额项目表如表 3-1 所示。

表 3-1　柱模板的定额项目表

工作内容：模板及支撑制作、安装、拆除、堆放、运输及清理模内杂物、刷隔离剂等。

单位：100m²

定额编号			5-219	5-220	5-221	5-222
项目			矩形柱		构造柱	
			组合钢模板	复合模板	组合钢模板	复合模板
			钢支撑			
基价/元			6150.07	7231.78	4883.45	5568.07
其中		人工费	2884.63	2714.51	2121.41	1954.73
		材料费	1362.38	2726.08	1362.38	2323.02
		机械使用费	1.38	1.38	1.38	1.38
		其他措施费	118.46	111.49	87.10	80.29
		安文费[①]	257.46	242.32	189.31	174.51
		管理费	762.86	717.98	560.92	517.05
		利润	443.66	417.56	326.22	300.71
		规费	319.24	300.46	234.73	216.38
名称	单位	单价/元	数量			
综合工日	工日	—	(22.78)	(21.44)	(16.75)	(15.44)
复合模板	m²	37.12	—	24.675	—	24.675
组合钢模板	kg	4.30	78.090	—	78.090	—
板方材	m³	2100.00	0.066	0.372	0.066	0.386
钢支撑及配件	kg	4.60	45.485	45.484	45.484	45.485
木支撑	m³	1800.00	0.182	0.182	0.182	0.182
零星卡具	kg	4.95	66.740	—	66.740	—
圆钉	kg	7.00	1.800	0.982	1.800	0.983
隔离剂	kg	0.82	10.000	10.000	10.000	10.000
硬塑料管 φ20	m	2.30	—	117.766	—	—
塑料粘胶带 20mm×50m	卷	17.83	—	2.500	—	2.500
对拉螺栓	kg	8.50	—	19.013	—	—
木工圆锯机直径/mm 500	台班	25.04	0.055	0.055	0.055	0.055

① 建设工程安全文明施工费。

套用时需注意以下几点。

① 根据施工图、设计说明和做法说明，选择定额项目。

② 从工程内容、技术特征和施工方法上仔细核对，准确地确定相对应的定额项目。

③ 分项工程的名称和计量单位要与预算定额一致。

3.4.2　建筑工程预算定额的换算

（1）预算定额换算条件

当工程施工图设计的要求与预算定额子目的工程内容、材料规格、施工方法等条件不完全相符时，且预算定额规定允许换算或调整，则应按照预算定额规定的换算方法对定额子目消耗指标进行调整换算，并采用换算后的消耗指标计算该分项工程的资源消耗量。预算定额换算的基本思路是：根据工程施工图设计的要求，选定某一预算定额子目（或者相近的预算定额子目），按预算定额规定换入应增加的资源（人工、材料、机械台班），换出应扣除的资源（人工、材料、机械台班）。其计算式如下

$$换算后资源消耗量＝分项工程原定额资源消耗量＋换入资源量－换出资源量 \quad (3\text{-}13)$$

在进行预算定额换算时应注意的问题如下。

① 预算定额的换算，必须在预算定额规则规定的范围内进行换算或调整。

② 当分项工程进行换算后，应在其预算定额编号右边注明的一个"换"字，以示区别。

（2）预算定额换算的类型

材料配合比不同的换算包括混凝土、砂浆、保温隔热材料等，由于其配合比的不同，而引起相应材料消耗量的变化。定额规定必须进行换算。

① 砂浆配合比的换算　当设计要求采用的砂浆配合比、砂浆种类与预算定额不符时，就产生了砂浆配合比、砂浆种类的换算。换算时砂浆用量不变，根据不同砂浆配合比调整材料用量。

② 混凝土强度等级的换算　当设计要求采用的混凝土强度等级、种类与预算定额不符时，就产生了混凝土强度等级、种类或石子粒径的换算。换算时混凝土用量不变，只换算混凝土强度等级、种类或石子粒径。

（3）定额换算

按定额说明及附注的有关规定进行换算预算定额的总说明、分章说明及附注内容时，对预算定额换算的范围和方法都有具体的规定，其规定是进行预算定额换算的根本依据，应当严格执行。常见的换算类型如下。

① 按比例换算。

② 乘系数换算　乘系数换算是指在使用某些定额项目时，定额的一部分或全部乘以规定的系数。此类换算比较多见，方法也较为简单，但在使用时应注意以下几个问题。

a.要按定额规定的系数进行换算。

b.要区分定额换算系数和工程量换算系数，前者是换算定额子目中人工、材料、机械台班的消耗指标，后者是换算分项工程量，二者不可混淆。

c.要正确确定定额子目换算的内容和计算基数。

其计算公式如下

$$定额子目换算消耗指标＝定额子目原消耗指标×调整系数 \quad (3\text{-}14)$$

（4）运距的换算

在预算定额中，对各项目的运输定额，一般分为基本定额和增加定额（即超过基本运距时另外计算）。运距换算定额有土石运输，混凝土构件运输、门窗运输、金属构件运输等。

3.4.3　建筑工程定额基价换算公式列表

（1）定额计价换算公式

$$换算后定额基价＝原定额基价＋换入费用－换出费用 \quad (3\text{-}15)$$

（2）定额计价换算通用公式

$$换算后定额基价＝原定额基价＋（定额人工费＋定额机械费）×（K－1）＋$$
$$\sum（换入半成品用量×换入半成品基价－换出半成品用量×换出半成品基价） \quad (3\text{-}16)$$

式中，K 为换算系数，$K＝$设计值/定额值。

（3）定额基价换算通用公式的形式变换

当定额计价换算通用公式用于计算不同半成品时，所用公式依据半成品种类而有所不同。

① 当半成品是砌筑砂浆，公式变形为

换算后定额基价＝原定额基价＋砌筑砂浆定额用量×(换入砂浆基价－换出砂浆基价)

$$(3-17)$$

砂浆用量不变、机械费也不变，$K=1$；换入半成品用量和换出半成品用量同是砂浆的用量，约去公因式；将半成品的基价定为砌筑砂浆基价。

②　当半成品是抹灰砂浆，并且各层砂浆配合比不同的时候，公式变形为

换算后定额基价＝原定额基价＋抹灰砂浆定额用量(定额人工费＋定额机械费)×

(换入砂浆基价－换出砂浆基价)　　　　$(3-18)$

当抹灰砂浆厚度发生变化，且各层砂浆配合比不同的时候，公式变形为

换算后定额基价＝原定额基价＋(定额人工费＋定额机械费)×$(K-1)$＋

$\sum$(换入砂浆用量×换入砂浆基价－换出砂浆用量×换出砂浆基价)　　$(3-19)$

③　当半成品是混凝土构件，公式变形为

换算后定额基价＝原定额基价＋定额混凝土用量×(换入混凝土基价－换出混凝土基价)

$$(3-20)$$

④　当半成品为楼地面混凝土的时候，公式变形为

换算后定额基价＝原定额基价＋(定额人工费＋定额机械费)×$(K-1)$＋换入混凝土用量×

换入混凝土基价－换出混凝土用量×换出混凝土基价　　　$(3-21)$

3.5　工程量清单

3.5.1　工程量清单概述

工程量清单报价是指在建设工程投标时，招标人依据工程施工图纸，按照招标文件的要求，按现行的工程量计算规则为投标人提供实物工程量项目和技术措施项目的数量清单，供投标单位逐项填写单价，并计算出总价，再通过评标，最后确定合同价。

3.5.2　工程量清单的组成

工程量清单由分部分项工程项目清单、措施项目清单、其他项目清单、规费项目清单、增值税项目清单组成。

①　分部分项工程项目清单　是工程量清单的主体，是按照计价规范的要求，根据拟建工程施工图计算出来的工程实物数量。

②　措施项目清单　是指按照计价规范的要求和施工方案及工程的实际情况编制的，为完成工程施工而发生的各项措施费用，如模板、脚手架搭拆费及临时设施费等。

③　其他项目清单　是上述两部分清单项目的必要补充，是按照计价规范的要求及招标文件和工程实际情况编制的具有预见性或者需要单独处理的费用项目，如暂列金额等。

④　规费项目清单　是指根据地方政府或地方有关权力部门规定必须缴纳的，应计入建筑安装工程造价的费用清单。

⑤　增值税项目清单　是根据税务部门的规定列项的费用清单。

3.5.3　工程量清单的编制

招标工程量清单必须作为招标文件的组成部分，由招标人提供，并对其准确性和完整性负责。招标工程量清单是工程量清单计价的基础，应作为编制招标控制价、投标报价、计算或调整工程量、索赔等的依据之一，一经中标签订合同，招标工程量清单即为合同的组成部分。招标工程量清单应由具有编制能力的招标人或受其委托、具有相应资质的工程造价咨询人进行编制。

招标工程量清单应以单位（项）工程为单位编制，应由分部分项工程量清单、措施项目清单、其他项目清单、规费和税金项目清单组成。

招标工程量清单编制的依据有：

① 《建设工程工程量清单计价规范》（GB 50500）和相关工程的国家计量规范；

② 国家或省级、行业建设主管部门颁发的计价定额和办法；

③ 建设工程设计文件及相关材料；

④ 与建设工程有关的标准、规范、技术资料；

⑤ 拟定的招标文件；

⑥ 施工现场情况、地勘水文资料、工程特点及常规施工方案；

⑦ 其他相关资料。

3.5.3.1　分部分项工程项目清单的编制

扫码看视频

工程量清单
的编制

分部分项工程项目工程量清单应按建设工程工程量清单计量规范（全书以下简称"计量规范"）的规定，确定项目编码、项目名称、项目特征、计量单位，并按不同专业工程量计量规范给出的工程量计算规则，进行工程量的计算。

（1）项目编码的设置

项目编码是分部分项工程量清单项目名称的数字标识。分部分项工程量清单项目编码以五级编码设置，采用 12 位阿拉伯数字表示。1～9 位应按"计量规范"的规定设置，10～12位应根据拟建工程的工程量清单项目名称和项目特征设置，同一招标工程的项目编码不得有重码。各级编码图如图 3-2 所示，各级编码代表的含义如下。

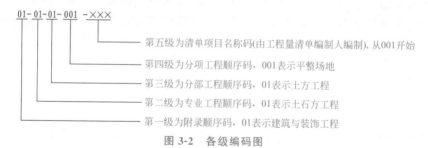

图 3-2　各级编码图

① 第一级为工程分类顺序码（分两位）　房屋建筑与装饰工程为 01、仿古建筑工程为02、通用安装工程为 03、市政工程为 04、园林绿化工程为 05、矿山工程为 06、构筑物工程为 07、城市轨道交通工程为 08、爆破工程为 09。

② 第二级为附录分类顺序码（分两位）。

③ 第三级为分部工程顺序码（分两位）。

④ 第四级为分项工程项目顺序码（分三位）。

⑤ 第五级为工程量清单项目顺序码（分三位）。

（2）项目名称的确定

分部分项工程量清单的项目名称应根据"计量规范"的项目名称结合拟建工程的实际确定。"计量规范"中规定的"项目名称"为分项工程项目名称，一般以工程实体命名。编制工程量清单时，应以附录中的项目名称为基础，考虑该项目的规格、型号、材质等特征要求，并结合拟建工程的实际情况，对其进行适当的调整或细化，使其能够反映影响工程造价的主要因素。如《房屋建筑与装饰工程工程量计算规范》（GB 50854）中编号为"010502001"的项目名称为"矩形柱"，可根据拟建工程的实际情况写成"C30 现浇混凝土矩形柱 400×400"。

（3）项目特征的描述

项目特征是指构成分部分项工程量清单项目、措施项目自身价值的本质特征。分部分项工程量清单项目特征应按"计量规范"的项目特征，结合拟建工程项目的实际予以描述。分部分项工程量清单的项目特征是确定一个清单项目综合单价的重要依据，在编制的工程量清单中必须对其项目特征进行准确和全面的描述。

清单项目特征主要涉及项目的自身特征（材质、型号、规格、品牌）、项目的工艺特征以及对项目施工方法可能产生影响的特征。如锚杆（锚索）支护项目特征描述为：地层情况；锚杆（索）类型、部位；钻孔深度；钻孔直径；杆体材料品种、规格、数量；预应力；浆液种类、强度等级。这些特征对投标人的报价影响很大。特征描述不清，将导致投标人对招标人的需求理解不全面，达不到正确报价的目的。对清单项目特征不同的项目应分别列项，如基础工程，仅混凝土强度等级不同，足以影响投标人的报价，故应分开列项。

（4）计量单位的选择

分部分项工程量清单的计量单位应按"计量规范"的计量单位确定。当计量单位有两个或两个以上时，应根据所编工程量清单项目的特征要求，选择最适宜表述该项目特征并方便计量的单位。除各专业另有特殊规定外，均按以下基本单位计量。

① 以质量计算的项目——吨或千克（t 或 kg）。

② 以体积计算的项目——立方米（m^3）。

③ 以面积计算的项目——平方米（m^2）。

④ 以长度计算的项目——米（m）。

⑤ 以自然计量单位计算的项目——个、套、块、组、台……

⑥ 没有具体数量的项目——宗、项……

以"t"为计量单位的应保留小数点后三位数字，第四位小数四舍五入；以"m^3""m^2""m""kg"为计量单位的应保留小数点后两位数字，第三位小数四舍五入；以"项""个"等为计量单位的应取整数。

（5）工程量的计算

分部分项工程量清单中所列工程量应按"计量规范"的工程量计算规则计算。工程量计算规则是指对清单项目工程量计算的规定。除另有说明外，所有清单项目的工程量以实体工程量为准，并以完成后的净值来计算。因此，在计算综合单价时应考虑施工中的各种损耗和需要增加的工程量，或在措施费清单中列入相应的措施费用。采用工程量清单计算规则，工程实体的工程量是唯一的。统一的清单工程量为各投标人提供了一个公平竞争的平台，也方便招标人对各投标人的报价进行对比。

（6）补充项目

编制工程量清单时如果出现"计量规范"附录中未包括的项目，编制人应做补充，并报省级或行业工程造价管理机构备案。补充项目的编码由对应计量规范的代码 X（即 01～09）与 B 和三位阿拉伯数字组成，并应从 XB001 起顺序编制，同一招标工程的项目不得重码。工程量清单中需附有补充项目的名称、项目特征、计量单位、工程量计算规则、工作内容。

3.5.3.2　措施项目清单的编制

措施项目清单是指为完成工程项目施工，发生于该工程施工准备和施工过程中的技术、生活、安全、环境保护等方面的项目清单。鉴于已将《建设工程工程量清单计价规范》（GB 50500—2008）中"通用措施项目一览表"中的内容列入相关工程国家计量规范，因此《建设工程工程量清单计价规范》（GB 50500—2013）规定：措施项目清单必须根据相关工程现行国家计量规范的规定编制。规范中将措施项目分为能计量和不能计量的两类。对能计量的措施项目（即单价措施项目），同分部分项工程量一样，编制措施项目清单时应列出项目编码、项目名称、项目特征、计量单位，并按现行计量规范规定，采用对应的工程量计算规则计算其工程量。对不能计量的措施项目（即总价措施项目），措施项目清单中仅列出了项目编码、项目名称，但未列出项目特征、计量单位的项目，编制措施项目清单时，应按现行计量规范附录（措施项目）的规定执行。由于工程建设施工特点和承包人组织施工生产的施工装备水平、施工方案及其管理水平的差异，同一工程、不同承包人组织施工采用的施工措施有时并不完全一致，因此，《建设工程工程量清单计价规范》（GB 50500—2013）规定：措施项目清单应根据拟建工程的实际情况列项。

措施项目清单的编制应考虑多种因素，除了工程本身的因素外，还要考虑水文、气象、环境、安全和施工企业的实际情况。

3.5.3.3 其他项目清单的编制

其他项目清单是指分部分项工程量清单、措施项目清单所包含的内容以外，因招标人的特殊要求而发生的与拟建工程有关的其他费用项目和相应数量的清单。工程建设标准的高低、工程的复杂程度、工程的工期长短、工程的组成内容、发包人对工程管理的要求等都直接影响其他项目清单的具体内容。因此，其他项目清单应根据拟建工程的具体情况，参照《建设工程工程量清单计价规范》（GB 50500）提供的下列 4 项内容列项。

① 暂列金额。
② 暂估价：包括材料暂估单价、工程设备暂估价、专业工程暂估价。
③ 计日工。
④ 总承包服务。

3.5.3.4 规费项目清单的编制

规费是指按国家法律、法规规定，由省级政府和省级有关权力部门规定必须缴纳或计取的费用，应计入建筑安装工程造价的费用。规费项目清单应按照下列内容列项。

① 社会保险费。
② 住房公积金。
③ 工程排污费。

3.5.3.5 增值税

增值税是以商品（含应税劳务）在流转过程中产生的增值额作为计税依据而征收的一种流转税。从计税原理上说，增值税是对商品生产、流通、劳务服务中多个环节的新增价值或商品的附加值征收的一种流转税。根据财政部、国家税务总局《关于全面推开营业税改征增值税试点的通知》（财税〔2016〕36 号）要求，建筑业自 2016 年 5 月 1 日起纳入营业税改征增值税试点范围。

第 4 章

工程量计算原理

4.1 建筑工程工程量计算原理

4.1.1 工程量的概念和计量单位

工程量是以规定的物理计量单位或自然计量单位所表示的各个具体分项工程或构配体的数量。工程计量不仅包括招标阶段工程量清单编制中工程量的计算，也包括投标报价以及合同履约阶段的变更、索赔、支付和结算中工程量的计算和确认。例如招标阶段主要依据施工图纸和工程量计算规则确定拟完成分部分项工程项目和措施项目工程的工程数量，在施工阶段主要根据合同约定、施工图纸及工程量计算规则对已完成工程量进行计算和确认。

工程量是工程计量的结果，是指按一定规则并以物理计量单位或自然计量单位所表示的建设工程各分部分项工程、措施项目或结构构件的数量。

物理计量单位是指法定计量单位，如预制钢筋混凝土方桩以"m"为计量单位，天棚抹灰以"m²"为计量单位，混凝土柱以"m³"为计量单位等。自然计量单位指建筑成品表现在自然状态下所表示的"个""条""樘""块"等计量单位。如门窗工程可以以"樘"为计量单位；桩基工程可以以"根"为计量单位等。

自然计量单位，一般是以物体的自然形态表示的计量单位，如"套""组""台""件""个"等。

4.1.2 工程量计算的概念和意义

工程量计算是定额计价时编制施工图预算、工程量清单计价时编制招标工程量清单的重要环节。工程量计算是否正确，直接影响工程预算造价及招标工程量清单的准确性，从而进一步影响发包人所编制的工程招标控制价及承包人所编制的投标报价的准确性。另外，在整个工程造价编制工作中，工程量计算所消耗的劳动量占整个工程造价编制工作量的 70%左右。因此，在工程造价编制过程中，必须对工程量计算这个重要环节给予充分的重视。工程量还是施工企业编制施工计划，组织劳动力和供应材料、机具的重要依据。因此，正确计算工程量对工程建设各单位加强管理，正确确定工程造价具有重要的现实意义。

工程量计算一般采取表格的形式，表格中一般应包括所计算工程量的项目名称、工程量计算式、计量单位和工程量等内容。

准确计算工程量是工程计价活动中最基本的工作，通常它的作用表现在以下几方面。

① 工程量是确定建筑安装工程造价的重要依据 只有准确计算工程量，才能正确计算工程相关费用，合理确定工程造价。

② 工程量是承包方生产经营管理的重要依据　工程量是编制项目管理规划，安排工程施工进度，编制材料供应计划，进行工料分析，编制人工、材料、机具台班需要量，进行工程统计和经济核算的重要依据；也是编制工程形象进度统计报表，向工程建设发包方结算工程价款的重要依据。

③ 工程量是发包方管理工程建设的重要依据　工程量是编制建设计划、筹集资金、工程招标文件、工程量清单、建筑工程预算、安排工程价款的拨付和结算、进行投资控制的重要依据。

4.1.3　工程量计算的一般原则

（1）计算规则要一致

工程量计算必须与相关工程现行国家工程量计算规范规定的工程量计算规则相一致。现行国家工程量计算规范规定的工程量计算规则中对各分部分项工程的工程量计算规则做了具体规定，计算时必须严格按规定执行。例如，装配式预制混凝土构件中的叠合梁按成品构件设计图示尺寸以体积计算，不扣除构件内钢筋、预埋铁件、配管、套管、线盒及单个面积≤0.3m^2 的孔洞、线箱等所占体积，构件外露钢筋体积亦不再增加。再如，楼梯面层的工程量按设计图示尺寸以楼梯（包括踏步、休息平台、宽度≤500mm 的楼梯井）水平投影面积计算。楼梯与楼地面相连时，算至梯口梁内侧边沿；无梯口梁者，算至最上一层踏步边沿加 300mm。

（2）计算口径要一致

计算工程量时，根据施工图纸列出的工程项目的口径（指工程项目所包括的工作内容），必须与现行国家工程量计算规范规定相应的清单项目的口径相一致，即不能将清单项目中已包含的工作内容拿出来另列子目计算。或者是清单计算规则和定额计算规则搞混淆适用，这样会使计算一团糟。

（3）计算单位要一致

计算工程量时，所计算工程项目的工程量单位必须与现行国家工程量计算规范中相应清单项目的计量单位相一致。

在现行国家工程量计算规范规定中，工程量的计量单位规定如下。

① 以体积计算的为立方米（m^3）。

② 以面积计算的为平方米（m^2）。

③ 长度为米（m）。

④ 质量为吨或千克（t 或 kg）。

⑤ 以件（个或组）计算的为件（个或组）。

（4）计算尺寸的取定要准确

计算工程量时，首先要对施工图尺寸进行核对，并对各项目计算尺寸的取定要准确。

现浇构件钢筋按设计图示钢筋长度乘单位理论质量计算，设计（包括规范规定）标明的搭接和锚固长度应计算在内，马凳筋、定位筋等非设计结构配筋，按设计及施工规范要求或实际施工方案计算工程量。其中"设计图示钢筋长度"即为钢筋的净量（净量一般不需要考虑具体的施工方法、施工工艺和施工现场的实际情况而发生的施工余量），包括设计（含规范规定）标明的搭接、锚固长度，其他如施工搭接或施工余量不计算工程量，在综合单价中综合考虑。再比如预制构件钢筋，按设计图示或选用图集钢筋长度乘单位理论质量计算，同样，设计图示也是指的是净值。

（5）计算的顺序要统一

要遵循一定的顺序进行计算。计算工程量时要遵循一定的计算顺序，依次进行计算，这是避免发生漏算或重算的重要措施。

（6）计算精确度要统一

工程量的数字计算要准确，一般应精确到小数点后三位，汇总时，其准确度取值要达到如下要求。

① 以"t"为单位，应保留小数点后三位数字，第四位四舍五入。

② 以"m""m^2""m^3""kg"为单位，应保留小数点后两位数字，第三位四舍五入。

③ 以"个""件""根""组""系统"为单位，应取整数。

提示：这里以规范讲解了计算的一般顺序，在学习中，规范的适用可以和定额对比起来学习。

4.1.4　工程量计算依据与方法

4.1.4.1　工程量计算依据

建筑装饰工程量计算除依据《房屋建筑与装饰工程工程量计算规范》（GB 50854）、《房屋建筑与装饰工程消耗量定额》（TY 01-31—2015）、各省房屋建筑与装饰工程预算定额》❶外，还应依据以下文件。

① 经审定通过的施工设计图纸及其说明。

② 经审定通过的施工组织设计或施工方案。

③ 经审定通过的其他有关技术经济文件。

4.1.4.2　工程量计算方法

工程量计算，通常采用按施工先后顺序、按现行国家工程量计算规范的分部分项顺序和用统筹法进行计算。

（1）单位工程计算顺序

① 按图纸顺序计算　根据图纸排列的先后顺序，由建施到结施；每个专业图纸由前向后，按"先平面—再立面—再剖面；先基本图—再详图"的顺序计算。

② 按消耗量定额的分部分项顺序计算　按消耗量定额的章、节、子目次序，由前向后，逐项对照，定额项与图纸设计内容能对上号时就计算。

③ 按工程量计算规范顺序计算　按现行国家工程量计算规范的分部分项顺序计算，按工程量计算规范附录先后顺序，由前向后，逐项对照计算。工程量即按相关工程现行国家工程量计算规范所列分部分项工程的次序来计算工程量。由前到后，逐项对照施工图设计内容，能对上号的就计算。采用这种方法计算工程量，要求熟悉施工图纸，且应具有较多的工程设计经验。

④ 按施工顺序计算　按施工顺序计算工程量，可以按先施工的先算，后施工的后算的方法。即按工程施工顺序的先后来计算工程量。大型和复杂工程应先划成区域，编成区号，分区计算。如平整场地—基础挖土—主体工程—装饰工程等，直至全部施工内容结束。

（2）单个分部分项工程计算顺序

① 按照顺时针方向计算法　即先从平面图的左上角开始，自左至右、由上而下，最后转回到左上角为止，这样按顺时针方向转圈依次进行计算。例如计算外墙、楼地面、天棚等分部分项工程，都可以按照此顺序进行计算。

② 按"先横后竖、先上后下、先左后右"的计算法　即在平面图上从左上角开始，按"先横后竖、从上而下、自左到右"的顺序计算工程量。例如房屋的条形基础土方、混凝土基础、墙体砌筑、门窗过梁、墙面抹灰等分部分项工程，均可按这种顺序计算工

---

❶ 本书所用定额均为河南省定额。

程量。

③ 按图纸分项编号顺序计算法 即按照图纸上所标注结构构件、配件的编号顺序进行计算。例如计算混凝土构件、门窗、屋架等分部分项工程，均可以按照此顺序计算。

④ 按照图纸上定位轴线编号计算 对于造型或结构复杂的工程，为了计算和审核方便，可以根据施工图纸轴线编号来确定工程量计算顺序。例如某建筑一层墙体、抹灰，可按Ⓐ轴上，①～③轴、③～④轴这样的顺序进行工程量计算。

按一定顺序计算工程量的目的是防止漏项少算或重复多算的现象发生，只要能实现这一目的，采用哪种顺序方法计算都可以。

注意：要注意施工图中有的项目在现行国家工程量计算规范可能未包括，这时编制人应补充相关的工程量清单项目，并报省级或行业工程造价管理机构备案，切记不可因现行国家工程量计算规范中缺项而漏项。

4.1.5 清单（招标）工程量

4.1.5.1 招标文件编制

招标文件是由招标人或其授权委托的招标代理机构根据项目特点编制的，是向所有投标人表明招标意向和要求的书面法律文件。它是招标人和投标人必须遵守的行为准则，是投标人编制投标文件、评标委员会评标、招标人回复质疑和相关部门处理投诉、招标人和中标人签订合同、招标人验收的依据。招标文件的编制应当遵守"合法、公正、科学、严谨"的原则。

4.1.5.2 招标标底的编制

（1）单价法编制标底

单价法是用事先编制好的分项工程的单位估价表来编制施工图预算的方法。按施工图计算的各分项工程的工程量，并乘以相应单价，汇总相加，得到单位工程的人工费、材料费、机械使用费之和；再加上按规定程序计算出来的其他直接费、现场经费、间接费、计划利润和税金，便可得出单位工程的施工图预算价。其编制步骤如下。

① 搜集各种编制依据资料 如施工图纸、现行建筑安装工程预算定额、取费标准等。

② 熟悉施工图纸和定额。

③ 计算工程量 工程量的计算在整个预算过程中是最重要、最繁重的一个环节，不仅影响预算的及时性，更重要的是影响预算造价的准确性。因此，必须在工程量计算上狠下功夫，确保预算质量。

单价法是目前国内编制施工图预算的主要方法，具有计算简单、工作量较小和编制速度较快，便于工程造价管理部门集中统一管理的优点。但由于是采用事先编制好的统一的单位估价表，其价格水平只能反映定额编制基期年的价格水平。在市场经济价格波动较大的情况下，单价法的计算结果会偏离实际价格水平，虽然可采用调价来弥补，但调价系数和指数从测定到颁布又有滞后且计算烦琐。

（2）实物法编制标底

实物法是首先根据施工图纸分别计算出分项工程量，然后套用相应的预算人工、材料、机械台班的定额用量，再分别乘以工程所在地当时的人工、材料、机械台班的实际单价，求出单位工程的人工费、材料费和施工机械使用费，并汇总求和，进而求得直接工程费，并按规定计取其他各项费用，最后汇总就可得出单位工程施工图预算造价。

在市场经济条件下，人工、材料和机械台班单位是随市场而变化的，而且它们是影响工程造价最活跃、最主要的因素。用实物法编制施工图预算，是采用工程所在地的当时人工、材料、机械台班价格，能较好地反映实际价格水平，工程造价的准确性高。虽然计算过程较单价法烦琐，但用计算机也就快捷了。因此，定额实物法是与市场经济体制相适应的预算编制方法。

4.1.6　清单（投标）工程量

投标工程量编制的要点如下。

① 投标人使用招标人提供的工程量清单原件编制投标报价。

② 投标报价为工程量清单项目的计价总和，即投标报价＝∑（工程量×综合单价）。

③ 综合单价由直接成本、间接成本、利润和税金组成。

a. 直接成本指构成工程实体和有助于工程形成的各项费用，包括人工费、材料费、施工机械使用费和冬雨期施工增加费、夜间施工增加费、检验试验费、二次搬运费、文明施工增加费、安全措施增加费、赶工增加费、优质工程增加费等施工过程中发生的费用。

b. 间接成本指施工企业为施工准备、组织施工生产和经营管理发生的各项费用，包括企业管理费、财务费用、施工队伍调遣费、社会劳动保险费和规费等。

c. 利润指施工企业根据市场实际情况计入的获利期望值。

d. 税金是指国家税法规定应计入建筑安装工程造价内的增值税销项税额，按税前造价乘以增值税税率确定。

④ 编制投标报价时，人工、材料、施工机械台班消耗量按现行预算定额或按企业定额确定，价格参照建设工程造价管理站发布的信息价格或结合市场情况确定，其他直接费用、间接成本、利润根据工程情况、市场竞争情况和本企业情况确定，规费、税金按照国家规定的税费比率及其计算办法确定，还应考虑相应的风险费用。

⑤ 使用商品混凝土的工程，应按工程量清单编制说明要求的拟用数量、部位，将商品混凝土的价格因素、运输和泵送费用一并计入相应的混凝土项目综合单价之中。

⑥ 在封面签署页加盖单位印章、编制人员资格印章。

4.2　运用统筹法计算工程量

统筹法是通过研究分析事物内在规律及其相互依赖关系，从全局出发，统筹安排工作顺序，明确工作重心，以提高工作质量和工作效率的一种科学管理方法。实际工作中，工程量计算一般采用统筹法。

4.2.1　统筹法计算工程量的基本要点

用统筹法计算工程量的基本要点是：统筹顺序，合理安排；利用基数，连续计算；一次计算，多次应用；结合实际，灵活机动。

（1）统筹顺序，合理安排

计算工程量的顺序是否合理，直接关系到工程量计算效率的高低。工程量计算一般以施工顺序和定额顺序进行计算，若违背这个规律，势必造成烦琐计算，浪费时间和精力。统筹程序、合理安排可克服用老方法计算工程量的缺陷。

（2）利用基数，连续计算

基数是单位工程的工程量计算中反复多次运用的数据，提前把这些数据算出来，供各分项工程的工程量计算时查用。

（3）一次计算，多次应用

在工程量计算中，凡是不能用"线"和"面"基数进行连续计算的项目，或工程量计算中经常用到的一些系数，如木门窗、屋架、钢筋混凝土预制标准构件、土方放坡断面系数等，事先组织力量，将常用数据一次算出，汇编成建筑工程量计算手册。当需计算有关的工程量时，只要查手册就能很快算出所需要的工程量来。这样可以减少以往那种按图逐项地进行烦琐而重复的计算，亦能保证准确性。

（4）结合实际，灵活机动

由于工程设计差异很大，运用统筹法计算工程量时，必须具体问题具体分析，结合实际，灵活运用下列方法加以解决。

① 分段计算法　如遇外墙的断面不同，可采取分段法计算工程量。

② 分层计算法　如遇多层建筑物，各楼层的建筑面积不同，可用分层计算法。

③ 补加计算法　如带有墙柱的外墙，可先计算出外墙体积，然后加上砖柱体积。

④ 补减计算法　如每层楼的地面面积相同，地面构造除一层门厅为水磨石地面外，其余均为水泥砂浆地面，可先按每层都是水泥砂浆地面计量各楼层的工程量，然后再减去门厅的水磨石地面工程量。

4.2.2 统筹图

统筹图的主要内容如表 4-1 所示。

表 4-1 统筹图的主要内容

项目	内容
统筹图的主要内容	统筹图主要由计算工程量的主次程序线、基数、分部分项工程量计算式及计算单位组成。主要程序线是指在"线""面"基数上连续计算项目的线，次要程序线是指在分部分项项目上连续计算的线
计算程序的统筹安排	(1)共性合在一起，个性分别处理。 (2)先主后次，统筹安排。 (3)独立项目单独处理
统筹法计算工程量的步骤	用统筹法计算工程量大体可分为五个步骤 步骤一：熟悉图纸 → 熟悉图纸资料 → 校对图纸中问题 → 取得变更通知 步骤二：基数计算 → 外墙中心线长 → 内墙净长线长 → 外墙外边线长 → 底层建筑面积 → 门窗洞口工程量计算 → 墙体埋件工程量计算 步骤三：计算分项工程量 → $L_{中}$、$L_{内}$、分段基数计算基础工程量 → $L_{中}$分段基数计算外墙工程量 → $L_{内}$分段基数计算内墙工程量 → S_n分层基数计算底层地面、顶棚工程量 → S_1基数计算屋面工程量 → $L_{外}$分段基数计算外部装饰工程量 步骤四：计算其他项目 → 预制混凝土构件工程量 → 现浇混凝土构件工程量计算 → 木构件工程量计算 → 金属结构计算构件工程量 → 其他零星计算项目工程量 步骤五：整理与汇总 → 自行审核

4.2.3 统筹法计算工程

计算工程量时，需要将一个单位工程按工程量计算规则划分为若干个分部分项工程逐一计算。如果不合理地统筹安排每个分部分项工程计算的先后顺序，计算就会非常麻烦。不但前一个分部分项工程中计算所得的工程量数据不能被后边其他分部工程有所利用，甚至还会造成一定混乱，产生重算、漏算和错算的现象。

统筹法是我国著名数学家华罗庚在 20 世纪 60 年代初引进并推广应用的。它具有着眼全局、突出重点、揭示矛盾、统筹安排的特点。它是在研究事物内在规律的基础上，对事物的内部矛盾进行系统、合理、有效地解决，从而达到多快好省的目的的科学方法。

建筑工程的工程量计算顺序也有科学的统筹安排问题，合理安排就少走弯路。例如砖墙体和墙面抹灰工程量的计算，都要扣除门窗洞口面积，用统筹的思路，就应先算门窗洞口面积和各种构件的体积；又如基础、墙体工程量的计算，都与墙的长度有关，先将墙长算出，在计算基础、墙体部分工程量时就可利用这些基数。

类似以上规律，只要认真进行分析，统筹安排工程量的计算顺序，就可大大简化烦琐的计算，既快且准地完成工程量的计算工作。

（1）合理安排工程量计算顺序

运用统筹法计算工程量时，打破了按照规范规则顺序或按施工顺序安排工程量计算顺序的做法，而是将有关联的分部分项工程按前后依赖关系有序地排列在一起，然后进行计算，使已算出的数据能为以后的分部分项工程的计算所利用，减少计算过程中的重复性，提高计算效率。一般采用以下计算顺序：

基础工程→门窗工程＋钢筋混凝土工程→砌筑工程→楼地面工程→屋面工程→装饰工程→其他工程。

（2）计算基数、多次应用

施工图中的线、面等数据之间存在大量的"集中""共需"的关系。工程量计算时，如果能抓住共性因素，先计算出若干工程量计算的基数，就能在以后的计算中反复使用这些基数。工程量计算的基数并不确定，不同的工程可以归纳出不同的基数，但对于大多数工程而言，"三线一面"是其共有的基数。"三线"是指外墙中心线、外墙外边线、内墙净长线；"一面"是指建筑物的首层建筑面积。

外墙中心线是指建筑物外墙中心线长度之和。外墙外边线是指建筑物外墙外边线长度之和。内墙净长线是指建筑物所有内墙净长度之和。首层建筑面积是指建筑物首层的建筑面积。

一般而言，与外墙中心线有关的项目有外墙基挖地槽、外墙基础垫层、外墙基础砌筑、外墙墙基防潮层、外墙圈梁、外墙墙身砌筑等分项工程。

与外墙外边线有关的项目有平整场地、勒脚、腰线、外墙勾缝、外墙抹灰、散水等分项工程。

与内墙净长线有关的项目有内墙基挖地槽、内墙基础垫层、内墙基础砌筑、内墙基础防潮层、内墙圈梁、内墙墙身砌筑、内墙抹灰等分项工程。

与首层建筑面积有关的项目有平整场地、天棚抹灰、楼地面及屋面等分项工程。

运用统筹法计算工程量可以大量省略重复计算过程，加快工程量计算工作。但在工程量计算过程中，还存在许多不能用"线""面"基数进行连续计算的项目，则应采用其他快捷方法另行单独计算。另外，"三线一面"的计算结果直接影响后面一系列分部分项工程量的计算，因此，务必准确计算并灵活运用"三线一面"。

4.3 工程量计算规则

4.3.1 建筑工程工程量计算规则

4.3.1.1 平整场地工程量计算规则

① 清单计算规则　平整场地按建筑物首层建筑面积算。

② 定额计算规则　按设计图示尺寸，以建筑物首层建筑面积计算。建筑物地下室结构外边线凸出首层结构外边线时，其凸出部分的建筑面积与首层建筑面积合并计算。

4.3.1.2 一般挖土工程量计算规则

① 清单计算规则　按设计图示尺寸以体积计算。

② 定额计算规则　土石方的开挖、运输均按天然密实体积计算。

4.3.1.3 挖沟槽土方工程量计算规则

① 清单计算规则　按设计图示尺寸以基础垫层底面积乘以挖土深度计算。

② 定额计算规则　按设计图示沟槽长度乘以沟槽断面面积，以体积计算。

4.3.1.4 挖基坑土方工程量计算规则

① 清单计算规则　按设计图示尺寸以基础垫层底面积乘以挖土深度计算。

② 定额计算规则　按设计图示基础（含垫层）尺寸，另加工作面宽度、土方放坡宽度乘以开挖深度，以体积计算。

4.3.1.5 回填工程量计算规则

定额和清单中工程量计算规则相同。工程量计算规则如下。

① 平整场地　按设计图示尺寸，以建筑物首层建筑面积计算。

② 室内回填　指的是基础以上房间内的回填，而基础回填是指在有地下室时是地下室外墙以外的回填土；无地下室时是指室外地坪以下的回填土。

③ 基底钎探　以垫层（或基础）底面积计算。

④ 房心（含地下室内）回填　按主墙间净面积（扣除连续底面积 $2m^2$ 以上的设备基础等面积）乘以回填厚度以体积计算。

扫码看视频

平整场地

4.3.1.6 地基处理的计算规则

（1）清单工程量计算规则

① 换填垫层　按设计图示尺寸以体积计算。

② 地基强夯　按设计图示强夯处理范围以面积计算。设计无规定时，按建筑物外围轴线每边各加 4m 计算。

③ 低锤满拍　按实际面积计算。

④ 振冲桩　按设计桩截面乘以桩长以体积计算。

⑤ 沉管灌注砂石桩　按设计桩顶至桩尖长度加超灌长度（设计没有明确的按 0.25m）乘以设计桩截面，以体积计算，不扣除桩尖虚体积。

⑥ 水泥搅拌桩　深层水泥搅拌桩、双轴水泥搅拌桩、三轴水泥搅拌桩按设计桩，按长加 50cm 乘以设计桩外径截面，以体积计算；空孔部分按设计桩顶标高到自然地坪标高减导向沟的深度（设计未明确时按 1m 考虑），以体积计算。

⑦ 高压旋喷桩

a. 高压旋喷水泥桩按设计桩长加 50cm 乘以设计桩外径截面积以体积计算。

b. 高压旋喷水泥桩成孔按设计图示尺寸以桩长计算。

c. 凿桩头按凿桩长度乘以桩断面以体积计算。

⑧ 注浆地基

a. 分层注浆钻孔数量，按设计图示以钻孔深度计算。注浆数量按设计图纸注明加固土体的体积计算。

b. 压密注浆钻孔数量，按设计图示以钻孔深度计算。注浆数量按下列规定计算。

• 设计图纸明确加固土体体积的，按设计图纸注明的体积计算。

• 设计图纸以布点形式图示土体加固范围的，则按两孔间距的一半作为扩散半径，以布点边线各加扩散半径，形成计算平面，计算注浆体积。

• 如果设计图纸注浆点在钻孔灌注桩之间，按两注浆孔的一半作为每孔的扩散半径，依此圆柱体积计算注浆体积。

（2）定额工程量计算规则

① 填料加固　按设计图示尺寸以体积计算。

② 强夯　按设计图示强夯处理范围以面积计算。设计无规定时，按建筑物外围轴线每边各加 4m 计算。

③ 灰土桩、砂石桩，碎石桩、水泥粉煤灰碎石桩　均按设计桩长（包括桩尖）乘以设计桩外径截面积，以体积计算。

④ 搅拌桩

a. 深层搅拌水泥桩、三轴水泥搅拌桩、高压旋喷水泥桩，按设计桩长加 50cm 乘以设计外径截面积，以体积计算。

b. 三轴水泥搅拌桩中的插拔型钢工程量，按设计图示型钢以质量计算。

⑤ 高压喷射水泥桩成孔　按设计图示尺寸以桩长计算。

⑥ 凿桩头按凿桩，按长度乘以桩断面以体积计算。

4.3.1.7　边坡支护的计算规则

（1）清单工程量计算规则

① 打、拔钢板桩，按设计桩体以质量计算。

② 插拔型钢，按设计图示尺寸以质量计算。

③ 安拆导向夹具，按设计图示尺寸以长度计算。

④ 砂浆土钉、砂浆锚杆的钻孔、注浆，按设计文件或施工组织设计规定（设计图示尺寸）以钻孔深度以长度计算。

⑤ 黏结预应力钢绞线，按设计图示尺寸以锚固长度与工作长度的质量之和计算。

⑥ 锚杆制作安装，按锚杆长度以质量计算。

⑦ 喷射混凝土支护区分土层与岩层按设计文件（或施工组织设计）规定尺寸，以面积计算。

⑧ 锚头制作、安装、张拉、锁定，按设计图示以"套"计算。

⑨ 木、钢挡土板，按设计文件（或施工组织设计）规定的支挡范围以面积计算。

⑩ 袋土围堰，按设计图示尺寸以体积计算。

⑪ 人工打圆木桩及接桩、送桩，按设计长度及截面尺寸套相应的材积表以体积计算；接圆木桩头以"个"计算。

（2）定额工程量计算规则

① 地下连续墙

a. 现浇导墙混凝土，按设计图示以体积计算。现浇导墙混凝土模板，按混凝土与模板接触面的面积，以面积计算。

b.成槽工程量，按设计长度乘以墙厚及成槽深度（设计室外地坪至连续墙底），以体积计算。

c.锁口管，以"段"为单位（段指槽壁单元槽段），锁口管吊拔按连续墙段数计算，定额中已包括锁口管的摊销费用。

d.清底置换，以"段"为单位（段指槽壁单元槽段）计算。

e.浇筑连续墙混凝土工程量，按设计长度乘以墙厚及墙深加0.5m，以体积计算。

f.凿地下连续墙超灌混凝土，设计无规定时，其工程量按墙体断面面积乘以0.5m，以体积计算。

② 钢板桩：打拔钢板桩，按设计桩体以质量计算。安、拆导向夹具，按设计图示尺寸以长度计算。

③ 砂浆土钉、砂浆锚杆的钻孔、灌浆，按设计文件或施工组织设计规定（设计图示尺寸）以钻孔深发，以长度计算。喷射混凝土护坡区分土层与岩层，按设计文件（或施工组织设计）规定尺寸，以面积计算。钢筋、钢管锚杆，按设计图示以质量计算。锚头制作、安装、张拉、锁定，按设计图示以"套"计算。

④ 挡土板，按设计文件（或施工组织设计）规定的支挡范围，以面积计算。

⑤ 钢支撑，按设计图示尺寸以质量计算，不扣除孔眼质量，焊条、铆钉、螺栓等也不另增加质量。

4.3.1.8　桩基础的工程量计算规则

（1）计算打桩（灌注桩）工程量前应确定的事项

① 依工程地质资料中的土层构造，土壤物理、化学性质及每米沉桩时间鉴别使用定额土质级别。

② 确定工程方法、工程流程，采用机型，桩、土壤泥浆运距。

（2）计算打预制钢筋混凝土的体积

按设计桩长（包括桩尖，不扣除桩尖虚体积）乘以桩截面面积计算。管桩的空心体积应扣除。如管桩的空心部分按设计要求灌注混凝土或其他填充材料时，应另行计算。

4.3.1.9　砖基础计算规则

（1）清单计算规则

a.按设计图示尺寸以体积计算。

b.包括附墙垛基础宽出部分体积，扣除地梁（圈梁）、构造柱所占体积，不扣除基础大放脚T形接头处的重叠部分及嵌入基础内的钢筋、铁件、管道、基础砂浆防潮层和单个面积≤0.3m^{2}的孔洞所占体积，靠墙暖气沟的挑檐不增加。

c.基础长度：外墙按外墙中心线，内墙按内墙净长线计算。

（2）定额计算规则

定额计算规则与清单相同。

4.3.1.10　砖柱计算规则

（1）清单计算规则

按设计图示尺寸以体积计算，扣除混凝土及钢筋混凝土梁垫、梁头所占体积。

（2）定额计算规则

按设计图示尺寸以体积计算，扣除混凝土及钢筋混凝土梁垫、梁头、板头所占体积。

4.3.1.11　砌块砌体计算规则

（1）清单计算规则

按设计图示尺寸以体积计算，扣除门窗、洞口、嵌入墙内的钢筋混凝土柱、梁、圈梁、挑梁、过梁及凹进墙内的壁龛、管槽、暖气槽、消火栓箱所占体积，不扣除梁头、板头、檩头、垫木、木楞头、沿缘木、木砖、门窗走头、砌块墙内加固钢筋、木筋、铁件、钢管及单个面积 $\leqslant 0.3 m^2$ 的孔洞所占的体积。凸出墙面的腰线、挑檐、压顶、窗台线、虎头砖、门窗套的体积亦不增加。凸出墙面的砖垛并入墙体体积内计算。

砌块砌体

① 墙长度　外墙按中心线、内墙按净长计算。

② 墙高度

a.外墙：斜（坡）屋面无檐口天棚者算至屋面板底；有屋架且室内外均有天棚者算至屋架下弦底另加 200mm；无天棚者算至屋架下弦底另加 300mm，出檐宽度超过 600mm 时按实砌高度计算；与钢筋混凝土楼板隔层者算至板顶；平屋面算至钢筋混凝土板底。

b.内墙：位于屋架下弦者，算至屋架下弦底；无屋架者算至天棚底另加 100mm；有钢筋混凝土楼板隔层者算至楼板顶；有框架梁时算至梁底。

c.女儿墙：从屋面板上表面算至女儿墙顶面（如有混凝土压顶时算至压顶下表面）。

d.内、外山墙：按其平均高度计算。

③ 框架间墙　不分内外墙按墙体净尺寸以体积计算。

④ 围墙　高度算至压顶上表面（如有混凝土压顶时算至压顶下表面），围墙柱并入围墙体积内。

（2）定额计算规则

定额计算规则与清单相同。

石砌体

4.3.1.12　石砌体

定额计算规则如下。

① 石基础、石墙的工程量计算规则参照砖砌体相应规则。

② 石勒脚、石挡土墙、石护坡、石台阶，按设计图示尺寸以体积计算；石坡道按设计图示尺寸以水平投影面积计算；墙面勾缝按设计图示尺寸面积计算。

4.3.1.13　混凝土条形基础计算规则

（1）清单计算规则

按设计图示尺寸以体积计算，不扣除伸入承台基础的桩头所占体积。

（2）定额计算规则

条形基础

不分有肋式与无肋式，均按带形基础项目计算，有肋式带形基础，肋高（指基础扩大顶面至梁顶面的高）小于等于 1.2m 时合并计算；大于 1.2m 时，扩大顶面以下的基础部分，按无肋式带形基础项目计算，扩大顶面以上部分，按墙项目计算。

4.3.1.14　现浇独立基础计算规则

（1）清单计算规则

按设计图示尺寸以体积计算，不扣除伸入承台基础的桩头所占体积。

（2）定额计算规则

独立基础

应分别按毛石混凝土和混凝土独立基础，以设计图示尺寸的实体积计算，其高度从垫层上表面算至柱基上表面。

4.3.1.15 现浇满堂基础计算规则

（1）清单计算规则

按设计图示尺寸以体积计算，不扣除伸入承台基础的桩头所占体积。

（2）定额计算规则

① 有梁式满堂基础　按图示尺寸梁板体积之和，以体积（m³）计算。

有梁式满堂基础与柱子的划分：柱高应从柱基的上表面计算。即以梁的上表面为分界线，梁的体积并入有梁式满堂基础，不能从底板的上表面开始计算柱高。

② 无梁式满堂基础　按图示尺寸，以体积（m³）计算。边肋体积并入基础工程量内计算。

无梁式满堂基础与柱子的划分：无梁式满堂基础以板的上表面为分界线，柱高从底板的上表面开始计算，柱墩体积并入柱内计算。

4.3.1.16 现浇钢筋混凝柱计算规则

（1）清单计算规则

按设计图示尺寸以体积计算。柱高的计算方法如下。

① 有梁板的柱高　应自柱基上表面（或楼板上表面）至上一层楼板上表面之间的高度计算。

② 无梁板的柱高　应自柱基上表面（或楼板上表面）至柱帽下表面之间的高度计算。

③ 框架柱的柱高　应自柱基上表面至柱顶高度计算。

④ 构造柱　按全高计算，嵌接墙体部分（马牙槎）并入柱身体积。

⑤ 依附柱上的牛腿和升板的柱帽　并入柱身体积计算。

（2）定额计算规则

定额计算规则与清单相同。

4.3.1.17 现浇钢筋混凝土梁计算规则

（1）清单计算规则

按设计图示尺寸，以体积计算。伸入墙内的梁头、梁垫并入梁体积内。梁长的计算方法如下。

① 梁与柱连接时，梁长算至柱侧面。

② 主梁与次梁连接时，次梁长算至主梁侧面。

（2）定额计算规则

按设计图示尺寸以体积计算，伸入砖墙内的梁头、梁垫并入梁体积内。

① 梁与柱连接时，梁长算至柱侧面。

② 主梁与次梁连接时，次梁长算至主梁侧面。

③ 混凝土圈梁与过梁连接时，分别套用圈梁、过梁定额，其过梁长度按门窗外围宽度两端共加 50cm 计算。

4.3.1.18 钢筋混凝土工程量计算规则

① 钢筋工程，应区别现浇、预制构件、不同钢种和规格，分别按设计长度乘以单位质量，以"t"为单位计算。

② 计算钢筋工程量时，设计已规定钢筋搭接长度的，按规定搭接长度计算；设计未规定搭接长度的，已包括在钢筋的损耗率之内，不另计算搭接长度。钢筋电渣压力焊接、套筒挤压等接头，以"个"为单位计算。

③ 先张法预应力钢筋，按构件外形尺寸计算长度；后张法预应力钢筋，按设计图规定

的预应力钢筋预留孔道长度，并区别不同的锚具类型，分别按下列规定计算。

a.低合金钢筋两端采用螺杆锚具时，预应力的钢筋按预留孔道长度减0.35m，螺杆另行计算。

b.低合金钢筋一端采用镦头插片，另一端螺杆锚具时，预应力钢筋长度按预留孔道长度计算，螺杆另行计算。

c.低合金钢筋一端采用镦头插片，另一端采用帮条锚具时，预应力钢筋增加0.15m，两端采用帮条锚具时预应力钢筋共增加0.3m计算。

d.低合金钢筋采用后张混凝土自锚时，预应力钢筋长度增加0.35m计算。

e.低合金钢筋或钢绞线采用JM、XM、Q型锚具孔道长度在20m以内时，预应力钢筋长度增加lm；孔道长20m以上时预应力钢筋长度增加1.8m计算。

f.碳素钢丝采用锥形锚具，孔道长20m以内时，预应力钢筋长度增加1m计算；孔道长在20m以上时，预应力钢筋长度增加1.8m计算。

g.碳素钢丝两端采用镦头时，预应力钢丝长度增加0.35m计算。

4.3.1.19　钢网架工程计算规则

（1）清单计算规则

钢网架，按设计图示尺寸以质量计算，不扣除孔眼的质量，焊条、铆钉、螺栓等不另增加质量。

（2）定额计算规则

钢网架质量，按设计图示尺寸乘以理论质量计算。

扫码看视频

钢网架

4.3.1.20　钢屋架计算规则

（1）清单计算规则

① 以"榀"计量，按设计图示数量计算。

② 以"t"计量，按设计图示尺寸以质量计算，不扣除孔眼的质量，焊条、铆钉、螺栓等不另增加质量。

（2）定额计算规则

钢屋架构件质量按设计图示尺寸乘以理论质量计算。

扫码看视频

钢屋架

4.3.1.21　钢柱计算规则

（1）清单计算规则

钢柱按设计图示尺寸以质量计算，不扣除孔眼的质量，焊条、铆钉、螺栓等不另增加质量，依附在钢柱上的牛腿及悬臂梁等并入钢柱工程量内。

（2）定额计算规则

钢柱质量按设计图示尺寸乘以理论质量计算。

扫码看视频

钢柱

4.3.1.22　钢梁计算规则

（1）清单计算规则

钢梁按设计图示尺寸以质量计算，不扣除孔眼的质量，焊条、铆钉、螺栓等不另增加质量，制动梁、制动板、制动桁架、车挡并入钢吊车梁工程量内。

（2）定额计算规则

钢梁质量按设计图示尺寸乘以理论质量计算。

扫码看视频

钢梁

4.3.1.23　钢构件、金属制品定额计算规则

① 钢支撑制作项目包括柱间、屋架间水平及垂直支撑，以"t"为单位计算。

② 计算钢平台制作工程量时，平台柱、平台梁、平台板（花纹钢板或算式）、平台斜撑、钢扶梯及平台栏杆等的重量，应并入钢平台重量内。

③ 钢漏斗制作工程量，矩形按图示分片、圆形按图示展开尺寸，并依钢板宽度分段计算，依附漏斗的型钢并入漏斗重量内计算。

④ 计算天窗挡风架制作工程量时，柱侧挡风板及挡雨板支架重量并入天窗挡风架重量内，天窗架应另列项目计算，天窗架上的横挡支爪、檩条爪应并入天窗架重量计算。

扫码看视频

钢构件、金属制品

4.3.1.24 木屋架定额计算规则

① 木屋架制作安装均按设计图示尺寸以竣工木料体积计算，其后备长度及配制损耗均不另外计算。

② 附属于屋架的夹板、垫木等已并入相应的屋架制作项目中，不另计算；与屋架连接的挑檐木、支撑等，其工程量并入屋架竣工木料体积内计算。圆木屋架使用部分方木时，其方木体积乘以 1.5 系数，并入竣工木料体积中。单独挑檐木，按方檩条计算。

③ 钢木屋架区分圆木、方木，按设计图示尺寸以竣工木料体积计算。型钢、钢板按设计图示尺寸，以质量计算，与定额子目含量不符时，允许调整。

④ 圆木屋架连接的挑檐木、支撑等如为方木时，其方木部分应乘以系数 1.7，折合成圆木并入屋架竣工木料体积内；单独的方木挑檐，按矩形檩木计算。

扫码看视频

木屋架

4.3.1.25 木构件定额计算规则

① 木梁、木柱　按设计图示尺寸，以竣工木料体积计算。檩木按设计图示尺寸以竣工木料体积计算。简支檩长度按设计要求计算，如设计无明确要求者，按屋架或山墙中距增加 200mm 计算，如两端出山，檩条长度算至博风板；连续檩条的长度按设计长度计算，其接头长度按全部连续檩木总体积的 5% 计算。檩条托木已计入相应的檩木制作安装子目中，不另计算。

扫码看视频
木构件

② 木楼梯　按设计图示尺寸以水平投影面积计算，不扣除宽度小于 300mm 的楼梯井，其踢脚板、平台和伸入墙内部分不另计算。楼梯及平台底面需钉天棚的，其工程量按楼梯水平投影面积乘以系数 1.1 计算。

③ 檩木　按设计图示尺寸以竣工木料体积计算。简支檩长度按设计要求计算，如设计无明确要求者，按屋架或山墙中距增加 200mm 计算，如两端出山，檩条长度算至博风板；连续檩条的长度按设计长度计算，其接头长度按全部连续檩木总体积的 5% 计算。

4.3.1.26 屋面木基层定额计算规则

① 屋面木基层，按屋面设计图示的斜面积计算，不扣除屋面烟囱及斜沟部分所占面积。

② 封檐板按设计图示檐口外围长度计算，博风板按设计图示斜长度计算，每个大刀头增加长度 500mm。

③ 定额子目未包括屋面木基层油漆、镀锌铁皮泛水及油漆。

④ 人孔木盖板按设计图示数量（套）计算。

4.3.1.27 门工程量计算

（1）木门

① 成品木门框安装　按设计图示框的中心线长度计算。

② 成品木门扇安装　按设计图示扇面积计算。

扫码看视频

木门

③ 成品套装木门安装　按设计图示数量计算。

④ 木质防火门安装　按设计图示洞口面积计算。

（2）金属门

① 铝合金门、塑钢门　按设计图示门计算。

② 门连窗　分别计算门、窗面积，其中窗的宽度算至门框的外边线。

③ 钢质防火门、防盗门　按设计图示门洞口面积计算。

（3）厂库房大门、特种门

厂库房大门、特种门，按设计图示门洞口面积计算。

（4）门钢架、门窗套

① 门钢架　按设计图示尺寸以质量计算。

② 门钢架基层、面层　按设计图示饰面外围尺寸展开面积计算。

③ 门窗套龙骨、面层、基层　均按设计图示饰面尺寸展开面积计算。

④ 成品门窗套　按设计图示饰面外围尺寸展开面积计算。

4.3.1.28　窗工程量计算规则

（1）窗台板、窗帘盒、轨

① 窗台板　按设计图示长度乘以面积计算。图纸未注明尺寸的，窗台板长度可按窗框高的外围宽度两边共加 100mm 计算，窗台板凸出墙面的宽度按墙面外加 50mm 计算。

② 窗帘盒、窗帘轨　按设计图示长度计算。

（2）金属窗

① 铝合金窗（飘窗、阳台封闭窗除外）、塑钢窗　按设计图示窗洞口面积计算。

② 飘窗、阳台封闭窗　按设计图示框型材外边线尺寸以展开面积计算。

③ 防盗窗　按设计图示窗框外围面积计算。

（3）金属卷帘

金属卷帘，按设计图示卷帘门宽度乘以卷帘门高度以面积算。电动装置安装，按设计图套数计算。

（4）木窗

① 木质窗计算规则

a. 以"樘"计量，按设计图示数量计算。

b. 以"m^2"计量，按设计图示洞口尺寸以面积计算。

② 木飘（凸）窗、木橱窗计算规则

a. 以"樘"计量，按设计图示数量计算。

b. 以"m^2"计量，按设计图示尺寸以框外围展开面积计算。

③ 木纱窗计算规则

a. 以"樘"计量，按设计图示数量计算。

b. 以"m^2"计量，按框的外围尺寸，以面积计算。

4.3.1.29　屋面防水工程量计算规则

（1）带挑檐的平屋顶

① 屋面找坡工程量　$V=$ 屋顶建筑面积×平均铺厚度

$$= 屋顶建筑面积×[最薄处厚+ \qquad (4-1)$$

$$\frac{1}{2} \times (\text{找坡长度} \times \text{坡度系数})]$$

式中，最薄处厚按施工图规定；找坡长度在两面找坡时即为铺宽的一半；坡度系数按施工图规定。

② 屋面保温层工程量 $V=$ 屋顶建筑面积 $\times$ 铺贴厚度   (4-2)

③ 找平工程量   屋顶建筑面积不含挑檐。

a. 挑檐面积

$$S=L_{外} \times \text{檐宽} + 4 \times \text{檐宽} \qquad (4\text{-}3)$$

b. 栏板立面

$$S=(L_{外} + 8 \times \text{檐宽}) \times \text{栏板高} \qquad (4\text{-}4)$$

④ 防水层工程量   同找平层。

⑤ 排水系统工程量   镀锌铁皮落水管计算展开面积，其他材料则按不同管径计算长度（m）。镀锌铁皮落水管工程量

$$S=[\text{每米落水管展开宽度} \times (H+H_{差}-0.2)+0.85] \times \text{道数} \qquad (4\text{-}5)$$

镀锌铁皮落水管油漆工程量：同镀锌铁皮落水管工程量。

式中，H 为 ±0.00 至檐板高度；$H_{差}$ 为室内外高差；0.2 为出水口至室外地坪距离及水斗高度，约 200mm，即 0.2m；每米落水管展开宽度，规定方管为 0.4，圆形管为 0.3m；0.85 为规定水斗和下水口的展开面积，m^2；道数为落水管道数，从屋顶平面图中可查到。

铸铁出水口工程量：以"个"计，每道落水管一个。

有的屋面做法是先做一道屋面隔气层，即在屋面板上抹水泥砂浆找平层，刷冷底子油一道，沥青隔气层一道，然后再做找坡层、保温层等，此时公式中增加项目：硬基上找平层、隔气层。

(2) 带女儿墙的屋面

① 屋面找坡层工程量

$V=$ 屋顶净面积 $\times$ 平均铺贴厚度   (4-6)

　$=$（屋顶建筑面积－女儿墙长 $\times$ 厚度）$\times$ [最薄出厚 $+1/2 \times$（找坡长度 $\times$ 坡度系数）]

$$V=(\text{屋顶建筑面积} - \text{女儿墙长} \times \text{厚度}) \times \text{铺贴厚度} \qquad (4\text{-}7)$$

② 找平层工程

$$\text{屋顶净面积 } S=\text{屋顶建筑面积} - \text{女儿墙长} \times \text{墙厚} \qquad (4\text{-}8)$$

女儿墙上卷起 $=$ 女儿墙长 $\times 0.25$。

③ 防水层工程量   同找平层。

④ 排水系统工程量   铁皮落水管制作安装工程量计算同带挑檐的平屋顶。

扫码看视频

带女儿墙的屋面

4.3.1.30 保温隔热工程的计算规则

① 保温隔热层   按体积计算，其厚度按隔热材料净厚度（不包括胶结材料厚度）尺寸计算。

扫码看视频

保温隔热

② 地坪隔热层   按围护结构墙间净面积计算，不扣除柱、垛及每个面积在 $0.3m^2$ 内的孔洞所占面积。

③ 墙体隔热层   外墙按围护结构的隔热层中心线、内墙按隔热层净长乘以图示尺寸的高度及厚度，以"m^3"为单位计算。应扣除冷藏门洞口、管道穿墙洞口所占体积。

④ 柱包隔热层　按图示柱的隔热层中心线的展开长度乘以图示高度及厚度，以"m³"为单位计算。

⑤ 软木、泡沫塑料板铺贴天棚　按图示尺寸以"m³"为单位计算。

⑥ 柱帽贴软木、泡沫塑料　按图示尺寸以"m³"为单位计算，工程量并入天棚。

⑦ 树脂珍珠岩板　按图示尺寸以"m²"为单位计算，并扣除 0.3m² 以上孔洞所占的面积。

⑧ 保温层排气管　按图示尺寸以"延长米"为单位计算，不扣除管件所占长度；保温层排气孔，按不同材料，以"个"计算。

⑨ 天棚保温吸声层，按图示尺寸以"m²"为单位计算，不扣除柱、垛及每个面积在 0.3m² 以内孔洞所占面积。

4.3.1.31　防腐面层计算规则

（1）清单计算规则

① 防腐混凝土面层、防腐砂浆面层、防腐胶泥面层、玻璃钢防腐面层计算规则　按设计图示尺寸以面积计算。

防腐面层

a. 平面防腐：扣除凸出地面的构筑物、设备基础等所占面积。

b. 立面防腐：砖垛等凸出部分按展开面积并入墙面积内。

② 聚氯乙烯板面层、块料防腐面层计算规则　按设计图示尺寸以面积计算。

a. 平面防腐：扣除凸出地面的建筑物、设备基础等所占面积。

b. 立面防腐：砖垛等凸出部分，按展开面积并入墙面积内。

c. 踢脚板防腐：扣除门洞所占面积，并相应增加门洞侧壁面积。

（2）定额计算规则

防腐项目应区分不同防腐材料的种类及其厚度，分别按设计图示尺寸以面积计算。

① 平面防腐　扣除凸出地面的构筑物、设备基础等所占面积。

② 立面防腐　砖垛等凸出墙面部分按展开面积并入墙面积内。

③ 踢脚板防腐　扣除门洞所占面积并相应增加门洞侧壁面积。

④ 平面砌筑双层耐酸块料时的工程量　按单层面积乘以系数 2 计算。

⑤ 防腐卷材接缝、附加层、收头等人工材料　已计入在定额子目中，不再另行计算。

⑥ 烟囱、烟道内表面隔绝层　按筒身内壁扣除各种孔洞后的面积计算。

4.3.2　装饰装修工程工程量计算规则

4.3.2.1　楼地面装饰工程

（1）整体面层及找平层（水泥砂浆楼地面、细石混凝土楼地面、自流坪楼地面、耐磨楼地面）

① 清单工程量　按设计图示尺寸以面积计算，扣除凸出地面构筑物、设备基础、室内铁道、地沟等所占面积，不扣除间壁墙及≤0.3m² 柱、垛、附墙烟囱及孔洞所占面积。门洞、空圈、暖气包槽、壁龛的开口部分不增加面积。

② 定额工程量　楼地面找平层及整体面层按设计图示尺寸以面积计算，扣除凸出地面构筑物、设备基础室内铁道、地沟等所占面积，不扣除间壁墙及单个面积≤0.3m² 柱、垛、附墙烟囱及孔洞所占面积。门洞、空圈、暖气包槽、壁龛的开口部分不增加面积。

（2）整体面层及找平层（塑胶地面）

① 清单工程量　按设计图示尺寸以面积计算。门洞、空圈、暖气包槽、壁龛的开口部分并入相应的工程量内。

② 定额工程量 楼地面找平层及整体面层按设计图示尺寸以面积计算。扣除凸出地面构筑物、设备基础室内铁道、地沟等所占面积，不扣除间壁墙及单个面积≤0.3m² 柱、垛、附墙烟囱及孔洞所占面积。门洞、空圈、暖气包槽、壁龛的开口部分不增加面积。

（3）整体面层及找平层（平面砂浆找平层、混凝土找平层、自流坪找平层）

① 清单工程量 按设计图示尺寸以面积计算，扣除凸出地面构筑物、设备基础、室内铁道、地沟等所占面积，不扣除间壁墙及≤0.3m² 柱、垛、附墙烟囱及孔洞所占面积。门洞、空圈、暖气包槽、壁龛的开口部分不增加面积。

② 定额工程量 楼地面找平层及整体面层按设计图示尺寸以面积计算，扣除凸出地面构筑物、设备基础室内铁道、地沟等所占面积，不扣除间壁墙及单个面积≤0.3m² 柱、垛、附墙烟囱及孔洞所占面积。门洞、空圈、暖气包槽、壁龛的开口部分不增加面积。

（4）块料面层

① 清单工程量 按设计图示尺寸以面积计算。门洞、空圈、暖气包槽、壁龛的开口部分并入相应的工程量内。

② 定额工程量 块料面层及其他材料面层按设计图示尺寸以面积计算。门洞、空圈、暖气包槽、壁龛的开口部分并入相应的工程量内。

（5）橡塑面层

① 清单工程量 按设计图示尺寸以面积计算。门洞、空圈、暖气包槽、壁龛的开口部分并入相应的工程量内。

② 定额工程量 橡塑面层及其他面层按设计图示以面积计算。门洞、空圈、暖气包槽、壁龛的开口部分并入相应工程量内。

（6）其他材料面层

① 清单工程量 按设计图示尺寸以面积计算。门洞、空圈、暖气包槽、壁龛的开口部分并入相应的工程量内。

② 定额工程量

a. 石材拼花，按最大外围尺寸以矩形面积计算。有拼花的石材地面，按设计图示尺寸，扣除拼花的最大外围矩形面积计算面积。

b. 点缀按"个"计算，计算主体铺贴地面面积时，不扣除点缀所占面积。

c. 石材底面刷养护液包括侧面涂刷，按设计图示尺寸以底面积计算。

d. 石材表面刷保护液按设计图示尺寸以表面积计算。

e. 石材勾缝按石材设计图示尺寸以面积计算。

（7）踢脚线

① 清单工程量

a. 水泥砂浆踢脚线，按设计图示尺寸以长度（延长米）计算。不扣除门洞口的长度，洞口侧壁亦不增加。

b. 石材踢脚线，按设计图示尺寸以面积计算。

c. 块料踢脚线，按设计图示尺寸以长度（延长米）计算。

d. 塑料板踢脚线，按设计图示尺寸以长度（延长米）计算。

e. 木质踢脚线，按设计图示尺寸以长度（延长米）计算。

f. 金属踢脚线，按设计图示尺寸以面积计算。

g. 防静电踢脚线，按设计图示尺寸以长度（延长米）计算。

② 定额工程量 踢脚线按设计图示长度乘以高度以面积计算。楼梯靠墙踢脚线（含锯齿形部分）贴块料按设计图示面积计算。

（8）楼梯面层

① 清单工程量　按设计图示尺寸以楼梯（包括踏步、休息平台及≤500mm的楼梯井）水平投影面积计算。楼梯与楼地面相连时，算至梯口梁内侧边沿；无梯口梁者，算至最上一层踏步边沿加300mm。

② 定额工程量　楼梯面层按设计图示尺寸以楼梯（包括踏步、休息平台及≤500mm的楼梯井）水平投影面积计算。楼梯与楼地面相连时，算至梯口梁内侧边沿；无梯口梁者，算至最上一层踏步边沿加300mm。

（9）台阶装饰

① 清单工程量　按设计图示尺寸以台阶（包括最上层踏步边沿加300mm）水平投影面积计算。

② 定额工程量　台阶面层按设计图示尺寸以台阶（包括最上层踏步边沿加300mm）水平投影面积计算。零星项目按设计图示尺寸以面积计算。

（10）零星装饰项目

① 清单工程量　按设计图示尺寸以面积计算。

② 定额工程量　按设计图示尺寸以面积计算。

（11）装配式楼地面及其他

清单工程量：按设计图示尺寸以面积计算。门洞、空圈、暖气包槽、壁龛的开口部分并入相应的工程量内。

4.3.2.2　墙、柱面装饰与隔断、幕墙工程

（1）墙、柱面抹灰

① 清单工程量　按设计图示尺寸以面积计算。扣除墙裙、门窗洞口及单个>0.3m² 的孔洞面积，不扣除踢脚线、挂镜线和墙与构件交接处的面积，门窗洞口和孔洞的侧壁及顶面不增加面积；附墙柱、梁、垛、烟囱侧壁并入相应的墙面面积内；展开宽度>300mm的装饰线条，按图示尺寸以展开面积并入相应墙面、墙裙内。

② 定额工程量

a. 内墙面、墙裙抹灰面积，应扣除门窗洞口和单个面积>0.3m² 以上的空圈所占的面积，不扣除踢脚线，挂镜线及单个面积≤0.3m² 的孔洞和墙与构件交接处的面积，且门窗洞口、空圈、孔洞的侧壁面积亦不增加，附墙柱的侧面抹灰应并入墙面墙裙抹灰工程量内计算。

b. 内墙面、墙裙的长度以主墙间的图示净长计算，墙面高度按室内地面至天棚底面净高计算，墙面抹灰面积应扣除墙裙抹灰面积，如墙面和墙裙抹灰种类相同者，工程量合并计算。

c. 外墙抹灰面积，按垂直投影面积计算，应扣除门窗洞口、外墙裙（墙面和墙裙抹灰种类相同者应合并计算）和单个面积>0.3m² 的孔洞所占面积，不扣除单个面积≤0.3m² 的孔洞所占面积，门窗洞口及孔洞侧壁面积亦不增加。附墙柱侧面抹灰面积应并入外墙面抹灰工程量内。

d. 柱抹灰，按结构断面周长乘以抹灰高度计算。

e. 装饰线条抹灰，按设计图示尺寸以长度计算。

f. 装饰抹灰分格嵌缝，按抹灰面面积计算。

（2）零星抹灰

① 清单工程量　按设计图示尺寸以面积计算。

② 定额工程量　"零星项目"按设计图示尺寸以展开面积计算。

（3）墙、柱面块料面层

① 清单工程量　干挂用钢骨架，按设计图示以质量计算。干挂用铝方管骨架，按实际图示以面积计算。其余的按照镶贴表面积计算。

② 定额工程量

a.镶贴块料面层，按镶贴表面积计算。

b.柱镶贴块料面层按设计图示饰面外围尺寸乘以高度以面积计算。

（4）零星块料面层

① 清单工程量　按镶贴表面积计算。

② 定额工程量　挂贴石材零星项目中柱墩、柱帽是按圆弧形成品考虑的，按其圆的最大外径以周长计算；其他类型的柱帽、柱墩工程量按设计图示尺寸以展开面积计算。

（5）墙、柱饰面

① 清单工程量　按设计图示尺寸以面积计算。扣除门窗洞口及单个>0.3m^{2}的孔洞所占面积。

② 定额工程量

a.龙骨、基层、面层墙饰面项目按设计图示饰面尺寸以面积计算，扣除门窗洞口及单个面积>0.3m^{2}以上的空圈所占的面积，不扣除单个面积≤0.3m^{2}的孔洞所占面积，门窗洞口及孔洞侧壁面积亦不增加。

b.柱（梁）饰面的龙骨、基层、面层按设计图示饰面尺寸以面积计算，柱帽、柱墩并入相应柱面积计算。

（6）幕墙工程

① 清单工程量　按设计图示框外围尺寸以面积计算。与幕墙同种材质的窗所占面积不扣除。

全玻（无框玻璃）幕墙中，带肋全玻幕墙按展开面积计算。

② 定额工程量　玻璃幕墙、铝板幕墙以框外围面积计算；半玻璃隔断、全玻璃幕墙如有加强肋者，工程量按其展开面积计算。

（7）隔断

① 清单工程量　按设计图示框外围尺寸以面积计算。不扣除单个≤0.3m^{2}的孔洞所占面积；浴厕门的材质与隔断相同时，门的面积并入隔断面积内。

② 定额工程量　隔断按设计图示框外围尺寸以面积计算扣除门窗洞及单个面积>0.3m^{2}的孔洞所占面积。

4.3.2.3　天棚工程

（1）天棚抹灰

① 清单工程量　按设计图示尺寸以水平投影面积计算。不扣除间壁墙、垛、柱、附墙、烟囱、检查口和管道所占的面积，带梁天棚的梁两侧抹灰面积并入天棚面积内，板式楼梯底面抹灰按斜面积计算，锯齿形楼梯底板抹灰按展开面积计算。

② 定额工程量　天棚抹灰，按设计结构尺寸以展开面积计算，不扣除间壁墙垛，柱、附墙、烟囱、检查口和管道所占的面积。带梁天棚的梁两侧抹灰面积并入天棚面积内。板式楼梯底面抹灰面积（包括踏步、休息平台以及≤500mm宽的楼梯井），按水平投影面积乘以系数1.15计算；锯齿形楼梯底板抹灰面积（包括踏步、休息平台以及≤500mm宽的楼梯井）按水平投影面积乘以系数1.37计算。

（2）天棚吊顶

① 清单工程量

a.平面吊顶天棚：按设计图示尺寸以水平投影面积计算。不扣除间壁墙、检查口、附墙烟囱、柱垛和管道所占面积，扣除单个＞0.3m² 的孔洞、独立柱及与天棚相连的窗帘盒所占的面积。

b.跌级吊顶天棚：按设计图示尺寸以水平投影面积计算。天棚面中的灯槽及跌级天棚面积不展开计算。不扣除间壁墙、检查口、附墙烟囱、柱垛和管道所占面积，扣除单个＞0.3m² 的孔洞、独立柱及与天棚相连的窗帘盒所占的面积。

c.艺术造型吊顶天棚：按设计图示尺寸以水平投影面积计算。天棚面中的灯槽及造型天棚的面积不展开计算。不扣除间壁墙、检查口、附墙烟囱、柱垛和管道所占面积，扣除单个＞0.3m² 的孔洞、独立柱及与天棚相连的窗帘盒所占的面积。

② 定额工程量

a.天棚龙骨按主墙间水平投影面积计算，不扣除间壁墙、垛，柱、附墙烟囱、检查口和管道所占的面积，扣除单个＞0.3m² 的孔洞、独立柱及与天棚相连的窗帘盒所占的面积。斜面龙骨按斜面计算。

b.天棚吊顶的基层和面层均按设计图示尺寸以展开面积计算。天棚面中的灯槽及跌级、阶梯式、锯齿形、吊挂式、藻井式天棚面积按展开计算。不扣除间壁墙、垛、柱、附墙烟囱、检查口和管道所占的面积，扣除单个＞0.3m² 的孔洞、独立柱及与天棚相连的窗帘盒所占的面积。

c.格栅吊顶、藤条造型悬挂吊顶、织物软雕吊顶和装饰网架吊顶，按设计图示尺寸以水平投影面积计算。吊筒吊顶以最大外围水平投影尺寸，以外接矩形面积计算。

（3）天棚其他装饰

① 清单工程量

a.灯带（槽）：按设计图示尺寸以框外围面积计算。

b.送风口、回风口：按设计图示数量计算。

② 定额工程量　同清单工程量计算规则。

4.3.2.4　油漆、涂料、裱糊工程

（1）木门、窗油漆

① 清单工程量　按设计图示洞口尺寸以面积计算。

② 定额工程量　执行单层木门油漆的项目，其工程计算规则及相应系数见表 4-2。

表 4-2　执行单层木门油漆的项目工程量计算规则及相应系数

	项目	系数	工程量计算规则（设计图示尺寸）
1	单层木门	1.00	门洞口面积
2	单层半玻门	0.85	
3	单层全玻门	0.75	
4	半截百叶门	1.50	
5	全百叶门	1.70	
6	厂库房大门	1.10	
7	纱门扇	0.80	
8	特种门（包括冷藏门）	1.00	
9	装饰门扇	0.90	扇外围尺寸面积

	项目	系数	工程量计算规则 （设计图示尺寸）
10	间壁、隔断	1.00	
11	玻璃间壁露明墙筋	0.80	单面外围面积
12	木栅栏、木栏杆（带扶手）	0.90	

注：多面涂刷按单面计算工程量。

（2）木扶手及其他板条、线条油漆

① 清单工程量　按设计图示尺寸以长度计算。

② 定额工程量　执行木扶手（不带托板）油漆的项目，其工程量计算规则及相应系数见表 4-3。

表 4-3　执行木扶手（不带托板）油漆的项目工程量计算规则及相应系数

	项目	系数	工程量计算规则 （设计图示尺寸）
1	木扶手（不带托板）	1.00	
2	木扶手（带托板）	2.50	
3	封檐板、博风板	1.70	延长米
4	黑板框、生活园地框	0.50	

（3）其他木材面油漆

① 清单工程量

a.按设计图示尺寸，以面积计算。

b.按设计图示尺寸，以单面外围面积计算。

c.按设计图示尺寸，以油漆部分展开面积计算。

d.按设计图示尺寸，以面积计算。空洞、空圈、暖气包槽、壁龛的开口部分并入相应的工程量内。

② 定额工程量　其他木材面油漆的工程量计算规则及相应系数见表 4-4。

表 4-4　其他木材面油漆的工程量计算规则及相应系数

	项目	系数	工程量计算规则 （设计图示尺寸）
1	木板、胶合板天棚	1.00	长×宽
2	屋面板带檩条	1.10	斜长×宽
3	清水板条檐口天棚	1.10	
4	吸音板（墙面或天棚）	0.87	
5	鱼鳞板墙	2.40	
6	木护墙、木墙裙、木踢脚	0.83	长×宽
7	窗台板、窗帘盒	0.83	
8	出入口盖板、检查口	0.87	
9	壁橱	0.83	展开面积
10	木屋架	1.77	跨度（长）×中高×1/2
11	以上未包括的其余木材面油漆	0.83	展开面积

　　a.木地板油漆按设计图示尺寸以面积计算,空洞、空圈、暖气包槽、壁龛的开口部分并入相应的工程量内。

　　b.木龙骨刷防火、防腐涂料按设计图示尺寸以龙骨架投影面积计算。

　　c.基层板刷防火、防腐涂料按实际涂刷面积计算。

　　d.油漆面抛光打蜡按相应刷油部位油漆工程量计算规则计算。

（4）金属面油漆

① 清单工程量

　　a.金属门、窗油漆:按设计图示洞口尺寸以面积计算。

　　b.金属面油漆:按设计展开面积计算。

　　c.金属构件油漆:按设计图示尺寸以质量计算。

　　d.钢结构除锈:按设计图示尺寸以质量计算。

② 定额工程量

　　a.执行金属面油漆、涂料项目,其工程量按设计图示尺寸,以展开面积计算。质量在 500kg 以内的单个金属构件,可参考表 4-5 中相应的系数,将质量（t）折算为面积。

　　b.执行金属平板屋面、镀锌铁皮面（涂刷磷化、锌黄底漆）油漆的项目,其工程量计算规则及相应系数见表 4-6。

表 4-5　质量折算面积参考系数

	项目	系数
1	钢栅栏门、栏杆、窗栅	64.98
2	钢爬梯	44.84
3	踏步式钢扶梯	39.90
4	轻型屋架	53.20
5	零星铁件	58.00

表 4-6　执行金属平板屋面、镀锌铁皮面（涂刷磷化、锌黄底漆）油漆项目的工程量计算规则及相应系数

	项目	系数	工程量计算规则（设计图示尺寸）
1	平板屋面	1.00	斜长×宽
2	瓦垄板屋面	1.20	
3	排水、伸缩缝盖板	1.05	展开面积
4	吸气罩	2.20	水平投影面积
5	包镀锌薄钢板门	2.20	门窗洞口面积

注:多面涂刷按单面计算工程量。

（5）抹灰面油漆

① 清单工程量

　　a.抹灰面油漆:按设计图示尺寸以面积计算。

　　b.抹灰线条油漆:按设计图示尺寸以长度计算。

　　c.满刮腻子:按设计图示尺寸以面积计算。

② 定额工程量

　　a.抹灰面油漆、涂料（另做说明的除外）按设计图示尺寸以面积计算。

b.踢脚线刷耐磨漆按设计图示尺寸以长度计算。

c.槽形底板、混凝土折瓦板、有梁板底、密肋梁板底、井字梁板底刷油漆、涂料按设计图示尺寸展开面积计算。

d.天棚、墙、柱面基层板缝粘贴胶带纸按相应天棚、墙、柱面基层板面积计算。

(6) 喷刷涂料

① 清单工程量

a.墙面、天棚喷刷涂料：按设计图示尺寸以面积计算。

b.空花格、栏杆刷涂料：按设计图示尺寸以单面外围面积计算。

c.线条刷涂料：按设计图示尺寸以长度计算。

d.金属面刷防火涂料：按设计展开面积计算。

e.金属构件刷防火涂料：按设计图示尺寸以质量计算。

f.木材构件喷刷防火涂料：以"m^2"计量，按设计图示尺寸以面积计算。

② 定额工程量

a.墙面及天棚面刷石灰油浆、白水泥、石灰浆、石灰大白浆、普通水泥浆、可赛银浆、大白浆等涂料工程量按抹灰面积工程量计算规则计算。

b.混凝土花格窗、栏杆花饰刷（喷）油漆涂料按设计图示洞口面积计算。

(7) 裱糊

① 清单工程量　按设计图示尺寸以面积计算。

② 定额工程量　墙面、天棚面裱糊按设计图示尺寸以面积计算。

4.3.2.5　其他装饰工程

(1) 柜类、货架

① 清单工程量

a.柜类：按设计图示尺寸以正投影面积计算。

b.货架：按设计图示尺寸以长度（延长米）计算。

② 定额工程量　柜类、货架工程量按各项目计量单位计算。其中以"m^2"为计量单位的项目，其工程量均按正立面的高度（包括脚的高度在内）乘以宽度计算。

(2) 压条、装饰线

① 清单工程量　按设计图示尺寸以长度计算。

② 定额工程量

a.压条：装饰线条按线条中心线长度计算。

b.石膏角花、灯盘按设计图示数量计算。

(3) 扶手、栏杆、栏板装饰

① 清单工程量　按设计图示以扶手中心线长度（包括弯头长度）计算。

② 定额工程量

a.扶手、栏杆、栏板成品栏杆（带扶手）均按其中心线长度计算，不扣除弯头长度。如遇木扶手、大理石扶手为整体弯头时，扶手消耗量需扣除整体弯头的长度，设计不明确者每只整体弯头按400mm扣除。

b.单独弯头按设计图示数量计算。

(4) 暖气罩

① 清单工程量　按设计图示尺寸以垂直投影面积（不展开）计算。

② 定额工程量　暖气罩（包括脚的高度在内）按边框外围尺寸垂直投影面积计算；成品暖气罩安装按设计图示数量计算。

（5）浴厕配件

① 清单工程量

a. 洗漱台：按设计图示尺寸以台面外接矩形面积计算。不扣除孔洞、挖弯、削角所占面积，挡板、吊沿板面积并入台面面积内。

b. 洗厕配件：按设计图示数量计算。

c. 镜面玻璃：按设计图示尺寸以边框外围面积计算。

d. 镜箱：按设计图示数量计算。

② 定额工程量

a. 大理石洗漱台按设计图示尺寸以展开面积计算，挡板、吊沿板面积并入其中，不扣除孔洞、挖弯、削角所占面积。

b. 大理石台面面盆开孔按设计图示数量计算。

c. 盥洗室台镜（带框）、盥洗室木镜箱按边框外围面积计算。

d. 盥洗室塑料镜箱、毛巾杆、毛巾环、浴帘杆，浴缸拉手、肥皂盒、卫生纸盒、晒衣架晾衣绳等，按设计图示数量计算。

（6）雨篷、旗杆

① 清单工程量

a. 雨篷吊挂饰面：按设计图示尺寸以水平投影面积计算。

b. 金属旗杆：按设计图示数量计算。

c. 玻璃雨篷：按设计图示尺寸以水平投影面积计算。

d. 成品装饰柱：按设计数量计算。

② 定额工程量

a. 雨篷按设计图示尺寸水平投影面积计算。

b. 不锈钢旗杆按设计图示数量计算。

c. 电动升降系统和风动系统按套数计算。

（7）招牌、灯箱

① 清单工程量

a. 平面、箱式招牌：按设计图示尺寸以正立面边框外围面积计算。复杂形的凸凹造型部分不增加面积。

b. 竖式标箱、灯箱、信报箱：按设计图示数量计算。

② 定额工程量

a. 柱面、墙面灯箱基层，按设计图示尺寸以展开面积计算。

b. 一般平面广告牌基层，按设计图示尺寸以正立面边框外围面积计算。复杂平面广告牌基层，按设计图示尺寸以展开面积计算。

c. 箱（竖）式广告牌基层，按设计图示尺寸以基层外围体积计算。

d. 广告牌面层，按设计图示尺寸以展开面积计算。

（8）美术字

① 清单工程量　按设计图示数量计算。

② 定额工程量　美术字按设计图示数量计算。

（9）石材、瓷砖加工

① 石材、瓷砖倒角　按块料设计倒角长度计算。

② 石材磨边　按成型圆边长度计算。

③ 石材开槽　按块料成型开槽长度计算。

④ 石材、瓷砖开孔　按成型孔洞数量计算。

4.3.3 建筑安装工程工程量计算规则

4.3.3.1 机械设备安装工程

（1）切削设备安装

① 分类　切削机床包括的种类有台式及仪表机床、车床、钻床、镗床、磨床、齿轮加工床、螺纹加工机床、刨床、拉床、插床、超声波加工机床、电加工机床、金属材料实验机械、数控机床和木工机械、其他机床、跑车带锯机等。

② 清单计算规则　按设计图示数量计算（单位：台）。

（2）起重设备安装

① 分类　一些常用到的起重设备有双梁桥式起重机、单梁吊钩门式起重机、电动壁行悬臂挂式起重机、旋臂壁式起重机、旋臂立柱式起重机、电动葫芦。

② 清单计算规则　按设计图示数量计算（单位：台）。

起重设备

（3）起重机轨道安装

① 分类　起重机运行轨道有起重机钢轨、铁路钢轨和方钢。

② 清单计算规则　按设计图示尺寸，以单根轨道长度计算。

（4）输送设备安装

① 分类　输送设备有斗式提升机、刮板输送机、板（裙）式输送机、悬挂输送机、固定式胶带输送机、螺旋输送机、卸矿车、皮带秤。

② 清单计算规则　按设计图示数量计算（单位：台）。

起重轨道

（5）压缩机安装

① 分类　按照风机设备安装工程类别划分，可分为活塞式压缩机、回转式螺杆压缩机、离心式压缩机等。

② 清单计算规则　按设计图示数量计算（单位：台）。

（6）工业炉安装

① 分类　工业炉有电弧炼钢炉、冲天炉、真空炉、高频及中频感应炉、电阻炉、加热炉、解体结构井式热处理炉。

② 清单计算规则　按设计图示数量计算（单位：台）。

输送设备

（7）电梯安装

① 分类　电梯有小型杂货电梯、观光电梯、液压电梯、轮椅升降台、自动步行道、自动扶梯。

② 清单计算规则　按设计图示数量计算（单位：部）。

（8）风机安装

① 分类　按照风机设备安装工程类别划分，可分为离心式通风机、离心式引风机、轴流通风机、回转式鼓风机、离心式鼓风机。

② 清单计算规则　按设计图示数量计算（单位：台）。

压缩机

（9）泵安装

① 分类　按照泵设备安装工程类别划分，可分为：蒸汽往复泵、旋涡泵、电动往复泵、齿轮油泵、计量泵、离心式泵、螺杆泵、柱塞泵、真空泵、屏蔽泵、简易移动潜水泵等。

② 清单计算规则　按设计图示数量计算（单位：台）。

工业炉

风机

泵

4.3.3.2　热力设备安装工程

（1）中压锅炉风机

① 风机　是依靠输入的机械能，提高气体压力并排送气体的机械，它是一种从动的流体机械。现在常见的中压风机为离心风机，叶轮外覆有机械外壳，叶轮的中心为进气口。中压风机的气体处理过程都是在同一径向平面内完成的，因此中压风机也叫做径流离心风机。

② 清单规则　按设计图示数量计算（单位：台）。

（2）除渣机

① 除渣机　是清除炉料的设备，它主要由渣斗、底盖、纵梁、重锤架、配重锤、主轴及轴承、缓冲制动器、喷水器、溢水器、限位器等部分组成。

② 清单计算规则　按设计图示数量计算（单位：台）。

（3）凝结水处理系统设备安装

① 大量的工业用水和以煤炭为主的能源被使用来产生蒸汽，蒸汽的热力又被用来实现工业生产工艺过程，而蒸汽释放出部分热能后就会生成凝结水。

蒸汽在汽轮机做功后的凝液，水质比较好，一般的处理方法是除铁、除盐即可给锅炉回用。

② 清单计算规则　按设计图示数量计算（单位：台）。

（4）循环水处理系统设备安装

① 循环水系统的功能　是将冷却水（海水）送至高低压凝汽器去冷却汽轮机低压缸排汽，以维持高低压凝汽器的真空，使汽水循环得以继续。另外，它还向开式水系统和冲灰系统提供用水。

② 清单计算规则　按设计图示数量计算（单位：台）。

4.3.3.3　静置设备与工艺金属结构制作

（1）静置设备制作

① 分类　静置设备包括容器制作、塔器制作、换热器制作。

② 清单计算规则　按设计图示数量计算（单位：台）。

（2）静置设备安装

① 分类　容器组装、整体容器安装、塔器组装、整体塔器安装、热交换器类设备安装、空气冷却器安装、反应器安装、催化裂化再生器安装、催化裂化沉降器安装、催化裂化旋风分离器安装、空气分馏塔安装、电解槽安装、电除雾器安装（单位：套）、电除尘器安装。

② 清单计算规则　按设计图示数量计算（单位：台）。

（3）工业炉安装

① 分类　燃烧炉、灼烧炉、裂解炉制作安装、转化炉制作安装、化肥装置加热炉制作安装、芳烃装置加热炉制作安装、炼油厂加热炉制作安装、废热锅炉安装。

② 清单计算规则　按设计图示数量计算（单位：台）。

（4）金属油罐制作安装

① 拱顶罐制作安装、浮顶罐制作安装、低温双壁金属罐制作安装　按设计图示数量计算（单位：台）。

② 大型金属油罐制作安装　按设计图示数量计算（单位：座）。

③ 加热器制作安装　盘管式加热器按设计图示尺寸以长度计算；排管式加热器按配管长度范围计算（单位：m）。

扫码看视频

中压锅炉

扫码看视频

除渣机

（5）球形罐组对安装

清单计算规则：按设计图示数量计算（单位：台）。

（6）气柜制作安装

清单计算规则：按设计图示数量计算（单位：座）。

（7）工艺金属结构制作安装

① 联合平台制作安装，平台制作安装，梯子、栏杆、扶手制作安装，桁架、管廊、设备框架、单梁结构制作安装，设备支架制作安装，漏斗、料仓制作安装　按设计图示尺寸以质量计算（单位：t）。

② 烟囱、烟道制作安装　按设计图示尺寸展开面积以质量计算（单位：t）

③ 火炬及排气筒制作安装　按设计图示数量计算（单位：座）。

（8）铝制、铸铁、非金属设备安装

① 分类　容器安装、塔器安装、热交换器安装。

② 清单计算规则　按设计图示数量计算（单位：台）。

（9）撬块安装

清单计算规则：按设计图示数量计算（单位：套）。

（10）无损检验

① X(γ) 射线检测　按规范或设计要求计算（单位：张）。

② 超声波探伤

a.金属板材对接焊缝、周边超声波探伤按长度计算（单位：m）。

b.板面超声波探伤，检测按面积计算（单位：m^2）。

③ 磁粉探伤

a.金属板材周边磁粉探伤按长度计算（单位：m）。

b.板面磁粉探伤，按面积计算（单位：m^2）。

④ 渗透探伤　按设计图示数量以长度计算（单位：m）。

⑤ 整体热处理　按设计图示数量计算（单位：台）。

4.3.3.4　电气设备安装工程

（1）变压器安装

扫码看视频

变压器

① 分类　油浸电力变压器、干式变压器、整流变压器、自耦变压器、有载调压变压器、电炉变压器、消弧线圈。

② 清单计算规则　按设计图示数量计算（单位：台）。

（2）配电装置安装

① 油断路器、真空断路器、SF_6 断路器、空气断路器、真空接触器、互感器、油浸电抗器、并联补偿电容器组架、交流滤波装置组架、高压成套配电柜、组合型成套箱式变电站　按设计图示数量计算（单位：台）。

② 隔离开关、负荷开关、高压熔断器、避雷器、干式电抗器　按设计图示数量计算（单位：组）。

③ 移相及串联电容器、集合式并联电容器　按设计图示数量计算（单位：个）。

（3）母线安装

① 软母线、组合软母线、带形母线、槽形母线、共箱母线、低压封闭式插接母线槽按设计图示尺寸以中心线长度计算（单位：m）。

② 始端箱、分线箱　按设计图示数量计算（单位：台）

③ 重型母线　按设计图示尺寸，以质量计算（单位：t）。

（4）控制设备及低压电器安装

① 控制屏，继电、信号屏，模拟屏，低压开关柜（屏），弱电控制返回屏，硅整流柜，可控硅柜，低压电容器柜，自动调节励磁屏，励磁灭磁屏，蓄电池屏（柜），直流馈电屏，事故照明切换屏，控制台，控制箱，配电箱，插座箱等　按设计图示数量计算（单位：台）。

② 箱式配电室　按设计图示数量计算（单位：套）。

③ 控制开关，电流器，小电器，照明开关，插座等　按设计图示数量计算（单位：个）。

④ 电阻器　按设计图示数量计算（单位：箱）。

（5）蓄电池安装

① 蓄电池　按设计图示数量计算（单位：个/组件）。

② 太阳能电池　按设计图示数量计算（单位：组）。

（6）电机检查接线及调试

① 发电机、调相机、普通小型直流电动机、可控硅调速直流电动机、普通交流同步电动机、低压交流异步电动机、高压交流异步电动机、交流变频调速电动机、微型电机、电加热器、励磁电阻器　按设计图示数量计算（单位：台）。

② 电动机组、备用励磁机组　按设计图示数量计算（单位：组）。

（7）滑触线装置安装

清单计算规则：按设计图示尺寸以单相长度计算，含预留长度（单位：组）。

扫码看视频

蓄电池

4.3.3.5　通风空调工程

（1）通风及空调设备及部分制作安装

① 空气加热器（冷却器）、除尘设备、空调器、风机盘管、表冷器、净化工作台、风淋室、洁净室、除湿机、人防过滤吸收器　按设计图示数量计算（单位：台）。

② 密闭门、挡水板、滤水器、溢水表、金属壳体　按设计图示数量计算（单位：个）。

③ 过滤器

a. 按设计图示数量计算（单位：台）。

b. 按设计图示尺寸，以过滤面积计算（单位：m^2）。

（2）通风管道制作安装

扫码看视频

通风空调

扫码看视频

通风管道

① 碳钢通风管道、净化通风管理、不锈钢通风管道、铝板通风管道、塑料通风管道　按设计图示内径尺寸以展开面积计算（单位：m^2）。

② 复合型风管、玻璃钢通风管道　按设计图示外径尺寸，以展开面积计算（单位：m^2）。

③ 柔性软风管　以"m"计量，按设计图示中心线以长度计算；以"节"计量，按设计图示数量计算。

④ 弯头导流叶片　以"m"计量，按设计图示以展开面积计算；以"组"计量，按设计图示数量（组）计算。

⑤ 风管检查孔　以"kg"计量，按风管检查孔质量计算；以"个"计量，按设计图示数量计算。

⑥ 温度、风量测定孔　按设计图示数量计算。

（3）通风管道部件制作安装

① 碳钢阀门、柔性软风管阀门、铝蝶阀、不锈钢蝶阀、塑料阀门、玻璃钢蝶阀、碳钢风口、散流器、百叶窗、不锈钢风口、塑料风口、玻璃钢风口、铝及铝合金风口、碳钢风

帽、不锈钢风帽、塑料风帽、铝板伞形风帽、玻璃钢风帽、碳钢罩类、塑料罩类、消声器、静压箱、人防超压自动排气阀、人防手动密闭阀、人防其他部件　按设计图示数量计算（单位：个）。

② 柔性接口、静压箱　按设计图示以展开面积计算（单位：m^2）。

③ 人防其他部件　按设计图示数量计算（单位：套）。

（4）通风工程检测、调湿

① 通风工程检测，调湿　按通风系统计算（单位：系统）。

② 风管漏光实验、漏风试验　按设计图纸或规范要求以展开面积计算（单位：m^2）。

4.3.3.6　工业管道工程

（1）低、中、高压管道

均按设计图示管道中心线以长度计算（单位：m）。

（2）低、中、高压管件

均按设计图示数量计算（单位：个）。

（3）低、中、高压阀门

均按设计图示数量计算（单位：个）。

（4）低、中、高压法兰

均按设计图示数量计算（单位：副或片）。

（5）板卷管制作

碳钢板直管制作、不锈钢管直管制作、铝及铝合金板直管制作，按设计图示质量计算（单位：t）。

（6）管件制作

① 碳钢板管件制作、不锈钢板管件制作、铝及铝合金板管件制作　按设计图示质量计算（单位：t）。

② 碳钢管虾体弯制作、中压螺旋卷管虾体弯制作、不锈钢管虾体弯制作、铝及铝合金管虾体弯制作、铜及铜合金管虾体弯制作、管道机械煨弯、管道中频煨弯、塑料管煨弯　按设计图示数量计算（单位：个）。

（7）管架制作安装

按设计图示质量计算（单位：kg）。

（8）无损探伤与热处理

① 管材表面超声波探伤、管材表面磁粉探伤

a.以"m"计量，按管材无损探伤长度计算；

b.以"m^2"计量，按管材表面探伤检测面积计算。

② X焊缝射线探伤、焊缝γ射线探伤　按规范或设计要求计算（单位：张或口）。

③ 焊缝超声波探伤，焊缝磁粉探伤，焊缝渗透探伤，焊前预热、后热处理，焊口热处理　按规范或设计要求计算（单位：口）。

（9）其他项目制作安装

① 冷排管制作安装　按设计图示以长度计算（单位：m）。

② 分、集汽（水）缸制作安装、套管制作安装　按设计图示数量计算（单位：台）。

③ 空气分气筒制作安装、空气调节喷雾管安装、水位计安装　按设计图示数量计算（单位：组）。

④ 钢制排水漏斗制作安装水位计安装，手摇泵安装　按设计图示数量计算（单位：个）。

4.3.3.7　消防工程

（1）水灭火系统

① 水喷淋钢管、消火栓钢管　按设计图示管道中心线以长度计算（单位：m）。

② 水喷淋（雾）喷头、水流指示器、减压孔板、集热板制作安装　按设计图示数量计算（单位：个）。

③ 报警装置、温感式水幕装置、末端试水装置、灭火器　按设计图示数量计算（单位：组）。

④ 室内消火栓、室外消火栓、消防水泵接合器　按设计图示数量计算（单位：套）。

⑤ 消防水炮　按设计图示数量计算（单位：台）。

（2）气体灭火系统

贮存装置、称重检漏装置、无管网气体灭火装置，按设计图示数量计算（单位：套）。

扫码看视频

气体灭火

（3）泡沫灭火系统

① 无缝钢管、不锈钢管、不锈钢管管件、气体驱动装置管道、钢管　按设计图示管道中心线以长度计算（单位：m）。

② 不锈钢管管件、钢管管件、选择阀、气体喷头　按设计图示数量计算（单位：个）。

③ 泡沫发生器、泡沫比例混合器、泡沫液贮罐　按设计图示数量计算（单位：台）。

（4）火灾自动报警系统

① 点型探测器、按钮、消防警铃、声光报警器、消防报警电话插孔（电话）、消防报警电话插孔（电话）、消防广播（扬声器）、模块（模块箱）　按设计图示数量计算（单位：个）。

② 线型探测器、区域报警控制箱、联动控制箱、远程控制箱（柜）、火灾报警系统控制主机、联动控制主机、消防广播及对讲电话主机（柜）、火灾报警控制微机、报警联动一体机　按设计图示数量计算（单位：台）。

③ 备用电池及电池主机（柜）　按设计图示数量计算（单位：套）。

（5）消防系统调试

① 自动报警系统调试　按系统计算（单位：系统）。

② 水灭火控制装置调试　按控制装置的点数计算（单位：点）。

③ 防火控制装置调试　按设计图示数量计算（单位：个或部）。

④ 气体灭火系统装置调试　按调试、检验和验收所消耗的试验容器数总数计算（单位：点）。

4.3.3.8　给排水、采暖、燃气工程

（1）给排水、采暖、燃气管道

① 镀锌钢管、不锈钢管、钢管、铸铁管、复合管、直埋式预制保温管、承插陶瓷缸瓦管、承插水泥管　按设计图示管道中心线，以长度计算（单位：m）。

② 室外管道碰头　按设计图示，以"处"计量。

（2）支架及其他

① 管道支架、设备支架

a. 以"kg"计量，按设计图示质量计算；

b. 以"套"计量，按设计图示数量计算。

② 套管　按设计图示数量计算（单位：个）。

（3）管道附件

均按设计图示数量计算（单位：个/组/套/副/块）。

（4）卫生器具

① 小便槽冲洗管　按设计图示长度计算（单位：m）。

② 其他　均按设计图示数量计算（单位：个/组/套/副/块）。

（5）供暖器具

① 铸铁散热器、钢制散热器、其他成品散热器、暖风机、热媒集配装置、集气罐　按设计图示数量计算（单位：片/个/组/台）。

② 光排管散热器　按设计图示排管长度计算（单位：m）。

③ 地板辐射采暖

a. 以"m^2"计量，按设计图示采暖房间净面积计算；

b. 以"m"计量，按设计图示管道长度计算。

（6）采暖、给排水设备

均按设计图示数量计算（单位：套/台/组）。

（7）燃气器具及其他

均按设计图示数量计算（单位：台/块/个/处）。

（8）医疗气体设备及附件

① 医疗设备带　按设计图示长度计算（单位：m）。

② 其他　均按设计图示数量计算（单位：台/组/个）。

（9）采暖、空调水工程系统调试

① 采暖工程系统调试　按采暖工程系统计算（单位：系统）。

② 空调水工程系统调试　按空调水工程系统计算（单位：系统）。

4.3.3.9　建筑智能化及自动化控制仪表安装工程

（1）通信设备

① 单芯电源线　按设计图示尺寸以中心线长度计算。

② 电缆槽道、走线架、机架、框

a. 以"m"计量，按设计图示尺寸以中心线长度计算；

b. 以"架""个"计量，按设计图示数量计算。

③ 设备电缆、软光纤

a. 以"m"计量，按设计图示尺寸以中心线长度计算；

b. 以"条"计量，按设计图示数量计算。

④ 铁塔　按设计图示尺寸以质量计算（单位：t）。

⑤ 其他　均按设计图示数量计算（单位：架/台/套/站/中继站系统/副/段）。

（2）移动通信设备工程

① 同轴电缆

a. 以"条"计量，按设计图示数量计算；

b. 以"m"计量，按设计图示尺寸以中心线长度计算。

② 室外线缆走道　按设计图示尺寸以中心线长度计算（单位：m）。

③ 其他　均按设计图示数量计算（单位：副/个/条/架/载频/站/扇·载/台）。

（3）通信线路工程

① 水泥管道、长途专用塑料管道、架空吊线、光缆、电缆、电缆全程充气、排流线、埋式光缆对地绝缘检查及处理　按设计图示尺寸以中心线长度计算（单位：m）。

② 通信电（光）缆通信

a. 以"m"计量，按设计图示尺寸，以中心线长度计算；

b. 以"处"计量，按设计图示数量计算。

③ 其他 均按设计图示数量计算（单位：处/个/块/套/座/根/条/百对）。

4.3.3.10 刷油、防腐蚀、绝热工程

（1）刷油工程

① 管道刷油、设备与矩形管道刷油、铸铁管、暖气片刷油

a. 以"m²"计量，按设计图示尺寸以面积计算；

b. 以"m"计量，按设计图示尺寸以长度计算。

② 金属结构刷油

a. 以"m²"计量，按设计图示尺寸以面积计算；

b. 以"kg"计量，按金属结构的理论质量计算。

③ 灰面刷油、布面刷油、气柜刷油、玛蹄脂面刷油、喷漆 按设计图示表面积计算（单位：m²）。

（2）防腐蚀涂料工程

① 设备防腐蚀、防火涂料、H型钢结构防腐蚀、金属油罐内壁防静电、涂料聚合一次 按设计图示表面积计算（单位：m²）。

② 管道防腐蚀、埋地管道防腐蚀、环氧煤沥青防腐蚀

a. 以"m²"计量，按设计图示表面积尺寸以面积计算；

b. 以"m"计量，按设计图示尺寸以长度计算。

③ 一般钢结构防腐蚀 按一般钢结构的理论质量计算（单位：kg）。

④ 管廊钢结构防腐蚀 按管廊钢结构的理论质量计算（单位：kg）。

（3）手工糊衬玻璃钢工程

均按设计图示表面积计算（单位：m²）。

（4）橡胶板及塑料板衬里工程

均按图示表面积计算（单位：m²）。

（5）衬铅及搪铅工程

均按图示表面积计算（单位：m²）。

（6）喷镀（涂）工程

① 设备喷镀（涂）

a. 以"m²"计量，按设备图示表面积计算；

b. 以"kg"计量，按设备零部件质量计量。

② 管道喷镀（涂）、型钢喷镀（涂） 按设备图示表面积计算（单位：m²）。

③ 一般钢结构喷（涂）塑 按图示金属结构质量计算（单位：kg）。

（7）耐酸砖、板衬里工程

① 衬石墨管接 按图示数量计算（单位：个）。

② 其他 均按图示表面积计算（单位：m²）。

（8）绝热工程

① 设备绝热、管道绝热、阀门绝热、法兰绝热 按图示表面积加绝热层厚度及调整系数计算（单位：m³）。

② 通风管道绝热

a. 以"m³"计量，按图示表面积加绝热层厚度及调整系数计算；

b. 以"m²"计量，按设备图示表面积及调整系数计算。

③ 喷涂、涂抹　按图示表面积计算（单位：m^2）。

④ 防潮层、保护层

a. 以"m^2"计量，按图示表面积加绝热层厚度及调整系数计算；

b. 以"kg"计量，按图示金属结构质量计算。

⑤ 保温盒、保温托盘

a. 以"m^2"计量，按图示表面积计算；

b. 以"kg"计量，按图示金属结构质量计算。

（9）管道补扣补伤工程

① 刷油、防腐蚀、绝热

a. 以"m^2"计量，按图示表面尺寸以面积计算；

b. 以"口"计量，按设计图示数量计算。

② 管道热缩套管　按图示表面积计算（单位：m^2）。

（10）阴极保护及牺牲阳极

① 阴极保护　按图示数量计算（单位：套）。

② 阳极保护、牺牲阳极　按图示数量计算（单位：个）。

第 5 章

建筑工程工程量计算

5.1 建筑面积的计算

5.1.1 建筑面积计算规则

建筑面积是指房屋建筑水平平面面积，以平方米（m²）为单位计算出的建筑物各层面积的总和，建筑面积包括使用面积、辅助面积和结构面积。使用面积是指可直接为生产或生活使用的净面积，按房屋的内墙面水平面积计算；辅助面积是指为辅助生产或生活所建设施的净面积的总和；结构面积是指物各层中的墙体、柱等结构在平面布置上所占面积的总和。

房屋建筑面积按房屋外墙（柱）勒脚以上各层的外围水平投影面积计算，包括阳台、挑廊、地下室、室外楼梯等，且层高 2.20m（含 2.20m）以上的永久性建筑。建筑面积计算应遵循科学、合理的原则，建筑面积计算除应遵循《建筑工程建筑面积计算规范》（GB/T 50353—2013）的规定，还应符合国家现行的有关标准规范的规定。

计算建筑面积的相关术语如下。

① 层高　上下两层楼面或楼面与地面之间的垂直距离。

② 自然层　按楼板、地板结构分层的楼层。

③ 架空层　建筑物深基础或坡地建筑吊脚架空部位不回填土石方形成的建筑空间。

④ 走廊　建筑物的水平交通空间。

⑤ 挑廊　挑出建筑物外墙的水平交通空间。

⑥ 檐廊　设置在建筑物底层出檐下的水平交通空间。

⑦ 回廊　在建筑物门厅、大厅内设置在二层或二层以上的回形走廊。

⑧ 门斗　在建筑物出入口设置的起分隔、挡风、御寒等作用的建筑过渡空间。

⑨ 建筑物通道　为道路穿过建筑物而设置的建筑空间。

⑩ 架空走廊　建筑物与建筑物之间，在二层或二层以上专门为水平交通设置的走廊。

⑪ 勒脚　建筑物的外墙与室外地面或散水接触部位墙体的加厚部分。

⑫ 围护结构　围合建筑空间四周的墙体、门、窗等。

⑬ 围护性幕墙　直接作为外墙起围护作用的幕墙。

⑭ 装饰性幕墙　设置在建筑物墙体外起装饰作用的幕墙。

⑮ 落地橱窗　凸出外墙面根基落地的橱窗。

⑯ 阳台　供使用者进行活动和晾晒衣物的建筑空间。

⑰ 眺望间　设置在建筑物顶层或挑出房间的供人们远眺或观察周围的空间。

⑱ 雨篷　设置在建筑物进出口上部的遮雨遮阳篷。

⑲ 地下室　房间地平面低于室外地平面的高度超过该房间净高的 1/2 者为地下室。

⑳ 半地下室　房间地平面低于室外地平面的高度超过该房间净高的 1/3，且不超过 1/2 者为半地下室。

㉑ 变形缝　伸缩缝（温度缝）、沉降缝和抗震缝的总称。

㉒ 永久性顶盖　经规划批准设计的永久使用的顶盖。

㉓ 骑楼　楼层部分跨在人行道上的临街楼房。

㉔ 过街楼　有道路穿过建筑空间的楼房。

扫码看视频

单、多层建筑面积

5.1.2　计算建筑面积的范畴

（1）单（多）层建筑物

建筑物的建筑面积应按自然层外墙结构外围水平面积之和计算，自然层是按楼地面结构分层的楼层，结构层高是指楼面或者地面结构层上表面至上部结构层上表面之间的垂直距离，如图 5-1 所示。结构层高在 2.20m 及以上的，应计算全面积；结构层高在 2.20m 以下的，应计算 1/2 面积。

当外墙结构本身在一个层高范围内但厚度不相同时，以楼地面结构标高处的外围水平面积计算。

（2）建筑物内设有局部楼层

建筑物内设有局部楼层时，局部楼层的二层及以上楼层，有维护结构的应按其围护结构外围水平面积计算，无围护结构的应按其结构底板水平面积计算，如图 5-2 所示。层高在 2.20m 及以上的应计算全面积；层高不足 2.20m 的应计算 1/2 面积（围护结构：分为透明和不透明两种类型；不透明围护结构有墙、屋面、地板、顶棚等；透明围护结构有窗户、天窗、阳台门、玻璃隔断等）。

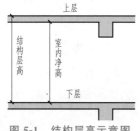

图 5-1　结构层高示意图

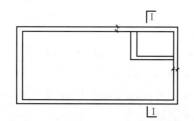

图 5-2　建筑物内设有局部楼层平面及剖面图

注：首层已经计算在单层建筑的面积之内，不再重复计算

扫码看视频

坡屋顶

（3）形成建筑空间的坡屋顶

结构净高超过 2.10m 及以上的部位应计算全面积；结构净高在 1.20m 及以上至 2.10m 以下的部位应计算 1/2 面积；结构净高在 1.20m 以下的部位不应计算面积（结构净高是指楼面或地面结构层上表面至上部结构层下表面之间的垂直距离，如图 5-3 所示）。

（4）地下室、半地下室

按其结构外围水平面积计算，结构层高在 2.20m 及以上的，应计算全面积；结构层高在 2.20m 以下的，应计算 1/2 面积。出入口外墙外侧坡道有顶盖的部位，应按其外墙结构外围水平面积的 1/2 面积计算，如图 5-4 所示。

扫码看视频

地下室、半地下室

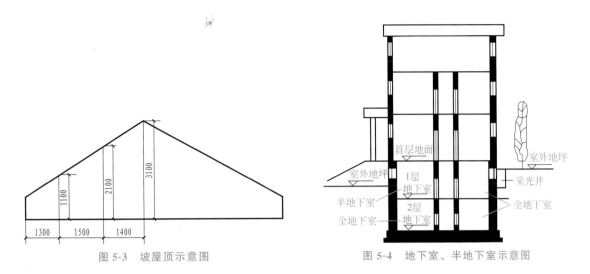

图 5-3　坡屋顶示意图　　　　　　　图 5-4　地下室、半地下室示意图

地下室是指房间地平面低于室外地平面的高度超过该房间净高的 1/2 的建筑，半地下室是指房间地平面低于室外地平面的高度超过该房间净高的 1/3，且不超过 1/2 的建筑。

（5）建筑物架空层

建筑物架空层及坡地建筑物吊脚架空层，按其顶板水平投影计算建筑面积，结构层高在 2.20m 及以上的，应计算全面积；结构层高在 2.20m 以下，应计算 1/2 面积。

本计算规则既适用于建筑物吊脚架空层、深基础架空层建筑面积的计算，也适用于目前部分住宅、学校教学楼等工程在底层架空或在以上某个甚至多个楼层架空，作为公共活动、停车、绿化等空间的建筑面积的计算。架空层中有围护结构的建筑空间按相关规则计算。设计不利用，未形成建筑空间的，不应计算面积。如图 5-5 所示。

扫码看视频

架空层

（6）建筑物的门厅、大厅

建筑物的门厅、大厅按一层计算建筑面积，门厅、大厅内设置的走廊（走廊是指建筑物中的水平交通空间）应按走廊结构底板水平投影面积计算建筑面积。结构层高在 2.20m 及以上的，应计算全面积；结构层高在 2.20m 以下的，应计算 1/2 面积。

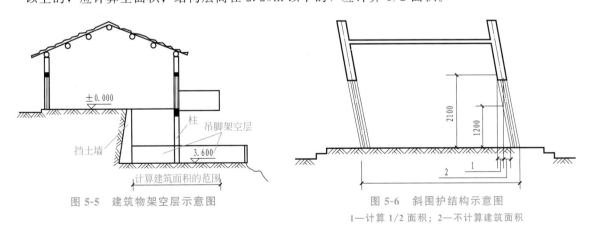

图 5-5　建筑物架空层示意图　　　　　图 5-6　斜围护结构示意图

1—计算 1/2 面积；2—不计算建筑面积

（7）建筑物顶部

有围护结构的楼梯间、水箱间、电梯机房等，结构层在 2.20m 及以上的应计算全面积；

结构层高不足 2.20m 的应计算 1/2 面积。

（8）围护结构不垂直于水平面的楼层

应按其底板面的外墙水平面积计算，结构净高在 2.10m 及以上的部位，应计算全面积；结构净高在 1.20m 及以上至 2.10m 以下的部位，应计算 1/2 面积；结构净高在 1.20m 以下的部位，不应计算建筑面积。如图 5-6 所示。

（9）建筑物内的楼梯、井道

应并入建筑物的自然层计算建筑面积，有顶盖的采光井应按一层计算面积，且结构净高在 2.10m 及以上的，应计算全面积；结构净高在 2.10m 以下的，应计算 1/2 面积。

（10）幕墙围护结构

以幕墙作为围护结构的建筑物，应按幕墙外边线计算建筑面积。

（11）变形缝

与室内相通的变形缝应按其自然层合并在建筑物建筑面积内计算，对于高低联跨的建筑物，当高低跨内部连通时，其变形缝应计算在低跨面积内。

（12）设备层、管道层、避难层

对于建筑物内的设备层、管道层、避难层等有结构层的楼层，结构层高在 2.20m 及以上的，应计算全面积；结构层高在 2.20m 以下的，应计算 1/2 面积。

（13）架空走廊

建筑物间的架空走廊有顶盖和维护结构的，应按其围护结构外围水平面积计算全面积；无围护结构、有围护设施的，应按其结构底板水平投影面积计算 1/2 面积。（架空走廊是指专门设置在建筑物的二层或二层以上，用于不同建筑物之间水平交通的空间）如图 5-7、图 5-8 所示。

扫码看视频

建筑物内的楼梯、井道

扫码看视频

幕墙围护结构

扫码看视频

变形缝

扫码看视频

架空走廊

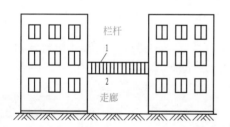
(a)无围护结构、有围护设施架空走廊

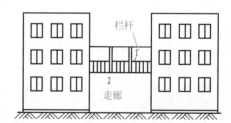
(b)有顶盖无围护结构、有围护设施架空走廊

图 5-7 架空走廊示意图（一）

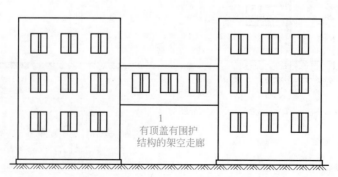

图 5-8 架空走廊示意图（二）

（14）落地橱窗、飘窗

附属在建筑物外墙的落地橱窗，应按其围护结构外围水平面积计算。结构层高在 2.20m 及以上的，应计算全面积；结构层高在 2.20m 以下的应计算 1/2 面积。

扫码看视频
落地橱窗、飘窗

（15）外走廊、檐廊

有围护设施的走廊，应按其结构底板水平投影面积计算 1/2 面积；有围护设施的檐廊，应按其围护设施外围水平面积计算 1/2 面积。

扫码看视频
外走廊、檐廊

（16）门廊、雨篷

门廊应按其顶板的水平投影面积的 1/2 计算建筑面积；有柱雨篷的结构，按其结构水平投影面积的 1/2 计算建筑面积；无柱雨篷的结构，外边线至外墙结构外边线的宽度在 2.10m 及以上的应按雨篷结构板的水平投影面积的 1/2 计算建筑面积。

门廊是指入口前有顶棚的半围合空间，是在建筑物出入口，无门三面或两面有墙，上部有板围护的部位。

扫码看视频
门廊、雨篷

（17）室外楼梯

室外楼梯应并入所依附建筑物自然层，并应按其水平投影面积的 1/2 计算建筑面积。

扫码看视频
室外楼梯

（18）阳台

在主体结构内的阳台，应按其结构外围水平面积计算全面积；在主体结构外的阳台，应按其结构底板水平投影面积计算 1/2 面积。

（19）外保温层

建筑物的外墙外保温层，应按其保温材料的水平截面积计算，并计入自然层建筑面积。保温隔热层以保温材料的净厚度乘以外墙结构外边线长度，按建筑物的自然层计算建筑面积，其外墙外边线长度不扣除门窗和建筑物外已计算建筑面积构件（如阳台、室外走廊、门斗、落地橱窗等部件）所占的长度。

扫码看视频
阳台

当建筑物外已计算建筑面积的构件有保温隔热层时，其保温隔热层也不再计算建筑面积，外墙如果是斜面则按楼面楼板处的外墙外边线长度乘以保温材料的净厚度计算。

（20）场馆看台

场馆看台下建筑空间，结构净高超过 2.10m 的部位应计算全面积；结构净高在 1.20～2.10m 的部位应计算 1/2 面积；结构净高不足 1.20m 时不应计算面积。

扫码看视频
外保温层

室内单独设置的有围护设施的悬挑看台，应按看台结构底板水平投影面积计算建筑面积。有顶盖无围护结构的场馆看台应按其顶盖水平投影面积的 1/2 计算面积。

（21）舞台灯光控制台

有围护结构的舞台灯光控制室，应按其围护结构外围水平面积计算。结构层高在 2.20m 及以上的，应计算全面积；结构层高在 2.20 以下的应计算 1/2 面积。

扫码看视频
场馆看台

（22）车棚、货棚

有顶盖无围护结构的车棚、货棚、站台、加油站、收费站等，应按其顶盖水平投影面积的 1/2 计算建筑面积。有永久性顶盖无围护结构的车棚、

扫码看视频
车棚、货棚

货棚、站台、加油站、收费站等，不论是单排柱还是双排柱，均按其顶盖水平投影面积的一般计算。

5.1.3　不计算建筑面积的范围

不计算建筑面积的建筑物、构筑物如下。

与建筑物内不相连通的建筑部件（如变形缝、装饰性阳台）；骑楼、过街楼底层的开放公共空间和建筑物通道；舞台及后台悬挂幕布和布景的天桥、挑台等。

露台、露天游泳池、花架、屋顶的水箱及装饰性结构构件；建筑物内的操作平台、上料平台、安装箱和罐体的平台；勒脚、附墙柱、垛、台阶、墙面抹灰、装饰面、镶贴块料面层、装饰性幕墙，主体结构外的空调室外机搁板（箱）、构件、配件，挑出宽度在 2.10m 以下的无柱雨篷和顶盖高度达到或超过两个楼层的无柱雨篷；窗台与室内地面高差在 0.45m 以下且结构净高在 2.10m 以下的凸（飘）窗，窗台与室内地面高差在 0.45m 及以上的凸（飘）窗；室外爬梯、室外专用消防钢楼梯；无围护结构的观光电梯；建筑物以外的地下人防通道，独立的烟囱、烟道、地沟、油（水）罐、气柜、水塔、贮油（水）池、贮仓、栈桥等构筑物。

5.1.4　建筑面积计算实例

（1）单层建筑物面积

单层建筑物的建筑面积应按自然层外墙结构外围水平面积之和计算。

【例 5-1】　某建筑物平面如图 5-9 所示，墙宽 240mm，试求其面积工程量。

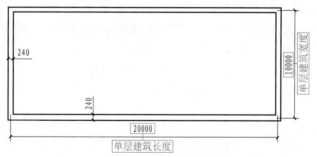

图 5-9　某建筑物平面示意图

【解】　该建筑的面积为

$$S=(20+0.24)\times(10+0.24)=207.26(m^2)$$

【小贴士】　式中，20 为建筑物的长度，m；10 为建筑物的宽度，m。

（2）层数不同建筑物面积

【例 5-2】　某中学有一栋实验楼，实验楼平面图和正立面如图 5-10、图 5-11 所示，为层数不同的建筑物，试求其建筑面积。

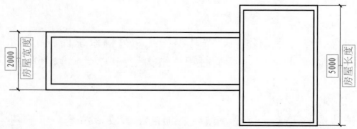

图 5-10　实验楼平面示意图

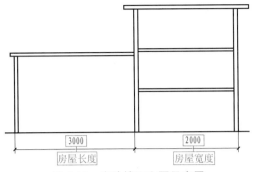

图 5-11　实验楼正立面示意图

【解】　单层结构建筑面积

$$S = 3 \times 2 = 6(\text{m}^2)$$

多层结构建筑面积

$$S = 2 \times 5 \times 3 = 30(\text{m}^2)$$

【小贴士】　式中，单层结构 3×2 为单层房屋长度（m）乘以房屋宽度（m），多层结构 $2 \times 5 \times 3$ 为多层房屋宽度（m）乘以房屋长度（m）。

（3）曲面建筑面积

【例 5-3】　某建筑平面如图 5-12 所示，墙宽 240mm，试求其面积工程量。

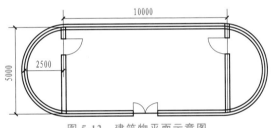

图 5-12　建筑物平面示意图

【解】　该建筑平面面积计算公式为

$$S_{矩形} = (10 + 0.24) \times (5 + 0.24) = 53.66(\text{m}^2)$$

$$S_{半圆} = 2 \times \frac{1}{2} \times 3.14 \times (2.5 + 0.24)^2 = 23.57(\text{m}^2)$$

$$S = S_{矩形} + S_{半圆} = 53.66 + 23.57 = 77.23(\text{m}^2)$$

【小贴士】　式中，10 为矩形的长度，m；5 为矩形的宽度，m；2.5 为半圆的直径，m。

（4）坡屋顶面积

坡屋顶计算面积结构净高超过 2.10m 及以上的部位应计算全面积；结构净高在 1.20m 及以上、2.10m 以下的部位应计算 1/2 面积；结构净高在 1.20m 以下的部位不应计算面积。

【例 5-4】　某建筑物长度为 15m，坡屋顶内空间用来储物，如图 5-13 所示，试计算该坡屋顶空间的建筑面积。

【解】　该坡屋顶各部分的面积为

$$S_1 = (1.4 + 1.4) \times 15 = 42(\text{m}^2)$$

$$S_2 = (1.5 + 1.5) \times 15 \times \frac{1}{2} = 22.5(\text{m}^2)$$

$$S = 45 + 22.5 = 67.5(\text{m}^2)$$

扫码看视频

坡屋顶建筑面积

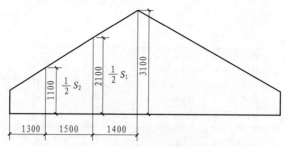

图 5-13 某建筑坡屋顶示意图

【小贴士】 式中，1.4＋1.4 为屋顶两边的都有的长度，m；结构净高在 1.20m 以下的部位不应计算面积。

（5）立体书库

立体书库有外围结构的，应按其围护结构外围水平面积计算建筑面积。无围护结构、有围护设施的，应按其结构底板水平投影面积计算建筑面积。无结构层的应按一层计算，有结构层的应按其结构层面积分别计算。结构层高在 2.20m 及以上的，应计算全面积；结构层高在 2.20m 以下的，应计算 1/2 面积。

【例 5-5】 某立体书库平面图如图 5-14 所示，书库墙宽 240mm，试求其工程量。

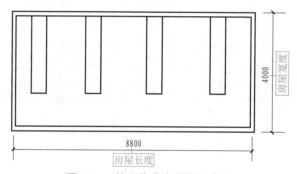

图 5-14 某立体书库平面示意图

【解】 该立体书库面积为

$$S=(8.8+0.24)\times(4+0.24)=38.33(\text{m}^2)$$

【小贴士】 式中，8.8＋0.24 为房屋长度加两边半墙宽度，m；4＋0.24 为房屋宽度加两边半墙宽度，m。

（6）雨篷

① 图 5-15 所示为有柱雨篷。

有柱雨篷不论 B（雨篷宽）的大小，其建筑面积为

$$S=\frac{1}{2}BL$$

扫码看视频

雨篷建筑面积

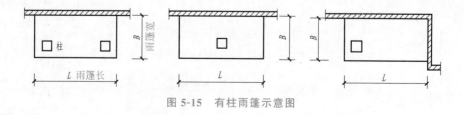

图 5-15 有柱雨篷示意图

② 无柱雨篷如图 5-16 所示，当 $B \geqslant 2.10\text{m}$ 时，其建筑面积为

$$S = \frac{1}{2}BL$$

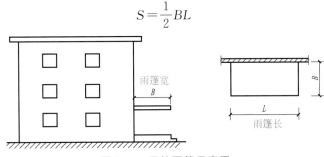

图 5-16　无柱雨篷示意图

（7）室外楼梯

室外楼梯应并入所依附建筑物自然层，并应按其水平投影面积的 1/2 计算建筑面积。

【例 5-6】　某室外楼梯如图 5-17 所示，建筑物为 4 层建筑，试求室外楼梯工程量。

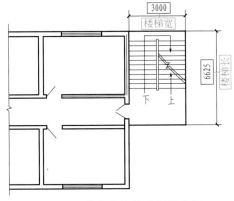

图 5-17　某室外楼梯平面示意图

【解】　室外楼梯工程量　$S = 3 \times 6.625 \times 0.5 \times 3 = 29.81 (\text{m}^2)$

【小贴士】　式中，室外楼梯不论是否有永久性顶盖，均按其水平投影面积的 $\frac{1}{2}$ 计算建筑面积，3 为楼梯数量。

5.2　土石方工程

5.2.1　单独土石方

【例 5-7】　欲开挖一游泳池，尺寸如图 5-18 所示（三类土），试求人工挖土方工程量。

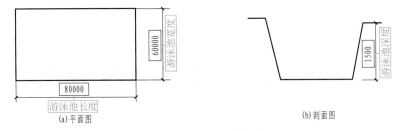

图 5-18　某矩形游泳池

【解】 （1）定额工程量计算

定额工程量计算规则：按设计图示基础（含垫层）尺寸，另加工作面宽度、土方放坡宽度或石方允许超挖量乘以开挖深度，以体积计算。

由题意可知，$h=1.5\text{m}$，需放坡，取 $K=0.33$。

挖土方工程量　$V=\dfrac{1}{6}\times 1.5\times[60\times 80+(80+0.33\times 1.5\times 2)\times(60+0.33\times 1.5\times 2)+$

$$(80+80+0.33\times 1.5\times 2)\times(60+60+0.33\times 1.5\times 2)]$$

$$=7304.44(\text{m}^3)$$

【小贴士】 式中，60 为游泳池宽度，m；80 为游泳池长度，m；1.5 为游泳池深度，m。超过 1.2m 需要放坡，所以 $K=0.33$。所运用的公式为：$V=\dfrac{1}{6}h[ab+AB+(a+A)(b+B)]$。

根据以上定额工程量的计算可以看出，定额工程量的计算是在施工工艺和施工方法的前提下考虑了工作面宽度和土方放坡宽度，放坡系数参照土方放坡起点深度和放坡坡度表。通过上述计算的学习我们掌握了定额工程量的计算方法，那么，接下来再探究一下清单工程量的计算，从而掌握二者的计算方法。

（2）清单工程量计算

清单工程量计算规则：按设计图示尺寸，以体积计算。

挖土方工程量　　　　　$V=80\times 60\times 1.5=7200(\text{m}^3)$

【小贴士】 式中，60 为游泳池宽度，m；80 为游泳池长度，m；1.5 为游泳池深度，m。

5.2.2 基础土方

（1）基坑土方

【例 5-8】 如图 5-19 所示某矩形基坑，试求该矩形砖基坑工程量（三类土）。

【解】 工程量计算规则：按设计图示基础尺寸（含垫层），另加工作面宽度、土方放坡宽度或石方允许超挖量乘以开挖深度，以体积计算。

由题意可知，$h=2.1\text{m}$，所以放坡系数 $K=0.33$。

扫码看视频

基坑土方工程量

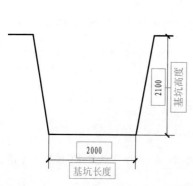
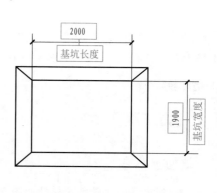

图 5-19　某矩形基坑

矩形基坑工程量　$V=(2+2.1\times 0.33)\times(1.9+2.1\times 0.33)\times 2.1+\dfrac{1}{3}\times 0.33^2\times 2.1^3$

$$=15(\text{m}^3)$$

【小贴士】 式中，$2+2.1\times 0.33$ 为基础长度（含放坡长度），m；$1.9+2.1\times 0.33$ 为基础宽度（含放坡长度），m。

（2）沟槽土方

【例 5-9】 设人工开挖一基础沟槽，土壤类别为一类土，放坡系数 K 为 0.5，沟槽总长度 100m，沟槽剖面图如图 5-20 所示，试求挖基础土方工程量（需放坡）。

【解】 工程量计算规则：按设计图示基础尺寸，另加工作面宽度、土方放坡宽度或乘以开挖深度，以体积计算。

挖沟槽土方工程量　$V = (1.3 + 0.2 \times 2 + KH) \times 1.8 \times 100$
$$= (1.3 + 0.2 \times 2 + 0.5 \times 1.8) \times 1.8 \times 100$$
$$= 468 (\text{m}^3)$$

【小贴士】 式中，1.3 为地槽的宽度，m；0.2×2 为两侧工作面宽，m；KH 为放坡宽度，m；H 为开挖深度（1.8m）；100 为沟槽的长度，m。

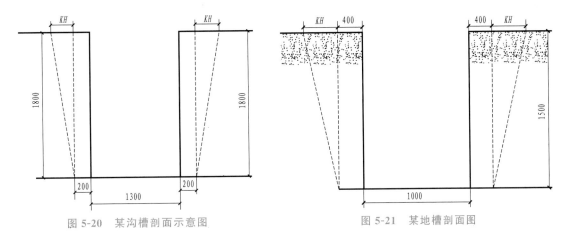

图 5-20　某沟槽剖面示意图　　　　　　　图 5-21　某地槽剖面图

（3）冻土开挖

【例 5-10】 某项目工程的地槽采用人工开挖，地槽全长 120m。混凝土垫层宽 1.0m，开挖深度 1.5m，土类型为冻土，放坡系数 K 为 0.25，地槽剖面图如图 5-21 所示，试求人工冻土开挖地槽工程量。

【解】 （1）定额工程量计算

定额工程量计算规则：按图示尺寸加上基础施工所需工作面算得开挖面积后乘以开挖冻土厚度以体积计算。

冻土开挖工程量　$V = (1.0 + 0.4 \times 2 + KH) \times H \times 120$
$$= (1.0 + 0.4 \times 2 + 0.25 \times 1.5) \times 1.5 \times 120$$
$$= 391.5 (\text{m}^3)$$

【小贴士】 式中，1.0 为地槽的宽度，m；0.4×2 为两侧工作面宽，m；KH 为放坡宽度，m；H 为开挖深度（1.5m）；120 为沟槽的长度，m。

（2）清单工程量计算

清单工程量计算规则：按设计图示尺寸开挖面积乘以厚度，以体积计算。

冻土开挖工程量　　　　　　　$V = 1.0 \times 1.5 \times 120 = 180.0 (\text{m}^3)$

【小贴士】 式中，1.0 为地槽的宽度，m；1.5 为开挖的深度，m；120 为沟槽的长度，m。

5.2.3　基础石方

【例 5-11】 某工地采用挖掘机开挖一沟槽石方，已知开挖深度为 1.3m，沟槽总长为 80m，沟槽剖面图如图 5-22 所示，开挖时放坡，试求开挖沟槽石方工程量。

【解】 工程量计算规则：按设计图示尺寸沟槽断面积乘以沟槽长度以体积计算。

沟槽断面积 $\qquad S = 1.2 \times 1.3 = 1.56 (\text{m}^2)$

挖沟槽石方工程量 $\qquad V = 1.56 \times 80 = 124.8 (\text{m}^3)$

【小贴士】 式中，1.2 为沟槽底面宽度，m；1.3 为沟槽开挖深度，m；80 为沟槽总长度，m。

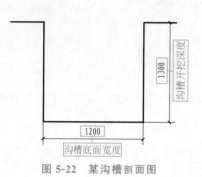

图 5-22 某沟槽剖面图

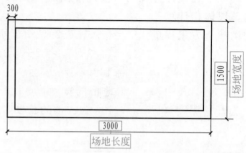

图 5-23 某人工平整场地

5.2.4 平整场地及其他

（1）平整场地

【例 5-12】 某人工平整场地如图 5-23 所示，试计算此平整场地的工程量（三类土）。

【解】 工程量计算规则：按设计图示尺寸以建筑物首层面积计算。

人工平整场地工程量 $\qquad S = 3.0 \times 1.5 = 4.5 (\text{m}^2)$

【小贴士】 式中，3.0 为场地长度，m；1.5 为场地宽度，m。

（2）回填方

【例 5-13】 某建筑物基础沟槽如图 5-24 所示，已知该建筑场地回填土平均厚度为 400mm，

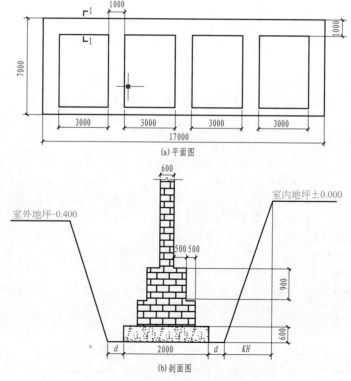

(a) 平面图

(b) 剖面图

图 5-24 某建筑物基础沟槽示意图

土质类别为一、二类土，沟槽采用放坡人工开挖，基础类型为砖基础，试求该场地回填的工程量。

【解】 工程量计算规则：按设计图示尺寸以体积计算。

场地回填工程量计算规则：回填面积乘平均回填厚度以体积计算。

回填面积 $S = 1.7 \times 7.0 = 11.9 (m^2)$

场地回填工程量 $S = $ 回填面积 $\times$ 平均回填厚度 $= 11.9 \times 0.4 = 4.76 (m^3)$

【小贴士】 式中，1.7 为基础沟槽的总长度，m；7.0 为基础沟槽的总宽度，m；0.4 为平均回填厚度，m。

5.3 地基处理与边坡支护工程

5.3.1 地基处理

【例 5-14】 某基础强夯工程，夯点布置如图 5-25 所示，夯击能 400t·m，每坑夯击数 5 击，设计要求第一遍、第二遍为隔点夯击，第三遍为低锤满夯。土质为二类土，试计算该工程强夯工程量。

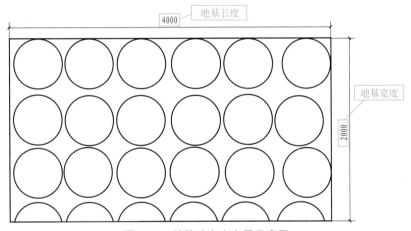

图 5-25 某基础夯点布置示意图

【解】 工程量计算规则：按图示尺寸以面积计算。

强夯工程量 $S = 4 \times 2 = 8 (m^2)$

【小贴士】 式中，4 为地基长度，m；2 为地基宽度，m。

5.3.2 基坑与边坡支护

【例 5-15】 某工程地基边坡处理中采用锚杆支护，如图 5-26 所示，锚杆直径 $D = 500mm$，锚孔深度为 6m，土质为二类土，试求成孔和灌注砂工程量。

【解】 工程量计算规则：按图示尺寸以体积计算。

成孔工程量 $V = 3.14 \times \dfrac{1}{4} \times 0.5^2 \times 6 \times 20 = 23.55 (m^3)$

灌注砂工程量 $V = 3.14 \times \dfrac{1}{4} \times 0.5^2 \times 6 \times 20 \times 1.02 = 24.02 (m^3)$

【小贴士】 式中，$3.14 \times \dfrac{1}{4} \times 0.5^2$ 为孔的截面面积，m^2；6 为锚孔深，m；20 为孔的个数。1.02 为灌注砂的工程量计算固定系数。

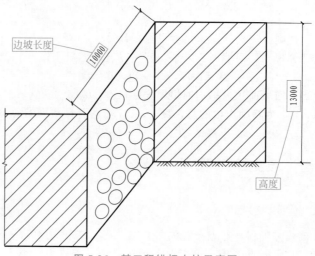

图 5-26　某工程锚杆支护示意图

5.4　桩基工程

5.4.1　预制桩

（1）预制钢筋混凝土方桩

【例 5-16】　某工程预制钢筋混凝土方桩，如图 5-27 所示，其中土质为二类土，试求打桩工程工程量。

【解】　工程量计算规则：以"m³"计量，按设计图示截面积乘以桩长（包括桩尖）以体积计算。

预制混凝土工程量　　　$V = 0.4 \times 0.4 \times (9 + 0.5) = 1.52(\text{m}^3)$

【小贴士】　式中，0.4×0.4 为方桩的截面积，m²；$9 + 0.5$ 为方桩的长度（桩长加桩尖），m。

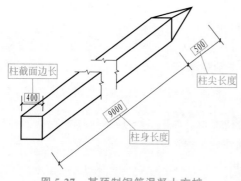

图 5-27　某预制钢筋混凝土方桩

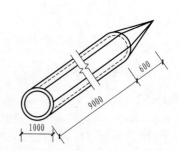

图 5-28　某预制钢筋混凝土管桩

（2）预制钢筋混凝土管桩

【例 5-17】　某单位工程采用预制钢筋混凝土管桩，如图 5-28 所示，管壁厚 100mm，土质为二类土，试求打桩工程量。

【解】　工程量计算规则：以"m³"计量，按设计图示截面积乘以桩长（包括桩尖）以实体积计算。

预制钢筋混凝土管桩工程量　$V = 3.14 \times [0.5^2 - (0.5 - 0.1)^2] \times 9 + 3.14 \times 0.5^2 \times 0.6 \times \dfrac{1}{3}$

$$= 2.699 (\text{m}^3)$$

【小贴士】　式中，$3.14 \times [0.5^2 - (0.5 - 0.1)^2]$ 为圆环面积，m^2。

（3）钢管桩

【例 5-18】　搭建某小型钢结构仓库，桩基为钢管桩，如图 5-29 所示，管壁厚 8mm，钢管柱两头用钢板密封，共 20 根，试求其钢管桩工程量。

【解】　工程量计算规则：以"t"计量，按设计图示尺寸以质量计算。

8mm 厚钢板的理论质量为 62.8kg/m^2；钢管柱质量＝理论质量×长度。

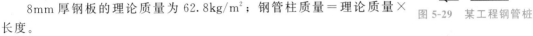

图 5-29　某工程钢管桩

钢管柱工程量　$M = 0.1 \times 3.14 \times 2 \times 20 \times 62.8 + 0.05^2 \times 3.14 \times 2 \times 20 \times 62.8$

$$= 808.49 (\text{kg}) = 0.81 (\text{t})$$

【小贴士】　式中，0.1×3.14 为钢管圆环周长，m。

5.4.2　灌注桩

（1）沉管灌注桩

【例 5-19】　某工程采用冲击沉管式打桩机打桩，土质为二类土，如图 5-30 所示，钢管直径 600mm，共 24 根，试求沉管灌注桩工程量。

【解】　工程量计算规则：以钢管外径截面积乘以桩长（不包括桩尖）另加加灌长度，以体积计算。

沉管灌注桩工程量　$V = 0.3^2 \times 3.14 \times (8 + 0.5) \times 24 = 57.65 (\text{m}^3)$

【小贴士】　式中，0.3 为钢管的半径，m；3.14 是 π 的近似值；$0.3^2 \times 3.14 \times (8 + 0.5)$ 为单根桩体积，m^3。

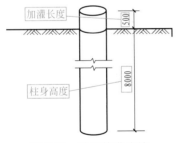

图 5-30　某沉管灌注桩

图 5-31　某工程泥浆护壁成孔灌注桩示意图

（2）泥浆护壁成孔灌注桩

【例 5-20】　某施工现场采用冲击成孔打桩，已知泥浆护壁成孔灌注桩桩内径为 500mm，长 20m，如图 5-31 所示，共 40 根，灌注 C20 商品混凝土，安放钢筋笼，试计算泥浆护壁成孔灌注桩混凝土灌入工程量。

【解】　工程量计算规则：按设计图示尺寸（含护壁）截面积乘以挖孔深度，以体积（m^3）计算。

泥浆护壁成孔灌注桩混凝土灌入工程量　$V = 20 \times 0.25 \times 0.25 \times 3.14 \times 40 = 157 (\text{m}^3)$

【小贴士】　式中，$20 \times 0.25 \times 0.25 \times 3.14$ 为桩体积，m^3，因为有 40 根，所以乘以 40。

（3）干作业成孔灌注桩

【例 5-21】　某工程采用螺旋钻机施工干作业成孔灌注桩，共 20 根，土质为二类土，使用

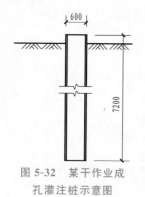

图 5-32　某干作业成孔灌注桩示意图

C25 强度等级的混凝土灌注，桩基如图 5-32 所示，试求其工程量。

【解】　工程量计算规则：以"m³"计量，按不同截面在桩上范围内以体积计算。

干作业成孔灌注桩工程量　$V=0.3\times0.3\times3.14\times7.2\times20$
$$=40.70(m^3)$$

【小贴士】　式中，$0.3\times0.3\times3.14\times7.2$ 为每根干作业成孔灌注桩的体积，m³；共 20 根，所以乘以 20。

（4）人工挖孔灌注桩

【例 5-22】　某工程采用人工挖孔灌注桩，如图 5-33 所示，共 18 根，土质为二类土。试计算挖孔土石方工程量。

【解】　（1）定额工程量的计算

定额工程量计算规则：人工挖孔桩灌注混凝土护壁和桩芯工程量，分别按设计图示截面积乘以设计桩长另加加灌长度，以体积计算。加灌长度设计有规定者，按设计要求计算；无规定者，按 0.25m 计算。

挖孔桩土（石）方工程量　$V=0.6\times0.6\times3.14\times(8+1.5+0.25)\times18$
$$=198.39(m^3)$$

【小贴士】　式中，0.6 为圆桩的半径，m；$0.6\times0.6\times3.14$ 为截面面积，m²；（8+1.5+0.25）为桩长，m；18 为根数。

（2）清单工程量的计算

清单工程量计算规则：按设计要求护壁外围截面积乘以挖孔深度以体积计算。

挖孔桩土（石）方工程量　$V=0.6\times0.6\times3.14\times(8+1.5)\times18$
$$=193.30(m^3)$$

【小贴士】　式中，0.6 为圆桩的半径，m；$0.6\times0.6\times3.14$ 为截面面积，m²；8+1.5 为桩长，m；18 为根数。

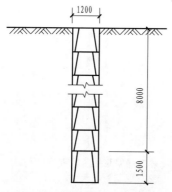

图 5-33　某挖孔灌注桩示意图

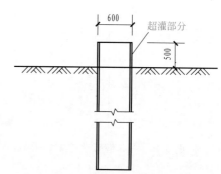

图 5-34　某灌注桩超灌部分图示

（5）截桩头

【例 5-23】　某工程灌注桩浇筑完成后，需要把桩超灌部分截断检查桩基，由人工使用风镐截桩头，如图 5-34 所示，共 20 个桩基。试求该工程截桩头工程量。

【解】　工程量计算规则：按设计桩截面乘以桩头长度，以体积计算。

截桩头工程量　　　　$V=0.3\times0.3\times3.14\times0.5\times20=2.83(m^3)$

【小贴士】　式中，$0.3\times0.3\times3.14\times0.5$ 为每根灌注桩需截桩头的体积，m³；共 20 根，所以乘以 20。

5.5 砌筑工程

5.5.1 砖砌体

（1）砖基础

【例 5-24】 某地区一砌体房屋外墙基础断面如图 5-35 所示，其外墙中心线长 120m，基础深 1.2m，其中 $1\frac{1}{2}$ 砖折加高度为 0.432，大放脚增加面面积为 0.1575m^2。试计算砖基础工程量。

【解】 工程量计算规则：按设计图示尺寸以体积计算。

据图 5-35 所知，该基础为 $1\frac{1}{2}$ 砖四层等高式基础，则增加面断面面积为

$$S=0.126\times0.0625\times10\times2=0.1575(\text{m}^2)$$

砖基础工程量

$$V=(0.365\times1.2+0.1575)\times120=71.46(\text{m}^3)$$

【小贴士】 式中，0.365 为基础顶面宽度，m；1.2 为基础深度，m；0.1575 为大放脚增加面积，m^2；120 为外墙中心线长度，m。

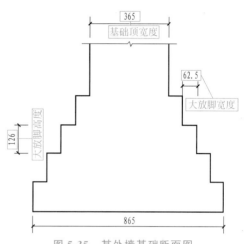

图 5-35 某外墙基础断面图

（2）实心砖墙

【例 5-25】 如图 5-36 所示为某建筑物一层平面图，墙厚 240mm、墙高 4.8m，M1 尺寸为 1200mm×1500mm，M2 尺寸为 1800mm×2000mm，C1 尺寸为 1500mm×1500mm，试根据图 5-36 数据计算此建筑的实心砖墙体工程量。

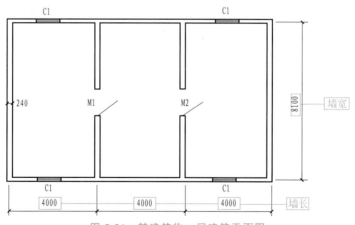

图 5-36 某建筑物一层建筑平面图

【解】 工程量计算规则：按设计图示尺寸以体积计算。

C1 所占体积 $\qquad V=1.5\times1.5\times0.24\times4=2.16(\text{m}^3)$

M1 所占体积 $\qquad V=1.2\times1.5\times0.24=0.43(\text{m}^3)$

M2 所占体积 $\qquad V=1.8\times2.0\times0.24=0.86(\text{m}^3)$

外墙体积 $\qquad V=(4.0\times6+8.1\times2)\times0.24\times4.8-2.16=44.15(\text{m}^3)$

内墙体积 $\qquad V=(8.1\times2-0.24\times2)\times0.24\times4.8-0.43-0.86=16.82(\text{m}^3)$

实心砖墙体积　　　　　　　$V=44.15+16.82=60.97(m^3)$

【小贴士】　式中，4.0×6+8.1×2 为外墙总长度，m；8.1×2－0.24×2 为内墙净线长，m；(4.0×6+8.1×2)×0.24×4.8－2.16 为外墙扣除门窗洞后的体积，m³；44.15+16.82 为实心砖墙总体积，m³。

（3）砖砌挖孔桩护壁

【例 5-26】　某工程挖孔桩采用砖砌体护壁，桩类型如图 5-37 所示，所用砖为普通红砖，试求其工程量。

【解】　工程量计算规则：按设计图示尺寸，以体积（m³）计算。

砖砌挖孔桩护壁工程量　$V=\dfrac{1}{3}\times3.14\times1\times(0.75^2+1.0^2+0.75\times1.0)\times12$

$$=29.045(m^3)$$

【小贴士】　式中，$\dfrac{h}{3}\pi(R^2+r^2+Rr)$ 为圆台体积计算公式。

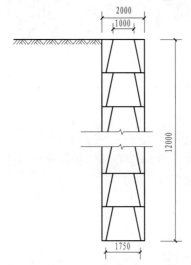

图 5-37　某砖砌挖孔桩

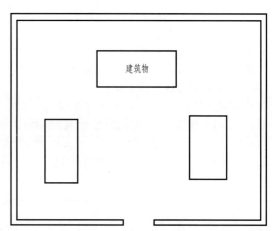

图 5-38　某场院围墙示意图

（4）空斗墙

【例 5-27】　如图 5-38 所示为某场院围墙示意图，围墙尺寸为 25m×20m，高 2.7m，其中勒脚高 0.6m，厚 365mm，其余为空斗墙，墙厚 240mm，空斗墙采用一眠一斗式，砌体均为普通砖，有一个 3m×2.7m 的大门。试求该空斗墙工程量。

【解】　工程量计算规则：按设计图示尺寸以空斗墙外形体积计算。

勒脚工程量　　　　　　　$V=(20\times25-3)\times0.6\times0.365=108.84(m^3)$

空斗墙工程量　　　　　$V=(20\times25-3)\times(2.7-0.6)\times0.24=250.49(m^3)$

【小贴士】　式中，0.6 为勒脚的宽度，m；3 为门宽，m；2.7 为门高，m；0.24 为墙厚，m。

（5）多空砖墙

【例 5-28】　如图 5-39 所示为某建筑物平面图，墙厚为 240mm、墙高为 3m，门尺寸为 1300mm×2000mm，窗尺寸为 1500mm×1800mm，根据图 5-39 中数据试计算此建筑的多孔砖墙体工程量。

【解】　工程量计算规则：按设计图示尺寸以空斗墙外形体积计算。

外墙体积　$V=3\times3\times2\times3\times0.24+8\times2\times0.24\times3-1.5\times1.8\times0.24\times3-1.3\times2\times0.24$

$$=21.91(m^3)$$

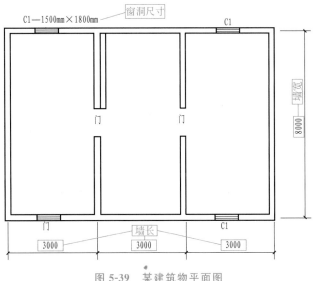

图 5-39 某建筑物平面图

内墙体积　$V=(8-0.24)\times 2\times 0.24\times 3-1.3\times 2\times 0.24\times 2$
　　　　　　$=9.93(\mathrm{m}^3)$

多孔砖墙体积　　　　　　　$V=21.91+9.93=31.84(\mathrm{m}^3)$

【小贴士】 式中，$3\times 3\times 2\times 3\times 0.24+8\times 2\times 0.24\times 3$ 为墙毛体积，m；$1.5\times 1.8\times 0.24\times 3$ 为外墙窗总体积，m^3；$(8-0.24)\times 2$ 为内墙总长，m。

（6）实心砖柱

【例 5-29】 某建筑平面图如图 5-40 所示，建筑墙宽 240mm，实心砖柱截面为 1000mm×1000mm 的矩形，建筑上与圈梁衔接的有两根梁，梁截面是 220mm×350mm，柱高 3m，试求砖柱的工程量。

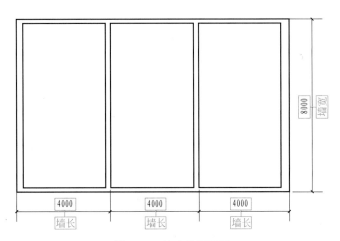

图 5-40　某建筑平面图

【解】 工程量计算规则：按设计图示尺寸以体积计算。

实心砖柱体积　　　$V=1\times 1\times 3\times 8-0.22\times 0.35\times 0.24\times 4=23.93(\mathrm{m}^3)$

【小贴士】 式中，$1\times 1\times 3\times 8$ 为 8 根实心砖柱的体积，m^3；$0.22\times 0.35\times 0.24$ 为梁头所占的体积，m^3。

5.5.2 砌块砌体

扫码看视频

砌块墙工程量

（1）砌块墙

【例5-30】 图5-41所示为某一建筑物的平面图，净高为3m，填充墙厚为0.24m，根据图中数据试计算此砌块墙的工程量。

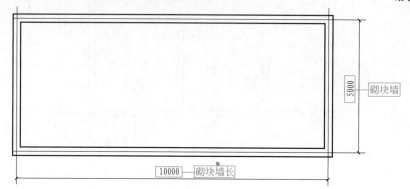

5000 —砌块墙

10000 —砌块墙长

图5-41 某建筑物平面示意图

【解】 工程量计算规则：按设计图示尺寸以体积计算。

砌块墙工程量
$$V = (10+10+5+5) \times 0.24 \times 3$$
$$= 21.6(m^3)$$

【小贴士】 式中，$10+10+5+5$为砌块墙的总长度，m；$(10+10+5+5) \times 0.24 \times 3$为砌块墙的体积，$m^3$。

【例5-31】 某寒冷地区欲盖一平房，平面如图5-42所示，墙厚370mm，高3300mm，采用砌块建成。C-1尺寸1200mm×1500mm，C-2尺寸1500mm×1500mm，M-1尺寸900mm×2000mm，M-2尺寸1200mm×2000mm，试计算其工程量。

【解】 工程量计算规则：按设计图示尺寸以体积计算。
$$L_{外} = (3.9+2.4+2.4+2.4+3.3+2) \times 2 = 32.8(m)$$
$$L_{内} = (2.4-0.37) \times 2 + (4.3-0.37) = 11.92(m)$$

砌块墙工程量 $V = (32.8+11.92) \times 3.3 \times 0.37 - 1.2 \times 1.5 \times 4 \times 0.37 - 1.5 \times 1.5 \times$
$$0.37 - 0.9 \times 2.0 \times 2 \times 0.37 - 1.2 \times 2.0 \times 0.37$$
$$= 48.89(m^3)$$

【小贴士】 式中，3.3为高，m；0.37为墙厚，m。

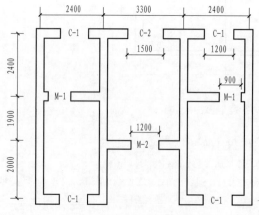

图5-42 某平房平面示意图

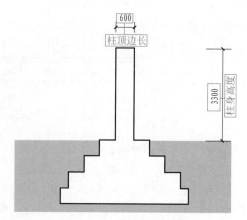

图5-43 某砌块柱示意图

（2）砌块柱

【例 5-32】　如图 5-43 所示，已知某建筑需使用 1∶3 水泥砂浆砌块方柱 22 个，试求砌块柱工程量。

【解】　工程量计算规则：按设计图示尺寸以体积计算。

砌块柱工程量　　　　　　$V=0.6×0.6×3.3×22=26.14(\text{m}^3)$

【小贴士】　式中，$0.6×0.6$ 是柱顶面积，m^2；3.3 是柱身高度，m；22 是方柱数量。

【例 5-33】　某建筑柱位平面图如图 5-44 所示，柱子为多孔砖柱，截面为 $500\text{mm}×300\text{mm}$ 的矩形，柱高 3m。试求其工程量。

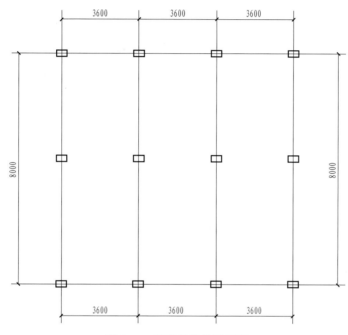

图 5-44　某建筑柱位平面图

【解】　工程量计算规则：按设计图示尺寸以体积计算。

多孔砖柱工程量　　　　　$V=0.5×0.3×3×12=5.4(\text{m}^3)$

【小贴士】　式中，$0.5×0.3$ 为多孔砖柱截面面积，m^2；$0.5×0.3×3$ 为多孔砖柱体积，m^3。

5.5.3　石砌体

（1）石基础

【例 5-34】　某土坡使用毛石挡土墙，挡土墙全长 50m，如图 5-45 所示，试计算石基础工程量。

【解】　工程量计算规则：按设计图示尺寸以体积计算。

$$
\begin{aligned}
石基础工程量\ V &=[(0.5×6+1.5)×0.5+(0.5×4+1.5)×0.5+\\
&\quad (0.5×2+1.5)×0.5+1.5×0.6]×50\\
&=(2.25+1.75+1.25+0.9)×50\\
&=307.5(\text{m}^3)
\end{aligned}
$$

【小贴士】　式中，$(0.5×6+1.5)×0.5$ 为图形 3 的面积，m^2；$(0.5×4+1.5)×0.5$ 为图形 2 的面积，m^2；$(0.5×2+1.5)×0.5$ 为图形 1 的面积，m^2。

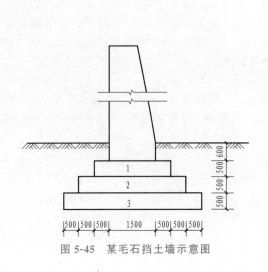

图 5-45　某毛石挡土墙示意图

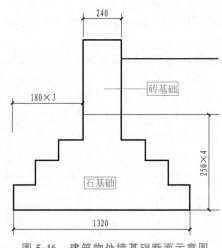

图 5-46　建筑物外墙基础断面示意图

【例 5-35】　如图 5-46 所示为某建筑物外墙基础断面示意图，其外墙中心线长为 80m，石基础底标高为－1.24m，砖基础底标高为－0.24m，根据图中数据计算该石基础工程量。

【解】　工程量计算规则：按设计图示尺寸以体积计算。

石基础中心线长　　　　　　　　　$L=80m$

石基础截面积　　　　　$S=0.25\times0.18\times12+0.24\times1=0.78(m^2)$

石基础体积　　　　　　　$V=0.78\times80=62.4(m^3)$

【小贴士】　式中，$0.25\times0.18\times12$ 表示 12 个尺寸为 $0.25m\times0.18m$ 的小矩形的面积，m^2。

（2）石柱

【例 5-36】　某度假村车棚柱子为用 1∶1.5 水泥砂浆砌筑而成的毛石圆柱，其截面图如图 5-47 所示，共 15 根，试求其工程量。

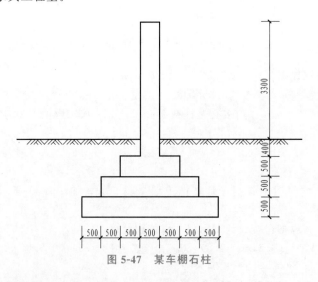

图 5-47　某车棚石柱

【解】　工程量计算规则：按设计图示尺寸，以体积计算。

石柱工程量　　　　　　$V=0.25\times0.25\times3.14\times3.3\times15=9.71(m^3)$

【小贴士】　式中，$0.25\times0.25\times3.14\times3.3$ 为圆柱体积，m^3；因为有 15 根，所以乘以 15。

（3）石台阶

【例 5-37】　某旅游景区内的台阶均为石砌台阶，一饮料售货点地面高 1.2m，台阶用 1∶3 的水泥砂浆砌筑而成，如图 5-48 所示，试求该石台阶工程量。

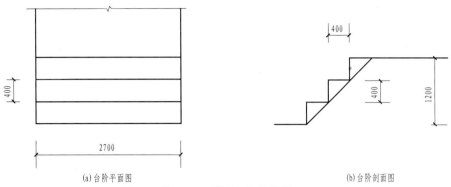

(a)台阶平面图

(b)台阶剖面图

图 5-48　某石台阶示意图

【解】　工程量计算规则：按设计图示尺寸，以体积计算。

石台阶工程量　　　　　$V=2.7\times0.4\times0.4\times\dfrac{1}{2}\times3=0.65(\text{m}^3)$

【小贴士】　式中，$2.7\times0.4\times0.4$ 为每一级台阶体积，m^3。

（4）石墙

【例 5-38】　如图 5-49 所示为某围墙平面图，墙厚为 370mm、墙高为 3.5m，根据图中数据计算此围墙工程量。

图 5-49　某围墙平面示意图

【解】　工程量计算规则：按设计图示尺寸以体积计算。

围墙工程量　　　　　$V=(6+4.5)\times2\times0.37\times3.5=27.2(\text{m}^3)$

【小贴士】　式中，$(6+4.5)\times2$ 为围墙总长度，m；$(6+4.5)\times2\times0.37$ 为墙平面面积，m^2。

5.5.4　轻质墙板

【例 5-39】　某客厅要砌隔墙如图 5-50 所示，采用轻质墙板材料，墙高 3.3m，试计算该轻质墙板的工程量。

【解】　工程量计算规则：按图示尺寸以面积计算。

轻质墙板工程量　　$S=3.3\times3$

　　　　　　　　　　$=9.9(\text{m}^2)$

【小贴士】　式中，3.3 为墙高，m；3 为客厅宽度，m。

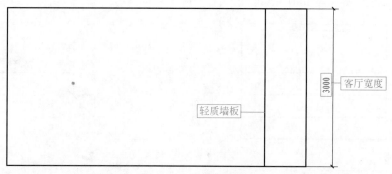

图 5-50　客厅平面图

【例 5-40】　如图 5-51 所示，某超市采用轻质墙做一间储藏室。墙高 3m，预留宽 1m 的进出口，试求该轻质墙工程量。

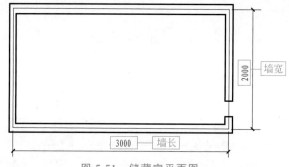

图 5-51　储藏室平面图

【解】　工程量计算规则：按图示尺寸以面积计算。

轻质墙工程量　$S=(3+2)\times2\times3-1\times3$
$$=27(\mathrm{m}^2)$$

【小贴士】　式中，$(3+2)\times2$ 为轻质墙长度，m；1×3 为预留口面积，m^2。

5.6　混凝土及钢筋混凝土工程

5.6.1　现浇混凝土构件

（1）带形基础

【例 5-41】　某建筑工程采用条形基础，已知条形基础的长度为 40m，剖面尺寸如图 5-52 所示，试计算本工程中条形基础的工程量。

【解】　工程量计算规则：按设计图示尺寸以体积计算，不扣除伸入承台基础的桩头所占体积。

带形基础工程量

$V=[(0.3\times2+0.37)\times0.4+0.37\times0.9]\times40$
$$=28.84(\mathrm{m}^3)$$

【小贴士】　式中，$(0.3\times2+0.37)\times0.4$ 为基础的截面积，m^2；0.37×0.9 为墙身的高度，m；40 为基础截面，m^2。

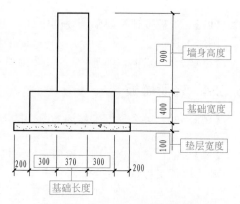

图 5-52　某条形基础剖面示意图

（2）独立基础

【例 5-42】　某工程独立基础如图 5-53 所示，试求该独立基础的工程量。

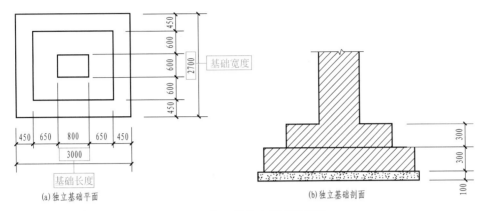

图 5-53　某工程独立基础示意图

【解】　工程量计算规则：按设计图示尺寸以体积计算，不扣除伸入承台基础的桩头所占体积。

独立基础的工程量　$V = [3 \times 2.7 + (0.65 \times 2 + 0.8) \times (0.6 \times 3)] \times 0.3$

$$= 3.56 (m^3)$$

【小贴士】　式中，3×2.7 为基础底层水平投影面积，m^2；$(0.65 \times 2 + 0.8) \times (0.6 \times 3)$ 为基础第二层水平投影面积，m^2；0.3 为每层的高度，m。

（3）筏形基础

【例 5-43】　某工程中，根据工程设计要求采用筏形基础，筏形基础的相关信息如图 5-54 所示，试根据图纸信息计算该工程中筏形基础的工程量。

【解】　工程量计算规则：按设计图示尺寸以体积计算，不扣除伸入承台基础的桩头所占体积。

筏形基础工程量　$V = 18 \times 9 \times 0.5 = 81 (m^3)$

扫码看视频

筏形基础工程量

【小贴士】　式中，18 为筏形基础的长，m；9 为筏形基础的宽，m；0.5 为筏形基础的厚度，m。

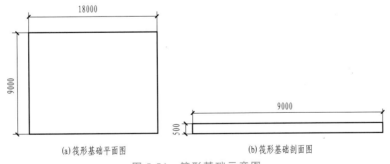

图 5-54　筏形基础示意图

（4）桩基础

【例 5-44】　某工程桩承台基础示意图如图 5-55 所示，试根据图纸计算该桩承台基础的工程量。

【解】　工程量计算规则：按设计图示尺寸以体积计算，不扣除伸入承台基础的桩头所占

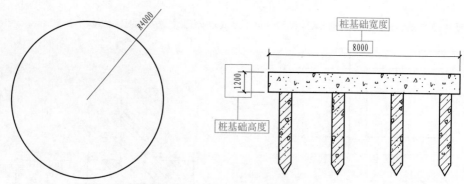

图 5-55　某工程桩承台基础示意图

体积。

桩承台基础工程量　　　　$V=4^2\times3.14\times1.2=60.29(\text{m}^3)$

【小贴士】　式中，$4^2\times3.14$ 为桩基础平台的水平投影面积，m^2；1.2 为桩基础平台的高度，m。

（5）矩形柱

【例 5-45】　某建筑工程中，矩形柱尺寸如图 5-56 所示，试计算该矩形柱的工程量。

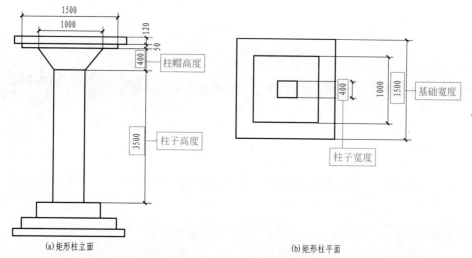

图 5-56　某矩形柱的尺寸

【解】　工程量计算规则：按设计图示尺寸以体积计算。

矩形柱的工程量　$V=0.05\times1.5\times1.5+0.4/6\times[1\times1+0.4\times0.4+(1+0.4)\times$
$\qquad\qquad(1+0.4)]+0.4\times0.4\times3.5$
$\qquad\quad=0.1125+0.20904+0.56$
$\qquad\quad=0.8815(\text{m}^3)$

【小贴士】　式中，$0.05\times1.5\times1.5$ 为柱帽顶板的体积，m^3；由棱台计算公式 $\dfrac{h}{6}[AB+a\times b$ $(A+a)\times(B+b)]$ 可得 $0.4/6\times[1\times1+0.4\times0.4+(1+0.4)\times(1+0.4)]$ 为柱帽的体积，m^3；$0.4\times0.4\times3.5$ 为柱身的体积，m^3。

（6）构造柱

【例 5-46】　某工程要在一字形墙上设构造柱，已知墙厚 240mm，试计算如图 5-57 所示中构造柱的工程量。

【解】　工程量计算规则：按设计图示尺寸以体积计算。计算公式为：$V=(B+b)AH$（式中 B 为构造柱宽度；b 为马牙槎宽度；A 为构造柱厚度；H 为构造柱高度，即自基础上表面至构造柱顶面之间的距离）。

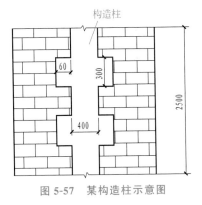

图 5-57　某构造柱示意图

构造柱的工程量　$V=(0.4+0.06)\times2.5\times0.24$
$$=0.276(m^3)$$

【小贴士】　式中，0.4 为构造柱宽度，m；0.06 为马牙槎宽度，m；0.24 为构造柱厚度，m；2.5 为构造柱高度，m。

（7）矩形梁

【例 5-47】　某工程矩形梁剖面图如图 5-58 所示，试计算该矩形梁工程量。

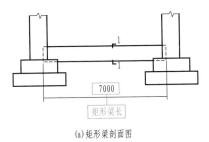

(a)矩形梁剖面图

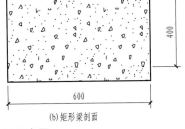

(b)矩形梁剖面

图 5-58　某工程矩形梁剖面示意图

【解】　工程量计算规则：按设计图示尺寸以体积计算，伸入墙内的梁头、梁垫并入梁体积内。

矩形梁工程量　　　　　$V=7\times0.6\times0.4=1.68(m^3)$

【小贴士】　式中，7 为矩形梁的总长度，m；0.6×0.4 为矩形梁截面的面积，m^2。

（8）圈梁

【例 5-48】　某建筑工程中，根据设计要求，在墙上布置一道尺寸为 350mm×240mm 的圈梁，并充当过梁，具体尺寸和布置情况如图 5-59 所示，试根据图纸信息计算该工程中圈梁的工程量。

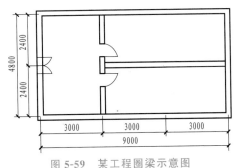

图 5-59　某工程圈梁示意图

【解】　工程量计算规则：按设计图示尺寸以体积计算，伸入墙内的梁头、梁垫并入梁体积内。
$$L_{圈梁}=(9+4.8)\times2+(4.8-0.24)+(6-0.24)$$
$$=37.92(m)$$
$$V_{圈梁}=37.92\times0.24\times0.35=3.19(m^3)$$

【小贴士】　式中，$(9+4.8)\times2$ 为外墙圈梁的长度，m；$(4.8-0.24)+(6-0.24)$ 为内墙圈梁的长度，m；0.24×0.35 为圈梁的截面尺寸，m^2。

（9）过梁

【例 5-49】　某建筑中，墙厚为 240mm，根据设计要求，需要在门窗上设置过梁，过梁伸入墙体 250mm，M-1 的尺寸为 1800mm×2100mm，M-2 的尺寸为 1000mm×2100mm，C-1 的尺寸为 1500mm×1800mm 具体尺寸和布置情况如图 5-60 所示，试根据图纸信息计算该工程中过梁的工程量。

【解】　工程量计算规则：按设计图示尺寸以体积计算，伸入墙内的梁头、梁垫并入梁体积内。

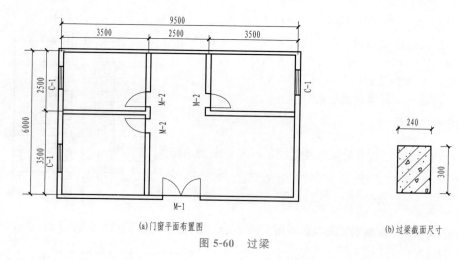

(a)门窗平面布置图　　　　(b)过梁截面尺寸

图 5-60　过梁

$$V_{\text{M-1}}=0.24\times0.3\times(1.8+0.25\times2)=0.17(\text{m}^3)$$
$$V_{\text{M-2}}=[0.24\times0.3\times(1+0.25\times2)]\times3=0.32(\text{m}^3)$$
$$V_{\text{C-1}}=[0.24\times0.3\times(1.5+0.25\times2)]\times3=0.43(\text{m}^3)$$
$$V_{\text{总}}=0.17+0.32+0.43=0.92(\text{m}^3)$$

【小贴士】　式中，$1.8+0.25\times2$、$1+0.25\times2$、$1.5+0.25\times2$ 为过梁的长度，m；3 为过梁的根数；0.24×0.3 为过梁的截面尺寸，m^2。

（10）栏板

【例 5-50】　某项目现浇钢筋混凝土栏板示意图如图 5-61 所示，试计算该项目栏板的工程量。

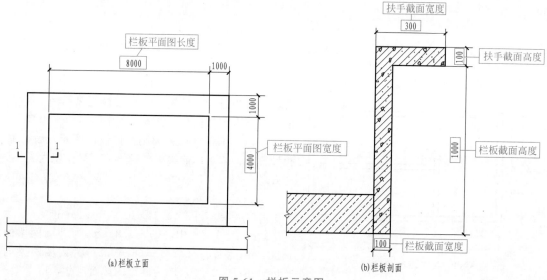

(a)栏板立面　　　　　　(b)栏板剖面

图 5-61　栏板示意图

【解】　工程量计算规则：按设计图示尺寸，以体积计算。

栏板总长度　　　　　　$L=(8+4)\times2+1\times4=28(\text{m})$

栏板截面面积　　　　　　$S=0.1\times1=0.1(\text{m}^2)$

栏板工程量　　　　　$V=$栏板总长度$\times$栏板截面面积

　　　　　　　　　　$=28\times0.1$

　　　　　　　　　　$=2.8(\text{m}^3)$

【小贴士】　式中，8 为栏板长度，m；4 为栏板宽度，m。

5.6.2　一般预制混凝土构件

（1）预制柱

【例 5-51】　某预制混凝土矩形柱示意图如图 5-62 所示，试计算该矩形柱的工程量。

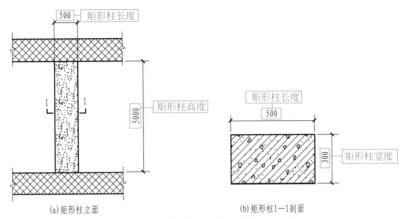

图 5-62　某预制混凝土矩形柱示意图

【解】　工程量计算规则：以"m³"计量，按设计图示尺寸以体积计算。

预制混凝土矩形柱工程量　$V = 0.5 \times 0.3 \times 5.0 = 0.75 (\text{m}^3)$

【小贴士】　式中，0.5 为矩形柱截面长度，m；0.3 为矩形柱宽度，m；5.0 为矩形柱高度，m。

（2）预制混凝土异形柱

【例 5-52】　某预制混凝土异形柱示意图如图 5-63 所示，试计算该异形柱的工程量。

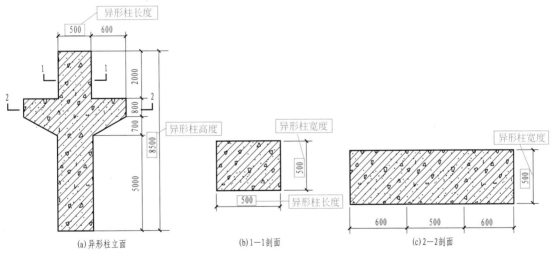

图 5-63　某预制混凝土异形柱示意图

【解】　工程量计算规则：以"m³"计量，按设计图示尺寸以体积计算。

预制混凝土异形柱工程量　$V = 0.5 \times 0.5 \times 8.5 + [(0.8 \times 2 + 0.7) \times 0.6/2] \times 0.5 \times 2$
$$= 2.815 (\text{m}^3)$$

【小贴士】　式中，0.5 为异形柱宽度，m；0.5 异形柱长度，m；8.5 为异形柱高度，m；

[(0.8×2+0.7)×0.6/2]为两边多出小梯形的截面面积，m²；0.5为两边多出小梯形的厚度，m。

（3）预制混凝土矩形梁

【例5-53】 某预制混凝土矩形梁示意图如图5-64所示，试计算该矩形梁的工程量。

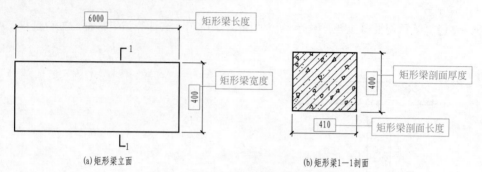

图5-64 某预制混凝土矩形梁示意图

【解】 工程量计算规则：以"m³"计量，按设计图示尺寸以体积计算。

预制混凝土矩形梁工程量 $V = 0.41 × 0.4 × 6 = 0.984(m³)$

【小贴士】 式中，0.41×0.4为矩形梁剖面面积，m²；6为矩形梁总长度，m。

（4）预制混凝土组合屋架

【例5-54】 某预制混凝土组合屋架如图5-65所示，试计算其工程量。

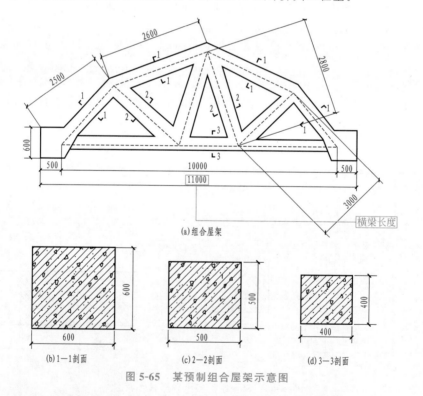

图5-65 某预制组合屋架示意图

【解】 工程量计算规则：以"m³"计量，按设计图示尺寸以体积计算。

组合屋架工程量 $V = (2.6+2.5)×2×0.6×0.6+(2.8+2.0)×2×0.5×0.5+$
$$11.0×0.4×0.40$$
$$= 7.832(m³)$$

【小贴士】 式中，(2.6+2.5)×2为上部梁的总长度，m；0.6×0.6为1—1剖面梁的截面面积，m^2；$(2.8+2.0)\times 2$ 为 2—2 剖面的梁长度，m；0.5×0.5 为其截面面积，m^2；0.4×0.4 为 3—3 剖面的截面面积，m^2；11.0 为横梁长度，m。

5.6.3　装配式预制混凝土构件

（1）预制混凝土平板

【例 5-55】　某预制混凝土平板如图 5-66 所示，试计算其工程量。

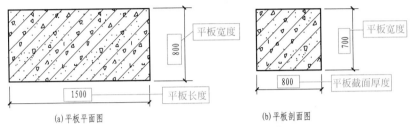

(a) 平板平面图　　　　(b) 平板剖面图

图 5-66　某预制混凝土平板示意图

【解】　工程量计算规则：以 "m^3" 计量，按设计图示尺寸以体积计算（不扣除单个面积 $\leqslant 300mm\times 300mm$ 的孔洞所占体积，扣除空心板空洞体积）。

预制混凝土平板工程量　　$V=0.8\times 0.7\times 1.5=0.84(m^3)$

【小贴士】　式中，0.8 为平板宽度，m；0.7 为平板厚度，m；1.5 为平板长度，m。

（2）空心板

【例 5-56】　某预制混凝土空心板如图 5-67 所示，试计算其工程量。

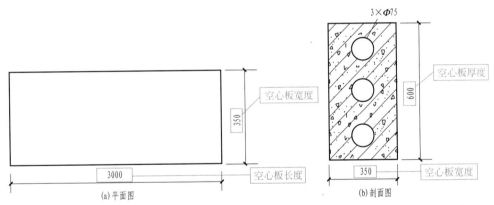

(a) 平面图　　　　(b) 剖面图

图 5-67　某预制混凝土空心板示意图

【解】　工程量计算规则：以 "m^3" 计量，按设计图示尺寸以体积计算（不扣除单个面积 $\leqslant 300mm\times 300mm$ 的孔洞所占体积，扣除空心板空洞体积）。

预制混凝土空心板工程量　　$V=[0.35\times 0.6-3.14\times 0.075^2/4\times 3]\times 3.0$
$$=0.59(m^3)$$

【小贴士】　式中，3.0 为空心板长度，m；0.35 为空心板宽度，m；3.14 为 π 取近似值；0.075 为空心圆的直径，m。

（3）槽型板

【例 5-57】　某预制混凝土槽形板如图 5-68 所示，试计算其工程量。

【解】　工程量计算规则：以 "m^3" 计量，按设计图示尺寸以体积计算（不扣除单个面积 $\leqslant 300mm\times 300mm$ 的孔洞所占体积，扣除空心板空洞体积）。

扫码看视频

槽形板工程量

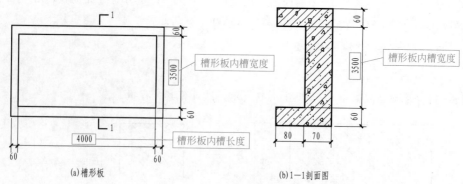

(a)槽形板　　　　　　　　　　(b)1—1剖面图

图 5-68　某预制混凝土槽形板示意图

预制混凝土空心板工程量　$V = 0.08 \times 0.06 \times (4.12 \times 2 + 3.5 \times 2) + 0.07 \times 3.62 \times 4.12$
$$= 1.117(\text{m}^3)$$

【小贴士】　式中，0.08 为槽边高，m；0.06 为板底厚，m；4.12×2 为槽两边长度，m；3.5×2 为槽两边的宽度，m；0.07 为板厚，m；3.62 为槽底宽度，m；5.0 为槽底的长度，m。

5.6.4　后浇混凝土

【例 5-58】　某现浇钢筋混凝土的后浇带如图 5-69 所示，混凝土采用 C20，钢筋为 HPB300，板长为 7m，宽度为 4m，厚度为 100mm，试求该现浇板后浇带的工程量。

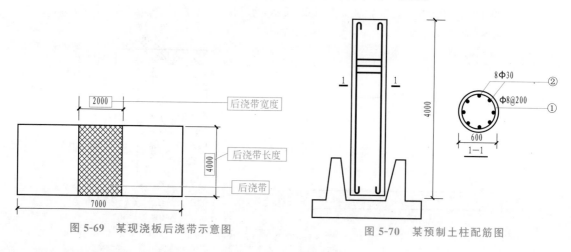

图 5-69　某现浇板后浇带示意图　　　　　　　　图 5-70　某预制土柱配筋图

【解】　工程量计算规则：按设计图示尺寸以体积计算。

后浇带的混凝土工程量　$V = 2.0 \times 4.0 \times 0.1 = 0.8(\text{m}^3)$

【小贴士】　式中，2.0 为后浇带的宽度，m；4.0 为后浇带的长度，m；0.1 为后浇带的厚度，m。

5.6.5　钢筋及螺栓、铁件

（1）钢筋

【例 5-59】　某圆形预制钢筋混凝土柱，混凝土保护层厚度为 30mm，如图 5-70 所示，试计算其工程量。

【解】　工程量计算规则：按设计图示钢筋（网）长度（面积）乘单位理论质量计算。

扫码看视频

钢筋实例计算分析

（1）混凝土工程量　$V = 3.14 \times 0.3 \times 0.3 \times 4.0$
$$= 1.1304 (m^3)$$

【小贴士】　式中，3.14 为 π 取近似值，$3.14 \times 0.3 \times 0.3$ 为圆柱截面面积，m^2。

（2）钢筋工程量：$\Phi 8$：$\rho = 0.395 kg/m$；$\Phi 30$：$\rho = 5.55 kg/m$

① $\Phi 8$：
$$M = (5.0/0.2 + 1) \times 2 \times 3.14 \times (0.3 - 0.03) \times 0.395$$
$$= 17.41 (kg)$$

【小贴士】　式中，5.0 为柱的高度，m；0.2 为箍筋间距，m；（5.0/0.2+1）为钢筋根数；$2 \times 3.14 \times (0.3 - 0.03)$ 为箍筋长度，m；0.03 为保护层厚度，m；0.395 为 $\Phi 8$ 钢筋的密度，kg/m。

② $\Phi 30$：
$$M = 8 \times (5.0 - 0.03 \times 2 + 6.25 \times 0.03 \times 2) \times 5.55 kg = 235.986 (kg)$$

【小贴士】　式中，8 为有八根钢筋，5.0 为柱的高度，m；0.03×2 为两端保护层厚度，m；6.25 为弯钩系数，0.03 为钢筋直径，m；5.55 为 $\Phi 8$ 钢筋的密度，kg/m。

钢筋总重量　　　　　$M = 17.41 + 235.986 = 253.396 (kg)$

（2）螺栓

【例 5-60】　如图 5-71 所示，螺栓 2000 个，每个 0.33kg。试求其工程量。

【解】　工程量计算规则：按图示尺寸以质量计算。

工程量　　　　　$M = 0.33 \times 2000 = 660 (kg) = 0.66 (t)$

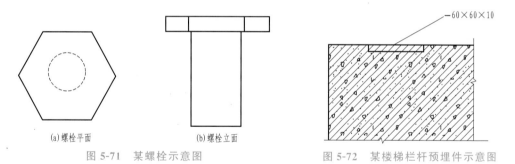

图 5-71　某螺栓示意图　　　　　图 5-72　某楼梯栏杆预埋件示意图

（3）预埋件

【例 5-61】　如图 5-72 所示，楼梯栏杆预埋件尺寸为 60mm×60mm×10mm 的方钢板，共 1000 个。试求其工程量。

【解】　工程量计算规则：按图示尺寸以质量计算。

楼梯栏杆预埋件工程量　　$M = (0.06 \times 0.06 \times 0.01) \times 7.8 \times 10^3 \times 1000$
$$= 280.8 kg = 0.281 (t)$$

【小贴士】　式中，$0.06 \times 0.06 \times 0.01$ 为方钢板的体积，m^3；7.8×10^3 为钢的密度，t/m^3；1000 为 1000 个方钢板。

5.7　金属结构工程

5.7.1　钢网架

【例 5-62】　某商业开发区，拟建造一个钢网架结构的展示厅棚，如图 5-73 所示。采用 $\phi 12$ 圆钢 120 根，$\phi 36$ 圆钢 100 根。每根圆钢都按要求截成 1m 长度。结合计算规则试求其工程量。

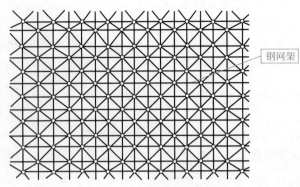

图 5-73 某钢网架示意图

【解】 钢网架工程量计算规则：按设计图示尺寸乘以理论质量计算。不扣除孔眼的质量，焊条、铆钉、螺栓等不另增加质量。

$\phi 12$ 圆钢理论重量：0.888kg/m。$\phi 36$ 圆钢理论重量：7.990kg/m。

钢网架圆钢工程量 $\quad M=0.888\times120+7.99\times100$
$$=905.56kg=0.905(t)$$

【小贴士】 式中，0.888×120 为 120 根 $\phi 12$ 圆钢总质量，t；7.99×100 为 100 根 $\phi 36$ 圆钢总质量，t。

5.7.2 钢屋架、钢托架、钢桁架、钢桥架

（1）钢屋架

【例 5-63】 如图 5-74 所示的屋架，试求其工程量。

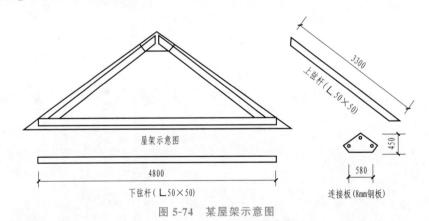

图 5-74 某屋架示意图

【解】 工程量计算规则：以"t"计量，按设计图示尺寸以质量计算。

8mm 厚钢板理论质量为 62.8kg/m²；∟50×50 角钢理论质量为 3.77kg/m。

上弦杆工程量 $\quad M=3.3\times3.77\times2=24.88(kg)=0.025(t)$

下弦杆工程量 $\quad M=4.8\times3.77=18.096(kg)=0.018(t)$

连接板工程量 $\quad M=62.8\times0.58\times0.45=16.39(kg)=0.016(t)$

屋架工程量 $\quad M=0.026+0.018+0.016=0.059(t)$

【小贴士】 式中，0.58（连接板截面长）×0.45（连接板截面宽）为连接板面积，m²。

（2）钢托架

【例 5-64】 如图 5-75 所示的钢托架，上弦杆和斜向支撑杆为∟50×50 的角钢，连接板为 200mm×400mm 的 8mm 厚钢板。试求其工程量。

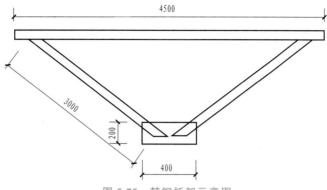

图 5-75　某钢托架示意图

【解】　工程量计算规则：按设计图示尺寸以质量计算。

8mm 厚钢板理论质量为 62.8kg/m²；∟110×10 角钢理论质量为 16.69kg/m。

∟50×50 角工程量　$M=(4.5+3.0×2)×16.69=175.25(kg)=0.180(t)$

连接板工程量　$M=0.2×0.4×62.8=5.02(kg)=0.005(t)$

钢托架工程量　　　　$M=0.180+0.005=0.185(t)$

【小贴士】　式中，4.5+3.0×2 为上弦杆和两个斜向支撑杆的长度，m。

（3）钢桁架

【例 5-65】　某建筑钢桁架如图 5-76 所示，已知上下弦以及斜向支撑均采用∟110×10 的角钢，连接板采用 200mm×400mm 的 8mm 厚钢板。试计算此钢桁架工程量。

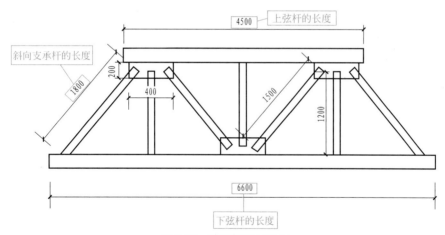

图 5-76　某钢桁架示意图

【解】　工程量计算规则：按设计图示尺寸以质量计算。

8mm 厚钢板理论质量为 62.8kg/m²；∟110×10 角钢理论质量为 16.69kg/m。

上下弦杆工程量　$M=(4.5+6.6)×16.69=185.26(kg)=0.185(t)$

竖向支撑杆工程量　$M=1.2×3×16.69=60.08(kg)=0.06(t)$

斜向支撑杆工程量　$M=(1.8×2+1.5×2)×16.69=110.15(kg)=0.11(t)$

连接板工程量　$M=0.2×0.4×62.8×3=15.07(kg)=0.015(t)$

钢桁架工程量　$M=0.185+0.06+0.11+0.015=0.37(t)$

【小贴士】　式中，4.5+6.6 为上下弦杆的长度，m；1.8×2+1.5×2 为四根斜向支承杆的长度，m（外侧两根与内侧两根长短不同）。

5.7.3 钢柱、钢梁

（1）钢柱

【例 5-66】 某建筑 H 形实腹柱如图 5-77 所示，其长度为 3.3m，共 20 根，试计算其工程量。

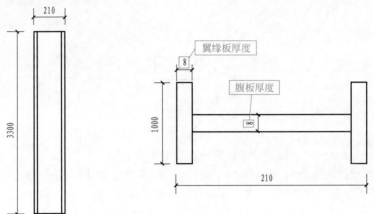

图 5-77 某 H 形实腹柱示意图

【解】 工程量计算规则：按设计图示尺寸以质量计算。

8mm 厚钢板的理论质量为 62.8kg/m²。

翼缘板工程量 $M=62.8\times1.0\times3.3\times2=414.48(\text{kg})=0.414(\text{t})$

腹板工程量 $M=62.8\times3.3\times(0.21-0.008\times2)=40.2(\text{kg})=0.040(\text{t})$

实腹钢柱工程量 $M=(0.414+0.040)\times20=9.08(\text{t})$

【小贴士】 式中，$1.0\times3.3\times2$ 为两个翼缘板的面积，m²；$0.21-0.008\times2$ 为腹板的宽度，m。$0.414+0.040$ 为单根 H 形实腹柱钢板的质量，t。

（2）钢梁

【例 5-67】 某建筑采用⊏28a 槽钢梁，如图 5-78 所示，试计算该钢梁工程量。

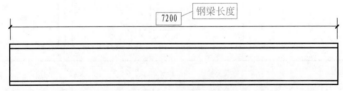

图 5-78 某槽钢梁示意图

【解】 工程量计算规则：按设计图示尺寸以质量计算。

⊏28a 槽钢理论质量为 31.43kg/m。

钢梁工程量 $M=31.43\times7.2=226.30(\text{kg})=0.23(\text{t})$

【小贴士】 式中，槽钢质量＝理论质量×长度。

5.7.4 钢板楼板及其他钢构件

（1）钢板楼板

【例 5-68】 某平房建筑钢板楼板如图 5-79 所示，试计算其工程量。

【解】 工程量计算规则：按设计图示尺寸以铺设水平投影面积计算。

钢板楼板工程量 $S=7.8\times12=93.6(\text{m}^2)$

【小贴士】 式中，7.8×12 为楼板所占面积，m²。

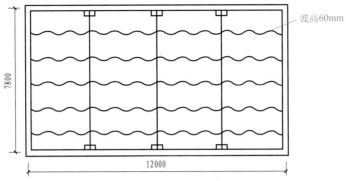

图 5-79　某建筑钢板楼板平面图

（2）钢吊车梁

【例 5-69】　某钢吊车梁如图 5-80 所示，其上下弦杆为∟110×10 的角钢，竖向支撑板为 60mm×600mm 的 6mm 厚钢板支承。试计算该钢吊车梁工程量。

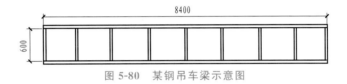

图 5-80　某钢吊车梁示意图

【解】　工程量计算规则：按设计图示尺寸，以质量计算。

6mm 厚钢板的理论质量为 47.1kg/m²；∟110×10 角钢理论质量为 16.69kg/m。

上下弦杆工程量　$M=8.4×2×16.69=280.39(kg)=0.28(t)$

竖向支撑板工程量　$M=0.6×0.06×47.1=1.70(kg)=0.002(t)$

钢吊车梁工程量　　　　$M=0.28+0.002=0.282(t)$

【小贴士】　式中，8.4 为上弦杆长，m；0.6 为竖向支撑板宽度，m。

（3）钢檩条

【例 5-70】　如图 5-81 所示钢檩条，试计算其工程量。

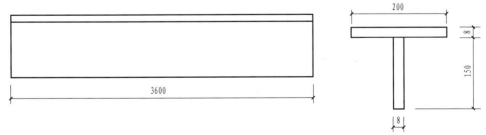

图 5-81　某钢檩条示意图

【解】　工程量计算规则：按设计图示尺寸以质量计算。

8mm 厚钢板理论质量为 62.8kg/m²。

翼缘板的工程量　　　$M=62.8×0.2×3.6=45.22(kg)=0.045(t)$

腹板的工程量　　　$M=62.8×0.15×3.6=33.91(kg)=0.034(t)$

钢檩条工程量　　　　　$M=0.045+0.033=0.079(t)$

【小贴士】　式中，0.2×3.6 为翼缘板面积，m²；0.15×3.6 腹板面积，m²。

（4）钢挡风架

【例 5-71】　如图 5-82 所示钢挡风架，上下弦杆均采用两个∟110×8.0 的角钢，竖直支撑杆与斜向支撑杆为⊏16a 的槽钢，4 个塞板尺寸为 110mm×110mm 的 6mm 厚钢板，试计算该钢挡风架的工程量。

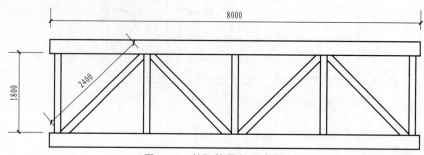

图 5-82　某钢挡风架示意图

【解】　工程量计算规则：按设计图示尺寸以质量计算。

∟110×8.0 角钢的理论质量为 13.532kg/m；⊏16a 槽钢的理论质量为 17.23kg/m；6mm 厚钢板的理论质量为 47.1kg/m²。

上下弦杆工程量　$M=8.0×2×2×13.532=433.02(kg)=0.433(t)$

支撑杆工程量　$M=(1.8×5+2.4×4)×17.23=320.48(kg)=0.320(t)$

塞板的工程量　$M=0.11×0.11×47.1×4=2.28(kg)=0.002(t)$

钢挡风架工程量　　$M=0.433+0.320+0.002=0.755(t)$

【小贴士】　式中，上下弦杆分别由两根角钢组成，所以 8.0×2×2 为上下弦杆所有角钢的总长度，m。

5.8　门窗及木结构

5.8.1　门窗工程

（1）木质门

【例 5-72】　某楼房所用木质门如图 5-83 所示，楼房内此木质门共有 14 樘，试计算木质门的工程量。

【解】　工程量计算规则：以"m²"计量，按设计图示洞口尺寸以面积计算。

木质门工程量　　　$S=1.5×2.4×14=3.6×14=50.4(m²)$

【小贴士】　式中，1.5 为门的宽度，m；2.4 为门的高度，m；14 为门的数量。

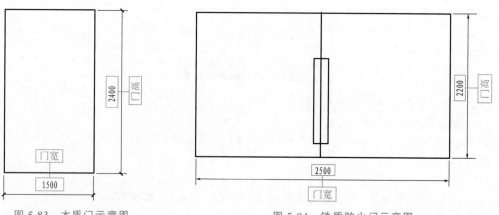

图 5-83　木质门示意图　　　　　　　　图 5-84　铁质防火门示意图

（2）铁质防火门

【例 5-73】　某医院引进一批铁质防火门 40 樘，如图 5-84 所示，试求铁质防火门工程量。

【解】　工程量计算规则：以"m²"计量，按设计图示洞口尺寸以面积计算。

铁质防火门工程量　　　$S=2.5\times2.2\times40=5.5\times40=220(\text{m}^2)$

【小贴士】　式中，2.5 为门洞的宽度，m；2.2 为门洞的高度，m；40 为门洞的数量。

（3）木质窗

【例 5-74】　某村庄中有一栋两层小洋楼，共安装 6 扇木质窗，如图 5-85 所示，试求其工程量。

【解】　工程量计算规则：以"m²"计量，按设计图示洞口尺寸以面积计算。

木质窗工程量　　　$S=1.2\times1.8\times6=2.16\times6=12.96(\text{m}^2)$

【小贴士】　式中，1.2 为洞口的宽度，m；1.8 为洞口的高度，m；6 为门洞数量。

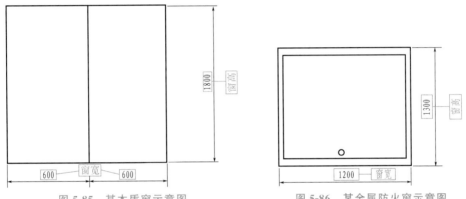

图 5-85　某木质窗示意图　　　　　　　图 5-86　某金属防火窗示意图

（4）金属防火窗

【例 5-75】　某加工车间需要翻修加固并安装 12 樘金属防火窗，如图 5-86 所示，试求其工程量。

【解】　工程量计算规则：以"m²"计量，按设计图示洞口尺寸以面积计算。

金属防火窗工程量　　　$S=1.2\times1.3\times12=1.56\times12=18.72(\text{m}^2)$

【小贴士】　式中，1.2 为洞口宽度，m；1.3 为洞口高度，m；12 为洞口数量。

5.8.2　木结构

（1）木屋架

【例 5-76】　根据图 5-87 中尺寸计算跨度 $L=9.0\text{m}$ 的方木屋架工程量。

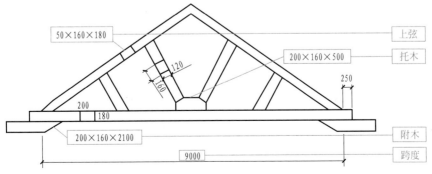

图 5-87　某方木屋架示意图

【解】 工程量计算规则：以"m³"计量，按设计图示的规格尺寸以体积计算。

$$V_{上弦}=9.0\times0.559\times0.16\times0.18\times2=0.290(m^3)$$

$$V_{下弦}=(9.0+0.25\times2)\times0.18\times0.2=0.342(m^3)$$

$$V_{斜杆1}=9.0\times0.236\times0.12\times0.16\times2=0.082(m^3)$$

$$V_{斜杆2}=9.0\times0.186\times0.12\times0.16\times2=0.064(m^3)$$

$$V_{托木}=0.2\times0.16\times0.5=0.016(m^3)$$

$$V_{挑檐木}=0.2\times0.16\times2.1\times2=0.134(m^3)$$

$$合计\ V_{总}=0.290+0.342+0.082+0.064+0.016+0.134=0.928(m^3)$$

【小贴士】 式中，0.559、0236、0.186为系数，9.0为屋架跨度，m。

（2）木柱

【例5-77】 某木结构房屋建筑时，用到如图5-88所示木柱共6根，试求其工程量。

【解】 工程量计算规则：按设计图示尺寸以体积计算。

木柱工程量 $\qquad V=0.8\times0.8\times3=1.92\times6=11.52(m^3)$

【小贴士】 式中，0.8为柱截面长宽，m；3为柱高度，m；6为木柱的数量。

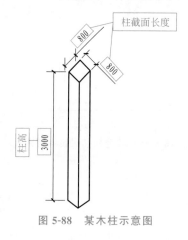

图5-88 某木柱示意图

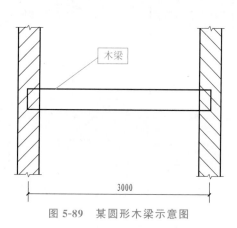

图5-89 某圆形木梁示意图

（3）木梁

【例5-78】 某圆形木梁尺寸如图5-89所示，直径为30cm，刷调合漆两遍，试计算圆木梁工程量。

【解】 工程量计算规则：按设计图示尺寸以体积计算。

木梁工程量 $\qquad V=3\times3.14\times0.15^2=0.21(m^3)$

【小贴士】 式中，3为圆形木梁的长度，m；0.15为圆形木梁的半径，m。

5.9 屋面及防水工程

5.9.1 屋面防水及其他

（1）瓦屋面

【例5-79】 某房屋面采用瓦屋面，如图5-90所示，试求其工程量。

【解】 工程量计算规则：按设计图示尺寸以斜面积计算。不扣除房上烟囱、风帽底座、风道、小气窗、斜沟等所占面积。小气窗的出檐部分不增加面积。

瓦屋面工程量 $\qquad S=2\times9\times4=72(m^2)$

【小贴士】 式中，9为瓦屋面的长度，m；4为瓦屋面的斜面宽度，m；2为瓦屋面的数量。

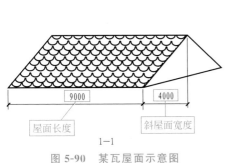

1—1

图 5-90　某瓦屋面示意图

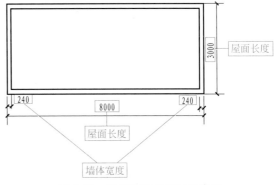

图 5-91　某屋面防水卷材示意图

（2）屋面卷材防水

【例 5-80】　某新居平屋面铺设屋面防水卷材，如图 5-91 所示，试求屋面防水卷材工程量。

【解】　工程量计算规则：按设计图示尺寸以面积计算。①斜屋顶（不包括平屋顶找坡）按斜面积计算，平屋顶按水平投影面积计算。②不扣除房上烟囱、风帽底座、风道、屋面小气窗和斜沟所占面积。③屋面的女儿墙、伸缩缝和天窗等处的弯起部分，并入屋面工程量内。

$$屋面防水卷材工程量\ S = (8-0.24) \times (3-0.24) + [(8-0.24) + (3-0.24)] \times 2 \times 0.25$$
$$= 26.68 (m^2)$$

【小贴士】　式中，8 为屋面的长度，m；5 为屋面的斜面宽度，m；墙体宽 240mm，女儿墙处卷材上翻 250mm。

（3）屋面刚性层

【例 5-81】　某新房屋面做防水，设计一屋面刚性层，如图 5-92 所示，试求其工程量。

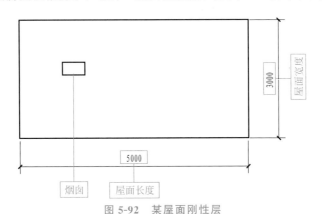

图 5-92　某屋面刚性层

【解】　工程量计算规则：按设计图示尺寸以面积计算。不扣除房上烟囱、风帽底座、风道等所占面积。

$$屋面防水卷材工程量\qquad\qquad S = 5 \times 3 = 15 (m^2)$$

【小贴士】　式中，5 为屋面的长度，m；3 为屋面宽度，m。

5.9.2　墙面防水及其他

（1）墙面卷材防水

【例 5-82】　房屋建筑墙体时做防水防潮是非常有必要的，不然墙体会被腐蚀发霉，现在有一平顶房内墙防水采用墙面卷材防水，墙高 3m，如图 5-93 所示，试求其工程量。

【解】 工程量计算规则：按设计图示尺寸以面积计算。

墙面卷材防水工程量 $S = (6-0.24\times2)\times3\times2 + (3-0.24\times2)\times3\times2$

$$= 33.12 + 15.12$$

$$= 48.24(\text{m}^2)$$

【小贴士】 式中，0.24 为墙体厚度，m；6 为墙体长度，m；3 为墙体宽度，m；3 为墙体高度，m。

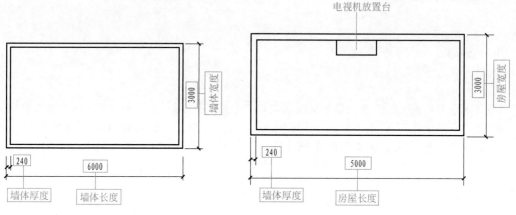

图 5-93 某墙面卷材防水示意图　　　图 5-94 某楼地面涂膜防水示意图

(2) 楼 (地) 面涂膜防水

【例 5-83】 某新楼房中的一间未装修客厅，在客厅中建造一个 1m 宽、2m 长的电视机搁置台。如图 5-94 所示，楼 (地) 面做涂膜防水，墙边防水翻边高 250mm，试求其工程量。

【解】 工程量计算规则：按设计图示尺寸以面积计算。

楼 (地) 面防水：按主墙间净空面积计算，扣除凸出地面的构筑物、设备基础等所占面积，不扣除间壁墙及单个面积≤0.3m² 柱、垛、烟囱和孔洞所占面积。平面与立面交接处，上翻高度≤300mm 时，按展开并入平面工程量内计算，上翻高度>300mm 时，按立面防水层计算。

楼 (地) 面防水工程量 $S = (5-0.24\times2)\times(3-0.24\times2)-1\times2 + [(3-0.24\times2+$

$$5-0.24\times2)\times2]\times0.25$$

$$= 9.39 + 3.52$$

$$= 12.91(\text{m}^2)$$

【小贴士】 式中，$(5-0.24\times2)\times(3-0.24\times2)-1\times2$ 为房屋净空面积，m²；$[(3-0.24\times2+5-0.24\times2)\times2]\times0.25$ 为 250mm 高翻边面积，m²。

5.9.3 基础防水

【例 5-84】 如图 5-95 所示，墙身防水采用 20mm 厚 1∶2 防水砂浆，试求其工作量。

【解】 工程量计算规则：按设计图示尺寸以面积计算。

工程量 $S = [(7.2+6)\times2+(6-0.24)]\times0.24 = 7.72(\text{m}^2)$

【小贴士】 式中，[7.2(外墙的长度)+6(外墙的宽度)]×2 为外墙的总长度，m；(6-0.24) 为内墙的长度，m；0.24 为墙的厚度，m。外墙按中心线计算，内墙按净长线计算。

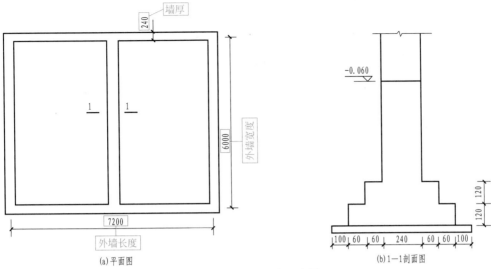

图 5-95 某墙身防水示意图

5.10 保温、隔热、防腐工程

5.10.1 保温、隔热

（1）屋面保温隔热

【例 5-85】 某平房欲在屋顶铺设隔热屋面，如图 5-96 所示，女儿墙 200mm 厚，试计算保温隔热屋面工程量。

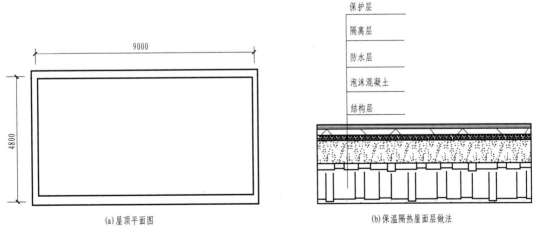

图 5-96 某建筑屋顶平面图与保温隔热屋面层做法示意图

【解】 工程量计算规则：按设计图示尺寸以面积计算。

保温隔热屋面工程量 $S = (9 - 0.2) \times (4.8 - 0.2) = 40.48 (m^2)$

【小贴士】 式中，9 为屋顶长度，m；4.8 为屋顶宽度，m；0.2 为女儿墙厚度，m。

（2）天棚保温隔热

【例 5-86】 某建筑屋顶欲使用聚苯乙烯塑料板保温隔热，建筑屋顶图如图 5-97 所示，试计算天棚保温隔热的工程量。

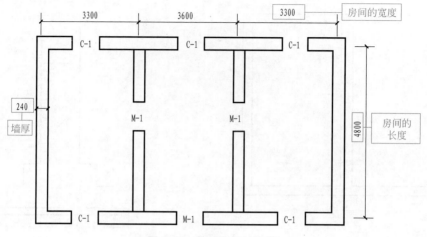

图 5-97 屋顶天棚示意图

【解】 工程量计算规则：按设计图示尺寸以面积计算。

保温隔热天棚工程量 $S = [(3.3-0.24)\times(4.8-0.24)]\times2+(3.6-0.24)\times(4.8-0.24)$
$= 43.22(m^2)$

·【小贴士】 式中，3.3－0.24 为屋面顶棚左侧房间的宽度，m；3.6－0.24 为屋面顶棚中间房间的宽度，m；4.8－0.24 为屋面顶棚房间的长度，m。

5.10.2 防腐面层

【例 5-87】 如图 5-98 所示某梯形台建筑，试计算其表面防腐混凝土面层工程量。

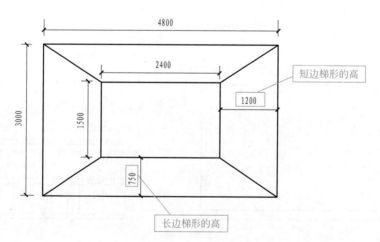

图 5-98 某水玻璃耐酸混凝土梯形台平面示意图

【解】 工程量计算规则：按设计图示尺寸以面积计算。

防腐混凝土面层 $S = (3+1.5)\times1.2\times0.5\times2+(4.8+2.4)\times0.75\times0.5\times2+2.4\times1.5$
$= 14.4(m^2)$

【小贴士】 式中，$(3+1.5)\times1.2\times0.5\times2$ 为短边梯形的面积，m^2；$(4.8+2.4)\times0.75\times0.5\times2$ 为长边梯形的面积，m^2；2.4×1.5 为长方形的面积，m^2。

5.10.3　其他防腐

【例 5-88】　某平房屋顶如图 5-99 所示，采用如图 5-99（b）所示的隔离层拒水粉隔水，试计算其工程量。

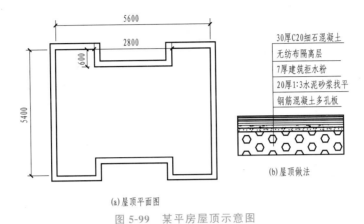

(a)屋顶平面图

图 5-99　某平房屋顶示意图

【解】　工程量计算规则：按设计图示尺寸以面积计算。

隔离层工程量
$$S = 5.4 \times 5.6 - 0.6 \times 2.8 \times 2$$
$$= 25.6 - 3.36 = 26.88 (\text{m}^2)$$

【小贴士】　式中，5.4×5.6 是整个屋顶面积，m^2；$0.6 \times 2.8 \times 2$ 是两个凹进去长方形的面积，m^2。

第6章

建筑工程计价

6.1 建筑工程造价费用组成与组价

6.1.1 建筑安装工程费用项目组成（按费用构成要素划分）

建筑安装工程费用按照费用构成要素划分，由人工费、材料（包含工程设备，本章下同）费、施工机具使用费、企业管理费、利润、规费和增值税组成。其中人工费、材料费、施工机具使用费、企业管理费和利润包含在分部分项工程费、措施项目费、其他项目费中，如图6-1所示。

6.1.1.1 人工费

人工费是指按工资总额构成规定，支付给从事建筑工程、装饰工程、安装工程的生产工人和附属生产单位工人的各项费用。内容如下。

（1）计时工资或计件工资

计时工资或计件工资是指按计时工资标准和工作时间或对已做工作按计件单价支付给个人的劳动报酬。

（2）奖金

奖金是指对超额劳动和增收节支支付给个人的劳动报酬，如节约奖、劳动竞赛奖等。

（3）津贴补贴

津贴补贴是指为了补偿职工特殊或额外的劳动消耗和因其他特殊原因支付给个人的津贴以及为了保证职工工资水平不受物价影响支付给个人的物价补贴，如流动施工津贴、特殊地区施工津贴、高温（寒）作业临时津贴、高空津贴等。

（4）加班加点工资

加班加点工资是指按规定支付的在法定节假日工作的加班工资和在法定日工作时间外延时工作的加点工资。

（5）特殊情况下支付的工资

特殊情况下支付的工资是指根据国家法律、法规和政策规定，因病、工伤、产假、计划生育假、婚丧假、事假、探亲假、定期休假、停工学习、执行国家或社会义务等原因按计时工资标准或计时工资标准的一定比例支付的工资。

6.1.1.2 材料费

材料费是指施工过程中耗费的原材料、辅助材料、构配件、零件、半成品或成品、工程设备的费用，内容如下。

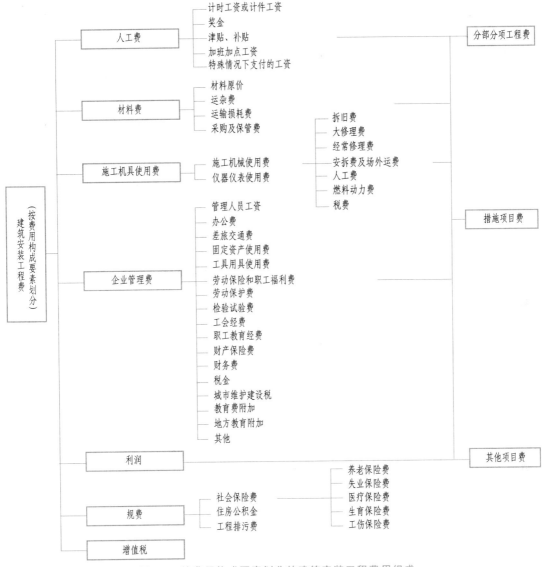

图 6-1　按费用构成要素划分的建筑安装工程费用组成

（1）材料原价

材料原价是指材料、工程设备的出厂价格或商家供应价格。

（2）运杂费

运杂费是指材料、工程设备自来源地运至工地仓库或指定堆放地点所发生的全部费用。

（3）运输损耗费

运输损耗费是指材料在运输装卸过程中不可避免的损耗。

（4）采购及保管费

采购及保管费是指为组织采购、供应和保管材料、工程设备的过程中所需要的各项费用，包括采购费、仓储费、工地保管费、仓储损耗。

工程设备是指构成或计划构成永久工程一部分的机电设备、金属结构设备、仪器装置及其他类似的设备和装置。

6.1.1.3　施工机具使用费

施工机具使用费是指施工作业所发生的施工机械、仪器仪表使用费或其租赁费，包括施工机械使用费和施工仪器仪表使用费。

（1）施工机械使用费

施工机械使用费以施工机械台班耗用量乘以施工机械台班单价表示，施工机械台班单价应由下列七项费用组成。

① 折旧费　指施工机械在规定的使用年限内，陆续收回其原值的费用。

② 大修理费　指施工机械按规定的大修理间隔台班进行必要的大修理，以恢复其正常功能所需的费用。

③ 经常修理费　指施工机械除大修理以外的各级保养和临时故障排除所需的费用，包括为保障机械正常运转所需替换设备与随机配备工具附具的摊销和维护费用、机械运转中日常保养所需润滑与擦拭的材料费用及机械停滞期间的维护和保养费用等。

④ 安拆费及场外运费　安拆费指施工机械（大型机械除外）在现场进行安装与拆卸所需的人工、材料、机械和试运转费用以及机械辅助设施的折旧、搭设、拆除等费用；场外运费指施工机械整体或分体自停放地点运至施工现场或由施工地点运至另一施工地点的运输、装卸、辅助材料及架线等费用。

⑤ 人工费　指机上司机（司炉）和其他操作人员的人工费。

⑥ 燃料动力费　指施工机械在运转作业中所消耗的各种燃料及水、电等。

⑦ 税费　指施工机械按照国家规定应缴纳的车船使用税、保险费及年检费等。

（2）仪器仪表使用费

仪器仪表使用费是指工程施工所需使用的仪器仪表的摊销及维修费用。

6.1.1.4　企业管理费

企业管理费是指建筑安装企业组织施工生产和经营管理所需的费用。施工仪器仪表使用费以施工仪器仪表台班耗用量与施工仪器仪表台班单价的乘积表示，施工仪器仪表台班单价由折旧费、维护费、校验费和动力费组成。

（1）管理人员工资

管理人员工资是指按规定支付给管理人员的计时工资、奖金、津贴补贴、加班加点工资及特殊情况下支付的工资等。

（2）办公费

办公费是指企业管理办公用的文具、纸张、账表、印刷、邮电、书报、办公软件、现场监控、会议、水电、烧水和集体取暖降温（包括现场临时宿舍取暖降温）等费用。

（3）差旅交通费

差旅交通费是指职工因公出差、调动工作的差旅费、住勤补助费，市内交通费和误餐补助费，职工探亲路费，劳动力招募费，职工退休、退职一次性路费，工伤人员就医路费，工地转移费以及管理部门使用的交通工具的油料、燃料等费。

（4）固定资产使用费

固定资产使用费是指管理和试验部门及附属生产单位使用的属于固定资产的房屋、设备、仪器等的折旧、大修、维修或租赁费。

（5）工具用具使用费

工具用具使用费是指企业施工生产和管理使用的不属于固定资产的工具、器具、家具、交通工具和检验、试验、测绘、消防用具等的购置、维修和摊销费。

（6）劳动保险和职工福利费

劳动保险和职工福利费是指由企业支付的职工退职金、按规定支付给离休干部的经费，集体福利费、夏季防暑降温、冬季取暖补贴、上下班交通补贴等。

（7）劳动保护费

劳动保护费是企业按规定发放的劳动保护用品的支出，如工作服、手套、防暑降温饮料以及在有碍身体健康的环境中施工的保健费用等。

（8）检验试验费

检验试验费是指施工企业按照有关标准规定，对建筑以及材料、构件和建筑安装物进行一般鉴定、检查所发生的费用，包括自设试验室进行试验所耗用的材料等费用。不包括新结构、新材料的试验费，对构件做破坏性试验及其他特殊要求检验试验的费用和建设单位委托检测机构进行检测的费用，对此类检测发生的费用，由建设单位在工程建设其他费用中列支。但对施工企业提供的具有合格证明的材料进行检测不合格的，该检测费用由施工企业支付。

（9）工会经费

工会经费是指企业按《工会法》规定的全部职工工资总额比例计提的工会经费。

（10）职工教育经费

职工教育经费是指按职工资总额的规定比例计提，企业为职工进行专业技术和职业技能培训，专业技术人员继续教育、职工职业技能鉴定、职业资格认定以及根据需要对职工进行各类文化教育所发生的费用。

（11）财产保险费

财产保险费是指施工管理用财产、车辆等的保险费用。

（12）财务费

财务费是指企业为施工生产筹集资金或提供预付款担保、履约担保，职工工资支付担保等所发生的各种费用。

（13）税金

税金是指企业按规定缴纳的房产税、车船使用税、土地使用税、印花税等。

（14）城市维护建设税

城市维护建设税是加强城市的维护建设、扩大和稳定城市维护建设资金的来源，规定凡缴纳消费税、增值税的单位和个人，都应当依照规定缴纳城市维护建设税。

（15）教育费附加

教育费附加是对缴纳增值税、消费税的单位和个人征收的一种附加费，其作用是为了发展地方性教育事业、扩大地方教育经费的资金来源。以纳税人实际缴纳的增值税、消费税的税额为计费依据，教育费附加的征收率为3%。

（16）地方教育费附加

按照《关于统一地方教育附加政策有关问题的通知》（财综［2010］98号）要求，各地统一征收地方教育附加，地方教育附加征收标准为单位和个人实际缴纳的增值税和消费税税额的2%。

（17）其他

包括技术转让费、技术开发费、投标费、业务招待费、绿化费、广告费、公证费、法律顾问费、审计费、咨询费、保险费等。

6.1.1.5 利润

利润是指施工企业完成所承包工程获得的盈利。

6.1.1.6 规费

规费是指按国家法律、法规规定，由省级政府和省级有关权力部门规定必须缴纳或计取的费用。具体项目如下。

（1）社会保险费

① 养老保险费　是指企业按照规定标准为职工缴纳的基本养老保险费。

② 失业保险费　是指企业按照规定标准为职工缴纳的失业保险费。

③ 医疗保险费　是指企业按照规定定标准为职工缴纳的基本医疗保险费。

④ 生育保险费　是指企业按照和定标准为职工纳的生育保险费。

⑤ 工伤保险费　是指企业按照规定标准为职工缴纳的工伤保险费。

（2）住房公积金

住房公积金是指企业按规定标准为了职工缴纳的住房公积金。

（3）工程排污费

工程排污费是指按规定缴纳的施工现场工程排污费。其他应列而未列入的规费，按实际发生计取。

6.1.1.7　增值税

增值税：是根据国家有关规定，计入建筑安装工程造价内的增值税。

6.1.2　建筑安装工程费用项目组成（按造价形成划分）

建筑安装工程费用按照造价形成可划分，由分部分项工程费、措施项目费、其他项目费、规费、增值税组成。分部分项工程费、措施项目费、其他项目费包含人工费、材料费、施工机具使用费、企业管理费和利润，如图6-2所示。

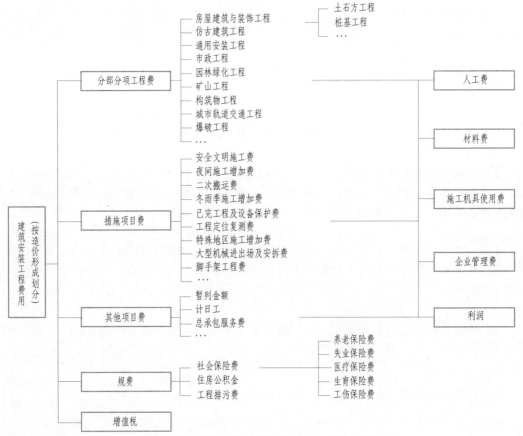

图 6-2　按造价形成划分的建筑安装工程费用组成

6.1.2.1　分部分项工程费

分部分项工程费是指各专业工程的分部分项工程应予列支的各项费用。

（1）专业工程

专业工程是指按现行国家计量规范划分的房屋建筑与装饰工程、仿古建筑工程、通用安装工程、市政工程、园林绿化工程、矿山工程、构筑物工程、城市轨道交通工程、爆破工程等各类工程。

（2）分部分项工程

分部分项工程指按现行国家计量规范对各专业工程划分的项目，如房屋建筑与装饰工程划分为土石方工程、地基处理与桩基工程、砌筑工程、钢筋及钢筋混凝土工程等。

6.1.2.2　措施项目费

措施项目费是指为完成建设工程施工，发生于该工程施工前和施工过程中的技术、生活、安全、环境保护等方面的费用，内容如下。

（1）安全文明施工费

① 环境保护费　是指施工现场为达到环保部门要求所需要的各项费用。

② 文明施工费　是指施工现场文明施工所需要的各项费用。

③ 安全施工费　是指施工现场安全施工所需要的各项费用。

④ 临时设施费　是指施工企业为进行建设工程施工所必须搭设的生活和生产用的临时建筑物、构筑物和其他临时设施费用，包括临时设施的搭设、维修、拆除、清理费或摊销费等。

（2）夜间施工增加费

夜间施工增加费是指因夜间施工所发生的夜班补助费、夜间施工降效、夜间施工照明设备摊销及照明用电等费用。

（3）二次搬运费

二次搬运费是指因施工场地条件限制而发生的材料、构配件、半成品等一次运输不能到达堆放地点，必须进行二次或多次搬运所发生的费用。

（4）冬雨期施工增加费

冬雨期施工增加费是指在冬季或雨季施工需增加的临时设施、防滑、排除雨雪、人工及施工机械效率降低等费用。

（5）已完工程及设备保护费

已完工程及设备保护费是指竣工验收前，对已完工程及设备采取必要保护措施所发生的费用。

（6）工程定位复测费

工程定位复测费是指工程施工过程中进行全部施工测量放线和复测工作的费用。

（7）特殊地区施工增加费

特殊地区施工增加费是指工程在沙漠或其边缘地区、高海拔、高寒、原始森林等特殊地区施工增加的费用。

（8）大型机械设备进出场及安拆费

大型机械设备进出场及安拆费是指机械整体或分体自停放场地运至施工现场或由一个施工地点运至另一个施工地点所发生的机械进出场运输及转移费用，以及机械在施工现场进行安装、拆卸所需的人工费、材料费、机械费、试运转费和安装所需的辅助设施的费用。

（9）脚手架工程费

脚手架工程费是指施工需要的各种脚手架的搭、拆、运输费用以及脚手架购置费的摊销

（或租赁）费用。

6.1.2.3 其他项目费

（1）暂列金额

暂列金额是指建设单位在工程量清单中暂定并包括在工程合同价款中的一笔款项。暂列金额用于施工合同签订时尚未确定或者不可预见的所需材料、工程设备、服务的采购，施工中可能发生的工程变更、合同约定调整因素出现时的工程价款调整以及发生的索赔、现场签证确认等的费用。

（2）计日工

计日工是指在施工过程中，施工企业完成建设单位提出的施工图纸以外的零星项目或工作所需的费用。

（3）总承包服务费

总承包服务费是指总承包人为配合、协调建设单位进行的专业工程发包，对建设单位自行采购的材料、工程设备等进行保管以及施工现场管理、竣工资料汇总整理等服务所需的费用。

6.1.2.4 规费

规费是指按国家法律、法规规定，由省级政府和省级有关权力部门规定必须缴纳或计取的费用，应计入建筑安装工程造价的费用。

6.1.2.5 增值税

建筑工程施工预算表见表 6-1。

表 6-1 建筑工程施工预算表

施工预算编号		单项工程项目名称				共 页 第 页	
序号	项目编码	工程项目或费用名称	项目特征	单位	数量	综合单价/元	合价/元
一		分部分项工程					
（一）		土石方					
1	××	×××					
2	××	×××					
…	…	…					
（二）		桩基工程					
1	××	×××					
…	…	…					
（三）		砌筑工程					
1	××	××					
…	…	…					
（四）		混凝土工程及钢筋混凝土工程					
1	××	×××					
2	××	×××					
3	××	×××					
…	…	…					
（五）		金属结构工程					

施工预算编号		单项工程项目名称				共 页 第 页	
序号	项目编码	工程项目或费用名称	项目特征	单位	数量	综合单价/元	合价/元
1	××	×××					
2	××	×××					
⋯	⋯	⋯					
		分部分项工程费用小计					
二、		可计量措施项目					
(一)	××	××工程					
1	××	××××					
2	××	××××					
(二)	××	××工程					
1	××	××××					
⋯	⋯	⋯					
		可计算措施项目费小计					
(三)		综合取定的措施项目费					
1		安全文明施工费					
2		夜间施工增加费					
3		二次搬运费					
4		冬雨期施工增加费					
5	××	××××					
		合计					
编制人	审核人					审定人	

在进行分部分项内容中计算时需要注意以下问题。

(1) 土石方工程

① 挖土 (石) 方平均厚度应按自然地面测量标高至设计地坪标高间的平均厚度确定。

② 沟槽、基坑、一般土 (石) 方的划分为：沟槽，底宽≤7m 且底长>3 倍底宽；基坑，底长≤3 倍底宽且底面积≤15m²；超出上述范围则为一般土 (石) 方。

③ 挖土方如需截桩头时，应按桩基工程相关项目列项。

④ 弃渣运距可以不描述，但应注明由投标人根据施工现场实际情况自行考虑，决定报价。

⑤ 土 (石) 方体积应按挖掘前的天然密实体积计算。

⑥ 挖方出现流砂、淤泥时，如设计未明确，在编制工程量清单时，其工程数量可为暂估量，结算时应根据实际情况由发包人与承包人双方现场签证确认工程量。

⑦ 填方密实度要求，在无特殊要求情况下，项目特征可描述为满足设计和规范的要求。

⑧ 填方材料品种可以不描述，但应注明由投标人根据设计要求验方后方可填入，并符合相关工程的质量规范要求。

（2）地基处理与边坡支护工程

① 项目特征中的桩长应包括桩尖，空桩长度＝孔深－桩长，孔深为自然地面至设计桩底的深度。

② 土钉置入方法包括钻孔置入、打入或射入等。

③ 地下连续墙和喷射混凝土（砂浆）的钢筋网、咬合灌注桩的钢筋笼及钢筋混凝土支撑的钢筋制作、安装，按《房屋建筑与装饰工程工程量计算规范》附录 E 混凝土及钢筋混凝土相关项目列项。

（3）桩基工程

① 项目特征中的桩截面、混凝土强度等级、桩类型等可直接用标准图代号或设计桩型进行描述。

② 预制钢筋混凝土方桩、预制钢筋混凝土管桩项目以成品桩编制，应包括成品桩购置费如果用现场预制，应包括现场预制桩的所有费用。

③ 打试验桩和打斜桩应按相应项目单独列项，并应在项目特征中注明试验桩或斜桩（斜率）。

④ 泥浆护壁成孔、沉管灌注桩以"m"计量，按设计图示尺寸以桩长（包括桩尖）计算；以"m^3"计量，按不同截面在桩上范围内以体积计算；以"根"计量，按设计图示以数量计算。

（4）砌筑工程

① 基础与墙（柱）身使用同一种材料时，以设计室内地面为界（有地下室者，以地下室室内设计地面为界），以下为基础，以上为墙（柱）身。基础与墙身使用不同材料时，位于设计室内地面高度≤±300mm 时，以不同材料为分界线，高度＞±300mm 时，以设计室内地面为分界线。

② 空斗墙的窗间墙、窗台下、楼板下、梁头下等的实砌部分，按零星砌砖项目编码列项。

③ 台阶、台阶挡墙、梯带、锅台、炉灶、蹲台、池槽、池槽腿、砖胎模、花台、花池、楼梯栏板、阳台栏板、地垄墙、≤0.3m^2 的孔洞填塞等，应按零星砌砖项目编码列项。

④ 砌体垂直灰缝宽＞30mm 时，采用 C20 细石混凝土灌实。

⑤ 石基础、石勒脚、石墙的划分：基础与勒脚应以设计室外地坪为界。勒脚与墙身应以设计室内地面为界。石围墙内外地坪标高不同时，应以较低地坪标高为界，以下为基础；内外标高之差为挡土墙时，挡土墙以上为墙身。

（5）混凝土及钢筋混凝土

① 有肋带形基础、无肋带形基础应按《房屋建筑与装饰工程工程量计算规范》相关项目，并注明肋高。

② 混凝土种类是指清水混凝土、彩色混凝土等，如在同一地区即可以使用预拌（商品）混凝土，又允许现场搅拌混凝土时，应注明使用的混凝土种类。

③ 短肢剪力墙是指截面厚度不大于 300mm、各肢截面高度与厚度之比的最大值大于 4 但不大于 8 的剪力墙。

④ 现浇挑檐、天沟板、雨篷、阳台与板（包括屋面板、楼板）连接时，以外墙外边线为分界线；与圈梁（包括其他梁）连接时，以梁外边线为分界线。外边线以外为挑檐、天沟、雨篷或阳台。

⑤ 整体楼梯（包括直形楼梯、弧形楼梯）水平投影面积包括休息平台、平台梁、斜梁和楼梯的连接梁。当整体楼梯与现浇楼板无梯梁连接时，以楼梯的最后一个踏步边缘加 300mm 为界。

⑥ 现浇构件中伸出构件的锚固钢筋应并入钢筋工程量内。除设计（包括规范规定）标明的搭接外，其他施工搭接不计算工程量，在综合单价中综合考虑。

(6) 金属结构工程

① 实腹钢柱类型指十字形、T 形、L 形、H 形等。

② 空腹钢柱类型指箱形、格构式等。

③ 钢梁类型指 H 形、L 形、T 形、箱形、格构式等。

④ 钢支撑、钢拉条类型指单式、复式；钢檩条类型指型钢式、格构式；钢漏斗形式指方形、圆形；天沟形式指矩形沟或半圆形沟。

⑤ 加工铁件等小型构件，应按零星钢构件项目编码列项。

(7) 木结构工程

① 屋架的跨度应以上、下弦中心线两点之间的距离计算。

② 带气楼的屋架和马尾、折角以及正交部分的半屋架，按相关屋架相关项目编码列项。

③ 以"榀"计量，按标准图设计的应注明标准图代号，按非标准图设计的项目特征必须按本表要求予以描述。

④ 木构件以"m"计量，项目特征必须描述构件规格尺寸。

(8) 门窗工程

① 木质门带套计量按洞口尺寸以面积计算，不包括门套的面积，但门套应计算在综合单价中。

② 木门以"樘"计量，项目特征必须描述洞口尺寸；以"m²"计量，项目特征可不描述洞口尺寸。

③ 金属门、厂库房大门、特种门，以"m²"计量，无设计图示洞口尺寸，按门框、扇外围以面积计算。

④ 木橱窗、木飘（凸）窗，以"樘"计量，项目特征必须描述框截面及外围展开面积。

⑤ 金属橱窗、木飘（凸）窗，以"樘"计量，项目特征必须描述框外展开面积。

⑥ 木窗、金属窗以"m²"计量，无设计图示洞口尺寸时，按窗框外围以面积计算。

⑦ 门窗套以"m²"计量，项目特征可不描述洞口尺寸、门窗套展开宽度。

(9) 屋面及防水工程

① 瓦屋面若是在木基层上铺瓦，项目特征不必描述黏结层砂浆的配合比，瓦屋面铺防水层，按《房屋建筑与装饰工程工程量计算规范》相关项目编码列项。

② 屋面刚性层无钢筋，其钢筋项目特征不必描述。

③ 墙面防水搭接及附加层用量不另行计算，在综合单价中考虑。

④ 墙面变形缝，若做双面，工程量乘以系数 2。

⑤ 楼（地）面防水搭接及附加层用量不另行计算，在综合单价中考虑。

(10) 保温、隔热、防腐工程

① 柱帽保温隔热应并入天棚保温隔热工程量内。

② 保温柱、梁适用于不与墙、天棚相连的独立柱、梁。

③ 保温隔热方式：指内保温、外保温，夹心保温。

6.1.3　建筑装饰工程费用计算程序

工程造价计价程序表（一般计税方法）见表 6-2。

表 6-2　工程造价计价程序表（一般计税方法）

序号	费用名称	计算公式	备注
1	分部分项工程费	(1.2)+(1.3)+(1.4)+(1.5)+(1.6)+(1.7)	
1.1	其中:综合工日	定额基价分析	
1.2	定额人工费	定额基价分析	
1.3	定额材料费	定额基价分析	
1.4	定额机械费	定额基价分析	
1.5	定额管理费	定额基价分析	
1.6	定额利润	定额基价分析	
1.7	调差	(1.7.1)+(1.7.2)+(1.7.3)+(1.7.4)	
1.7.1	人工费差价		
1.7.2	材料费差价		不含税价调差
1.7.3	机械费差价		
1.7.4	管理费差价		按规定调差
2	措施项目费	(2.2)+(2.3)+(2.4)	
2.1	其中:综合工日		
2.2	安全文明施工费		不可竞争费
2.3	单价类措施费	(2.3.1)+(2.3.2)+(2.3.3)+(2.3.4)+(2.3.5)+(2.3.6)	
2.3.1	定额人工费	定额基价分析	
2.3.2	定额材料费	定额基价分析	
2.3.3	定额机械费	定额基价分析	
2.3.4	定额管理费	定额基价分析	
2.3.5	定额利润	定额基价分析	
2.3.6	调差	(2.3.6.1)+(2.3.6.2)+(2.3.6.3)+(2.3.6.4)	
2.3.6.1	人工费差价		
2.3.6.2	材料费差价		不含税价调差
2.3.6.3	机械费差价		
2.3.6.4	管理费差价		按规定调差
2.4	其他措施费(费率类)	(2.4.1)+(2.4.2)	
2.4.1	其他措施费(费率类)	定额基价分析	
2.4.2	其他(费率类)		按约定
3	其他项目费	(3.1)+(3.2)+(3.3)+(3.4)+(3.5)	
3.1	暂列金额		按约定
3.2	专业工程暂估价		按约定
3.3	计日工		按约定
3.4	总承包服务费	业主分包专业工程造价×费率	按约定

续表

序号	费用名称	计算公式	备注
3.5	其他		按约定
4	规费		不可竞争费
4.1	定额规费		
4.2	工程排污费		据实计取
4.3	其他		
5	不含税工程造价	(1)+(2)+(3)+(4)	
6	增值税	(5)×9%	一般计税方法
7	含税工程造价	(5)+(6)	

6.1.4 建筑安装工程费用计算方法

6.1.4.1 按构成要素计算方法

（1）人工费

$$人工费=\sum(工日消耗量\times日工资单价) \tag{6-1}$$

$$日工资单价=[生产工作平均月工资(计时计件工资)+平均月(奖金津贴)]/$$
$$年平均每月法定工作日 \tag{6-2}$$

日工资单价是指施工企业平均技术熟练程度的生产工人在每工作日（国家法定工作时间内）按规定从事施工作业应得的日工资总额。

工程造价管理机构确定日工资单价应根据工程项目的技术要求，通过市场调查，参考实物工程量人工单价综合分析确定，最低日工资单价不得低于工程所在地人力资源和社会保障部门所发布的最低工资标准的：普工 1.3 倍；一般技工 2 倍；高级技工 3 倍。

工程计价定额不可只列一个综合工日单价，应根据工程项目技术要求和工种差别适当划分多种工日单价，确保各分部工程人工费的合理构成。

（2）材料费和工程设备费

① 材料费为

$$材料费=\sum(材料消耗量材料单价) \tag{6-3}$$

$$材料单价=(材料原价+运杂费)\times(1+运输损耗率)\times(1+采购保管费率) \tag{6-4}$$

② 工程设备费

$$工程设备费=\sum(工程设备量\times工程设备单价) \tag{6-5}$$

$$工程设备单价=(工程设备原价+运杂费)\times(1+采购保管费率) \tag{6-6}$$

（3）施工机具使用费

$$施工机械使用费=\sum(施工机械台班消耗量\times机械台班单价) \tag{6-7}$$

$$机械台班单价=台班(折旧费+大修理费+经常修理费+安拆费及场外运输费+$$
$$人工费+燃料动力费+车船费) \tag{6-8}$$

$$折旧费=[机械预算价格\times(1-残值率)]/耐用总台班数 \tag{6-9}$$

$$仪器仪表使用费=工程使用的仪器仪表摊销费+维修费 \tag{6-10}$$

（4）企业管理费费率

① 以分部分项工程费为计算基础

$$企业管理费费率(\%)=(生产工人年平均管理费/年有效施工天数)\times$$

$$人工费占分部分项工程费的比例(\%) \tag{6-11}$$

② 以人工费和机械费合计为计算基础

$$企业管理费费率(\%)=(生产工人年平均管理费/年有效施工天数)\times$$
$$(人工单价＋每工日机械使用费)\times100\% \tag{6-12}$$

③ 以人工费为计算基础

$$企业管理费费率(\%)=(生产工人年平均管理费/年有效施工天数)\times人工单价\times100\% \tag{6-13}$$

(5) 利润

① 施工企业根据企业自身需求并结合建筑市场实际自主确定，列入报价中。

② 工程造价管理机构在确定计价定额中利润时，应以定额人工费或定额人工费与定额机械费之和作为计算基数，其费率根据历年工程造价积累的资料，并结合建筑市场实际确定，以单位（单项）工程测算，利润在税前建筑安装工程费的比例可按不低于5%且不高于7%的费率计算。利润应列入分部分项工程和措施项目费中。

(6) 规费

① 社会保险费和住房公积金　应以定额人工费为计算基础，根据工程所在地省、自治区、直辖市或行业建设主管部门的规定费率计算。

$$社会保险费和住房公积金=\sum(工程人工定额费\times社会保险费和住房公积金费率) \tag{6-14}$$

式中，社会保险费率和住房公积金费率可按每万元发承包价的生产工人人工费、管理人员工资含量与工程所在地规定的缴纳标准综合分析取定。

② 工程排污费等其他应列而未列入的规费　应按工程所在地环境保护等部门规定的标准缴纳，按实计取列入。

(7) 增值税

增值税　是指根据国家有关规定，计入建筑安装工程造价内的增值税，按税前造价乘以增值税税率确定。

① 采用一般计税方法计算增值税　当采用一般计税方法时，现行建筑业增值税税率为9%。计算公式为

$$增值税=税前造价\times9\% \tag{6-15}$$

税前造价为人工费、材料费、施工机具使用费、企业管理费、利润和规费之和，各费用项目均以不包含增值税可抵扣进项税额的价格计算。当采用价目表或信息价中的价格时，应采用不含可抵扣进项税额的价格；若为含税价格应进行除税处理，处理的方法为

$$不含税价格=含税价格/(1＋适用税率) \tag{6-16}$$

需要注意的是，此处增值税即为计入建筑安装工程费用的税金，城市维护建设税、教育费附加、地方教育费附加均在管理费中核算，包含在管理费率中。

② 采用简易计税方法计算增值税　根据税法规定，当可以采用简易计税方法时，建筑业增值税税率（增收率）为3%。计算公式为

$$增值税=税前造价\times3\% \tag{6-17}$$

税前造价为人工费、材料费、施工机具使用费、企业管理费、利润和规费之和，各费用项目均以包含增值税进项税额的含税价格计算。

需要注意的是，此处的增值税不是计入建筑安装工程费的税金全部内容。采用简易计税方法时，城市维护建设税、教育费附加、地方教育费附加不在管理费中核算，其费率也不包含在管理费费率中，需要在税金中核算。即，税金应包括增值税、城市维护建设税、教育费附加、地方教育费附加。

城市维护建设税税率分三种情况：纳税人所在地在市区的，税率为7%；纳税人所在地在县城、镇的，税率为5%；纳税人所在地不在市区、县城或镇的，税率为1%。现行教育费附加征收率为3%，地方教育费附加征收率为2%。可以计算出税金的综合税率（含增值税、城市维护建设税、教育费附加、地方教育费附加）：纳税人所在地在市区的为3.36%，纳税人所在地在县城、镇的为3.3%，纳税人所在地不在市区、县城或镇的为3.18%。所以，税金的计算公式为

$$税金＝税前造价×综合税率 \tag{6-18}$$

6.1.4.2　按造价形成方式计算

（1）分部分项工程费

$$分部分项工程费＝\sum\{[(工日消耗量×人工单价)＋\sum(材料消耗量×材料单价)＋$$
$$\sum(机械台班消耗量×台班单价)]×分部分项工程量\} \tag{6-19}$$

（2）措施项目费

措施项目费的计算方法一般有以下几种。

① 综合单价法　这种方法与分部分项工程综合单价的计算方法一样，就是根据需要消耗的实物工程量与实物单价计算措施费，适用于可以计算工程量的措施项目，主要是指一些与工程实体有紧密联系的项目，如混凝土模板、脚手架、垂直运输等。与分部分项工程不同，并不要求每个措施项目的综合单价必须包含人工费、材料费、机具费、管理费和利润中的每一项。

$$措施项目费＝\sum(单价措施项目工程量×单价措施项目综合单价) \tag{6-20}$$

② 参数法计价　参数法计价是指按一定的基数乘系数的方法或自定义公式进行计算。这种方法简单明了，但最大的难点是公式的科学性、准确性难以把握。这种方法主要适用于施工过程中必须发生，但在投标时很难具体分项预测，又无法单独列出项目内容的措施项目，如夜间施工费、二次搬运费、冬雨期施工的计价，均可以采用该方法，计算公式如下。

a.国家计量规范规定应予计量的措施项目，计算公式如下

$$措施项目费＝\sum(措施项目工程量×综合单价) \tag{6-21}$$

b.国家计量规范规定不宜计量的措施项目，计算公式如下。

ⅰ.安全文明施工费

$$安全文明施工费＝计算基数×安全文明施工费费率(\%) \tag{6-22}$$

计算基数应为定额基价（定额分部分项工程费＋定额中可以计量的措施项目费）、定额人工费或（定额人工费＋定额机械费），其费率由工程造价管理机构根据各专业工程的特点综合确定。

ⅱ.夜间施工增加费

$$夜间施工增加费＝计算基数×夜间施工增加费费率(\%) \tag{6-23}$$

ⅲ.二次搬运费

$$二次搬运费＝计算基数×二次搬运费费率(\%) \tag{6-24}$$

ⅳ.冬雨期施工增加费

$$冬雨期施工增加费＝计算基数×冬雨期施工增加费费率 \tag{6-25}$$

ⅴ.已完工程及设备保护费

$$已完工程及设备保护费＝计算基数×已完工程及设备保护费费率(\%) \tag{6-26}$$

上述ⅰ～ⅴ项措施项目的计费基数应为定额人工费或（定额人工费＋定额机械费），其费率由工程造价管理机构根据各专业工程特点和调查资料综合分析后确定。

③ 分包法计价　在分包价格的基础上增加投标人的管理费及风险费进行计价的方法，

这种方法适合可以分包的独立项目，如室内空气污染测试等。

有时招标人要求对措施项目费进行明细分析，这时采用参数法组价和分包法组价都是先计算该措施项目的总费用，这就需人为用系数或比例的办法分摊人工费、材料费、机械费、管理费及利润。

（3）其他项目费

① 暂列金额由建设单位根据工程特点按有关计价规定估算，施工过程中由建设单位掌握，扣除合同价款后，如有余款，归建设单位。

② 计日工，由建设单位和施工企业按施工过程中的签证计价。

③ 总承包服务费由建设单位在招标控制价中，根据总承包服务费和有关计价规范编制施工企业投标时自主报价，施工过程中按合同约定执行。

（4）规费和税金

建设单位和施工企业均应按照省、自治区、直辖市或行业建设主管部门发布的标准计算规费和税金，不得作为竞争性费用。

6.1.5　清单计价模式下的综合单价组价

（1）综合单价

综合单价是完成分项工程所需费用，包括人工费、材料费、机械费、企业管理费和利润，并考虑风险费用的总和。

（2）综合单价的组价方法

综合单价的组价方法有直接套用预算基价组价、复合组价、重新计算工程是组价、重新计算工程量复合组价。

① 当清单项目的工程内容（或计价规范规定的内容）与预算基价工程项目的内容相同时，综合单价直接套预算基价组价（一个分项清单项目工程的单价仅由一个定额计价项目组合而成）。

② 当工程量清单项目的单位、工程量计算规则与预算基价子目相同，但两者工程内容不同，综合单价采用复合组价——对清单项目的各组成子目计算出合价，并对各合价进行汇总后折算出该清单项目的综合单价。

③ 当工程量清单给出的分项工程项目的单位与预算基价工程项目的单位不同，或工程量计算规则不同，则需重新计算工程量组价——按预算基价的计算规则计算工程量来组价综合单价。此方法需工程量清单项目和预算基价子目的工程内容一致，只是工程量不同。

④ 当工程量清单给出的分项工程项目的单位与所用预算基价子目的单位不同，或工程量计算规则不同，并且两者工程内容也不同时，需重新计算工程量复合组价。根据清单分析工程项目由哪些预算基价子目组成，按预算基价的计算规则重新计算主体项目的计价工程量，用各预算基价子目计价计算出合价并汇总后，折算出该清单项目的综合单价。

清单工程量：指按工程实体图纸的净尺寸计算的工程量。

计价工程量：包括施工方法和措施的预留工程量。

（3）综合单价组价具体内容

① 在清单组价前，首先要分析该工程每个清单项目所包含的工作内容，然后根据各工作内容对应的定额项目套用定额进行清单的组价。

② 清单综合单价组成明细中合价一栏的人工费、材料费、机械费、管理费和利润是通过各项工作内容对应的数量与所套用的定额子目中的人工费、材料费、机械费、管理费和利

润的单价乘以数量得来的。

③ 清单综合单价组成明细中的数量为各项工作内容的定额规则计算出的工程量/清单计算规则计算出的工程量定额单位，主要是为了和清单单位保持一致。

④ 清单综合单价组成明细中单价一栏中的管理费和利润均是以直接费为取费基数的；其中管理费的费率为 34%，利润率为 8%。

⑤ 工程量清单综合单价分析表"材料费明细"中，需要将该清单项目包含的所有工作内容对应的定额子目中的材料都列出来，相同的材料应合并计算；有未计价材料时，未计价材料的单价应根据当地的市场价来确定，所有未计价材料的费用之和就构成了未计价材料费。

⑥ 另外"材料费明细"中的数量一栏，则是由各材料所对应的定额中用量×定额工程量/清单工程量×定额单位（单位即定额中材料用量×清单综合单价组成明细中的数量）。

⑦ 清单项目综合单价是由合价中的人工费、材料费、机械费、管理费和利润五项费用之和组成的。

例如，某现浇混凝土垫层的综合单价分析见表 6-3。

表 6-3　综合单价分析表

工程名称：　　　　　　　　　　　　　标段：　　　　　　第　页　共　页

项目编码	010501001001		项目名称	垫层	计量单位	m³	工程量	93.96
清单综合单价组成明细								
定额编号	定额项目名称	定额单位	数量	单价/元				合价/元			
				人工费	材料费	机械费	管理费和利润	人工费	材料费	机械费	管理费和利润
5-1	现浇混凝土垫层	10m³	0.1	342.15	2054.3		195.97	34.23	205.43		19.6
人工单价			小计					34.23	205.43		19.6
92.42 元/工日			未计价材料费								
清单项目综合单价								259.24			
材料费明细	主要材料名称、规格、型号				单位	数量	单价/元	合价/元	暂估单价/元	暂估合价/元
	预拌混凝土 C15				m³	1.01	200	202		
	其他材料费						—	3.43	—	
	材料费小计						—	205.43	—	

注：1. 如不使用省级或行业建设主管部门发布的计价依据，可不填定额编号、名称等。
　　2. 招标文件提供了暂估单价的材料，按暂估的单价填入表内"暂估单价"栏及"暂估合价"栏。

6.1.6　定额计价模式下的组价

6.1.6.1　传统计价模式

传统计价模式通常称为定额计价模式，根据定额中规定的工程量计算规则、定额单价计算人、料、机费用，再按规定的费率和取费标准计取企业管理费、利润、规费和税金，汇总得出工程造价。

6.1.6.2　工程量清单计价模式

工程量清单中的分部分项工程按采用的施工定额、预算定额的定额子项进行分解，再将各定额子项按施工定额、预算定额的工程量计算规则计算各定额子目的施工工程量，再按市场价格并考虑一定的调价因素计算出分部分项工程人、料、机费用，再按规定的费率和取费标准计取企业管理费、利润、规费和税金，汇总得出工程造价。

其中企业管理费费率可以分部分项工程费为计算基础，或以人工费和机械费合计为计算基础，或以人工费为计算基础；利润是以定额人工费或（定额人工费＋定额机械费）作为计算基数；社会保险费和住房公积金以工程定额人工费为计算基数。

以"项"计的措施项目费用中，除安全文明施工费计算基数应为定额基价（定额分部分项工程费＋定额中可以计量的措施项目费）、定额人工费或（定额人工费＋定额机械费）外，其他项措施项目的计费基数应为定额人工费或（定额人工费＋定额机械费）。

定额计价模式是根据定额中规定的工程量计算规则、定额单价计算人、料、机费用，再按规定的费率和取费标准计取企业管理费、利润、规费和税金，汇总得出工程造价。清单计价和定额计价的区别主要如下。

（1）定额计价

① 计价方法不同　按定额计价时单位工程造价由直接工程费、间接费、利润、税金构成，计价时先计算直接费，再以直接费（或其中的人工费）为基数计算各项费用、利润、税金，汇总为单位工程造价。工程量清单计价时，造价由工程量清单费用（＝∑清单工程量×项目综合单价）、措施项目清单费用、其他项目清单费用、规费、税金五部分构成，作这种划分的考虑是将施工过程中的实体性消耗和措施性消耗分开，对于措施性消耗费用只列出项目名称，由投标人根据招标文件要求和施工现场情况、施工方案自行确定，以体现出以施工方案为基础的造价竞争；对于实体性消耗费用，则列出具体的工程数量，投标人要报出每个清单项目的综合单价。

② 分项工程单价构成不同　按定额计价时分项工程的单价是工料单价，即只包括人工、材料、机械费，工程量清单计价分项工程单价一般为综合单价，除了人工、材料、机械费，还要包括管理费（现场管理费和企业管理费）、利润和必要的风险费。采用综合单价便于工程款支付、工程造价的调整和工程结算，也避免了因为"取费"产生的一些无谓纠纷。综合单价中的直接费、间接费、利润由投标人根据本企业实际支出及利润预期、投标策略确定，是施工企业实际成本费用的反映，是工程的个别价格。综合单价的报出是一个个别计价、市场竞争的过程。

③ 单位工程项目划分不同　按定额计价的工程项目划分即预算定额中的项目划分，一般土建定额有几千个项目，其划分原则是按工程的不同部位、不同材料、不同工艺、不同施工机械、不同施工方法和材料规格型号，划分十分详细。工程量清单计价的工程项目划分较之定额项目的划分有较大的综合性，现行规范中土建工程只有177个项目，它考虑工程部位、材料、工艺特征，但不考虑具体的施工方法或措施，如人工或机械、机械的不同型号等，同时对于同一项目不再按阶段或过程分为几项，而是综合到一起，如混凝土，可以将同一项目的搅拌（制作）、运输、安装、接头灌缝等综合为一项，门窗也可以将制作、运输、安装、刷油、五金等综合到一起，这样能够减少原来定额对于施工企业工艺方法选择的限制，报价时有更多的自主性。工程量清单中的量应该是综合的工程量，而不是按定额计算的"预算工程量"。综合的工程量有利于企业自主选择施工方法并以之为基础竞价，也能使企业摆脱对定额的依赖，建立起企业内部报价及管理的定额和价格体系。

④ 计价依据不同　这是清单计价和按定额计价的最根本区别。按定额计价的唯一依据就是定额，而工程量清单计价的主要依据是企业定额，包括企业生产要素消耗量标准、材料

价格、施工机械配备及管理状况、各项管理费支出标准等。目前可能多数企业没有企业定额，但随着工程量清单计价形式的推广和报价实践的增加，企业将逐步建立起自身的定额和相应的项目单价，当企业都能根据自身状况和市场供求关系报出综合单价时，企业自主报价、市场竞争（通过招投标）定价的计价格局也将形成，这也正是工程量清单所要促成的目标。工程量清单计价的本质是要改变政府定价模式，建立起市场形成造价机制，只有计价依据个别化，这一目标才能实现。

（2）清单计价

① 采用的计价模式不同　工程量清单计价，按投标人依据自身企业的管理能力、技术装备水平和市场行情自主报价。定额其所报的工程造价实际上是社会平均价。

② 采用的单价方法不同

a. 工程量清单计价采用综合单价法。综合单价是指完成规定计量单位项目所需的人工费、材料费、机械使用费、管理费、利润，并考虑风险因素，是除规费和税金的全费用单价。

b. 工程预算定额计价采用工料单价法。工料单价是指分部分项工程量的单价为直接费，直接费以人工、材料、机械的消耗量及其相应的价格确定；间接费、利润和税金按照有关规定另行计算。

③ 反映的成本价不同　工程量清单计价，反映的是个别成本；工程预算定额计价，反映的是社会平均成本。

④ 结算的要求不同

a. 工程量清单计价，是结算时按合同中事先约定综合单价的规定执行，综合单价基本上是包死的。

b. 工程预算定额计价，结算时按定额规定工料单价计价，往往调整内容较多，容易引起纠纷。

⑤ 风险处理的方式不同

a. 工程量清单计价，使招标人与投标人风险合理分担，投标人对自己所报的成本、综合单价负责，还要考虑各种风险对价格的影响，综合单价一经合同确定，结算时不可以调整（除工程量有变化），且对工程量的变更或计算错误不负责任；招标人相应在计算工程量时要准确，对于这一部分风险应由招标人承担，从而有利于控制工程造价。

b. 工程预算定额计价，风险只在投资一方，所有的风险在不可预见费中考虑；结算时，按合同约定，可以调整。可以说投标人没有风险，不利于控制工程造价。

⑥ 项目的划分不同

a. 工程量清单计价，项目划分以实体列项，实体和措施项目相分离，施工方法、手段不列项，不设人工、材料、机械消耗量。这样加大了承包企业的竞争力度，鼓励企业尽量采用合理的技术措施，提高技术水平和生产效率，市场竞争机制可以充分发挥。

b. 工程预算定额计价，项目划分按施工工序列项、实体和措施相结合，施工方法、手段单独列项，人工、材料、机械消耗量已在定额中规定，不能发挥市场竞争的作用。

⑦ 工程量计算规则不同

a. 工程量清单计价，清单项目的工程量是按实体的净值计算，这是当前国际上比较通行的做法。

b. 工程预算定额计价，工程量是按实物加上人为规定的预留量或操作裕度等因素。

⑧ 计量单位不同

a. 工程量清单计价，清单项目是按基本单位计量。

b. 工程预算定额计价，计量单位可以不采用基本单位。

6.2 清单计价

6.2.1 工程量清单计价的特点

6.2.1.1 工程量清单计价的概念

工程量清单计价是指由投标人按照招标人提供的工程量清单，逐一填报单价，并计算出建设项目所需的全部费用，主要包括分部分项工程费、措施项目费、其他项目费、规费和税金等。工程量清单计价应采用"综合单价"计价。综合单价是指完成规定计量单位分项工程所需的人工费、材料费、施工机械使用费、管理费、利润，并考虑了风险因素的一种单价。

6.2.1.2 工程量清单计价的特点

采用工程量清单计价方法具有如下特点。

(1) 满足竞争的需要

招投标过程本身就是一个竞争的过程，招标人给出工程量清单，投标人去填单价（综合单价），填高了中不了标，填低了又要赔本，这时候就体现出了企业技术、管理水平的重要性，形成了企业整体实力的竞争。

(2) 提供了一个平等的竞争条件

采用定额计价方法投标报价，由于设计图纸的缺陷，不同投标企业的人员理解不同，计算出的工程量也不同，报价相去甚远，容易产生纠纷。而工程量清单报价就为投标者提供一个平等竞争的条件，相同的工程量，由企业根据自身的实力来填不同的单价，符合商品交换的一般性原则。

(3) 有利于工程款的拨付和工程造价的最终确定

中标后，业主要与中标施工企业签订施工合同，工程量清单报价基础上的中标价就成了合同价的基础。投标清单上的单价也就成了拨付工程款的依据。业主根据施工企业完成的工程量，可以很容易地确定进度款的拨付额。工程竣工后，再根据设计变更、工程量的增减乘以相应单价，业主也很容易确定工程的最终造价。

(4) 有利于实现风险的合理分担

采用工程量清单报价方式后，投标单位只对自己所报的成本、单价等负责，而对工程量的变更或计算错误等不负责任，相应地，对于这一部分，风险则应由业主承担，这种格局符合风险合理分担与责权利关系对等的原则。

(5) 有利于业主对投资的控制

采用定额计价法，业主对因设计变更、工程量的增减所引起的工程造价变化不敏感，往往等竣工结算时才知道这些对项目投资的影响有多大，但此时常常是为时已晚，而采用工程量清单计价的方式则一目了然，在要进行设计变更时，能马上知道它对工程造价的影响，这样业主就能根据投资情况来决定是否变更或进行方案比较，以决定最恰当的处理方法。

6.2.2 工程量清单计价编制依据及编制程序

6.2.2.1 工程量清单计价的编制依据

工程量清单的内容体现了招标人要求投标人完成的工程项目、工程内容及相应的工程数量。编制工程量清单的依据如下。

① 建设工程工程量清单计价规范。

② 国家或省级、行业建设主管部门颁发的计价依据和办法。

③ 建设工程设计文件。

④ 与建设工程项目有关的标准、规范、技术资料。

⑤ 招标文件及其补充通知、答疑纪要。

⑥ 施工现场情况、工程特点及常规施工方案。

⑦ 其他相关资料。

6.2.2.2　工程量清单计价的编制程序

（1）根据招标人提供的工程量清单，复核工程量

投标人依据工程量清单进行组价时，把施工方案及施工工艺造成的工程量增减以价格的形式包含在综合单价中，选择施工方法、安排人力和机械、准备材料必须考虑工程量的多少。因此一定要复核工程量。

（2）确定分部分项工程费

分部分项工程费的确定是通过分部分项工程量乘以清单项目综合单价确定的。综合单价确定的主要依据是项目特征，投标人要根据招标文件中工程量清单的项目特征描述确定清单项目综合单价。

实行工程量清单招标，招标人在招标文件中提供工程量清单，其目的是使各投标人在投标报价中具有共同的竞争平台。因此，投标人在投标报价中填写的工程量清单的项目编码、项目名称、项目特征、计量单位、工程数量必须与招标人招标文件中提供的一致。为避免出现差错，投标人最好按招标人提供的分部分项工程量清单与计价表直接填写综合单价。

投标人投标报价时应依据招标文件中分部分项工程量清单项目的特征描述来确定综合单价，当出现招标文件中分部分项工程量清单特征描述与设计图纸不符时，投标人应以分部分项工程量清单的项目特征描述为准。招标文件中要求投标人承担的风险费用，投标人应考虑进入综合单价。招标文件中提供了暂估单价的材料，按暂估的单价计入综合单价，填入表内"暂估单价"栏及"暂估合价"栏。

分部分项工程费应按招标文件中分部分项工程量清单项目的特征描述，确定综合单价进行计算。

① 编制施工组织设计，计算实际施工的工程量　招标人提供的清单工程量是按施工图图示尺寸计算得到的工程量净量。在确定综合单价时，必须考虑施工方案等各种影响因素，重新计算施工工程量。因此，施工组织设计或施工方案是施工工程量计算的必要条件，投标人可根据工程条件选择能发挥自身技术优势的施工方案，力求降低工程造价，确立在投标中的竞争优势。计算实际施工的工程量时要考虑施工方法或工艺的要求，如增加工作面。再者，工程量清单计算规则是针对清单项目的主项的计算方法及计量单位进行确定，对主项以外的工程内容的计算方法及计量单位不做规定，由投标人根据施工图及投标人的经验自行确定，最后综合处理形成分部分项工程量清单综合单价。如清单项目"挖基础土方"包括排地表水、挖土方、支拆挡土板、基底钎探、截桩头、运输等子目，工程量的计算不考虑放坡等施工方法，但施工工程量计算时，挖土方量要考虑放坡，考虑施工工作面的宽度。同时，对该项目的排地表水、挖土方、挡土板支拆、基底钎探、截桩头、土方运输也要计算。

② 确定消耗量　投标人应依据反映企业自身水平的企业定额，或者参照国家或省级、行业建设主管部门颁发的计价定额确定人工、材料、机械台班等的耗用量。

③ 市场调查和询价　询价的目的是获得准确的价格信息和供应情况，以便在报价过程中对劳务、工程材料（设备）、机械使用费、分包等正确地定价。根据工程项目的具体情况和市场价格信息，考虑市场资源的供求状况，采用市场价格作为参考，考虑一定的调价系数，或者参考工程造价管理机构发布的工程造价信息，确定人工工日价格、材料价格和施工

机械台班单价等。

④ 计算清单项目分部分项工程的直接工程费　按确定的分项工程人工、材料和机械的消耗量及询价获得的人工工日价格、材料价格和施工机械台班单价，计算出对应分部分项工程单位数量的人工费、材料费和施工机械使用费。

⑤ 计算综合单价　综合单价由清单项目所对应的主项和各个子项的直接工程费、企业管理费与利润，以及一定范围内的风险费用组成。管理费和利润根据企业自身情况及市场竞争情况确定，也可以根据各地区规定的费率得出。

⑥ 计算分部分项工程费　分部分项工程费按分部分项工程量清单的工程量和相应的综合单价进行计算，计算式如下所示

$$分部分项工程费 = \sum 分部分项工程量 \times 分部分项工程综合单价 \qquad (6\text{-}27)$$

（3）确定措施项目费

由于各投标人拥有的施工装备、技术水平和采用的施工方法有所差异，招标人提出的措施项目清单是根据一般情况确定的，没有考虑不同投标人的"个性"，投标人投标时应根据自身编制的施工组织设计（或施工方案）确定措施项目，并对招标人提供的措施项目进行调整。措施项目费应根据招标文件中的措施项目清单及投标时拟定的施工组织设计或施工方案自主确定。投标人根据投标施工组织设计（或施工方案）调整和确定的措施项目应通过评标委员会的评审。

（4）确定其他项目费

其他项目费应按下列规定报价。

① 暂列金额应按照其他项目清单中列出的金额填写，不得变动。

② 暂估价不得变动和更改。暂估价中的材料必须按照暂估单价计入综合单价；专业工程暂估价必须按照其他项目清单中列出的金额填写。

③ 计日工应按照其他项目清单列出的项目和估算的数量，自主确定各项综合单价并计算费用。

④ 总承包服务费应依据招标人在招标文件中列出的分包专业工程内容和供应材料、设备情况，按照招标人提出的协调、配合与服务要求和施工现场管理需要自主确定。

（5）确定规费和税金

规费和税金的计取标准是依据有关法律、法规和政策规定制定的，具有强制性。投标人是法律、法规和政策的执行者，不能改变，更不能制定，而必须按照法律、法规、政策的有关规定执行。因此，投标人在投标报价时必须按照国家或省级、行业建设主管部门的有关规定计算规费和税金。

（6）确定分包工程费

分包工程费是投标价格的重要组成部分，在编制投标报价时，需熟悉分包工程的范围，确定分包工程费用。

（7）确定投标报价

分部分项工程费、措施项目费、其他项目费和规费、税金汇总后就可以得到工程的总价，但并不意味着这个价格就可以作为投标报价，需要结合市场情况、企业的投标策略对总价做调整，最后确定投标报价。

6.2.3　工程量清单计价的方法

6.2.3.1　工程量清单计价流程

工程量清单计价过程可以分为两个阶段：工程量清单编制和工程量清单应用。工程量清单的编制程序如图 6-3 所示，工程量清单应用过程如图 6-4 所示。

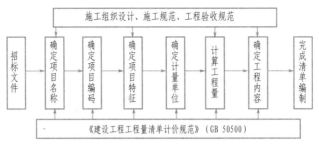

图 6-3　工程量清单编制程序

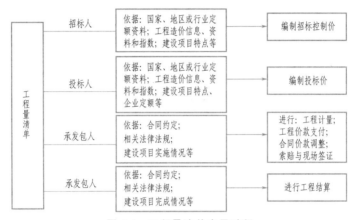

图 6-4　工程量清单应用过程

6.2.3.2　工程量清单计价的方法

（1）工程造价计算

采用工程量清单计价，建筑安装工程造价由分项工程费、措施项目费、其他项目费、规费和税金组成。在工程量清单计价中，如按分部分项工程单价组成来分，工程量清单计价主要有三种形式：工料单价法、综合单价法、全费用综合单价法。

$$工料单价＝人工费＋材料费＋施工机具使用费 \tag{6-28}$$

$$综合单价＝人工费＋材料费＋施工机具使用费＋管理费＋利润 \tag{6-29}$$

$$全费用综合单价＝人工费＋材料费＋施工机具使用费＋管理费＋利润＋规费＋税金 \tag{6-30}$$

分部分项工程量清单采用综合单价法。为了贯彻工程造价的全费用造价，强调最高投标限价，投标报价的单价应采用全费用综合单价。本书主要依据《建设工程工程量清单计价规范》（GB 50500）编写，即采用综合单价法计价，利用综合单价法计价需分项计算清单项目，再汇总得到工程总造价。

$$分部分项工程费＝\sum 分部分项工程量×分部分项工程综合单价 \tag{6-31}$$

$$措施项目费＝\sum 单价措施项目工程量×单价措施项目综合单价＋\sum 总价措施项目费 \tag{6-32}$$

$$单位工程造价＝分部分项工程费＋措施项目费＋其他项目费＋规费＋税金 \tag{6-33}$$

$$单项工程造价＝\sum 单位工程造价 \tag{6-34}$$

$$建设项目总造价＝\sum 单项工程造价 \tag{6-35}$$

（2）分部分项工程费计算

根据公式（6-31），利用综合单价法计算分部分项工程费需要解决两个核心问题，即确定各分部分项工程的工程量及其综合单价。

① 分部分项工程量的确定　招标文件中的工程量清单标明的工程量是招标人编制招标控制价和投标人投标报价的共同基础，它是工程量清单编制人按施工图图示尺寸和工程量清单计算规则计算得到的工程净量。但该工程量不能作为承包人在履行合同义务中应予完成的实际和准确的工程量，发承包双方进行工程竣工结算时的工程量应按发承包双方在合同中约定应予计量且实际完成的工程量确定，当然该工程量的计算也应严格遵照工程量清单计算规则，以实体工程量为准。

② 综合单价的编制　《建设工程工程量清单计价规范》（GB 50500）中的工程量清单综合单价是指完成一个规定清单项目所需的人工费、材料和工程设备费、施工机具使用费和企业管理费、利润以及一定范围内的风险费用。该定义并不是真正意义上的全费用综合单价，而是一种狭义上的综合单价，规费和税金等不可竞争的费用并不包括在项目单价中。

综合单价的计算通常采用定额组价的方法，即以计价定额为基础进行组合计算。由于"计价规范"与"定额"中的工程量计算规则、计量单位、工程内容不尽相同，综合单价的计算不是简单地将其所含的各项费用进行汇总，而是要通过具体计算后综合而成。综合单价的计算可以概括为以下步骤。

a.确定组合定额子目。清单项目一般以一个"综合实体"考虑，包括了较多的工程内容，计价时，可能出现一个清单项目对应多个定额子目的情况。因此计算综合单价的第一步就是将清单项目的工程内容与定额项目的工程内容进行比较，结合清单项目的特征描述，确定拟组价清单项目应该由哪几个定额子目来组合。如"预制预应力C20混凝土空心板"项目，计量规范规定此项目包括制作、运输、吊装及接头灌浆，若定额分别列有制作、安装、吊装及接头灌浆，则应用这4个定额子目来组合综合单价；又如"M5水泥砂浆砌砖基础"项目，按计量规范不仅包括主项"砖基础"子目，还包括附项"混凝土基础垫层"子目。

b.计算定额子目工程量。由于一个清单项目可能对应几个定额子目，而清单工程量计算的是主项工程量，与各定额子目的工程量可能并不一致；即便一个清单项目对应一个定额子目，也可能由于清单工程量计算规则与所采用的定额工程量计算规则之间的差异，而导致二者的计价单位和计算出来的工程量不一致。因此，清单工程量不能直接用于计价，在计价时必须考虑施工方案等各种影响因素，根据所采用的计价定额及相应的工程量计算规则重新计算各定额子目的施工工程量。定额子目工程量的具体计算方法，应严格按照与所采用的定额相对应的工程量计算规则计算。

c.测算人、料、机消耗量。人、料、机的消耗量一般参照定额进行确定。在编制招标控制价时一般参照政府颁发的消耗量定额；编制投标报价时一般采用反映企业水平的企业定额，投标企业没有企业定额时可参照消耗量定额进行调整。

d.确定人、料、机单价。人工单价、材料价格和施工机械台班单价，应根据工程项目的具体情况及市场资源的供求状况进行确定，采用市场价格作为参考，并考虑一定的调价系数。

e.计算清单项目的人、料、机总费用。按确定的分项工程人工、材料和机械的消耗量及询价获得的人工单价、材料单价、施工机械台班单价，与相应的计价工程量相乘得到各定额子目的人、料、机总费用，将各定额子目的人、料、机总费用汇总后算出清单项目的人、料、机总费用

$$人、料、机总费用 = \sum 计价工程量 \times (\sum 人工消耗量 \times 人工单价 + \sum 材料消耗量 \times$$
$$材料单价 + \sum 台班消耗量 \times 台班单价) \tag{6-36}$$

f.计算清单项目的管理费和利润。企业管理费及利润通常根据各地区规定的费率乘以规定的计价基础得出。通常情况下，计算公式如下

$$管理费＝人、料、机总费用 \times 管理费费率 \tag{6-37}$$

$$利润＝(人、料、机总费用＋管理费) \times 利润率 \tag{6-38}$$

g. 计算清单项目的综合单价。将清单项目的人、料、机总费用、管理费及利润汇总得到该清单项目合价，将该清单项目合价除以清单项目的工程量即可得到该清单项目的综合单价

$$综合单价＝(人、料、机总费用＋管理费＋利润)/清单工程量 \tag{6-39}$$

如果采用全费用综合单价计价，则还需要计算清单项目的规费和税金。

（3）措施项目费计算

措施项目费是指为完成工程项目施工，而用于发生在该工程施工准备和施工过程中的技术、生活、安全、环境保护等方面的非工程实体项目所支出的费用。措施项目清单计价应根据建设工程的施工组织设计，可以计算工程量的措施项目，应按分部分项工程量清单的方式采用综合单价计价；其余的不能算出工程量的措施项目，则用总价项目的方式，以"项"为单位的方式计价，应包括除规费、税金外的全部费用。措施项目清单中的安全文明施工费应按照国家或省级、行业建设主管部门的规定计价，不得作为竞争性费用。

措施项目费的计算方法一般有综合单价法、参数法计价、分包法计价几种。

（4）其他项目费计算

其他项目费由暂列金额、暂估价、记日工、总承包服务费等内容构成。

暂列金额和暂估价由招标人按估算金额确定。招标人在工程量清单中提供的暂估价的材料、工程设备和专业工程，若属于依法必须招标的，由承包人和招标人共同通过招标确定材料、工程设备单价与专业工程分包价；若材料、工程设备不属于依法必须招标的，经发承包双方协商确认单价后计价；若专业工程不属于依法必须招标的，由发包人、总承包人与分包人按有关计价依据进行计价。

记日工和总承包服务费由承包人根据招标人提出的要求，按估算的费用确定。

（5）规费与税金的计算

规费是指政府和有关权力部门规定必须缴纳的费用。建筑安装工程税金是指国家税法规定的应计入建筑安装工程造价内的城市维护建设税、教育费附加及地方教育费附加。如国家税法发生变化或地方政府及税务部门依据职权对税种进行了调整，应对税金项目清单进行相应调整。

规费和税金应按国家或省级、行业建设主管部门的规定计算，不得作为竞争性费用。每一项规费和税金的规定文件中，对其计算方法都有明确的说明，故可以按各项法规和规定的计算方式计取。具体计算时，一般按国家及有关部门规定的计算公式和费率标准进行计算。

（6）风险费用的确定

风险是一种客观存在的、可能会带来损失的、不确定的状态，工程风险是指一项工程在设计、施工、设备调试以及移交运行等项目全寿命周期全过程可能发生的风险。这里的风险具体指工程建设施工阶段承发包双方在招投标活动和合同履约及施工中所面临的涉及工程计价方面的风险。建设工程发承包，必须在招标文件、合同中明确计价中的风险内容及其范围，不得采用无限风险、所有风险或类似语句规定计价中的风险内容及范围。

6.3　定额计价

6.3.1　建筑工程预算定额换算

6.3.1.1　预算定额的直接套用

当施工图的设计要求与预算定额的项目内容一致时，可直接套用预算定额。在编制单位

工程施工图预算的过程中，大多数项目可以直接套用预算定额。

6.3.1.2　预算定额的换算

当施工图的分项工程项目不能直接套用预算定额时，就产生了定额的换算。

（1）换算原则

定额换算就是使定额的内容与施工图一致的过程。其实质是依据定额的规定，对定额中原列的人工、材料、机械台班进行调整，从而使原有项目的预算价格、工料、台班符合实际情况的过程。建筑工程预算定额的换算，必须同时满足以下三个原则。

① 定额的砂浆、混凝土强度等级，如设计与定额不同时，允许换算。

② 定额中抹灰项目已考虑了常用厚度，各层砂浆的厚度一般不做调整。如果设计有特殊要求时，定额中工、料可以按厚度比例换算。

③ 必须按预算定额中的各项规定换算定额。

（2）预算定额的换算类型

① 砂浆换算　即砌筑砂浆换强度等级、抹灰砂浆换配合比及砂浆用量。

② 混凝土换算　即构件混凝土、楼地面混凝土的强度等级、混凝土类型的换算。

③ 系数换算　按规定对定额中的人工费、材料费、机械费乘以各种系数的换算。

④ 其他换算　除上述三种情况以外的定额换算。

（3）预算定额的基本规定

定额换算的基本规定是：根据选定的预算定额基价，按规定换入增加的费用，减去扣除的费用。

这一规定用下列表达方式表述

换算后的定额基价＝原定额基价＋换入的费用－换出的费用

（4）预算定额换算实例

① 砂浆换算　由于砂浆用量不变，所以人工费、机械费不变，因而只换算砂浆强度等级和调整砂浆材料费。

换算砂浆公式：

换算后的定额基价＝原定额基价＋定额砂浆用量×（换入砂浆基价－换出砂浆基价）

$$(6\text{-}40)$$

【例 6-1】　砖基础采用砌筑水泥砂浆 M7.5，M7.5 单价为 145.3 元/m³。求换算后的水泥砂浆砖基础。砖基础定额信息见表 6-4。

表 6-4　砖基础定额信息

定　额　编　号		4-1
项　　　目		砖基础
基　价/元		3981.03
其中	人　工　费	1281.49
	材　料　费	1950.03
	机械使用费	47.38
	其他措施费	52.36
	安　文　费	113.81
	管　理　费	234.59
	利　　　润	160.25
	规　　　费	141.12

续表

名 称	单位	单价/元	数 量
综合工日	工日	—	(10.07)
烧结煤矸石普通砖 240×115×53	千块	287.50	5.262
干混砌筑砂浆 DM M10	m³	180.00	2.399
水	m³	5.13	1.050
干混砂浆罐式搅拌机公称储量(L)20000	台班	197.40	0.240

【解】 选用砖基础定额❶子目 (4-1)=3981.03(元/10m³)

换算后的水泥砂浆砖基础基价=3981.03+2.399×(145.3−180)

= 3981.03−83.25

= 3897.78(元/10m³)

【小贴士】 式中,换算后的水泥砂浆砖基础基价是选用公式 (6-40),定额中是以"10m³"为单位。

② 混凝土换算 当设计要求构件采用混凝土强度等级,在预算定额中没有相符合的项目时,就产生了混凝土的换算。

换算后定额基价=原定额基价+定额混凝土用量×(换入混凝土基价−换出混凝土基价)

(6-41)

【例 6-2】 现浇混凝土独立基础采用预拌混凝土 C15,预拌砂浆 C15 单价为 200 元/m³。求换算后现浇混凝土独立基础。独立基础定额信息见表 6-5。

表 6-5 独立基础定额信息

定 额 编 号			5-4	5-5	5-6
项 目			独立基础		杯形基础
			毛石混凝土	混凝土	
基 价/元			3155.99	3225.98	3239.26
其中		人 工 费	438.36	354.70	362.60
		材 料 费	2428.78	2637.53	2637.91
		机 械 使 用 费	—	—	—
		其 他 措 施 费	17.99	14.56	14.87
		安 文 费	39.11	31.65	32.32
		管 理 费	115.87	93.77	95.78
		利 润	67.39	54.53	55.70
		规 费	48.49	39.24	40.08

名 称	单位	单价/元	数 量		
综合工日	工日	—	(3.46)	(2.80)	(2.86)
预拌混凝土 C20	m³	260.00	8.673	10.100	10.100
塑料薄膜	m²	0.26	14.480	15.927	15.927
水	m³	5.13	1.091	1.125	1.200
毛石综合	m³	59.25	2.752	—	—
电	kW·h	0.70	1.980	2.310	2.310

---

❶ 河南省房屋建筑与装饰工程预算定额。

【解】 选用混凝土独立基础定额子目(5-5)基价＝3225.98(元/10m³)

换算后的现浇混凝土独立基础基价＝3225.98＋8.673×(260－200)

＝3225.98＋520.38

＝3746.36(元/10m³)

【小贴士】 式中，换算后的现浇混凝土独立基础基价是选用公式（6-41），定额中是以"10m³"为单位。

③ 系数换算 使用某些预算定额项目时，定额的一部分或者全部乘以规定的系数。

换算公式

$$换算后定额基价＝原定额基价＋定额人工费×(系数－1) \tag{6-42}$$

【例6-3】 某沟槽总深2.6m，其中干土1.6m，湿土1.0m，人工开挖，二类土，采用放坡开挖。求湿土换算（人工挖沟槽土方定额信息见表6-6。）

表6-6 人工挖沟槽土方定额信息

定 额 编 号			1-9	1-10	1-11	1-12
项 目			人工挖沟槽土方(槽深)			
			一、二类土		三类土	
			≤2m	>2m,≤6m	≤2m	≤4m
基 价/元			403.32	447.92	678.81	788.92
其中		人 工 费	260.34	289.17	438.29	509.19
		材 料 费	—	—	—	—
		机械使用费	—	—	—	—
		其他措施费	15.55	17.26	26.16	30.42
		安 文 费	33.79	37.52	56.85	66.12
		管 理 费	28.30	31.42	47.60	55.36
		利 润	23.44	26.02	39.42	45.85
		规 费	41.90	46.53	70.49	81.98
名 称	单位	单价/元	数 量			
综合工日	工日	—	(2.99)	(3.32)	(5.03)	(5.85)

【解】 选择干土定额子目(1-10)基价＝447.92(元/10m³)

湿土换算后的基价：(1-10)换＝447.92＋289.17×(1.18－1)＝499.97(元/10m³)

【小贴士】 式中，因为题中是人工挖沟槽、二类土、挖深2.6m，所以选择定额子目(1-10)，又因为土方子目按干土编制，人工挖、运湿土时，相应项目人工乘以系数1.18。湿土换算后的基价是选用公式（6-42），定额中是以"10m³"为单位。

④ 其他换算 其他换算是指不属于上述几种情况的定额基价换算。

【例6-4】 某住宅墙面做法为平面涂料防水，采用3mm厚聚合物复合改性沥青防水涂料。涂料防水定额信息见表6-7。

表 6-7 涂料防水定额信息

工作内容：清理基层，调配及涂刷涂料。

单位：100m²

定 额 编 号			9-59	9-60	9-61	9-62
项 目			聚合物复合改性沥青防水涂料			
			2mm 厚		每增减 0.5mm 厚	
			平面	立面	平面	立面
基 价/元			4280.22	4878.01	983.46	1126.76
其中		人 工 费	326.26	522.16	81.40	130.78
		材 料 费	3788.40	4091.47	861.00	929.88
		机械使用费	—	—	—	—
		其他措施费	13.42	21.42	3.33	5.36
		安 文 费	29.16	46.57	7.23	11.64
		管 理 费	48.83	77.98	12.11	19.50
		利 润	37.99	60.67	9.42	15.17
		规 费	36.16	57.74	8.97	14.43
名 称	单位	单价/元	数 量			
综合工日	工日	—	(2.58)	(4.12)	(0.64)	(1.03)
聚合物复合改性沥青防水涂料	kg	16.40	231.000	249.480	52.500	56.700

【解】 换算后的定额基价：定额子目（9-59）＋2×定额子目（9-61）＝4280.22＋2×983.46＝6247.14（元/100m³）

【小贴士】 式中，选择定额子目（9-59）是因为题中是聚合物复合改性沥青防水涂料平面，虽然定额中规定是 2mm 厚，但是题中是 3mm 厚，应该要增加两个 0.5mm 厚的定额子目，所以是 2×定额子目（9-61）。定额中是以"100m³"为单位。

6.3.2 定额基价换算公式总结

（1）定额基价换算总公式

换算后的定额基价＝原定额基价±（换入的费用－换出的费用）

（2）材料价格换算公式

由于建筑材料的市场价格与相应定额预算价格不同，而引起定额基价的变化。

换算后的定额基价＝换算前的定额基价＋换算材料定额消耗量×
（换算材料市场价格－换算材料预算价格）

（3）材料规格换算公式

换算后的定额基价＝定额基价＋定额消耗量×换算材料的市场价－定额消耗量×定额材料价
差价＝定额计量单位图纸规格主材费定额－定额计量单位定额规格主材费
定额计量单位图纸规格主材费＝定额计量单位图纸规格主材实际消耗量×调相应主材市场价格
定额计量单位定额规格主材费＝定额规格主材消耗量×调相应的主材定额预算价格
换算后的定额基价＝换算前定额基价＋差价

（4）砂浆配合比换算公式

换算后的定额基价＝换算前定额基价±应换算砂浆定额消耗量×两种配合比砂浆预算价格差

6.3.3　定额基价中人工费、材料费及机械台班费的确定

6.3.3.1　人工工资标准和定额工资单价

人工工日单价是指预算定额基价中计算人工费的单价。工日单价通常由日工资标准和工资性补贴构成。

（1）工资标准的确定

工资标准是指工人在单位时间内（日或月）按照不同的工资等级所取得的工资数额。研究工资标准的目的是为了确定工日单价，满足编制预算定额或换算预算定额的需要。

① 工资等级是按国家或企业有关规定，按照劳动者的技术水平、熟练程度和工作责任大小等因素所划分的工资级别。

② 工资等级系数也称工资级差系数，是某一等级的工资标准与一级工工资标准的比值。

（2）工日单价的计算

预算定额基价中人工工日单价是指一个建筑生产工人一个工作日在预算中应计入的全部人工费用。一般组成如下。

① 生产工人基本工资　根据有关规定，生产工人基本工资应执行岗位工资和技能工资制度。

② 生产工人工资性津贴　是指为了补偿工人额外或特殊的劳动消耗及为了保证工人的工资水平不受特殊条件影响，而以补贴形式支付给工人的劳动报酬，它包括按规定标准发放的物价补贴，煤、燃气补贴，交通补贴，房租补贴，流动施工津贴及地区津贴等。

③ 生产工人辅助工资　是指生产工人年有效施工天数以外非作业天数的工资，包括职工学习、培训期间的工资，调动工作、探亲、休假期间的工资，因气候影响的停工工资，女工哺乳时间的工资，病假在6个月以内的工资及产、婚、丧假期的工资。

④ 职工福利费　是指按规定标准计提的职工福利费。

⑤ 生产工人劳动保护费　是指按规定标准发放的劳动保护用品的购置费及修理费，徒工服装补贴，防暑降温费，在有碍身体健康环境中施工的保健费用等。

6.3.3.2　材料预算价格

（1）材料预算价格的概念

材料预算价格是指材料由其来源地或交货地运达仓库或施工现场堆放地点后至出库过程中平均发生的全部费用，是预算定额中材料消耗量与相应的材料预算价格的乘积。

建筑工程材料费一般在建筑工程造价中占有很大比例。通常情况下，材料费占整个建筑工程造价的 $60\% \sim 70\%$。由此可见，材料预算价格的高低，将直接影响建筑工程预算造价的大小。所以，正确确定材料预算价格，有利于提高预算定额工作的质量、降低工程预算造价、促进施工企业的经济核算。

材料（包括成品、半成品、零件）预算价格是指材料由来源地或交货地点运到工地仓库或施工现场存放地点后的出库价格。

（2）材料预算价格的组成

材料价格由原价或出厂价、供销部门手续费、包装费、运输费和采购及保管费5个部分组成。其中，原价、运输费、采购及保管费3项是构成材料预算价格的基本费用。

（3）材料预算价格中各项费用的确定

① 材料原价一般是指材料的出厂价、销售部门的批发价和市场采购价以及进口材料的调拨价等，其价格一般都是由国家或地方主管部门确定的。凡由材料生产单位供应的材料以

出厂价格为原价；由销售部门供应的，以销售部门的批发价或市场批发价为原价；进口物资按照国家批准的进口物资调拨价格计算，如国内无同类产品又无批准的调拨价格时，按订货单位的实际成本计算；综合价是指同一种材料有几种来源，按供应比例和各地原价，采用加权平均的方法确定其原价。

② 材料供销部门手续费是指某些材料由于不能直接向生产单位采购订货，需经当地物资供应部门或供销部门供应而支付的附加手续费。这项费用可按物资部门或供销部门现行的收费标准计算。其计算方法为

$$\text{材料供销部门手续费} = \text{材料原价} \times \text{材料供销部门手续费率} \tag{6-43}$$

如果供销部门的供货价格已包括了供应手续费，则不应再计算此项费用。

如果不经物资供应部门而直接从生产单位采购直达到货的材料，不计算供销部门手续费。

③ 材料包装费是指为了便于材料运输或为保护材料而进行包装所需要的费用。材料运到现场或使用后，要对包装品进行回收。包装费的计算，通常有两种情况。

a. 凡由生产厂家负责包装的，如水泥、玻璃等材料，其包装费一般已计入原价内，不再另行计算，但应扣回包装品的回收值。

b. 采购单位自备包装容器的材料，应计算包装费，加入材料预算价格中，材料包装费应按包装材料的出厂价正常的折旧摊销进行计算。公式如下

$$\text{包装费} = \text{包装材料原价} - \text{包装材料回收价值} \tag{6-44}$$
$$\text{包装材料回收价值} = \text{包装原价} \times \text{回收量比例} \times \text{回收价值比例} \tag{6-45}$$

④ 材料运输费是指材料由发货地运至施工现场或堆放处的全部过程中所支付的一切费用，其具体包括车船等的运输费、调车费、出入库费、装卸费及合理的运输损耗等。

建筑材料的运输费占材料费的 $10\% \sim 15\%$，有些地方材料，运费往往相当于原价的 $1 \sim 2$ 倍。可见，运输费直接影响建筑工程造价。所以为了减少运输，必须坚持就地、就近取材；运输线路应以最近、最合理而又可通行的道路为原则选取。

材料运输费用一般分市内运费和外埠运费两段计算。

a. 市内运费是指材料从本市仓库或货库，运至施工工地仓库的全部费用，包括出库费、装卸费和运输费，不包括从工地仓库或堆放地运至施工地点的运输费和二次搬运费。

b. 外埠运费是指材料由其来源地运至本市材料仓库或货站的全部费用，包括调车费、泊船费、车船运输费、装卸费及入库费等。外埠材料一般是通过公路、铁路和水路运输，如图 6-5 所示。

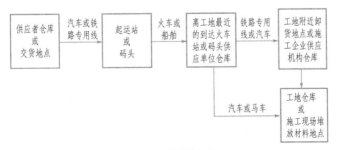

图 6-5　外埠运费

⑤ 材料采购及保管费是指施工企业的材料供应部门，在组织材料采购、供应和保管过程中所需支出的各项费用。其中包括采购及保管部门人员的工资和管理费、工地材料仓库的保管费、货物过秤费及材料在运输和储存中的损耗费用等。材料的采购及保管费按材料原

价、供应部门手续费、包装费及运输费之和的一定比率计算。目前，国家有关部门规定的采购及保管费率为 2.5%，但各地区根据本地的实际情况做了调整。

综上所述，材料预算价格计算公式如下

$$材料采购及保管费＝（材料原价＋供销部门手续费＋包装费＋运杂费）×采购及保管费率 \tag{6-46}$$

$$\begin{aligned}材料预算价格＝&（材料原价＋供销部门手续费＋包装费＋运输费）×\\&（1＋采购保管费率）/（1－运输损耗率）－包装材料回收价值\end{aligned} \tag{6-47}$$

（4）机械台班预算单价

施工机械台班预算单价是指一个台班（一台某种机械工作 8h 称为一个台班）中，为使机械正常运转所支出和分摊的人工、材料、折旧、维修以及养路费的总称。施工机械台班单价按有关规定由七项费用组成，这些费用按其性质分为第一类费用和第二类费用。

① 第一类费用亦称不变费用，是指属于分摊性质的费用，包括：折旧费、大修理费、经常修理费和机械安拆费。

a. 折旧费是指施工机械在规定使用期限内，陆续收回其原始价值即购买资金的时间价值。

b. 大修理费是指施工机械按规定大修间隔台班必须进行的大修，以恢复其正常使用功能所需的费用。

c. 经常修理费是指施工机械除大修理以外的各级保养和临时故障所需的费用。

d. 安拆费是指施工机械在施工现场进行安装拆卸，所需的人工、材料、机械、试运转费及机械辅助设施的折旧、搭设、拆除等费用。

场外运输费是指施工机械整体或分件，从停放场地点运至施工现场或由一个施工地点运至另一个施工地点，运距在 25km 以内的机械进出场运输及转移费用。

② 第二类费用的计算包括：燃料动力费、人工费、养路费及车船使用税。

a. 燃料动力费是指机械在运转或施工作业中所耗用的固定燃料（煤炭、木材）、液体燃料（汽油、柴油）、电力、水和风力等费用。燃料动力费的计算公式为

$$燃料动力费＝台班燃料动力消耗量×相应单价 \tag{6-48}$$

b. 人工费是指机上司机（司炉）和其他操作人员的工作日人工费及上述人员在机械规定的年工作台班以外的人工费。

c. 养路费及车船使用税是指机械按国家和有关部门规定应缴纳的养路费和车船使用税。

6.4 直接费计算及工料分析

6.4.1 直接费内容

直接费由直接工程费和措施费组成。

6.4.1.1 直接工程费

直接工程费是指施工过程中耗费的构成工程实体的各项费用，包括人工费、材料费、施工机械使用费。

（1）人工费

人工费是指直接从事建设工程施工的生产工人开支的各项费用。人工费主要内容包括：生产工人的基本工资，工资性补贴，生产工人的辅助工资，职工福利，生产工人劳动保护费，住房公积金，劳动保险费、医疗保险费，危险作业意外伤害保险，工会费用，

职工教育经费。

（2）材料费

材料费是指施工过程中耗费的构成工程实体的原材料、辅助材料、构配件、零件、半成品的费用和周转使用材料的摊销（或租赁）费用，包括材料预算价格及检验试验费。

① 材料预算价格包括的项目

a. 材料原价（或供应价格）。

b. 材料运杂费：是指材料自来源地运至工地仓库或指定堆放地点所发生的全部费用。

c. 运输损耗费：是指材料在运输装卸过程中不可避免的损耗。

d. 采购及保管费：是指为组织采购、供应和保管材料过程所需要的各项费用，包括采购费、仓储费、工地保管费、仓储损耗。

② 检验试验费　是指对建筑材料、构件和建筑安装物进行一般鉴定、检查所发生的费用，包括自设试验室进行试验所耗用的材料和化学药品等费用。不包括新结构、新材料的试验费和建设单位对具有出厂合格证明的材料进行检验，对构件做破坏性试验及其他特殊要求检验试验的费用。

（3）施工机械使用费

施工机械使用费是指施工机械作业所发生的机械使用费以及机械安拆费和场外运费。施工机械台班单价应由下列七项费用组成。

① 折旧费　指施工机械在规定的使用年限内，陆续收回其原值及购置资金的时间价值。

② 大修理费　指施工机械按规定的大修理间隔台班进行必要的大修理，以恢复其正常功能所需的费用。

③ 经常修理费　指施工机械除大修理以外的各级保养和临时故障排除所需的费用，包括为保障机械正常运转所需替换设备与随机配备工具附具的摊销和维护费用，机械运转及日常保养所需润滑与擦拭的材料费用及机械停滞期间的维护和保养费用等。

④ 安拆费及场外运费　安拆费指施工机械在现场进行安装与拆卸所需的人工、材料、机械和试运转费用以及机械辅助设施的折旧、搭设、拆除等费用；场外运费指施工机械整体或分体自停放地点运至施工现场或由一施工地点运至另一施工地点的运输、装卸、辅助材料及架线等费用。

⑤ 人工费　指机上司机（司炉）和其他操作人员的工作日人工费及上述人员在施工机械规定的年工作台班以外的人工费。

⑥ 燃料动力费　指施工机械在运转作业中所消耗的固体燃料（煤、木柴）、液体燃料（汽油、柴油）及水、电等。

⑦ 其他费用　指施工机械按照国家规定和有关部门规定应交纳的养路费、车船使用税、保险费及年检费等。

6.4.1.2　措施项目费

措施项目费是指为完成工程项目施工，发生在该工程施工前和施工过程中非实体项目的费用。措施项目费由通用项目措施费和专业项目措施费组成。通用措施项目包括安全文明施工费，夜间施工增加费，二次搬运费，冬雨期施工增加费，大型机械设备进出场及安拆费，施工排水费，施工降水费，地上、地下设施、建筑物的临时保护设施费，已完工程及设备保护费等（见表 6-8）。

专业措施项目包括专业措施项目包括脚手架措施项目费、模板措施项目费、预制混凝土构件运输机安装措施项目费、金属构件运输及安装措施项目费、大型机械进出场及安拆措施项目费和垂运超高及其他措施项目费。

表 6-8　通用措施项目费

序号	项目名称
1	安全文明施工（含环境保护、文明施工、安全施工）
2	临时设施
3	夜间施工
5	冬雨期施工
4	材料及产品质量检测
6	已完、未完工程及设备保护
7	地上地下设施、建筑物的临时保护设施

通用措施项目除一览表内所列可能发生的项目外，施工单位可根据各专业定额、拟建工程特点和地区情况措施自行补充。

① 安全文明施工包括：环境保护费、文明施工费、安全施工费、临时设施费。

a. 环境保护费：指施工现场为达到环境部门的要求而需要的各项费用。

b. 文明施工费：指施工现场文明施工所需要的各项费用。

c. 安全施工费：指施工现场安全施工所需要的各项费用。

d. 临时设施费：指施工企业为进行建设工程施工所必需搭设的生活和生产用的临时建筑物、构筑物、配电设施电路和其他临时设施费用（包括临时宿舍、文化福利及公用事业房屋与构筑物、仓库、办公室、加工厂，以及施工现场范围内道路、水、电、管线等临时设施和小型临时设施。临时设施费包括临时设施的搭拆、维修、拆除费或摊消费）等。

② 夜间施工增加费指根据设计、施工技术要求或建设单位要求提前完工（工期低于工期定额 70% 时），须进行夜间施工的工程所增加的费用，包括：照明设施安拆、摊销费，电费，施工降效费和职工夜餐补贴费。施工单位在建设单位没有要求提前交工为赶工期自行组织的夜间施工不计取夜间施工增加费。

③ 材料及产品质量检测费指对建筑材料、构件和建筑安装物进行一般鉴定、检查所发生的费用，包括：自设实验室进行检验所耗用的材料和化学用品等费用；建设单位、质检单位对具有出厂合格证明的材料进行检验试验的费用。不包括新结构、新材料的试验费和对构件做破坏性试验及其他特殊要求检验试验的费用。

④ 冬季施工增加费是指施工单位在施工规范规定的冬季气温条件下施工所增加的费用，包括冬季施工措施费和人工、机械降效费。雨季施工增加费是指在雨季施工时，为防滑、防雨、防雷、排水等增加的费用和人工降效补偿费，不包括雷击、洪水造成的人员、财产损失。

⑤ 已完工程及设备保护费是指竣工验收前，对已完工程及设备进行保护所需的费用；未完工程保护费是指工程建设过程中，在冬季或其他特殊情况下停止施工时，对未完工部分的保护费用。

⑥ 地上地下设施、建筑物的临时保护费是指施工前，对原有地上、地下设施和建筑物进行安全保护所采取的措施费用。不包括对新建地上、地下设施和建筑物的临时保护设施。

6.4.2　直接费计算及工料分析

6.4.2.1　直接费计算

$$人工费 = \sum（工日消耗量 \times 日工资单价）\tag{6-49}$$

$$日工资单价=\frac{生产工人平均月工资(计时、计件)+平均月(奖金+津贴补贴+特殊情况下支付的工资)}{年平均每月法定工作日}$$

$$(6\text{-}50)$$

注意：公式（6-49）主要适用于施工企业投标报价时自主确定人工费，也是工程造价管理机构编制计价定额确定定额人工单价或发布人工成本信息的参考依据。

$$人工费=\sum(工程工日消耗量\times日工资单价) \tag{6-51}$$

日工资单价是指施工企业平均技术熟练程度的生产工人在每工作日（国家法定工作时间内）按规定从事施工作业应得的日工资总额。

工程造价管理机构确定日工资单价应通过市场调查、根据工程项目的技术要求，参考实物工程量人工单价综合分析确定，最低日工资单价不得低于工程所在地人力资源和社会保障部门所发布的最低工资标准的：普工 1.3 倍、一般技工 2 倍、高级技工 3 倍。

工程计价定额不可只列一个综合工日单价，应根据工程项目技术要求和工种差别适当划分多种日人工单价，确保各分部工程人工费的合理构成。

注：公式（6-51）适用于工程造价管理机构编制计价定额时确定定额人工费，是施工企业投标报价的参考依据。

6.4.2.2　材料费

$$材料费=\sum(材料消耗量\times材料单价) \tag{6-52}$$

$$材料单价=[(材料原价+运杂费)\times(1+运输损耗率)]\times(1+采购保管费率) \tag{6-53}$$

式中，运输损耗率和采购保管费率均以"%"计。

6.4.2.3　工程设备费

$$工程设备费=\sum(工程设备量\times工程设备单价) \tag{6-54}$$

$$工程设备单价=(设备原价+运杂费)\times[1+采购保管费率(\%)] \tag{6-55}$$

6.4.2.4　施工机具使用费

（1）施工机具使用费

$$施工机械使用费=\sum(施工机械台班消耗量\times机械台班单价) \tag{6-56}$$

$$机械台班单价=台班折旧费+台班大修费+台班经常修理费+台班安拆费及场外运费+$$
$$台班人工费+台班燃料动力费+台班车船税费 \tag{6-57}$$

（2）仪器仪表使用费

$$仪器仪表使用费=工程使用的仪器仪表摊销费+维修费 \tag{6-58}$$

6.4.2.5　工料分析

工料分析是按照各分项工程，依据定额或者单位估价表，首先从定额项目表中分别将各分项工程消耗的每项材料和人工的定额消耗量查出；再分别乘以该工程项目的工程量，得到分项工程工料消耗量，最后将各分项工程工料消耗量加以汇总，得出单位工程人工、材料的消耗数量。

由于施工企业管理和经济核算以及部分材料调整都必须以工料分析的结果为依据，所以当前工料分析十分重要。施工图预算工料分析是建筑企业管理中必不可少的技术资料，主要作为企业内部使用。工料分析的作用如下。

① 在施工管理中为单位工程的分部分项工程项目提供人工、材料的预算用量。

② 生产计划部门根据它编制施工计划，安排生产，统计完成工作量。

③ 劳资部门依据它组织、调配劳动力，编制工资计划。

④ 材料部门要根据它编制材料供应计划，储备材料，安排加工订货。

⑤ 财务部门要依据它进行财务成本核算进行经济分析。

6.4.3 材料价差调整

(1) 按实调整法（即抽样调整法）

此法是工程项目所在地材料的实际采购价（甲、乙双方核定后）按相应材料定额预算价格和定额含量，抽料抽量进行调整计算价差的一种方法，按下列公式进行

某种材料单价价差＝该种材料实际价格(或加权平均价格)－定额中的该种材料价格

$$(6-59)$$

工程材料实际价格的确定方法如下。

① 参照当地造价管理部门定期发布的全部材料信息价格。

② 建设单位指定或施工单位采购经建设单位认可、由材料供应部门提供的实际价格。

某种材料的加权平均价的计算公式为

$$某种材料加权平均价 = \sum X_i J_i / \sum X_i \qquad (6-60)$$

式中，X_i 为材料不同渠道采购供应的数量；J_i 为材料不同渠道采购供应的价格。

某种材料价差调整额＝该种材料在工程中合计耗用量×材料单价价差　　(6-61)

按实调差的优点是补差准确合理，实事求是。由于建筑工程材料存在品种多、渠道广、规格全、数量大的特点，若全部采用抽量调差，则费时费力，烦琐复杂。

(2) 综合系数调差法

此法是直接采用当地工程造价管理部门测算的综合调差系数调整工程材料价差的一种，计算公式为

$$某种材料调差系数 = \sum K_1 (各种材料价差) K_2 \qquad (6-62)$$

式中，K_1 为各种材料费占工程材料的比例；K_2 为各类工程材料占直接费的比例。

单位工程材料价差调整金额＝综合价差系数×预算定额直接费　　(6-63)

综合系数调差法的优点是操作简便、快速易行。但这种方法过于依赖造价管理部门对综合系数的测量工作。实际中，常常会因项目选取的代表性，材料品种价格的真实性、准确性和短期价格波动的关系导致工程造价计算误差。

(3) 按实调整与综合系数相结合

据统计，在材料费中三材价值占 68% 左右，而数目众多的地方材料及其他材料仅占材料费 32%。而事实上，对子目中分布面广的材料全面抽量也无必要。在有些地方，根据数理统计的 A、B、C 分类法原理，抓住主要矛盾，对 A 类材料重点控制，对 B、C 类材料作次要处理，即对三材或主材（即 A 类材料）进行抽量调整，其他材料（即 B、C 类材料）用辅材系数进行调整，从而克服了以上两种方法的缺点，有效地提高了工程造价的准确性，将预算编制人员从烦琐的工作中解放出来。

(4) 价格指数调整法

它是按照当地造价管理部门公布的当期建筑材料价格或价差指数逐一调整工程材料价差的方法。这种方法属于抽量补差，计算量大且复杂，常需造价管理部门付出较多的人力和时间。具体做法是先测算当地各种建材的预算价格和市场价格，然后进行综合整理定期公布各种建材的价格指数和价差指数。

计算公式为

某种材料的价格指数＝该种材料当期预算价/该种材料定额中的计取定价　　(6-64)

某种材料的价差指数＝该种材料的价格指数－1　　(6-65)

价格指数调整办法的优点是能及时反映建材价格的变化，准确性好，适应建筑工程动态管理。

上述四种调差办法，在实际工作运用中经常遇到，这就要求我们预算编制人员能熟练掌

握并运用。在实际工作中，不论是在何处工作，收集哪个地方资料，都应尽快了解、适应、熟悉当地的编制习惯与方法，坚持做到有章可循、有据可依。

6.5 工料机分析与直接费计算案例

6.5.1 某小区开闭所工料机分析

（1）工料机过程分析

工料机分析是对某一项工作（定额中称为子项）进行材料用量和用工量的计算。工料分析是按照各分项工程，依据定额或者单位估价表，首先从定额项目表中分别将各分项工程消耗的每项材料和人工的定额消耗量查出；再分别乘以该工程项目的工程量，得到分项工程工料消耗量，最后将各分项工程工料消耗量加以汇总，得出单位工程人工、材料的消耗数量。

通过对工料机的分析，能找出施工成本与预算的对比差值，为控制施工成本提供依据，同时，为下一步更有效地调配资源提供决策依据。

如图 6-6 所示为某小区开闭所项目中的砌块墙的工料机分析。

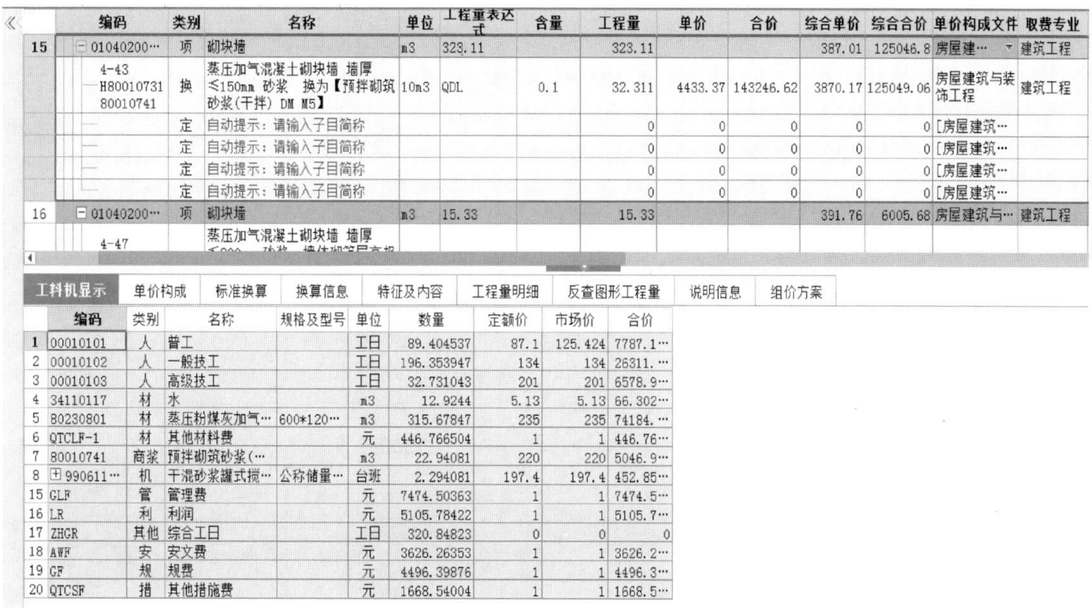

	编码	类别	名称	单位	工程量表达式	含量	工程量	单价	合价	综合单价	综合合价	单价构成文件	取费专业
15	01040200···	项	砌块墙	m3	323.11		323.11			387.01	125046.8	房屋建···	建筑工程
	4-43 H80010731 80010741	换	蒸压加气混凝土砌块墙 墙厚≤150mm 砂浆 换为【预拌砌筑砂浆(干拌) DM M5】	10m3	QDL	0.1	32.311	4433.37	143246.62	3870.17	125049.06	房屋建筑与装饰工程	建筑工程
		定	自动提示：请输入子目简称				0	0	0	0	0	[房屋建筑···	
		定	自动提示：请输入子目简称				0	0	0	0	0	[房屋建筑···	
		定	自动提示：请输入子目简称				0	0	0	0	0	[房屋建筑···	
		定	自动提示：请输入子目简称				0	0	0	0	0	[房屋建筑···	
16	01040200···	项	砌块墙	m3	15.33		15.33			391.76	6005.68	房屋建筑与···	建筑工程
	4-47		蒸压加气混凝土砌块墙 墙厚										

工料机显示　单价构成　标准换算　换算信息　特征及内容　工程量明细　反查图形工程量　说明信息　组价方案

	编码	类别	名称	规格及型号	单位	数量	定额价	市场价	合价
1	00010101	人	普工		工日	89.404537	87.1	125.424	7787.1···
2	00010102	人	一般技工		工日	196.353947	134	134	26311.···
3	00010103	人	高级技工		工日	32.731043	201	201	6578.9···
4	34110117	材	水		m3	12.9244	5.13	5.13	66.302···
5	80230801	材	蒸压粉煤灰加气···	600*120···	m3	315.67847	235	235	74184.···
6	QTCLF-1	材	其他材料费		元	446.766504	1	1	446.76···
7	80010741	商浆	预拌砌筑砂浆(···		m3	22.94081	220	220	5046.9···
8	990611···	机	干混砂浆罐式搅···	公称储量···	台班	2.294081	197.4	197.4	452.85···
15	GLF	管	管理费		元	7474.50363	1	1	7474.5···
16	LR	利	利润		元	5105.78422	1	1	5105.7···
17	ZHGR	其他	综合工日		工日	320.84823	0	0	0
18	AWF	安	安文费		元	3626.26353	1	1	3626.2···
19	GF	规	规费		元	4496.39876	1	1	4496.3···
20	QTCSF	措	其他措施费		元	1668.54004	1	1	1668.5···

图 6-6　某小区开闭所项目中的砌块墙的工料机分析

看图 6-6，最主要的是要看懂工料机分析。

首先，弄懂几个概念：含量就是定额含量；数量就是含量×定额工程量，即完成定额工程量的人材机的数量是多少；数量×市场价＝合价；综合单价就是合价加上管理费和利润之后的价格。

定额含量在以下情况下也是可以改的：

① 图纸可以精确计算出来的，和定额含量明显不符的；

② 甲乙双方在合同中约定可以修改的；

③ 单位变动，如 m^3 变成 m^2 的。

具体的计算分析如表 6-9 所示。

表 6-9　综合单价计算表

序号	项目	费用代号	名称	计算基数	基数说明	费率/%	费用类别	备注
1	1	A	人工费	A1+A2	定额人工费＋人工费差价		人工费	
2	1.1	A1	定额人工费	RGF	人工费		定额人工费	
3	1.2	A2	人工费差价	RGF＊RGTCZS	人工费×人工调差指数		人工费差价	指数调差＝基期费用×调差系数
4	2	B	材料费	B1+B2	定额材料费＋材料费差价		材料费	
5	2.1	B1	定额材料费	CLF	材料费		定额材料费	
6	2.2	B2	材料费差价	CLJC	材料费价差		材料费差价	不含税价调差
7	3	C	主材费	ZCF+ZCJC	主材费＋主材费价差		主材费	
8	4	D	设备费	SBF+SBJC	设备费＋设备费价差		设备费	
9	5	E	机械费	E1+E2	定额机械费＋机械费差价		机械费	
10	5.1	E1	定额机械费	JXF	机械费		定额机械费	
11	5.2	E2	机械费差价	JSRGF＊JXTCZS＋JXFJC	机上人工费×机械调差指数＋机械价差（不含机上人工）		机械费差价	指数调差＝基期费用×调差系数×k_n　调差系数＝（发布期价格指数/基期价格指数）－1
12	6	F	管理费	F1+F2	定额管理费＋管理费差价		管理费	
13	6.1	F1	定额管理费	GLFY	管理费		定额管理费	
14	6.2	F2	管理费差价	GLFY＊GLFTCZS	管理费＊管理费调差指数		管理费差价	指数调差＝基期费用×调差系数×k_n　调差系数＝（发布期价格指数/基期价格指数）－1
15	7	G	利润	LRFY	利润		利润	
16		H	综合单价	A+B+C+D+E+F+G	人工费＋材料费＋主材费＋设备费＋机械费＋管理费＋利润		工程造价	

注：k_n 是软件按照不同专业调整的数值。

（2）工料分析的注意事项

① 凡是由预制厂制作现场安装的构件，应按制作和安装分别计算工料。

② 对主要材料应按品种、规格及预算价格不同分别进行用量计算，并分类统计。

③ 按系数法补价差的地方材料可以不分析，但经济核算有要求时应全部分析。

④ 对换算的定额子目在工料分析时要注意含量的变化，以求分析量准确完整。

⑤ 机械费用需单项调整的，应同时按规格、型号进行机械使用台班用量的分析。

6.5.2 某小区开闭所人工工日、机械台班、材料用量调差

（1）人工工日

该部分的内容来自×省×县的某小区 1 号住宅楼部分摘取，市场价合计 10420485.89 元，价差合计 4365228.70 元。具体的工日和人工费调整如表 6-10 所示。

表 6-10 某住宅楼人工工日和人工费调整表（部分）

序号	名称	规格型号	单位	数量	类别	预算价	市场价	价格来源	市场价锁定	是否暂估	供货方式
1	定额工日		工日	140817.3769	人工费	75	81.3/预算价×调价指数	手动修改	×	×	自行采购
2	人工费调整		元	−0.0035	人工费	1	1		×	×	自行采购

表中的市场价 81.3 是信息价调整，是相对于预算价 75 而言来讲的。而 2016 定额实施后，人工费一般是根据消耗量定额和有关规范经测算的基期人工费。基期人工费在定额实施期间，由工程造价管理机构结合建筑市场情况，定期发布相应的价格指数调整。

人工费价格指数调整范例见表 6-11、表 6-12 及图 6-7。

表 6-11 人工费指数调整前

	编码	类别	名称	规格型号	单位	数量	预算价	市场价	价格来源	市场价合计	价差	价差合计	供货方式
1	00010101	人	普工		工日	26216.39…	87.1	87.1		2283448.39	0	0	自行采购
2	00010102	人	一般技工		工日	48564.33…	134	134		6507620.87	0	0	自行采购
3	00010103	人	高级技工		工日	16742.12…	201	201		3365166.25	0	0	自行采购

表 6-12 人工费价格指数调整后

	编码	类别	名称	规格型号	单位	数量	预算价	市场价	价格来源	市场价合计	价差	价差合计	供货方式
1	00010101	人	普工		工日	26216.39…	87.1	125.424	自行询价	3288165.68	38.324	1004717.29	自行采购
2	00010102	人	一般技工		工日	48564.33…	134	134		6507620.87	0	0	自行采购
3	00010103	人	高级技工		工日	16742.12…	201	201		3365166.25	0	0	自行采购

表中，通过价格指数调整，可以看出，市场价和预算价相比发生了变化，同时调整也反映在了总费用合计中。

（2）材料用量

定额中的材料费是根据消耗量定额和有关规定，经测算的基期材料费，在工程造价的不同阶段（包含招标、投标、结算），材料价格可按约定调整。

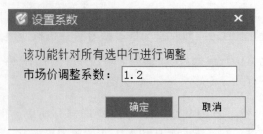

图 6-7　人工费调整指数选取

价格指数调整范例见表 6-13、表 6-14 及图 6-8。

表 6-13　材料用量及预算表调整前（部分）

	编码	类别	名称	规格型号	单位	数量	预算价	市场价	价格来源	市场价合计	价差	价差合计	供货方式
1	01000106	材	型钢	综合	t	0.344748	3415	3415		1177.31	0	0	自行采购
2	01010101	材	钢筋	HPB300 φ10 以内	kg	27942.9	3.5	3.5		97800.15	0	0	自行采购
3	01010165	材	钢筋	综合	kg	73.047147	3.4	3.4		248.36	0	0	自行采购
4	01010177	材	钢筋	φ10 以内	kg	418.89135	3.5	3.5		1466.12	0	0	自行采购
5	01010179	材	钢筋	φ10 以外	kg	387	3.4	3.83	郑州信息价（2019 年 01 月）	1482.21	0.43	166.41	自行采购
6	01010210	材	钢筋	HRB400 以内 φ10 以内	kg	576709.02	3.4	3.4		1960810.67	0	0	自行采购

表 6-14　材料用量及预算表调整后（部分）

	编码	类别	名称	规格型号	单位	数量 A预算价	预算价	市场价	价格来源	市场价合计	价差	价差合计	供货方式
1	01000106	材	型钢	综合	t	0.344748	3415	3927.25 Ⓐ	自行询价	1353.91	512.25	176.6	自行采购
2	01010101	材	钢筋	HPB300 φ10 以内	kg	27942.9	3.5	3.506	郑州信息价Ⓑ（2019 年 01 月）	97967.81	0.006	167.66	自行采购
3	01010165	材	钢筋	综合	kg	73.047147	3.4	3.4		248.36	0	0	自行采购
4	01010177	材	钢筋	φ10 以内	kg	418.89135	3.5	3.5		B 1466.12	0	0	自行采购
5	01010179	材	钢筋	φ10 以外	kg	387	3.4	3.83	郑州信息价（2019 年 01 月）	1482.21	0.43	166.41	自行采购
6	01010210	材	钢筋	HRB400 以内 φ10 以内	kg	576709.02	3.4	3.4		1960810.67	0	0	自行采购

图中的Ⓐ、Ⓑ均是按照约定方式的材料费用调整结果显示，B 为信息价来源显示也可以采用不同身份的材料价格基期价格表进行调价。

（3）机械用量

定额中的机械费一般是根据消耗量定额与相关计算规则计算的基期机械使用费，是按照自有机械进行编制的。机械费有两种方法可以调整：一是按照定额机械台班中的人工费、燃料动力费进行动态调整；二是按照造价管理机构发布的租赁信息价直接在定额基价中的台班单价中调整。

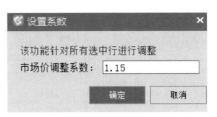

图 6-8　材料用量指数选取

按照造价管理机构发布的租赁信息价直接与本定额基价中的台班单价调整范例见表 6-15～表 6-17。

表 6-15　机械台班用量及预算表调整前（部分）

序号	编码	类别	名称	规格型号	单位	数量	预算价	市场价	价格来源	市场价合计	价差	价差合计	供货方式
1	00010100	机	机械人工		工日	3848.853…	134	134		515746.36	0	0	自行采购
2	14030106-1	机	柴油		kg	14268.081165	6.94	6.94		99020.48	0	0	自行采购
3	34110103-1	机	电		kW·h	265952.434243	0.7	0.7		186166.7	0	0	自行采购
4	34110103-2	机	电		kW·h	76.271501	0.7	0.7		53.39	0	0	自行采购
5	50000	机	折旧费		元	275875.8…	0.85	0.85		234494.47	0	0	自行采购
6	50010	机	检修费		元	58671.63…	0.85	0.85		49870.89	0	0	自行采购
7	50020	机	维护费		元	135986.1…	0.85	0.85		115588.21	0	0	自行采购
8	50030	机	安拆费及场外运费		元	35009.75…	0.9	0.9		31508.78	0	0	自行采购
9	50060	机	其他费		元	3544.606…	1	1		3544.61	0	0	自行采购
10	50080	机	校验费		元	1070.602…	0.85	0.85		910.01	0	0	自行采购

表 6-16　按照信息调差

出处	序号	材料名称	规格型号	单位	不含税市场价(裸价)	含税市场价	历史价	报价时间
信	1	柴油	0#	kg	6.53	7.57		2019-01-15
	2	柴油	−10#	kg	6.72	7.8		2019-01-15
	3	柴油（工业用）	综合	kg	6.53	7.57		2019-01-15

表 6-17　机械台班用量及预算表调整后（部分）

序号	编码	类别	名称	规格型号	单位	数量	预算价	市场价	价格来源	市场价合计	价差	价差合计	供货方式
1	00010100	机	机械人工		工日	3848.853…	134	134		515746.36	0	0	自行采购
2	14030106-1	机	柴油		kg	14268.081165	6.94	6.72	郑州信息价(2019年01月)	95881.51	−0.22	−3138.98	自行采购
3	34110103-1	机	电		kW·h	265952.434243	0.7	0.7		186166.7	0	0	自行采购
4	34110103-2	机	电		kW·h	76.271501	0.7	0.7		53.39	0	0	自行采购
5	50000	机	折旧费		元	275875.8…	0.85	0.85		234494.47	0	0	自行采购
6	50010	机	检修费		元	58671.63…	0.85	0.85		49870.89	0	0	自行采购

续表

序号	编码	类别	名称	规格型号	单位	数量	预算价	市场价	价格来源	市场价合计	价差	价差合计	供货方式
7	50020	机	维护费		元	135986.1…	0.85	0.85		115588.21	0	0	自行采购
8	50030	机	安拆费及场外运费		元	35009.75…	0.9	0.9		31508.78	0	0	自行采购
9	50060	机	其他费		元	3544.606…	1	1		3544.61	0	0	自行采购
10	50080	机	校验费		元	1070.602…	0.85	0.85		910.01	0	0	自行采购

6.5.3 某小区开闭所工程预算汇总

人材机经调整后的费用汇总如表 6-18 所示。造价分析表如表 6-19 所示。

表 6-18　经调整后的费用汇总表

序号	费用代号	名称	计算基数	基数说明	费率/%	金额	费用类别	备注
1	A	分部分项工程	FBFXHJ	分部分项合计		28030276.22	分部分项工程费	
2	B	措施项目	CSXMHJ	措施项目合计		11408554.82	措施项目费	
2.1	B1	其中:安全文明施工费	AQWMSGF	安全文明施工费		1076902.97	安全文明施工费	
2.2	B2	其他措施费(费率类)	QTCSF+QTF	其他措施费+其他(费率类)		495479.20	其他措施费	
2.3	B3	单价措施费	DJCSHJ	单价措施合计		9836172.65	单价措施费	
3	C	其他项目	C1+C2+C3+C4+C5	其中:1)暂列金额+2)专业工程暂估价+3)计日工+4)总承包服务费+5)其他		21602.00	其他项目费	
3.1	C1	其中:1)暂列金额	ZLJE	暂列金额		0.00	暂列金额	
3.2	C2	2)专业工程暂估价	ZYGCZGJ	专业工程暂估价		21602.00	专业工程暂估价	
3.3	C3	3)计日工	JRG	计日工		0.00	计日工	
3.4	C4	4)总承包服务费	ZCBFWF	总承包服务费		0.00	总包服务费	
3.5	C5	5)其他				0.00		
4	D	规费	D1+D2+D3	定额规费+工程排污费+其他		1335297.71	规费	不可竞争费
4.1	D1	定额规费	FBFX_GF+DJCS_GF	分部分项规费+单价措施规费		1335297.71	定额规费	
4.2	D2	工程排污费				0.00	工程排污费	据实计取

续表

序号	费用代号	名称	计算基数	基数说明	费率/%	金额	费用类别	备注
4.3	D3	其他				0.00		
5	E	不含税工程造价合计	A+B+C+D	分部分项工程+措施项目+其他项目+规费		40795730.75		
6	F	增值税	E	不含税工程造价合计	9	3671615.77	增值税	一般计税方法
7	G	含税工程造价合计	E+F	不含税工程造价合计+增值税		44467346.52	工程造价	

表 6-19　造价分析表

序号	名　称	内　容
1	工程总造价(小写)	44470495.41
2	工程总造价(大写)	肆仟肆佰肆拾柒万零肆佰玖拾伍元肆角壹分
3	单方造价	0.00
4	分部分项工程费	28030976.28
5	其中:人工费	6144620.5
6	材料费	19052959.22
7	机械费	366954.39
8	主材费	44019.63
9	设备费	0
10	管理费	1501375.43
11	利润	921132.18
12	措施项目费	11410743.65
13	其他项目费	21602
14	规费	1335297.71
15	增值税	3671875.77

6.6　某框架结构柱下独立基础供配电工程计算案例

6.6.1　工程概况介绍

6.6.1.1　工程概况

① 该工程为钢筋混凝土框架结构供配电工程,柱下采用钢筋混凝土独立基础,主体结构设计使用年限为 50 年,耐火等级和安全等级均为二级,抗震设防烈度为 7 度,框架的抗震等级为三级,建筑层数为地上一层,总高度为 5.6m,室内外高差为 0.5m,建筑面积为 131.8m^2,屋面防水等级为 1 级。

② 填充墙采用 240mm 厚加气混凝土砌块,体积密度为 B06 级,强度等级为 A3.5,砌

筑砂浆为 M7.5 混合砂浆，±0.000 地面以下填充墙采用 240mm 厚 MU10 多孔砖，砌筑砂浆为 M7.5 水泥砂浆，墙体的施工质量控制等级为 B 级。

③ 填充墙高度大于 4m 时，在墙高中部或门窗洞顶设置与混凝土柱连接的通长钢筋混凝土水平系梁（圈梁），其梁宽通墙宽，梁高 300mm，配筋详见 11YG002 图集，洞口处下部筋改为 4Φ14。

④ 加气混凝土填充墙应沿墙长每 3m，纵横墙交接处及预留门窗洞口边均增设构造柱，构造柱柱宽同墙宽，柱高 240mm，柱纵筋 4Φ112，箍筋 Φ18@200。

⑤ 底层和顶层设置 180mm 高的通长现浇窗台梁（窗台压顶），纵筋 4Φ112，箍筋 Φ18@200。

6.6.1.2 现浇构件混凝土强度等级选用表

① 现浇构件混凝土强度等级选用见表 6-20。

表 6-20　现浇构件混凝土强度等级选用表

垫层	基础	柱、梁、板	圈梁、构造柱
	C30	C30	C25

② 必须选用国家标准钢材，A 为 HPB300 钢筋，B 为 HRB335 钢筋，C 为 HRB400 钢筋，型钢及钢板选用 Q235 钢材。

6.6.1.3 钢筋混凝土相关问题

基础纵向受力钢筋的混凝土保护层厚度为 40mm，其他构件的保护层厚见表 6-21，埋在土中的混凝土柱竖向钢筋与一层纵筋上下对齐，保护层向外加厚。

基础纵向受力钢筋的混凝土保护层厚度见表 6-21。

表 6-21　基础纵向受力钢筋的混凝土保护层厚度表

环境类型		墙、楼板		梁		框架柱	
		≤C20	C25～C45	≤C20	C25～C45	≤C20	C25～C45
一		20	15	20	25	30	30
二	a	—	20	—	30	—	30
	b	—	25	—	35		35

结构混凝土的耐久性要求见表 6-22。

表 6-22　结构混凝土的耐久性要求

环境类别		最大水灰比	最小水泥用量 /(kg/m³)	最低混凝土强度等级	最大氢离子含量/%	最大碱含量 /(kg/m³)
一		0.65	225	C20	1.0	不限制
二	a	0.60	250	C25	0.3	3.0
	b	0.55	275	C30	0.2	3.0
三		0.50	300	C30	0.1	3.0

6.6.2　工程图纸与工程量计算

6.6.2.1　建筑施工图

建筑施工图主要指的是用来表示房屋的规划位置、外部造型、内部布置、内外装修、细部构造、固定设施及施工要求等的图纸。

　　某建筑的底层平面图如图 6-9 所示，其墙体三维图如图 6-10 所示。

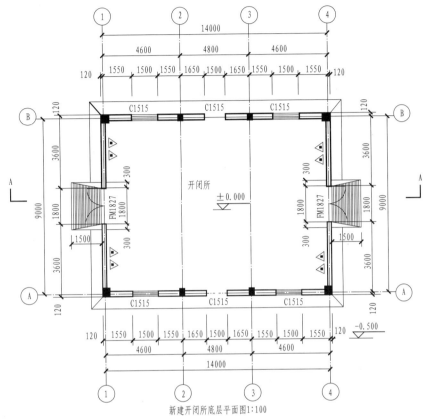

图 6-9　某建筑的底层平面图

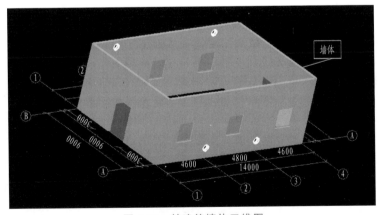

图 6-10　某建筑墙体三维图

（1）平整场地

$$S = 14.24 \times 9.24 = 131.5776 (\mathrm{m}^2)$$

（2）土方开挖

　　举例说明某土方开挖工程三维示意图，如图 6-11 所示。某挖基坑土方工程量计算示例见表 6-23。

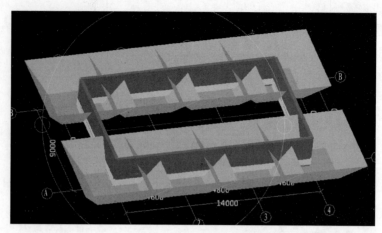

图 6-11　某土方开挖工程三维示意图

表 6-23　某挖基坑土方工程量计算示例

010101 004001	挖基坑土方 1. 土壤类别：一、二类土 2. 挖土深度：2m 内 3. 弃土运距：自行考虑 4. 其他说明：详见相关图纸设计及规范要求			m³	379.9673
基础层	JK-1	①-Ⓑ	$(1/6)×(\underset{\underset{底面积}{长度×宽度}}{3.4×3.4}+\underset{\underset{顶面积}{长度×宽度}}{6.325×6.325}+\underset{\underset{中截面积}{长度×宽度}}{4.8625×4.8625×4})×\underset{挖土深度}{1.95}$	m³	47.4959
		②-Ⓑ	$(1/6)×(\underset{\underset{底面积}{长度×宽度}}{3.4×3.4}+\underset{\underset{顶面积}{长度×宽度}}{6.325×6.325}+\underset{\underset{中截面积}{长度×宽度}}{4.8625×4.8625×4})×\underset{挖土深度}{1.95}$	m³	47.4959
		③-Ⓑ	$(1/6)×(\underset{\underset{底面积}{长度×宽度}}{3.4×3.4}+\underset{\underset{顶面积}{长度×宽度}}{6.325×6.325}+\underset{\underset{中截面积}{长度×宽度}}{4.8625×4.8625×4})×\underset{挖土深度}{1.95}$	m³	47.4959
		④-Ⓑ	$(1/6)×(\underset{\underset{底面积}{长度×宽度}}{3.4×3.4}+\underset{\underset{顶面积}{长度×宽度}}{6.325×6.325}+\underset{\underset{中截面积}{长度×宽度}}{4.8625×4.8625×4})×\underset{挖土深度}{1.95}$	m³	47.4959
		④-Ⓐ	$(1/6)×(\underset{\underset{底面积}{长度×宽度}}{3.4×3.4}+\underset{\underset{顶面积}{长度×宽度}}{6.325×6.325}+\underset{\underset{中截面积}{长度×宽度}}{4.8625×4.8625×4})×\underset{挖土深度}{1.95}$	m³	47.4959
		③-Ⓐ	$(1/6)×(\underset{\underset{底面积}{长度×宽度}}{3.4×3.4}+\underset{\underset{顶面积}{长度×宽度}}{6.325×6.325}+\underset{\underset{中截面积}{长度×宽度}}{4.8625×4.8625×4})×\underset{挖土深度}{1.95}$	m³	47.4959
		②-Ⓐ	$(1/6)×(\underset{\underset{底面积}{长度×宽度}}{3.4×3.4}+\underset{\underset{顶面积}{长度×宽度}}{6.325×6.325}+\underset{\underset{中截面积}{长度×宽度}}{4.8625×4.8625×4})×\underset{挖土深度}{1.95}$	m³	47.4959
		①-Ⓐ	$(1/6)×(\underset{\underset{底面积}{长度×宽度}}{3.4×3.4}+\underset{\underset{顶面积}{长度×宽度}}{6.325×6.325}+\underset{\underset{中截面积}{长度×宽度}}{4.8625×4.8625×4})×\underset{挖土深度}{1.95}$	m³	47.4959
小计				m³	379.9672
合计				m³	379.9672

（3）房心回填

回填方（房心回填）工程量见表 6-24。

表 6-24　回填方（房心回填）工程量

010103 001001	回填方(房心回填) 密实度要求:夯实				m³	60.2688
首层	房心回填	(②+2000)−(⑧-4500)	$\dfrac{14}{长度} \times \dfrac{9}{宽度} \times \dfrac{0.5}{房心回填厚度}$	$- \dfrac{2.7312}{扣墙}$	m³	60.2688
	小计				m³	60.2688
	合计				m³	60.2688

（4）墙体

长度＝9m

墙高＝5.15m

墙厚＝0.24m

墙面积＝$\underset{长度}{9} \times \underset{墙高}{5.15} - \underset{扣门}{(1.8 \times 2.7)} - \underset{扣柱}{[(0.33 \times 5.15) \times 2]} - \underset{扣梁}{(2.4 \times 0.35 + 8.34 \times 0.7)} -$

$\underset{扣构造柱}{[(0.24 \times 2.7) \times 2 + (0.24 \times 1.4) \times 2]} - \underset{扣马牙槎}{[(0.03 \times 1.4) \times 4 + (0.03 \times 2.7) \times 2]} -$

$\underset{扣圈梁}{[(3 \times 0.3) \times 2 + 1.74 \times 0.3]}$

$= 26.793(\text{m}^2)$

墙体积＝$\underset{长度}{9} \times \underset{墙高}{5.15} \times \underset{墙厚}{0.24} - \underset{扣门}{1.8 \times 0.24 \times 2.7} - \underset{扣柱}{[(0.0792 \times 5.15) \times 2]} -$

$\underset{扣梁}{(2.4 \times 0.24 \times 0.35 + 8.34 \times 0.24 \times 0.7)} -$

$\underset{扣构造柱}{[(2.7 \times 0.24 \times 0.24) \times 2 + (1.4 \times 0.24 \times 0.24) \times 2]} -$

$\underset{扣马牙槎}{[(0.03 \times 1.4 \times 0.24) \times 4 + (0.03 \times 2.7 \times 0.24) \times 2]} -$

$\underset{扣圈梁}{[(3 \times 0.24 \times 0.3) \times 2 + 1.74 \times 0.24 \times 0.3]}$

$= 6.4303(\text{m}^3)$

外墙外脚手架面积＝$\underset{外墙外脚手架面积长度}{9.24} \times \underset{外墙外脚手架面积高度}{5.6}$

$= 51.744(\text{m}^2)$

外墙内脚手架面积＝$\underset{外墙内脚手架面积长度}{8.76} \times \underset{外墙内脚手架面积高度}{5.05}$

$= 44.238(\text{m}^2)$

外墙外侧钢丝网片总长度＝$\underset{外部墙梁钢丝网片长度}{29.64} + \underset{外部墙柱钢丝网片长度}{18.1}$

$= 47.74(\text{m})$

外墙内侧钢丝网片总长度＝$\underset{内部墙梁钢丝网片长度}{23.7} + \underset{内部墙柱钢丝网片长度}{18.1}$

$= 41.8(\text{m})$

外部墙梁钢丝网片长度 = $\underset{\text{外部墙梁钢丝网片原始长度}}{17.64} + \underset{\text{外部墙圈梁钢丝网片原始长度}}{13.8} - \underset{\text{扣门}}{1.8}$

$= 29.64(\text{m})$

外部墙柱钢丝网片长度 = $\underset{\text{外部墙柱钢丝网片原始长度}}{8.3} + \underset{\text{外部墙构造柱钢丝网片原始长度}}{15.2} - \underset{\text{扣门}}{5.4}$

$= 18.1(\text{m})$

内部墙梁钢丝网片长度 = $\underset{\text{内部墙梁钢丝网片原始长度}}{9.78} + \underset{\text{内部墙圈梁钢丝网片原始长度}}{15.72} - \underset{\text{扣门}}{1.8}$

$= 23.7(\text{m})$

内部墙柱钢丝网片长度 = $\underset{\text{内部墙柱钢丝网片原始长度}}{8.3} + \underset{\text{内部墙构造柱钢丝网片原始长度}}{15.2} - \underset{\text{扣门}}{5.4}$

$= 18.1(\text{m})$

外墙外侧满挂钢丝网片面积 = $\underset{\text{外墙外边长度}}{9.24} \times \underset{\text{墙高}}{5.15} - \underset{\text{扣门}}{1.8 \times 2.7} - \underset{\text{扣混凝土柱}}{[(0.45 \times 5.15) \times 2]} -$

$\underset{\text{扣梁}}{(0.84 + 8.34 \times 0.7)} - \underset{\text{扣构造柱}}{[(0.24 \times 2.7) \times 2 + (0.24 \times 1.4) \times 2]} -$

$\underset{\text{扣圈梁}}{2.358} = 27.087(\text{m}^2)$

钢丝网片总长度 = $\underset{\text{外墙外侧钢丝网片总长度}}{47.74} + \underset{\text{外墙内侧钢丝网片总长度}}{41.8}$

$= 89.54(\text{m})$

体积(高度3.6m以下) = $\underset{\text{原始体积(高度3.6m以下)}}{7.776} - \underset{\text{扣门体积(高度3.6m以下)}}{1.8 \times 0.24 \times 2.7} -$

$\underset{\text{扣柱体积(高度3.6m以下)}}{[(0.0792 \times 3.6) \times 2]} - \underset{\text{扣梁体积(高度3.6m以下)}}{2.4 \times 0.24 \times 0.35} -$

$\underset{\text{扣构造柱体积(高度3.6m以下)}}{[(2.7 \times 0.24 \times 0.24) \times 2 + (0.55 \times 0.24 \times 0.24) \times 2]} -$

$\underset{\text{扣圈梁体积(高度3.6m以下)}}{0.5659} -$

$\underset{\text{扣马牙槎体积(高度3.6m以下)}}{[(0.03 \times 0.25 \times 0.24) \times 4 + (0.03 \times 2.7 \times 0.24) \times 2]}$

$= 4.8514(\text{m}^3)$

体积(高度3.6m以上) = $\underset{\text{原始体积(高度3.6m以上)}}{3.348} - \underset{\text{扣柱体积(高度3.6m以上)}}{[(0.0792 \times 1.55) \times 2]} -$

$\underset{\text{扣梁体积(高度3.6m以上)}}{8.34 \times 0.24 \times 0.7} - \underset{\text{扣构造柱体积(高度3.6m以上)}}{[(0.24 \times 0.24 \times 0.85) \times 2]} -$

$\underset{\text{扣马牙槎体积(高度3.6m以上)}}{[(0.03 \times 0.24 \times 0.85) \times 4]}$

$= 1.579(\text{m}^3)$

墙体工程量汇总见表 6-25。

表 6-25 墙体工程量汇总表

序号	分类条件		长度/m	墙高/m	墙厚/m	墙面积/m²	墙体积/m³
	楼层	名称					
1	首层	QTQ-1 240	46	20.6	0.96	133.194	31.9666
2		小计	46	20.6	0.96	133.194	31.9666
3	总计		46	20.6	0.96	133.194	31.9666

（5）门

$$门洞口面积 = \underset{宽度}{1.8} \times \underset{高度}{2.7} = 4.86(m^2)$$

$$门外接矩形洞口面积 = \underset{宽度}{1.8} \times \underset{高度}{2.7} = 4.86 (m^2)$$

门数量 = 1(樘)

$$门洞口三面长度 = \underset{宽度}{1.8} + \underset{高度}{2.7} \times 2 = 7.2(m)$$

门洞口宽度 = 1.8m

门洞口高度 = 2.7m

$$门洞口周长 = (\underset{宽度}{1.8} + \underset{高度}{2.7}) \times 2 = 9(m)$$

门工程量汇总见表 6-26。

表 6-26 门工程量汇总表

序号	楼层	名称	门洞口面积/m²	门外接矩形洞口面积/m²	门数量/樘	门洞口三面长度/m	门洞口宽度/m	门洞口高度/m
1	首层	FM1827	9.72	9.72	2	14.4	3.6	5.4
2		小计	9.72	9.72	2	14.4	3.6	5.4
3	总计		9.72	9.72	2	14.4	3.6	5.4

（6）窗

$$窗洞口面积 = \underset{宽度}{1.5} \times \underset{高度}{1.5} = 2.25(m^2)$$

窗数量 = 1 樘

$$窗洞口三面长度 = \underset{宽度}{1.5} + \underset{高度}{1.5} \times 2 = 4.5(m)$$

窗洞口宽度 = 1.5m

窗洞口高度 = 1.5m

$$窗洞口周长 = (\underset{宽度}{1.5} + \underset{高度}{1.5}) \times 2 = 6(m)$$

窗工程量汇总见表 6-27。

表 6-27　窗工程量汇总表

序号	分类条件		工程量名称					
	楼层	名称	窗洞口面积/m²	窗数量/樘	窗洞口三面长度/m	窗洞口宽度/m	窗洞口高度/m	窗洞口周长/m
1	首层	C1515	13.5	6	27	9	9	36
2		小计	13.5	6	27	9	9	36
3	总计		13.5	6	27	9	9	36

屋顶平面图如图 6-12 所示。

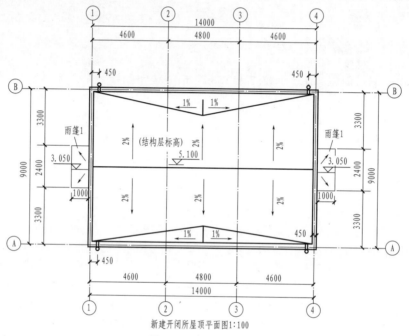

新建开闭所屋顶平面图1:100

图 6-12　屋顶平面图

屋顶三维图如图 6-13 所示。

①～④轴立面图如图 6-14 所示。

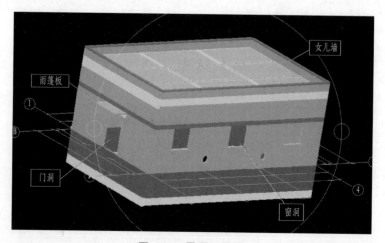

图 6-13　屋顶三维图

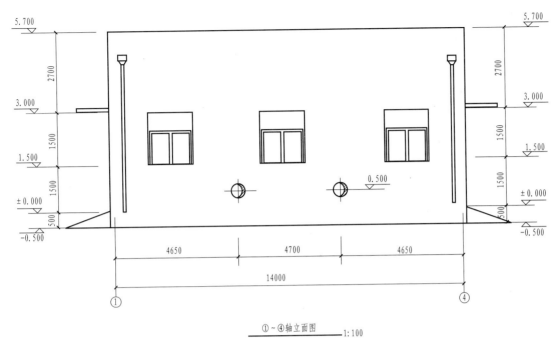

①～④轴立面图 ——————1:100

图 6-14 ①～④轴立面图

④～①轴立面图如图 6-15 所示。

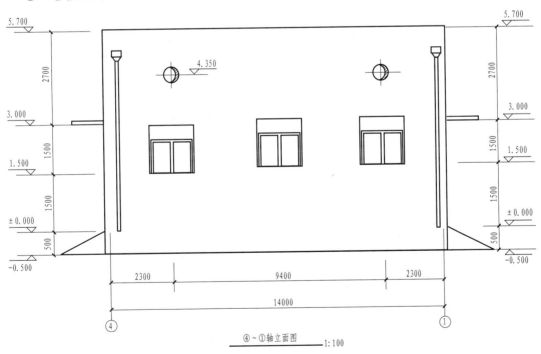

④～①轴立面图 ——————1:100

图 6-15 ④～①轴立面图

Ⓐ～Ⓑ轴立面图（Ⓑ～Ⓐ轴立面图）如图 6-16 所示。

A—A 剖面图如图 6-17 所示。

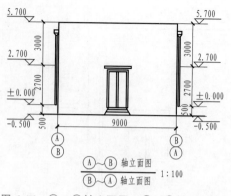

图 6-16　Ⓐ～Ⓑ轴立面图（Ⓑ～Ⓐ轴立面图）

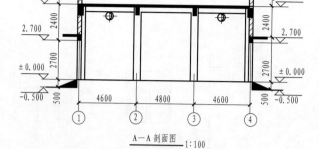

图 6-17　A—A 剖面图

（7）板

现浇板面积＝（4.57× 3 ）－[0.33×(0.3＋0.225)]－
　　　　　　　　$\underline{长度}$　$\underline{宽度}$　　　　$\underline{扣柱}$

[(1.1425×0.1)×3＋(1.1425×0.125)×2＋(2.67＋2.57)×0.15＋(0.8425＋0.9175)×0.125＋(0.9925×0.1)]
　　　　　　　　　　　　　　　　　　$\underline{扣梁}$

　　　　　　　　＝11.8031(m²)

现浇板体积＝（4.57× 3 ×0.1）－
　　　　　　　$\underline{长度}$　$\underline{宽度}$　$\underline{厚度}$

　　　　[(3×0.15×0.1)＋(4.42×0.1×0.1)＋(2.9×0.15×0.1)＋(4.27×0.125×0.1)]
　　　　　　　　　　　　　　　　　　$\underline{扣梁}$

　　　　　　　　＝1.1849(m³)

现浇板底面模板面积＝（4.57× 3 ）－[0.33×(0.3＋0.225)]－
　　　　　　　　　　　$\underline{长度}$　$\underline{宽度}$　　　　$\underline{扣柱}$

[(1.1425×0.1)×3＋(1.1425×0.125)×2＋(2.67＋2.57)×0.15＋(0.8425＋0.9175)×0.125＋(0.9925×0.1)]
　　　　　　　　　　　　　　　　　　$\underline{扣梁}$

　　　　　　　　＝11.8031(m²)

现浇板侧面模板面积＝[(4.57＋ 3)×2× 0.1]－
　　　　　　　　　　　　$\underline{长度}$　$\underline{宽度}$　$\underline{厚度}$

　　　　　　[(0.33×0.1)×2＋(0.3＋0.225)×0.1]－
　　　　　　　　　　　　　$\underline{扣柱}$

　　　　　　　[(0.15＋2.67＋0.1＋4.42＋2.57＋4.045)×0.1]
　　　　　　　　　　　　　　$\underline{扣梁}$

　　　　　　　　＝0(m²)

现浇板数量＝1块

板厚＝0.1m

投影面积＝（4.57× 3 ）－ 0.2633＋0.5444 －
　　　　　　$\underline{长度}$　$\underline{宽度}$　$\underline{投影面积扣墙面积}$

　　　（0.15×2.88＋0.1×4.33＋0.06×2.78＋0.005×4.27）－
　　　　　　　　　$\underline{投影面积扣梁面积}$

　　　（0.15×0.205＋0.075×0.205）
　　　　　　$\underline{投影面积扣柱面积}$

　　　＝11.8031(m²)

超高模板面积 = {$\underbrace{(3 \times 4.57)}_{\text{原始超高模板面积}}$ − $\underbrace{[(3+2.9) \times 0.15 + 4.42 \times 0.1 + 4.27 \times 0.125]}_{\text{扣梁}}$ −

$\underbrace{[0.205 \times (0.15+0.075)]}_{\text{扣柱}}$ } $\times 1$

$= 11.8031(\text{m}^2)$

超高侧面模板面积 = {$\underbrace{[(4.57 \times 0.1) \times 2 + (3 \times 0.1) \times 2]}_{\text{原始超高侧面模板面积}}$ − $\underbrace{[(3+4.57) \times 0.1]}_{\text{扣现浇板}}$ −

$\underbrace{[(0.15 \times 0.1) \times 2 + (0.1+2.9+4.27) \times 0.1]}_{\text{扣梁}}$ } $\times 1$

$= 0(\text{m}^2)$

雨篷板工程量汇总见表 6-28。

表 6-28　雨篷板工程量汇总表

序号	楼层	名称	坡度	现浇板面积 /m²	现浇板体积 /m³	现浇板底面模板面积 /m²	现浇板侧面模板面积 /m²	现浇板数量 /块
1	首层	B-1h=100	0	108.638	10.8884	108.638	0	9
2			小计	108.638	10.8884	108.638	0	9
3		雨篷板	0	2.4	0.24	2.4	0.44	1
4			小计	2.4	0.24	2.4	0.44	1
5	小计			111.038	11.1284	111.038	0.44	10
6	总计			111.038	11.1284	111.038	0.44	10

6.6.2.2　结构施工图

结构施工图指的是关于承重构件的布置，使用的材料，形状，大小，及内部构造的工程图样，是承重构件以及其他受力构件施工的依据。

（1）基础平面布置图

基础平面布置图如图 6-18 所示。

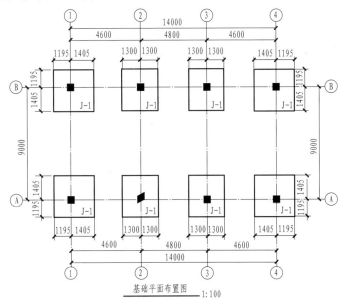

图 6-18　基础平面布置图

独立基础三维图如图 6-19 所示。

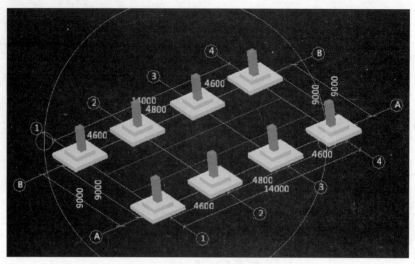

图 6-19 独立基础三维图

① 识图 从图 6-19 中可以看出该基础类型为独立基础，每个独立基础尺寸为 2600mm×2600mm，一共有 8 个。基础总长 14m，总宽 9m。

② 算量 单个独立基础示意图如图 6-20 所示。

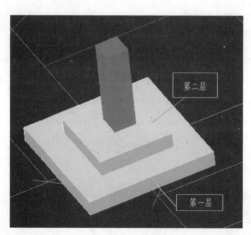

图 6-20 单个独立基础示意图

独立基础单元：DJ-1-1(第一层)

独立基础体积 = $\underset{\text{长度}}{2.6} \times \underset{\text{宽度}}{2.6} \times \underset{\text{高度}}{0.3} = 2.028(\text{m}^3)$

独立基础模板面积 = $(\underset{\text{长度}}{2.6} + \underset{\text{宽度}}{2.6}) \times 2 \times \underset{\text{高度}}{0.3} - \underset{\text{扣基础梁}}{0.125} = 2.995(\text{m}^2)$

模板体积 = 2.028m³

底面面积 = $\underset{\text{长度}}{2.6} \times \underset{\text{宽度}}{2.6} = 6.76(\text{m}^2)$

侧面面积 = $\underset{\text{原始侧面积}}{7.63} - \underset{\text{扣基础梁}}{0.4} = 7.23(\text{m}^2)$

独立基础单元：DJ-1-2(第二层)

独立基础体积＝$\underset{长度}{1.5} \times \underset{宽度}{1.5} \times \underset{高度}{0.3}$ ＝0.675(m³)

独立基础模板面积＝($\underset{长度}{1.5}$＋$\underset{宽度}{1.5}$)×2×$\underset{高度}{0.3}$－$\underset{扣基础梁}{0.15}$ ＝1.65(m²)

模板体积＝0.675m³

顶面面积＝$\underset{长度}{1.5} \times \underset{宽度}{1.5}$－$\underset{扣柱}{0.2025}$＝2.0475(m²)

侧面面积＝($\underset{长度}{1.5}$＋$\underset{宽度}{1.5}$)×2×$\underset{高度}{0.3}$－$\underset{扣基础梁}{0.15}$ ＝1.65(m²)

独立基础工程量汇总见表 6-29。

表 6-29　独立基础工程量汇总

分类条件		工程量名称						
名称		1	2	3	4	5	6	7
DJ-1	独立基础	独立基础数量/个						
	DJ-1	8						
	小计	8						
	独基单元	独基体积/m³	独基模板面积/m²	模板体积/m³	砖胎膜体积/m³	底面面积/m²	顶面面积/m²	侧面面积/m²
	DJ-1-1	16.224	24.06	16.224	0	54.08	0	57.9187
	DJ-1-2	5.4	13.2	5.4	0	0	16.38	13.2
	小计	21.624	37.26	21.624	0	54.08	16.38	71.1187
总计	独立基础	独立基础数量/个						
	DJ-1	8						
	小计	8						
	独基单元	独基体积/m³	独基模板面积/m²	模板体积/m³	砖胎膜体积/m³	底面面积/m²	顶面面积/m²	侧面面积/m²
	DJ-1-1	16.224	24.06	16.224	0	54.08	0	57.9187
	DJ-1-2	5.4	13.2	5.4	0	0	16.38	13.2
	小计	21.624	37.26	21.624	0	54.08	16.38	71.1187

(2) 基础详图配筋

基础钢筋保护层厚度 40mm，基础下设 100 厚 C15 素混凝土垫层，基础混凝土 C30，基础钢筋 HRB400 级。基础施工时，注意配合柱平法图预留插筋，柱在基础内插筋直径、数量、间距与上部相同。

基础详图如图 6-21 所示。

独立基础配筋三维图如图 6-22 所示。

单个独立基础钢筋三维图如图 6-23 所示。

① 识图　从基础详图上可以看出，柱基础的插筋弯折长度是 220mm，这个如果是在软件中设置，注意去工程设置中调整一下。垫层顶标高－2.350m，基础顶标高－1.750m，考

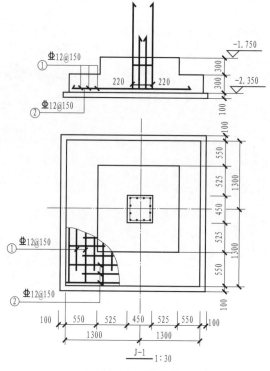

图 6-21　基础详图

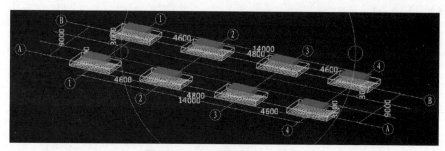

图 6-22　独立基础配筋三维图

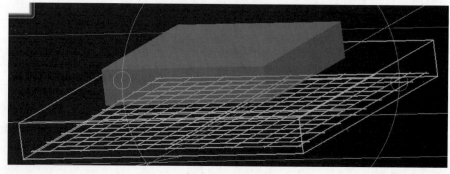

图 6-23　单个独立基础钢筋三维图

虑室内地面做法的结构标高，基础层的层高因为从－0.05m 到－2.350m 之间的高差即为 2.3m。

钢筋的配置可以看出有横向钢筋和纵向钢筋两种，算钢筋工程量时注意钢筋根数的计算方法。

② 算量 单个独立基础钢筋计算见表 6-30。

表 6-30 单个独立基础钢筋计算表

筋号	级别	直径	钢筋图形	计算公式	根数	总根数	单长/m	总长/m	总重/kg
DJ-1-1.横向底筋.1	◆	12	2520	2600－40－40	2	8	2.52	20.16	17.902
DJ-1-1.横向底筋.2	◆	12	2340	0.9×2600	16	64	2.34	149.76	132.987
DJ-1-1.纵向底筋.1	◆	12	2520	2600－40－40	2	8	2.52	20.16	17.902
DJ-1-1.纵向底筋.2	◆	12	2340	0.9×2600	14	56	2.34	131.04	116.364
DJ-1-1.纵向底筋.3	◆	12	1704	1300＋444－40	2	8	1.704	13.632	12.105

（3）柱子

柱配筋采用国标《混凝土结构施工图平面整体表示方法制图规则和构造详图》
（16G101-1），图中未标明的尺寸处均为轴线居中。基础顶～5.100 柱平法施工图如图 6-24
所示。基础顶～5.100 柱三维效果图如图 6-25 所示。

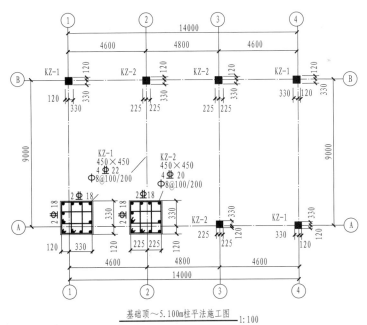

基础顶～5.100m柱平法施工图 1:100

图 6-24 基础顶～5.100m 柱平法施工图

① 识图 柱平法表示如图 6-26 所示，从图中可以看出，该柱子为框架柱，截面尺寸为
450mm×450mm，角筋为 4⊕12 钢筋，纵筋为 2⊕18，箍筋Φ8@100/200。注意柱子偏心
设置。

图 6-25　基础顶～5.100 柱三维效果图

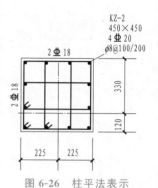

图 6-26　柱平法表示

② 算量

基础层柱：高度＝2.3m

截面面积＝$\underset{\text{长度}}{0.45}\times\underset{\text{宽度}}{0.45}=0.2025(\text{m}^2)$

柱周长＝$(\underset{\text{长度}}{0.45}+\underset{\text{宽度}}{0.45})\times 2=1.8(\text{m})$

柱体积＝$(\underset{\text{长度}}{0.45}\times\underset{\text{宽度}}{0.45}\times\underset{\text{高度}}{2.3})-\underset{\text{扣混凝土独立基础}}{[(0.45\times 0.45\times 0.3)\times 2]}=0.3443(\text{m}^3)$

柱模板面积＝$\underset{\text{原始模板面积}}{4.14}-\underset{\text{扣混凝土独立基础}}{[(0.45\times 0.3)\times 8]}=3.06(\text{m}^2)$

柱数量＝1 根

其余柱子的工程量计算类似基础层柱子的计算方法，在此以表格的汇总形式展示。

柱子工程量汇总见表 6-31。

表 6-31　柱子工程量汇总

楼层	构件名称	工程量名称						
		柱周长/m	柱体积/m³	柱模板面积/m²	超高模板面积/m²	柱数量/根	高度/m	截面面积/m²
基础层	KZ-1 450×450	1.8	1.377	12.24	0	4	9.2	0.81
	KZ-2 450×450	1.8	1.377	12.24	0	4	9.2	0.81
	小计	3.6	2.754	24.48	0	8	18.4	1.62
首层	KZ-1 450×450	1.8	4.1715	34.468	8.548	4	20.6	0.81
	KZ-2 450×450	1.8	4.0014	32.7481	7.976	4	20.6	0.81
	小计	3.6	8.1729	67.2161	16.524	8	41.2	1.62
合计		7.2	10.9269	91.6961	16.524	16	59.6	3.24

③ 抽筋

基础层钢筋三维图见图 6-27。

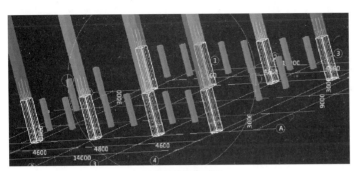

(a)基础层柱钢筋三维图　　　　　　　　(b)单个柱钢筋三维图

图 6-27　基础层钢筋三维图

KZ-2 钢筋工程量汇总见表 6-32。

表 6-32　KZ-2 钢筋工程量汇总

筋号	级别	直径	钢筋图形	计算公式	根数	总根数	单长 /m	总长 /m	总质量 /kg
B 边插筋.1	Φ	18	106 ⌐ 2610	$6150/3+37\times d$	2	8	2.716	21.728	43.456
B 边插筋.2	Φ	18	106 ⌐ 3240	$6150/3+1\times\max(35\times d,\ 500)+37\times d$	2	8	3.346	26.768	53.536
H 边插筋.1	Φ	18	106 ⌐ 3240	$6150/3+1\times\max(35\times d,\ 500)+37\times d$	2	8	3.346	26.768	53.536
H 边插筋.2	Φ	18	106 ⌐ 2610	$6150/3+37\times d$	2	8	2.716	21.728	43.456
角筋插筋.1	Φ	20	220 ⌐ 3310	$6150/3+1\times\max(35\times d,\ 500)+600-40+220$	2	8	3.53	28.24	69.753
角筋插筋.2	Φ	20	220 ⌐ 2610	$6150/3+600-40+220$	2	8	2.83	22.64	55.921
箍筋.1	Φ	8	390 ▱ 390	$2\times[(450-2\times30)+(450-2\times30)]+2\times(11.9\times d)$	2	8	1.75	14	5.53

注：d 为钢筋直径。

（4）梁

① 地层梁　本层梁顶标高为 -1.750m，同基础顶标高。主、次梁交接处，主梁未标明附加箍筋时，应于主梁上附加 $6\Phi d$，d 为主梁箍筋直径。地梁层梁平法施工图如图 6-28 所示。

地梁三维图如图 6-29 所示。基础梁 1 的工程量计算进程如下。

长度 = 14m

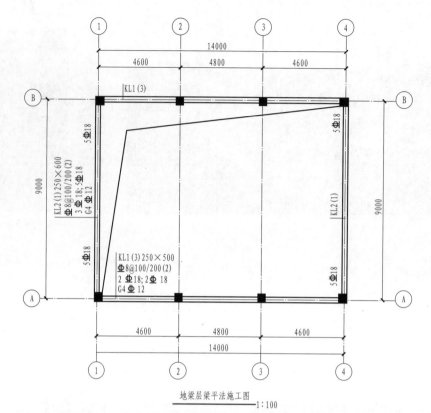

图 6-28　地梁层梁平法施工图

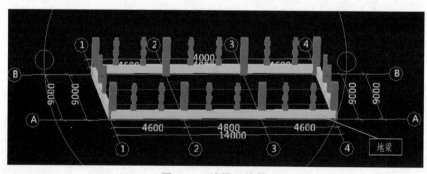

图 6-29　地梁三维图

$$截面面积=\underset{\text{宽度}\quad\text{高度}}{\underline{\underline{0.25\times0.5}}}=0.125(\text{m}^2)$$

$$基础梁体积=\underset{\text{原始体积}}{\underline{1.75}}-$$

$$\underset{\text{扣独立基础}}{\underline{[(1.3\times0.25\times0.2)\times2+(2.6\times0.25\times0.2)\times2+(0.75\times0.25\times0.3)\times2+(1.5\times0.25\times0.3)\times2]}}$$

$$=1.0225(\text{m}^3)$$

$$基础梁模板面积=(0.5\times\underset{\text{高度}\quad\text{中心线长度}}{\underline{14}}\times2)-$$

$$\underset{\text{扣独立基础}}{\underline{[(1.3\times0.2)\times4+(2.6\times0.2)\times4+(0.75\times0.3)\times4+(1.5\times0.3)\times4]}}$$

$$=8.18(\text{m}^2)$$

基础梁底面模板面积$=(0.25\times\underbrace{14}_{\text{中心线长度}})-\underbrace{[(1.3\times0.25)\times2+(2.6\times0.25)\times2]}_{\text{扣独立基础}}$
$\underbrace{}_{\text{宽度}}$

$$=1.55(\text{m}^2)$$

模板体积$=1.0225\text{m}^3$

基础层地梁工程量汇总见表6-33。

表6-33 基础层地梁工程量汇总表

楼层	构件名称	工程量名称					
		基础梁体积/m³	基础梁模板面积/m²	基础梁底面模板面积/m²	模板体积/m³	截面面积/m²	长度/m
基础层	JZL-1(3)250×500	2.045	16.36	3.1	2.045	0.25	28
	JZL-2(1)250×600	2.085	16.68	3.2	2.085	0.3	18.5
	小计	4.13	33.04	6.3	4.13	0.55	46.5
合计		4.13	33.04	6.3	4.13	0.55	46.5

② 屋面梁 本层结构标高5.100m，未注明梁面标高同板顶。梁构造详图参见16G101-1图集。这里与地梁的钢筋放置需要注意一点，即基础梁由于需要考虑受力的影响，钢筋多的放在梁上部，钢筋少的放在梁下部，而一般的梁则是相反。

屋面层梁平法施工图如图6-30所示。

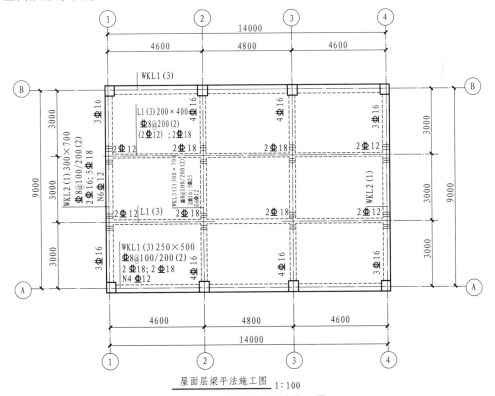

屋面层梁平法施工图 1:100

图6-30 屋面层梁平法施工图

屋面层梁三维图如图 6-31 所示。

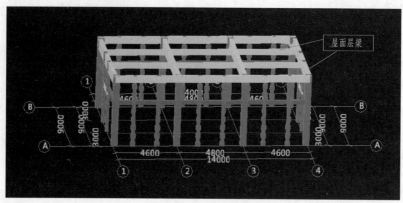

图 6-31 屋面层梁三维图

a. L-1 工程量

截面宽度＝0.2m

截面高度＝0.4m

梁轴线长度＝14m

梁体积＝$(\underbrace{0.2}_{\text{宽度}} \times \underbrace{0.4}_{\text{高度}} \times \underbrace{14}_{\text{中心线长度}}) - \underbrace{[(0.3 \times 0.2 \times 0.4) \times 2 + (0.18 \times 0.2 \times 0.4) \times 2]}_{\text{扣梁}}$

　　＝1.0432(m³)

梁模板面积＝$[(\underbrace{0.4 \times 2 + 0.2}_{\text{高度}\quad\text{宽度}}) \times \underbrace{14}_{\text{中心线长度}}] -$

　　　　　　$\underbrace{[(0.3 \times 0.2) \times 2 + (0.3 \times 0.4) \times 4 + (0.18 \times 0.2) \times 2 + (0.18 \times 0.4) \times 4]}_{\text{扣梁}} -$

　　　　　　$\underbrace{[(4.5 \times 0.1) \times 2 + (4.27 \times 0.1) \times 4]}_{\text{扣现浇板}}$

　　　　＝10.432(m²)

梁脚手架面积＝$\underbrace{13.04}_{\text{脚手架长度}} \times \underbrace{1}_{\text{梁脚手架长度水平投影系数}} \times \underbrace{4.75}_{\text{脚手架高度}}$

　　　　　　＝61.94(m²)

梁截面周长＝$(\underbrace{0.2}_{\text{宽度}} + \underbrace{0.4}_{\text{高度}}) \times 2 = 1.2$(m)

梁净长＝$\underbrace{14}_{\text{梁长}} - \underbrace{0.96}_{\text{扣梁}} = 13.04$(m)

梁侧面面积＝$\underbrace{11.2}_{\text{原始侧面面积}} - \underbrace{[(0.3 \times 0.4) \times 4 + (0.18 \times 0.4) \times 4]}_{\text{扣梁}} = 10.432$(m²)

截面面积＝$\underbrace{0.2}_{\text{宽度}} \times \underbrace{0.4}_{\text{高度}} = 0.08$(m²)

超高模板面积＝$\underbrace{[(0.4 + 0.2) \times 14 + 14 \times 0.4]}_{\text{原始超高模板面积}} -$

　　　　　　$\underbrace{[(0.3 \times 0.2) \times 2 + (0.3 \times 0.4) \times 4 + (0.18 \times 0.2) \times 2 + (0.18 \times 0.4) \times 4]}_{\text{扣梁模}} -$

　　　　　　$\underbrace{[(4.5 \times 0.1) \times 2 + (4.27 \times 0.1) \times 4]}_{\text{扣现浇板}} \times 1$

$$=10.432(\mathrm{m}^2)$$

b. WKL1(3)

$$梁体积=(0.25\times0.5\times\underset{中心线长度}{\underline{\underline{14}}})-[\underset{扣墙洞}{\underline{\underline{(0.0982\times0.25)\times2}}}]-$$

$$\underset{扣柱}{\underline{\underline{[(0.33\times0.245\times0.5)\times2+(0.45\times0.245\times0.5)\times2]}}}-$$

$$\underset{扣梁}{\underline{\underline{[(0.3\times0.005\times0.5)\times2+(0.18\times0.005\times0.5)\times2]}}}$$

$$=1.5074(\mathrm{m}^3)$$

$$梁模板面积=[(\underset{高度}{\underline{\underline{0.5}}}\times2+\underset{宽度}{\underline{\underline{0.25}}})\times\underset{中心线长度}{\underline{\underline{14}}}]-$$

$$\underset{扣墙洞}{\underline{\underline{[(0.4998\times0.25)\times2+0.0982\times4-0.7854\times0.25-0.7854\times0.25]}}}-$$

$$\underset{扣柱}{\underline{\underline{[(0.33\times0.245)\times2+(0.33\times0.5)\times2+(0.45\times0.245)\times2+(0.45\times0.5)\times2]}}}-$$

$$\underset{扣梁}{\underline{\underline{[(0.3\times0.5)\times2+(0.3\times0.005)\times2+(0.18\times0.5)\times2]}}}-$$

$$\underset{扣现浇板}{\underline{\underline{[(4.045\times0.1)\times2+4.35\times0.1]}}}$$

$$=14.3591(\mathrm{m}^2)$$

$$梁脚手架面积=\underset{脚手架长度}{\underline{\underline{13.04}}}\times\underset{梁脚手架长度水平投影系数}{\underline{\underline{1}}}\times\underset{脚手架高度}{\underline{\underline{4.65}}}$$

$$=60.636(\mathrm{m}^2)$$

$$梁截面周长=(\underset{宽度}{\underline{\underline{0.25}}}+\underset{高度}{\underline{\underline{0.5}}})\times2=1.5(\mathrm{m})$$

$$梁净长=\underset{梁长}{\underline{\underline{14}}}-\underset{扣柱}{\underline{\underline{1.56}}}=12.44(\mathrm{m})$$

梁轴线长度=14m

$$梁侧面面积=\underset{原始侧面面积}{\underline{\underline{14}}}-\underset{扣梁}{\underline{\underline{[(0.3\times0.5)\times4+(0.18\times0.5)\times4]}}}-\underset{扣墙洞}{\underline{\underline{(0.0982\times4)}}}-$$

$$\underset{扣柱}{\underline{\underline{[(0.15\times0.5)\times2+(0.075\times0.5)\times4]}}}$$

$$=12.3473(\mathrm{m}^2)$$

截面宽度=0.25m

截面高度=0.5m

$$截面面积=\underset{宽度}{\underline{\underline{0.25}}}\times\underset{高度}{\underline{\underline{0.5}}}=0.125(\mathrm{m}^2)$$

$$超高模板面积=\{\underset{原始超高模板面积}{\underline{\underline{[(0.5+0.25)\times14+14\times0.5]}}}-$$

$$\underset{扣梁模}{\underline{\underline{[(0.3\times0.25)\times2+(0.3\times0.5)\times4+(0.18\times0.25)\times2+(0.18\times0.5)\times4]}}}-$$

$$\underset{扣柱}{\underline{\underline{[(0.15\times0.245)\times2+(0.15\times0.5)\times2+(0.075\times0.245)\times4+(0.075\times0.5)\times4]}}}-$$

$$\underset{扣现浇板}{\underline{\underline{[(4.045\times0.1)\times2+4.35\times0.1]}}}-$$

$$[(0.4998\times0.25)\times2+0.0982\times4-\underbrace{0.7854\times0.25-0.7854\times0.25]}_{扣墙洞}\}\times1$$

$$=14.3591(m^2)$$

c. WKL2(1)

$$梁体积=(\underbrace{0.3}_{宽度}\times\underbrace{0.7}_{高度}\times\underbrace{9.25}_{中心线长度})-\underbrace{[(0.45\times0.3\times0.7)\times2]}_{扣柱}$$

$$=1.7535(m^3)$$

$$梁模板面积=[(\underbrace{0.7\times2}_{高度}+\underbrace{0.3}_{宽度})\times\underbrace{9.25}_{中心线长度}]+\underbrace{0.42}_{梁端头模板面积}-$$

$$\underbrace{[(0.45\times0.3)\times2+(0.45\times0.7)\times4]}_{扣柱}-\underbrace{[(0.005\times0.5)\times2+(0.2\times0.4)\times2]}_{扣梁}-$$

$$\underbrace{[(2.57\times0.1)\times2+2.8\times0.1]}_{扣现浇板}$$

$$=13.656(m^2)$$

$$梁脚手架面积=\underbrace{9.25}_{脚手架长度}\times\underbrace{1}_{梁脚手架长度水平投影系数}\times\underbrace{4.45}_{脚手架高度}$$

$$=41.1625(m^2)$$

$$梁截面周长=(\underbrace{0.3}_{宽度}+\underbrace{0.7}_{高度})\times2=2(m)$$

$$梁净长=9.25-\underbrace{0.9}_{梁长\quad扣柱}=8.35(m)$$

梁轴线长度=9m

$$梁侧面面积=\underbrace{12.95}_{原始侧面面积}-\underbrace{[(0.25\times0.5)\times2+(0.2\times0.4)\times2]}_{扣梁}-$$

$$\underbrace{[(0.45\times0.7)\times2+(0.1925)\times2]}_{扣柱}$$

$$=11.525(m^2)$$

截面宽度=0.3m

截面高度=0.7m

$$截面面积=\underbrace{0.3}_{宽度}\times\underbrace{0.7}_{高度}=0.21(m^2)$$

$$超高模板面积=\{\underbrace{[(9.25+0.3)\times0.7+(9.25+0.7)\times0.3+0.7\times9.25]}_{原始超高模板面积}-$$

$$\underbrace{[(0.45\times0.3)\times2+(0.45\times0.7)\times4]}_{扣柱}-\underbrace{[(2.67\times0.1)\times2+3\times0.1]}_{扣现浇板}\}\times1$$

$$=13.781(m^2)$$

d. WKL3(1)

$$梁体积=(\underbrace{0.3}_{宽度}\times\underbrace{0.7}_{高度}\times\underbrace{9.25}_{中心线长度})-\underbrace{[(0.45\times0.3\times0.7)\times2]}_{扣柱}$$

$$=1.7535(m^3)$$

$$梁模板面积=[(\underbrace{0.7\times2}_{高度}+\underbrace{0.3}_{宽度})\times\underbrace{9.25}_{中心线长度}]+\underbrace{0.42}_{梁端头模板面积}-$$

$$\underbrace{[(0.45\times0.3)\times2+(0.45\times0.7)\times4]}_{扣柱}-\underbrace{[(0.005\times0.5)\times4+(0.2\times0.4)\times4]}_{扣梁}-$$

$$[（2.8\times0.1）\times2+（2.57\times0.1）\times4]$$

$$\underline{扣现浇板}$$

$$=12.697（m^2）$$

梁脚手架面积＝$\underset{脚手架长度}{\underline{9.25}}\times\underset{梁脚手架长度水平投影系数}{\underline{1}}\times\underset{脚手架高度}{\underline{4.45}}=41.1625（m^2）$

梁截面周长＝（$\underset{宽度}{\underline{0.3}}$＋$\underset{高度}{\underline{0.7}}$）×2＝2（m）

梁净长＝$\underset{梁长}{\underline{9.25}}$－$\underset{扣柱}{\underline{0.9}}$＝8.35（m）

梁轴线长度＝9m

梁侧面面积＝$\underset{原始侧面面积}{\underline{12.95}}$－$\underset{扣梁}{\underline{[（0.25\times0.5）\times4+（0.2\times0.4）\times4]}}$－$\underset{扣柱}{\underline{（0.1925\times4）}}$

$$=11.36（m^2）$$

截面宽度＝0.3m

截面高度＝0.7m

截面面积＝$\underset{宽度}{\underline{0.3}}\times\underset{高度}{\underline{0.7}}$＝0.21（m²）

超高模板面积＝$\{\underset{原始超高模板面积}{\underline{[（9.25+0.3）\times0.7+（9.25+0.7）\times0.3+0.7\times9.25]}}$－

$\underset{扣柱}{\underline{[（0.45\times0.3）\times2+（0.45\times0.7）\times4]}}$－$\underset{扣现浇板}{\underline{[（3\times0.1）\times2+（2.67\times0.1）\times4]}}\}\times1$

$$=12.947（m^2）$$

屋面梁工程量汇总见表 6-34。

表 6-34　屋面梁工程量汇总

序号	楼层	名称	坡度	梁体积/m³	梁模板面积/m²	梁脚手架面积/m²	梁截面周长/m	梁净长/m
1	首层	L-1(3)	0	2.0864	20.864	123.88	2.4	26.08
2			小计	2.0864	20.864	123.88	2.4	26.08
3		WKL1(3)	0	3.0639	28.9681	121.272	3	24.88
4			小计	3.0639	28.9681	121.272	3	24.88
5		WKL-2(1)	0	3.507	27.312	82.325	4	16.7
6			小计	3.507	27.312	82.325	4	16.7
7		WKL-3(1)	0	3.507	25.394	82.325	4	16.7
8			小计	3.507	25.394	82.325	4	16.7
9	小计			12.1643	102.5381	409.802	13.4	84.36
10	总计			12.1643	102.5381	409.802	13.4	84.36

e. 钢筋抽筋

屋面梁钢筋三维图见图 6-32。以 L1(3) 为例，钢筋构造绑扎三维图如图 6-33 所示。以 L1(3) 为例，钢筋抽筋工程量见表 6-35。其他梁计算方法同 L1(3)。

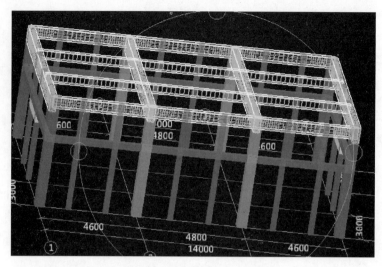

图 6-32　屋面梁钢筋三维图

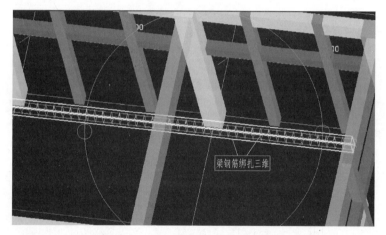

图 6-33　L1（3）钢筋构造绑三维图

表 6-35　L1（3）钢筋抽筋工程量

构件名称：L-1(3)[31]				构件数量：2			本构件钢筋重：130.922kg			
构件位置：(①—Ⓑ-3000)、(④—Ⓑ-3000)、(①—Ⓐ+3000)、(④—Ⓐ+3000)										
1跨.左支座筋1	Φ	12	180 ⌐ 3633	$300-25+15\times d+4270+49\times d-4500/3$	2	4	3.813	15.252	13.544
1跨.右支座筋1	Φ	18	3300	$4500/3+300+4500/3$	2	4	3.3	13.2	26.4
1跨.下通长筋1	Φ	18	14072	$12\times d+13640+12\times d$	2	4	14.072	56.288	112.576
28跨.右支座筋1	Φ	18	3300	$4500/3+300+4500/3$	2	4	3.3	13.2	26.4

续表

构件名称:L-1(3)[31]			构件数量:2		本构件钢筋重:130.922kg					
构件位置:(①—⑧-3000)、(④—⑧-3000)、(①—④+3000)、(④—④+3000)										
2跨.架立筋1	Φ	12	1800		$150-4500/3+4500+150-4500/3$	2	4	1.8	7.2	6.394
38跨.右支座筋1	Φ	12	180 ⌐ 3633		$49×d-4500/3+4270+300-25+15×d$	2	4	3.813	15.252	13.544
1跨.箍筋1	Φ	8	350 ▭150		$2×[(200-2×25)+(400-2×25)]+2×(11.9d)$	22	44	1.19	52.36	20.682
2跨.箍筋1	Φ	8	350 ▭150		$2×[(200-2×25)+(400-2×25)]+2×(11.9d)$	23	46	1.19	54.74	21.622
3跨.箍筋1	Φ	8	350 ▭150		$2×[(200-2×25)+(400-2×25)]+2×(11.9d)$	22	44	1.19	52.36	20.682

（5）板

① 屋面板 板厚为100mm，配筋双层双向通长Φ8@200，附加筋与通长筋间隔设置。本层结构层高为5.100m。屋面层模板配筋图如图6-34所示，屋面板与雨篷板三维图如图6-35所示。

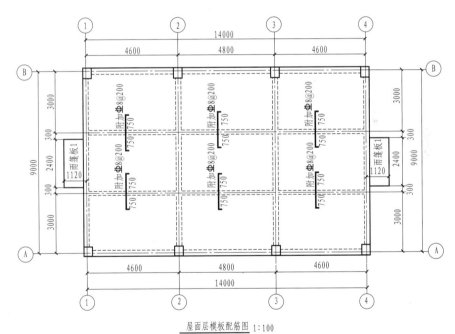

屋面层模板配筋图 1:100

图 6-34 屋面层模板配筋图

a.屋面板工程量

$$现浇板面积=\underset{\text{长度}}{(4.57×}\underset{\text{宽度}}{3}\underset{}{)}-\underset{\text{扣柱}}{[0.33×(0.3+0.225)]}-$$

$$\underset{\text{扣梁}}{[(1.1425×0.1)×3+(1.1425×0.125)×2+(2.67+2.57)×0.15+(0.8425+0.9175)×0.125+0.9925×0.1]}$$

$$=11.8031(\text{m}^2)$$

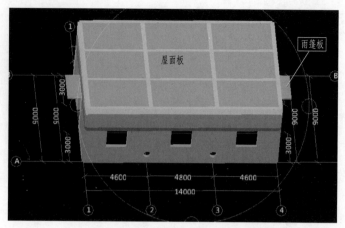

图 6-35   屋面板与雨篷板三维图

现浇板体积＝(4.57× <u>3</u> ×<u>0.1</u>)－
　　　　　　　<u>长度</u>　<u>宽度</u>　<u>厚度</u>
　　　　　[(3×0.15×0.1)＋(4.42×0.1×0.1)＋(2.9×0.15×0.1)＋(4.27×0.125×0.1)]
　　　　　　　　　　　　　　　　　　扣梁
　　　　＝1.1849(m³)

现浇板底面模板面积＝(4.57× <u>3</u>)－[0.33×(0.3＋0.225)]－
　　　　　　　　　　　<u>长度</u>　<u>宽度</u>　　　　<u>扣柱</u>
[(1.1425×0.1)×3＋(1.1425×0.125)×2＋(2.67＋2.57)×0.15＋(0.8425＋0.9175)×0.125＋0.9925×0.1]
　　　　　　　　　　　　　　　　　　扣梁
　　　　　　＝11.8031(m²)

现浇板侧面模板面积＝[(4.57＋ <u>3</u>)×2× <u>0.1</u>]－
　　　　　　　　　　　<u>长度</u>　<u>宽度</u>　　<u>厚度</u>
　　　　　　　[(0.33×0.1)×2＋(0.3＋0.225)×0.1]－
　　　　　　　　　　　　　　扣柱
　　　　　　[(0.15＋2.67＋0.1＋4.42＋2.57＋4.045)×0.1]
　　　　　　　　　　　　扣梁
　　　　　　＝0

现浇板数量＝1块

板厚＝0.1m

投影面积＝(4.57× <u>3</u>)－(0.2633＋0.5444)－
　　　　　<u>长度</u>　<u>宽度</u>　<u>投影面积扣墙面积</u>
　　　　　(0.15×2.88＋0.1×4.33＋0.06×2.78＋0.005×4.27)－
　　　　　　　　　　　投影面积扣梁面积
　　　　　(0.15×0.205＋0.075×0.205)
　　　　　　投影面积扣柱面积
　　　　＝11.8031(m²)

超高模板面积＝{ <u>(3×4.57)</u> －[(3＋2.9)×0.15＋4.42×0.1＋4.27×0.125]－
　　　　　　　原始超高模板面积　　　　　　　　　扣梁
　　　　　　[0.205×(0.15＋0.075)]}×1
　　　　　　　　扣柱
　　　　＝11.8031(m²)

超高侧面模板面积$=\{[(4.57\times0.1)\times2+\underbrace{(3\times0.1)\times2]}_{\text{原始超高侧面模板面积}}-\underbrace{[(3+4.57)\times0.1]}_{\text{扣现浇板}}-$

$$\underbrace{[(0.15\times0.1)\times2+(0.1+2.9+4.27)\times0.1]}_{\text{扣梁}}\}\times1$$

$$=0(\mathrm{m}^2)$$

b. 抽筋

屋面板配筋图如图 6-36 所示。

板中马凳筋设置如图 6-37 所示。

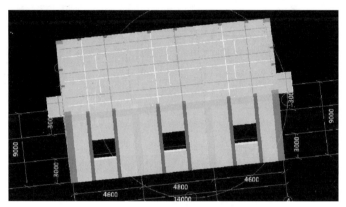

图 6-36　屋面板配筋图

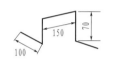

图 6-37　板中马凳筋示意图

以下摘取了某一个构件位置的板的工程量。构件工程量见表 6-36。

表 6-36　板钢筋工程量

构件名称：B-1h=100[174]					构件数量：1			本构件钢筋重：109kg	

构件位置：<2,B-2000><1+30,B-2000>；<1+1553,B><1+1553,B-3000>；<2,B-1000><1+30,B-1000>；<2-1523,B><2-1523,B-3000>

SLJ-1c8-200.1	Φ	8	4570	$4270+\max(300/2,5\times d)$ $+\max(300/2,5\times d)$	14	14	4.57	63.98	25.272
SLJ-1c8-200.1	Φ	8	3000	$2775+\max(250/2,5\times d)$ $+\max(200/2,5\times d)$	22	22	3	66	26.07
SLJ-1c8-200.1	Φ	8	120 ⌐4820⌐ 120	$4270+300-25+15\times d$ $+300-25+15\times d$	14	14	5.06	70.84	27.982
SLJ-1c8-200.1	Φ	8	120 ⌐3175⌐120	$2775+250-25+15\times d$ $+200-25+15\times d$	22	22	3.415	75.13	29.676
构件名称：B-1h=100[179]					构件数量：1			本构件钢筋重：108.783kg	

构件位置：<2,A+3999><1+30,A+4000>；<1+1553,B-3000><1+1553,A+3000>；<2,B-4000><1+30,B-4000>；<2-1523,B-3000><2-1523,A+3000>

SLJ-1c8-200.1	Φ	8	4570	$4270+\max(300/2,5\times d)$ $+\max(300/2,5\times d)$	14	14	4.57	63.98	25.272
SLJ-1c8-200.1	Φ	8	3000	$2800+\max(200/2,5\times d)$ $+\max(200/2,5\times d)$	22	22	3	66	26.07

构件名称:B-1h=100[179]			构件数量:1		本构件钢筋重:108.783kg				
SLJ-1c8-200.1	Φ	8	120 ⌐ 4820 ⌐ 120	$4270+300-25+15\times d$ $+300-25+15\times d$	14	14	5.06	70.84	27.982
SLJ-1c8-200.1	Φ	8	120 ⌐ 3175 ⌐ 120	$2800+200-25+15\times d$ $+200-25+15\times d$	22	22	3.39	74.58	29.459

② 雨篷板　雨篷板配筋如图 6-38 所示。

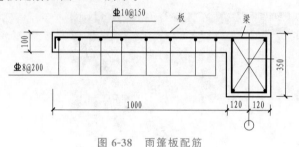

图 6-38　雨篷板配筋

a.雨篷板工程量

现浇板面积=(2.4 ×1.12)-(2.4×0.12)=2.4(m²)
　　　　　　　长度　宽度　　　扣梁

现浇板体积=[(2.4 ×1.12)× 0.1]-(2.4×0.12×0.1)
　　　　　　　长度　宽度　厚度　　　　扣梁
　　　　=0.24(m³)

现浇板底面模板面积=(2.4 ×1.12)-(2.4×0.12)=2.4(m²)
　　　　　　　　　　长度　宽度　　　扣梁

现浇板侧面模板面积=[(2.4 +1.12)×2× 0.1]-[(0.12×0.1)×2+2.4×0.1]
　　　　　　　　　　长度　宽度　厚度　　　　扣梁
　　　　=0.44(m²)

现浇板数量=1块

板厚=0.1m

投影面积=(2.4 ×1.12)- (0.12×2.4) =2.4(m²)
　　　　　长度　宽度　投影面积扣墙面积

雨篷板工程量汇总见表 6-37。

表 6-37　雨篷板工程量汇总表

序号	楼层	名称	坡度	现浇板面积/m²	现浇板体积/m³	现浇板底面模板面积/m²	现浇板侧面模板面积/m²	现浇板数量/块
1	首层	雨篷板	0	4.8	0.48	4.8	0.88	2
2			小计	4.8	0.48	4.8	0.88	2
3		小计		4.8	0.48	4.8	0.88	2
4	总计			4.8	0.48	4.8	0.88	2

b.钢筋抽筋

雨篷板钢筋计算表见表 6-38。

表 6-38　雨篷板钢筋计算表

构件名称:雨篷梁 240 * 350[345]					构件数量:2			本构件钢筋重:25.742kg		
构件位置:<1,A+3300><1,B-3300>;<4,A+3300><4,B-3300>										
1 跨. 上通长筋 1	⊕	16	240　2350　240	$-25+15\times d+2400-25+15\times d$		2	4	2.83	11.32	17.886
1 跨. 下部钢筋 1	⊕	16	240　2350　240	$-25+15\times d+2400-25+15\times d$		2	4	2.83	11.32	17.886
1 跨. 箍筋 1	⊕	8	300　190	$2\times[(240-2\times25)+(350-2\times25)]+2\times(11.9\times d)$		17	34	1.17	39.78	15.713

6.6.3　指标汇总分析

单方混凝土指标见表 6-39。

表 6-39　单方混凝土指标表

序号	指标项	楼层	工程量/m³	建筑面积/m²	合计/(m³/100m²)	合计其中/(m³/100m²)		
						C20	C25	C30
1	柱	基础层	4.7124	0	—	—	—	—
		首层	13.0948	131.5776	9.9521	0	3.7407	6.2115
		女儿墙	0.6682	0	—	—	—	—
		小计	18.4754	131.5776	14.0414	0	5.7369	8.3045
2	梁	首层	15.2834	131.5776	11.6155	0	2.0641	9.5514
		女儿墙	1.0118	0	—	—	—	—
		小计	16.2952	131.5776	12.3845	0	2.8331	9.5514
3	板	首层	11.3684	131.5776	8.6401	0	0	8.6401
		小计	11.3684	131.5776	8.6401	0	0	8.6401
4	基础	基础层	32.026	0	—	—	—	—
		小计	32.026	0	—	—	—	—

工程综合指标见表 6-40。

表 6-40　工程综合指标表

序号	指标项	单位	工程量	百平方米指标
总建筑面积/m²:131.5776				
1　土方指标				
1.1	挖土方	m³	379.9673	288.7781
1.2	灰土回填	m³	0	0
1.3	素土回填	m³	330.6502	251.2967
1.4	回填土	m³	330.6502	251.2967
1.5	运余土	m³	49.3171	37.4814

序号	指标项	单位	工程量	百平方米指标
总建筑面积/m² : 131.5776				
2 混凝土指标				
2.1	混凝土基础	m³	32.026	24.34
2.2	混凝土墙	m³	0	0
2.3	混凝土柱	m³	18.4754	14.0414
2.4	混凝土梁	m³	16.2952	12.3845
2.5	混凝土板	m³	11.3684	8.6401
2.6	楼梯	m³	0	0
3 模板指标				
3.1	混凝土基础	m²	85.56	65.0263
3.2	混凝土墙	m²	0	0
3.3	混凝土柱	m²	161.5121	122.7505
3.4	混凝土梁	m²	140.1301	106.5
3.5	混凝土板	m²	114.318	86.8826
3.6	楼梯	m²	0	0
4 砖石指标				
4.1	砖墙	m³	15.0091	11.407
4.2	石墙	m³	0	0
4.3	砌块墙	m³	36.9106	28.0523
4.4	非混凝土基础	m³	0	0
4.5	砖柱	m³	0	0
5 门窗指标				
5.1	门	m²	9.72	7.3873
5.2	窗	m²	13.5	10.2601
5.3	门联窗	m²	0	0
6 装饰指标				
6.1	地面块料	m²	121.4016	92.2662
6.2	混凝土墙抹灰	m²	0	0
6.3	砖石砌块墙抹灰	m²	478.3582	363.556
6.4	天棚抹灰	m²	155.4696	118.1581
6.5	混凝土墙块料	m²	0	0
6.6	砖石砌块墙块料	m²	490.4542	372.749

6.6.4 费用汇总与造价分析

该工程的费用汇总见表 6-41。

表 6-41　费用汇总表

序号		费用代号	名称	计算基数	基数说明	费率/%	金额	费用类别	备注
1	1	A	分部分项工程	FBFXHJ	分部分项合计		229331.93	分部分项工程费	
2	2	B	措施项目	CSXMHJ	措施项目合计		60569.15	措施项目费	
3	2.1	B1	其中:安全文明施工费	AQWMS-GF	安全文明施工费		8818.33	安全文明施工费	
4	2.2	B2	其他措施费(费率类)	QTCSF+QTF	其他措施费+其他(费率类)		4056.81	其他措施费	
5	2.3	B3	单价措施费	DJCSHJ	单价措施合计		47694.01	单价措施费	
6	3	C	其他项目	C1+C2+C3+C4+C5	其中:1)暂列金额+2)专业工程暂估价+3)计日工+4)总承包服务费+5)其他		0.00	其他项目费	
7	3.1	C1	其中:1)暂列金额	ZLJE	暂列金额		0.00	暂列金额	
8	3.2	C2	2)专业工程暂估价	ZYGCZGJ	专业工程暂估价		0.00	专业工程暂估价	
9	3.3	C3	3)计日工	JRG	计日工		0.00	计日工	
10	3.4	C4	4)总承包服务费	ZCBFWF	总承包服务费		0.00	总包服务费	
11	3.5	C5	5)其他				0.00		
12	4	D	规费	D1+D2+D3	定额规费+工程排污费+其他		10933.50	规费	不可竞争费
13	4.1	D1	定额规费	FBFX_GF+DJCS_GF	分部分项规费+单价措施规费		10933.50	定额规费	
14	4.2	D2	工程排污费				0.00	工程排污费	据实计取
15	4.3	D3	其他				0.00		
16	5	E	不含税工程造价合计	A+B+C+D	分部分项工程+措施项目+其他项目+规费		300834.58		
17	6	F	增值税	E	不含税工程造价合计	10	30083.46	增值税	一般计税方法
18	7	G	含税工程造价合计	E+F	不含税工程造价合计+增值税		330918.04	工程造价	

造价分析见表 6-42。

表 6-42　造价分析表

序号	名称	内容
1	工程总造价(小写)	330918.04
2	工程总造价(大写)	叁拾叁万零玖佰壹拾捌元零肆分
3	单方造价	2514.96
4	分部分项工程费	229331.93
5	其中:人工费	56040.89
6	材料费	150402.21
7	机械费	2350.43
8	主材费	0
9	设备费	0
10	管理费	12336.23
11	利润	8204.24
12	措施项目费	60569.15
13	其他项目费	0
14	规费	10933.5
15	增值税	30083.46

特别说明：本案例是工程实际案例，在本案例中的计算是根据建筑施工图和结构施工图把一些典型的工程量计算结合二维、三维图进行了计算和汇总，但是还有一些计算以及工程量综合单价分析由于内容较多，没有全部列出，如有需要，可联系 QQ909591943 或发邮件至 kejiansuoqu@163.com 索取。

第 7 章

装饰装修工程工程量计算

扫码看视频

整体面层工程量

7.1 楼地面装饰工程

7.1.1 整体面层及找平层

【例 7-1】 某工程二层平面图如图 7-1 所示,室内外墙厚均为 240mm,室内地面垫层采用 120mm 厚 C15 素混凝土,30mm 细石混凝土楼地面,试求该细石混凝土楼地面工程量。

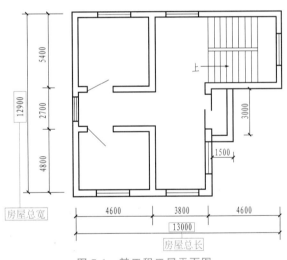

图 7-1 某工程二层平面图

【解】 细石混凝土楼地面工程量计算规则:按设计图示尺寸以面积计算。

细石混凝土楼地面工程量 $S = (4.6-0.24) \times (4.8-0.24) + (4.6-0.24) \times$
$(5.4-0.24) + (2.7-0.24) \times (4.6-0.24) +$
$(3.8-0.24) \times (12.9-0.24) + (5.4-0.24) \times$
$4.6 + (1.5-0.24) \times 3$
$= 125.69 (m^2)$

【小贴士】 式中,$(4.6-0.24) \times (4.8-0.24)$ 为平面图中左下方房间净空面积,m^2;$(4.6-0.24) \times (5.4-0.24)$ 为左上方房间净空面积,m^2;$(2.7-0.24) \times (4.6-0.24)$ 为平面图中房间之间走廊净空面积,m^2;$(3.8-0.24) \times (12.9-0.24) + (5.4-0.24) \times 4.6$ 为平面图中右边房间净空面积,m^2;$(1.5-0.24) \times 3$ 为阳台面积,m^2。

【例7-2】 某房间采用30厚1:2.5水泥砂浆找平层，20厚1:1.5现浇水磨石面，房间尺寸如图7-2所示，试计算该现浇水磨石楼地面工程量。

【解】 工程量计算规则：按设计图示尺寸以面积计算。扣除凸出地面构筑物、设备基础、室内铁道、地沟等所占面积；不扣除间壁墙及≤0.3m²柱、垛、附墙烟囱及孔洞所占面积；门洞、空圈、暖气包槽、壁龛的开口部分不增加面积。

现浇水磨石楼地面工程量 $S = (3.6-0.2\times2)\times(4.0+3.0-0.2)$
$$= 21.76(m^2)$$

【小贴士】 式中，3.6-0.2×2为屋面净宽度，m；4.0+3.0-0.2为屋面净长度，m。

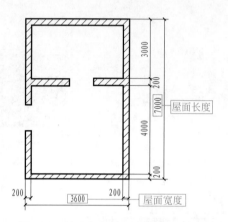

图7-2 某现浇水磨石楼地面示意图

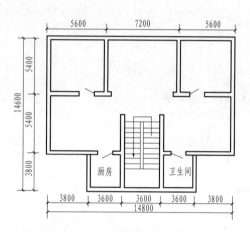

图7-3 某住宅二层平面图

【例7-3】 某住宅二层房间平面图如图7-3所示，已知其找平层为35mm厚C20细石混凝土，内外墙均为240mm厚。试求此二层住宅房间（不包括卫生间、厨房）现浇水磨石楼地面工程量。

【解】 现浇水磨石楼地面工程量计算规则：按设计图示尺寸以面积计算。

现浇水磨石楼地面工程量 $S = (5.4-0.24)\times(5.6-0.24)\times2+(5.4-0.24)\times$
$$(7.2-0.24)+(5.4-0.24)\times(7.4-0.24)\times2$$
$$= 165.129(m^2)$$

【小贴士】 式中，(5.4-0.24)×(5.6-0.24)×2中5.4为平面图上部边缘房间中心线长度，m；0.24为墙厚，m；5.6为单个房间中心线宽，m；2为房间个数；(7.2-0.24)×(5.4-0.24)中5.4为平面图上部中间房间中心线长度，m，7.2为房间中心线宽，m；(5.4-0.24)×(7.4-0.24)×2中5.4为平面图下部房间中心线长，m；7.4为其宽度，即3.6+3.8，m；2为房间个数。

【例7-4】 某车库采用30厚1:2.5水泥砂浆找平层，20厚1:1.5水泥砂浆面，如图7-4所示，试计算其水泥砂浆楼地面工程量。

【解】 工程量计算规则：按设计图示尺寸以面积计算。扣除凸出地面构筑物、设备基础、室内铁道、地沟等所占面积；不扣除间壁墙及面积≤0.3m²柱、垛、附墙烟囱及孔洞所占面积；门洞、空圈、暖气包槽、壁龛的开口部分不增加面积。

水泥砂浆楼地面工程量 $S = 2.4\times1.8 = 4.32(m^2)$

【小贴士】 式中，2.4为车库长度，m；1.8为车库宽度，m。

【例7-5】 某建筑平面如图7-5所示，墙体厚度240mm，轴线居中，地面做法为回填土夯实、60厚C15混凝土垫层、素土泥浆结合层一遍，20厚1:2水泥砂浆抹面压光。门窗尺寸见表7-5。试计算该细石混凝土楼地面面层的工程量。

表 7-1 门窗尺寸表

M-1	1000mm×2000mm
M-2	1200mm×2000mm
M-3	900mm×2400mm
C-1	1500mm×1500mm
C-2	1800mm×1500mm
C-3	3000mm×1500mm

【解】 工程量计算规则：按设计图示尺寸以面积计算。扣除凸出地面构筑物、设备基础、室内铁道、地沟等所占面积；不扣除间壁墙及≤0.3m² 柱、垛、附墙烟囱及孔洞所占面积；门洞、空圈、暖气包槽、壁龛的开口部分不增加面积。

细石混凝土楼楼地面工程量 $S=(3.9-0.24)\times(3+3-0.24)+(5.1-0.24)\times(3-0.24)\times2$
$=47.91(m^2)$

【小贴士】 式中，3.9−0.24 为房间 1 净长度，m；5.1−0.24 为房间 2 净长度，m。

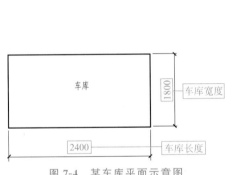

图 7-4 某车库平面示意图

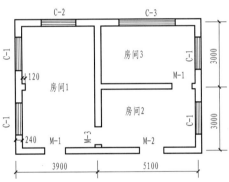

图 7-5 某细石混凝土楼地面示意图

【例 7-6】 如图 7-6 所示，菱苦土地面构造做法为：20mm 厚 1：2 水泥砂抹面压实抹光；刷素水泥浆结合层一道；60 厚 C20 细石混凝土找坡层，最薄处 30mm 厚；聚氨酯涂膜防水层 1.5～1.8mm，1200mm 长构筑物处防水层周边卷起 150mm；40mm 厚菱苦土抹平；150mm 厚 3：7 灰土垫层；素土夯实。试计算该菱苦土楼地面工程量。

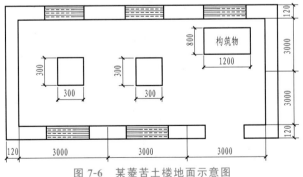

图 7-6 某菱苦土楼地面示意图

【解】 工程量计算规则：按设计图示尺寸以面积计算。扣除凸出地面构筑物、设备基础、室内铁道、地沟等所占面积；不扣除间壁墙及≤0.3m² 柱、垛、附墙烟囱及孔洞所占面积；门洞、空圈、暖气包槽、壁龛的开口部分不增加面积。

菱苦土楼地面工程量　$S = (3.0 \times 3 - 0.12 \times 2) \times (3.0 \times 2 - 0.12 \times 2) - 1.2 \times 0.8$
$$= 49.4976(\text{m}^2)$$

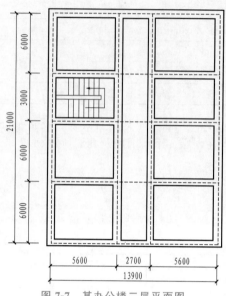

图 7-7　某办公楼二层平面图

【小贴士】　式中，$3.0 \times 3 - 0.12 \times 2$ 为地面净长度，m；$3.0 \times 2 - 0.12 \times 2$ 为地面净宽度，m；1.2×0.8 为构筑物所占面积，m^2。

【例 7-7】　某办公楼二层平面图如图 7-7 所示，室内外墙厚均为 240mm，已知其找平层为 30mm 厚 1：3 水泥砂浆，面层为 20mm 厚 1：2 菱苦土。试求该菱苦土楼地面工程量。

【解】　菱苦土楼地面工程量计算规则：按设计图示尺寸以面积计算。

菱苦土工程量　$S = (6.0 - 0.24) \times (5.6 - 0.24) \times 6 + (3.0 - 0.24) \times (5.6 - 0.24) \times 2 + (21.0 - 0.24) \times (2.7 - 0.24) = 265.898(\text{m}^2)$

【小贴士】　式中，$(6.0 - 0.24) \times (5.6 - 0.24)$ 为平面图中大办公室净空面积，m^2；6 为房间个数，$(3.0 - 0.24) \times (5.6 - 0.24)$ 为楼梯间净空面积，m^2；2 为个数，$(21.0 - 0.24) \times (2.7 - 0.24)$ 为平面图中走廊净空面积，m^2。

7.1.2　块料面层

【例 7-8】　某学生公寓标准单元平面图如图 7-8 所示，卫生间楼面做法为：350mm×350mm 水泥砂浆结合层，地砖 15mm 厚 1：3 水泥砂浆找平层；寝室楼面做法为：25mm 厚 1：2 水泥砂浆面层，20mm 厚 1：3 水泥砂浆找平层。试求该标准单元卫生间、寝室楼面工程量。

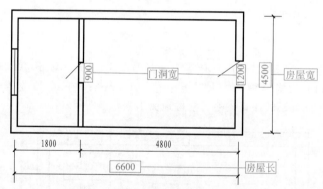

图 7-8　某学生公寓标准单元平面图

【解】　水泥砂浆楼地面工程量计算规则：按设计图示尺寸以面积计算。

(1) 卫生间 15mm 厚 1：3 水泥砂浆找平层工程量

水泥砂浆找平层工程量　$S = (1.8 - 0.24) \times (4.5 - 0.24) = 6.646(\text{m}^2)$

【小贴士】　式中，1.8 为卫生间中心线长，m；4.5 为卫生间中心线宽，m；0.24 为墙厚，m。

(2) 寝室 25mm 厚 1：2 水泥砂浆面层工程量

水泥砂浆找平层工程量　$S = (4.8 - 0.24) \times (4.5 - 0.24) = 19.426(\text{m}^2)$

【小贴士】　式中，4.8 为寝室房间中心线长，m；4.5 为寝室房间中心线宽，m；0.24 为墙厚，m。

（3）寝室 20mm 厚 1∶3 水泥砂浆找平层工程量同水泥砂浆面层的工程量

水泥砂浆找平层工程量　　　　　　$S = 19.426\text{m}^2$

块料楼地面工程量计算规则：按设计图示尺寸以面积计算。

（4）卫生间块料楼地面工程量

块料楼地面工程量　$S = (1.8 - 0.24) \times (4.5 - 0.24) + 0.24 \times 0.9$
$$= 6.862(\text{m}^2)$$

【小贴士】　式中，1.8 为卫生间中心线长，m；4.5 为卫生间中心线宽，m；0.24 为墙厚，m；0.9 为卫生间门宽，m。

【例 7-9】　某公寓门厅平面示意图如图 7-9 所示，门厅楼地面以大理石贴面，墙厚均为 240mm，试求门厅处大理石面层工程量。

【解】　石材楼地面清单工程量：按设计图示尺寸以面积计算。

门厅处大理石面层工程量

$S = (4.2 - 0.24) \times (3.6 - 0.24) + 0.24 \times 2.1$
$$= 13.81(\text{m}^2)$$

【小贴士】　式中，4.2 − 0.24 为门厅净宽度，m；3.6 − 0.24 为门厅净长度，m；2.1 为室外门宽，m；0.24 为墙厚，m。

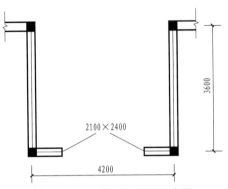

图 7-9　某公寓门厅平面示意图

【例 7-10】　某房间平面图如图 7-10 所示，若室内地面采用木地板面层，墙厚 370mm，试计算其工程量。

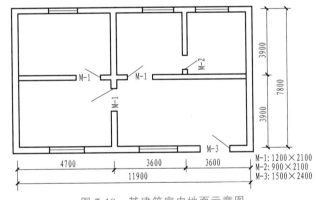

图 7-10　某建筑室内地面示意图

【解】　竹、木（复合）地板工程量计算规则：按设计图示尺寸以面积计算。

木地板面层工程量　$S = (3.9 - 0.37) \times (4.7 - 0.37) \times 2 + (3.6 - 0.37) \times$
$$(3.9 - 0.37) \times 2 + (7.2 - 0.37) \times (3.9 - 0.37) +$$
$$1.2 \times 0.37 \times 3 + 0.9 \times 0.37 + 1.5 \times 0.37$$
$$= 79.704(\text{m}^2)$$

【小贴士】　式中，$(3.9 - 0.37) \times (4.7 - 0.37)$ 为平面图中左上方房间净空面积，m²；2 为房间个数；$(3.6 - 0.37) \times (3.9 - 0.37)$ 为右上方房间净空面积，m²；$(7.2 - 0.37) \times (3.9 - 0.37)$ 是右下方房间净空面积，m²；0.37 为墙厚，m；1.2、0.9、1.5 均为门洞宽度，m。

7.1.3　橡塑面层

【例 7-11】　某房间平面图如图 7-11 所示，室内采用橡胶板铺面，墙厚均为 240mm，试求该

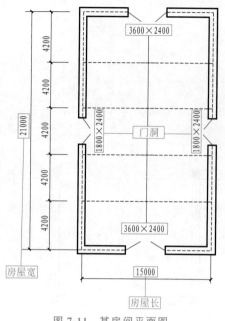

图 7-11 某房间平面图

橡胶板工程量。

【解】 橡胶板楼地面工程量计算规则：按设计图示尺寸以面积计算。

橡胶板楼地面工程量 $S=(15-0.24)\times(21-0.24)+3.6\times0.12\times2+1.8\times0.12\times2$

$$=307.714(\text{m}^2)$$

【小贴士】 式中，15 为平面图中外墙中心线之间宽度，m；21 为外墙中心线之间长度，m；0.24 为墙厚，m；3.6 和 1.8 分别为两个方向上门宽度，m；2 为其个数。

【例 7-12】 某室内舞蹈室平面图如图 7-12 所示，墙厚 240mm，室内采用橡胶板卷材铺面，试求橡胶板卷材工程量。

【解】 橡胶板卷材楼地面工程量计算规则：按设计图示尺寸以面积计算。

橡胶板卷材楼地面工程量 $S=(6.6-0.24)\times(5.4-0.24)+1.8\times0.24\times2$

$$=33.682(\text{m}^2)$$

【小贴士】 式中，5.4 为平面图中墙中心线之间宽度，m；6.6 为墙中心线之间长度，m；0.24 为墙厚，m；1.8 为门洞宽度，m；2 为门洞个数。

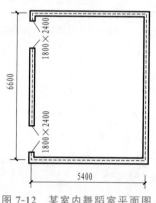

图 7-12 某室内舞蹈室平面图

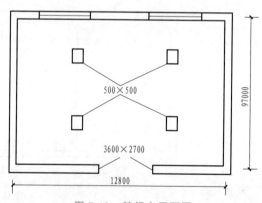

图 7-13 某超市平面图

【例 7-13】 某超市平面图如图 7-13 所示，地面为塑料板地面，墙厚 370mm，试求该塑料板楼地面工程量。

【解】 塑料板楼地面工程量计算规则：按设计图示尺寸以面积计算。

塑料板楼地面工程量 $S=(12.8-0.37)\times(9.7-0.37)+3.6\times0.185-0.5\times0.5\times4$

$$=115.638(\text{m}^2)$$

【小贴士】 式中，12.8 为平面图中外墙中心线之间宽度，m；9.7 为外墙中心线之间长度，m；0.37 为墙厚，m；0.5×0.5 为室内柱面积，m²；4 为柱个数。

【例 7-14】 某仓库平面图如图 7-14 所示，室内楼地面采用塑料卷材铺设，墙厚 370mm，试求塑料卷材工程量。

【解】 塑料卷材楼地面工程量计算规则：按设计图示尺寸以面积计算。

塑料卷材楼地面工程量 $S=(5.4-0.37)\times(11.1-0.37)\times2+(12.8-0.37)\times$

$$(6.9-0.24)+2.4\times0.185\times2+1.8\times0.185\times2$$
$$=192.282(\text{m}^2)$$

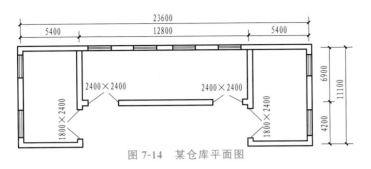

图 7-14　某仓库平面图

【小贴士】　式中，5.4 为平面图中左右边缘仓库中心线宽，m；11.1 为左右边缘仓库中心线长，m；0.37 为墙厚，m；2 为墙个数；12.8 为中间仓库中心线宽，m；6.9 为中间仓库中心线长，m；2.4 为中间仓库门宽，m；2 为 2.4m 宽的门个数；1.8 为左右边缘仓库门宽，m；2 为 1.8m 宽门个数。

7.1.4　其他材料面层

【例 7-15】　某房间平面图如图 7-15 所示，房间内铺设活动式地毯，墙厚 240mm，试求其工程量。

【解】　地毯楼地面工程量计算规则：按设计图示尺寸以面积计算。

地毯楼面工程量　$S=(4.7-0.24)\times(7.9-0.24)\times2+1.1\times0.24+1.1\times0.12$
$$=68.723(\text{m}^2)$$

【小贴士】　式中，4.7 为平面图中一个房间内外墙中心线宽，m；7.9 为其房间中心线长，m；0.24 是墙厚，m；2 为房间个数；1.1 为间壁墙门洞以及外墙门洞宽度，m。

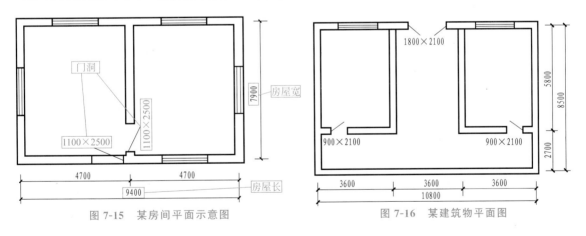

图 7-15　某房间平面示意图　　　　　图 7-16　某建筑物平面图

【例 7-16】　某建筑物平面图如图 7-16 所示，墙厚均为 240mm，地面面层为金属复合地板，试求其工程量。

【解】　金属复合地板工程量计算规则：按设计图示尺寸以面积计算。

金属复合地板面层工程量　$S=(3.6-0.24)\times(5.8-0.24)\times3+(2.7-0.24)\times$
$$(10.8-0.24)+3.6\times0.24+0.9\times0.24\times2+1.8\times0.12$$
$$=83.534(\text{m}^2)$$

【小贴士】　式中，3.6 为平面图中一个房间内外墙中心线宽，m；5.8 为其房间中心线长，

m；0.24 为墙厚，m；3 为房间与中间部分的个数；2.7 为平面图下部中心线宽，m；10.8 为整体房间中心线长，m；3.6×0.24 为中间部分多减去的墙厚面积，m²；0.9 与 1.8 分别间壁墙门洞以及外墙门洞宽度，m。

【例 7-17】 某办公楼计算机房平面示意图如图 7-17 所示，墙厚 370mm，地面面层为防静电活动地板，试求其工程量。

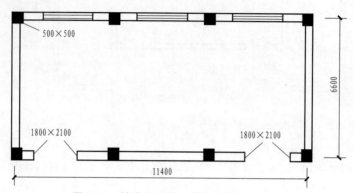

图 7-17　某办公室楼计算机房平面示意图

【解】 防静电活动地板工程量计算规则：按设计图示尺寸以面积计算。
防静电活动地板面层工程量 $S = (11.4-0.37) \times (6.6-0.37) + 1.8 \times 0.37 \times 2 -$
$$(0.5-0.37) \times (0.5-0.37) \times 4 - (0.5-0.37) \times 0.5 \times 4$$
$$= 69.721 (\text{m}^2)$$

【小贴士】 式中，11.4 为平面图中计算机房中心线长，m；6.6 为计算机房中心线宽，m；1.8 为门洞宽，m；0.37 为墙厚，m；(0.5-0.37)×(0.5-0.37) 计算机房间角柱凸出面积，m²；4 为角柱个数；(0.5-0.37)×0.5 为边柱凸出房间的面积，m²；4 为边柱个数。

7.1.5 踢脚线

【例 7-18】 某工程底层平面图如图 7-18 所示，已知室内外墙厚均为 240mm，找平层为 30mm 厚 1：3 水泥砂浆，地面为现浇水磨石地面层，踢脚线为 180mm 高 1：2 水泥砂浆，试求地面的各项工程量。

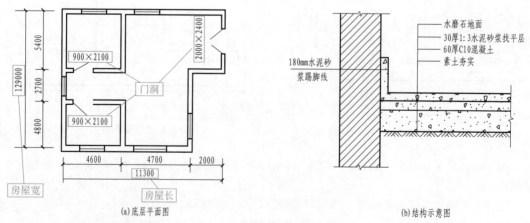

图 7-18　某工程底层平面图

【解】 （1）现浇水磨石楼地面工程量
现浇水磨石楼地面工程量计算规则：按设计图尺寸以面积计算。

现浇水磨石楼地面工程量 $S = (4.6-0.24)\times(4.8-0.24)+(4.6-0.24)\times(5.4-0.24)+$
$(2.7-0.24)\times(4.6-0.24)+(4.7-0.24)\times$
$(12.9-0.24)+(2.0-0.24)\times(5.4-0.24)+$
$0.24\times(2.7-0.24)+0.24\times(5.4-0.24)$
$=120.479(\text{m}^2)$

【小贴士】 式中，$(4.6-0.24)\times(4.8-0.24)$ 为平面图中左下方房间净空面积，m^2；$(4.6-0.24)\times(5.4-0.24)$ 为平面图中左上方房间净空面积，m^2；$(2.7-0.24)\times(4.6-0.24)$ 为平面图中房间之间走廊净空面积，m^2；$(4.7-0.24)\times(12.9-0.24)$ 为平面图中右下方贯通房间净空面积，m^2；$(2.0-0.24)\times(5.4-0.24)$ 为门廊处净空面积，m^2；$0.24\times(2.7-0.24)+0.24\times(5.4-0.24)$ 为房间走廊尽头、门廊尽头处多减去的净空面积和，m^2。

（2）平面砂浆找平层工程量

平面砂浆找平层工程量计算规则：按设计图示尺寸以面积计算。

平面砂浆找平层工程量同现浇水磨石楼地面工程量，为 120.479m^2。

（3）水泥砂浆踢脚线工程量

水泥砂浆踢脚线工程量计算规则：按设计图示长度乘以高度以面积计算。

水泥砂浆踢脚线工程量 $S = (86.92-0.9\times4-2.0)\times0.18$
$=14.638(\text{m}^2)$

【小贴士】 式中，86.92 为以延长米计算出的踢脚线工程量，m；0.9 为房间门宽，m；4 为房间墙门两侧个数；2 为室外门宽，m；0.18 为踢脚线宽，m。

【例 7-19】 某房屋如图 7-19 所示，室内水泥砂浆粘贴 200mm 高石材踢脚线，试计算踢脚线工程量。

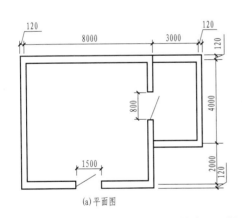 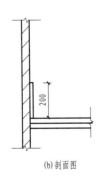

(a) 平面图 (b) 剖面图

图 7-19 某房屋石材踢脚线示意图

【解】 工程量计算规则：以 "m^2" 计量，按设计图示长度乘高度以面积计算。

踢脚线工程量 $S = [(8.0-0.24+6.0-0.24)\times2+(4.0-0.24+3.0-0.24)\times2-$
$1.5-0.8\times2+0.12\times6]\times0.2$
$=7.54(\text{m}^2)$

【小贴士】 式中，0.2 为踢脚线高度，m。

【例 7-20】 如图 7-20 所示为某建筑物平面图，墙厚均为 240mm，试求预制水磨石踢脚板工程量（高度为 180mm）。

【解】 石材踢脚线工程量计算规则：踢脚线按设计图示长度乘以高度以面积计算工程量。

$$S = [(11.4-0.24\times2)\times2+(3.8-0.24)\times4+(11.4-0.24\times3)\times2+$$
$$(3.8-0.24)\times6-(0.9\times4+1.2\times4+1.8)]\times0.18=12.348(\text{m}^2)$$

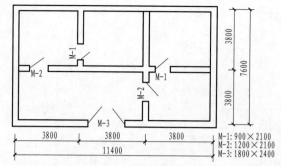

图 7-20　某建筑物平面图

【小贴士】　式中，3.8 为平面图中房间中心线长与宽，m；0.24 为墙厚，m；11.4 为大房间中心线长，m；0.9、1.2、1.8 均为门宽，m；4、4、1 分别为其墙两侧门个数。

【例 7-21】　如图 7-21 所示某建筑平面图，试求预制水磨石踢脚板（高度为 150mm）工程量。

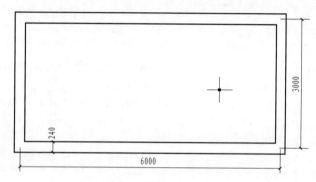

图 7-21　某建筑平面图

【解】　块料踢脚线工程量计算规则：以"m²"计量，按设计图示长度乘以高度以面积计算。
踢脚线按设计图示长度乘以高度以面积计算工程量

$$S = (6 - 0.24 + 3 - 0.24) \times 2 \times 0.15$$
$$= 2.56(\text{m}^2)$$

【小贴士】　式中，6 为平面图中房间中心线长，m；3 为房间中心线宽，m；0.24 为墙厚，m；0.15 为踢脚板的高度，m。

7.1.6　楼梯面层

【例 7-22】　某建筑内梁式楼梯平面示意图如图 7-22 所示，设计为普通水泥砂浆面层，楼层共七

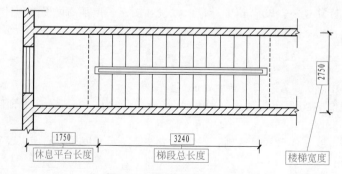

图 7-22　楼梯平面示意图

层，墙厚 370mm，平台梁宽 300mm，梯井宽度 350mm，试计算该水泥砂浆楼梯面层工程量。

【解】　楼梯面层工程量计算规则：按设计图示尺寸以楼梯（包括踏步、休息平台及宽度 ≤500mm 的楼梯井）水平投影面积计算。

水泥砂浆楼梯面层工程量　$S = (1.75 + 3.24 - 0.185 + 0.25) \times (2.75 - 0.37) \times (7 - 1)$
$$= 72.185 (\text{m}^2)$$

【小贴士】　式中，1.75 为休息平台长，m；3.24 为楼梯面水平投影长，m；0.185 为一半墙厚，m；0.25 为平台梁宽，m；2.75 为楼梯间宽，m；0.37 为墙厚，m；7－1 为有楼梯间的建筑层数。

【例 7-23】　某四层办公楼楼梯示意图如图 7-23 所示，平台梁宽 250mm，楼梯井宽 200mm，墙厚均为 240mm，试求该大理石楼梯面层工程量。

【解】　楼梯面层工程量计算规则：按设计图示尺寸以楼梯（包括踏步、休息平台及宽度≤500mm 的楼梯井）水平投影面积计算。

石材楼梯面层工程量
$$S = (1.5 + 3.6 - 0.12 + 0.25) \times (3.2 - 0.24) \times (4 - 1)$$
$$= 46.442 (\text{m}^2)$$

【小贴士】　式中，1.5 为休息平台长，m；3.6 为楼梯面水平投影长度，m；0.12 为一半墙厚，m；0.25 为平台梁宽，m；3.2 为楼梯间宽，m；0.24 为墙厚，m；4－1 为有楼梯间的建筑层数。

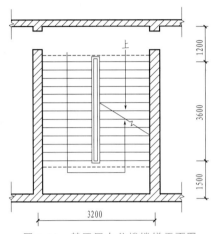

图 7-23　某四层办公楼楼梯平面图

【例 7-24】　某四层建筑物楼梯平面图如图 7-24 所示，墙厚 240mm，墙面抹灰厚度 20mm，平台梁宽 250mm，试求该拼碎块料楼梯面层工程量。

【解】　楼梯面层工程量计算规则：按设计图示尺寸以楼梯（包括踏步、休息平台及≤500mm 的楼梯井）水平投影面积计算。

拼碎块料楼梯面层工程量
$$S = [(3.0 - 0.24 - 0.02 \times 2) \times (1.5 + 3.6 - 0.12 - 0.02) - (0.6 \times 3.6)] \times (4 - 1)$$
$$= 33.994 (\text{m}^2)$$

【小贴士】　式中，3.0 为楼梯间宽，m；0.24 为墙厚，m；0.02 为墙抹灰厚，m；1.5 为休息平台长，m；3.6 为楼梯段水平投影长，m；0.12 为一半墙厚，m；0.6 为梯井宽，m；4－1 为有楼梯间的建筑层数。

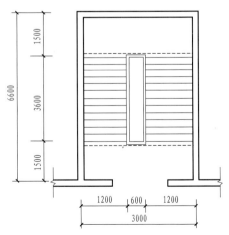

图 7-24　某四层建筑物楼梯平面图

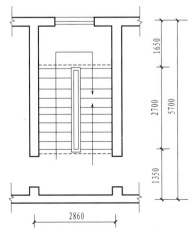

图 7-25　某建筑工程楼梯平面图

【例 7-25】 某建筑工程楼梯平面示意图如图 7-25 所示，平台梁宽 300mm，梯井宽 160mm，墙厚 370mm，设计为现浇水磨石面层，试求其工程量。

【解】 楼梯面层工程量计算规则：按设计图示尺寸以楼梯（包括踏步、休息平台及宽度 ≤500mm 的楼梯井）水平投影面积计算。

现浇水磨石楼梯面层工程量 $S = (1.65+2.7-0.185+0.3) \times (2.86-0.37)$
$$= 11.118 (m^2)$$

【小贴士】 式中，1.65 为休息平台长，m；2.7 为楼梯面水平投影长度，m；0.185 为一半墙厚，m；0.3 为平台梁宽，m；2.86 为楼梯间宽，m；0.37 为墙厚，m。

【例 7-26】 某市五层幼儿园教学楼楼梯拟采用橡胶板铺面，其楼梯平面图如图 7-26 所示，墙厚 240mm，梯井宽度 100mm，平台梁宽 300mm，试计算该橡胶板工程量。

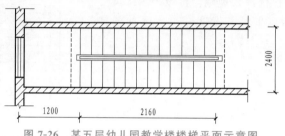

图 7-26 某五层幼儿园教学楼楼梯平面示意图

【解】 楼梯面层工程量计算规则：按设计图示尺寸以楼梯（包括踏步、休息平台及 ≤500mm 的楼梯井）水平投影面积计算。

橡胶板楼梯面层工程量 $S = (1.2+2.16-0.12+0.3) \times (2.4-0.24) \times (5-1)$
$$= 30.586 (m^2)$$

【小贴士】 式中，1.2 为休息平台长，m；2.16 为楼梯面水平投影长度，m；0.12 为一半墙厚，m；0.3 为平台梁宽，m；2.4 为楼梯间宽，m；0.24 为墙厚，m；5-1 为有楼梯间的建筑层数。

7.1.7 台阶装饰及零星项目

【例 7-27】 某建筑台阶面层为花岗岩，台阶牵边的材料相同，台阶高 180mm，如图 7-27 所示，试计算其台阶牵边工程量。

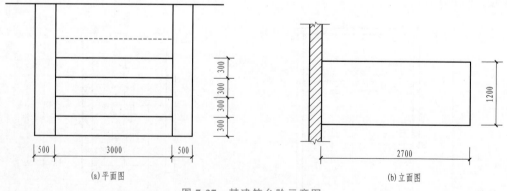

图 7-27 某建筑台阶示意图

【解】 零星装饰项目工程量计算规则：按设计图示尺寸以面积计算。

台阶牵边工程量 $S = (1.2+2.7) \times 0.5 \times 2 = 3.9 (m^2)$

【小贴士】 式中，1.2 为台阶牵边高，m；2.7 为台阶牵边长，m；0.5 为台阶牵边宽，m；

2 为台阶牵边个数。

【例 7-28】　某住宅建筑房屋门前上步台阶平面图如图 7-28 所示，台阶面层采用花岗岩，踏步高 180mm，试计算台阶面工程量。

【解】　台阶面工程量计算规则：按设计图示尺寸以台阶（包括最上层踏步边沿加 300mm）水平投影面积计算。

石材台阶面工程量　　　　$S=(4\times0.3+0.3)\times2.7=4.05(\text{m}^2)$

【小贴士】　式中，4 为台阶个数；第一个 0.3 为台阶面宽度，m；第二个 0.3 为最上层踏步边缘增加的宽度，m；2.7 为台阶长，m。

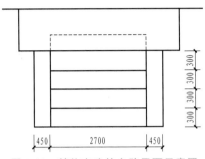

图 7-28　某住宅建筑台阶平面示意图

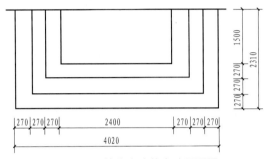

图 7-29　某住宅建筑台阶平面图

【例 7-29】　某住宅建筑房屋门前上步台阶平面图如图 7-29 所示，台阶采用块料面层，踏步高 162.5mm，试计算该台阶面工程量。

【解】　台阶面工程量计算规则：按设计图示尺寸以台阶（包括最上层踏步边沿加 300mm）水平投影面积计算。

块料台阶面工程量　$S=(4.02\times2.31)-(2.4-0.3\times2)\times(1.5-0.3)$
　　　　　　　　　　$=7.126(\text{m}^2)$

【小贴士】　式中，4.02×2.31 为以最下层台阶边缘为界限的水平投影面积，m^2；$2.4-0.3\times2$ 为平台部分宽度，m；$1.5-0.3$ 为其长度，m。

【例 7-30】　某住宅建筑房屋门前上步台阶平面图如图 7-30 所示，台阶采用块料面层，踏步高 162.5mm，试计算该台阶面工程量。

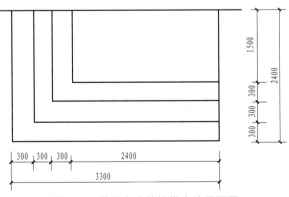

图 7-30　某住宅建筑楼梯台阶平面图

【解】　台阶面工程量计算规则：按设计图示尺寸以台阶（包括最上层踏步边沿加 300mm）水平投影面积计算。

拼碎块料台阶面工程量　$S=(3.3\times2.4)-(2.4-0.3)\times(1.5-0.3)$
　　　　　　　　　　　　$=5.4(\text{m}^2)$

【小贴士】 式中，3.3×2.4 为最下层台阶边缘为界限的水平投影面积，m^2；2.4−0.3 为平台部分宽度，m；1.5−0.3 为其长度，m。

【例 7-31】 某建筑物入口处台阶平面图如图 7-31 所示，台阶做一般水磨石，试计算该台阶面工程量。

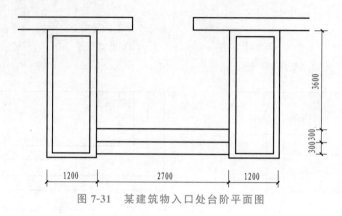

图 7-31 某建筑物入口处台阶平面图

【解】 台阶面工程量计算规则：按设计图示尺寸以台阶（包括最上层踏步边沿加 300mm）水平投影面积计算。

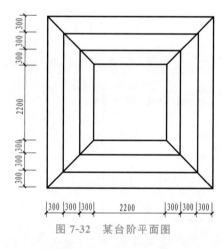

图 7-32 某台阶平面图

现浇水磨石台阶面工程量
$$S = 2.7 \times (0.3 \times 2 + 0.3) = 2.43 (m^2)$$
【小贴士】 式中，2.7 为台阶长，m；第一个 0.3 为台阶面宽度，m；2 为台阶个数；第二个 0.3 为最上层踏步边缘增加的宽度，m。

【例 7-32】 某台阶平面图如图 7-32 所示，台阶面为剁假石，台阶高 180mm，试计算台阶面工程量。

【解】 台阶面工程量计算规则：按设计图示尺寸以台阶（包括最上层踏步边沿加 300mm）水平投影面积计算。

现浇水磨石台阶面工程量
$$\begin{aligned} S &= (2.2 + 0.3 \times 6) \times (2.2 + 0.3 \times 6) - (2.2 - 0.3 \times 2) \times \\ & \quad (2.2 - 0.3 \times 2) \\ &= 13.44 (m^2) \end{aligned}$$

【小贴士】 式中，$(2.2 + 0.3 \times 6) \times (2.2 + 0.3 \times 6)$ 为平台和踏步投影面积，m^2；$(2.2 - 0.3 \times 2) \times (2.2 - 0.3 \times 2)$ 为平台面积，m^2。

7.2 墙柱面装饰及隔断、幕墙工程

7.2.1 墙、柱面抹灰

【例 7-33】 某单元楼首层柱示意图如图 7-33 所示，柱顶设柱帽，柱面采用一般抹灰，之后需设装饰勾缝，根据图示求柱一般抹灰及勾缝工程量。

【解】 工程量计算规则（柱、梁面一般抹灰）：柱面抹灰，按结构断面周长乘以抹灰高度计算。

柱面一般抹灰工程量 $S_{柱身} = 0.6 \times 4 \times 3.5 = 8.4 (m^2)$

【小贴士】 式中，0.6 为柱身宽，m；3.5 为柱身高，m；0.6×4 为柱身周长，m。

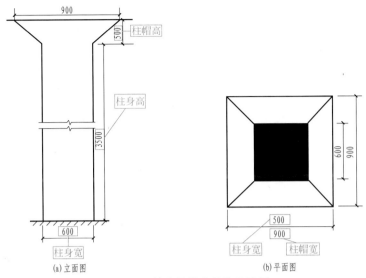

(a)立面图　　　(b)平面图

图 7-33　某单元楼首层柱示意图

$$S_{柱帽}=(0.9+0.6)\times\sqrt{0.5^2+0.15^2}\div2\times4=1.568(m^2)$$

【小贴士】　式中，$0.9+0.6$ 为柱帽梯形上底加下底，m；$\sqrt{0.5^2+0.15^2}$ 为柱帽梯形高，m；4 表示有四个同样梯形组成柱帽。

$$S=S_{柱身}+S_{柱帽}=9.968(m^2)$$

【例 7-34】　某房屋平面图及剖面图如图 7-34(a)、(b) 所示，试根据清单计算规则，计算其外墙一般抹灰工程量。

【解】　工程量计算规则：按垂直投影面积计算。应扣除门窗洞口、外墙裙和单个面积$>0.3m^2$ 以上的空圈所占的面积，不扣除踢脚线、挂镜线及单个面积$\leqslant0.3m^2$ 的空洞和墙与构件交接处的面积，且门窗洞口、空圈、孔洞的侧壁面积亦不增加，附墙柱的侧面抹灰应并入墙面、墙裙抹灰工程量内计算。

扫码看视频

外墙抹灰工程量

外墙面一般抹灰工程量　$S=[(8\times3.9)-(2\times1+1\times1)]+[(8\times3.9)-$
　　　　　　　　　　　　$(2\times1+1\times1)-(2.4\times1.5)]+(4\times3.9)+$
　　　　　　　　　　　　$[(4\times3.9)-(1\times1)]$
　　　　　　　　　　$=28.2+24.6+15.6+14.6$
　　　　　　　　　　$=83.00(m^2)$

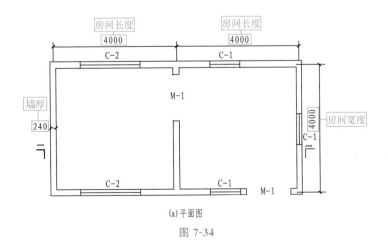

(a)平面图

图 7-34

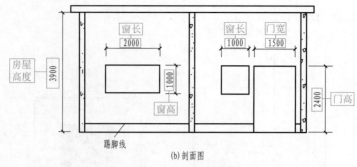

(b) 剖面图

图 7-34　某房屋示意图

【小贴士】　式中，$(8\times3.9)-(2\times1+1\times1)$ 为后外墙抹灰面积，m^2；$(8\times3.9)-(2\times1+1\times1)-(2.4\times1.5)$ 为前外墙抹灰面积，m^2；4×3.9 为图示左侧外墙抹灰面积，m^2；$(4\times3.9)-(1\times1)$ 为图示右侧外墙抹灰面积，m^2。

【例 7-35】　某房屋房间剖面图如图 7-35 所示，室内四周皆有墙裙，计算其内墙一般抹灰工程量以及装饰抹灰工程量。

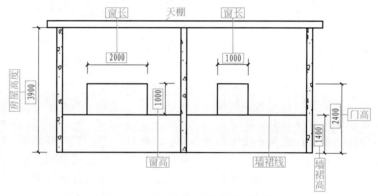

图 7-35　某房屋房间剖面示意图

【解】　内墙一般抹灰工程量计算规则：按垂直投影面积计算。

内墙装饰抹灰工程量计算规则：按抹灰面面积计算。

（1）内墙面一般抹灰工程量

内墙一般抹灰工程量 $S = [(8\times3.9)-(2\times1+1\times1)]+[(8\times3.9)-(2\times1+1\times1)-$
$\qquad (3.4\times1.5)]+(4\times3.9)+[(4\times3.9)-(1\times1)]+$
$\qquad [(4-1.5)\times3.9\times2]-[(1.4\times8\times2-1.4\times1.5)+$
$\qquad (1.4\times4\times2)+(4-1.5)\times1.4\times2]$
$\qquad =28.2+23.1+15.6+14.6+19.5-38.5$
$\qquad =62.5(m^2)$

【小贴士】　式中，$[(8\times3.9)-(2\times1+1\times1)]$ 为后外墙抹灰面积，m^2；$[(8\times1+1\times1)-(3.4\times1.5)]$ 为前外墙抹灰面积，m^2；(4×3.9) 为图示左侧外墙抹灰面积，m^2；$[(4\times3.9)-(1\times1)]$ 为图示右侧外墙抹灰面积，m^2；$[(4-1.5)\times3.9\times2]$ 为室内墙抹灰面积，m^2；$[(1.4\times8\times2-1.4\times1.5)+(1.4\times4\times2)+(4-1.5)\times1.4\times2]$ 为室内墙裙所占面积，m^2。

（2）内墙装饰抹灰工程量

内墙装饰抹灰工程量与一般抹灰工程量相同，为 $62.5m^2$。

【例 7-36】　某酒店大厅柱采用四根等边五角形结构支撑，柱边宽 0.5m，柱示意图如图 7-36 所示，根据图示试计算柱面抹灰总工程量。

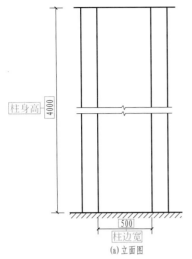

图 7-36 某酒店大厅柱示意图

【解】 工程量计算规则：柱面抹灰按结构断面周长乘以抹灰高度计算。

柱面砂浆找平工程量 $\qquad S=(0.5\times5\times4)\times4=40(\text{m}^2)$

【小贴士】 式中，$(0.5\times5\times4)$ 为单根柱抹灰工程量，m^2；4 为柱的数量。

【例 7-37】 某楼面主梁跨度为 6m，楼面板厚 120mm，其平面示意图如图 7-37(a) 所示，截面示意图如图 7-37(b) 所示，根据图示，试求该梁一般抹灰与装饰抹灰工程量。

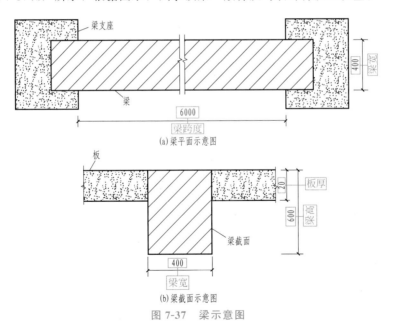

图 7-37 梁示意图

【解】 工程量计算规则：柱（梁）面抹灰：按结构断面周长乘以抹灰高度计算。

（1）梁面一般抹灰工程量

梁面一般抹灰工程量 $\qquad S=(0.4+0.6)\times2\times6=12(\text{m}^2)$

【小贴士】 式中，$(0.4+0.6)\times2$ 为梁结构断面周长，m；6 为梁跨度，m。

（2）梁面装饰抹灰工程量柱面装饰抹灰工程量与一般抹灰工程量相同，为 12m^2。

【例 7-38】 某单元楼首层柱示意图如图 7-38 所示，下部设柱脚，柱面装饰抹灰，根据图示，试求柱装饰抹灰工程量。

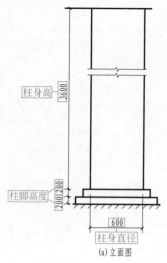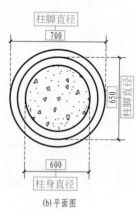

(a) 立面图　　　　　　　　　　　　　(b) 平面图

图 7-38　某单元楼首层柱示意图

【解】　工程量计算规则：柱（梁）面抹灰：按结构断面周长乘以抹灰高度计算。

柱面装饰抹灰工程量　$S_{柱身}=2\pi\times0.3\times3.6=6.79(m^2)$

【小贴士】　式中，$2\pi\times0.3$ 为柱周长（m），3.6 为柱身高度（m）。

$$S_{柱脚}=(2\pi\times0.2\times0.325)+(2\pi\times0.2\times0.35)+(\pi\times0.35^2-\pi\times0.3^2)$$
$$=0.86(m^2)$$

【小贴士】　式中，$(2\pi\times0.2\times0.325)+(2\pi\times0.2\times0.35)$ 为柱脚侧身抹灰面积，m^2；$(\pi\times0.35^2-\pi\times0.3^2)$ 为柱脚平面圆环抹灰面积，m^2。

$$S=S_{柱身}+S_{柱脚}=7.65(m^2)$$

7.2.2　零星抹灰

【例 7-39】　某楼层阳台采用挑出式，阳台宽 2m，长 3m，阳台示意图如图 7-39 所示，试求阳台底层抹灰工程量。

【解】　工程量计算规则：按设计图示尺寸以展开面积计算。

阳台底面一般抹灰工程量　　　　　　$S=2\times3=6(m^2)$

【小贴士】　式中，2 为阳台宽，m；3 为阳台长，m。

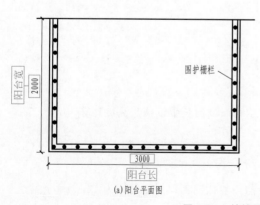

(a) 阳台平面图　　　　　　　　　　　　(b) 阳台截面图

图 7-39　某楼层挑出式阳台示意图

【例 7-40】 某楼道口雨篷示意图如图 7-40 所示，试根据图示求雨篷砂浆找平层工程量。

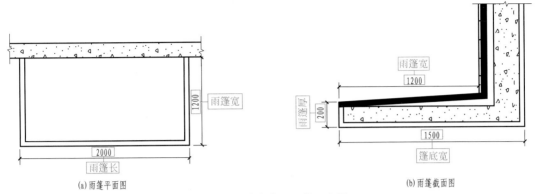

(a) 雨篷平面图　　　　　　　　　　　　　　　(b) 雨篷截面图

图 7-40 某楼道口雨篷示意图

【解】 工程量计算规则：按设计图示尺寸以展开面积计算。

雨篷砂浆找平层工程量 $S = (0.2 \times 2) + (1.2 \times 2) + (1.5 \times 2)$
$$= 5.8 (\text{m}^2)$$

【小贴士】 式中，(0.2×2) 为立面抹灰量，m^2；(1.2×2) 为顶层抹灰量，m^2；(1.5×2) 为底部抹灰量，m^2。

【例 7-41】 某楼层全长 134m，顶部设挑檐天沟排水构造，构造示意图如图 7-41 所示，天沟内部做防水处理，底部与正面还需做装饰处理，试求天沟底部与正面装饰抹灰与砂浆找平层工程量。

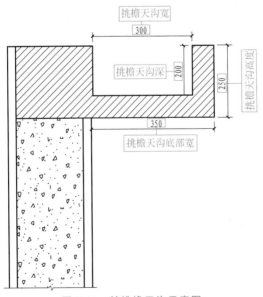

图 7-41 某挑檐天沟示意图

【解】 工程量计算规则：按设计图示尺寸以展开面积计算。

(1) 挑檐天沟装饰抹灰工程量

挑檐天沟装饰抹灰工程量 $S = (0.35 \times 134) + (0.25 \times 134)$
$$= 80.4 (\text{m}^2)$$

【小贴士】 式中，(0.35×134) 为底层装饰抹灰工程量，m^2；(0.25×134) 为正面抹灰工程量，m^2。

（2）挑檐天沟砂浆找平层工程量

挑檐天沟砂浆平层工程量与装饰抹灰工程量相同，为 80.4m²。

7.2.3 墙、柱面块料面层

【例 7-42】 某一层房屋示意图如图 7-42 所示。已知外墙面墙裙以下墙面采用石材处理，墙裙以上采用块料铺贴，所有窗高都为 1m，布置与正面相同，根据图示，试求石材墙面与块料面层工程量。

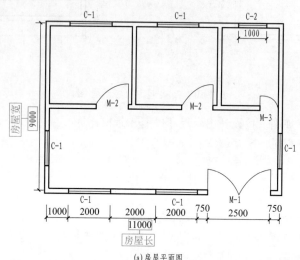

(a) 房屋平面图

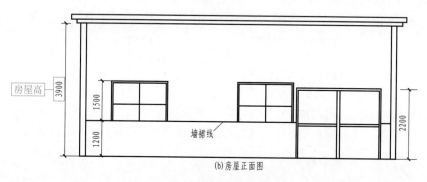

(b) 房屋正面图

图 7-42　某房屋示意图

【解】 工程量计算规则：按设计图示饰面外围尺寸乘以高度以面积计算。

（1）石材墙面工程量

石材墙面工程量　$S = (1.2 \times 9 \times 2) + [1.2 \times 11 + 1.2 \times (11 - 2.5)]$
$$= 45 (\text{m}^2)$$

【小贴士】 式中，$(1.2 \times 9 \times 2)$ 为侧面墙裙面积，m²；$[1.2 \times 11 + 1.2 \times (11 - 2.5)]$ 为正、背面墙裙面积，m²。

（2）块料墙面工程量

块料墙面工程量　$S = [(3.9 - 1.2) \times (9 \times 2 + 11 \times 2)] - (1.5 \times 2 \times 6) - (1 \times 1) - (1 \times 2.5)$
$$= 86.5 (\text{m}^2)$$

【小贴士】 式中，$[(3.9 - 1.2) \times (9 \times 2 + 11 \times 2)]$ 为除去墙裙的总面积，m²；$(1.5 \times 2 \times 6)$ 为 C-1 窗所占面积，m²；1×1 为 C-2 窗所占面积，m²；1×2.5 为墙裙以上门所占面积，m²。

【例 7-43】　某小区门口设警卫厅，警卫厅示意图如图 7-43 所示，窗高 1m，长宽相同，墙裙以上采用拼碎石材墙面，根据图示，试求拼碎石材墙面工程量。

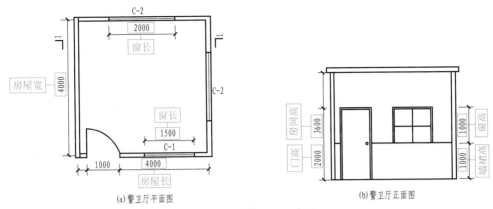

图 7-43　某警卫厅示意图

【解】　工程量计算规则：按镶贴表面积计算。

拼碎石材墙面工程量　$S = [(3.6-1) \times 4 \times 4] - (2 \times 1 \times 2) - [(2-1) \times 1] - (1.5 \times 1)$
$$= 35.1 (m^2)$$

【小贴士】　式中，$[(3.6-1) \times 4 \times 4]$ 为墙裙以上总面积，m^2；$(2 \times 1 \times 2)$ 为 C-2 所占面积，m^2；$[(2-1) \times 1]$ 为墙裙以上门所占面积，m^2；(1.5×1) 为 C-1 所占面积，m^2。

【例 7-44】　某小区门口设警卫厅，警卫厅下部踢脚采用块料铺贴，其正视图如图 7-44 所示，根据图示，试求室内踢脚块料墙面工程量。

【解】　工程量计算规则：按镶贴表面积计算。

室内踢脚块料墙面工程量　$S = (4 \times 0.24 \times 4) - (1 \times 0.24)$
$$= 3.6 (m^2)$$

【小贴士】　式中，$(4 \times 0.24 \times 4)$ 为踢脚线层面总面积，m^2；(1×0.24) 为需要去除的门框所占面积，m^2。

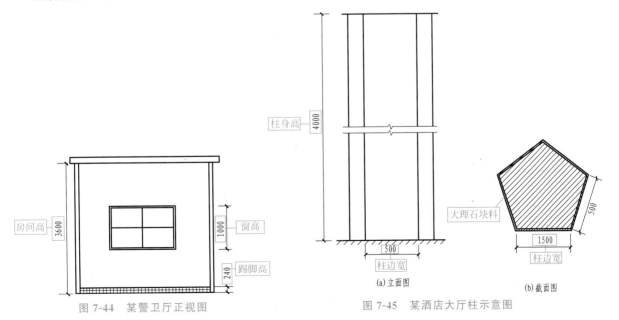

图 7-44　某警卫厅正视图　　　　图 7-45　某酒店大厅柱示意图

【例 7-45】 某酒店大厅采用四根等边五角形结构柱支撑，柱边宽 0.5m，柱示意图如图 7-45 所示，柱面采用大理石块料铺贴，根据图示，试计算柱面石材工程量。

【解】 工程量计算规则：按镶贴表面积计算。

石材柱面工程量 $\qquad S=(0.5\times4.0\times5)\times4=40(\text{m}^2)$

【小贴士】 式中，0.5 为柱边宽，m；4.0 为柱身高，m；0.5×4 为柱身周长，m；（0.5×4×5）为单根柱找平层工程量，m²；4 为柱个数。

【例 7-46】 某楼层支柱共有 6 根，柱尺寸如图 7-46 所示，柱面采用拼碎块形式，试求该拼碎块柱面工程量。

【解】 工程量计算规则：按镶贴表面积计算。

拼碎块柱面工程量 $\qquad S=0.6\times3.9\times6=14.04(\text{m}^2)$

【小贴士】 式中，0.6 为柱宽，m；3.9 为柱身高，m；6 表示共有 6 根同规格柱。

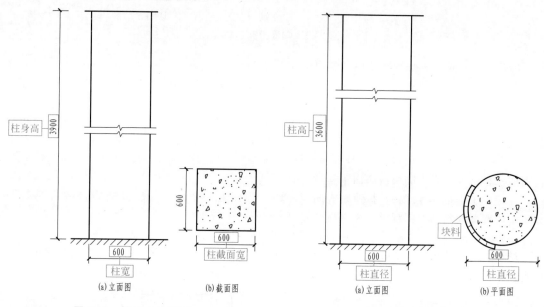

图 7-46　柱尺寸示意图　　　　　　　图 7-47　柱尺寸示意图

【例 7-47】 某单元楼首层柱示意图如图 7-47 所示，柱面采用块料铺贴，根据图示，试求该柱块料面层工程量。

【解】 工程量计算规则：按镶贴表面积计算。

$$块料柱面工程量 \quad S=2\pi\times0.3\times3.6=6.79(\text{m}^2)$$

【小贴士】 式中，2π×0.3 为柱截面周长，m；3.6 为柱高度，m。

7.2.4　零星块料面层

【例 7-48】 如图 7-48 所示为某仓库平面示意图，外墙自墙根向上 1.5m 铺设花岗岩墙裙，窗口设置在 1.5m 以上位置，根据图示与题示，试求花岗岩墙裙铺设工程量。

【解】 工程量计算规则：按镶贴表面积计算。

$$\begin{aligned}块料梁面工程量 \quad S&=(8\times1.5\times2+4\times1.5\times2)-(1.5\times1.5\times2)\\&=31.5(\text{m}^2)\end{aligned}$$

【小贴士】 式中，（8×1.5×2+4×1.5×2）为 1.5m 高墙总面积，m²；（1.5×1.5×2）为墙裙内门所占面积，m²。

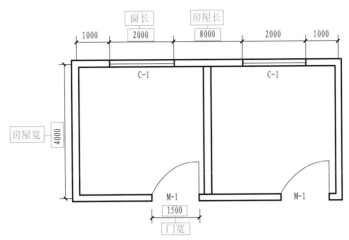

图 7-48 某仓库平面示意图

【例 7-49】 如图 7-49 为室内一侧墙面示意图，墙上设观景窗，墙裙以下铺设大理石块材，墙裙以上墙面铺贴装饰板，根据图示，试求该面墙大理石块材铺贴工程量与装饰板材工程量。

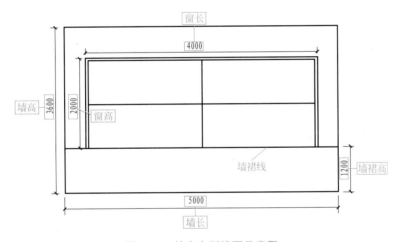

图 7-49 某室内侧墙面示意图

【解】 工程量计算规则：按镶贴表面积计算。

（1）大理石块料工程量

大理石块料工程量 $S = 1.2 \times 5 = 6(\mathrm{m}^2)$

【小贴士】 式中，1.2 为墙裙高，m；5 为墙长度，m。

（2）墙面装饰板工程量

墙面装饰板工程量 $S = [(3.6 - 1.2) \times 5] - (2 \times 4) = 4(\mathrm{m}^2)$

【小贴士】 式中，$[(3.6 - 1.2) \times 5]$ 为墙裙以上墙面积，m^2；(2×4) 为窗口所占面积，m^2。

7.2.5 墙、柱饰面

【例 7-50】 如图 7-50 所示为某柱结构层示意图，已知该柱高 3.6m，根据图示，试求该柱面装饰层工程量。

【解】 工程量计算规则：按设计图示饰面尺寸以面积计算。柱帽、柱墩并入相应柱面积计算。

块料柱面工程量 $\qquad S = 0.5 \times 4 \times 3.6 = 7.2 (m^2)$

【小贴士】 式中，0.5×4 为柱周长，m；3.6 为柱高，m。

【例 7-51】 某景区为吸引游客，在交通干道一侧墙面设装饰浮雕，已知该墙面全长 1623m，墙面示意图如图 7-51 所示，根据图示，试计算该墙面装饰浮雕工程量。

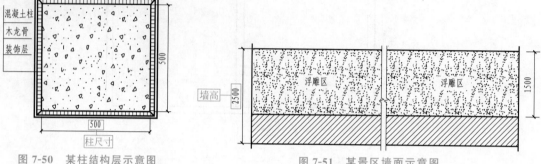

图 7-50 某柱结构层示意图 　　　　　图 7-51 某景区墙面示意图

【解】 工程量计算规则：按设计图示饰面尺寸以面积计算。扣除门窗洞口及单个面积 $> 0.3m^2$ 以上的空圈所占的面积，不扣除单个面积 $\leq 0.3m^2$ 的空洞所占面积，门窗洞口及孔洞的侧壁面积亦不增加。

墙面装饰浮雕工程量 $\qquad S = 1623 \times 1.5 = 2434.5 (m^2)$

【小贴士】 式中，1623 为墙长度，m；1.5 为装饰浮雕区域高度，m。

【例 7-52】 某楼面主梁跨度为 7m，插入支座部分一端各 0.5m，楼面板厚 120mm，梁截面示意图如图 7-52 所示，根据图示，试求该梁装饰层工程量。

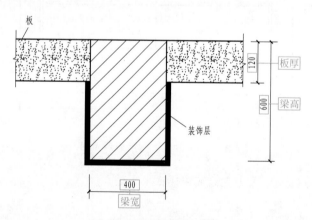

图 7-52 某梁截面示意图

【解】 工程量计算规则：按设计图示饰面尺寸以面积计算。柱帽、柱墩并入相应柱面积计算。

梁面一般抹灰工程量 $\quad S = [0.4 \times (7 - 0.5 \times 2)] + [(0.6 - 0.12) \times (7 - 0.5 \times 2) \times 2]$
$$= 8.16 (m^2)$$

【小贴士】 式中，$[0.4 \times (7 - 0.5 \times 2)]$ 为梁底面面积，m^2；$[(0.6 - 0.12) \times (7 - 0.5 \times 2) \times 2]$ 为梁侧面面积，m^2。

7.2.6 幕墙工程与隔断

【例 7-53】 某商场正门处示意图如图 7-53 所示，除门以外均采用带骨架玻璃幕墙结构，柱为直径 600mm 的圆柱体，玻璃之间肋宽 10mm，试求图示墙幕墙工程量。

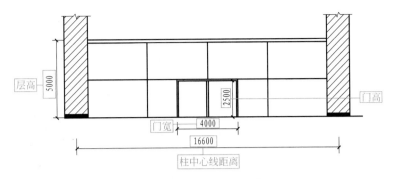

图 7-53　某商场入口处示意图

【解】　工程量计算规则：按设计图示以框外围面积计算。

带骨架幕墙工程量　$S = [(16.6-0.3\times2)\times5] - (4\times2.5) + 0.01\times[(0.01\times3) + (16.6+0.3\times2)]\times1 + 0.01\times[(0.01\times1)+5]\times3$

$= 70.3106(m^2)$

【小贴士】　式中，$[(16.6-0.3\times2)\times5]$ 为商场正门处墙总面积，m^2；(4×2.5) 为商场出入口门所占面积，m^2；$(4\times2.5) + 0.01\times[(0.01\times3) + (16.6+0.3\times2)]\times1 + 0.01\times[(0.01\times1)+5]\times3$ 为加肋展开面积，m^2。

【例 7-54】　某全玻璃带肋幕墙示意图，采用边长为 1m 的正方形玻璃，玻璃之间肋宽 10mm，如图 7-54 所示，试根据图示计算幕墙工程量。

【解】　工程量计算规则：按设计图示以框外围面积计算。带肋全玻幕墙按展开面积计算。

带骨架幕墙工程量

$S = [(1\times1)\times48] + 0.01\times[(0.01\times5)+6]\times7 + 0.01\times[(0.01\times7)+8]\times5$

$= 48 + 0.4235 + 0.4035$

$= 48.827(m^2)$

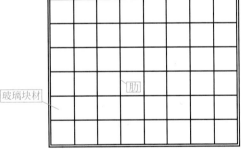

图 7-54　某全玻璃带肋幕墙示意图

【小贴士】　式中，$(1\times1)\times48$ 为玻璃所占面积，m^2；$0.01\times[(0.01\times5)+6]\times7$ 为竖向肋所占面积，m^2；$(0.01\times7)+8$ 为横向肋所占面积，m^2。

【例 7-55】　某厕所隔间除门以外均采用木隔断，门采用胶合板，如图 7-55 所示，试求该厕所间木隔断工程量。

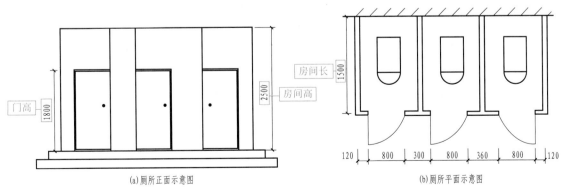

(a)厕所正面示意图　　　　　　(b)厕所平面示意图

图 7-55　某厕所示意图

【解】 工程量计算规则：按设计图示框外围尺寸以面积计算。扣除门窗洞及单个>0.3m² 的孔洞所占面积。

木隔断工程量 $S = (1.8 \times 1.5 \times 4) + (3.3 \times 1.8) - (0.8 \times 1.8 \times 3)$
$= 12.42(m^2)$

【小贴士】 式中，$(1.8 \times 1.5 \times 4)$ 为纵向木隔断工程量，m²；(3.3×1.8) 为正面总面积，m²；$(0.8 \times 1.8 \times 3)$ 为门所占面积，m²。

【例 7-56】 某办公室一面隔断墙，下部采用铝合金隔断，上部采用金属隔断，如图 7-56 所示，试求该面隔断工程量。

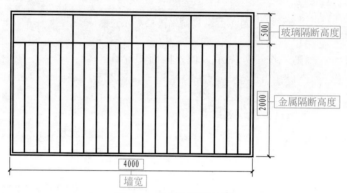

图 7-56 某隔断示意图

【解】 工程量计算规则：按设计图示框外围尺寸以面积计算。扣除门窗洞及单个>0.3m² 的孔洞所占面积。

（1）金属隔断工程量

金属隔断工程量 $S = 4 \times 2 = 8(m^2)$

【小贴士】 式中，4 为隔断宽度，m；2 为金属隔断高度，m。

（2）玻璃隔断工程量

玻璃隔断工程量 $S = 4 \times 0.5 = 2(m^2)$

【小贴士】 式中，4 为隔断宽度，m；0.5 为玻璃隔断高度，m。

7.3 天棚工程

7.3.1 天棚抹灰

【例 7-57】 某房屋天棚需要进行装修抹灰，如图 7-57 所示，试求其抹灰工程量。

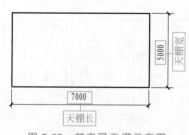

图 7-57 某房屋天棚示意图

【解】 工程量计算规则：按设计图示尺寸以水平投影面积计算。不扣除间壁墙、垛、柱、附墙烟囱、检查口和管道所占的面积，带梁天棚、梁两侧抹灰面积并入天棚面积内，板式楼梯底面抹灰按斜面积计算，锯齿形楼梯底板抹灰按展开面积计算。

天棚抹灰工程量 $S = 5 \times 7 = 35(m^2)$

【小贴士】 式中，7 为天棚长，m；5 为天棚宽，m。

【例 7-58】 已知某建筑物楼板厚 120mm，墙厚 240mm，主梁尺寸为 350mm × 700mm，次梁尺寸为 250mm × 450mm，如图 7-58 所示，试求井字梁天棚抹石灰砂浆工程量。

【解】 天棚抹灰工程量计算规则：按设计结构尺寸以展开面积计算。

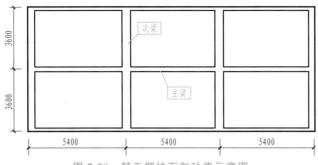

图 7-58　某天棚抹石灰砂浆示意图

（1）主墙间水平投影面积

主墙间水平投影面积　$S_1 = (16.2 - 0.24 \times 2) \times (7.2 - 0.24 \times 2)$
$$= 105.638 (\text{m}^2)$$

【小贴士】　式中，16.2 为建筑物外墙总长度，m；0.24 为墙厚，m；2 为外墙个数，7.2 为建筑物外墙总宽度，m。

（2）主梁侧面展开面积

主梁侧面展开面积　$S_2 = (16.2 - 0.24 \times 2) \times (0.7 - 0.12) \times 2 - 0.25 \times (0.45 - 0.12) \times 2 \times 2$
$$= 17.905 (\text{m}^2)$$

【小贴士】　式中，0.7 为主梁高度，m；0.12 为楼板厚度，m；2 为主梁侧面个数，0.25 为次梁宽度，m；0.45 为次梁高度，m；2 为每根次梁侧面数以及次梁个数。

（3）次梁侧面展开面积

次梁侧面展开面积　$S_3 = (7.2 - 0.24 \times 2 - 0.35) \times (0.45 - 0.12) \times 2 \times 2$
$$= 8.408 (\text{m}^2)$$

【小贴士】　式中，0.35 为主梁宽度，m；0.45 为次梁高，m；2 为每根次梁侧面数以及次梁根数。

则井字梁天棚抹石灰砂浆工程量为
$$S = S_1 + S_2 + S_3 = 105.638 + 17.905 + 8.408$$
$$= 131.951 (\text{m}^2)$$

【例 7-59】　某建筑物房间的平面图及其尺寸如图 7-59 所示，外墙厚 370mm，内墙厚 240mm，天棚抹石灰砂浆，试求其工程量。

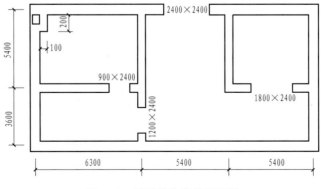

图 7-59　某建筑物房间平面图

【解】　天棚抹灰工程量计算规则：按设计结构尺寸以展开面积计算。

天棚抹石灰砂浆工程量 $S = (17.1-0.37) \times (9.0-0.37) - 0.24 \times [(9.0-0.37) +$
$(5.4-0.185+0.12) + (6.3-0.185-0.12) + (5.4-0.185-$
$0.12)] - 0.1 \times 0.2$
$= 130.58(\mathrm{m}^2)$

【小贴士】 式中，16.2 为外墙中心线长度，m；9.0 为外墙中心线宽度，m；0.37 为外墙墙厚，m；0.24 为内墙墙厚，m；9.0、5.4、6.3、4.5 则分别为各个房间内墙的长与宽，m；0.185、0.12 则为外墙与内墙的一半厚度，m。

7.3.2 天棚吊顶

【例 7-60】 某办公室吊顶天棚如图 7-60 所示，试求其工程量。

扫码看视频

吊顶天棚工程量

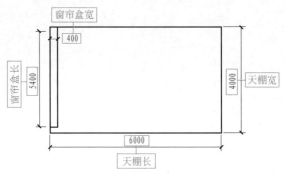

图 7-60　某办公室吊顶天棚示意图

【解】 工程量计算规则：按设计图示尺寸以水平投影面积计算。天棚面中的灯槽及跌级、锯齿形、吊挂式、藻井式天棚面积不展开计算。不扣除间壁墙、检查口、附墙烟囱、柱垛和管道所占面积，扣除单个面积＞0.3m² 的孔洞、独立柱及与天棚相连的窗帘盒所占的面积。

吊顶天棚工程量 $S = 6 \times 4 - 0.4 \times 5.4 = 21.84(\mathrm{m}^2)$

【小贴士】 式中，6 为天棚长，m；4 为天棚宽，m；0.4 为窗帘盒宽，m；5.4 为窗帘盒长，m。

【例 7-61】 某房间安装格栅吊顶，如图 7-61 所示，试求其工程量。

【解】 工程量计算规则：按设计图示尺寸以水平投影面积计算。

格栅吊顶工程量 $S = 6 \times 5 = 30(\mathrm{m}^2)$

【小贴士】 式中，6 为格栅吊顶长，m；5 为格栅吊顶宽，m。

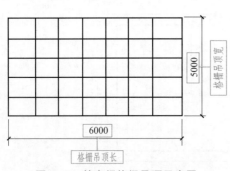

图 7-61　某房间格栅吊顶示意图

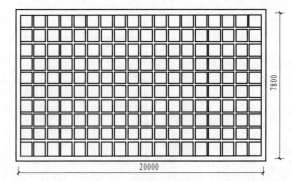

图 7-62　某办公室木格栅吊顶示意图

【例 7-62】 某办公室采用木格栅吊顶，规格为 150mm×150mm×80mm，墙厚 240mm，其示意图如图 7-62 所示，试求其工程量。

【解】 天棚吊顶工程量计算规则：按设计图示尺寸以水平投影面积计算。

格栅吊顶工程量　$S = (20 - 0.24) \times (7.8 - 0.24)$
$$= 149.386(m^2)$$

【小贴士】　式中，20 为横向墙体中心线长，m；0.24 为墙厚，m；7.8 为纵向墙体中心线长，m。

【例 7-63】　如图 7-63 所示，天棚吊顶采用轻钢龙骨，轻钢龙骨不上人屋面吊顶，格栅间隔为 600mm×600mm，试求该轻钢龙骨天棚工程量。

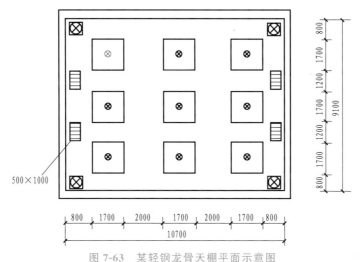

图 7-63　某轻钢龙骨天棚平面示意图

【解】　天棚吊顶工程量计算规则：按设计图示尺寸以水平投影面积计算。

轻钢龙骨吊顶天棚工程量　$S = 10.7 \times 9.1 = 97.37(m^2)$

【小贴士】　式中，10.7 为天棚顶净长，m；9.1 为天棚顶净宽，m。

【例 7-64】　某建筑物墙厚 240mm，墙面抹 20mm 厚混合砂浆，顶棚采用轻钢龙骨吊顶，其房间平面示意图如图 7-64 所示，试求该房间 2 轻钢龙骨吊顶工程量。

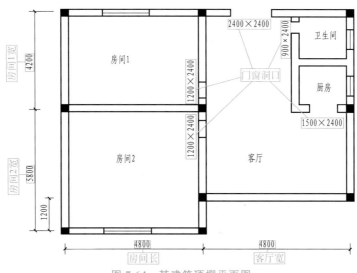

图 7-64　某建筑顶棚平面图

【解】　天棚吊顶工程量计算规则：按设计图示尺寸以展开面积计算。

卧室轻钢龙骨吊顶天棚工程量　$S = (5.8 - 0.24 - 0.02 \times 2) \times (4.8 - 0.24 - 0.02 \times 2)$
$$= 24.95(m^2)$$

【小贴士】 式中，5.8为房间2主墙中心线长，m；0.24为墙厚，m；0.02为混合砂浆抹墙厚度，m；4.8为房间2主墙中心线宽度，m。

【例7-65】 某体育场上方采用钢化玻璃采光天棚，体育场墙厚240mm，其尺寸如图7-65所示，试计算天棚工程量。

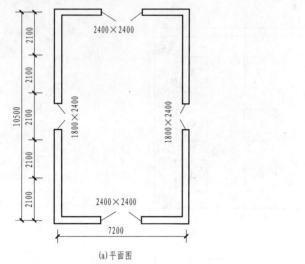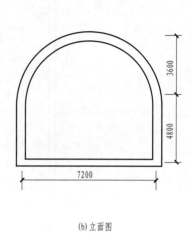

(a)平面图　　　　　　　　　　　　　　　　　　(b)立面图

图7-65　某体育场示意图

【解】 采光天棚工程量计算规则：按框外围展开面积计算。

$$采光天棚工程量\qquad S = 0.5 \times (7.2 + 0.24) \times 3.14 \times 10.5$$
$$= 122.648 (m^2)$$

【小贴士】 式中，7.2为体育场横向中心线长，m；0.24为体育场墙厚，m；10.5为体育场纵向中心线长，m。

7.3.3 天棚其他装饰

【例7-66】 某天棚为上部均匀送风，下部均匀回风，如图7-66所示，设计要求做铝合金送风口和回风口各12个，试计算其工程量。

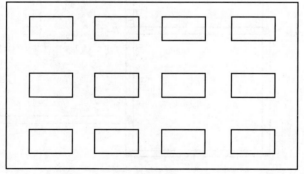

图7-66　送、回风口平面示意图

【解】 送、回风口工程量计算规则：按设计图示数量计算。

送风口工程量：12个。

回风口工程量：12个。

7.4 油漆、涂料、裱糊工程

7.4.1 物体表面油漆

7.4.1.1 木门油漆

【例 7-67】 某建筑室内平面图如图 7-67 所示，室内门为单层木门，刷底油一遍、清漆二遍，试计算其工程量。

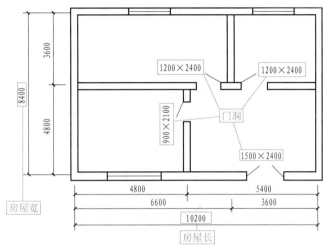

图 7-67 某建筑室内平面图

【解】 门油漆工程量计算规则：按设计图示以门洞口面积计算。

木门油漆工程量 $S = 1.2 \times 2.4 \times 2 + 0.9 \times 2.1$
$$= 7.65 (\text{m}^2)$$

【小贴士】 式中，1.2 为室内门宽，m；2.4 为其门高，m；2 为此类门个数；0.9 为室内门宽，m；2.1 为其门高，m。

7.4.1.2 木地板油漆

【例 7-68】 某建筑室内平面图如图 7-68 所示，房间铺设木地板，需要刷油漆涂料，试计算其工程量。

【解】 工程量计算规则：按设计图示以面积计算，空调，空圈，暖气包槽、壁的开口部分并

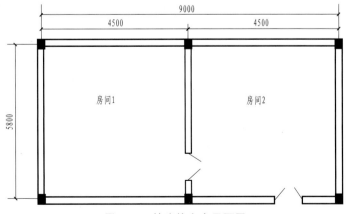

图 7-68 某建筑室内平面图

入相应的工程量内。

木地板油漆工程量　　　　　　$S=9\times5.8=52.2(m^2)$

【小贴士】 式中，9 为房间的长，m；5.8 为房间的宽，m。

7.4.1.3 墙裙油漆

【例 7-69】 某房间平面图如图 7-69 所示，已知墙厚 240mm，木墙裙高 1.2m，窗台高 900mm，窗洞侧油漆宽 150mm，试求房间内墙裙油漆工程量。

2100×1800
2100×1800
6000
2400×2700
6400
图 7-69 某房间平面图

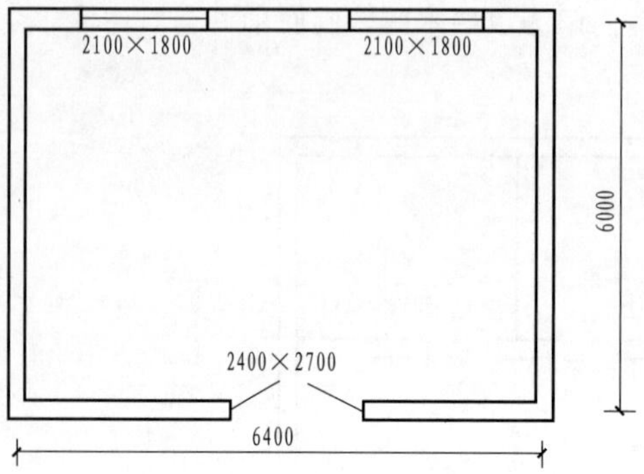

【解】 木材面油漆工程量计算规则：按设计图示尺寸以面积计算。

木护墙、木墙裙油漆清单工程量

$$S=(6.4-0.24+6-0.24)\times2\times1.2-2.1\times(1.2-0.9)\times2-2.4\times1.2+(1.2-0.9)\times0.15\times4$$
$$=24.648(m^2)$$

【小贴士】 式中，6.4 为房间横向中心线长，m；0.24 为墙厚，m；6 为房间纵向中心线长，m；2 为横向长与纵向长个数；1.2 为木墙裙高，m；2.1 为窗台长，m；0.9 为窗台高，m；2 为窗个数；2.4 为门宽，m；0.15 为窗洞侧油漆宽，m；4 为窗侧个数。

7.4.2 喷刷涂料

7.4.2.1 木货架涂料

【例 7-70】 如图 7-70 所示，现给木货架内部刷防火涂料两遍，试求其工程量。

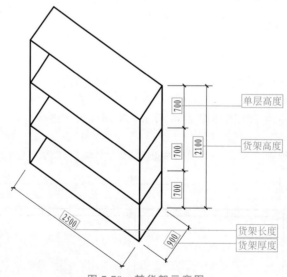

700
700
700
2100
单层高度
货架高度
2500
900
货架长度
货架厚度
图 7-70 某货架示意图

【解】 工程量计算规则：按设计图示以展开面积计算。

木材构件喷刷防火涂料工程量 $S=0.7\times3\times2\times0.9+2.5\times0.9\times2\times3$
$=17.28(m^2)$

【小贴士】 式中，$0.7\times3\times2\times0.9$ 为侧面面积，m^2；$2.5\times0.9\times2\times3$ 为中间层面积，m^2。

7.4.2.2 墙面喷刷涂料

【例 7-71】 某居室的卧室内采用吸声板墙面，吸声板墙面刷油漆，墙厚 240mm，其居室平面图及立面图如图 7-71 所示，试求该吸声板墙面油漆工程量。

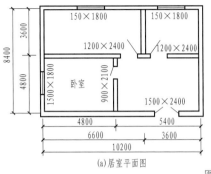

(a)居室平面图

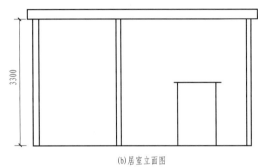

(b)居室立面图

图 7-71　某居室示意图

【解】 木材面油漆工程量计算规则：按设计图示尺寸以面积计算。

吸声板油漆工程量　$S = (4.8-0.12\times2+4.8-0.12\times2)\times2\times3.3-0.9\times2.1-1.5\times1.8$
$\qquad = 55.602(\text{m}^2)$

【小贴士】 式中，第一个 4.8 为卧室横向中心线长，m；0.12 为一半墙厚，m；2 为卧室横向半墙厚个数，第二个 4.8 为卧室纵向中心线长，m；2 为横向长与纵向长个数；3.3 为卧室墙高，m；0.9 为卧室门宽，m；2.1 为门高，m；1.5 为卧室窗宽，m；1.8 为卧室窗高，m。

7.4.3 裱糊

【例 7-72】 某房间的墙面采用壁纸对室内进行裱糊，该房间平面布置图如图 7-72 所示，已知房间高为 3m，墙厚 240mm，门为 M0916，窗为 C1824，试求该房间墙面裱糊的工程量。

【解】 工程量计算规则：墙面、天棚面裱糊按设计图示尺寸以面积计算。

墙面裱糊工程量
$S = [(3.2-0.24)+(4.2-0.24)]\times3-(0.9\times1.6+1.8\times2.4)$
$\quad = 15(\text{m}^2)$

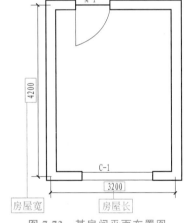

图 7-72　某房间平面布置图

【小贴士】 式中，$[(3.2-0.24)+(4.2-0.24)]$ 为内墙面的净长，m；3 为房屋高度，m；$(0.9\times1.6+1.8\times2.4)$ 为门窗的面积，m^2。

7.5　其他装饰工程

7.5.1　柜类、货架

【例 7-73】 某超市收银处需要购置一个柜台，柜台示意图如图 7-73 所示，试求其工程量。

【解】 柜类、货架工程量计算规则：按各项目计算单位计算。其中"m^2"为计量单位的项目，其工程量均按正立面的高度（包括脚的高度在内）乘以宽度计算。

柜台工程量　　　　　　　　$S = 3\times1.2 = 3.6(\text{m}^2)$

【小贴士】 式中，3 为柜台的长度，m；1.2 为柜台的高度，m。

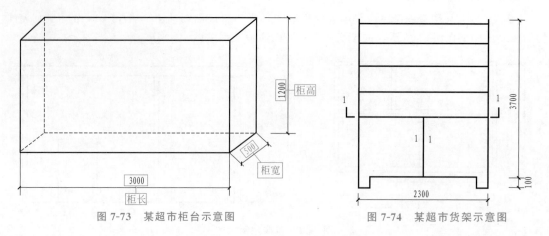

图 7-73 某超市柜台示意图　　　　　　图 7-74 某超市货架示意图

【例 7-74】 某超市收银处需要购置一个货架，如图 7-74 所示，试求其工程量。

【解】 柜类、货架工程量计算规则：按各项目计算单位计算。其中"m²"为计量单位的项目，其工程量均按正立面的高度（包括脚的高度在内）乘以宽度计算。

货架工程量 $\qquad S=2.3\times(3.7+0.1)=8.74(\text{m}^2)$

【小贴士】 式中，2.3 为柜台的长度，m；3.7+0.1 为柜台的高度，m。

7.5.2 装饰线条

装饰线条工程量

7.5.2.1 金属装饰线

【例 7-75】 某公司前台背景墙采用金属装饰线装饰，如图 7-75 所示，试求其工程量。

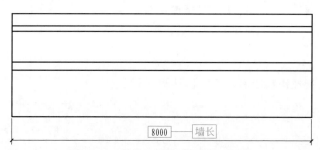

图 7-75 某公司前台背景墙示意图

【解】 工程量计算规则：按线条中心线长度计算。

金属装饰线工程量（图示工程量） $L=2\times8=16(\text{m})$

【小贴士】 式中，8 为背景墙的长度，m；2 为金属装饰条的个数。

7.5.2.2 装饰线

【例 7-76】 某楼房其中一间卧室如图 7-76 所示，围绕这间房屋四周安装装饰线。试求其工程量。

【解】 装饰线工程量

$$L=(5+5)\times2=20(\text{m})$$

【小贴士】 式中，(5+5)×2 为房间的周长，m。

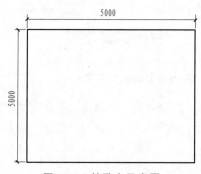

图 7-76 某卧室示意图

7.5.2.3　扶手装饰线

【例 7-77】　某建筑为两层复式，上下楼梯间有一个楼梯，如图 7-77 所示，扶手长度如图 7-77 所示，试求其工程量。

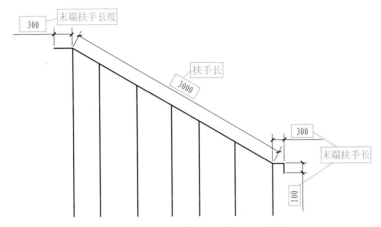

图 7-77　某建筑楼梯扶手构造示意图

【解】　工程量计算规则：栏杆、扶手、成品栏杆均按其中心线长度计算，不扣除弯头长度。

扶手工程量　　　　　　　　$L=0.3+3+0.3+0.1=3.7(\mathrm{m})$

7.5.3　暖气罩

【例 7-78】　某新建公寓中安装供暖设施，供暖设备上覆盖有暖气罩，如图 7-78 所示，试求其工程量。

【解】　工程量计算规则：按边框外围尺寸垂直投影面积计算；成品暖气罩安装设计图示数量计算。

暖气罩工程量　　　　　　　$S=1.2\times0.8=0.96(\mathrm{m}^2)$

【小贴士】　式中，1.2 为暖气罩的长度，m；0.8 为暖气罩的宽度，m。

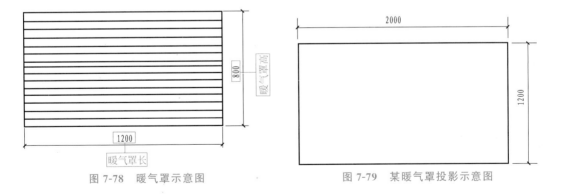

图 7-78　暖气罩示意图　　　　　　　　　图 7-79　某暖气罩投影示意图

【例 7-79】　某家庭里暖气安装暖气罩，共有 3 处安装木质暖气罩，一处安装金属暖气罩，投影面积如图 7-79 所示，试求金属暖气罩的工程量。

【解】　工程量计算规则：按设计图示尺寸以垂直投影面积（不展开）计算。

暖气罩工程量　　　　　　　$S=2\times1.2=2.4(\mathrm{m}^2)$

【小贴士】　式中，2 为暖气罩的长度，m；1.2 为暖气罩的宽度，m。

7.5.4 雨篷、旗杆、装饰柱

【例7-80】 某公司门口考虑阴雨天气门口会有积水的问题，加建了玻璃雨篷，如图7-80所示，试求玻璃雨篷工程量。

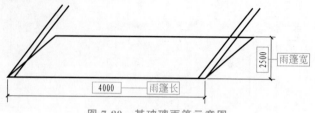

图7-80 某玻璃雨篷示意图

【解】 工程量计算规则，按设计图示尺寸水平投影面积计算。

玻璃雨篷工程量 $S=4\times2.5=10(\text{m}^2)$

【小贴士】 式中，4为雨篷的长度，m；2.5为雨篷的宽度，m。

7.5.5 招牌、灯箱、美术字

【例7-81】 某新开英语辅导班，制作一个平面广告牌，如图7-81所示，试求其工程量。

图7-81 某平面广告牌示意图

【解】 工程量计算规则：按设计图示尺寸以正立面边框外围面积计算；复杂平面广告牌基层，按设计图示尺寸以正立面边框外围面积计算。

平面广告牌工程量 $S=2\times1=2(\text{m}^2)$

【小贴士】 式中，2为平面广告牌的长度，m；1为平面广告牌的宽度，m。

【例7-82】 某公司进行宣传活动，制作一个箱式广告牌，如图7-82所示，试求其工程量。

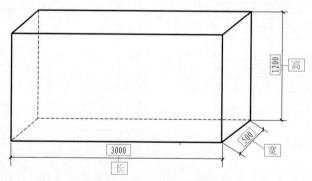

图7-82 某箱式广告牌示意图

【解】 工程量计算规则：箱式广告牌基层，按设计图示尺寸以基层外围体积计算。

平面广告牌工程量 $V=3\times0.5\times1.2=1.8(\text{m}^3)$

【小贴士】 式中，3为平面广告牌的长度，m；1.2为平面广告牌的高度，m。

第 8 章

装饰装修工程计价

8.1 装饰工程造价费用组成与组价

8.1.1 建筑装饰工程费用项目组成（两种分类方式）

（1）按照费用构成要素划分

建筑装饰工程费用按照费用构成要素划分，由人工费、材料（包含工程设备，下同）费、施工机具使用费、企业管理费、利润、规费和税金组成。其中人工费、材料费、施工机具使用费、企业管理费和利润包含在分部分项工程费、措施项目费、其他项目费中，如图 6-1 所示。

（2）按照工程造价形成划分

建筑装饰工程费用按照工程造价形成划分，由分部分项工程费、措施项目费、其他项目费、规费、税金组成，分部分项工程费、措施项目费、其他项目费包含人工费、材料费、施工机具使用费、企业管理费和利润。

其中分部分项工程费是指各专业工程的分部分项工程应予列支的各项费用。

① 专业工程　专业工程是指按现行国家计量规范划分的房屋建筑与装饰工程、仿古建筑工程、通用安装工程、市政工程、园林绿化工程、矿山工程、构筑物工程、城市轨道交通工程、爆破工程等各类工程。

② 分部分项工程　分部分项工程指按现行国家计量规范对各专业工程划分的项目。如房屋建筑与装饰工程划分的楼地面装饰工程，天棚工程，油漆、涂料、裱糊工程，其他装饰工程等。

8.1.2 建筑装饰工程费用计算要点与需要注意的问题

8.1.2.1 装饰工程分部分项计价需要注意的要点

（1）楼地面装饰工程清单计价要点

① 整体面层　《房屋建筑与装饰工程工程量计算规范》（以下简称《计算规范》）的计算规则是"不扣除间壁墙及不大于 0.3m² 柱、垛、附墙烟囱及孔洞所占面积"。《河南省房屋建筑与装饰工程预算计价定额》（以下简称《计价定额》）则为"不扣除柱、垛间壁墙、附墙烟囱及面积在 0.3m² 以内的孔洞所占面积"。注意二者的区别。

② 踢脚线　《计算规范》的计算规则是"以'm²'计量，按设计图示长度乘高度以面积计算"或"以'm'计量，按'延长米'计算"，而《计价定额》中是"水泥砂浆、水磨石踢脚线按'延长米'计算，其洞口、门口长度不予扣除，但洞口、门口、垛、附墙烟囱等

侧壁也不增加；块料面层踢脚线按图示尺寸以实贴'延长米'计算，门洞扣除，侧壁另加"。《计价定额》中不论是整体还是块料面层楼梯均包括踢脚线在内，而《计算规范》未明确，在实际操作中为便于计算，可参照《计价定额》把楼梯踢脚线合并在楼梯内计价，但在楼梯清单的项目特征一栏应把踢脚线描述在内，在计价时不要漏掉。

③ 楼梯 《计算规范》中按设计图示尺寸以楼梯（包括踏步、休息平台及≤500mm的楼梯井）水平投影面积计算。楼梯与楼地面相连时，算至梯口梁内侧边沿；无梯口梁者，算至最上一层踏步边沿加 300mm；《计价定额》中整体面层与块料面层楼梯的计算规则是不一样的，整体面层按楼梯水平投影面积计算，而块料面层按设计图示尺寸计算。

④ 台阶 《计算规范》中无论是块料面层还是整体面层，均按水平投影面积计算；《计价定额》中整体面层按水平投影面积计算，块料面层按展开（包括两侧）实铺面积计算。同时注意：台阶面层与平台面层使用同一种材料时，平台计算面层后，台阶不再计算最上一层踏步面积，但应将最后一步台阶的踢脚板面层考虑在报价内。

（2）墙、柱面装饰与隔断幕墙工程清单计价要点

① 外墙面抹灰在《计算规范》与《计价定额》中的计算规则有明显区别 《计算规范》中明确了门窗洞口和孔洞的侧壁及顶面不增加面积（外墙长×外墙高－门窗洞口－外墙裙和单个＞0.3m² 孔洞＋附墙柱、梁、垛、烟囱侧面积），而《计价定额》规定：门窗洞口、空圈的侧壁顶面及垛应按结构展开面积并入墙面抹灰中计算。因此在计算清单工程量及定额工程量时应注意区分。

② 阳台、雨篷的抹灰 在《计算规范》中无一般阳台、雨篷抹灰列项，可参照《计价定额》中有关阳台、雨篷粉刷的计算规则，以水平投影面积计算，并以补充清单编码的形式列入 M.1 墙面抹灰中，并在项目特征一栏详细描述该粉刷部位的砂浆厚度（包括打底、面层）及相应的砂浆配合比。

③ 装饰板墙面 《计算规范》中集该项目的龙骨、基层、面层于一体，采用一个计算规则，而《计价定额》中不同的施工工序甚至同一施工工序但做法不同其计算规则都不一样。在进行清单计价时，要根据清单的项目特征，罗列完整全面的定额子目，并根据不同子目各自的计算规则调整相应工程量，最后才能得出该清单项目的综合价格。

④ 柱（梁）面装饰 《计算规范》中不分矩形柱、圆柱均为一个项目，其柱帽、柱墩并入柱饰面工程量内；《计价定额》分矩形柱、圆柱分别设子目，柱帽、柱墩也单独设子目，工程量也单独计算。

（3）天棚工程清单计价要点

① 楼梯天棚的抹灰 《计算规范》规则规定："板式楼梯底面抹灰按斜面积计算，锯齿形楼梯底板抹灰按展开面积计算。"即按实际粉刷面积计算。《计价定额》规则规定："底板为斜板的混凝土楼梯、螺旋楼梯，按水平投影面积（包括休息平台）乘以系数 1.18，底板为锯齿形时（包括预制踏步板），按其水平投影面积乘以系数 1.5 计算。"

② 天棚吊顶 《计算规范》中也是集该项目的吊筋、龙骨、基层、面层于一体，采用一个计算规则；《计价定额》中分别设置不同子目且计算规则都不一样。

（4）门窗工程清单计价要点

① 门窗（除个别门窗外）工程均按成品编制项目，若成品中已包含油漆，不再单独计算油漆，不含油漆应按"附录P 油漆、涂料、裱糊工程"相应项目编码列项。

② "钢木大门"的钢骨架制作安装包括在报价内。

③ 门窗套、筒子板、窗台板等，《计算规范》是在门窗工程中设立项目编码，《计价定额》把它们归为零星项目。

(5) 油漆、涂料、裱糊工程清单计价要点

① 在《计算规范》中门窗油漆是以"樘"或"m²"为计量单位，金属面油漆以"t"或"m²"为计量单位，其余项目油漆基本按该项目的图示尺寸以长度或面积计算工程量；而在《计价定额》中很多项目工程量需根据相应项目的油漆系数表乘以折算系数后才能套用定额子目。

② 有线角、线条、压条的油漆、涂料面的工料消耗应包括在报价内。

③ 关于空花格、栏杆刷涂料，《计算规范》的计算规则是"按设计图示尺寸以单面外围面积计算"，应注意其展开面积工料消耗应包括在报价内。

(6) 其他装饰工程清单计价要点

① 台柜项目 应按设计图纸或说明，包括台柜、台面材料（石材、皮草、金属、实木等）、内隔板材料、连接件、配件等，均应包括在报价内。

② 扶手、栏杆 楼梯扶手、栏杆在《计算规范》中的计算规则是："按设计图示以扶手中心线长度（包括弯头长度）计算。"即按实际展开长度计算。《计价定额》规定："楼梯踏步部分的栏杆与扶手应按水平投影长度乘以系数 1.18 计算"，注意区分。

③ 洗漱台 洗漱台现场制作、切割、磨边等人工、机械的费用应包括在报价内。

④ 招牌、灯箱 在《计算规范》中，招牌是"按设计图示尺寸，以正立面边框外围面积计算"，而灯箱是"以设计图示数量计算"；《计价定额》基层、面层分别计算：钢骨架基层制作安装套用相应子目，按"t"计量；面层油漆按展开面积计算。

举例常见的一种装修工程施工图预算表，见表 8-1。

表 8-1 装修工程施工图预算表

施工预算编号：　　　　　　　　　单项工程项目名称：　　　　　　　　　共 页 第 页

序号	项目编码	工程项目或费用名称	项目特征	单位	数量	综合单价/元	合价/元
一		分部分项工程					
(一)		楼地面装饰工程					
1	××	×××					
2	××	×××					
…	…	…					
(二)		墙、柱面装饰与隔断、幕墙工程					
1	××	×××					
…	…	…					
(三)		天棚工程					
1	××	××					
…	…	…					
(四)		油漆、涂料、裱糊工程					
1	××	×××					
2	××	×××					
3	××	×××					
…	…	…					
(五)		措施项目					
1	××						

续表

序号	项目编码	工程项目或费用名称	项目特征	单位	数量	综合单价/元	合价/元
2	××	×××					
...	...	...					
		分部分项工程费用小计					
二、		可计量措施项目					
(一)	××	××工程					
1	××	××××					
...	...	...					
(二)	××	××工程					
1	××	××××					
...	...	...					
		可计算措施项目费小计					
(三)		综合取定的措施项目费					
1		安全文明施工费					
2		夜间施工增加费					
3		二次搬运费					
4		冬雨季施工增加费					
...	...	...					
		合计					

编制人   审核人   审定人

8.1.2.2 装饰工程分部分项计价需要注意的问题

(1) 楼地面装饰工程

① 平面砂浆找平层只适用于仅做找平层的平面抹灰。

② 不扣除壁墙及≤0.3m² 柱、垛、附墙烟囱及孔洞所占面积。这里的间壁墙指墙厚≤120mm 的墙。

③ 石材、块料与粘接材料的结合面刷防渗材料的种类在防护层材料种类中描述。

④ 台阶是按设计图示尺寸以台阶（包括最上层踏边沿加300mm）水平投影面积。

⑤ 楼梯、台阶牵边和侧面镶贴块料面层，≤0.5m² 的少量分散的楼地面镶贴块料面层，应按《房屋建筑与装饰工程工程量计算规范》中零星装饰项目执行。

(2) 墙、柱面装饰与隔断、幕墙工程

① 立面砂浆找平项目适用于仅做找平层的立面抹灰。

② 飘窗凸出外墙面增加的抹灰并入外墙工程量内。

③ 有吊顶天棚的内墙抹面抹灰，抹至吊顶以上部分在综合单价中考虑。

④ 砂浆找平项目适用于仅做找平层的柱（梁）面抹灰。

⑤ 墙、柱（梁）面≤0.5m² 的少量分散的抹灰按《房屋建筑与装饰工程工程量计算规范》中零星抹灰项目编码列项。

⑥ 墙柱面≤0.5m² 的少量分散的镶贴块料面层按《房屋建筑与装饰工程工程量计算规范》中零星项目执行。

(3) 天棚工程

① 天棚抹灰按设计图示尺寸以水平投影面积计算。

② 天棚面中的灯槽及跌级、锯齿形、吊挂式、藻井式天棚面积不展开计算。不扣除间壁墙、检查口、附墙烟囱、柱垛和管道所占面积，扣除单个 $>0.3m^2$ 的孔洞、独立柱及与天棚相连的窗帘盒所占的面积。

③ 采光天棚按框外围展开面积计算。

(4) 油漆、涂料、裱糊工程

① 门、窗油漆以"m^2"计量，项目特征可不必描述洞口尺寸。

② 木扶手按设计图示尺寸以长度计算。

③ 墙面、天棚喷刷涂料按设计图示尺寸以面积计算。

④ 裱糊是以按设计图示尺寸以面积计算。

(5) 其他装饰工程

① 柜台类可以以"个"计量，按设计图示数量计算；也可以以"m"计算，按设计图示尺寸以"延长米"计算；还可以以"m^3"计量，按设计图示尺寸，以体积计算。

② 暖气罩，按设计图示尺寸，以垂直投影面积（不展开）计算。

8.1.3 建筑装饰工程费用计算流程

装饰工程工程量清单计价的计算程序见表 8-2。

表 8-2 装饰工程工程量清单计价的计算程序

序　号	费用项目名称	计算方法
一	分部分项工程费合价	$\sum_{i=1}^{n} J_i L_i$
	分部分项工程费单价（J_i）	1+2+3+4+5
	1. 人工费	∑清单项目每计量单位工日消耗量×人工单价
	1′人工费	∑清单项目每计量单位工日消耗量×省价人工单价
	2. 材料费	∑清单项目每计量单位材料消耗量×材料单价
	2′材料费	∑清单项目每计量单位材料消耗量×省价材料单价
	3. 施工机械使用费	∑清单项目每计量单位机械台班消耗量×机械台班单价
	3′施工机械使用费	∑清单项目每计量单位机械台班消耗量×省价机械台班单价
	4. 企业管理费	1′×管理费费率
	5. 利润	1′×利润率
	分部分项工程量（L_i）	按工程量清单数量计算
二	措施项目费	∑单项措施费
	单项措施费	1. 按费率记取的措施费：1′×措施费费率×[1+H×（管理费率＋利润率）] 2. 参照定额或施工方案记取的措施费：措施项目的人、材、机费之和＋其省价人工费×（管理费率＋利润率）
三	其他项目费	3.1＋3.2＋3.3＋3.4（结算时 3.2＋3.3＋3.4＋3.5＋3.6）
	3.1 暂列金额	按省清单计价规则规定
	3.2 特殊项目费用	同上
	3.3 计日工	同上
	3.4 总承包服务费	专业分包工程费（不包括设备费）×费率
	3.5 索赔与现场签证	按省清单计价规则规定
	3.6 价格调整费用	同上

续表

序　号	费用项目名称	计算方法
四	规费	4.1＋4.2＋4.3＋4.4＋4.5
	4.1 安全文明施工费	(一＋二＋三)×规费费率
	4.2 工程排污费	按工程所在地设区市相关规定计算
	4.3 社会保障费	(一＋二＋三)×规费费率
	4.4 住房公积金	按工程所在地设区市相关规定计算
	4.5 危险作业意外伤害保险	按工程所在地设区市相关规定计算
五	税金	(一＋二＋三＋四)×税率
六	装饰工程费用合计	一＋二＋三＋四＋五

注：序号"二"中 H 为措施费中人工费含量。

8.1.4　清单计价模式下的综合单价组价

(1) 清单项目组价的概念

一般将清单项目综合单价的形成过程称为清单项目组价。它是按照工程量清单计价规范的规定，结合工程量清单及其"项目特征与工程内容"等，利用清单计价定额，通过计算形成清单项目的综合单价。

(2) 清单项目组价的内容

分析和确定清单项目可组合的工程内容，以此确定可组合的定额子目；按照消耗量定额或企业定额的工程量计算规则计算每个定额子目的工程数量，也称综合单价分析工程量，或计价工程量，或组价工程量，投标人有时称施工工程量；参照市场价格信息或其他价格信息，计算各定额子目的人工费、材料费、机械费；再按规定或企业实际情况确定各定额子目的管理费、利润，并考虑风险因素等；汇总计算清单项目综合单价。

(3) 清单项目组价的特点

清单项目组价既不同于定额计价，又不同于工程量清单计价，只是工程量清单计价中一个环节，具有如下特点。

① 容丰富　清单项目组价内容包括可组价的定额项目的确定、工程量的计算，也包括定额套价，费用的计取、汇总等。

② 过程复杂　清单项目组价不仅要分析、复核工程量清单项目名称、项目编码、项目特征、计量单位、工程数量、工程内容等，而且要根据计价规范或计价指引，选择相应的可组价的定额，直到组价工程量计算，定额套价、费用计算、汇总以及综合单价分析等。整个组价过程中分析、计算的工作量较大，涉及面较广。

③ 组价要求高、技术难度大　清单项目组价硬性要求是严格按照工程量清单计价规范的规定进行，灵活的是根据工程量清单项目特征描述和工程内容，如何确定可组价的定额子目以及各定额子目综合单价的计算。很难掌握的是组价时人工、材料、机械台班单价的准确确定，以及风险因素的考虑。对于投标人的投标报价来说，还要结合企业实际情况和投标经营策略综合考虑，价格过高不能中标，过低可能因低于成本价成为废标或导致亏损。因此，组价对专业技术人员提出了很高的要求，在实际操作中也存在一定的难度。

例如，某橡胶板楼地面综合单价分析表如表 8-3 所示。

表 8-3　某橡胶板楼地面综合单价分析表

工程名称：　　　　　　　　　　标段：　　　　　　　　　　　　第 页 共 页

项目编码	011103001001	项目名称	橡胶板楼地面	计量单位	m²	工程量	121.4

清单综合单价组成明细

定额编号	定额项目名称	定额单位	数量	单价				合价			
				人工费	材料费	机械费	管理费和利润	人工费	材料费	机械费	管理费和利润
1-129	原土夯实二遍 机械	100m²	0.001	40.56		17.64	11.08	0.4		0.18	0.11
4-72	垫层 灰土	10m²	0.015	487.93	1477.16	10.85	207.02	7.27	22	0.16	3.08
5-1	现浇混凝土 垫层	10m²	0.006	342.15	4889.15		195.97	2.04	29.13		1.17
11-1	平面砂浆找平层 混凝土或硬基层上 20mm	100m²	0.001	806.61	450.96	66.63	253.02	8.01	4.48	0.66	2.51
11-4	细石混凝土地面找平层 30mm	100m²	0.001	1138.29	789.96	86.17	358.22	11.3	7.84	0.86	3.56
11-45	橡塑面层 橡胶板	100m²	0.001	1635.82	4159.18		489.81	16.24	41.3		4.86
12-23	墙面抹灰 装饰抹灰打底 素水泥浆界面剂	100m²	0.001	122.01	113.15		46.5	1.21	1.12		0.46
人工单价			小计					46.47	105.87	1.85	15.75
高级技工 201 元/工日；普工 87.1 元/工日；一般技工 134 元/工日			未计价材料费								
清单项目综合单价								169.94			

	主要材料名称、规格、型号			单位	数量	单价/元	合价/元	暂估单价/元	暂估合价/元
材料费明细	预拌混凝土 C15			m³	0.0602	480.58	28.93		
	生石灰			t	0.0369	407.77	15.05		
	黏土			m³	0.1747	38.83	6.78		
	橡胶板 δ3			m²	1.0426	30.2	31.49		
	其他材料费					—	23.63	—	

注：1. 如不使用省级或行业建设主管部门发布的计价依据，可不填定额编号、名称等。

2. 招标文件提供了暂估单价的材料，按暂估的单价填入表内"暂估单价"栏及"暂估合价"栏。

8.2　清单计价

8.2.1　工程量清单计价的特点

（1）规定性

规定性是指通过制定统一的建设工程工程量清单计价方法，达到规范计价行为的目的。这些规则和办法是强制性的，工程建设各方面都应该遵守。主要体现在：一是规定全部使用国有资金或有国有资金投资为主的建设工程应按计价规范规定执行；二是明确工程量清单是招标文件的组成部分，并规定了招标人在编制工程量清单时必须做到项目编码、项目名称、项目特征、计量单位、工程量计算规则等五个统一，并且要用规定的标准格式来表述。在清单编码上，《建设工程工程量清单计价规范》规定，分部分项工程量清单编码以 12 位阿拉伯数字表示，前 9 位为全国统一编码，编制分部分项工程量清单时应按《计价规范》附录中的相应编码设置，不得变动，后3位是清单项目名称编码，由清单编制人根据设置的清单项目编制。

（2）实用性

实用性是指《计价规范》附录中工程量清单项目及计算规则的项目名称表现的是工程实体项目，项目名称明确清晰，工程量计算规则简洁明了，特别还列有项目特征和工程内容，易于编制工程量清单时确定具体项目名称和投标报价。

（3）竞争性

①《计价规范》中的措施项目，在工程量清单中只列"措施项目"一栏，具体采用什么措施，如模板、脚手架、临时设施、施工排水等详细内容由投标人根据企业的施工组织设计，视具体情况报价，因为这些项目在各个企业间各有不同，是企业竞争项目，是留给企业的竞争空间。

②《计价规范》中人工、材料和施工机械没有具体的消耗量，将工程消耗量定额中的工、料、机价格和利润、管理费全面放开，由市场的供求关系自行确定价格。投标企业可以依据企业的定额和市场价格信息，也可以参照建设行政主管部门发布的社会平均消耗量定额进行报价，《计价规范》将定价权还给了企业。

8.2.2　工程量清单计价的方法

（1）人材机费用

人材机费用计算如表8-4所示。

表8-4　人工费、材料费、机械使用费的计算表

费用名称	计算方法
人工费	分部分项工程量×人工消耗量×人工工日单价
材料费	分部分项工程量×∑（材料消耗量×材料单价）
机械使用费	分部分项工程量×∑（机械台班消耗量×机械台班单价）

注：表中的分部分项工程量是指按定额计算规则计算出的"定额工程量"

（2）管理费的计算

① 管理费的计算表达式

$$管理费=（定额人工费+定额机械费×8\%）×管理费费率 \tag{8-1}$$

定额人工费是指在"消耗量定额"中规定的人工费，是以人工消耗量乘以当地某时期的人工工资单价得到的计价人工费，它是管理费、利润、社保费及住房公积金的计费基础。当出现人工工资单价调整时，价差部分可计入其他项目费。

定额机械费也是指在"消耗量定额"中规定的机械费，是以机械台班消耗量乘以当地某一时期的人工工资单价、燃料动力单价得到的计价机械费。它是管理费、利润的计费基础。当出现机械中的人工工资单价、燃料动力单价调整时，价差部分可计入其他项目费。

② 管理费费率　如表8-5所示。

表8-5　管理费费率表

专业	房屋建筑与装饰工程	通用安装工程	市政工程	园林绿化工程	房屋修缮及仿古建筑工程	城市轨道交通工程	独立土石方工程
费率/%	33	30	28	28	23	28	25

（3）利润的计算

① 利润的计算表达式

$$利润＝（定额人工费＋定额机械费×8％）×利润率 \qquad (8-2)$$

② 利润率　如表 8-6 所示。

表 8-6　利润率表

专业	房屋建筑与装饰工程	通用安装工程	市政工程	园林绿化工程	房屋修缮及仿古建筑工程	城市轨道交通工程	独立土石方工程
费率/%	20	20	15	15	15	18	15

8.3　定额计价

8.3.1　建筑工程预算定额换算

扫码看视频

定额换算的应用

预算定额换算实例如下

① 实际厚度换算　因为实际做法厚度和定额做法厚度有时候不一致，这时，就需要对其价格进行换算。

【例 8-1】　某工程散水构造做法为沥青砂浆变形缝；20 厚 C20 混凝土散水面层；C15 混凝土垫层；素土夯实。散水定额信息见表 8-7。

表 8-7　散水定额信息

工作内容：浇筑、振捣、养护等。　　　　　　　　　　　　　　　　单位：10m² 水平投影面积

	定　额　编　号		5-49	5-50	5-51
	项　　　　　目		散水	台阶	场馆看台（10m³）
	基　　价/元		546.58	641.07	5143.35
其中	人　工　费		166.33	181.99	1424.10
	材　料　费		268.61	338.86	2780.10
	机 械 使 用 费		2.28	—	—
	其 他 措 施 费		6.81	7.49	58.50
	安　文　费		14.81	16.28	127.15
	管　理　费		43.87	48.22	376.74
	利　　润		25.51	28.05	219.10
	规　　费		18.36	20.18	157.66
名　　　称		单位	单价/元	数　　量	
综合工日		工日	—	(1.31)	(1.44)	(11.25)
预拌混凝土 C20		m³	260.00	0.606	1.236	10.100
土工布		m²	11.70	0.721	1.260	7.690
塑料薄膜		m²	0.26	—	6.626	76.920
水		m³	5.13	3.435	0.139	7.878
预拌水泥砂浆		m³	220.00	0.049	—	—
石油沥青砂浆 1∶2∶7		m³	1483.81	0.050	—	—
电		kW·h	0.70	0.030	0.462	5.310
混凝土抹平机 功率(kW)5.5		台班	22.81	0.100	—	—

【解】　20 厚 C20 混凝土散水面层

定额❶基价(5—49)换＝546.58×20/60＝273.29(元/10m²)

---

❶　河南省房屋建筑与装饰工程预算定额（HA 01—31—2016）。本章所用均为此定额。

【小贴士】 式中，定额中混凝土厚度为 60mm，实际为 20mm，进行换算。

② 实际刷漆遍数换算 因为实际刷漆遍数和定额刷漆遍数有时候不一致，这时就需要对其价格进行换算。

【例 8-2】 某墙面、天棚需要做装修，墙面与天棚交接处粘贴 100mm×100mm 木装饰顶角线，木线条润水粉、满刮腻子、刷硝基油漆八遍、磨退出亮。硝基清漆定额信息见表 8-8、表 8-9，试求定额基价。

表 8-8 硝基清漆定额信息（一）

工作内容：清扫、打磨，润水粉、满刮腻子一遍、刷理硝基清漆、磨退出亮等。 单位：100m

定 额 编 号			14-49	14-50	14-51	14-52
项 目			木扶手	木线条（宽度）		
			不带托板	≤50mm	≤100mm	≤150mm
			润水粉、满刮腻子、硝基清漆五遍、磨退出亮			
基 价/元			3295.54	1541.91	2634.16	3734.83
其中	人 工 费		2140.97	1000.44	1713.47	2426.46
	材 料 费		192.45	92.07	150.58	217.54
	机械使用费		—	—	—	—
	其他措施费		71.92	33.59	57.56	81.54
	安 文 费		156.31	73.01	125.12	177.22
	管 理 费		297.01	138.73	237.74	336.74
	利 润		243.07	113.54	194.56	275.59
	规 费		193.81	90.53	155.13	219.74
名 称	单位	单价/元	数 量			
综合工日	工日	—	(13.83)	(6.46)	(11.07)	(15.68)
硝基清漆	kg	20.60	4.625	2.212	3.619	5.229
硝基漆稀释剂	kg	8.05	9.568	4.576	7.488	10.816
大白粉	kg	0.35	2.683	1.283	2.100	3.033
氧化铁红	kg	7.89	0.216	0.104	0.169	0.244
骨胶	kg	8.00	0.084	0.040	0.066	0.095
酒精	kg	7.30	0.568	0.272	0.445	0.643
石膏粉	kg	0.60	0.350	0.167	0.274	0.395
光蜡	kg	13.50	0.116	0.056	0.091	0.131
砂蜡	kg	8.84	0.352	0.168	0.275	0.398
水砂纸	张	0.42	4.600	2.200	3.600	5.200
水砂纸 800~1500#	张	0.60	3.500	1.700	2.700	3.900
其他材料费	%	—	2.000	2.000	2.000	2.000

表 8-9 硝基清漆定额信息（二）

工作内容：清扫、打磨、刷硝基清漆一遍等。 单位：100m

定 额 编 号		14-57	14-58	14-59	14-60
项 目		木扶手	木线条（宽度）		
		不带托板	≤50mm	≤100mm	≤150mm
		每增加硝基清漆一遍			
基 价/元		463.09	217.00	369.32	526.17

续表

		名称		294.82	138.20	235.87	335.26
其 中		人　工　费		294.82	138.20	235.87	335.26
		材　料　费		35.39	16.89	27.71	39.95
		机械使用费		—	—	—	—
		其他措施费		9.93	4.63	7.90	11.28
		安　文　费		21.59	10.06	17.18	24.53
		管　理　费		41.02	19.11	32.64	46.60
		利　　润		33.57	15.64	26.72	38.14
		规　　费		26.77	12.47	21.30	30.41

名　称	单位	单价/元	数　量			
综合工日	工日	—	(1.91)	(0.89)	(1.52)	(2.17)
硝基清漆	kg	20.60	0.926	0.442	0.725	1.046
硝基漆稀释剂	kg	8.05	1.914	0.915	1.498	2.163
水砂纸	张	0.42	0.500	0.200	0.400	0.500
其他材料费	%	—	2.000	2.000	2.000	2.000

【解】　定额基价（14-51）换＝（14-51）＋3×（14-59）

$$＝2634.16＋3×217.00$$

$$＝3258.16(元/100m)$$

【小贴士】　式中定额子目（14-51）是因为木线条宽度是≤100mm，定额子目已经包含油漆5遍，所以再加上3乘以每增加的遍数。

③ 系数换算　使用某些预算定额项目时，定额的一部分或者全部乘以规定的系数。

【例 8-3】　某单层工业厂房框架柱现浇，楼板为预制装配，柱及梁顶标高为 5.1m，框架柱尺寸为 500mm×500mm，单项脚手架定额信息见表 8-10，试求框架柱的单项脚手架定额基价。

表 8-10　单项脚手架定额信息（外脚手架）

工作内容：1.场内、场外材料搬运。2.搭、拆脚手架、挡脚板、上下翻板子。3.拆除脚手架后材料的堆放。

单位：100m²

定　额　编　号				17-48	17-49	17-50	17-51
项　　目				外脚手架			
				15m 以内	20m 以内	30m 以内	
				单排	双排		
基价/元				1772.37	2239.54	2527.27	2813.37
其 中		人　工　费		699.22	882.03	1012.82	1099.15
		材　料　费		572.32	723.39	795.62	943.07
		机械使用费		65.24	83.87	88.53	88.53
		其他措施费		29.43	37.18	42.59	46.12
		安　文　费		63.97	80.81	92.57	100.25
		管　理　费		160.70	203.00	232.53	251.84
		利　　润		102.17	129.06	147.84	160.11
		规　　费		79.32	100.20	114.77	124.30
名　称	单位	单价/元		数　量			
综合工日	工日	—		(5.66)	(7.15)	(8.19)	(8.87)

续表

名　称	单位	单价/元	数　量			
脚手架钢管	kg	4.55	40.315	56.014	62.279	72.012
扣件	个	5.67	16.353	23.331	25.525	30.486
木脚手板	m³	1652.10	0.098	0.107	0.118	0.145
脚手架钢管底座	个	5.00	0.213	0.217	0.227	0.229
镀锌铁丝 φ4.0	kg	5.18	8.616	9.238	9.022	10.200
圆钉	kg	7.00	1.084	1.237	1.316	1.384
红丹防锈漆	kg	14.80	3.987	5.354	6.340	7.334
油漆溶剂油	kg	4.40	0.337	0.488	0.512	0.640
缆风绳 φ8	kg	8.35	0.193	0.193	0.215	0.870
原木	m³	1280.00	0.003	0.003	0.002	0.003
垫木 60×60×60	块	0.61	1.796	1.796	1.835	1.864
防滑木条	m³	1336.00	0.001	0.001	0.001	0.001
挡脚板	m³	1800.00	0.007	0.007	0.007	0.008
载重汽车 装载质量(t) 6	台班	465.97	0.140	0.180	0.190	0.190

【解】　定额基价(17-49)换＝2239.54×0.3＝617.86(元/100m²)

【小贴士】　式中，定额中规定砌筑高度在3.6m以外的砌块内墙，按相应双排脚手架定额乘以系数0.3，题中高度为5.1m，所以双排定额乘以0.3。

8.3.2　定额基价换算公式总结

（1）定额基价换算总公式

　　　换算后的定额基价＝原定额基价±（换入的费用－换出的费用）

（2）定额基价换算通用公式

　　换算后的定额基价＝原定额基价＋（定额人工费＋定额人工费）×（$K-1$）
　　　　＋∑（换入的用量×换入基价－换出的用量×换出的基价）
　　　　　　K＝设计砂浆量/定额砂浆量

（3）定额基价换算通用公式的变换

① 系数换算

a.全部定额乘以规定的系数

　　　　换算后的定额基价＝原定额基价×系数

b.定额的一部分乘以规定的系数

　　　换算后的定额基价＝原定额基价＋（定额人工费＋定额机械费）×（系数－1）

② 构件混凝土换算公式

换算后的定额基价＝原定额基价＋定额混凝土用量×（换入混凝土基价－换出混凝土基价）

8.4　直接费计算及工料分析

8.4.1　直接费内容

直接费由直接工程费和措施费组成。

（1）直接工程费

直接工程费是指施工过程中耗费的构成工程实体的各项费用。包括人工费、材料费、施工机械使用费。

① 人工费　是指直接从事建设工程施工的生产工人开支的各项费用。

② 材料费　是指施工过程中耗费的构成工程实体的原材料、辅助材料、构配件、零件、半成品的费用和周转使用材料的摊销（或租赁）费用，包括材料预算价格及检验试验费。

③ 施工机械使用费　是指施工机械作业所发生的机械使用费以及机械安拆费和场外运费。

（2）措施项目费

措施项目费是指为完成工程项目施工，发生在该工程施工前和施工过程中非实体项目的费用。措施费包括通用措施项目和专业措施项目两部分，通用措施项目包括安全文明施工费、夜间施工增加费、二次搬运费、冬雨季施工增加费、大型机械设备进出场及安拆费、施工排水费、施工降水费、地上、地下设施，建筑物的临时保护设施费、已完工程及设备保护费等。

① 安全文明施工　包括：环境保护费、文明施工费、安全施工费、临时设施费。

② 夜间施工增加费　指根据设计、施工技术要求或建设单位要求提前完工（工期低于工期定额 70％时），须进行夜间施工的工程所增加的费用。

③ 材料及产品质量检测费　指对建筑材料、构件和建筑安装物进行一般鉴定、检查所发生的费用。

④ 冬季施工增加费　是指施工单位在施工规范规定的冬季气温条件下施工所增加的费用。

⑤ 已完工程及设备保护费　是指竣工验收前，对已完工程及设备进行保护所需的费用；未完工程保护费是指工程建设过程中，在冬季或其他特殊情况下停止施工时，对未完工部分的保护费用。

8.4.2　工料分析

工料分析表是指分部分项工程所需人工、材料和机械台班消耗量的分析计算表。工料机分析的方法是：首先从定额项目表中分项工程消耗的每项材料和人工的定额消耗量查出；再分别乘以该工程的工程量，得到分项工程工料消耗量，最后将各分项工程工料消耗量加以汇总，得出单位工程人工、材料的消耗量。工料分析表一般与分部分项工程表结合在一个表内，其内容除了与工程预算表的内容相同外，还应列出分项工程的预算定额工料消耗量指标和计算出相应的工料消耗数量。举例常见的工料分析表见表 8-11。

表 8-11　常见的工料分析表

序号	定额编号	工程名称	单位	工程量	人工/工日	主要材料			其他材料
						材料 1	材料 2	…	

8.4.3　建筑装饰工程费用费率

《计价规范》中工程量清单综合单价是指完成一个规定计量单位的分部分项工程量清单项目或措施项目清单项目所需的人工费、材料费、施工机械使用费和企业管理费与利润，以及一定范围内的风险费用。注意，不包含规费和税金等不可竞争费，故不是完全意义上的综合单价。

其计算步骤如下。

① 确定组合定额子目　一般都是一个工程量清单项目对应定额上好几个子目。

② 计算定额子目工程量　就是算算工程量清单项目对应的定额上好几个子目的工程量。

③ 测算人材机消耗量　可以参照合同约定或项目当地的消耗定额。

④ 确定人材机单价　根据工程项目的具体情况以及市场资源供求状况确定，并考虑调价系数。

⑤ 计算清单项目的直接工程费

$$直接工程费 = \Sigma 计价工程量 \times (\Sigma 人工消耗量 \times 人工单价 + \Sigma 材料消耗量 \times 材料单价$$
$$+ \Sigma 台班消耗量 \times 台班单价) \tag{8-3}$$

⑥ 计算清单项目的管理费和利润

$$管理费 = 直接工程费 \times 管理费费率 \tag{8-4}$$

$$利润 = (直接工程费 + 管理费) \times 利润率 \tag{8-5}$$

⑦ 计算清单项目的综合单价

$$综合单价 = (直接工程费 + 管理费 + 利润)/清单工程量 \tag{8-6}$$

⑧ 核定综合费率

$$综合费率 = (综合单价 - 直接工程费/清单工程量)/综合单价 \tag{8-7}$$

$$可见综合费率 = (管理费 + 利润)/清单工程量（非全费用） \tag{8-8}$$

如果考虑规费和税金，即

$$综合费率 = (管理费 + 规费 + 利润 + 税金)/清单工程量（全费用） \tag{8-9}$$

以上提到的管理费、规费、利润、税金都是以清单工程量对应的直接工程费为基数计算的。

第 9 章

安装工程工程量计算

9.1 电气工程施工图预算实例

【例 9-1】 某住宅平面图和系统图如图 9-1～图 9-3 所示，该工程为 6 层砖混结构，砖墙、钢筋混凝土预应空心板，层高 3.2m，房间均设有 0.3m 高吊顶。电话系统工程内容：进户前端箱 STO-50-400×650×160 与市话电缆 HYQ-50(2×0.5)-SC50-FC 相接，箱安装距地面 0.5m。层分配箱（盒）安装距地 0.5m，干管及到各户线管均为焊接钢管暗敷设。有线电视系统工程内容：前端箱安装在底层距地 0.5m 处，用 SYV-75-5-1 同轴射频电缆、穿焊接钢管 SC20 暗敷设。电源接自每层配电箱。两系统工程施工图预算一律从进户各总箱起计算，总箱至室外的进户管线均未计算，各工程见其系统图和平面图（说明：本预算仅用了《河南省通用安装工程预算定额》第二册《电气设备安装工程》定额中相应子目的内容）。

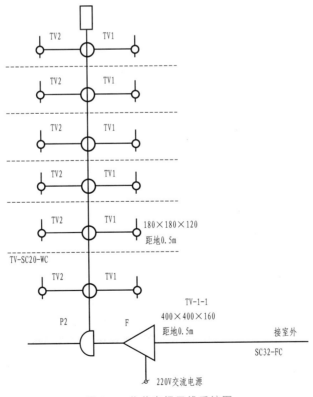

图 9-1 公共电视天线系统图

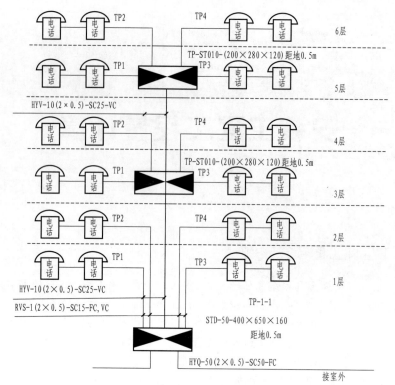

图 9-2 电话系统图

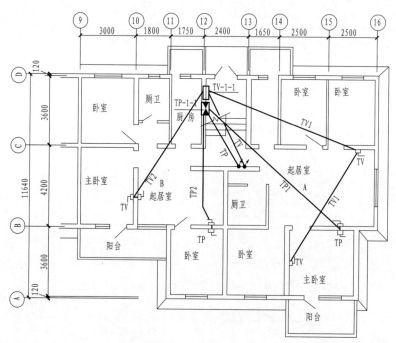

图 9-3 电话、有线电视平面图

【解】

(1) 电话系统

① 进户电话交接箱 (尺寸 0.4×0.65×0.16) 工程量：1 (个)。

② 层端子箱安装 (尺寸 0.2×0.28×0.12) 工程量：2 (个)。

③ 用户电话工程量：4×6＝24（部）。

④ 立管线管暗敷 D25 工程量

$$0.6+3.6+1.2+1.2+5×3.2=22.6(m)$$

⑤ TP-1-A1 线管暗敷 D15 工程量

$$0.6+3.6+1.2+1.2+0.6+3.6+2.4+1.65+2.5+4.2+0.6=22.15(m)$$

⑥ TP-1-B1 线管暗敷 D15 工程量

$$0.6+3.6+1.75+1.8+2.1+0.6=10.45(m)$$

⑦ 线管暗敷 D15（2F～6F 层端箱至 A 户）工程量

$$(0.6+1.2+1.65+2.5+2.85/2+4.2-1.2+0.6)×5+3×3.2=64.48(m)$$

⑧ 线管暗敷 D15（2F～6F 层端箱至 B 户）工程量

$$(0.6+1.2+1.75+1.8+1.5+0.6)×5+3.2×3=46.85(m)$$

⑨ 管穿 HYV-10×（2×0.5）电话线缆工程量

$$22.6+0.4+0.65+(0.2+0.83)×3=26.74(m)$$

⑩ 管穿 RVS-2×0.5 软电话线工程量

$$143.12+(0.4+0.65)×4+(0.2+0.28)×8=151.16(m)$$

⑪ TP 插座暗装工程量：4×6＝24（个）。

⑫ TP 插座暗盒工程量：4×6＝24（个）。

⑬ 端子板外接线工程量：10×2×4+2×12＝104（头）。

⑭ 电话系统调试工程量：1（户）。

（2）电视系统

① 前端放大箱安装（尺寸 0.4×0.5×0.16）工程量：1（个）。

② 二分支器安装工程量：6（个）。

③ 二分支器暗箱（尺寸 0.18×0.18×0.12）工程量：6（个）。

④ TV 用户插座暗装工程量：4×6＝24（个）。

⑤ TV 插座暗盒安装工程量：4×6＝24（个）。

⑥ TV 线管暗敷 D20 工程量

a. 1F TV 线管暗敷 D20 工程量

ⅰ. TV-1-1 至 L1：0.6+3.6+1.2+1.2+1.5＝8.1（m）。

ⅱ. TV-1-1 至一层分支箱：0.6+3.6+1.2+1.2+0.6＝7.2（m）。

ⅲ. 一层分支箱至顶：3.2×5＝16（m）。

ⅳ. TV-1-1 至 A 户：0.6+0.6+4.2+3.7+1.8+0.6＝11.5（m）。

ⅴ. TV-1-1 至 B 户：0.6+3.6+1.75+1.8+2.1+0.6＝10.45（m）。

b. 2F TV 线管暗敷 D20 工程量

a. 2F～6F，分支箱至 A 户

$$(0.6+1.2+1.2+1.65+2.5+2.85/2+0.6+0.6+4.2+1.8+0.6)×5=81.88(m)$$

b. 2F～6F，分支箱至 B 户

$$(0.6+1.2+1.75+1.8+2.1+0.6)×5=40.25(m)$$

⑦ 管穿同轴电缆 SYV-75-5 工程量：192.53+（0.4+0.5）+2×0.18×23＝201.71（m）。

⑧ 管穿电源线 BV 工程量：3×2.5；[8.1+（0.4+0.5）+（0.5+1.0）]×3＝30（m）。

⑨ 系统调试工程量：2×6＝12（户）。

【例 9-2】 某偏远村庄从发电站接电，要求需要先安装 200kV·A 干式变压器，如图 9-4 所示。村口和村庄里需要安装 3 台才能使村庄用电正常。试根据定额计算规则计算其工程量。

【解】 干式变压器定额工程量计算规则：三相变压器、单相变压器、消弧线圈安装根据设备容量及结构性能，按照设计安装数量以"台"为计量单位。

干式变压器工程量＝图示工程量＝3(台)。

【例9-3】 某道路两旁架设新电线杆，在路两端各设置一台2000kV·A油浸电力变压器，如图9-5所示，试求其工程量。

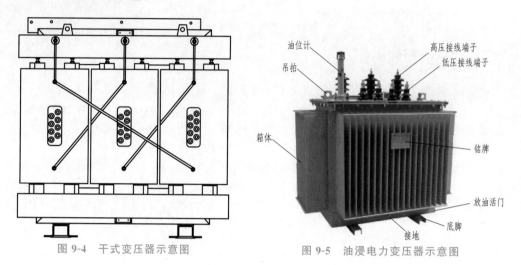

图9-4 干式变压器示意图   图9-5 油浸电力变压器示意图

【解】 油浸电力变压器工程量计算规则：按设计图示数量计算。

油浸电力变压器工程量＝图示工程量＝2(台)。

【例9-4】 某道路上两排安装相同数量电线杆6根，如图9-6所示，一根电杆上有两组1000A隔离开关，试求其定额工程量。

【解】 隔离开关定额工程量计算规则：隔离开关、负荷开关、熔断器、避雷器、干式电抗器、电力电容器的安装，根据设备重量或容量，按照设计安装数量以"组"为计量单位，每三相为一组。

$$计算工程量＝6×2×2＝24(组)$$

【小贴士】 式中，6×2为电杆总数。

【例9-5】 已知某工程管线采用BV（3×10＋1×4）、SG32，水平距离8m，其示意图如图9-7所示，试求管线工程量。

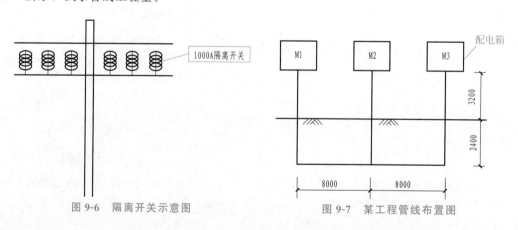

图9-6 隔离开关示意图   图9-7 某工程管线布置图

【解】 配线工程量计算规则：按设计图示尺寸以单线长度计算（含预留长度）。

$$SG32 工程量＝[8×2＋(2.4＋3.2)×3]＝32.8(m)$$
$$BV10 工程量＝32.8×3＝98.4(m)$$
$$BV4 工程量＝32.8×1＝32.8(m)$$

【小贴士】 式中，8 为水平管线距离，m；$(2.4+3.2)×3$ 为两段竖直的长度，m；32.8 为 SG32 工程量；3 为 BV10 根数；1 为 BV4 根数。

【例 9-6】 某发电站内自供电系统中用到如图 9-8 所示的干式变压器，整个发电厂中干式变压器共有 3 台，试求其工程量。

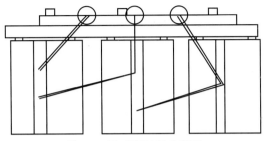

图 9-8 干式变压器示意图

【解】 干式变压器定额工程量计算规则：三相变压器、单相变压器、消弧线圈安装根据设备容量及结构性能，按照设计安装数量，以"台"为计量单位。

$$干式变压器工程量=图示工程量=3（台）。$$

【例 9-7】 某 200m 路段旁边每隔 50m 有一组电线杆，如图 9-9 所示，电线杆上有一个真空断路器，试求其工程量。

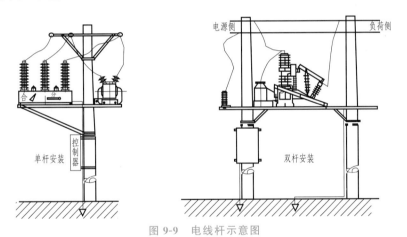

图 9-9 电线杆示意图

【解】 真空断路器工程量计算规则：按设计图示数量计算。

真空断路器工程量＝图示工程量＝4（台）。

9.2 防雷与接地系统

【例 9-8】 某地高压输电装置如图 9-10 所示，为保护电力装置安装 5kV 避雷器。相隔 200m 有一个相同的高压电力输送装置，这条路总长 1000m，试求避雷器定额工程量。

【解】 避雷器定额计算规则：隔离开关、负荷开关、熔断器、避雷器、干式电抗器、电力电容器的安装，根据设备重量或容量，按照设计安装数量，以"组"为计量单位，每三相为一组。

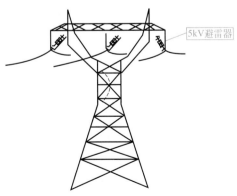

图 9-10 高压输电装置示意图

避雷器工程量＝1000/200＋1＝6(组)

【小贴士】 式中：1000/200＋1为高压电力输送装置总数量，如图9-10所示，每个高压电力输送装置上有一组避雷器。

【例9-9】 某高校的某幢教职工楼在房顶上安装避雷网，避雷网采用混凝土敷设，5处引下线与一组接地极连接，其平面示意图如图9-11所示，试计算其工程量。

【解】 避雷器工程量计算规则：按设计图示数量计算。

避雷器清单工程量＝1(组)。

【例9-10】 某建筑物墙上安装一避雷针，如图9-12所示，试求其定额工程量。

【解】 避雷针定额工程量计算规则：按设计图示安装成品数量，以"根"为计量单位。

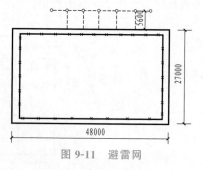

图9-11 避雷网

避雷器工程量＝图示工程量＝1(根)

【例9-11】 现有一高层建筑物，层高3.3m，檐高134m，其外墙周长为84m，如图9-13所示。试求均压环敷设长度工程量以及设在圈梁当中的避雷带的定额工程量。

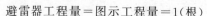

【解】 均压环敷设长度定额工程量计算规则：按设计需要作为均压接地梁的中心线长度以"m"为计量单位。

（1）均压环工程量

均压环敷设每三层敷设一圈，即每9.9m敷设一圈，因此30m以下可以敷设三圈，则

$$L=84×3=252(m)$$

【小贴士】 式中，84为外墙周长，m；3为均压环敷设圈数。

避雷带的定额工程量计算规则：按设计需要作为均压接地梁的中心线长度，以"m"为计量单位。

（2）避雷带工程量

三圈以上，每两层设一个避雷带，则定额工程量为

$$N=(134-3.3×3×3)/(3.3×2)≈16(圈)$$
$$L=84×16=1344(m)$$

【小贴士】 式中，134为檐高，m；3.3×3×3为三圈均压环的高度，m；3.3×2为两层建筑的高度；84为外墙周长。

图9-12 侧墙上安装避雷针示意图

【例9-12】 现有一高层建筑物，屋顶设有避雷装置。避雷针具体设计要求如图9-14所示，试求该工程的定额工程量。

【解】 避雷针定额工程量计算规则：按照设计图示安装成品数量以"根"为计量单位。

避雷针工程量＝图示工程量＝1(根)

【例9-13】 现有一高层建筑物屋顶避雷线平面图，避雷带应镀锌，并与屋面预留钢筋头引下焊牢。引下线使用卡子沿墙固定，与接地极焊接牢固，接地电阻≤30Ω，避雷线采用φ25镀锌扁钢，如图9-15所示，试计算该接地装置、避雷装置定额工程量。

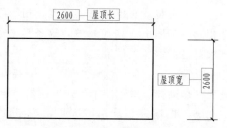

图9-13 屋顶防雷平面图

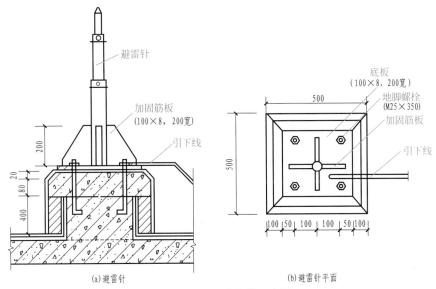

图 9-14　屋顶避雷针示意图

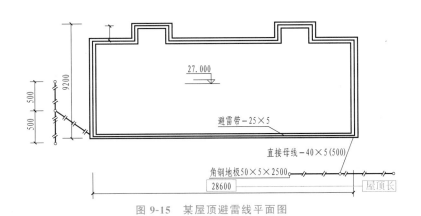

图 9-15　某屋顶避雷线平面图

【解】　接地装置定额工程量计算规则：按照设计图示安装成品数量以"根"为计量单位。

（1）避雷针工程量

接地装置工程量＝图示工程量＝1（根）。

避雷针定额工程量计算规则：按照设计图示安装成品数量，以"根"为计量单位。

（2）避雷针工程量

避雷针工程量＝图示工程量＝1（根）。

【例 9-14】　某工厂现有一主厂房，屋顶尺寸为 36m×15m，层高 4.5m，共计五层，女儿墙为 0.6m，室内外高差 0.45m，女儿墙顶敷设 $\phi8$ 镀锌圆钢避雷网，$\phi8$ 镀锌圆钢引下线自两角引下，距室外自然地坪 1.8m 处断开，在距建筑物 3m 处，设三根 2.5m 长 L50×5 角钢接地极，埋入地下 0.8m，顶部用—40×4 镀锌扁钢连通，在引下线断接处和引下线连接，户内接地母线的水平部分长度为 10m。如图 9-16 所示，试求相关工程定额工程量。

【解】　避雷网定额工程量计算规则：按照设计图示敷设数量以"m"为计量单位。

（1）避雷针工程量

计算长度时，按照设计图示水平和垂直规定长度 3.9％计算附加长度。

$$L=(36+15)×2×(1+3.9\%)=106.0（m）$$

【小贴士】　式中，36 为屋顶长，m；15 为屋顶宽，m；3.9％为计算附加长度，m。

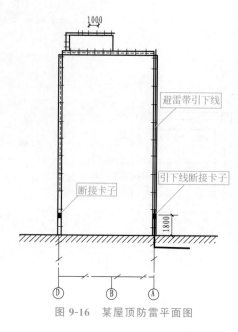

图 9-16　某屋顶防雷平面图

避雷引下线定额工程量计算规则：按照设计图示敷设数量以"m"为计量单位。

（2）避雷引下线工程量

计算长度时，按照设计图示水平和垂直规定长度 3.9% 计算附加长度。

$$L=(4.5\times5+0.6+0.45-1.8)\times2\times(1+3.9\%)=45.2(m)$$

【小贴士】 式中，4.5 为层高，m；0.6 为女儿墙高度，m；0.45m 为室内外高差，m；1.8m 为室外自然地坪前断开距离。

接地母线定额工程量计算规则：按照设计图示敷设数量以"m"为计量单位。

（3）接地母线工程量

计算长度时，按照设计图示水平和垂直规定长度 3.9% 计算附加长度。

$$L=(1.8+0.8+3+10)\times2\times(1+3.9\%)=32.42(m)$$

【小贴士】 式中，0.8 为地极埋深，m；3 为厂用变压器预留长度，m；10 为户内接地母线的水平部分长度，m；2 为母线根数。

接地极安装定额工程量计算规则：按照设计图示安装数量以"根"为计量单位。

（4）接地极安装工程量

$$接地极安装工程量 N=3\times2=6(根)$$

【小贴士】 式中，3 为一侧地极根数，2 为母线根数。

【例 9-15】 某路段一边有一排 5 根高压电线杆，装置如图 9-17 所示，试求 5 根电线杆上的避雷器定额工程量。

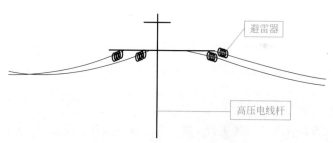

图 9-17　某高压电线杆示意图

【解】 避雷器安装定额工程量计算规则：按设计图示数量以"根"为计量单位。

避雷器安装定额工程量 $N=5$（根）。

9.3　给排水、采暖、燃气工程施工图预算实例

【例 9-16】 某厕所给水工程施工图及定额计价实例。

建筑给水设计说明：本工程共六层，建筑高度 21.65m。

（1）生活供水方式：市政管网直接供给。

（2）管材：采用 PVC 给水管，管道承压不小于 1.0MPa，室内排水管明装，采用离心浇注排水铸铁管卡箍连接。

（3）室外给水管道设在非车行道下时，管顶覆土不小于 500mm；埋设在车行道以下时，管

顶覆土不小于 800mm。

该建筑厕所给水工程施工图如图 9-18、图 9-19 所示。

试计算图中 $DN80$、$DN70$、$DN50$、$DN40$、$DN32$ 给水管的工程量。

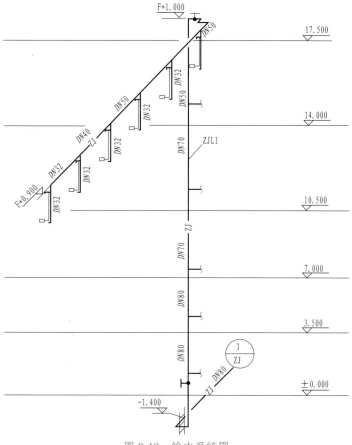

图 9-18　给水系统图

【解】　工程量计算规则：管道以施工图所示中心长度，以"m"计算，不扣除阀门、管件（包括减压器、疏水器、水表、伸缩器等组成安装）所占的长度。

（1）给水管 $DN80$ 工程量

$$给水管 DN80 工程量 L=(1.5+0.24+0.1)+(7+1.4)=10.24(m)$$

【小贴士】　式中，$1.5+0.24+0.1$ 为引入管 1.5m 墙外长度，m；墙厚 0.24m；0.1 为给水管距离墙的尺寸，m；$7+1.4$ 为立管 $DN80$ 的标高差，m。

（2）给水管 $DN70$ 工程量

$$给水管 DN70 工程量 L=14+0.9-(7+0.9)=7(m)$$

【小贴士】　式中，0.9 为立管 $DN70$ 的标高差，m。

（3）给水管 $DN50$ 工程量

给水管 $DN50$ 工程量 $L=17.5+1-(14+0.9)+(0.9+0.9+0.9+0.6+0.15)=7.05(m)$

【小贴士】　式中，$17.51+1-(14+0.9)$ 为立管 $DN50$ 的标高差，m；

$(0.9+0.9+0.9+0.6+0.15)$ 为横管 $DN50$ 的总长度，m。

（4）给水管 $DN40$ 工程量

$$给水管 DN40 工程量 L=0.9m$$

【小贴士】　式中，0.9 为横管 $DN40$ 的总长度，m。

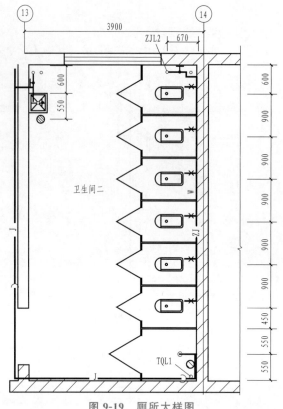

图 9-19 厕所大样图

（5）给水管 DN32 工程量

给水管 DN32 工程量 $L=0.9+0.1×6=1.5(m)$

【小贴士】 式中，0.9 为横管 DN32 的长度，m；0.1 为支管 DN32 的长度，m；6 为支管 DN32 的个数。

【例 9-17】 如图 9-20 所示为一段管路，采用镀锌钢管给水，试进行定额计算工程量。

【解】 工程量计算规则：按设计图示管道中心线长度以"m"计算，不扣除阀门、管件（包括减压器、疏水器、水表、伸缩器等组成安装）所占的长度。

镀锌钢管 DZ15 工程量 $L=0.9+1.5=2.4(m)$

镀锌钢管 DZ25 工程量 $L=0.2+2.0=2.2(m)$

【小贴士】 式中，0.9+1.5 为镀锌钢管 DZ15 从节点 1 到节点 2 到节点 3 的长度，m；0.2+2.0 为镀锌钢管 DZ25 从节点 3 到节点 4 到节点 5 的长度，m。

【例 9-18】 某排水系统中铸铁管局部剖面图如图 9-21 所示，试计算其定额工程量。

【解】 定额工程量计算规则：按设计图示管道中心线长度以"m"计算，不扣除阀门、管件（包括减压器、疏水器、水表、伸缩器等组成安装）所占的长度。

铸铁管的工程量 $L=68+34+77=179(cm)=1.79(m)$

【小贴士】 式中，68 为铸铁管的上部的长度，cm；34 为铸铁管拐角处的长度，cm；77 为铸铁管下部的长度，cm。

【例 9-19】 某水表组成示意图如图 9-22 所示，试计算其工程量。

【解】 清单工程量按设计图示数量计算

DN32 螺纹水表工程量=1 组

【例 9-20】 如图 9-23 所示为某厨房卫生间平面图，试求其工程量。

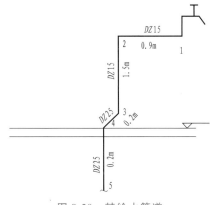

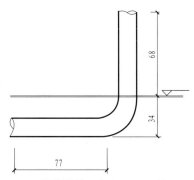

图 9-20　某给水管道　　　　　　　　图 9-21　某铸铁管局部剖面图（单位：cm）

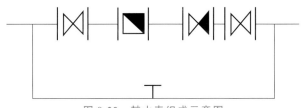

图 9-22　某水表组成示意图

【解】　工程量清单：按设计图示数量计算。

$$坐便器工程量＝1\ 套$$
$$沐浴器工程量＝1\ 套$$
$$洗手盆工程量＝1\ 组$$
$$洗涤盆工程量＝1\ 组$$

【例 9-21】　如图 9-24 所示为某立管示意图，采用 M132 型铸铁散热器，试计算该散热器工程量。

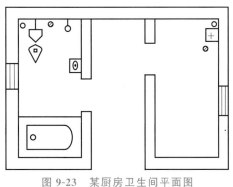

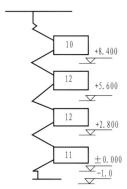

图 9-23　某厨房卫生间平面图　　　　　图 9-24　某立管示意图

【解】　清单工程量：按设计图示数量计算。铸铁散热片的计量单位：片。由图 9-24 可知散热片数为：（11＋12＋12＋10）＝45（片）。

$$铸铁散热片工程量＝45/1＝45（片）$$

【小贴士】　式中，（11＋12＋12＋10）为如图 9-24 所示铸铁散热片数量，"片"为计量单位。

【例 9-22】　如图 9-25 所示，某会议上采用暖风机进行采暖，暖风机（NC）为小型暖风机，试计算其工程量。

【解】　暖风机工程量计算规则：按设计图示数量计算。

暖风机工程量清单＝6台

【例 9-23】　某排水管道系统如图 9-26 所示，排水管立管高度 24m，横管如图 9-26 所示，排水管全为 DN200 镀锌钢管，试求其定额工程量。

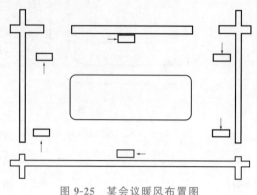

图 9-25　某会议暖风布置图

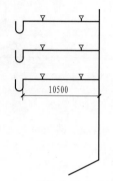

图 9-26　某排水管道系统图

【解】　排水管道定额工程量计算规则：排水管道工程量自卫生器具出口处的地面或墙面的设计尺寸算起；与地漏连接的排水管道自地面设计尺寸算起，不扣除地漏所占长度。

镀锌钢管 DN200 工程量＝10.5×3＋24＝55.5（m）

【例 9-24】　如图 9-27 所示，某热水供暖系统，采用成组的铸铁散热器（每组 12 片），试求在此供暖系统的工程量。

【解】　水箱定额工程量计算规则：水箱安装项目按水箱设计容量，以"台"为计量单位。

气压罐定额工程量计算规则：按设计图示数量计算。

成组铸铁散热器定额工程量计算规则：成组铸铁散热器安装按每组片数以"组"为计量单位。

热水器定额工程量计算规则：燃气集热设备、灶具等，按不同用途规定型号，分别以"台"为计量单位。

水泵定额工程量计算规则：给水设备按同一底座质量计算，不分泵组出口管道公称直径，按设备质量列项，以"套"为计量单位。

水箱定额工程量＝1 台

气压罐工程量清单＝1 台

散热器工程量清单＝6 组

热水器工程量清单＝1 台

变频给水设备（水泵）＝1 套

【例 9-25】　如图 9-28 所示为某公司供水燃气开水炉，类型为 JL-150，试求其工程量。

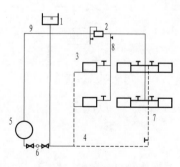

图 9-27　某供暖系统图

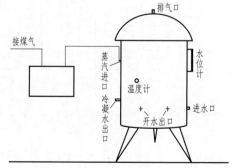

图 9-28　某公司供水燃气开水炉示意图

1—水箱；2—气压罐；3—散热器；4—回水干管；5—热水器；

6—水泵；7—回水立管；8—供水立管；9—供水干管

【解】 燃气开水炉计算规则：按设计图示数量计算。

燃气表计算规则：按设计图示数量计算。

$$燃气开水炉工程量清单＝1 台$$

$$燃气表工程量清单＝1 块$$

9.4 通风工程施工图预算实例

【例 9-26】 某工程为首层商场安装空调新风系统，已知层高为 5m，该空调新风的部分平面图、剖面图如图 9-29、图 9-30 所示。

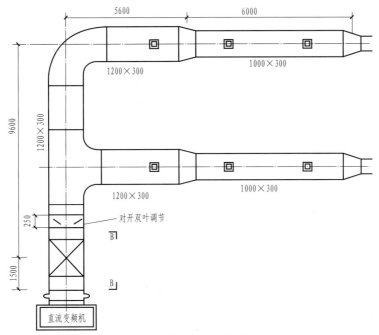

图 9-29 某空调风管平面图

设计说明如下。

(1) 本工程采用直流变频风管机对室内空气进行调节，并采用预埋地螺栓安装，其型号为 YSL-DHS-225，外形尺寸为 1200mm×1100mm×1900mm。

矩形分管凡大于 1000mm 的需要加设加强筋。

(2) 风管采用镀锌薄钢板矩形风管，法兰咬口连接，法兰间需要用厚 4.0mm 的密封胶条做垫片，风管规格 1200mm×300mm，板厚 δ＝1.20mm；风管规格 1000mm×300mm，板厚 δ＝1.00m，风管规格 450mm×450mm，板厚 δ＝0.75mm。

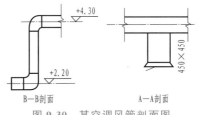

图 9-30 某空调风管剖面图

(3) 对开多叶调节阀为成品购买，铝合金方形散流规格为 450mm×450mm。

(4) 风管采用橡塑玻璃棉保温，保温厚度 δ＝25mm。

根据以上背景资料，试求该通风空调安装工程风管工程量。

【解】 工程量计算规则：风管制作安装按图示尺寸不同规格以展开面积计算。不扣除检查孔、测定孔、送风口、吸风口等所占面积。定额计量单位为"10m²"。

(1) 镀锌薄钢板矩形风管 1200mm×300mm，δ＝1.20mm，法兰咬口连接工程量为：

$$(1.2＋0.3)×2×[1.5＋(9.6－0.25)＋(4.3－2.2)＋5.6×2]＝72.45(m^2)$$

【小贴士】 式中，$(1.2+0.3)\times2$ 为 1200mm×300mm 规格风管的展开周长，m；
$1.5+(9.6-0.25)+(4.3-2.2)+5.6\times2$ 为 1200mm×300mm 规格风管的总长度，m。

（2）镀锌薄钢板矩形风管 1000mm×300mm，$\delta=1.0$mm，法兰咬口连接工程量为：
$$(1+0.3)\times2\times6\times2=31.2(m^2)$$

【小贴士】 式中，$(1+0.3)\times2$ 为 1000mm×300mm 规格风管的展开周长，m；6×2 为 1000mm×300mm 规格风管的总长度，m。

（3）帆布软管工程量

工程量为：$(1.2+0.3)\times2\times0.2=0.6(m^2)$

【小贴士】 式中，$(1.2+0.3)\times2$ 为 1200mm×300mm 规格帆布软管的展开周长，m；0.2 为 1200mm×300mm 规格帆布软管的长度。

【例 9-27】 如图 9-31 所示，图中的塑料通风管管道长 40m，厚 $\delta=5$mm，$\phi=500$mm，由三处吊托支架支撑，并且开一风管测定孔。试求风管安装工程量。

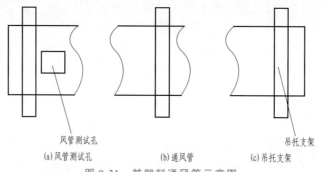

(a)风管测试孔 　　(b)通风管 　　(c)吊托支架

图 9-31 某塑料通风管示意图

【解】 工程量计算规则：风管制作安装按图示尺寸不同规格以展开面积计算。不扣除检查孔、测定孔、送风口、吸风口等所占面积。

工程量 $F=\pi DL=3.14\times0.5\times40=62.8(m^2)$

【小贴士】 式中，D 为圆直径，m；L 为管道长度，m；40 为塑料通风管管道长，m；0.5 为通风管的直径，m。

【例 9-28】 如图 9-32 所示，不锈钢板风管尺寸为 $\phi2000$，上面安装一个长度为 200mm 的不锈钢蝶阀，支管尺寸为 $\phi800$，干管上开一测定孔，并由三处吊托支架固定，试计算其工程量。

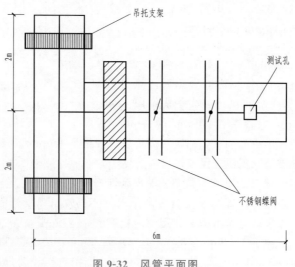

图 9-32 风管平面图

【解】　$\phi 2000$ 不锈钢风管工程量 $S = \pi \times 2 \times (6 - 0.2 \times 2 - 0.8/2)$
$$= 32.656(\mathrm{m}^2)$$

【小贴士】　式中，2 为 $\phi 2000$ 不锈钢风管的直径，m；$(6 - 0.2 \times 2 - 0.8/2)$ 为 $\phi 2000$ 不锈钢风管的长度，m；0.2 为钢蝶阀的长度，m；0.8/2 为 $\phi 500$ 不锈钢风管的半径，m，应减去；$(6 - 0.2 \times 2 - 0.8/2)$ 为不锈钢风管的实长，m。

【例 9-29】　如图 9-33 所示的矩形管道，其尺寸为 $S_1 = 0.5\mathrm{m}$，$S_2 = 0.7\mathrm{m}$，$T = 0.8\mathrm{m}$，$A = 2\mathrm{m}$，$B = 1\mathrm{m}$。试求所示矩形管道工程量。

【解】　工程量计算规则：风管制作安装按图示尺寸不同规格以展开面积计算。不扣除检查孔、测定孔、送风口、吸风口等所占面积。

工程量 $S = 2(A+B)(S_1 + T + S_2)$
$$= 2 \times (2+1) \times (0.5 + 0.7 + 0.8)$$
$$= 12(\mathrm{m}^2)$$

【小贴士】　式中，矩形管道公式为 $F = 2(A+B)L$，A 为矩形管道截面的长，B 为矩形管道截面的宽，如图 9-33 所示，风管总长度为墙左右两边风管长度和墙厚风管长度 T，故风管总长度为 $S_1 + T + S_2$。

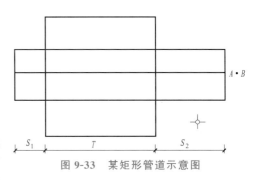

图 9-33　某矩形管道示意图

【例 9-30】　如图 9-34 所示一矩形碳钢风管，其尺寸为 $600\mathrm{mm} \times 500\mathrm{mm}$，$L = 3000\mathrm{mm}$，试计算其工程量。

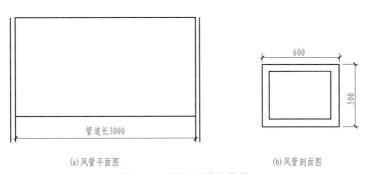

(a)风管平面图　　　　　　　　　　(b)风管剖面图

图 9-34　某矩形碳钢风管

【解】　工程量计算规则：风管制作安装按图示尺寸不同规格以展开面积计算。不扣除检查孔、测定孔、送风口、吸风口等所占面积。

$$周长 L = 2 \times (0.6 + 0.5) = 2.2(\mathrm{m})$$
$$展开面积 S = 2.2 \times 3 = 6.6(\mathrm{m}^2)$$

【小贴士】　式中，矩形管道公式为 $F = 2(A+B)L$，A 为矩形管道截面的长，B 为矩形管道截面的宽，600×500 为风管断面尺寸，即风管的断面长度 mm×断面宽度 mm；$2 \times (0.6 + 0.5)$ 为风管的断面周长，m；3 为风管的总长度，m。

【例 9-31】　某复合型风管平面图如图 9-35 所示，由四种管道组成，请根据图中信息计算工程量。

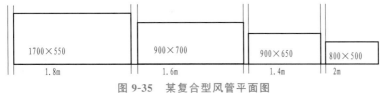

图 9-35　某复合型风管平面图

【解】 工程量计算规则：风管制作安装按图示尺寸不同规格以展开面积计算。不扣除检查孔、测定孔、送风口、吸风口等所占面积。

$$F_1 = 2 \times (1.7 + 0.55) \times 1.8 = 8.1(\text{m}^2)$$
$$F_2 = 2 \times (0.9 + 0.7) \times 1.6 = 5.12(\text{m}^2)$$
$$F_3 = 2 \times (0.9 + 0.65) \times 1.4 = 4.34(\text{m}^2)$$
$$F_4 = 2 \times (0.8 + 0.5) \times 2 = 5.2(\text{m}^2)$$

【小贴士】 式中，矩形管道公式为 $F = 2(A + B)L$。A 为矩形管道截面的长；B 为矩形管道截面的宽；L 为长度，分别为 1.8m、1.6m、1.4m、2m。

【例 9-32】 如图 9-36 所示，某阻抗复合式消声器尺寸为 2000mm×1500mm，试计算其工程量。

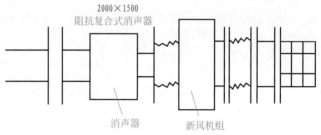

图 9-36 某阻抗复合式消声器示意图

【解】 工程量计算规则：消声器的制作、安装均按其规格型号以"个"为计量单位。
由图示可知：消声器工程量 $N = 1$ 个。

【例 9-33】 某风管检查孔的制作安装如图 9-37 所示，试计算其工程量。

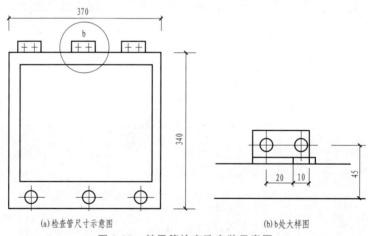

(a)检查管尺寸示意图　　　　(b)b处大样图

图 9-37 某风管检查孔安装示意图

【解】 工程量计算规则：风管检查孔制作与安装以"100kg"计量。
风管检查孔的制作安装工程量 $M = 2.89 \times 5 = 14.45(\text{kg}) = 0.1445(100\text{kg})$

【小贴士】 式中，风管检查孔采用 II 型；370×340 尺寸的安装 5 个；尺寸为 370×340 的风管检查孔 2.89kg/个。

【例 9-34】 某居民楼每户都安装有一部空调，如图 9-38 所示。试计算空调器的定额工程量。

【解】 空调器定额工程量计算规则：整体式空调机组、空调器安装（一拖一分体空调以室内机室外机之和）按设计图示数量计算，以"台"为计量单位。

$$空调器工程量 = 图示工程量 = 6 台$$

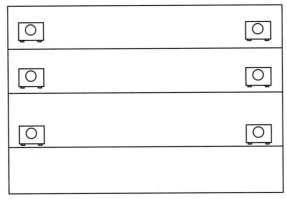

图 9-38　某居民楼示意图

【例 9-35】　政府环保部门规定生产工厂要符合环保规定，要安装除尘设备，某工厂安装如图 9-39 所示除尘设备，根据清单计价规则试计算该设备工程量。

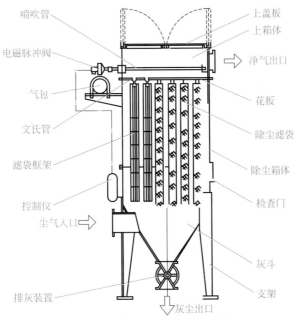

图 9-39　某除尘设备构造示意图

【解】　除尘设备定额工程量计算规则：除尘设备安装按设计图示数量计算，以"台"为计量单位。

工程量计算规则：按设计图示数量计算。

$$除尘设备工程量＝图示数量＝1 台$$

9.5　消防系统

【例 9-36】　如图 9-40 所示为某自动喷水系统的配水干管或配水管道上连接局部的自动喷水-水喷雾混合配置系统，试求闭式喷头的定额工程量。

【解】　闭式喷头安装定额工程量计算规则：按设计图示数量以"个"为计量单位。

$$闭式喷头安装定额工程量\ N＝3×3＝9(个)$$

【小贴士】　式中，闭式喷头共 3 排，每排 3 个。

【例 9-37】 如图 9-41 所示为某四层办公楼的室内消防供水系统图，试求消火栓的安装定额工程量。

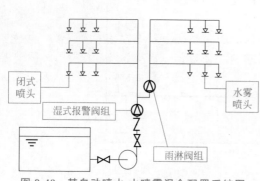

图 9-40 某自动喷水-水喷雾混合配置系统图　　图 9-41 某四层办公楼室内消防供水系统图

【解】 室内消火栓安装定额工程量计算规则：按设计图示数量以"套"为计量单位。

室内消火栓安装定额工程量 $N = 4 \times 4 = 16$（套）

【小贴士】 式中，室内消火栓共 4 层，每层 4 套。

【例 9-38】 某灭火系统如图 9-42 所示，试求在安装过程中要用多少消防管道？

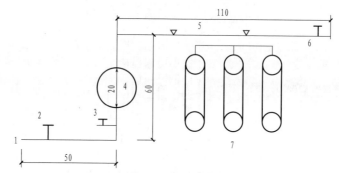

图 9-42 某灭火系统示意图（单位：m）

1—接自来水水源；2—闸阀；3—气压罐放水阀；4—气压罐；5—喷头；6—试水阀；7—气瓶组

【解】 工程量计算规则：按设计图示管道中心线以长度计算。

消防管道工程量为：$50 + (60 - 20) + 110 = 200$（m）

【例 9-39】 如图 9-43 所示，图中所用水喷头为玻璃头和吊顶的水喷头，均为 $\phi15$。试计算水喷头工程量。

【解】 工程量计算规则：按设计图示数量计算。

水喷头、玻璃头尺寸为 $\phi15$，共 73 个，如图中总数。

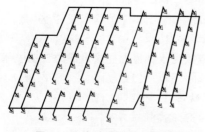

图 9-43 水喷淋（雾）喷头

【例 9-40】 如图 9-44 所示某报警系统，试求该系统的工程量。

【解】 工程量计算规则：按设计图示数量计算。

① 点型探测器：6 个（如图 9-44 所示）。

② 按钮：2 个（如图 9-44 所示）。

③ 报警控制台：3 台（2 台区域控制器，1 台集中控制器）。

④ 重复显示器：3 台（每台控制器中 1 台）。

⑤ 报警装置：3 组（每台控制器属于 1 组报警装置）。

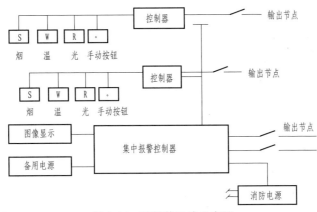

图 9-44　某报警系统示意图

【例 9-41】　如图 9-45 所示某泡沫灭火系统，请列出该项目清单工程量。

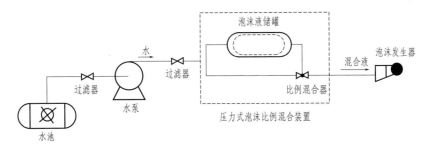

图 9-45　某泡沫灭火系统

【解】　清单工程量：按设计图示数量计算。

泡沫发生器：1 台。

泡沫比例混合器：1 台。

泡沫液储罐：1 台。

【例 9-42】　如图 9-46 所示远程控制系统，请列出该项目清单工程量。

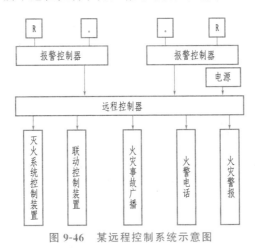

图 9-46　某远程控制系统示意图

【解】　工程量清单：按设计图示数量计算。

① 联动控制器：1 台。

② 远程控制器：1 台。

第10章

安装工程计价

10.1　建筑工程造价费用组成与组价

10.1.1　建筑安装工程费用项目组成（两种分类方式）

10.1.1.1　按费用构成要素划分

建筑安装工程费按照费用构成要素划分，由人工费、材料费（包括工程设备费，下同）施工机具使用费、企业管理费、利润、规费和税金组成。

10.1.1.2　按造价形成划分

建筑安装工程费按照工程造价形成，由分部分项工程费、措施项目费、其他项目费、规费、税金组成，分部分项工程费、措施项目费、其他项目费包含人工费、材料费、施工机具使用费、企业管理费和利润。

其中分部工程包括：机械设备安装工程，热力设备安装工程，静置设备与工艺金属结构制作安装工程，电气设备安装工程，建筑智能化工程，自动化控制仪表安装工程，通风空调工程，工业管道工程，消防工程，给排水、采暖、燃气工程，通信设备及线路工程，刷油、防腐蚀、绝热工程等。设备及安装工程设计概算表如表10-1所示。分项工程是分部工程的组成部分，是按照不同施工方法、材料、工序的分部工程划分为若干个分项或项目的工程。例如工业管道分为低压管道、中压管道、高压管道、低压管件、中压管件和高压管件等分项工程。

表 10-1　设备及安装工程设计概算表

单位工程概算编号：　　　　　　　　单项工程名称：　　　　　　　　　　　　　　　共　页　第　页

序号	项目编码	工程项目或费用名称	项目特征	单位	数量	综合单价/元		合价/元	
						设备购置费	安装工程费	设备购置费	安装工程费
一		分部分项工程							
（一）		机械设备安装工程							
1	××	×××××							
...	...	...							
（二）		电气工程							
1	××	×××××							

续表

序号	项目编码	工程项目或费用名称	项目特征	单位	数量	综合单价/元		合价/元	
						设备购置费	安装工程费	设备购置费	安装工程费
…	…	…							
(三)		给排水工程							
1	××	×××××							
…	…	…							
(四)		××工程							
…	…	…							
		分部分项工程费用小计							
二		可计量措施项目							
(一)		××工程							
1	××	×××××							
…	…	…							
(二)		××工程							
1	××	×××××							
…	…	…							
		可计量措施项目费小计							
三		综合取定的措施项目费							
1		安全文明施工费							
2		夜间施工增加费							
3		二次搬运费							
4		冬雨季施工增加费							
…	…	…							
		综合取定措施项目费小计							
		合计							

编制人：　　　　　　　　　审核人：　　　　　　　　　　　　　　　　　　　审定人：

注：1. 设备及安装工程概算表应以单项工程为对象进行编制，表中综合单价应通过综合单价分析表计算获得。

　　2. 按《建设工程计价设备材料划分标准》(GB/T 50531—2009)，应计入设备费的装置性主材计入设备费。

在进行安装工程分部分项计算时，有以下要点需要注意。

(1) 机械设备安装工程

① 机械设备安装工程适用于切削设备、锻压设备、铸造设备、起重设备、起重机轨道、输送设备、电梯、风机、泵、压缩机、工业炉设备、煤气发生设备、其他机械等的设备安装工程。

② 大型设备安装所需的专用机具、专用垫铁、特殊垫铁和地脚螺栓应在清单项目特征中描述，组成完整的工程实体。

(2) 热力设备安装工程

① 热力设备安装工程适用于130t/h以下的锅炉和2.5万千瓦（25MW）以下的汽轮发电机组的设备安装工程及其配套的辅机、燃料、除灰和水处理设备安装工程。

② 中、低压锅炉的划分：蒸发量为 35t/h 的链条炉，蒸发量为 75t/h 及 130t/h 的煤粉炉和循环流化床锅炉为中压锅炉；蒸发量为 20t/h 及以下的燃煤、燃油（气）锅炉为低压锅炉。

③ 下列通用性机械应按机械设备安装工程计算。

a.锅炉风机安装项目中，除了中压锅炉送、引风机以外的其他风机安装。

b.系统的泵类安装项目中，除了电动给水泵、循环水泵、凝结水泵、机械真空泵以外的其他泵的安装。

c.起重机械设备安装，包括汽机房桥式起重机等。

d.柴油发电机和压缩空气机安装。

④ 以下工作内容包括在相应的安装项目中。

a.汽轮机、凝汽器等大型设备的拖运，组合平台的搭、拆。

b.除炉墙砌筑脚手架外的施工脚手架和一般安全设施。

c.设备的单体试转和分系统调试试运配合。

d.设备基础二次灌浆的配合。

⑤ 设备支架和应由设备制造厂配套供货的平台、护梯及围栏的制作不包括在安装项目中。需要加工、配制的，可按业主单位委托施工单位另行处理。

⑥ 锅炉本体设备组合平台支架的搭拆、炉墙砌筑脚手架搭拆、发电机静子起吊措施应按后面措施项目计算。

（3）静置设备与工艺金属结构制作安装工程

① 设备容积是指按设计图图示尺寸计量，不扣除内部构件所占体积。

② 设备压力是指设计压力，以"MPa"表示。

③ 设备质量是指不同类型设备的金属质量。设备直径是指设计图标注的设备内径尺寸。设备安装高度是指以设计正负零为基准至设备底座安装标高的高度。

④ 设备到货状态是指设备运到施工现场的结构状态，分为整体、分段设备和分片设备。

（4）电气设备安装工程

① 电气设备安装工程适用于 10kV 以下变配电设备及线路的安装工程、车间动力电气设备及电气照明、防雷及接地装置安装、配管配线、电气调试等。

② 挖土、填土工程，应按现行国家标准《房屋建筑与装饰工程工程量计算规范》（GB 50854）相关子目计算。

③ 开挖路面，应按现行国家标准《市政工程工程量计算规范》（GB 50857）相关子目计算。

④ 过梁、墙、楼板的钢（塑料）套管，应按采暖、给排水、燃气工程相关子目计算。

⑤ 除锈、刷漆（补刷漆除外）、保护层安装，应按刷油、防腐蚀、绝热工程相关子目计算。

⑥ 预留长度及附加长度如表 10-2～表 10-9 所示。

表 10-2　软母线安装预留长度　　　　　　　　　单位：m/根

项目	耐张	跳线	引下线、设备连接线
预留长度	2.5	0.8	0.6

表 10-3　硬母线配置安装预留长度　　　　　　　　单位：m/根

序号	项目	预留长度	说明
1	带形、槽形母线终端	0.3	从最后一个支持点算起

续表

序号	项目	预留长度	说明
2	带形、槽形母线与分支线连接	0.5	分支线预留
3	带形母线与设备连接	0.5	从设备端子接口算起
4	多片重型母线与设备连接	1.0	从设备端子接口算起
5	槽形母线与设备连接	0.5	从设备端子接口算起

表 10-4 盘、箱、柜的外部进出线预留长度　　　　单位：m/根

序号	项目	预留长度	说明
1	各种箱、柜、盘、板、盒	高＋宽	盘面尺寸
2	单独安装的铁壳开关、自动开关、刀开关、启动器、箱式电阻器、变阻器	0.5	从安装对象中心算起
3	继电器、控制开关、信号灯、按钮、熔断器等小电器	0.3	从安装对象中心算起
4	分支接头	0.2	分支线预留

表 10-5 滑触线安装预留长度　　　　单位：m/根

序号	项目	预留长度	说明
1	圆钢、铜母线与设备连接	0.2	从设备接线端子接口算起
2	圆钢、铜滑触线终端	0.5	从最后一个固定点算起
3	角铜滑触线终端	1.0	从最后一个支持点算起
4	扁铜滑触线终端	1.3	从最后一个固定点算起
5	扁钢母线分支	0.5	分支线预留
6	扁钢母线与设备连接	0.5	从设备接线端子接口算起
7	轻轨滑触线终端	0.8	从最后一个支持点算起
8	安全节能及其他滑触线终端	0.5	从最后一个固定点算起

表 10-6 电缆敷设预留及附加长度

序号	项目	预留(附加)长度	说明
1	电缆敷设弛度、波形弯度、交叉	2.5%	按电缆全长计算
2	电缆进入建筑物	2.0m	规范规定最小值
3	电缆进入沟内或吊架时引上(下)预留	1.5m	规范规定最小值
4	变电所进线、出线	1.5m	规范规定最小值
5	电力电缆终端头	1.5m	检修余量最小值
6	电缆中间接头盒	两端各留 2.0m	检修余量最小值
7	电缆进控制、保护屏及模拟盘、配电箱等	高＋宽	按盘面尺寸
8	高压开关柜及低压配电盘、箱	2.0m	盘下进出线
9	电缆至电动机	0.5m	从电动机接线盒算起
10	厂用变压器	3.0m	从地坪算起
11	电缆绕过梁柱等增加长度	按实计算	按被绕物的断面情况计算
12	电梯电缆与电缆架固定点	每处 0.5m	规范规定最小值

表 10-7　接地母线、引下线、避雷网附加长度　　　　　　　　单位：m

项目	附加长度	说明
接地母线、引下线、避雷网附加长度	3.9%	按接地母线、引下线、避雷网全长计算

表 10-8　架空导线预留长度　　　　　　　　　　单位：m/根

项目		预留长度
高压	转角	2.5
	分支、终端	2.0
低压	分支、终端	0.5
	交叉跳线转角	1.5
与设备连线		0.5
进户线		2.5

表 10-9　配线进入箱、柜、板的预留长度　　　　　　　　单位：m/根

序号	项目	预留长度	说明
1	各种开关箱、柜、板	高＋宽	盘面尺寸
2	单独安装（无箱、盘）的铁壳开关、闸刀开关、启动器、线槽进出线盒等	0.3	从安装对象中心算起
3	由地面管子出口引至动力接线箱	1.0	从管口计算
4	电源与管内导线连接（管内穿线与软、硬母线接点）	1.5	从管口计算
5	出户线	1.5	从管口计算

（5）建筑智能化工程

① 土方工程，应按现行国家标准《房屋建筑与装饰工程工程量计算规范》（GB 50854）相关子目计算。

② 开挖路面工程，应按现行国家标准《市政工程工程量计算规范》（GB 50857）相关子目计算。

③ 配管工程，线槽，桥架，电气设备，电气器件，接线箱、盒，电线，接地系统，凿（压）槽，打孔，打洞，人孔，手孔，立杆工程，应按电气设备安装工程相关子目计算。

④ 蓄电池组、六孔管道、专业通信系统工程，应按通信设备及线路工程相关子目计算。

⑤ 如主项项目工程与需综合项目工程量不对应，项目特征应描述综合项目的型号、规格、数量。

（6）自动化控制仪表安装工程

① 自动化控制仪表安装工程适用于自动化仪表工程的过程检测仪表，显示及调节控制仪表，执行仪表，机械量仪表，过程分析和物性检测仪表，仪表回路模拟试验，安全监测及报警装置，工业计算机安装与调试，仪表管路敷设，仪表盘、箱、柜及附件安装，仪表附件安装。

② 土石方工程，应按现行国家标准《房屋建筑与装饰工程工程量计算规范》（GB 50854）相关子目计算。

③ 自控仪表工程中的控制电缆敷设、电气配管配线、桥架安装、接地系统安装，应按电气设备安装工程相关子目计算。

④ 在线仪表和部件（流量计、调节阀、电磁阀、节流装置、取源部件等）安装，应按

工业管道工程相关子目计算。

⑤ 火灾报警及消防控制等，应按消防工程相关子目计算。

⑥ 设备的除锈、刷漆（补刷漆除外）、保温及保护层安装，应按刷油、防腐蚀、绝热工程相关子目计算。

⑦ 管路敷设的焊口热处理及无损探伤按工业管道工程相关子目计算。

⑧ 工业通信设备安装与调试，应按通信设备及线路工程相关子目计算。

（7）通风空调工程

① 通风空调工程适用于通风（空调）设备及部件、通风管道及部件的制作安装工程。

② 冷冻机组站内的设备安装、通风机安装及人防两用通风机安装，应按机械设备安装工程相关子目计算。

③ 冷冻机组站内的管道安装，应按工业管道工程相关子目计算。

④ 冷冻站外墙皮以外通往通风空调设备的供热、供冷、供水等管道，应按给排水、采暖、燃气工程相关子目计算。

⑤ 设备和支架的除锈、刷漆、保温及保护层安装，应按刷油、防腐蚀、绝热工程相关子目计算。

（8）工业管道工程

① 工业管道工程适用于厂区范围内的车间、装置、站、罐区及其相互之间各种生产用介质输送管道和厂区第一个连接点以内生产、生活共用的输送给水、排水、蒸汽、燃气的管道安装工程。

② 厂区范围内的生活用给水、排水、蒸汽、燃气的管道安装工程应按给排水、采暖、燃气工程相应子目计算。

③ 工业管道压力等级划分标准如下。

a. 低压：$0 < P \leqslant 1.6\text{MPa}$。

b. 中压：$1.6\text{MPa} < P \leqslant 10\text{MPa}$。

c. 高压：$10\text{MPa} < P \leqslant 42\text{MPa}$。

d. 蒸汽管道：$P \geqslant 9\text{MPa}$；工作温度$\geqslant 500℃$。

④ 仪表流量计，应按自动化控制仪表安装工程相关子目计算。

⑤ 管道、设备和支架除锈、刷油及保温等内容，除注明者外均应按刷油、防腐蚀、绝热工程相关子目计算。

⑥ 组装平台搭拆、管道防冻和焊接保护、特殊管道充气保护、高压管道检验、地下管道穿越建筑物保护等措施项目，应按措施项目相关子目计算。

（9）消防工程

① 管道界限的划分

a. 喷淋系统水灭火管道：室内外界限应以建筑物外墙皮 1.5m 为界，入口处设阀门者应以阀门为界；设在高层建筑物内的消防泵间管道应以泵间外墙皮为界。

b. 消火栓管道：给水管道室内外界限划分应以外墙皮 1.5m 为界，入口处设阀门者应以阀门为界。

c. 与市政给水管道的界限：以与市政给水管道碰头点（井）为界。

② 消防管道如需进行探伤，应按工业管道工程相关子目计算。

③ 消防管道上的阀门、管道及设备支架、套管制作安装，应按给排水、采暖、燃气工程相关子目计算。

④ 管道及设备除锈、刷油、保温除注明者外，应按刷油、防腐蚀、绝热工程相关子目计算。

（10）给排水、采暖、燃气工程

① 管道界限的划分

a.给水管道室内外界限划分：以建筑物外墙皮 1.5m 为界，入口处设阀门者以阀门为界。

b.排水管道室内外界限划分：以出户第一个排水检查井为界。

c.采暖管道室内外界限划分：以建筑物外墙皮 1.5m 为界，入口处设阀门者以阀门为界。

d.燃气管道室内外界限划分：地下引入室内的管道以室内第一个阀门为界，地上引入室内的管道以墙外三通为界。

② 管道热处理、无损探伤，应按工业管道工程相关子目计算。

③ 医疗气体管道及附件，应按工业管道工程相关子目计算。

④ 管道、设备及支架除锈、刷油、保温除注明者外，应按刷油、防腐蚀、绝热工程相关子目计算。

⑤ 凿槽（沟）、打洞项目，应按电气设备安装工程相关子目计算。

（11）通信设备及线路工程

① 破路面、管沟挖填、基底处理、混凝土管道敷设等工程，应按现行国家标准《房屋建筑与装饰工程工程量计算规范》（GB 50854）、《市政工程工程量计算规范》（GB 50857）相关子目计算。

② 建筑与建筑群综合布线，应按建筑智能化工程相关子目计算。

③ 建筑群子系统敷设架空管道、直埋、墙壁光（电）缆工程，应按预算定额中的"L.3 通信线路工程"相关子目计算。

④ 通信线路工程中蓄电池、太阳能电池、交直流配电屏、电源母线、接地棒（板）、地漆布、橡胶垫、塑料管道、钢管管道、通信电杆、电杆加固及保护、撑杆、拉线、消弧线、避雷针、接地装置，应按电气设备安装工程相关子目计算。

⑤ 通信线路工程中发电机、发电机组，按机械设备工程相关子目计算。

⑥ 除锈、刷漆等工程，应按刷油、防腐蚀、绝热工程相关子目计算。

（12）刷油、防腐蚀、绝热工程

① 刷油、防腐蚀、绝热工程适用于新建、扩建项目中的设备、管道、金属结构等的刷油、防腐蚀、绝热工程。

② 一般钢结构（包括吊、支、托架、梯子、栏杆、平台）、管廊钢结构以"kg"为计量单位；大于 400mm 型钢及 H 型钢制结构以"m^2"为计量单位，按展开面积计算。

③ 由钢管组成的金属结构的刷油按管道刷油相关项目编码，由钢板组成的金属结构的刷油按 H 型钢刷油相关子目计算。

④ 矩形设备衬里按最小边长塔、槽类设备衬里相关子目计算。

10.1.2　建筑安装工程费用计算方法

各组成部分参考计算公式如下。

10.1.2.1　直接费

（1）直接工程费

① 人工费

人工费＝基本工资＋工资性补贴＋生产工人辅助工资＋职工福利费＋生产工人劳动保护费

② 材料费

$$材料费＝材料基价＋检验试验费$$

③ 施工机械使用费

$$施工机械使用费＝机械台班单价×台班$$

（2）措施费

本规则中只列通用措施费项目的计算方法，各专业工程的专用措施费项目的计算方法由各地区或国务院有关专业主管部门的工程造价管理机构自行制定。

① 环境保护

$$环境保护费＝直接工程费×环境保护费费率（\%） \tag{10-1}$$

② 文明施工

$$文明施工费＝直接工程费×文明施工费费率（\%） \tag{10-2}$$

③ 安全施工

$$安全施工费＝直接工程费×安全施工费费率（\%） \tag{10-3}$$

④ 临时设施费

临时设施费由以下三部分组成。

a. 周转使用临建（如活动房屋）。

b. 一次性使用临建（如简易建筑）。

c. 其他临时设施（如临时管线）。其他临时设施在临时设施费中所占比例，可由各地区造价管理部门依据典型施工企业的成本资料经分析后综合测定。

⑤ 夜间施工增加费。

⑥ 二次搬运费。

⑦ 大型机械进出场及安拆费。

⑧ 混凝土、钢筋混凝土模板及支架

$$模板及支架费＝模板摊销量×模板价格＋支、拆、运输费 \tag{10-4}$$

$$摊销量＝一次使用量×（1＋施工损耗）×[1＋（周转次数－1）×补损率/周转次数－(1－补损率)50\%/周转次数] \tag{10-5}$$

$$租赁费＝模板使用量×使用日期×租赁价格＋支、拆、运输费 \tag{10-6}$$

⑨ 脚手架搭拆费

$$脚手架搭拆费＝脚手架摊销量×脚手架价格＋搭、拆、运输费 \tag{10-7}$$

$$租赁费＝脚手架每日租金×搭设周期＋搭、拆、运输费 \tag{10-8}$$

⑩ 已完工程及设备保护费

$$已完工程及设备保护费＝成品保护所需机械费＋材料费＋人工费 \tag{10-9}$$

⑪ 施工排水、降水费

$$排水降水费＝\sum 排水降水机械台班费×排水降水周期＋排水降水使用材料费、人工费 \tag{10-10}$$

10.1.2.2 间接费

间接费的计算方法按取费基数的不同分为以下三种。

① 以直接费为计算基础。

② 以人工费和机械费合计为计算基础。

③ 以人工费为计算基础。

10.1.3 清单计价模式下的综合单价组价

例如，配电箱的综合单价分析如表 10-10 所示。

表 10-10　配电箱的综合单价分析表

工程名称：某集中训练营食堂改造项目-电气　　　　　　　　　　　标段：某集中训练营食堂改造项目

项目编码	030404017003		项目名称	配电箱	计量单位	台	工程量	1
清单综合单价组成明细								

定额编号	定额项目名称	定额单位	数量	单价/元				合价/元			
				人工费	材料费	机械费	管理费和利润	人工费	材料费	机械费	管理费和利润
4-2-76	成套配电箱安装 悬挂、嵌入式半周长 1.0m	台	1	101	24.51		40.06	101	24.51		40.06
人工单价		小计						101	24.51		40.06
高级技工 201 元/工日；普工 87.1 元/工日；一般技工 134 元/工日		未计价材料费									
清单项目综合单价								165.57			

材料费明细	主要材料名称、规格、型号	单位	数量	单价/元	合价/元	暂估单价/元	暂估合价/元
	棉纱	kg	0.1	12	1.2		
	电力复合脂	kg	0.41	20	8.2		
	其他材料费	元	0.4333	1	0.43		
	硬铜绞线 TJ-2.5～4m²	m	5.618	1.68	9.44		
	2AL 330 宽 450 高 90 厚	台	1				
	其他材料费			—	5.24	—	
	材料费小计			—	24.51	—	

10.2　清单计价

10.2.1　工程量清单计价的特点

（1）工程量清单的概念

工程量清单是表现拟建工程的分部分项工程项目、措施项目、其他项目名称和相应数量的明细清单，是按照招标要求和施工设计图纸要求规定，将拟建招标工程的全部项目和内容，依据统一的工程量计算规则、统一的工程量清单项目编制规则要求，计算拟建招标工程的分部分项工程数量的表格。

（2）工程量清单计价的优点

① 工程量清单招标为投标单位提供了公平竞争的基础。

② 采用工程量清单招标有利于"质"与"量"的结合，体现企业的自主性。

③ 工程量清单计价有利于风险的合理分担，符合风险合理分担与责权利关系对等的原则。

④ 采用工程量清单招标，有利于标底的管理和控制。

⑤ 工程量清单计价有利于企业精心控制成本，促进企业建立自己的定额库。

⑥ 工程量清单计价有利于控制工程索赔。

10.2.2　工程量清单计价的方法

10.2.2.1　工程量清单招标的工作程序

采用工程量清单招标，是指由招标单位提供统一招标文件（包括工程量清单），投标单位以此为基础，根据招标文件中的工程量清单和有关要求、施工现场实际情况及拟定的施工组织设计，按企业定额或参照建设行政主管部门发布的现行消耗量定额以及造价管理机构发布的市场价格信息进行投标报价，招标单位择优选定中标人的过程。一般来说，工程量清单招标的程序主要有以下几个环节。

① 在招标准备阶段，招标人首先编制或委托有资质的工程造价咨询单位（或招标代理机构）编制招标文件，包括工程量清单。

② 工程量清单编制完成后，作为招标文件的一部分，发给各投标单位。

③ 投标报价完成后，投标单位在约定的时间内提交投标文件。

④ 评标委员会根据招标文件确定的评标标准和方法进行评定标。由于采用了工程量清单计价方法，所有投标单位都站在同一起跑线上，因而竞争更为公平合理。

10.2.2.2　工程量清单计价方法

建设工程费由直接费、间接费、利润和税金组成。

直接费由直接工程费和措施费组成，间接费包括企业管理费和规费。

工程计价方法包括综合单价法和工料单价法。

一般情况下，采用工程量清单计价的应按综合单价法，采用施工图预算计价的应按工料单价法计价。

（1）综合单价法

综合单价法是指项目单价采用全费用单价（规费、税金按规定程序另行计算）的一种计价方法。

① 综合单价

综合单价＝规定计量单位项目的人工费、材料费、施工机械机械使用费＋
取费基数×（企业管理费＋利润率）＋风险费用

② 项目合价

项目合价＝综合单价×工程数量

③ 工程造价

工程造价＝∑分部分项项目合价＋措施项目金额合计＋其他项目金额合计＋规费＋税金

（2）工料单价法

工料单价法是指项目单价由人工费、材料费、施工机械费组成，施工组织措施费、企业管理费、利润、税金、风险费用等按规定程序另行计算的一种计价方法。

① 项目合价

项目合价＝工料单价×工程数量

② 工程造价

工程造价＝∑项目合价＋取费基数×（施工组织措施费＋企业管理费＋利润率）＋
规费＋税金＋风险费用

（3）计价方法说明

① 综合单价法的工程数量应根据《建设工程工程量清单计价规范》（GB 50500）及《房屋建筑与装饰工程工程量计算规范》（GB 50854）《通用安装工程工程量计算规范》（GB

50856）中的工程量计算规则和当地有关规定计算；工料单价法的工程数量应根据当地定额中的工程量计算规则计算。

② 计算公式

$$规定计量单位项目人工费 = \sum(人工消耗量 \times 价格)$$
$$规定计量单位项目材料费 = \sum(材料消耗量 \times 价格)$$
$$规定计量单位项目施工机械使用费 = \sum(施工机械台班消耗量 \times 价格)$$

人工、材料、施工机械台班的消耗量，可按照投标人（承包人）的企业定额或计价依据，并结合工程情况分析确定。

人工、材料、施工机械台班价格，可依据投标人（承包人）自行采集的市场价格或省、市工程造价管理机构发布的市场信息价，并结合工程情况分析确定。

③ 综合单价法的取费基数是指规定计量单位清单项目的人工费、施工机械使用费之和，工料单价法的取费基数是指直接工程费及施工技术措施费中的人工费和施工机械使用费合计。

④ 企业管理费、利润等费率，可依据投标人（承包人）的企业定额或《工程量清单计价依据》，并结合工程情况分析确定。

⑤ 投标人（承包人）计价时，应按照招标人（发包人）要求，根据工程特点并结合市场行情及承包人自身状况，考虑各项可能发生的风险费用。

⑥ 规费和税金，应根据当地定额的统一标准和方法计算。

⑦ 编制招标控制价时，其项目工料机消耗量应根据《工程量清单计价依据》确定。

⑧ 建设单位和施工企业均应按照省、自治区、直辖市或行业建设主管部门发布标准计算规费和税金，不得作为竞争性费用。

10.3 定额计价

10.3.1 建筑工程预算定额换算

工程建设定额是指在正常的施工生产条件下，先进合理的施工工艺和施工组织的条件下，采用科学的方法制定完成单位合格产品所消耗的人工、材料、施工机械及资金消耗的数量标准。不同的产品有不同的质量要求，不能把定额看成单纯的数量关系，而应看成是质量和安全的统一体。

预算定额的调整换算可以分为系数换算、用量换算、增减费用换算、材料单价换算等。

（1）系数换算

在预算定额中，由于施工条件和方法不同，某些项目可以乘以系数进行换算。换算系数分定额系数和工程量系数。定额系数是指人工、材料、机械等乘系数；工程量系数是用在计算工程量上。

例如，河南地区《安装工程预算定额》第四册《电气设备安装工程》中第一章中变压器安装工程定额说明规定：安装带有保护罩的干式变压器时，执行相应定额的人工、机械乘以系数 1.1。

（2）用量的换算

在预算定额中，定额与实际消耗量不同时，允许调整其消耗数量，如龙骨不同可以换算等。换算时需要考虑损耗量，因定额中已考虑了损耗，与定额比较也必须考虑损耗，才有可比性。

（3）消耗量定额的补充

当设计图纸中的项目，在定额中没有的，可以作临时性的补充。补充的方法一般有两种。

① 定额代换法 即利用性质相似、材料大致相同，施工方法又很接近的定额项目，将

类似项目分解套用或考虑定系数调整使用。

②定额编制法　材料用量按图纸的构造做法及相应的计算公式计算，并加入规定的损耗率。人工及机械台班用量，可按劳动定额、台班机械使用定额计算，材料用量按实际确定或经有关技术和定额人员讨论确定。然后乘以人工日工资单价、材料预算价格和机械台班单价，即得到补充定额基价。

（4）工料机分析

工料机分析就是依据预算定额中的各类人工、各种材料、机械的消耗量，计算分析出单位工程中相同的人工、材料、机械的消耗量，即将单位工程的各分项工程的工程量乘以相应的人工、材料、机械定额消耗量，然后将相同消耗量相加，即为该单位工程人工、材料、机械的消耗量。

【例 10-1】　某住宅楼设计安装燃气管道的工作压力为 0.3MPa，采用铸铁管道，铸铁管定额信息见表 10-11，试求铸铁管道的定额基价换算。

表 10-11　铸铁管定额信息

工作内容：切管、管道及管件安装、组对接口、气压试验、空气吹扫　　　　　　　　　　单位：10m

定额编号			10-4-91	10-4-92	10-4-93	10-4-94	10-4-95
项　　目			室外铸铁管（柔性机械接口）				
			公称直径(mm 以内)				
			100	150	200	300	400
基　　价/元			374.42	439.04	534.11	798.89	1078.32
其中		人工费	174.01	192.33	228.04	292.80	422.82
		材料费	34.63	48.07	47.52	61.42	76.40
		机械使用费	62.23	82.06	116.60	251.99	308.23
		其他措施费	7.67	8.64	10.52	14.27	20.07
		安文费	15.89	17.89	21.78	29.57	41.57
		管理费	39.18	44.11	53.71	72.90	102.48
		利润	20.14	22.67	27.60	37.47	52.67
		规费	20.67	23.27	28.34	38.47	54.08

名　　称	单位	单价/元	数　　量				
综合工日	工日	—	(1.51)	(1.70)	(2.07)	(2.81)	(3.95)
活动法兰铸铁管	m	—	(9.90)	(9.88)	(9.88)	(9.88)	(9.83)
燃气室外铸铁管柔性机械接口管件	个	—	(1.67)	(1.47)	(1.24)	(0.99)	(0.94)

【解】　换算后定额基价＝原定额基价＋定额人工费×（系数－1）

定额子目(10-4-91)＋174.01×(1.3－1)＝374.42＋174.01×0.3＝426.623(元/10m)

【小贴士】　式中，燃气管道安装项目适用于工作压力≤0.4MPa（中压 A）的燃气系统。如铸铁管道工作压力＞0.2MPa，则安装人工须乘以系数 1.3。

【例 10-2】　某工程现场铺设有一组直埋电缆（由四根电缆组成），并且需要在铺设好的该组电缆上铺砂、盖砖，铺砂、保护定额信息见表 10-12，试求铺砂、盖砖的定额基价换算。

表 10-12　铺砂、保护定额信息

工作内容：调整电缆间距、铺砂、盖砖或保护板、埋设标桩。　　　　　　　　　　　　　单位：10m

定　额　编　号	4-9-23	4-9-24	4-9-25	4-9-26
项　　目	铺砂、盖砖		铺砂、盖保护板	
	电缆 1～2 根	每增加 1 根电缆	电缆 1～2 根	每增加 1 根电缆

续表

定 额 编 号			4-9-23	4-9-24	4-9-25	4-9-26
基 价/元			186.79	61.46	245.69	100.71
其中	人 工 费		35.04	10.49	35.04	10.49
	材 料 费		127.75	44.12	186.65	83.37
	机械使用费		—	—	—	—
	其他措施费		1.78	0.51	1.78	0.51
	安 文 费		3.68	1.05	3.68	1.05
	管 理 费		9.08	2.59	9.08	2.59
	利 润		4.67	1.33	4.67	1.33
	规 费		4.79	1.37	4.79	1.37

名 称	单位	单价/元		数 量		
综合工日	工日	—	(0.35)	(0.10)	(0.35)	(0.10)
砂子 中砂	m³	67.00	0.971	0.360	0.971	0.360
标准砖 240mm×115mm×53mm	块	0.48	80.080	40.040	—	—
混凝土保护板 300mn×150mm×30mm	块	1.56	—	—	—	37.037
混凝土保护板 300mm×250mm×30mm	块	2.60	—	—	37.037	—
混凝土标桩 1200mm×100mm×100mm	个	55.00	0.400	—	0.400	—
其他材料费	%	—	1.800	1.800	1.800	1.800

【解】 换算后的定额基价

定额子目(4-9-23)+(4-2)×定额子目(4-9-24)＝186.79+2×61.46＝309.71(元/10m)

【小贴士】 式中，选择定额子目（4-9-23）是因为题中是直埋电缆的铺砂、盖砖工程，虽然定额中规定是电缆1～2根，但是题中是4根组成，应该要增加两个1根的定额子目，所以是(4－2)×(49－24)。定额中是以10m为单位。

【例 10-3】 某架空线路输电工程的电压等级为10kV，施工材料中的混凝土预制品装卸需要使用汽车通过盘山公路进行运输，汽车运输定额信息见表10-13，地形系数调整见表10-14，试求该项目汽车运输的定额基价换算。

表 10-13 汽车运输定额信息

工作内容：线路器材外观检查，材料在20m以内的短距离移运，装车支垫并绑扎稳固，运至指定地点卸车及返回。

单位：t

定 额 编 号		4-11-9	4-11-10	4-11-11	4-11-12
项 目		混凝土杆装卸	混凝土杆运输（t·km）	混凝土预制品装卸	混凝土预制品运输（t·km）
基 价/元		117.71	2.73	85.91	2.51
其中	人 工 费	15.52	0.70	20.04	0.48
	材 料 费	10.37	—	0.45	—
	机械使用费	70.58	1.34	45.54	1.34
	其他措施费	1.57	0.05	1.47	0.05
	安 文 费	3.26	0.11	3.05	0.11
	管 理 费	8.04	0.26	7.52	0.26
	利 润	4.13	0.13	3.87	0.13
	规 费	4.24	0.14	3.97	0.14

续表

名　称	单位	单价/元	数　量			
综合工日	工日	—	(0.31)	(0.01)	(0.29)	(0.01)
钢丝绳 $\phi14.1\sim15$	kg	8.50	0.153	—	—	—

表 10-14　地形系数调整表

地形类别	丘陵	一般山地、泥沼地带、沙漠	高山
系数调整	1.2	1.6	2.2

【解】　换算后的定额基价

定额子目(4-11-11)+(15.52+70.58)×(1.6-1)=117.71+86.1×0.6=169.37(元/t)

【小贴士】　式中，选择定额子目（4-11-11）是因为题中是汽车运输混凝土预制品的装卸工程，因为题中提到是通过盘山公路进行汽车运输（汽车通过盘山公路进行工地运输时，其运输地形按照一般山地计算），应该要人工、机械乘以调整系数1.6，所以是加上（15.52+70.58）×（1.6-1）。定额中是以"t"为单位。

10.3.2　定额基价换算公式总结

10.3.2.1　定额基价换算总公式

换算后的定额基价＝原定额基价±（换入的费用－换出的费用）

10.3.2.2　定额基价换算通用公式

换算后的定额基价＝原定额基价＋（定额人工费＋定额人工费）×（$K-1$）＋
$\sum$（换入的用量×换入基价－换出的用量×换出的基价）

式中，K＝设计砂浆量/定额砂浆量。

10.3.2.3　定额基价换算通用公式的变换

（1）系数换算

① 全部定额乘以规定的系数

换算后的定额基价＝原定额基价×系数

② 定额的一部分乘以规定的系数

换算后的定额基价＝原定额基价＋（定额人工费＋定额机械费）×（系数-1）

（2）用量换算公式

换算后的用量＝工程量×（定额用量±人工、材料、机械用量）

（3）工料机分析换算公式

单位工程某种人工、材料、机械消耗量＝$\sum$（各分项工程工程量×定额消耗量）

10.3.3　定额基价中人工费、材料费及机械台班费的确定

10.3.3.1　预算定额基价

预算定额基价指预算定额中确定消耗在工程基本构造要素上的人工、材料、机械台班消耗量，在定额中以价值形式反映，其组成有以下三部分。

（1）定额人工费

定额人工费指直接从事建筑安装工程施工的生产工人开支的各项费用（含生产工人的基本工资、工资性补贴、辅助工资、职工福利费以及劳动保护费）。其表达式为

定额人工费＝分项工程消耗的工日总数×相应等级日工资标准　　　　　（10-11）

日工资标准应根据目前《全国统一建筑工程基础定额》中规定的完成单位合格的分项工程或结构构件所需消耗的各工种人工工日数量乘以相应的人工工资标准来确定。但在具体执行中要注意地方规定，尤其是对地区调整系数的处理。

（2）定额材料费

定额材料费指施工过程中耗用的构成工程实体的原材料、辅助材料、构配件、零件、半成品的费用和周转材料的摊销费，按相应的价格计算的费用之和。

安装工程材料分计价材料和未计价材料，定额材料费表达式如下

$$定额材料费＝计价材料费＋未计价材料费 \tag{10-12}$$

$$计价材料费＝\Sigma 分项项目材料消耗量×相应材料预算价格 \tag{10-13}$$

$$未计价材料费＝分项项目未计价材料消耗量×材料预算价格 \tag{10-14}$$

（3）定额机械台班费

定额机械台班费指使用施工机械作业所发生的机械使用费以及机械安、拆和进出场费用。其表达式为

$$定额机械台班费＝\Sigma 分项项目机械台班消耗量×相应机械台班单价 \tag{10-15}$$

所以，安装工程预算定额基价的表达式为

$$预算定额基价＝人工费＋材料费＋机械台班费 \tag{10-16}$$

10.3.3.2 单位估价表

执行预算定额地区，根据定额中三个消耗量（人工、材料、机械台班）标准与本地区相应三个单价相乘计算得到分项工程（子目工程），预算价格称为"估价表单价"或工程预算"单价"。若将以上单价、基价等列入定额项目表中，并且汇总、分类成册，即为单位估价表。

预算定额与估价表的关系是，前者为确定三个消耗量的数量标准，是执行定额地区编制单位估价表的依据，后者则是"量、价"结合的产物。

10.4 安装工程预算定额子目系数和综合系数

（1）定额子目系数

主要是指定额各章、节规定的，当分项工程内容与定额子目不完全相同（施工内容、施工条件）时所需进行的定额调整内容。如：各册定额的换算系数（管道间、管道井内的管道阀门、法兰、支架、安装，多联插座安装等）；超高系数（操作物高度离地面5m以上10m以下的工程，其定额人工乘以1.33系数；操作物高度距地面6m以上的工程）。

（2）工程系数

主要是指各册定额分章说明中规定的，与工程形态直接相关的系数，如：高层建筑增加系数；主体结构为现场浇注采用钢模板施工的工程，内外浇注的工程，定额人工乘以系数1.05，内浇外砌的工程，定额人工乘以系数1.03。

（3）综合系数

是通用安装工程预算定额各册说明规定的，与工程本体形态无直接关系的系数。如脚手架搭拆系数、安装与生产同时进行增加系数。有害环境影响增加的系数等。

各项系数的关系是：第一类定额子目系数构成第二类工程系数的计算基础；上述两类系数构成第三类综合系数的计算基础。上述系数所得增减部分构成直接费。同级系数之间不互相计取。

安装工程预算中常用的各项系数如下。

① 超高系数 定额中的超高费是指操作物高度超出定额子目计算范围而需增加的人工

费用。如《河南省通用安装工程预算定额》安装工程单位估价表中该系数主要出现在：第二册操作物高度 5m 以上的工程；第八册操作物高度 3.6m 以上的工程；第九册操作物高度 6m 以上的工程；第十三册操作物高度 6m 以上的工程。操作物高度是指有楼层的按楼地面安装物的垂直距离，无楼层的按操作地点（或设计正负零）至操作物的距离。上述费用仅计算超高部分项目，未超高部分不计。

② 各册定额章、节换算系数　分章说明、附注和综合解释规定各种子目调整系数。例如《河南省通用安装工程预算定额》第八册设置于管道间，管廊内的管道阀门法兰支架其人工乘以系数 1.3。第二册第八章说明四，铜芯电力电缆头按同截面电缆头定额乘以系数 1.2，双屏蔽电缆头制作安装人工乘以系数 1.05。第十一册第二章说明六，标志环等零星刷油，套用本定额有关部分，其人工乘以系数 2.0。

③ 高层建筑增加费　高层建筑增加费是指建筑物在六层或 20m 以上所需增加的人工降效、材料、工具垂直运输增加的机械台班费用；工人上下所乘坐的升降设备台班费等。该项费用适用于采暖、通风、生活煤气、给排水、民用建筑物电气照明及附属于上述工程中的保温、绝热和刷油等工程。建筑物的高度，是指室外地平至檐口滴水的垂直高度。不包括屋顶水箱间、楼梯间、女儿墙高度。高层建筑增加费计算时，应以全部工程的人工费为计算基数，含 6 层与 20m 以下的地下室工程。费率按建筑物总高度或层数确定，不能分段计算。

凡主体结构为现场浇筑，采用钢模板的工程，内外浇注的定额人工乘以系数 1.05。内浇外砌的定额人工乘以系数 1.03。该项系数是指土建工程为配合安装工程预留洞而发生的人工增加费，其主要适用于给排水、采暖工程。

④ 脚手架搭拆系数　是综合取定的系数。除定额中规定不计取脚手架费用外，不论工程实际是否搭拆脚手架，或搭拆数量多少，均应按规定系数计取脚手架费用，包干使用。同一单项工程有多个专业施工，凡是符合计算脚手架规定的，应按各册规定分别计取脚手架费用。

⑤ 系统调试费　采暖、通风空调工程系统调试费是综合系数，其计费基础包括采暖工程中的管道阀门、散热器的安装及刷油保温等全部工程的人工费。

⑥ 安装与生产同时进行增加费　安装与生产同时进行，增加费用按人工费的 10% 计算。

⑦ 有害身体环境施工降级增加费　在有害身体健康的环境施工，降效增加费用按人工费的 10% 计算。

10.5　安装工程预算定额使用中的其他问题

（1）建筑安装工程预算现存问题

① 预算定额体系的不完善　安装工程预算过程中，建筑安装预算人员经常使用不同的预算方式，并给出不同预算方案，同时还需结合建筑实际状况，如此才能使建筑安装工程预算准确性得到保证。然而，在实际操作过程中，由于认识不足或粗心大意，使得在安装工程预算时所采用的预算方案和标准会有所不同。伴随市场竞争不断地增强，越来越多的异地承建开始出现，因此企业需在展开安装工程预算时，对建筑物所处环境以及建筑物自身的不同加以考虑，从而确保安装工程施工能顺利进行。由于预算定额体系不健全致使预算编制出现定额借用的情况，最终造成安装工程预算数据不准确，使得企业生产效率降低，对跨区域建设项目发展不利。

② 安装工程量计算的问题　编制安装工程施工图预算时，首先应该熟悉安装工程图纸，再计算安装工程量。安装工程量计算是确定安装工程造价的一项关键工作。计算安装工程量的前提是施工图纸的表达正确、全面、清晰。在阅读施工图纸时，要注意图纸标注的比例，仔细核对，以图纸实际尺寸为准，避免因比例错误引起的安装工程量算错，为了避免在计算

安装工程量时，发生重算漏算情况，导致安装工程量算错，在计算安装工程量时要把计算式写清楚，每项安装工程量计算来自哪张图纸、什么图集，应更详细一些，以便以后查找。

③ 套定额的问题　定额的换算在套用定额过程中，或是采用软件时，不仅仅是输入定额子目编号，还要认真查看定额或清单规范章节的说明，查清所套用的定额子目项目是否需要换算。如电气安装工程定额中，母线的内容，一般可以直接套用定额子目，但在说明中明确指出："组合软母线定额不包括两端铁构件制作和支持瓷瓶。带形母线的安装，发生时应执行相应定额、其跨距是按标准跨距（45m）综合考虑的，如设计长度超过 45m 时，可按比例调增材料费，但人工和机械不得调整。软母线定额是按单串绝缘子考虑的，如设计为双串绝缘子，其定额人工费乘以系数 1.08。"由此可见实际与定额不符时，有可能需要换算，也有可能不需要换算，如果预算编制人员忽视定额说明，忽略了定额的换算，直接套用定额，就会造成预算不准确。

④ 安装产品以次充好，价格不实　新型建筑安装产品层出不穷，由于信息可能存在造假，调查的价格有时候不能真实反映市场行情，大部分安装产品定价偏高，严重影响了安装工程造价。一些地方购货发票管理混乱，随意性很大、真实性差，不能反映实际发生的安装产品价格，对购货发票的审核和认定十分困难，不仅工作量大，而且容易引纠纷，致使以购货发票为依据按实结算也不能很好地控制安装工程造价。由于劣质安装产品价格便宜，施工单位购买这样的材料用到安装工程上去其利润可观。

（2）建筑过程预算存在问题的解决方法

① 强化预算管理制度建设　首先加强建筑企业与施工单位、行政机关、设计单位、银行机构之间的联系，通过良性活动手段和积极交流使建立起来的预算管理制度能够和谐。其次，作为政府部门需对建筑预算工作加强指导力度，不断完善相关法律法规，并将相关工作落实好，严格审查施工企业的报审项目，假如能够通过审查，那么还需对项目进行跟踪管理。再次，就设计单位而言，需结合项目自身的特点，按照相关政策和标准展开预算制定的相关工作，并使预算编制工作质量能够得到不断的提升。最后，同时也是至关重要的一点，就是引入动态管理机制，对安装工程预算管理工作予以加强。总而言之，一切都需根据市场特点和状况做出正确和及时的调整，随市场形势不断地变化，让它能够同处在同一个动态环境里面，假如再对传统管理模式加以应用，便无法与市场发展需求相适应，所以，一定要采用动态的管理机制。

② 加强建筑安装工程设计管理　建筑安装工程设计决定建筑安装工程造价，其设计得越细、越规范，就越能较好地控制造价。首先，要强调凡是有较高要求的建筑安装工程，没有经过相应程序审定的建筑施工图，一律不许招标动工兴建。其次，政府主管部要对从事建筑设计的单位严格审查，评定出相应级别，具有相应设计资质等级方可设计。最后，设计人员要深入实际调查研究，对所设计的方案必须进行经济分析，优化设计，积极采用新工艺新产品。

③ 安装工程量计算问题的对策　为了防止安装工程量的重复计算或遇漏，提高计算速度和质量，要找出合理的计算顺序。如《河南省安装工程消耗量定额》中管道章节说明：各种管道安装工程量均以设计图所示管道中心线长度，以"延长米"计算，且不扣除阀门及各种管件所占的长度；加热套管按内、外管分别计算安装工程量；各种管件连接均以"10 个"为计量单位；阀门以"个"为计量单位；法兰分别以"副"为计量单位；管道支架制作以100kg 为计量单位，适用于单件质量在 100kg 以内的管架制作；管道消毒、冲洗、按管道长度不扣除阀门、管件所占的长度，以"延长米"为计量单位等。工程量计算时按给定的先后顺序为依据。即在计算工程量时，先计算管道长度，再计算加热套管、管件连接件、阀门等。

④ 加强对建筑材料预算价格的管理　建筑材料价格是安装工程造价的主要部分，由于在社会主义市场经济体制下，建筑材料价格完全放开，建筑材料价格不尽统一，价格上下浮动大。所以安装工程造价管理部门要加快建筑材料价格信息网络的建立，进一步扩大地区间的信息交流，以提高材料价格信息的准确性和适用性。根据市场行情，像对建筑材料价格那样定期发布材料价格信息及安装工程造价指数，以指导价格，实施对建筑材料预算价格的动态管理。

10.6　费用计算及工料分析

10.6.1　计价材料费与未计价材料费

未计价材料费为定额中没有给出材料单价的主材等的费用。定额只给出了消耗量，并加以括号，其价格应按建设当地的市场价格、施工合同或双方签证的价格计算，其价格应该包括材料供应价、运杂费用、运输损耗、采保费安装工程、园林绿化工程都有未计价材料费。

计价材料费与未计价材料费的区别如下。

① 计价材料与未计价材料（辅材与主材）。定额内未注明单价的材料均为主材（主要材料）或称为未计价材料。

在定额项目表下方的材料表中，常看到有的数字是用"（）"括起来的均为主材，括号内的材料数量是该项工程的消耗量，但其价值未计入基价，材料价格按照市场价格或者政府公布的信息价格。

② 有的未计价材料是在附注中注明的，此时应按设计用量加损耗量按地区预算价计算其价格。

③ 定额中的材料消耗量，包括直接消耗在安装工作内容中的主要材料、辅助材料和临时材料等，并计入了材料从工地仓库、现场集中堆放地点或现场加工地点到操作或安装地点的运输损耗、施工操作损耗、施工现场堆放损耗。

④ 定额材料费为计价材料费与未计价材料费之和。

10.6.2　材料价差调整及工料分析

（1）材料价差计算

材料价差，是指预算定额中未计价主材价差。材料价差的计算公式

$$S = a - b \tag{10-17}$$

式中，S 为材料价差；a 为实际采购价格；b 为预算价格。

① 安装工程预算定额中的未计价主材，一般在编制预算时，均按地区材料预算价格计算。因此，预算价格与实际采购价格（经建设单位确认）发生的差异为主材价差。按预算及调整预算的消耗量分别其主材的类别、品种、规格型号进行整理，并以此按上述公式计算。

② 安装工程中的特殊主材，在编制预算时，往往地区材料预算价格中没有此种材料的价格，一般采取暂估价格列入预算。因此，暂估价格与实际采购价格（经建设单位确认）而发生的差异，其主材价差的调整仍按上述公式计算。

（2）设备价格调整

① 凡属由建设单位提供的设备，在工程结算时，无论按暂估价格或制造厂的出厂价格计入预算的，若实际采购价格与列入预算内的暂估价格发生差异时，均不做调整，其设备差值由建设单位承担。

但在工程结算时，由建设单位提供的设备，按规定施工单位应收取设备的现场保管费（指设备出库点交给施工单位后，至安装完成试车达到验收标准，未经建设单位验收期间的

现场保管），其费率按地区工程造价主管部门的规定执行。若当地工程造价主管部门规定不收取此项费用时，则不应再计算其设备保管费。

② 由建设单位委托施工单位负责代购该安装工程所需的设备，而实际采购价格（经建设单位确认）与预算中所列价格有出入时，均应调整其设备价值，并由建设单位承担此项费用。其设备差值计算的方法与主材价差计算相同。

（3）工料分析

为了加强施工管理和经济核算，在施工图预算书编制完后，应对工程中所消耗的人工、材料和机械台班进行分析，此过程称为工料分析。

① 工料分析的意义　施工图预算工料分析是施工企业编制单位工程劳动力、材料、施工机械需要量计划的依据，并依此向该工程调配人力、施工机械、采购并供应材料，以避免造成人力、机械、材料的浪费。利用工料分析，施工企业可以向班组签发任务单、限额领料、考核工料消耗等。因此，做好工料分析工作，对于加强施工企业经营管理、经济核算和降低工程成本都具有重要意义。

② 工料分析的步骤和方法

a.计算分项工程的人工、材料和机械台班数量。

b.计算分部工程数量。将分项工程的人工，材料和机械台班数量逐项汇总，计算出分部工程的人工、材料和机械台班数量。

c.工料分析可采用表格形式进行。表格形式见表 10-15。

表 10-15　工程工料分析表

工程名称：　　　　　　　　　　　　　　　　　　　　　　　　年　月　日

序号	定额编号	单位	工程量	基价/元		其　中						人工数量/(工·日)		材料耗用量						机械台班数量					
						人工费		材料费		机械费				材料名称						类型					
				定额	合计	定额	合计	定额	合计	定额	合计	定额	合计	定额	合计	定额	合计	定额	合计	定额	合计	定额	合计	定额	合计

10.6.3　建筑安装工程费用费率

10.6.3.1　措施费费率

（1）一般计税法下安装工程措施费费率

一般计税法下安装工程措施费费率见表 10-16。

表 10-16　一般计税法下安装工程措施费费率　　　　　单位：%

费用名称＼专业名称	夜间施工费	二次搬运费	冬雨期施工增加费	已完工程及设备保护费
民用安装工程	2.50	2.10	2.80	1.20
工业安装工程	3.10	2.70	3.90	1.70

（2）简易计税法下建设工程措施费费率

简易计税法下建设工程措施费费率见表 10-17。

表 10-17 简易计税法下建设工程措施费费率 单位:%

专业名称 费用名称	夜间施工费	二次搬运费	冬雨期施工 增加费	已完工程及 设备保护费
民用安装工程	2.66	2.28	3.04	1.32
工业安装工程	3.30	2.93	4.23	1.87

(3) 措施费中的人工费含量

措施费中的人工费含量见表 10-18。

表 10-18 措施费中的人工费含量 单位:%

专业名称 费用名称	夜间施工费	二次搬运费	冬雨期施工 增加费	已完工程及 设备保护费
安装工程	50	40	25	

10.6.3.2 企业管理费、利润

(1) 一般计税法下安装工程企业管理费、利润费率

一般计税法下安装工程企业管理费、利润费率见表 10-19。

表 10-19 一般计税法下安装工程企业管理费、利润费率 单位:%

专业名称 费用名称	企业管理费	利润
民用安装工程	55	32
工业安装工程	51	32

(2) 简易计税法下安装工程企业管理费、利润费率

简易计税法下安装工程企业管理费、利润费率见表 10-20。

表 10-20 一般计税法下安装工程企业管理费、利润费率 单位:%

专业名称 费用名称	企业管理费	利润
民用安装工程	54.19	32
工业安装工程	50.13	32

注:企业管理费费率中,不包括总承包服务费费率。

(3) 总承包服务费、采购保管费费率

总承包服务费、采购保管费费率见表 10-21。

表 10-21 总承包服务费、采购保管费费率 单位:%

费用名称		费率
总承包服务费		3
采购保管费	材料	2.5
	设备	1

10.6.3.3 规费费率

(1) 一般计税法下规费费率

一般计税法下规费费率见表 10-22。

表 10-22   一般计税法下规费费率   单位:%

费用名称 \ 专业名称	安装工程	
	民用安装工程	工业安装工程
安全文明施工费	4.98	4.38
其中:1.安全施工费	2.34	1.74
2.环境保护费	0.29	
3.文明施工费	0.59	
4.临时设施费	1.76	
社会保险费	4.52	
住房公积金		
工程排污费	按工程所在地设区市相关规定计算	
建设项目工伤保险		

(2) 简易计税法下规费费率

简易计税法下规费费率见表 10-23。

表 10-23   简易计税法下规费费率   单位:%

费用名称 \ 专业名称	安装工程	
	民用安装工程	工业安装工程
安全文明施工费	4.86	4.31
其中:1.安全施工费	2.16	1.61
2.环境保护费	0.30	
3.文明施工费	0.60	
4.临时设施费	1.80	
社会保险费	1.40	
住房公积金		
工程排污费	按工程所在地设区市相关规定计算	
建设项目工伤保险		

10.6.3.4   增值税

增值税税率见表 10-24。

表 10-24   增值税税率   单位:%

费用名称	税率
增值税	9
增值税(简易计税)	3

注:甲供材料、甲供设备不作为计税基础。

第 11 章

工程计量计价与支付

11.1 工程变更与索赔管理

11.1.1 工程变更管理

11.1.1.1 工程变更

扫码看视频

工程变更

工程变更包括以下五个方面。

① 取消合同中任何一项工作，但被取消的工作不能转由建设单位或其他单位实施。

② 改变合同中任何一项工作的质量或其他特性。

③ 改变合同工程的基线、标高、位置或尺寸。

④ 改变合同中任何一项工作的施工时间或改变已批准的施工工艺或顺序。

⑤ 为完成工程需要追加的额外工作。

由于建设工程项目建设的周期长、涉及的关系复杂、受自然条件和客观因素的影响大，导致项目的实际施工情况与招标投标时的情况相比往往会有一些变化，出现工程变更。工程变更包括工程量变更、工程项目的变更（如发包人提出增加或者删减原项目内容）、进度计划的变更、施工条件的变更等。如果按照变更的起因划分，变更的种类有很多，如：发包人的变更指令（包括发包人对工程有了新的要求、发包人修改项目计划、发包人削减预算、发包人对项目进度有了新的要求等）；由于设计错误，必须对设计图纸做修改；工程环境变化；由于产生了新的技术和知识，有必要改变原设计、实施方案或实施计划；法律法规或者政府对建设工程项目有了新的要求等。

（1）变更的范围

除专用合同条款另有约定外，合同变更的范围一般包括以下情形。

① 增加或减少合同中任何工作，或追加额外的工作。

② 取消合同中任何工作，但转交他人实施的工作除外。

③ 改变合同中任何工作的质量标准或其他特性。

④ 改变工程的基线、标高、位置和尺寸。

⑤ 改变工程的时间安排或实施顺序。

（2）变更权

发包人和监理人均可以提出变更。变更指示均通过监理人发出，监理人发出变更指示前应征得发包人同意。承包人收到经发包人签认的变更指示后，方可实施变更。未经许可，承包人不得擅自对工程的任何部分进行变更。

涉及设计变更的，应由设计人提供变更后的图纸和说明。如变更超过原设计标准或批准的建设规模时，发包人应及时办理规划、设计变更等审批手续。

（3）变更程序

① 发包人提出变更 发包人提出变更的，应通过监理人向承包人发出变更指示，变更指示应说明计划变更的工程范围和变更的内容。

② 监理人提出变更建议 监理人提出变更建议的，需要向发包人以书面形式提出变更计划，说明计划变更工程范围和变更的内容、理由，以及实施该变更对合同价格和工期的影响。发包人同意变更的，由监理人向承包人发出变更指示。发包人不同意变更的，监理人无权擅自发出变更指示。

③ 变更执行 承包人收到监理人下达的变更指令后，认为不能执行，应立即提出不能执行该变更指示的理由。承包人认为可以执行变更的。应当书面说明实施该变更指示对合同价格和工期的影响，且合同当事人应当按照约定确定变更估价。

（4）变更估价

① 变更估价原则 按《建设工程施工合同（示范文本）》（CF 2017—0201），除专用合同条款另有约定外，变更估价按照以下约定处理。

a.已标价工程量清单或预算书有相同项目的，按照相同项目单价认定。

b.已标价工程量清单或预算书中无相同项目但有类似项目的，参照类似项目的单价认定。

c.变更导致实际完成的变更工程量与已标价工程量清单或预算书中列明的该项目工程量的变化幅度超过15%的，或已标价工程量清单或预算书中无相同项目及类似项目单价的，按照合理的成本与利润构成的原则，由合同当事人协商确定变更工作的单价。

② 变更估价程序 承包人应在收到变更指示后14d内，向监理人提交变更估价申请。监理人应在收到承包人提交的变更估价申请后7d内审查完毕并报送发包人，监理人对变更估价申请有异议，通知承包人修改后重新提交。发包人应在承包人提交变更估价申请后14d内审批完毕。发包人逾期未完成审批或未提出异议的，视为认可承包人提交的变更估价申请。

因变更引起的价格调整应计入最近一期的进度款中支付。

（5）承包人的合理化建议

承包人提出合理化建议的，应向监理人提交合理化建议说明，说明建议的内容和理由，以及实施该建议对合同价格和工期的影响。

除专用合同条款另有约定外，监理人应在收到承包人提交的合理化建议后7d内审查完毕并报送发包人，发现其中存在技术上的缺陷，应通知承包人修改。发包人应在收到监理人报送的合理化建议后7d内审批完毕。合理化建议经发包人批准的，监理人应及时发出变更指示，由此引起的合同价格调整按"变更估价"条款约定执行。发包人不同意变更的，监理人应书面通知承包人。

合理化建议降低了合同价格或者提高了工程经济效益的，发包人可对承包人给予奖励，奖励的方法和金额在专用合同条款中约定。

11.1.1.2 《建设工程施工合同（示范文本）》条件下的工程变更

（1）发包人对原设计进行变更

施工中发包人如果需要对原工程设计进行变更，应提前14d以书面形式向承包人发出变更通知。承包人对于发包人的变更通知没有拒绝的权利，这是合同赋予发包人的一项权利。因为发包人是工程的出资人、所有人和管理者，对将来工程的运行承担主要的责任，只有赋予发包人这样的权利才能减少更大的损失。但是，变更超过原设计标准或批准的建设规模时，发包人应报规划管理部门和其他有关部门重新审查批准，并由原设计单位提供变更的相应图纸和说明。承包人按照监理工程师发出的变更通知及有关要求变更。

（2）承包人对原设计进行变更

施工中承包人不得为了施工方便而要求对原工程设计进行变更，承包人应当严格按照图纸施工，不得随意变更设计。施工中承包人提出的合理化建议涉及对设计图纸或者施工组织设计的更改及对原材料、设备的更换，须经监理工程师同意。监理工程师同意变更后，也须经原规划管理部门和其他有关部门审查批准，并由原设计单位提供变更的相应图纸和说明。

未经监理工程师同意承包人擅自更改或换用，承包人应承担由此发生的费用，并赔偿发包人的有关损失，延误的工期不予顺延。监理工程师同意采用承包人的合理化建议，所发生费用和获得收益的分担或分享，由发包人和承包人另行约定。

（3）其他变更

从合同角度看，除设计变更外，其他能够导致合同内容变更的都属于其他变更。如双方对工程质量要求的变化（如涉及强制性标准的变化）、双方对工期要求的变化、施工条件和环境的变化导致施工机械和材料的变化等。这些变更的程序，首先应当由一方提出，与对方协商一致后，方可进行变更。

11.1.1.3　工程变更程序

工程施工过程中出现的工程变更可分为监理人指示的工程变更和施工承包单位申请的工程变更两类。

（1）监理人指示的工程变更

监理人根据工程施工的实际需要或建设单位要求实施的工程变更，可以进一步划分为直接指示的工程变更和通过与施工承包单位协商后确定的工程变更两种情况。

① 监理人或建设单位直接指示的工程变更　监理人直接指示的工程变更属于必需的变更，如按照建设单位的要求提高质量标准、设计错误需要进行的设计修改、协调施工中的交叉干扰等情况。此时不需征求施工承包单位意见，监理人经过建设单位同意后发出变更指示要求施工承包单位完成工程变更工作。

② 与施工承包单位协商后确定的工程变更　此类情况属于可能发生的变更，与施工承包单位协商后再确定是否实施变更，如增加承包范围外的某项新工作等。此时，工程变更程序如下。

a. 监理人首先向施工承包单位发出变更意向书，说明变更的具体内容和建设单位对变更的时间要求等，并附必要的图纸和相关资料。

b. 施工承包单位收到监理人的变更意向书后，如果同意实施变更，则向监理人提出书面变更建议。建议书的内容包括提交包括拟实施变更工作的计划、措施、竣工时间等内容的实施方案以及费用要求。若施工承包单位收到监理人的变更意向书后认为难以实施此项变更，也应立即通知监理人，说明原因并附详细依据。如不具备实施变更项目的施工资质、无相应的施工机具等原因或其他理由。

c. 监理人审查施工承包单位的建议书，施工承包单位根据变更意向书要求提交的变更实施方案可行并经建设单位同意后，发出变更指示。如果施工承包单位不同意变更，监理人与施工承包单位和建设单位协商后确定撤销、改变或不改变原变更意向书。

d. 变更建议应阐明要求变更的依据，并附必要的图纸和说明。监理人收到施工承包单位书面建议后，应与建设单位共同研究，确认存在变更的，应在收到施工承包单位书面建议后的14 天内作出变更指示。经研究后不同意作为变更的，应由监理人书面答复施工承包单位。

（2）施工承包单位提出的工程变更

施工承包单位提出的工程变更可能涉及建议变更和要求变更两类。

① 施工承包单位建议的变更　施工承包单位对建设单位提供的图纸、技术要求等，提出了可能降低合同价格、缩短工期或提高工程经济效益的合理化建议，均应以书面形式提交

监理人。合理化建议书的内容应包括建议工作的详细说明、进度计划和效益以及与其他工作的协调等，并附必要的设计文件。

监理人与建设单位协商是否采纳施工承包单位提出的建议。建议被采纳并构成变更的，监理人向施工承包单位发出工程变更指示。

施工承包单位提出的合理化建议使建设单位获得工程造价降低、工期缩短、工程运行效益提高等实际利益，应按专用合同条款中的约定给予奖励。

② 施工承包单位要求的变更　施工承包单位收到监理人按合同约定发出的图纸和文件，经检查认为其中存在属于变更范围的情形，如提高工程质量标准、增加工作内容、改变工程的位置或尺寸等，可向监理人提出书面变更建议。变更建议应阐明要求变更的依据，并附必要的图纸和说明。监理人收到施工承包单位的书面建议后，应与建设单位共同研究，确认存在变更的，应在收到施工承包单位书面建议后的 14d 内作出变更指示。经研究后不同意作为变更的，应由监理人书面答复施工承包单位。

11.1.1.4　工程变更应注意的细节

（1）工程变更超过合同规定工程范围

在工程建设中出现工程变更的情况时，要注意工程变更不能超出合同规定的工程范围，若超出该范围，承包商有权不执行变更内容，或可采用先定价格后进行变更的形式进行工程变更。

（2）变更程序的对策

在承包工程中，经常出现变更落实后再商议价格的现象，对于承包商而言这种形式极其不利。若遇到这种情况承包商可采取以下应对措施保护自身利益。

① 放缓施工进度，等待变更谈判结果，若此一来增加了手中"砝码"，可与发包方进行公平谈判。

② 争取以计时的方式或者承包商实际支出的计算费用进行补偿，避免出现价格战引发双方的争执、扯皮现象。

③ 对于工程变更要完整记录实施过程，要有相关照片并上报工程师签字，为索赔做好充足准备。

（3）承包商不能擅自做主进行工程变更

在施工过程中常出现承包方擅自变更工程的现象，导致工程索赔出现问题。因此，若发现图纸错误或须进行变更的工程内容时，要首先上报工程师，经同意后按照规定程序进行工程变更。否则变更后不仅无法得到应有赔偿，而且还会为今后的工程增添麻烦。

（4）承包商在签订变更协议过程中须提出补偿问题

在对工程变更进行商讨和变更协议的过程中，需明确提出索赔问题，保证在执行变更前就对索赔补偿的范围补偿办法、索赔值的计算方法、补偿款的支付时间等达成一致，并签订合同，以此避免后期工程出现纠纷。

（5）重视设计时图纸质量

设计中存在的缺陷和漏项，会直接影响建设单位工程量清单的合理性和准确性，进而会影响工程量的计算。建设单位在与设计单位签订合同时，应对设计单位资质进行详细的审查，对工程各种指标进行详细的规定，重视设计图纸的质量。设计图纸准确可使概算所得的工程量和费用准确，从而可以在最初的阶段，防止一些因设计错误导致的工程变更。

（6）采用专业人员控制和管理施工现场工程变更

一般都是由施工单位提供变更申请单和现场签证单，由工程师签字盖章。工程师需要具有法律、合同、谈判、工程技术的知识和一定的施工经验，这项工作也是一项技术性很强的工作，应严格控制签证操作，减少工程变更的次数。在施工过程中应严禁通过工程变更扩大建设规模，增加建设成本。

（7）注意建筑材料的采购

材料费占工程总造价的 50%～70%，所以在确定施工方案前，就要把建筑材料都确定下来，不要轻易更换，否则一旦造成工程变更，会使成本大大增加。开工前应充分了解当地建筑材料的供应量、特性，以及当地人的生活状况、生活水平、政策要求，并分析施工单位的施工能力，从而选择美观、实用、价格相对于当地人的生活水平适中的建筑材料。在开工后，尽量不要更换材料，减少此类工程变更。

11.1.2 工程变更价款确定方法

（1）已标价工程量清单项目或其工程数量发生变化的调整办法

《建设工程工程量清单计价规范》（GB 50500）规定，因工程变更引起已标价工程量清单项目或其工程数量发生变化，应按照下列规定调整。

① 已标价工程量清单中有适用于变更工程项目的，应采用该项目的单价；但当工程变更导致该清单项目的工程数量发生变化，且工程量偏差超过 15%，此时调整的原则为：当工程量增加 15% 以上时，其增加部分的工程量的综合单价应予调低；当工程量减少 15% 以上时，减少后剩余部分的工程量的综合单价应予调高。

② 已标价工程量清单中没有适用但有类似于变更工程项目的，可在合理范围内参照类似项目的单价。

③ 已标价工程量清单中没有适用也没有类似于变更工程项目的，应由承包人根据变更工程资料、计量规则和计价办法、工程造价管理机构发布的信息价格和承包人报价浮动率提出变更工程项目的单价，报发包人确认后调整。承包人报价浮动率可按下列公式计算。

a. 招标工程

$$承包人报价浮动率 L = (1 - 中标价/招标控制价) \times 100\% \qquad (11\text{-}1)$$

b. 非招标工程

$$承包人报价浮动率 L = (1 - 报价值/施工图预算) \times 100\% \qquad (11\text{-}2)$$

④ 已标价工程量清单中没有适用也没有类似于变更工程项目，且工程造价管理机构发布的信息价格缺价的，应由承包人根据变更工程资料、计量规则、计价办法和通过市场调查等取得有合法依据的市场价格提出变更工程项目的单价，并应报发包人确认后调整。

（2）措施项目费的调整

工程变更引起施工方案改变并使措施项目发生变化时，承包人提出调整措施项目费的，应事先将拟实施的方案提交发包人确认，并应详细说明与原方案措施项目相比的变化情况。拟实施的方案经发承包双方确认后执行，应按照下列规定调整措施项目费。

① 安全文明施工费应按照实际发生变化的措施项目调整，不得浮动。

② 采用单价计算的措施项目费，应按照实际发生变化的措施项目按照前述已标价工程量清单项目的规定确定单价。

③ 按总价（或系数）计算的措施项目费，按照实际发生变化的措施项目调整，但应考虑承包人报价浮动因素，即调整金额按照实际调整金额乘以上述公式得出的承包人报价浮动率计算。

如果承包人未事先将拟实施的方案提交给发包人确认，则视为工程变更不引起措施项目费的调整或承包人放弃调整措施项目费的权利。

（3）工程变更价款调整方法的应用

① 直接采用适用的项目单价的前提是其采用的材料、施工工艺和方法相同，也不因此增加关键线路上工程的施工时间。

例如，某工程施工过程中，由于设计变更，新增加轻质材料隔墙$1200m^2$，已标价工程量清单中有此轻质材料隔墙项目综合单价，且新增部分工程量在15%以内，就应直接采用该项目综合单价。

② 采用适用的项目单价的前提是其采用的材料、施工工艺和方法基本类似，不增加关键线路上工程的施工时间，可仅就其变更后的差异部分，参考类似的项目单价由承发包双方协商新的项目单价。

例如，某工程现浇混凝土梁为C25，施工过程中设计调整为C30，此时，可仅将C30混凝土价格替换C25混凝土价格，其余不变，组成新的综合单价。

③ 无法找到适用和类似的项目单价时，应采用招投标时的基础资料和工程造价管理机构发布的信息价格，按成本加利润的原则由发承包双方协商新的综合单价。

④ 无法找到适用和类似的项目单价、工程造价管理机构也没有发布此类信息价格，则由发承包双方协商确定项目单价。

11.1.3　工程索赔管理

索赔是指在合同履行过程中，对于非己方的过错而应由对方承担责任的情况造成的损失，向对方提出补偿的要求。建设工程施工中的索赔是发承包双方行使正当权利的行为，承包人可向发包人索赔，发包人也可向承包人索赔。

11.1.3.1　索赔的成立条件

当合同一方向另一方提出索赔时，应有正当的索赔理由和有效证据，并应符合合同的相关约定。由此可看出任何索赔事件成立必须满足的三要素：正当的索赔理由，有效的索赔证据，在合同约定的时间内提出。

索赔证据应满足以下基本要求：真实性、全面性、关联性、及时性、有法律证明效力。

11.1.3.2　工程索赔的分类

（1）工程延期索赔

因为发包人未按合同要求提供施工条件，或者发包人指令工程暂停或不可抗力事件等原因造成工期拖延的，承包人向发包人提出索赔；如果由于承包人原因导致工期拖延，发包人可以向承包人提出索赔；由于非分包人的原因导致工期拖延，分包人可以向承包人提出索赔。

（2）工程加速索赔

通常是由于发包人或工程师指令承包人加快施工进度，缩短工期，引起承包人的人力、物力、财力的额外开支，承包人提出索赔；承包人指令分包人加快进度，分包人也可以向承包人提出索赔。

（3）工程变更索赔

由于发包人或工程师指令增加或减少工程量或增加附加工程、修改设计、变更施工顺序等，造成工期延长和费用增加，承包人对此向发包人提出索赔，分包人也可以对此向承包人提出索赔。

（4）工程终止索赔

由于发包人违约或发生了不可抗力事件等造成工程非正常终止，承包人和分包人因蒙受经济损失而提出索赔；如果由于承包人或者分包人的原因导致工程非正常终止，或者合同无法继续履行，发包人可以对此提出索赔。

（5）不可预见的外部障碍或条件索赔

即施工期间在现场遇到一个有经验的承包商通常不能预见的外界障碍或条件，例如地质条件与预计的（业主提供的资料）不同，出现未预见的岩石、淤泥或地下水等，导致承包人损失，这类风险通常应该由发包人承担，即承包人可以据此提出索赔。

（6）不可抗力事件引起的索赔

在新版 FIDIC 施工合同条件中，不可抗力通常是满足以下条件的特殊事件或情况：一方无法控制的、该方在签订合同前不能对之进行合理防备的、发生后该方不能合理避免或克服的、不主要归因于他方的。不可抗力事件发生导致承包人损失，通常应该由发包人承担，即承包人可以据此提出索赔。

（7）其他索赔

如货币贬值、汇率变化、物价变化、政策法令变化等原因引起的索赔。

11.1.3.3　承包人索赔

（1）承包人提出索赔的程序

根据合同约定，承包人认为非承包人原因发生的事件造成了承包人的损失，应按下列程序向发包人提出索赔。

① 承包人应在知道或应当知道索赔事件发生后 28d 内，向发包人提交索赔意向通知书，说明发生索赔事件的事由。承包人逾期未发出索赔意向通知书的，丧失索赔的权利。

② 承包人应在发出索赔意向通知书后 28d 内，向发包人正式提交索赔通知书。索赔通知书应详细说明索赔理由和要求，并应附必要的记录和证明材料。

③ 索赔事件具有连续影响的，承包人应继续提交延续索赔通知，说明连续影响的实际情况和记录。

④ 在索赔事件影响结束后的 28d 内，承包人应向发包人提交最终索赔通知书，说明最终索赔要求，并应附必要的记录和证明材料。

（2）承包人索赔的处理程序

① 发包人收到承包人的索赔通知书后，应及时查验承包人的记录和证明材料。

② 发包人应在收到索赔通知书或有关索赔的进一步证明材料后的 28d 内，将索赔处理结果答复承包人，如果发包人逾期未做出答复，视为承包人索赔要求已被发包人被认可。

③ 承包人接受索赔处理结果的，索赔款项应作为增加合同价款，在当期进度款中进行支付；承包人不接受索赔处理结果的，应按合同约定的争议解决方式办理。

（3）承包人索赔的赔偿方式

承包人要求赔偿时，可以选择以下一项或几项方式获得赔偿。

① 延长工期。

② 要求发包人支付实际发生的额外费用。

③ 要求发包人支付合理的预期利润。

④ 要求发包人按合同的约定支付违约金。

当承包人的费用索赔与工期索赔要求相关联时，发包人在作出费用索赔的批准决定时，应结合工程延期，综合作出费用赔偿和工程延期的决定。

发承包双方在按合同约定办理了竣工结算后，应被认为承包人已无权再提出竣工结算前所发生的任何索赔。承包人在提交的最终结清申请中，只限于提出竣工结算后的索赔，提出索赔的期限应自发承包双方最终结清时终止。

11.1.3.4　发包人索赔

（1）发包人提出索赔的程序

根据合同约定，发包人认为由于承包人的原因造成发包人的损失，宜按承包人索赔的程序进行索赔。当合同中对此未做具体约定时，按以下规定办理。

① 发包人应在确认索赔事件发生后的 28d 内向承包人发出索赔通知，否则，承包人免

除该索赔的全部责任。

② 承包人应在收到发包人索赔报告后的 28d 内作出回应，表示同意或不同意并附具体意见，如在收到索赔报告后的 28d 内未向发包人做出答复，视为该项索赔报告已经被认可。

（2）发包人索赔的赔偿方式

发包人要求赔偿时，可以选择以下一项或几项方式获得赔偿。

① 延长质量缺陷修复期限。

② 要求承包人支付实际发生的额外费用。

③ 要求承包人按合同的约定支付违约金。

承包人应付给发包人的索赔金额可从拟支付给承包人的合同价款中扣除，或由承包人以其他方式支付给发包人。

11.1.3.5　索赔费用的计算方法

索赔费用的计算方法主要有：实际费用法、总费用法和修正总费用法。

（1）实际费用法

实际费用法是施工索赔时最常用的一种方法。该方法是按照各索赔事件所引起损失的费用项目分别分析计算索赔值，然后将各个项目的索赔值汇总，即可得到总索赔费用值。这种方法以承包商为某项索赔工作所支付的实际开支为根据，但仅限于由于索赔事件引起的、超过原计划的费用，故也称额外成本法。在这种计算方法中，需要注意的是不要遗漏费用项目。

（2）总费用法

即发生了多起索赔事件后，重新计算该工程的实际费用，再减去原合同价，其差额即为承包人索赔的费用。计算公式为

$$索赔金额＝实际总费用－投标报价估算费用 \tag{11-3}$$

但这种方法对业主不利，因为实际发生的总费用中可能有承包人的施工组织不合理因素；承包人在投标报价时为竞争中标而压低报价，中标后通过索赔可以得到补偿。所以这种方法只有在难以采用实际费用法时采用。

（3）修正总费用法

即在总费用计算的原则上，去掉一些不合理的因素，使其更合理。修正的内容如下。

① 将计算索赔款的时段局限于受到外界影响的时间，而不是整个施工期。

② 只计算受到影响时段内的某项工作所受影响的损失，而不是计算该时段内所有施工工作所受的损失。

③ 对投标报价费用重新进行核算，按受影响时段内该项工作的实际单价进行核算，乘以完成的该项工作的工程量，得出调整后的报价费用。

按修正后的总费用计算索赔金额的公式为

$$索赔金额＝某项工作调整后的实际总费用－该项工作的报价费 \tag{11-4}$$

11.2　合同价款的约定与调整

11.2.1　合同价款的约定

合同价款的约定是建设工程合同的主要内容。实行招标的工程合同价款应在中标通知书发出之日起 30d 内，由发承包双方依据招标文件和中标人的投标文件在书面合同中约定。合同约定不得违背招、投标文件中关于工期、造价、质量等方面的实质性内容。招标文件与中标人投标文件不一致的地方应以投标文件为准。不实行招标的工程合同价款，应在发承包双

方认可的工程价款基础上，由发承包双方在合同中约定。发承包双方认可的工程价款的形式可以是承包方或设计人编制的施工图预算，也可以是承发包双方认可的其他形式。此外，《建设工程价款结算暂行办法》（财建［2004］369 号）还规定：合同价款在合同中约定后，任何一方不得擅自改变。

承发包双方应在合同条款中，对下列事项进行约定。

（1）预付工程款的数额、支付时间及抵扣方式

预付工程款是发包人为解决承包人在施工准备阶段资金周转问题提供的协助。如使用的水泥、钢材等大宗材料，可根据工程具体情况设置工程材料预付款。双方应在合同中约定预付款数额：可以是绝对数，如 50 万元、100 万元，也可以是额度，如合同金额的 10%、15% 等。约定支付时间：如合同签订后一个月支付、开工日前 7d 支付等。约定抵扣方式：如在工程进度款中按比例抵扣。约定违约责任：如不按合同约定支付预付款的利息计算。

（2）安全文明施工费

约定支付计划、使用要求等。

（3）工程计量与支付工程进度款的方式、数额及时间

双方应在合同中约定计量时间和方式：可按月计量，如每月 28 日。可按工程形象部位（目标）划分分段计量，如 ±0.000 以下基础及地下室、主体结构 1～3 层、4～6 层等。进度款支付周期与计量周期保持一致，约定支付时间：如计量后 7d 以内、10d 以内支付。约定支付数额：如已完工作量的 70%、80% 等；约定违约责任。如不按合同约定支付进度款的利率，违约责任等。

（4）工程价款的调整因素、方法、程序、支付及时间

约定调整因素：如工程变更后综合单价调整，钢材价格上涨超过投标报价时的 3%，工程造价管理机构发布的人工费调整等。约定调整方法：如结算时一次调整，材料采购时报发包人调整等。约定调整程序：承包人提交调整报告交发包人，由发包人现场代表审核签字等。约定支付时间：如与工程进度款支付同时进行等。

（5）施工索赔与现场签证的程序、金额确定与支付时间

约定索赔与现场签证的程序：如由承包人提出、发包人现场代表或授权的监理工程师核对等，约定索赔提出时间：如知道索赔事件发生后的 28d 内等。约定核对时间：收到索赔报告后 7d 以内、10d 以内等。约定支付时间：原则上与工程进度款同期支付等。

（6）承担计价风险的内容、范围以及超出约定内容、范围的调整办法

约定风险的内容范围：如全部材料、主要材料等。约定物价变化调整幅度：如钢材、水泥价格涨幅超过投标报价的 3%，其他材料超过投标报价的 5% 等。

（7）工程竣工价款结算编制与核对、支付及时间

约定承包人在什么时间提交竣工结算书，发包人或其委托的工程造价咨询企业在什么时间内核对完毕，核对完毕后，什么时间内支付等。

（8）工程质量保证金的数额、预留方式及时间

在合同中约定数额：如合同价款的 3% 等。约定支付方式：竣工结算一次扣清等。约定归还时间：如质量缺陷期退还等。

（9）违约责任以及发生合同价款争议的解决方法及时间

约定解决价款争议的办法是协商、调解、仲裁还是诉讼，约定解决方式的优先顺序、处理程序等。如采用调解应约定好调解人员；如采用仲裁应约定双方都认可的仲裁机构；如采用诉讼方式，应约定有管辖权的法院。

（10）与履行合同、支付价款有关的其他事项等

合同中涉及工程价款的事项较多，能够详细约定的事项应尽可能具体约定，约定的用词应

尽可能唯一，如有几种解释，最好对用词进行定义，尽量避免因理解上的歧义造成合同纠纷。

11.2.2 合同价款的调整

11.2.2.1 合同价款应当调整的事项及调整程序

（1）合同价款应当调整的事项

以下事项发生，发承包双方应当按照合同约定调整合同价款：法律法规变化；工程变更；项目特征不符；工程量清单缺项；工程量偏差；计日工；物价变化；暂估价；不可抗力；提前竣工（赶工补偿）；误期赔偿；索赔；现场签证；暂列金额；发承包双方约定的其他调整事项。

（2）合同价款调整的程序

合同价款调整应按照以下程序进行。

① 出现合同价款调增事项（不含工程量偏差、计日工、现场签证、索赔）后的 14d 内，承包人应向发包人提交合同价款调增报告并附上相关资料；承包人在 14d 内未提交合同价款调增报告的，应视为承包人对该事项不存在调整价款请求。

② 出现合同价款调减事项（不含工程量偏差、施工索赔）后的 14d 内，发包人应向承包人提交合同价款调减报告并附相关资料；发包人在 14d 内未提交合同价款调减报告的，应视为发包人对该事项不存在调整价款请求。

③ 发（承）包人应在收到承（发）包人合同价款调增（减）报告及相关资料之日起 14d 内对其核实，予以确认的应书面通知承（发）包人。当有疑问时，应向承（发）包人提出协商意见。发（承）包人在收到合同价款调增（减）报告之日起 14d 内未确认也未提出协商意见的，应视为承（发）包人提交的合同价款调增（减）报告已被发（承）包人认可。发（承）包人提出协商意见的，承（发）包人应在收到协商意见后的 14d 内对其核实，予以确认的应书面通知发（承）包人。承（发）包人在收到发（承）包人的协商意见后 14d 内既不确认也未提出不同意见的，应视为发（承）包人提出的意见已被承（发）包人认可。

如果发包人与承包人对合同价款调整的不同意见不能达成一致，只要对承发包双方履约不产生实质影响，双方应继续履行合同义务，直到其按照合同约定的争议解决方式得到处理。关于合同价款调整后的支付原则，《建设工程工程量清单计价规范》（GB 50500）规定：经发承包双方确认调整的合同价款，作为追加（减）合同价款，与工程进度款或结算款同期支付。

11.2.2.2 法律法规变化

施工合同履行过程中经常出现法律法规变化引起的合同价款调整问题。

招标工程以投标截止日前 28d，非招标工程以合同签订前 28d 为基准日，其后因国家的法律、法规、规章和政策发生变化引起工程造价增减变化的，发承包双方应当按照省级或行业建设主管部门或其授权的工程造价管理机构据此发布的规定调整合同价款。

但因承包人原因导致工期延误的，按上述规定的调整时间，在合同工程原定竣工时间之后，合同价款调增的不予调整，合同价款调减的予以调整。

11.2.2.3 项目特征不符

《建设工程工程量清单计价规范》（GB 50500）中有以下规定。

① 发包人在招标工程量清单中对项目特征的描述，应被认为是准确的和全面的，并且与实际施工要求相符合。承包人应按照发包人提供的招标工程量清单，根据其项目特征描述的内容及有关要求实施合同工程，直到项目被改变为止。

② 承包人应按照发包人提供的设计图纸实施工程合同，若在合同履行期间出现设计图

纸（含设计变更）与招标工程量清单任一项目的特征描述不符，且该变化引起该项目工程造价增减变化的，应按照实际施工的项目特征，按规范中工程变更相关条款的规定重新确定相应工程量清单项目的综合单价，并调整合同价款。

其中第一条规定了项目特征描述的要求。项目特征是构成清单项目价值的本质特征，单价的高低与其具有必然联系。因此，发包人在招标工程量清单中对项目特征的描述应被认为是准确的和全面的，并且与实际施工要求相符合，否则，承包人无法报价。

而当项目特征变化后，发承包双方应按实际施工的项目特征重新确定综合单价。例如：招标时，某现浇混凝土构件项目特征描述中描述混凝土强度等级为 C25，但施工图纸本来就表明（或在施工过程中发包人变更）混凝土强度等级为 C30，很显然，这时应该重新确定综合单价，因为 C25 与 C30 的混凝土，其价格是不一样的。

11.2.2.4　工程量清单缺项

施工过程中，工程量清单项目的增减变化必然带来合同价款的增减变化。而导致工程量清单缺项的原因，一是设计变更，二是施工条件改变，三是工程量清单编制错误。

《建设工程工程量清单计价规范》（GB 50500）对这部分的规定如下。

① 合同履行期间，由于招标工程量清单中缺项，新增分部分项工程量清单项目的，应按照规范中工程变更相关条款确定单价，并调整合同价款。

② 新增分部分项工程量清单项目后，引起措施项目发生变化的，应按照规范中工程变更相关规定，在承包人提交的实施方案被发包人批准后调整合同价款。

③ 由于招标工程量清单中措施项目缺项，承包人应将新增措施项目实施方案提交发包人批准后，按照规范相关规定调整合同价款。

11.2.2.5　工程量偏差

施工过程中，由于施工条件、地质水文、工程变更等变化以及招标工程量清单编制人专业水平的差异，往往在合同履行期间，应予计量的工程量与招标工程量清单出现偏差，工程量偏差过大，给综合成本的分摊带来影响，如突然增加过多，仍然按原综合单价计价，对发包人不公平；而突然减少过多，仍然按原综合单价计价，对承包人不公平。并且，有经验的承包人可能乘机进行不平衡报价。因此，为维护合同的公平，应当对工程量偏差带来的合同价款调整做出规定。

《建设工程工程量清单计价规范》（GB 50500）对这部分的规定如下。

合同履行期间，当予以计算的实际工程量与招标工程量清单出现偏差，且符合下述两条规定的，发承包双方应调整合同价款。

① 对于任一招标工程量清单项目，如果因工程量偏差和工程变更等原因导致工程量偏差超过 15％时，可进行调整。当工程量增加 15％以上时，增加部分的工程量的综合单价应予调低；当工程量减少 15％以上时，减少后剩余部分的工程量的综合单价应予调高。

② 如果工程量出现超过 15％的变化，且该变化引起相关措施项目相应发生变化时，按系数或单一总价方式计价的，工程量增加的措施项目费调增，工程量减少的措施项目费调减。

【例 11-1】　某独立土方工程，招标文件中估计工程量为 100 万立方米，合同中规定：土方工程单价为 5 元/m^3，当实际工程量超过估计工程量 15％时，调整单价，单价调为 4 元/m^3。工程结束时实际完成土方工程量为 130 万立方米，则土方工程款为多少万元？

【解】　合同约定范围内（15％以内）的工程款为

$$100 \times (1+15\%) \times 5 = 115 \times 5 = 575（万元）$$

超过 15％之后部分工程量的工程款为

$$(130-115)\times4=60(万元)$$

则　　　　　　　　　土方工程款合计$=575+60=635$（万元）

（1）调整后某一分部分项工程费结算价的确定

当合同中没有约定时，工程量偏差超过15%时的调整方法，可参照如下公式。

① 当$Q_1>1.15Q_0$时

$$S=1.15Q_0P_0+(Q_1-1.15Q_0)P_1 \tag{11-5}$$

② 当$Q_1<0.85Q_0$时

$$S=Q_1P_1 \tag{11-6}$$

式中，S为调整后的某一分部分项工程费结算价；Q_1为最终完成的工程量；Q_0为招标工程量清单列出的工程量；P_1为按照最终完成工程量重新调整后的综合单价；P_0为承包人在工程量清单中填报的综合单价。

（2）调整后综合单价的确定

采用上述两式的关键是确定新的综合单价，即P_1确定的方法，一是发承包双方协商确定，二是与招标控制价相联系，当工程量偏差项目出现承包人在工程量清单中填报的综合单价与发包人招标控制价相应清单项目的综合单价偏差超过15%时，工程量偏差项目综合单价的调整可参考以下公式。

① 当$P_0<(1-15\%)P_2(1-L)$时，该类项目的综合单价为

$$P_1=(1-15\%)(1-L)P_2 \tag{11-7}$$

② 当$P_0>(1+15\%)P_2$时，该类项目的综合单价：

$$P_1=(1+15\%)P_2 \tag{11-8}$$

③ 当$P_0>(1-15\%)(1-L)P_2$或$P_0<(1+15\%)P_2$时，可不调整。

式中，P_0为承包人在工程量清单中填报的综合单价；P_2为发包人在招标控制价相应项目的综合单价；L为计价规范中定义的承包人报价浮动率。

【例11-2】 某工程项目招标控制价的综合单价为350元，投标报价的综合单价为287元，该工程投标报价下浮率为6%，综合单价是否调整？

【解】 $287/350=82\%$，偏差为18%。

按式（11-7）

$$350\times(1-6\%)\times(1-15\%)=279.65(元)$$

由于287元$>$279.65元，所以该项目变更后的综合单价可不予调整。

【例11-3】 某工程项目招标控制价的综合单价为350元，投标报价的综合单价为406元，工程变更后的综合单价如何调整？

【解】 $406/350=1.16$，偏差为16%。

按式（11-8）

$$350\times(1+15\%)=402.50(元)$$

由于406元$>$402.50元，该项目变更后的综合单价应调整为402.50元。

【例11-4】 某工程项目招标工程量清单数量为1520m³，施工中由于设计变更调整为1824m³，增加20%，该项目招标控制综合单价为350元，投标报价为406元，应如何调整？

【解】

（1）根据11.2.2.5中（1）的规定②，综合单价P_1应调整为402.50元。

（2）按公式（11-5）

$$S=1.15\times1520\times406+(1824-1.15\times1520)\times402.50$$
$$=709688+76\times402.50$$
$$=740278(元)$$

【例 11-5】 某工程项目招标工程量清单数量为 1520m³，施工中由于设计变更调整为 1216m³，减少 20%，该项招标控制综合单价为 350 元，投标报价为 287 元，应如何调整？

【解】

① 根据 11.2.2.5 中（1）的规定①，综合单价 P_1 可不调整。

② 按公式(11-6)

$$S = 1216 \times 287 = 348992（元）$$

11.2.2.6 计日工

计日工是指在施工过程中，承包人完成发包人提出的工程合同范围以外的零星项目或工作，按合同中约定的综合单价计价。发包人通知承包人以计日工方式实施的零星工作，承包人应予执行。

采用计日工计价的任何一项变更工作，在该项变更的实施过程中，承包人应按合同约定提交下列报表和有关凭证送发包人复核。

① 工作名称、内容和数量。

② 投入该工作所有人员的姓名、工种、级别和耗用工时。

③ 投入该工作的材料名称、类别和数量。

④ 投入该工作的施工设备型号、台数和耗用台时。

⑤ 发包人要求提交的其他资料和凭证。

此外，《建设工程工程量清单计价规范》（GB 50500）对计日工生效计价的原则做了以下规定：任一计日工项目持续进行时，承包人应在该项工作实施结束后的 24h 内向发包人提交有计日工记录汇总的现场签证报告一式三份。发包人在收到承包人提交现场签证报告后的 2d 内予以确认并将其中一份返还给承包人，作为计日工计价和支付的依据。发包人逾期未确认也未提出修改意见的，应视为承包人提交的现场签证报告已被发包人认可。

任一计日工项目实施结束后，承包人应按照确认的计日工现场签证报告核实该类项目的工程数量，并应根据核实的工程数量和承包人已标价工程量清单中的计日工单价计算，提出应付价款；已标价工程量清单中没有该类计日工单价的，由发承包双方按工程变更的相关规定商定计日工单价计算。

每个支付期末，承包人应按照规范中进度款的相关条款规定向发包人提交本期间所有计日工记录的签证汇总表，以说明本期间自己认为有权得到的计日工金额，调整合同价款，列入进度款支付。

11.2.2.7 物价变化

施工合同履行时间往往较长，合同履行过程中经常出现人工、材料、工程设备和机械台班等市场价格起伏引起价格波动的现象，该种变化一般会造成承包人施工成本的增加或减少，进而影响到合同价格调整，最终影响到合同当事人的权益。

因此，为解决由于市场价格波动引起合同履行的风险问题，《建设工程施工合同（示范文本）》（GF-2017—0201）（以下简称《建设工程施工合同（示范文本）》）中引入了适度风险适度调价的制度，亦称之为合理调价制度，其法律基础是合同风险的公平合理分担原则。

合同履行期间，因人工、材料、工程设备、机械台班价格波动影响合同价款时，应根据合同约定的方法（如价格指数调整法或造价信息差额调整法）计算调整合同价款。承包人采购材料和工程设备的，应在合同中约定主要材料、工程设备价格变化的范围或幅度；当没有约定，且材料、工程设备单价变化超过 5% 时，超过部分的价格应按照价格指数调整法或造价信息差额调整法计算调整材料、工程设备费。

发生合同工程工期延误的，应按照下列规定确定合同履行期应予调整的价格。

① 因非承包人原因导致工期延误的，计划进度日期后续工程的价格，应采用计划进度日期与实际进度日期两者的较高者。

② 因承包人原因导致工期延误的，计划进度日期后续工程的价格，应采用计划进度日期与实际进度日期两者的较低者。

发包人供应材料和工程设备的，不适用上述规定，应由发包人按照实际变化调整，列入合同工程的工程造价内。

如前所述，物价变化合同价款调整方法有价格指数调整法和造价信息差额调整法，对此，《建设工程工程量清单计价规范》（GB 50500）中有如下规定。

（1）采用价格指数进行价格调整

① 价格调整公式。因人工、材料和工程设备、机械台班等价格波动影响合同价格时，根据投标函附录中的价格指数和权重表约定的数据，按式(11-9) 计算差额并调整合同价款

$$\Delta P = P_0 \left[A + \left(B_1 \times \frac{F_{t1}}{F_{01}} + B_2 \times \frac{F_{t2}}{F_{02}} + B_3 \times \frac{F_{t3}}{F_{03}} + \cdots + B_n \times \frac{F_{tn}}{F_{0n}} \right) - 1 \right] \tag{11-9}$$

式中，ΔP 为需调整的价格差额；P_0 为约定的付款证书中承包人应得到的已完成工程量的金额，此项金额应不包括价格调整、不计质量保证金的扣留和支付、预付款的支付和扣回，约定的变更及其他金额已按现行价格计价的，也不计在内；A 为定值权重（即不调部分的权重）；B_1，B_2，B_3，$\cdots$，B_n 为各可调因子的变值权重（即可调部分的权重），为各可调因子在投标函投标总报价中所占的比例；F_{t1}，F_{t2}，F_{t3}，$\cdots$，F_{tn} 为各可调因子的现行价格指数，指约定的付款证书相关周期最后一天的前 42 天的各可调因子的价格指数；F_{01}，F_{02}，F_{03}，$\cdots$，F_{0n} 为各可调因子的基本价格指数，指基准日期的各可调因子的价格指数。

以上价格调整公式中的各可调因子、定值和变权重以及基本价格指数及其来源在投标函附录价格指数和权重表中约定。价格指数应首先采用工程造价管理机构提供的价格指数，缺乏上述价格指数时，可采用工程造价管理机构提供的价格代替。

② 暂时确定调整差额　在计算调整差额时得不到现行价格指数的，可暂用上一次价格指数计算，并在以后的付款中再按实际价格指数进行调整。

③ 权重的调整　约定的变更导致原定合同中的权重不合理时，由承包人和发包人协商后进行调整。

④ 因承包人原因导致工期延误后的价格调整　由于承包人原因未在约定的工期内竣工的，则对原约定竣工日期后继续施工的工程，在使用价格调整公式时，应采用原约定竣工日期与实际竣工日期的两个价格指数中较低的一个作为现行价格指数。

（2）采用造价信息进行价格调整

合同履行期间，因人工、材料、工程设备和机械台班价格波动影响合同价格时，人工、机械使用费按照国家或省、自治区、直辖市建设行政管理部门、行业建设管理部门或其授权的工程造价管理机构发布的人工成本信息、机械台班单价或机械使用费系数进行调整；需要进行价格调整的材料，其单价和采购数应由发包人复核，发包人确认需调整的材料单价及数量作为调整合同价款差额的依据。

① 人工单价发生变化且符合计价规范中计价风险相关规定时，发承包双方应按省级或行业建设主管部门或其授权的工程造价管理机构发布的人工成本文件调整合同价款。

② 材料、工程设备价格变化的价款调整按照发包人提供的主要材料和工程设备一览表，由发承包双方约定的风险范围按以下规定调整合同价款。

a.承包人投标报价中材料单价低于基准单价：施工期间材料单价涨幅以基准单价为基础

超过合同约定的风险幅度值，或材料单价跌幅以投标报价为基础超过合同约定的风险幅度值时，其超过部分按实调整。

b. 承包人投标报价中材料单价高于基准单价：施工期间材料单价跌幅以基准单价为基础超过合同约定的风险幅度值，或材料单价涨幅以投标报价为基础超过合同约定的风险幅度值时，其超过部分按实调整。

c. 承包人投标报价中材料单价等于基准单价：施工期间材料单价涨、跌幅以基准单价为基础超过合同约定的风险幅度值时，其超过部分按实调整。

d. 承包人应在采购材料前将采购数量和新的材料单价报发包人核对，确认用于本合同工程时，发包人应确认采购材料的数量和单价。发包人在收到承包人报送的确认资料后 3 个工作日不予答复的视为已经认可，作为调整合同价款的依据。如果承包人未报经发包人核对即自行采购材料，再报发包人确认调整合同价款的，如发包人不同意，则不做调整。

前述基准价格是指由发包人在招标文件或专用合同条款中给定的材料、工程设备的价格，该价格原则上应当按照省级或行业建设主管部门或其授权的工程造价管理机构发布的信息价编制。

③ 施工机械台班单价或施工机械使用费发生变化超过省级或行业建设主管部门或其授权的工程造价管理机构规定的范围时，按其规定调整合同价款。

（3）专用合同条款约定的其他方式

【例 11-6】　××工程在施工期间，省工程造价管理机构发布了人工费调增 10％的文件，适用时间为××年×月×日，该工程本期完成合同价款 1576893.50 元，其中人工费 283840.83 元，与定额人工费持平，本期人工费应否调整，调增多少？

【解】　因为人工费与定额人工费持平，则低于发布价格，应予调增：
$$283840.83 \times 10\% = 28384.08(元)$$

【例 11-7】　××工程约定采用价格指数法调整合同价款，具体约定见表 11-1 所示数据，本期完成合同价款为：1584629.37 元，其中：已按现行价格计算的计日工价款为 5600 元，发承包双方确认应增加的索赔金额 2135.87 元，请计算应调整的合同价款差额。

【解】　（1）本期完成合同价款应扣除已按现行价格计算的计日工价款和确认的索赔金额
$$1584629.37 - 5600 - 2135.87 = 1576893.50(元)$$

表 11-1　承包人提供材料和工程设备一览表（适用于价格指数调整方法）

工程名称：××工程　　　　　　标段：　　　　　　　　　　　　第 1 页　共 1 页

序号	名称、规格、型号	变值权重 B	基本价格指数 F_0	现行价格指数 F_t	备注
1	人工费	0.18	110％	121％	
2	钢材	0.11	4000 元/t	4320 元/t	
3	预拌混凝土 C30	0.16	340 元/m³	353 元/m³	
4	页岩砖	0.05	300 元/千匹	318 元/千匹	
5	机械费	0.08	100％	100％	
	定值权重 A	0.42	—	—	
	合计	1	—	—	

（2）用公式（11-9）计算

$$\Delta P = 1576893.50 \times$$
$$\left[0.42 + \left(0.18 \times \frac{121}{110} + 0.11 \times \frac{4320}{4000} + 0.16 \times \frac{353}{340} + 0.05 \times \frac{318}{300} + 0.08 \times \frac{100}{100}\right) - 1\right]$$
$$= 1576893.50 \times [0.42 + (0.18 \times 1.1 + 0.11 \times 1.08 + 0.16 \times 1.04 + 0.05 \times 1.06 + 0.08 \times 1) - 1]$$

$$=1576893.50\times[0.42+(0.198+0.1188+0.166+0.053+0.08)-1]$$

$$=1576893.50\times0.0358$$

$$=56452.79(元)$$

本期应增加合同价款 56452.79 元。

【例 11-8】 某工程采用的预拌混凝土由承包人提供，所需品种如表 11-2 所示，在施工期间，在采购预拌混凝土时，其单价分别为：C20，327 元/m³；C25，335 元/m³；C30，345 元/m³。合同约定的材料单价如何调整？

表 11-2　承包人提供材料和工程设备一览表（适用于造价信息差额调整方法）

工程名称：××中学教学楼工程　　　　　　　　标段：　　　　　　　　　　第 1 页　共 1 页

序号	名称、规格、型号	单位	数量	风险系数/%	基准单价/元	投标单价/元	发包人确认单价/元	备注
1	预拌混凝土 C20	m³	25	≤5	310	308	309.50	
2	预拌混凝土 C25	m³	560	≤5	323	325	325	
3	预拌混凝土 C30	m³	3120	≤5	340	340	340	

【解】　（1）C20：$327/310-1=5.45\%$

投标单价低于基准价，按基准价算，已超过约定的风险系数，应予调整。

$$308+310\times0.45\%=308+1.395=309.40(元)$$

（2）C25：$335/325-1=3.08\%$

投标单价高于基准价，按报价算，未超过约定的风险系数，不予调整。

（3）C30：$345/340-1=1.47\%$

投标单价等于基准价，按基准价算，未超过约定的风险系数，不予调整。

【例 11-9】 某工程合同总价为 1000 万元。其组成为：土方工程费 100 万元，占 10%；砌体工程费 400 万元，占 40%；钢筋混凝土工程费 500 万元，占 50%。这三个组成部分的人工费和材料费占工程价款 85%，人工材料费中各项费用比例如下。

（1）土方工程：人工费 50%，机具折旧费 26%，柴油 24%。

（2）砌体工程：人工费 53%，钢材 5%，水泥 20%，骨料 5%，空心砖 12%，柴油 5%。

（3）钢筋混凝土工程，人工费 53%，钢材 22%，水泥 10%，骨料 7%，木材 4%，柴油 4%。

假定该合同的基准日期为 2018 年 1 月 4 日，2018 年 9 月完成的工程价款占合同总价的 10%，有关月报的工资、材料物价指数如表 11-3 所示（注：F_{t1}，F_{t2}，F_{t3}，…，F_{tn} 等应采用 8 月份的物价指数）。求 2018 年 9 月需要调整的价款差额。

表 11-3　工资、材料物价指数表

费用名称	代号	2018 年 1 月指数	代号	2018 年 8 月指数
人工费	F_{01}	100.0	F_{t1}	116.0
钢材	F_{02}	153.4	F_{t2}	187.6
水泥	F_{03}	154.8	F_{t3}	175.0
骨料	F_{04}	132.6	F_{t4}	169.3
柴油	F_{05}	178.3	F_{t5}	192.8
机具折旧	F_{06}	154.4	F_{t6}	162.5
空心砖	F_{07}	160.1	F_{t7}	162.0
木材	F_{08}	142.7	F_{t8}	159.5

【解】　该工程其他费用，即不调值的费用占工程价款的 15％，计算出各项参加调值的费用占工程价款比例如下。

人工费：$(50\％×10\％+53\％×40\％+53\％×50\％)×85\％≈45\％$。

钢材：$(5\％×40\％+22\％×50\％)×85\％≈11\％$。

水泥：$(20\％×40\％+10\％×50\％)×85\％≈11\％$。

骨料：$(5\％×40\％+7\％×50\％)×85\％≈5\％$。

柴油：$(24\％×10\％+5\％×40\％+4\％×50\％)×85\％≈5\％$。

机具折旧：$26\％×10\％×85\％≈2\％$。

空心砖：$12\％×40\％×85\％≈4\％$。

木材：$4\％×50\％×85\％≈2\％$。

不调值费用占工程价款的比例为：15％。

根据公式(11-9)，得

$$\Delta P = 10\％×1000×\left[0.15+\left(0.45×\frac{116}{100}+0.11×\frac{187.6}{153.4}+0.11×\frac{175.0}{154.8}+0.05×\frac{169.3}{132.6}+\right.\right.$$
$$\left.\left.0.05×\frac{192.8}{178.3}+0.02×\frac{162.5}{154.4}+0.04×\frac{162.0}{160.1}+0.02×\frac{159.5}{142.7}\right)-1\right]$$
$$=13.27(万元)$$

通过调值，2018 年 9 月需要调整的价款差额为 13.27 万元，即实得工程款比原价款多 13.27 万元。

11.2.2.8　暂估价

暂估价是指招标人在工程量清单中提供的用于支付必然发生但暂时不能确定价格的材料、工程设备的单价以及专业工程的金额。

发包人在招标工程量清单中给定暂估价的材料、工程设备属于依法必须招标的，由发承包双方以招标的方式选择供应商，确定价格，并应以此为依据取代暂估价，调整合同价款。实践中，恰当的做法是仍由总承包中标人作为招标人，采购合同应由总承包人签订。

发包人在招标工程量清单中给定暂估价的材料、工程设备不属于依法必须招标的，应由承包人按照合同约定采购，经发包人确认单价后取代暂估价，调整合同价款。

发包人在工程量清单中给定暂估价的专业工程不属于依法必须招标的，应按照工程变更价款的确定方法确定专业工程价款。并以此为依据取代专业工程暂估价，调整合同价款。

发包人在招标工程量清单中给定暂估价的专业工程，依法必须招标的，应当由发承包双方依法组织招标选择专业分包人，并接受有管辖权的建设工程招标投标管理机构的监督，还应符合下列要求。

① 除合同另有约定外，承包人不参加投标的专业工程发包招标，应由承包人作为招标人，但拟定的招标文件、评标工作、评标结果应报送发包人批准。与组织招标工作有关的费用应当被认为已经包括在承包人的签约合同价（投标总报价）中。

② 承包人参加投标的专业工程发包招标，应由发包人作为招标人，与组织招标工作有关的费用由发包人承担。同等条件下，应优先选择承包人中标。

③ 应以专业工程发包中标价为依据取代专业工程暂估价，调整合同价款。

总承包招标时，专业工程设计深度往往不够，一般需要交由专业设计人员设计。出于提高可建造性考虑，国际上一般由专业承包人员负责设计，以纳入其专业技能和专业施工经验。这类专业工程交由专业分包人完成是国际工程的良好实践，目前在我国工程建设领域也已经比较普遍。公开透明地合理确定这类暂估价的实际开支金额的最佳途径就是通过总承包人与建设项目招标人共同组织的招标。

例如：某工程招标，将现浇混凝土构件钢筋作为暂估价，为 4000 元/t，工程实施后，根据市场价格变动，将各规格现浇钢筋加权平均认定为 4295 元/t，此时，应在综合单价中以 4295 元取代 4000 元。

暂估材料或工程设备的单价确定后，在综合单价中只应取代原暂估单价，不应再在综合单价中涉及企业管理费或利润等其他费的变动。

11.2.2.9　不可抗力

根据《中华人民共和国合同法》第一百一十七条第二款的规定："本法所称不可抗力，是指不能预见，不可避免并不能克服的客观情况"。

因不可抗力事件导致的人员伤亡、财产损失及其费用增加，发承包双方应按以下原则分别承担并调整合同价款和工期。

① 合同工程本身的损害、因工程损害导致第三方人员伤亡和财产损失以及运至施工场地用于施工的材料和待安装的设备的损害，由发包人承担。

② 发包人、承包人人员伤亡由其所在单位负责，并应承担相应费用。

③ 承包人的施工机械设备损坏及停工损失，应由承包人承担。

④ 停工期间，承包人应发包人要求留在施工场地的必要的管理人员及保卫人员的费用，应由发包人承担。

⑤ 工程所需清理、修复费用，应由发包人承担。

不可抗力解除后复工的，若不能按期竣工，应合理延长工期。发包人要求赶工的，赶工费用应由发包人承担。

⑥ 承包人在停工期间按照发包人要求照管、清理和修复工程的费用由发包人承担。

不可抗力发生后，合同当事人均应采取措施尽量避免和减少损失的扩大，任何一方当事人没有采取有效措施导致损失扩大的，应对扩大的损失承担责任。

因合同一方迟延履行合同义务，在迟延履行期间遭遇不可抗力的，不免除其违约责任。

【例 11-10】　某工程在施工过程中，因不可抗力造成损失。承包人及时向项目监理机构提出了索赔申请，并附有相关证明材料，要求补偿的经济损失如下。

（1）在建工程损失 26 万元。

（2）承包人受伤人员医药费、补偿金 4.5 万元。

（3）施工机具损坏损失 12 万元。

（4）施工机具闲置、施工人员窝工损失 5.6 万元。

（5）工程清理、修复费用 3.5 万元。

逐项分析以上的经济损失是否补偿给承包人，分别说明理由。项目监理机构应批准的补偿金额为多少元？

【解】　（1）在建工程损失 26 万元的经济损失应补偿给承包人。理由：不可抗力造成工程本身的损失，由发包人承担。

（2）承包人受伤人员医药费、补偿费 4.5 万元的经济损失不应补偿给承包人。理由：不可抗力造成承发包双方的人员伤亡，分别各自承担。

（3）施工机具损坏损失 12 万元的经济损失不应补偿给承包人。理由：不可抗力造成施工机械设备损坏，由承包人承担。

（4）施工机具闲置、施工人员窝工损失 5.6 万元的经济损失不应补偿给承包人。理由：不可抗力造成承包人机械设备的停工损失，由承包人承担。

（5）工程清理、修复费用 3.5 万元的经济损失应补偿给承包人。理由：不可抗力造成工程所需清理、修复费用，由发包人承担。

项目监理机构应批准的补偿金额：26＋3.5＝29.5（万元）

11. 2. 2. 10　提前竣工

为了保证工程质量，承包人除了根据标准规范、施工图纸进行施工外，还应当按照科学合理的施工组织设计，按部就班地进行施工作业。因为有些施工流程必须有一定的时间间隔，例如，现浇混凝土必须有一定时间的养护才能进行下一个工序，刷油漆必须等上道工序所刮腻子干燥后方可进行等。所以，《建设工程质量管理条例》第十条规定："建设工程发包单位不得迫使承包方以低于成本的价格竞标，不得任意压缩合理工期"，据此，《建设工程工程量清单计价规范》（GB 50500）做了以下规定。

① 工程发包时，招标人应当依据相关工程的工期定额合理计算工期，压缩的工期天数不得超过定额工期的 20％，将其量化。超过者，应在招标文件中明示增加赶工费用。

② 工程实施过程中，发包人要求合同工程提前竣工的，应征得承包人同意后与承包人商定采取加快工程进度的措施，并应修订合同工程进度计划。发包人应承担承包人由此增加的提前竣工（赶工补偿）费用。

③ 发承包双方应在合同中约定提前竣工每日历天应补偿额度，此项费用应作为增加合同价款列入竣工结算文件中，应与结算款一并支付。

赶工费用主要包括：

① 人工费的增加，例如新增加投入人工的报酬，不经济使用人工的补贴等；

② 材料费的增加，例如可能造成不经济使用材料而损耗过大，材料提前交货可能增加的费用以及材料运输费的增加等；

③ 机械费的增加，例如可能增加机械设备投入，不经济的使用机械等。

11. 2. 2. 11　暂列金额

暂列金额是指招标人在工程量清单中暂定并包括在合同价款中的一笔款项。用于工程合同签订时尚未确定或者不可预见的所需材料、工程设备、服务的采购，施工中可能发生的工程变更、合同约定调整因素出现时的合同价款调整以及发生的索赔、现场签证等确认的费用。

已签约合同价中的暂列金额由发包人掌握使用。发包人按照合同的规定作出支付后，如有剩余，则暂列金额余额归发包人所有。

例如：根据上述定义，暂列金额在实际履行过程中可能发生，也可能不发生。某工程招标工程量清单中给出的暂列金额及拟用项目如表 11-4 所示，投标人只需要直接将招标工程量清单中所列的暂列金额纳入投标总价，并且不需要在所列的暂列金额以外再考虑任何其他费用。

表 11-4　某工程招标工程量清单中给出的暂列金额及拟用项目

工程名称：××中学教学楼工程　　　　　　　　标段：　　　　　　　　第 1 页　共 1 页

序号	项目名称	计量单位	暂定金额/元	备注
1	自行车车棚工程	项	100000	正在设计图纸
2	工程量偏差和设计变更	项	100000	
3	政策性调整和材料价格波动	项	100000	
4	其他项	项	50000	
	合计		350000	

注：此表由招标人填写，如不能详列，也可只列暂列金额总额，投标人应将上述暂列金额计入投标总价中。

11.3 工程计量和支付

11.3.1 工程计量

工程量的正确计量是发包人向承包人支付合同价款的前提和依据。无论采用何种计价方式，其工程量必须按照相关工程现行国家计量规范规定的工程量计算规则计算。采用全国统一的工程量计算规则，对于规范工程建设各方的计量计价行为，有效减少计量争议具有重要意义。具体的工程计量周期应在合同中约定，可选择按月或按工程形象进度分段计量。同时，《建设工程工程量清单计价规范》（GB 50500，以下简称"计量规范"）还规定成本加酬金合同应按单价合同的规定计量。

11.3.1.1 工程计量的原则

① 按合同文件中约定的方法进行计量。

② 按承包人在履行合同义务过程中实际完成的工程量计量。

③ 对于不符合合同文件要求的工程，承包人超出施工图纸范围或因承包人原因造成返工的工程量，不予计量。

④ 若发现工程量清单中出现漏项、工程量计算偏差，以及工程变更引起工程量的增减变化，应据实调整，正确计量。

11.3.1.2 工程计量的依据

计量依据一般包括质量合格证书、"计量规范"、技术规范中的"计量支付"条款和设计图纸。也就是说，计量时必须以这些资料为依据。

（1）质量合格证书

对于承包人已完成的工程，并不是全部进行计量，只有质量达到合同标准的已完工程才予以计量。所以工程计量必须与质量监理紧密配合，经过专业监理工程师检验，工程质量达到合同规定的标准后，由专业监理工程师签署报验申请表（质量合格证书），只有质量合格的工程才予以计量。所以说质量监理是计量的基础，计量又是质量监理的保障，通过计量支付，可以强化承包人的质量意识。

（2）"计量规范"和技术规范

"计量规范"和技术规范是确定计量方法的依据。因为"计量规范"和技术规范的"计量支付"条款规定了清单中每一项工程的计量方法，同时还规定了按规定的计量方法确定的单价所包括的工作内容和范围。

例如：某高速公路技术规范计量支付条款规定：所有道路工程、隧道工程和桥梁工程中的路面工程按各种结构类型及各层不同厚度分别汇总，以图纸所示或监理工程师指示为依据，按经监理工程师验收的实际完成数量，以"m^2"为单位分别计量。计量方法是根据路面中心线的长度乘图纸所标明的平均宽度，再加单独测量的岔道、加宽路面、喇叭口和道路交叉处的面积，以"m^2"为单位计量。除监理工程师书面批准外，凡超过图纸所规定的任何宽度、长度、面积或体积均不予计量。

（3）设计图纸

单价合同以实际完成的工程量进行结算，但被监理工程师计量的工程数量，并不一定是承包人实际施工的数量。计量的几何尺寸要以设计图纸为依据，监理工程师对承包人超出设计图纸要求增加的工程量和自身原因造成返工的工程量，不予计量。例如：在某工程中，灌注桩的计量支付条款中规定按照设计图纸以延长米计量，其单价包括所有材料及施工的各项费用。根据这个规定，如果承包人做了35m，而桩的设计长度30m，则只计量30m，发包人按 30m 付款，承包人多做的 5m 灌注桩所消耗的钢筋及混凝土材料，发包人不予补偿。

11.3.1.3　单价合同的计量

工程量必须以承包人完成合同工程应予计量的工程量确定。施工中进行工程量计量时，当发现招标工程量清单中出现缺项、工程量偏差，或因工程变更引起工程量增减时，应按承包人在履行合同义务中完成的工程量计量。

（1）计量程序

按照《建设工程工程量清单计价规范》（GB 50500）的规定，单价合同工程计量的一般程序如下。

① 承包人应当按照合同约定的计量周期和时间向发包人提交当期已完工程量报告。发包人应在收到报告后 7d 内核实，并将核实计量结果通知承包人。发包人未在约定时间内进行核实的，则承包人提交的计量报告中所列的工程量应视为承包人实际完成的工程量。

② 发包人认为需要进行现场计量核实时，应在计量前 24h 通知承包人，承包人应为计量提供便利条件并派人参加。当双方均同意核实结果时，双方应在上述记录上签字确认。承包人收到通知后不派人参加计量，视为认可发包人的计量核实结果。发包人不按照约定时间通知承包人，致使承包人未能派人参加计量，计量核实结果无效。

③ 当承包人认为发包人核实后的计量结果有误时，应在收到计量结果通知后的 7d 内向发包人提出书面意见，并附上其认为正确的计量结果和详细的计算资料。发包人收到书面意见后，应在 7d 内对承包人的计量结果进行复核后通知承包人。承包人对复核计量结果仍有异议的，按照合同约定的争议解决办法处理。

④ 承包人完成已标价工程量清单中每个项目的工程量并经发包人核实无误后，发承包人应对每个项目的历次计量报表进行汇总，以核实最终结算工程量，并应在汇总表上签字确认。

（2）工程计量的方法

监理工程师一般只对以下三方面的工程项目进行计量：工程量清单中的全部项目；合同文件中规定的项目；工程变更项目。

一般可按照以下方法进行计量。

① 均摊法　所谓均摊法，就是对清单中某些项目的合同价款，按合同工期平均计量。如：为监理工程师提供宿舍，保养测量设备，保养气象记录设备，维护工地清洁和整洁等。这些项目都有一个共同的特点，即每月均有发生。所以可以采用均摊法进行计量支付。例如：保养气象记录设备，每月发生的费用是相同的，如本项合同款额为 2000 元，合同工期为 20 个月，则每月计量、支付的款额为：2000 元/20 月＝100 元/月。

② 凭据法　所谓凭据法，就是按照承包人提供的凭据进行计量支付。如建筑工程险保险费、第三方责任险保险费、履约保证金等项目，一般按凭据法进行计量支付。

③ 估价法　所谓估价法，就是按合同文件的规定，根据监理工程师估算的已完成的工程价值支付。如为监理工程师提供办公设施和生活设施，为监理工程师提供用车，为监理工程师提供测量设备、天气记录设备、通信设备等项目。这类清单项目往往要购买几种仪器设备，当承包人对于某一项清单项目中规定购买的仪器设备不能一次购进时，则需采用估价法进行计量支付。其计量过程如下。

a. 按照市场的物价情况，对清单中规定购置的仪器设备分别进行估价。

b. 按式（11-10）计量支付金额

$$F = A \times \frac{B}{D} \tag{11-10}$$

式中，F 为计算的支付金额；A 为清单所列该项的合同金额；B 为该项实际完成的金额（按估算价格计算）；D 为该项全部仪器设备的总估算价格。

从式(11-10)可知：

- 该项实际完成金额 B 必须按各种设备的估算价格计算，它与承包人购进的价格无关；
- 估算的总价与合同工程量清单的款额无关。

当然，估价的款额与最终支付的款额无关，最终支付的款额总是合同清单中的款额。

④ 断面法　断面法主要用于取土坑或填筑路堤土方的计量。对于填筑土方工程，一般规定计量的体积为原地面线与设计断面所构成的体积。采用这种方法计量时，在开工前承包人需测绘出原地形的断面，并需经监理工程师检查，作为计量的依据。

⑤ 图纸法　在工程量清单中，许多项目都采取按照设计图纸所示的尺寸进行计量。如混凝土构筑物的体积，钻孔桩的桩长等。

⑥ 分解计量法　所谓分解计量法，就是将一个项目，根据工序或部位分解为若干子项。对完成的各子项进行计量支付。这种计量方法主要是为了解决一些包干项目或较大的工程项目的支付时间过长，影响承包人的资金流动等问题。

11.3.1.4　总价合同的计量

总价合同的计量活动非常重要。采用工程量清单方式招标形成的总价合同，其工程量的计算应按照单价合同的计量规定计算。采用经审定批准的施工图纸及其预算方式发包形成的总价合同，除按照工程变更规定的工程量增减外，总价合同各项目的工程量应为承包人用于结算的最终工程量。此外，总价合同约定的项目计量应以合同工程经审定批准的施工图纸为依据，发承包双方应在合同中约定工程计量的形象进度或事件节点进行计量。承包人应在合同约定的每个计量周期内对已完成的工程进行计量，并向发包人提交达到工程形象进度完成的工程量和有关计量资料的报告。发包人应在收到报告后 7d 内对承包人提交的上述资料进行复核，以确定实际完成的工程量和工程形象进度。对其有异议的，应通知承包人进行共同复核。

11.3.2　工程进度款的计量与支付

（1）工程款（进度款）支付的程序和责任

发包人应在双方计量确认后 14d 内，向承包人支付工程款（进度款）。同期用于工程上的发包人供应材料设备的价款以及按约定时间发包人应按比例扣回的预付款，与工程款（进度款）同期结算。合同价款调整、设计变更调整的合同价款及追加的合同价款，应与工程款（进度款）同期调整支付。

发包人超过约定的支付时间不支付工程款（进度款），承包人可向发包人发出要求付款的通知。发包人在收到承包人通知后仍不能按要求支付，可与承包人协商签订延期付款协议，经承包人同意后可以延期支付。协议须明确延期支付时间和从发包人计量签字后第 15d 起计算应付欲的贷款利息。发包人不按合同约定支付工程款（进度款），双方又未达成延期付款协议，导致施工无法进行，承包人可停止施工，由发包人承担违约责任。

（2）工程进度款的计算

每期应支付给承包人的工程进度款的款项包括以下内容。

① 经过确认核实的完成工程量对应工程量清单或报价单的相应价格计算应支付的工程款。

② 设计变更应调整的合同价款。

③ 本期应扣回的工程预付款。

④ 根据合同允许调整合同价款原因应补偿承包人的款项和应扣减的款项。

⑤ 经过工程师批准的承包人的索赔款等。

11.4　单位工程概算的审查

（1）单位工程概算审查的意义

单位工程概算是确定某个单位工程建设费用的文件，是确定建设项目全部建设费用不可缺少的组成部分。审查单位工程概算书是正确确定建设项目投资的一个重要环节，也是进一步加强工程建设管理，按基本建设程序办事，检验概算编制质量，提高编制水平的方法之一。因此，搞好概算的审查，对精确地计算出建设项目的投资、合理地使用建设资金、更好地发挥投资效果具有重要的意义。

① 可以促进概算编制人员严格执行国家概算编制制度，杜绝高估乱算，缩小概、预算之间的差距，提高编制质量。

② 可以正确地确定工程造价，合理分配和落实建设投资，加强计划管理。

③ 可以促进设计水平的提高与经济合理性。

④ 可以促进建设、施工单位加强经济核算。

（2）单位工程概算审查的内容

① 审查单位工程概算编制依据的时效性和合法性。

② 审查单位工程概算编制深度是否符合国家或部门的规定。

③ 审查单位工程概算编制的内容是否完整，有无漏算、多算、重算，各项费用取定标准、计算基础、计算程序、计算结果等是否符合规定和正确等。

④ 审查单位工程概算各项应取费用计取有无高抬"贵手"、带"水分"，打"埋伏"或"短斤少两"的现象等。

（3）单位工程概算审查的方法

设计概算审查可以分为编制单位内部审查和主管上级部门初步设计审查会审查两个方面，这里说的审查是指概算编制单位内部的审查方法。概算编制单位内部的审查方法主要有下述几种。

① 编制人自我复核。

② 审核人审查，包括定额、指标的选用、指标差异的调整换算、分项工程量计算、分项工程合价、分部工程直接工程费小计以及各项应取费用计算是否正确等。在编制单位内部审核人审查这一环节中，是一个至关重要的审查环节，审核人应根据被审核人的业务素质，选择全面审查法、重点审查法和抽项（分项工程）审查法等进行审查。

③ 审定人审查，是指由造价工程师、主任工程师或专业组长等对本单位所编概算的全面审查，包括概算的完整性、正确性、政策性等方面的审查和核准。

（4）单位工程概算审查的注意事项

① 编制概算采用的定额、指标、价格、费用标准是否符合现行规定。

② 如果概算是采用概算指标编制的，应审查所采用的指标是否恰当，结构特征是否与设计符合，应换算的分项工程和构件是否已经换算，换算方法是否正确。

③ 如果概算是采用概算定额（或综合预算定额）编制的，应着重审查工程量和单价。

④ 如果是依据类似工程预算编制的，应重点审查类似预算的换算系数计算是否正确，并注意所采用的预算与编制概算的设计内容有无不符之处。

⑤ 注意审查材料差价。近年来，建筑材料（特别是木材、钢材、水泥、玻璃、沥青、油毡等）价格基本稳定，没有什么大的波动，而有的地区的材料预算价格未做调整，或随市场因素的影响，各地区的材料预算价格差异调整步距也很不统一，所以审查概算时务必注意这个问题。

⑥ 注意概算所反映的建设规模、建筑结构、建筑面积、建筑标准等是否符合设计规定。

⑦ 注意概算造价的计算程序是否符合规定。

⑧ 注意审查各项技术经济指标是否先进合理。可用综合指标或单项指标与同类型工程的技术经济指标对比，分析造价高低的原因。

⑨ 注意审查概算编制中是否实事求是，有无弄虚作假，高估多算，硬留"活口"的现象。

11.5 单位工程预算的审查

(1) 单位工程预算审查的主要内容

① 审查工程预算的编制是否符合现行国家，行业，地方政府有关法律，法规和规定要求。

② 审查工程量计算的准确性，工程量计算规则与计价规范规则或定额规则的一致性。

③ 审查预算编制过程中，各种计价依据是否恰当，各项费率计取是否准确。

④ 审查各种要素市场价格选用是否合理。

⑤ 审查预算是否超过设计概算以及进行偏差分析。

(2) 单位工程预算审核的方法

① 重点审核法　主要是针对工程预算中的重点采取审查的方法。审核的关键在于：施工图计算部分价值较高或占投资比例较大的分项工程量。包括：砖石结构、钢筋混凝土结构、钢结构、高级装饰工程等。而对价值较低、占投资比例少的分项工程中，包括：普通装饰项目、零星项目等，审核者很容易忽略掉，而把重点放在了与工程量相对应的定额单价、混凝土标号、砌筑、抹灰砂浆的标号等。此种方式的优点在于重点突出，审查快捷，工作效率好。

② 全面审核　又称叫逐项审查法，主要的计算方法和审查过程基本等同于编制施工图预算。此种形式广泛运用于初学者审核施工图预算、投资少的项目、工程内容简单的项目、建设单位审核施工单位的预算等方面。此种方式的优点在于全面、细致，在审核的预算中很少出现差错，质量标准高。为严格控制工程造价，建设单位为大多使用这种方法。

③ 对比审核法　主要以总结分析工程预结算资料为前提，总结同类工程造价及工料消耗的规律性，并规划出用途、结构形式、地区不一致的工程造价、工料消耗指标。再分析这些指标对审核对象展开分析对比，从而总结出不符合投资规律的部分项工程，并根据这类项目做好重新审核。

④ 分组计算审核法　包括了相关项目、相关数据审核法。其主要是对预算中的各项目、各数据进行分组，并把相关的项目规划为一组审查或计算同一组中某个分项工程量，结合工程量存在的相应的计算数据基础的关系，对同组中其他某个分项工程量计算的准确程度进行判断。

(3) 单位工程预算的审核依据

① 国家有关工程建设和造价管理的法律、法规和方针政策。

② 施工图设计项目一览表、各专业施工图设计图纸和文字说明、工程地质勘察资料。

③ 主管部门颁布的现行预算定额以及工程量清单计价规范。

④ 施工组织设计或施工方案。

⑤ 费用计算规则及取费标准。

⑥ 预算工作手册或建材五金手册。

⑦ 地区人工工资、材料及机械台班预算价格。

⑧ 当地工程建设造价信息或市场价格。

⑨ 建设场地中的自然条件和施工条件。

第12章

招（投）标控制（标）价编制

12.1 综合单价编制方法

《建设工程工程量清单计价规范》中的工程量清单综合单价是指完成一个规定清单项目所需的人工费、材料和工程设备费、施工机具使用费和企业管理费、利润以及一定范围内的风险费用。该定义并不是真正意义上的全费用综合单价，而是一种狭义上的综合单价，规费和增值税等不可竞争的费用并不包括在项目单价中。

（1）确定组合定额子目

清单项目一般以一个"综合实体"考虑，包括了较多的工程内容，计价时，可能出现一个清单项目对应多个定额子目的情况。因此计算综合单价的第一步就是将清单项目的工程内容与定额项目的工程内容进行比较，结合清单项目的特征描述，确定拟组价清单项目应该由哪几个定额子目来组合。如"预制预应力C20混凝土空心板"项目，计量规范规定此项目包括制作、运输、吊装及接头灌浆，若定额分别列有制作、安装、吊装及接头灌浆，则应用这4个定额子目来组合综合单价；又如"M5水泥砂浆砌砖基础"项目，按计量规范不仅包括主项"砖基础"子目，还包括附项"混凝土基础垫层"子目。

（2）计算定额子目工程量

由于一个清单项目可能对应几个定额子目，而清单工程量计算的是主项工程量，与各定额子目的工程量可能并不一致；即便一个清单项目对应一个定额子目，也可能由于清单工程量计算规则与所采用的定额工程量计算规则之间的差异，而导致二者的计价单位和计算出来的工程量不一致。因此，清单工程量不能直接用于计价，在计价时必须考虑施工方案等各种影响因素，根据所采用的计价定额及相应的工程量计算规则重新计算各定额子目的施工工程量。定额子目工程量的具体计算方法，应严格按照与所采用的定额相对应的工程量计算规则计算。

（3）测算人、料、机消耗量

人、料、机的消耗量一般参照定额进行确定。在编制招标控制价时一般参照政府颁发的消耗量定额；编制投标报价时一般采用反映企业水平的企业定额，投标企业没有企业定额时可参照消耗量定额进行调整。

（4）确定人、料、机单价

人工单价、材料价格和施工机械台班单价，应根据工程项目的具体情况及市场资源的供求状况进行确定，采用市场价格作为参考，并考虑一定的调价系数。

（5）计算清单项目的人、料、机总费用

按确定的分项工程人工、材料和机械的消耗量及询价获得的人工单价、材料单价、施工机械台班单价，与相应的计价工程量相乘得到各定额子目的人、料、机总费用，将各定额子目的人、料、机总费用汇总后算出清单项目的人、料、机总费用

$$人、料、机总费用＝\sum 计价工程量×（\sum 人工消耗量×人工单价＋$$
$$\sum 材料消耗量×材料单价＋\sum 台班消耗量×台班单价） \tag{12-1}$$

（6）计算清单项目的管理费和利润

企业管理费及利润通常根据各地区规定的费率乘以规定的计价基础得出。通常情况下，计算公式为

$$管理费＝人、料、机总费用×管理费费率 \tag{12-2}$$
$$利润＝（人、料、机总费用＋管理费）×利润率 \tag{12-3}$$

（7）计算清单项目的综合单价

将清单项目的人、料、机总费用、管理费及利润汇总得到该清单项目合价，将该清单项目合价除以清单项目的工程量即可得到该清单项目的综合单价

$$综合单价＝（人、料、机总费用＋管理费＋利润）/清单工程量 \tag{12-4}$$

12.2 措施项目费计算

措施项目费是指为完成工程项目施工，而用于发生在该工程施工准备和施工过程中的技术、生活、安全、环境保护等方面的非工程实体项目所支出的费用。措施项目清单计价应根据建设工程的施工组织设计，可以计算工程量的措施项目，应按分部分项工程量清单的方式采用综合单价计价；其余的不能算出工程量的措施项目，则用总价项目的方式，以"项"为单位的方式计价，应包括除规费、增值税外的全部费用。措施项目清单中的安全文明施工费应按照国家或省级、行业建设主管部门的规定计价，不得作为竞争性费用。

措施项目费的计算方法一般有以下几种。

（1）综合单价法

这种方法与分部分项工程综合单价的计算方法一样，就是根据需要消耗的实物工程量与实物单价计算措施费，适用于可以计算工程量的措施项目，主要是指一些与工程实体有紧密联系的项目，如混凝土模板、脚手架、垂直运输等。与分部分项工程不同，并不要求每个措施项目的综合单价必须包含人工费、材料费、机具费、管理费和利润中的每一项

$$措施项目费＝\sum （单价措施项目工程量×单价措施项目综合单价） \tag{12-5}$$

（2）参数法计价

参数法计价是指按一定的基数乘系数的方法或自定义公式进行计算。这种方法简单明了，但最大的难点是公式的科学性、准确性难以把握。这种方法主要适用于施工过程中必须发生，但在投标时很难具体分项预测，又无法单独列出项目内容的措施项目。如夜间施工费、二次搬运费、冬雨期施工的计价均可以采用该方法，计算公式如下。

① 安全文明施工费

$$安全文明施工费＝计算基数×安全文明施工费费率（\%） \tag{12-6}$$

计算基数应为定额基价（定额分部分项工程费＋定额中可以计量的措施项目费）、定额人工费或（定额人工费＋定额机械费），其费率由工程造价管理机构根据各专业工程的特点综合确定。

② 夜间施工增加费

$$夜间施工增加费＝计算基数×夜间施工增加费费率（\%） \tag{12-7}$$

③ 二次搬运费

$$二次搬运费＝计算基数×二次搬运费费率（\%） \tag{12-8}$$

④ 冬雨期施工增加费

$$冬雨期施工增加费＝计算基数×冬雨季施工增加费费率 \qquad (12\text{-}9)$$

上述②～④项措施项目的计费基数应为定额人工费或（定额人工费＋定额机械费），其费率由工程造价管理机构根据各专业工程特点和调查资料综合分析后确定。

（3）分包法计价

在分包价格的基础上增加投标人的管理费及风险费进行计价的方法，这种方法适合可以分包的独立项目，如室内空气污染测试等。

有时招标人要求对措施项目费进行明细分析，这时采用参数法组价和分包法组价都是先计算该措施项目的总费用，这就需人为用系数或比例的办法分摊人工费、材料费、机械费、管理费及利润。

12.3 其他项目费计算

其他项目费由暂列金额、暂估价、计日工、总承包服务费等内容构成。

暂列金额和暂估价由招标人按估算金额确定。招标人在工程量清单中提供的暂估价的材料、工程设备和专业工程，若属于依法必须招标的，由承包人和招标人共同通过招标确定材料、工程设备单价与专业工程分包价；若材料、工程设备不属于依法必须招标的，经发承包双方协商确认单价后计价；若专业工程不属于依法必须招标的，由发包人、总承包人与分包人按有关计价依据进行计价。

计日工和总承包服务费由承包人根据招标人提出的要求，按估算的费用确定。

12.4 规费、增值税计算

（1）规费、增值税

规费和增值税应按国家或省级、行业建设主管部门的规定计算，不得作为竞争性费用。每一项规费和增值税的规定文件中，对其计算方法都有明确的说明，故可以按各项法规和规定的计算方式计取。一般按国家及有关部门规定的计算公式和费率标准进行计算。增值税是指根据国家有关规定，计入建筑工程造价内的增值税。

（2）规费、增值税的计算

$$规费的计算＝定额规费＋工程排污费＋其他 \qquad (12\text{-}10)$$

$$增值税计算＝（分部分项工程费＋措施费＋其他费用＋规费）×9\% \qquad (12\text{-}11)$$

12.5 投标报价汇总表计算

单项工程招标控制价/投标报价汇总见表12-1。单位工程招标控制价/投标报价汇总见表12-2。

表 12-1 单项工程招标控制价/投标报价汇总表

工程名称： 　　　　　　　　　　　　　　　　　　　　　　　　　　　　第 页 共 页

序号	单项工程名称	金额/元	其中：/元		
			暂估价	安全文明施工费	规费
合计					

注：本表适用于单项工程招标控制价或投标报价的汇总。暂估价包括分部分项工程中的暂估价和专业工程暂估价。

表 12-2 单位工程招标控制价/投标报价汇总表

工程名称：　　　　　　　　　　　　　　　　　　　　　　　　　第 页 共 页

序号	汇总内容	金额/元	其中:暂估价/元
1	分部分项工程		
1.1			
1.2			
1.3			
...	...		
2	措施项目		
2.1	其中:安全文明施工费		
3	其他项目		
3.1	其中:暂列金额		
3.2	其中:专业工程暂估价		
3.3	其中:计日工		
3.4	其中:总承包服务费		
4	规费		
5	增值税		
	招标控制价合计＝1＋2＋3＋4＋5		

注：本表适用于单位工程招标控制价或投标报价的汇总，如无单位工程划分，单项工程也使用本表汇总。

12.6 招标控制价封面

招标人自行编制招标控制价封面，举例如下。

_____工程

招标控制价

招标人：_____
（单位盖章）

造价咨询人：_____
（单位盖章）

年　　　月　　　日

12.7　清单报价简例的完整内容

《建设工程工程量清单计价规范》附录中的标准表格摘录如下。

表 12-1～表 12-7 为一个清单报价简例，本节的招标控制价编制是一个比较简单的例子。

表 12-3　分部分项工程和单价措施项目清单与计价表

工程名称：　　　　　　　　　　　标段：　　　　　　　　　　　第　页　共　页

序号	项目编码	项目名称	项目特征描述	计量单位	工程量	金额/元		
						综合单价	合价	其中暂估价
			本页小计					
			合计					

注：为计取规费等的使用，可在表中增设其中："定额人工费"。

表 12-4　综合单价分析表

工程名称：　　　　　　　　　　　标段：　　　　　　　　　　　第　页　共　页

项目编码		项目名称		计量单位		工程量	

清单综合单价组成明细

定额编号	定额项目名称	定额单位	数量	单价				合价			
				人工费	材料费	机械费	管理费和利润	人工费	材料费	机械费	管理费和利润
人工单价			小计								
元/工日			未计价材料费								
清单项目综合单价											

主要材料名称、规格、型号	单位	数量	单价/元	合价/元	暂估单价/元	暂估合价/元
材料费明细表						
其他材料费			—		—	
材料费小计			—		—	

注：1. 如不使用省级或行业建设主管部门发布的计价依据，可不填定额编号、名称等。
2. 招标文件提供了暂估单价的材料，按暂估的单价填入表内"暂估单价"栏及"暂估合价"栏。

表 12-5 总价措施项目清单与计价表

工程名称：　　　　　　　　　　　　　　标段：　　　　　　　　　　　　　　　第 页 共 页

序号	项目编码	项目名称	计算基础	费率/%	金额/元	调整费率	调整后金额/元	备注
		安全文明施工费						
		夜间施工增加费						
		二次搬运费						
		冬雨期施工增加费						
		已完工程及设备保护费						
		合计						

编制人（造价人员）：　　　　　　　　　　　　　　　　　　复核人（造价工程师）：

注：1."计算基础"中安全文明施工费可为"定额基价""定额人工费"或"定额人工费＋定额机械费"，其他项目可为"定额人工费"或"定额人工费＋定额机械费"。

2.按施工方案计算的措施费，若无"计算基础"和"费率"的数值，也可只填"金额"数值，但应在备注栏说明施工方案出处或计算方法。

表 12-6 其他项目清单与计价汇总表

工程名称：　　　　　　　　标段　　　　　　　　　　　　　　第 页 共 页

序号	项目名称	金额/元	结算金额/元	备注
1	暂列金额			
2	暂估价			
2.1	材料（工程设备）暂估价/结算价			
2.2	专业工程暂估价/结算价			
3	计日工			
4	总承包服务费			
5	索赔与现场签证			
	合计			

注：材料（工程设备）暂估单价进入清单项目综合单价，此处不汇总。

表 12-7 规费、增值税项目计价表

工程名称：　　　　　　　　　　　　　　标段：　　　　　　　　　　　　第 页 共 页

序号	项目名称	计算基础	计算基数	计算费率/%	金额/元
1	规费	定额人工费			
1.1	社会保险费	定额人工费			
(1)	养老保险费	定额人工费			
(2)	失业保险费	定额人工费			
(3)	医疗保险费	定额人工费			
(4)	工伤保险费	定额人工费			

序号	项目名称	计算基础	计算基数	计算费率/%	金额/元
（5）	生育保险费	定额人工费			
1.2	住房公积金	定额人工费			
1.3	工程排污费	按工程所在地环境保护部门 收取标准,按实计入			
2	增值税	分部分项工程费＋措施项目费＋其 他项目费＋规费－按规定不计税的 工程设备金额			
合计					

编制人（造价人员）：　　　　　　　　　　　　　　　　　　复核人（造价工程师）：

12.8　招标控制价编制程序

招标人根据国家或省级、行业建设主管部门颁发的有关计价依据和办法，以及拟定的招标文件和招标工程量清单，结合工程具体情况编制的招标工程的最高投标限价。国有资金投资的工程建设项目应实行工程量清单招标，并应编制招标控制价。

招标控制价的编制程序如下。

① 了解编制要求与范围。

② 熟悉施工图纸和有关文件。

③ 熟悉与建设工程有关的标准、规范和技术资料。

④ 熟悉拟定的招标文件及其补充通知，答疑纪要等。

⑤ 了解施工现场情况和工程特点。

⑥ 熟悉工程量清单。

⑦ 工程造价汇总、分析、审核。

⑧ 成果文件确认，盖章。

⑨ 提交成果文件。

第13章

工程竣工结算与竣工决算

13.1 工程竣工验收

13.1.1 工程竣工预验收

工程竣工预验收由监理公司组织，建设单位、承包商参加。

工程竣工后，监理工程师按照承包商自检验收合格后提交的《单位工程竣工预验收申请表》，审查资料并进行现场检查；项目监理部就存在的问题提出书面意见，并签发《监理工程师通知书》（注：需要时填写），要求承包商限期整改；承包商整改完毕后，按有关文件要求，编制《建设工程竣工验收报告》交监理工程师检查，由项目总监签署意见后，提交建设单位。

13.1.2 竣工验收

（1）竣工验收条件

《建设工程质量管理条例》规定，建设工程竣工验收应当具备以下条件。

① 完成建设工程设计和合同约定的各项内容，主要是指设计文件所确定的、在承包合同中载明的工作范围，也包括监理工程师签发的变更通知单中所确定的工作内容。

② 有完整的技术档案和施工管理资料。

③ 有工程使用的主要建筑材料、建筑构配件和设备的进场试验报告。对建设工程使用的主要建筑材料、建筑构配件和设备的进场，除具有质量合格证明资料外，还应当有试验、检验报告。试验、检验报告中应当注明其规格、型号、用于工程的哪些部位、批量批次、性能等技术指标，其质量要求必须符合国家规定的标准。

④ 有勘察、设计、施工、工程监理等单位分别签署的质量合格文件。勘察、设计、施工、工程监理等有关单位依据工程设计文件及承包合同所要求的质量标准，对竣工工程进行检查和评定，符合规定的，签署合格文件。

⑤ 有施工单位签署的工程保修书。

（2）竣工验收的范围

国家颁布的建设法规规定，凡新建、扩建、改建的基本建设项目和技术改造项目（所有列入固定资产投资计划的建设项目或单项工程），已按国家批准的设计文件所规定的内容建成，符合验收标准，即：工业投资项目经负荷试车考核，试生产期间能够正常生产出合格产品，形成生产能力的；非工业投资项目符合设计要求，能够正常使用的，不论是属于哪种建设性质，都应及时组织验收，办理固定资产移交手续。

有的工期较长、建设设备装置较多的大型工程，为了及时发挥其经济效益，对其能够独立生产的单项工程，也可以根据建成时间的先后顺序，分期分批地组织竣工验收；对能生产中间产品的一些单项工程，不能提前投料试车，可按生产要求与生产最终产品的工程同步建成竣工后，再进行全部验收。

对于某些特殊情况，工程施工虽未全部按设计要求完成，也应进行验收，这些特殊情况主要如下。

① 因少数非主要设备或某些特殊材料短期内不能解决，虽然工程内容尚未全部完成，但已可以投产或使用的工程项目。

② 规定要求的内容已完成，但因外部条件的制约，如流动资金不足、生产所需原材料不能满足等，而使已建工程不能投入使用的项目。

③ 有些建设项目或单项工程，已形成部分生产能力，但近期内不能按原设计规模续建，应从实际情况出发，经主管部门批准后，可缩小规模对已完成的工程和设备组织竣工验收，移交固定资产。

（3）竣工验收的依据

建设项目竣工验收的主要依据如下。

① 上级主管部门对该项目批准的各种文件。

② 可行性研究报告。

③ 施工图设计文件及设计变更洽商记录。

④ 国家颁布的各种标准和现行的施工验收规范。

⑤ 工程承包合同文件。

⑥ 技术设备说明书。

⑦ 建筑安装工程统一规定及主管部门关于工程竣工的规定。

⑧ 从国外引进的新技术和成套设备的项目以及中外合资建设项目，要按照签订的合同和进口国提供的设计文件等进行验收。

⑨ 利用世界银行等国际金融机构贷款的建设项目，应按世界银行规定，按时编制《项目完成报告》。

13.1.3　工程竣工验收监督

① 监督站在审查工程技术资料后，对该工程进行评价，并出具《建设工程施工安全评价书》（建设单位提前 15d 把《工程技术资料》送监督站审查，监督站在 5d 内返回《工程竣工质量安全管理资料退回单》给建设单位）。

② 监督站在收到工程竣工验收的书面通知后（建设单位在工程竣工验收前 7d 把验收时间、地点、验收组名单以书面通知监督站，另附《工程质量验收计划书》），对照《建设工程竣工验收条件审核表》进行审核，并对工程竣工验收组织形式、验收程序、执行验收标准等情况进行现场监督，并出具《建设工程质量验收意见书》。

13.2　工程竣工结算

13.2.1　工程结算的概念及内容

13.2.1.1　工程结算的概念

工程结算是指施工企业按照承包合同和已完工程量向建设单位（业主）办理工程价清算的经济文件。一般地说，工程结算在整个施工的实施过程中要进行多次，直到工程项目全部竣工并验收后，在进行最终产品的工程竣工结算才是发包人双方认可的建筑产品的市场真实价格，也就是最终产品的工程造价。

13.2.1.2 工程结算的内容

工程结算按单位工程编制。其内容与施工图预算书基本相同，不同处是以变更签证等资料为依据，以原施工图预算为基础，进行部分增减与调整。

（1）工程分项有无增减

由于设计的变更，可能带来工程分项的增减，因此应对原施工图预算分项进行核对、调整。一般情况下原施工图预算书分项不变，遇特殊情况设计更较大时，也可能增加不同类别的分项。此时应根据变更计算其分项工程量，确定采用相应的预算定额，作为新项列入工程结算。

（2）调整工程量差

调整工程量差即调整原预算书与实际完成的工程数量之间的差额，一般是调整的主要部分。出现量差的主要原因是修改设计或设计漏项、现场施工条件及其措施变动和原施工图预算差错等。

（3）调整材料差价

材料差价的调整是调整结算的重要内容，政策性强，应严格按照当地主管部门的规定进行调整，材料代用发生的差价，应以材料代用核定通知单为依据，在规定范围内调整。

（4）各项费用的调整

由于工程量的增减会影响直接费的变化其间接费用、利润和税金也应做相应调整。各种材料价差不能列入直接费作为间接费的调整，但可作为工程预算成本，也可作为调整利润和税金的技术费用。

其他费用，例如因建设单位发生的窝工费用、机械进出场费用等，应一次结清，分摊到结算的工程项目之中。施工现场使用建设单位的水电费用，应在工程结算时按有关规定付给建设单位。

（5）结算书的内容

① 工程结算书封面　封面形式与施工图预算书封面相同，要求填写工程名称、结构类型、建筑面积、工程造价及单方造价等内容。

② 编制说明　主要说明施工合同有关规定、有关文件和变更内容等。

③ 结算造价汇总计算表　工程结算表形式与施工图预算表相同。

④ 汇总表的附表　包括工程增减变更计算表、材料价差计算表、建设单位工料计算表等内容。

⑤ 工程竣工资料　包括竣工图、各类签证单、核定单、工程量增补单、设计变更单等。

13.2.2 工程结算编制依据

① 国家有关法律、法规、规章制度和相关的司法解释。

② 国务院建设行政主管部门以及各省、自治区、直辖市和有关部门发布的工程造价计价标准、计价办法、有关规定及相关解释。

③ 施工发承包合同、专业分包合同及补充合同、有关材料、设备采购合同。

④ 招投标文件、包括招标答疑文件、投标承诺、中标报价书及其组成内容。

⑤ 工程竣工图或施工图、施工图会审记录、经批准的施工组织设计以及设计变更、工程洽商和相关会议纪要。

⑥ 经批准的开、竣工报告或停、复工报告。

⑦ 建设工程工程量清单计价规范或工程预算定额费用定额及价格信息、调价规定等。

⑧ 工程预算书。

⑨ 影响工程造价的相关资料。

⑩ 结算编制委托合同。

13.2.3　工程结算编制程序与编制方法

13.2.3.1　工程结算的编制程序

工程结算应按准备、编制和定稿三个工作阶段进行，并实行编制人、校对人和审核人分别签名盖章确认的内部审核制度。

（1）结算编制准备阶段

① 收集与工程结算编制相关的原始资料。

② 熟悉工程结算资料内容，进行归类、分档、整理。

③ 召集相关单位或部门的有关人员参加工程结算预备会议，对结算内容和结算资料进行核对与充实完善。

④ 收集建设期内影响合同价格的法律和政策性文件。

（2）结算编制阶段

① 根据竣工图及施工图以及施工组织设计进行现场踏勘，对需要调整的工程项目进行观察、对照、必要的现场实测和计算，做好书面和影像记录。

② 按既定的工程量计算规则计算需要调整的分部分项、施工措施和其他项目工程量。

③ 按招标文件、施工发承包合同规定的计价原则和计价办法对分部分项、施工措施和其他项目进行计价。

④ 对工程量清单或定额缺项以及采用新材料、新设备、新工艺的，应根据施工过程中的合理消耗和市场价格，编制综合单价或单位估价分析表。

⑤ 工程索赔应按合同约定的索赔处理原则、程序和处理方法，提出索赔费用，经发包人确认后作为结算依据。

⑥ 汇总计算工程费用，包括编制分部分项工程费、施工措施项目费、其他项目费、零星工作项目费或直接费、间接费、利润和税金等表格，初步确定工程结算价格。

⑦ 编写编制说明。

⑧ 计算主要技术经济指标。

⑨ 提交结算编制的初步成果文件待校对和审核。

（3）结算编制定稿阶段

① 由结算编制受托人单位的部门负责人对初步成果文件进行检查、校对。

② 由结算编制受托人单位的主管负责人审核批准。

③ 在合同约定的期限内，向委托人提交经编制人、校对人、审核人和受托人单位盖章确认的正式的结算编制文件。

13.2.3.2　工程结算的编制方法

工程结算的编制应区分施工发承包合同类型，采用相应的编制方法。

① 采用总价合同的，应在合同价基础上对设计变更、工程洽商以及工程索赔等合同约定可以调整的内容进行调整。

② 采用单价合同的，应计算或核定竣工图或施工图以内的各个分部分项工程量，依据合同约定的方式确定分部分项工程项目价格，并对设计变更、工程洽商、施工措施以及工程索赔等内容进行调整。

③ 采用成本加酬金合同的，应依据合同约定的方法计算各个分部分项工程以及设计变更、工程洽商、施工措施等内容的工程成本，并计算酬金及有关税费。

13.2.4　工程结算依据及结算方式

13.2.4.1　工程结算依据

① 国家有关法律、法规、规章制度和相关的司法解释。

② 国务院建设行政主管部门以及各省、自治区、直辖市和有关部门发布的工程造价计价标准、计价办法、有关规定及相关解释。

③ 施工方承包合同、专业分包合同及补充合同，有关材料、设备采购合同。

④ 招投标文件，包括招标答疑文件、投标承诺、中标报价书及其组成内容。

⑤ 工程竣工图或施工图、施工图会审记录，经批准的施工组织设计以及设计变更、工程洽商和相关会议纪要。

⑥ 经批准的开、竣工报告或停、复工报告。

⑦ 建设工程工程量清单计价规范或工程预算定额、费用定额及价格信息、调价规定等。

⑧ 工程预算书。

⑨ 影响工程造价的相关资料。

⑩ 安装工程定额基价。

⑪ 结算编制委托合同。

13.2.4.2　工程结算方式

我国常采用的工程结算方式主要有以下几种。

（1）按月结算

实行旬末或月中预支，月终结算，竣工后清算的方法。跨年度竣工的工程，在年终进行工程盘点，办理年度结算。

（2）竣工后一次结算

建设项目或单项工程全部建筑安装工程建设期在 12 个月以内，或者工程承包价值在 100 万元以下的，可以实行工程价款每月月中预支，竣工后一次结算。

（3）分段结算

当年开工，当年不能竣工的单项工程或单位工程，按其施工形象进度划分不同施工阶段，按阶段进行工程价款结算。

（4）目标结算方式

即在工程合同中，将承包工程的内容分解成不同的控制界面，以业主验收控制界面作为支付工程款的前提条件。也就是说，将合同中的工程内容分解成不同的验收单元，当施工单位完成单元工程内容并经业主经验收后，业主支付构成单元工程内容的工程价款。

在目标结算方式下，施工单位要想获得工程价款，必须按照合同约定的质量标准完成界面内的工程内容，要想尽早获得工程价款，施工单位必须充分发挥自己的组织实施能力，在保证质量的前提下，加快施工进度。

（5）结算双方约定的其他结算方式

实行预收备料款的工程项目，在承包合同或协议中应明确：发包单位（甲方）在开工前拨付给承包单位（乙方）工程备料款的预付数额、预付时间，开工后扣还备料款的起扣点、逐次扣还的比例，以及办理的手续和方法。

我国有关规定，备料款的预付时间应不迟于约定的开工日期前 7d。发包方不按约定预付的，承包方在约定预付时间 7d 后发包方发出要求预付的通知。发包方收到通知后仍不能按要求预付，承包方可在发出通知后 7d 停止施工，发包方应从约定应付之日起向承包方支付应付款的贷款利息，并承担违约责任。

13.2.5　工程预付款

（1）工程预付款的支付

工程预付款是发包人为帮助承包人解决施工准备阶段的资金周转问题而提前支付的一笔款项，用于承包人为合同工程施工购置材料、机械设备、修建临时设施以及施工队伍进场等。工程是否实行预付款，取决于工程性质、承包工程量的大小及发包人在招标文件中的规定。工程实行预付款的，发包人应按合同约定的时间和比例（或金额）向承包人支付工程预付款。当合同对工程预付款的支付没有约定时，按照财政部、建设部印发的《建设工程价款结算暂行办法》（财建［2004］369 号）的规定办理。

① 工程预付款的额度。包工包料的工程原则上预付比例不低于合同金额（扣除暂列金额）的 10％，不高于合同金额（扣除暂列金额）的 30％；对重大工程项目，按年度工程计划逐年预付。实行工程量清单计价的工程，实体性消耗和非实体性消耗部分应在合同中分别约定预付款比例（或金额）。

② 工程预付款的支付时间。在具备施工条件的前提下，发包人应在双方签订合同后的一个月内或约定的开工日期前的 7d 内预付工程款。若发包人未按合同约定预付工程款，承包人应在预付时间到期后 10d 内向发包人发出要求预付的通知，发包人收到通知后仍不按要求预付，承包人可在发出通知 14d 后停止施工，发包人应从约定应付之日起按同期银行贷款利率计算向承包人支付应付预付款的利息，并承担违约责任。

③ 凡是没有签订合同或不具备施工条件的工程，发包人不得预付工程款，不得以预付款为名转移资金。

（2）工程预付款的抵扣

发包人拨付给承包人的工程预付款属于预支的性质。随着工程进度的推进，拨付的工程进度款数额不断增加，工程所需主要材料、构件的储备逐步减少，原已支付的预付款应以抵扣的方式从工程进度款中予以陆续扣回。预付的工程款必须在合同中约定扣回方式，常用的扣回方式有以下几种。

① 在承包人完成金额累计达到合同总价一定比例（双方合同约定）后，采用等比率或等额扣款的方式分期抵扣。也可针对工程实际情况具体处理，如有些工程工期较短、造价较低，就无须分期扣还；有些工期较长，如跨年度工程，其预付款的占用时间很长，根据需要可以少扣或不扣。

② 从未完施工工程尚需的主要材料及构件的价值相当于工程预付款数额时起扣，从每次中间结算工程价款中，按材料及构件比例抵扣工程预付款，至竣工之前全部扣清。其基本计算公式如下。

a. 起扣点的计算公式

$$T = P - \frac{M}{N} \tag{13-1}$$

式中，T 为起扣点，即工程预付款开始扣回的累计已完工程价值；P 为承包工程合同总额；M 为工程预付款数额多；N 为主要材料及构件所占比例。

b. 第一次扣还工程预付款数额的计算公式

$$a_1 = \left(\sum_{i=1}^{n} T_i - T \right) \times N \tag{13-2}$$

式中，a_1 为第一次扣还工程预付款数；$\sum_{i=1}^{n} T_i$ 为累计已完工程价值。

c. 第二次及以后各次扣还工程预付款数额的计算公式

$$a_i = T_i N \tag{13-3}$$

式中，a_i 为第 i 次扣还工程预付款数额（$i > 1$）；T_i 为第 i 次扣还工程预付款时，当期结算的已完工程价值。

13.2.6 期中支付

（1）期中支付价款的计算

① 已完工程的结算价款　已标价工程量清单中的单价项目，承包人应按工程计量确认的工程量与综合单价计算。如综合单价发生调整的，以发承包双方确认调整的综合单价计算进度款。

已标价工程量清单中的总价项目，承包人应按合同中约定的进度款支付分解，分别列入进度款支付申请中的安全文明施工费和本周期应支付的总价项目的金额中。

② 结算价款的调整　承包人现场签证和得到发包人确认的索赔金额列入本周期应增加的金额中。由发承包提供的材料、工程设备金额，应按照发包人签约提供的单价和数量从进度款支付中扣出，列入本周期应扣减的金额中。

（2）进度款

发承包双方应按照合同约定的时间、程序和方法，根据工程计量结果，办理期中价款结算，支付进度款。进度款支付周期，应与合同约定的工程计量周期一致。其中，工程量的正确计量是发包人向承包人支付进度款的前提和依据。计量和付款周期可采用分段或按月结算的方式，按照财政部、建设部印发的《建设工程价款结算暂行办法》（财建〔2004〕369号）的规定。

① 按月结算与支付　即实行按月支付进度款，竣工后结算的办法。合同工期在两个年度以上的工程，在年终进行工程盘点，办理年度结算。

② 分段结算与支付　即当年开工、当年不能竣工的工程按照工程形象进度，划分不同阶段，支付工程进度款。

当采用分段结算方式时，应在合同中约定具体的工程分段划分方法，付款周期应与计量周期一致。

《建设工程工程量清单计价规范》（GB 50500）规定：已标价工程量清单中的单价项目，承包人应按工程计量确认的工程量与综合单价计算；如综合单价发生调整的，以发承包双方确认调整的综合单价计算进度款。已标价工程量清单中的总价项目，承包人应按合同中约定的进度款支付分解，分别列入进度款支付申请中的安全文明施工费和本周期应支付的总价项目的金额中。发包人提供的甲供材料金额，应按照发包人签约提供的单价和数量从进度款支付中扣出，列入本周期应扣减的金额中。进度款的支付比例按照合同约定，按期中结算价款总额计，不低于60%，不高于90%。

（3）承包人支付申请的内容

承包人应在每个计量周期到期后的7d内向发包人提交已完工程进度款支付申请一式四份，详细说明此周期认为有权得到的款额，包括分包人已完工程的价款。支付申请应包括下列内容。

① 累计已完成的合同价款。

② 累计已实际支付的合同价款。

③ 本周期合计完成的合同价款，包括：本周期已完成单价项目的金额；本周期应支付的总价项目的金额；本周期已完成的计日工价款；本周期应支付的安全文明施工费；本周期应增加的金额。

④ 本周期合计应扣减的金额，包括：本周期应扣回的预付款；本周期应扣减的金额。

⑤ 本周期实际应支付的合同价款。

（4）发包人支付进度款

发包人应在收到承包人进度款支付申请后的 14d 内根据计量结果和合同约定对申请内容予以核实，确认后向承包人出具进度款支付证书。若发承包双方对有的清单项目的计量结果出现争议，发包人应对无争议部分的工程计量结果向承包人出具进度款支付证书。发包人应在签发进度款支付证书后的 14d 内，按照支付证书列明的金额向承包人支付进度款。若发包人逾期未签发进度款支付证书，则视为承包人提交的进度款支付申请已被发包人认可，承包人可向发包人发出催告付款的通知。发包人应在收到通知后的 14d 内，按照承包人支付申请的金额向承包人支付进度款。发包人未按规定支付进度款的，承包人可催告发包人支付，并有权获得延迟支付的利息；发包人在付款期满后的 7d 内仍未支付的，承包人可在付款期满后的第 8d 起暂停施工。发包人应承担由此增加的费用和延误的工期，向承包人支付合理利润，并应承担违约责任。发现已签发的任何支付证书有错、漏或重复的数额，发包人有权予以修正，承包人也有权提出修正申请。经发承包双方复核同意修正的，应在本次到期的进度款中支付或扣除。

13.2.7　工程价款的动态结算

工程价款的动态结算就是要把各种动态因素渗透到结算过程中，使结算大体能反映实际的消耗费用。

13.2.7.1　按实际价格结算法

工程承包商可按凭发票按实报销。这种方法方便，但由于是实报实销，因而承包商对降低成本不感兴趣，为了避免副作用，造价管理部门要定期公布最高结算限价，同时合同文件中应规定建设单位或监理工程师有权要求承包商选择更廉价的供应来源。

13.2.7.2　按主材计算价差

发包人在招标文件中列出需要调整价差的主要材料表及其基期价格（一般采用当时当地工程价格管理机构公布的信息价或结算价），工程竣工结算时按竣工当时当地工程价格管理机构公布的材料信息价或结算价，与招标文件中列出的基期价比较计算材料差价。

13.2.7.3　主料按抽料计算价差

其他材料按系数计算价差。主要材料按施工图预算计算的用量和竣工当月当地工程价格管理机构公布的材料结算价或信息价与基价对比计算差价。其他材料按当地工程价格管理机构公布的竣工调价系数计算方法计算差价。

13.2.7.4　竣工调价系数法

按工程价格管理机构公布的竣工调价系数及调价计算方法计算差价。

13.2.7.5　调值公式法

调值公式法又称动态结算公式法。根据国际惯例，对建设工程已完成投资费用的结算，一般采用此法。事实上，绝大多数情况是发包方和承包方在签订的合同中就明确规定了调值公式。

（1）利用调值公式进行价格调整的工作程序及监理工程师应做的工作

价格调整的计算工作比较复杂，工作中需注意的问题如下。

首先，确定计算物价指数的品种，一般地说，品种不宜太多，只确立那些对项目投资影响较大的因素，如设备、水泥、钢材、木材和工资等。这样便于计算。

其次，要明确以下两个问题。一是合同价格条款中，应写明经双方商定的调整因素，在签订合同时要写明考核几种物价波动到何种程度才进行调整。二是考核的地点和时点：地点一般在工程所在地，或指定的某地市场价格；时点指的是某月某日的市场价格。这里要确定两个时点价格，即基准日期的市场价格（基础价格）和与特定付款证书有关的期间最后一天的 49d 前的时点价格。这两个时点就是计算调值的依据。

最后确定各成本要素的系数和固定系数，各成本要素的系数要根据各成本要素对总造价的影响程度而定。各成本要素系数之和加上固定系数应该等于1。

在实行国际招标的大型合同中，监理工程师应负责按下述步骤编制价格调值公式。

① 分析施工中必需的投入，并决定选用一个公式，还是选用几个公式。

② 估计各项投入占工程总成本的相对比例，以及国内投入和国外投入的分配，并决定对国内成本与国外成本是否分别采用单独的公式。

③ 选择能代表主要投入的物价指数。

④ 确定合同价中固定部分和不同投入因素的物价指数的变化范围。

⑤ 规定公式的应用范围和用法。

⑥ 如有必要，规定外汇汇率的调整。

（2）建筑安装工程费用的价格调值公式

建筑安装工程费用价格调值公式与货物及设备的调值公式基本相同。它包括固定部分、材料部分和人工部分 3 项。但因建筑安装工程的规模和复杂性增大，公式也变得更长更复杂。典型的材料成本要素有钢筋、水泥、木材、钢构件、沥青制品等，同样，人工可包括普通工和技术工。调值公式一般为

$$P = P_0 \left(a_0 + a_1 \frac{A}{A_0} + a_2 \frac{B}{B_0} + a_3 \frac{C}{C_0} + a_4 \frac{D}{D_0} \right) \tag{13-4}$$

式中，P 为调值后合同价款或工程实际结算款；P_0 为合同价款中工程预算进度款；a_0 为固定要素，代表合同支付中不能调整的部分；a_1、a_2、a_3、a_4 为有关成本要素（如：人工费用、钢材费用、水泥费用、运输费等）在合同总价中所占的比例，$a_0 + a_1 + a_2 + a_3 + a_4 = 1$；$A_0$、$B_0$、$C_0$、$D_0$ 为基准日期与 a_1、a_2、a_3、a_4 对应的各项费用的基期价格指数或价格；A、B、C、D 为与特定付款证书有关的期间最后一天的 49d 前与 a_1、a_2、a_3、a_4 对应的各成本要素的现行价格指数或价格。

各部分成本的比例系数在许多标书中要求承包方在投标时即提出，并在价格分析中予以论证。但也有的是由发包方在标书中即规定一个允许范围，由投标人在此范围内选定。因此，监理工程师在编制标书中，尽可能要确定合同价中固定部分和不同投入因素的比例系数和范围，招标时以给投标人留下选择的余地。

13.2.8 工程结算实例

【例 13-1】 某工程结算实例解读。

一、工程概述

1. 工程特征

某公司新建 2×660MW 热电厂。厂区一号道路承担煤炭运输车辆过往，主要特征如下。

（1）总长 1000m，路宽 12m。

（2）路面宽 10m，采用厚度 100mm 沥青混凝土铺设。

（3）两侧人行道宽 1m，铺设 300mm×300mm 行人地砖。

（4）路沿石采用 150mm×500mm×300mm 预制混凝土砖。

（5）整个道路有两处 1.8m×2.0m 管沟跨越。

（6）道路中部需穿越长 20m 的地磅房。

（7）人行道两侧每隔 30m 对称安装 9m 高杆路灯，基础 600mm×600mm×1200mm。

（8）路灯电缆沿人行道两侧采用地埋敷设，每隔 50m 设置 1 个电缆标志桩。

2. 招投标

（1）该项目采用工程量清单计价方式招标，工程量清单由该公司委托的负责全过程管控的 A 造价咨询公司编制，招标控制价为 400 万元，另暂列金额 30 万元，由公司工程管理部造价中心负责审批。

（2）该项目有 5 家投标单位报名投标，各投标单位收到招标文件（含设计图纸）及招标控制价后，均未提出任何澄清疑义。

（3）开标后，按照经评审的最低价中标的评标原则，投标单位甲以 390 万元中标。

3. 结算

（1）工程竣工后，施工单位甲公司报审结算 500 万元，A 造价咨询公司一审结算价 480 万元，超出招标控制价 20%。

（2）由于一审结算结果异常，甲公司决定将该项目结算复审工作交由公司审计监察部工程审计处进行审计。

二、问题分析

工程审计处审计人员通过对招投标资料审查发现如下问题。

（1）根据设计图纸，一号道路需垂直跨越 2 段设计断面为 1.8m×2.0m 的管沟，跨越地段需进行特殊处理，招标文件工程量清单中未考虑在内，存在漏项。

（2）一号道路在途经地磅房处需安设地磅，长度 20m，该段工程项目特征在清单中未详细指出，存在漏项。

（3）高杆灯混凝土基础施工未在工程量清单中列出，综合单价未包括基础费用。

（4）地埋路灯电缆未考虑铺砂盖砖施工方式。

（5）电缆标志桩主材费用未列出。

（6）造价公司清单编制不认真，造成控制价偏低。

（7）公司工程管理部造价中心审查工作不负责，敷衍了事。

（8）各投标单位在投标时对工程量清单存在的漏项均未提出疑义，存在异常行为。

（9）投标单位在发现招标工程量清单存在漏项的情况，隐瞒漏项，故意低价中标，在施工过程中以招标工程量清单未列出为由，采用补充签证的方式将所有已施工完的遗漏项目全部签回。

（10）现场项目管理人员对招标文件及合同条款约定的"招标工程量清单有漏项而设计图纸要求必须施工的项目，作为有经验的投标单位（施工单位）应充分考虑漏项施工费用，并承担相应风险。"这句话的理解有偏差，以致在工程管理过程中给施工单位签了大量签证。

三、处理过程

（1）以书面函件向造价公司指出该工程所有漏项项目，按照《造价咨询合同》有关条款，对造价公司进行追责，并计入造价公司考评档案中。

（2）对公司工程管理部审批不严不细不负责的行为进行通报批评，并取消各类评优资格。

（3）对工程项目管理人员未认真学习合同条款，随意签证的行为提出通报批评，并取消各类评优资格。

（4）作为有经验的施工单位在投标报价时应充分考虑工程量清单的漏项情况，更应该认真分析图纸与工程量清单的不符之处，提出澄清疑义，否则，应承担相应的风险，故漏项工程款 60 万元不予支付，建议以 420 万元最终结算。

（5）施工单位不同意 420 万元最终结算款，理由有二：

① 合理的风险可以承担，但签证工程款 60 万，金额较大，无法承担；

② 所有签证工程量建设、造价及监理方均已签字，应予认可，否则，将采用诉讼方式解决

争议。

四、工程总结

（1）造价公司编制清单前要对图纸内容进行认真分析和核对，确保疏而不漏。

（2）对造价公司做好两个审核和把关：

① 认真做好公司内部的审核审批工作，确保准确、完整、无误；

② 充分发挥投标单位的澄清答疑作用，积极督促每个投标单位认真分析图纸，对工程量清单全面核对，及时提出疑义。

（3）对类似结算争议的处理，按照《建设工程工程量清单计价规范》及《建设工程合同示范文本》相关条款解释，工程量变化在10%范围之内为合理，超过该范围的工程量变化风险，一方要求调整的，应予支持。

（4）任何不公平、不合理的合同条款，在法律面前，均不具有约束性，均可判为无效条款。

【例13-2】 工程完工后，乙方依据后来变化的施工图做了结算，结算仍然采用清单计价方式，结算价是1200万元，另外还有200万元的洽商变更（此工程未办理竣工图和竣工验收报告，不少材料和做法变更也无签字）。咨询公司在对此工程审计时依据乙方结算报价与合同价格不符，且结算的综合单价和做法与投标也不尽一致，另外施工图与投标时图纸变化很大，已经不符合招标文件规定的条件了。因此决定以定额计价结算的方式进行审计，将结算施工图全部重算，措施费用也重新计算。得出的审定价格大大低于乙方的结算价。而乙方以有清单中标价为由，坚持以清单方式结算，不同意调整综合单价费用和措施费。双方争执不下，谈判陷入僵局。这种分歧应如何判定？

【解】 首先此工程未办理竣工图和竣工验收报告，不符结算条件，应在办理竣工图和竣工验收报告后再明确结算的方式，根据双方签订承包合同规定的结算方式进行结算。

本工程招标时按照清单报价的方式招标，并且甲乙双方合同约定按照清单单价进行结算，合同约定具有法律效力，那么在工程结算时就应该遵守双方合同的约定，咨询公司作为中介机构是无权改变工程的结算计价方式的。

材料和做法变更无签字不能作为工程结算的依据，应该以事实为依据：如隐蔽工程验收记录、分部分项工程质量检验批、影像资料、双方的工作联系单、会议纪要等资料文件。如果乙方又不能提供这些事实依据，甲方有权拒结相应项目的变更费用。工程在施工过程中出现变更时，甲乙双方应该及时办理相应手续，避免工程以后给结算时带来的扯皮。

在工程施工过程中出现变更，合同中应该有约定出现变更时变更部分工程价款的调整方式和办法：如采用定额计价方式、参考近似的清单单价、双方现场综合单价签证等。再是工程量清单报价中有一张表格《分部分项工程量清单综合单价分析表》，在出现变更时，可以参照这个表格看一下清单综合单价的组成，相应的增减变更的分项工程子目，重新组价，组成工程变更后新的清单单价，但管理费率和利润率不能修改。

【例13-3】 某工程在施工中，甲乙双方就地基排水签好了一张现场签证，大概内容就是管径为100mm的污水泵台班150个台班，人工为150个工日（这个工日指的是水泵排水所发生的人工工日）。按理说，在这种情况下，在结算的时候按签好字的签证计算就是了，甲方的问题是：污水泵的台班里面是包含了所需的人工，也就是说，这张签证是多签了，现场施工人员未明情况即签字了，那么在结算的时候能否将150工日的费用不予以计算？甲方的这种做法是否正确？

【解】 要分析污水泵台班单价的构成，如果台班工日与签证工日的工种一样，则这150工日的费用不予以计算。如果台班工日与签证工日的工种不完全一样，则要计取两者差异，而不是再计取150个工日的费用。

按照一般的理解，水泵台班的人工包含机上司机、司炉及其他操作人员的工作日以及上述人员在机械规定的年工作台班以外的费用，本签证的人工工日包含了排水工作的配合工作（例如开沟槽、维护沟槽等），所以只需计取不同工种引起的费用差异即可。

　　【例 13-4】　某清单计价招标工程，竣工结算时发现，设计要求采用平铺砖垫层，报价时却按铺碎砖垫层报价，因工程量很小，影响工程造价不大。但在施工过程中采用碎砖进行了地基处理，且地基处理工程量较大。结算时施工单位要求按报价时的碎砖价格计算地基处理工程的综合单价，因原碎砖价格远高于实际价格，增加投资较大，建设方不同意，原因是如果原报价不发生错误，投标文件中不会出现碎砖单价，该单价无效。施工单位认为既然已中标，原碎砖单价应该有效。请问该如何处理？

　　【解】　对于垫层部分，施工单位已中标说明建设单位认可施工单位的报价，应按施工单位的投标报价结算。但地基处理是新增项，其结算方式需另行考虑。如果结算条款中明确规定，发生设计变更和签证的工程量清单，原中标清单中有相同项按原清单执行，有相近项时参照执行，这时此案例应该执行，建设方不应调价。如果没有此规定双方可以商定结算办法。

13.3　工程竣工决算

13.3.1　竣工决算的概念及作用

　　（1）竣工决算的概念

　　竣工决算是以实物数量和货币指标为计量单位，综合反映竣工项目从筹建开始到项目竣工交付使用为止的全部建设费用、投资效果和财务情况的总结性文件，是竣工验收报告的重要组成部分。竣工决算时正确核定新增固定资产价值，考核分析投资效果，建立健全经济责任制的依据，是反映建设项目实际无形资产和其他资产造成核投资效果的文件。通过竣工决算，既能够正确反映建设工程的实际造价和投资结果；又可以通过竣工决算与概算、预算的对比分析，考核投资控制的工作成效，为工程建设提供重要的技术经济方面的基础资料，提高未来工程建设的投资效益。

　　（2）竣工决算的作用

　　① 建设项目竣工决算是综合全面地反映竣工项目建设成果及财务情况的总结性文件，它采用货币指标、实物数量、建设工期和各种技术经济指标综合、全面地反映建设项目自开始建设到竣工为止全部的建设成果和财务状况。

　　② 建设项目竣工决算是办理交付使用资产的依据，也是竣工验收报告的重要组成部分。建设单位与使用单位在办理交付资产的验收交接手续时，通过竣工决算反映了交付使用资产的全部价值，包括固定资产、流动资产、无形资产和其他资产的价值。及时编制竣工决算可以正确核定固定资产价值并及时办理交付使用，可缩短工程建设周期，节约建设项目投资，准确考核和分析投资效果。

　　③ 建设项目竣工决算是分析和检查涉及概算的执行情况、考核建设项目管理水平和投资效果的依据。竣工结算反映了竣工项目计划，实际的建设规模、建设工期以及设计和实际的生产能力。反映了概算总投资和实际的建设成本，同时还反映了所达到的主要技术经济指标。通过对这些指标计划数、概算数与实际数进行对比分析，不仅可以全面掌握建设项目计划和概算执行情况，而且可以考核建设项目投资效果，为今后制定建设项目计划，降低建设成本，提高投资效果提供必要的参考资料。

　　项目竣工时，应编制建设项目竣工财务决算。建设周期长、建设内容多的项目，单项工程竣工，具备交付使用条件的，可编制单项工程竣工财务决算。建设项目全部竣工后应编制竣工财务总决算。

13.3.2　竣工决算的编制

　　竣工决算的编制步骤是个关键，如果在步骤方面出现了紊乱，即便编制依据齐全、准确，也可能导致决算结果出现偏差。所以，正确的竣工决算基本编制步骤如下。

（1）收集、整理、分析原始资料

负责项目竣工决算编制的人员应该从项目进入施工阶段时就开始根据决算编制依据的要求，收集、整理各种有关资料，并进行全面的分析，以便做好项目档案资料的归纳整理和财务处理，这是为下一步的决算编制打基础。但是，仅仅做到这些还不够，工作人员还应该对财产物资进行盘点核实以及清偿债权债务，以保证账账、账证、账实、账表相符。此外，对各种材料、设备、器具、工具等也要进行逐项盘点、核实，然后填列清单，并妥善保管，这些都将作为编制决算的重要参考资料。

（2）核实工程变动情况，重新核算各单位工程、单项工程造价

核实工程变动情况是决定决算结果是否准确的关键，在核实的过程中一定要细致、精确。核实的过程中，不仅要把竣工资料与原设计图纸进行查对、核实，必要时还需进行实地勘察、测量，以确认实际变动情况。核实完成后，再根据前期审定的施工单位的竣工结算等原始资料，按照有关规定对原概（预）进行增减调整，重新核定工程造价。

（3）核定其他各项投资费用

对经审定的待摊投资、待核销基建支出和非经营项目的转出投资及其他投资，按照有关法律法规进行严格划分和核定后，分别计入相应的基建支出（占用）栏目内。比如讲审定后的待摊投资、其他投资、待核销基建支出和非经营项目的转出投资应分别写入相应的基建支出栏目内。

（4）编制竣工财务决算说明书

严格按照上述的要求进行编制，要使财务决算说明书符合内容全面、文字流畅、简明扼要、说明问题的要求。

（5）填报竣工财务决算报表

竣工财务决算和竣工决算是有本质区别的。竣工财务决算主要是指针对内部财务方面的决算，而竣工决算主要是指针对工程项目完成情况的结算。

关于竣工财务决算报表的内容和格式，并非是绝对统一和不变的，它同样会因为项目性质和领域的不同而有所变化。不过主要报表一般包括项目概况表、项目竣工财务决算表、项目交付使用资产总表、项目交付使用资产明细表等。下面以基本建设项目为例，说明竣工财务决算报表的格式和内容，见表13-1～表13-4。

表 13-1　基本建设项目概况表

建竣决 01 表

建设项目 （单项工程） 名称			建设地址			项目	概算	实际	备注
主要设 计单位			主要施工企业			建筑安装工程			
总投资 /万元	设计		实际		基 建 支 出	设备、工具、器具			
						待摊投管			
						其中:建设单位支出			
新增生 产能力	能力（效益）名称		设计		实际	其他投资			
						待核销基建支出			
建设起 止时间	设计	竣工				非经营项目转出投资			
	实际	竣工				合计			

续表

设计概算批准文号				
完成主要工程质量	建设规模		设备/(台、套、t)	
	设计：	实际：	设计：	实际：

	工程项目、内容	已完成投资额	尚需投资源泉	完成时间
收据工程				
	小计			

表 13-2　基本建设项目竣工财务决算表

建竣决 02 表　　　　　　　　　　　　　　　　　　　　　　　　　　　　　　单位：万元

资金来源	金额	奖金占用	金额
资金来源		一、基本建设支出	
一、基建拨款		1.交付使用资产	
1.预算拨款		2.在建工程	
2.基建基金拨款		3.待核销基建支出	
其中:国债专项资金拨款		4.非经营项目转出投资	
3.专项建设基金拨款		二、应收生产单位投资借款	
4.进口设备转账拨款		三、拨付所属投资借款	
5.器材转账拨款		四、器材	
6.煤代油专用基金拨款		其中:待处理器材损失	
7.自筹资金拨款		五、货币资金	
8.其他拨款		六、预付及应收款	
二、项目资本		七、有价证券	
1.国家资本		八、固定资产	
2.法人资本		固定资产原价	
3.个人资本		减:累计折旧	
4.外商资本		固定资产净值	
三、项目资本公积		固定资产清理	
四、基建借款		待处理固定资产损失	
其中:国债转贷			
五、上级拨入投资借款			
六、企业债券资金			
七、待冲基建支出			
八、应付款			
九、未交款			

资金来源	金额	奖金占用	金额
1.未交税金			
2.其他未交款			
十、上级拨入资金			
十一、留成收入			
合计			

表 13-3　基本建设项目支付使用资产总表

建竣决 03 表

序号	单项工程项目名称	总计	固定资产				流动资产	无形资产	递延资产
			合计	建安工程	设备	其他			
1									

交付单位：　年　月　日（盖章）　　　　　　　　　　　接收单位：　年　月　日（盖章）

表 13-4　基本建设项目交付使用资产明细表

序号	单项工程名称	固定资产									流动资产		无形资产	
		建筑工程			设备、工具、器具、家具									
		结构	面积/m²	金额/元	名称	规格型号	数量	金额/元	其中：设备安装费/元	其中：分摊待摊投资/元	名称	金额/元	名称	金额/元

凡按图竣工没有变动的，由承包人（包括总包和分包承包人，下同）在原施工图上加盖"竣工图"标志后，即作为竣工图。

① 表 13-4 中"建筑工程"项目应按单项工程名称填列其结构、面积和价值。其中"结构"是指项目按钢结构、钢筋混凝土结构、混合结构等结构形式填写；面积则按各项目实际完成面积填写；金额按交付使用资产的实际价值填写。

② 表 13-4 中"固定资产"部分要在逐项盘点后，根据盘点实际情况填写，工具、器具和家具等低值易耗品可分类填写。

③ 表 13-4 中"流动资产""无形产"项目应根据建设单位实际交付的名称和价值分别填列。

13.3.3　竣工决算的审查

13.3.3.1　竣工结算的审查方法

竣工结算的审查应依据合同约定的结算方法进行，根据合同类型，采用不同的审查方法。

① 采用总价合同的，应在合同价的基础上对设计变更、工程洽商以及工程索赔等合同约定可以调整的内容进行审查。

② 采用单价合同的，应审查施工图以内的各个分部分项工程量，依据合同约定的方式审查分部分项工程价格，并对设计变更、工程洽商、工程索赔等调整内容进行审查。

③ 采用成本加酬金合同的，应依据合同约定的方法审查各个分部分项工程以及设计变更、工程洽商等内容的工程成本，并审查酬金及有关税费的取定。

除非已有约定，竣工结算应采用全面审查的方法，严禁采用抽样审查、重点审查、分析对比审查和经验审查的方法，避免审查疏漏现象发生。

13.3.3.2　竣工结算的审查内容

（1）审查结算的递交程序和资料的完备性

① 审查结算资料的递交手续、程序的合法性以及结算资料具有的法律效力。

② 审查结算资料的完整性、真实性和相符性。

（2）审查与结算有关的各项内容

① 建设工程发承包合同及其补充合同的合法性和有效性。

② 施工发承包合同范围以外调整的工程价款。

③ 分部分项、措施项目、其他项目工程量及单价。

④ 发包人单独分包工程项目的界面划分和总包人的配合费用。

⑤ 工程变更、索赔、奖励及违约费用。

⑥ 规费、税金、政策性调整以及材料差价计算。

⑦ 实际施工工期与合同工期发生差异的原因和责任以及对工程造价的影响程度。

⑧ 其他涉及工程造价的内容。

13.3.4　质量保证金

（1）质量保证金

发包人应按照合同约定的质量保证金比例从结算款中预留质量保证金。承包人未按照合同约定履行属于自身责任的工程缺陷修复义务的，发包人有权从质量保证金中扣除用于缺陷修复的各项支出。经查验，工程缺陷属于发包人原因造成的，应由发包人承担查验和缺陷修复的费用。在合同约定的缺陷责任期终止后，发包人应按照合同中最终结清的相关规定，将剩余的质量保证金返还给承包人。当然，剩余质量保证金的返还，并不能免除承包人按照合同约定应承担的质量保修责任和应履行的质量保修义务。

（2）最终结清

缺陷责任期终止后，承包人应按照合同约定向发包人提交最终结清支付申请。发包人对最终结清支付申请有异议的，有权要求承包人进行修正和提供补充资料。承包人修正后，应再次向发包人提交修正后的最终结清支付申请。发包人应在收到最终结清支付申请后的 14d 内予以核实，并应向承包人签发最终结清支付证书。发包人应在签发最终结清支付证书后的 14d 内，按照最终结清支付证书列明的金额向承包人支付最终结清款。如果发包人未在约定的时间内核实，又未提出具体意见的，应视为承包人提交的最终结清支付申请已被发包人认可。

发包人未按期最终结清支付的，承包人可催告发包人支付，并有权获得延迟支付的利息。最终结清时，如果承包人被预留的质量保证金不足以抵减发包人工程缺陷修复费用的，承包人应承担不足部分的补偿责任。承包人对发包人支付的最终结清款有异议的，按照合同约定的争议解决方式处理。

第14章

工程造价软件的运用

扫码看视频

14.1 广联达工程造价算量软件概述

广联达软件介绍

（1）概述

随着社会的进步，造价行业也逐步深化，建筑市场上工程造价计算软件也多种多样，人机的结合使得操作方便，软件包含清单和定额两种计算规则，运算速度快，计算结果精准，为广大工程造价人员提供巨大方便。

工程造价软件主要包括工程量计算软件、钢筋计算软件、工程计价软件、评标软件等，主要用户是建设方、施工方、设计、中介咨询机构及政府部门。常见的造价软件有广联达、鲁班、神机妙算、PKPM（中国建筑科学研究院）、清华斯维尔。

广联达软件在工程造价中的应用广泛，不仅使用简便，而且加快了概预算的编制速度，极大地提高了工作效率。目前市场推出的工程造价方面的软件包括广联达图形算量软件和广联达清单计价软件。算量软件主要有套价软件（GBQ4.0）、广联达土建算量软件（GCL2013）和钢筋算量软件（GGJ2013），目前均比较成熟，普及率很高，普遍运用于各大设计院、造价事务所等，如图14-1所示。

钢筋算量GGJ2013　　　　土建算量GCL2013　　　　计价软件GBQ4

图 14-1　广联达软件示意图

广联达计价软件 GBQ 是广联达建设工程造价管理整体解决方案中的核心产品，主要通过招标管理、投标管理、清单计价三大模块来实现电子招投标过程的计价业务。支持清单计价和定额计价两种模式，产品覆盖全国各省市、采用统一管理平台，追求造价专业分析精细化，实现批量处理工作模式，帮助工程造价人员在招投标阶段快速、准确完成招标控制价和投标报价工作。

（2）类别

广联达软件主要由工程量清单计价软件（GBQ）、图形算量软件（GCL）、钢筋算量软件（GGJ）、钢筋翻样软件（GFY）、安装算量软件（GQI）、材料管理软件（GMM）、精装算量软件（GDQ）、市政算量软件（GMA）等组成，进行套价、工程量计算、钢筋用量计算、钢筋现场管控、安装工程量计算、材料的管理、装修的工程量价处理、桥梁及道路等的工程量计算等。软件内置了规范和图集，自动实行扣减，还可以根据各公司和个人需要，对其进行设置修改，选择需要的格式报表等。安装好广联达工程算量和造价系列软件后，装上相对应的加密锁，双击计算机屏幕上的图标，就启动软件了。

（3）广联达软件的报价优点

① 多种计价模式共存　包括：清单与定额两种计价方式共存同一软件中，实现清单计价与定额计价的完美过度与组合；提供"清单计价转定额计价"功能，可以在两种计价方式中自由转换，评估整体造价。

② 多方位数据接口　包括：在"导入导出招投标文件"中提供了各类招投标文件的导入导出功能；随着计算应用的普及，各类电子标书越来越多，"导入工程量清单"功能可以直接从 EXCEL 和 ACCESS 中直接将清单内容导入；能够导入广联达图形算量软件工程文件数据，实现图形算量结果与计价的连接；通过企业定额可以创建反映企业实际业务水平、具备市场竞争实力的企业定额数据，并通过与 GBQ4.0 的数据安装集成应用，实现在GBQ4.0 中由体现竞争的企业定额数据直接计价的工作过程。

③ 强大的数据计算　包括：GBQ4.0 能够快速计算，提高造价人员计算能力，例如，可使用建筑工程超高降效计算，通过对建筑工程檐高或层高范围的数据设定，自动计算出超高降效费用项目。同时满足不同计算要求，可使用自定义单价取费计算的方式，对清单综合单价的计算取定过程施加控制，并适当选择合适的取费方式，从而使综合单价取费计算过程满足招标技术要求。

④ 灵活的报表设计功能　包括：设计界面采用 OFFICE 表格设计风格，完善报表样式；报表名称列使用树状结构分类显示，查找更加方便；报表可以导出到 EXCEL，设计更加自由。

⑤ 工程造价调整　包括：工程造价调整分为调价和调量两部分。可以在最短的时间里实现工程总价的调整和分摊；工程量调整可针对预算书不同的分部操作；"主材设备不参与调整""人工机械不调整单价""甲供材料不参与调整"多个选项并存。各选项自由组合，实现量价调整的灵活快速；提供调整后预览功能，使调整过程更加清晰明了。

（4）手工算量与软件算量对比

广联达软件算量在具体的应用过程中，主要是将绘图以及 CAD 识图两者相结合，实现绘图以及识图的功能。并且利用该软件还能够实现对各个省份所产生的一些清单以及库存进行相关构件的计量，相关的工程造价核算人员在广联达软件算量的影响下，只需要严格依照相关图纸的要求，并结合软件定义界面的要求来进行相关构件属性的确定即可。然后在构件的属性确定后，就可以在绘图区域进行绘图工作，同时将软件严格地按照相关的计算原则进行设置，就可以自动地计算出相应的工程量。这样不仅能够使得造价人员可以及时有效地发现相关的绘制问题，同时也能够使计算的过程相应缩短，使得计量更加精确。

另外，由于广联达软件算量在目前的建筑工程中应用还较为普遍，所以，相关的企业也构建了专门的共享平台，使得相关的人员可以互相交流经验，从而使得工程造价的核算工作能够更加顺利而高效地开展。

手工算量的特点。手工算量是最基本、最原始的工程量计算方法，造价人员需要熟悉定额和图集以及掌握相应定额和清单的工程量计算规则，合理地安排计算顺序，避免计算中的混乱和重复。

手工计算虽然计算的过程比较烦琐，但只要造价人员针对需要计算的部位，严格地依照计算公式的要求来进行计算，都可以算出来，特别是一些软件中不方便绘制的地方，因此现实工程中，手工计算在二次精装修、安装工程及市政工程等工程中的造价计算运用十分广泛。

软件算量融合了自动化技术以及计算机技术，是建筑工程工程量计量的未来发展趋势。虽然手工算量在一些复杂节点的计量上还有着一定的应用优势，但是在广联达软件算量逐渐发展和应用的进程中，手工算量会逐渐被取代。

（5）广联达软件在工程造价中的应用意义

广联达软件在工程造价中的应用不仅使得使用简便，而且加快了概预算的编制速度，极大地提高了工作效率。

目前市场推出的工程造价方面的软件主要有套价软件、工程量计算软件和钢筋翻样软件，其中套价软件和钢筋翻样比较成熟，普及率很高，而工程量计算软件相对普及率较低，这是由工作的复杂性、软件价格和可操作性等多种因素造成的。

14.2 广联达工程造价算量软件算量原理

GCL2013通过以画图方式建立建筑物的算量模型，根据内置的计算规则实现自动扣减，从而让工程造价从业人员快速准确地进行算量、核量、对量工作。

广联达 BIM 图形算量软件 GCL2013 能够计算的工程量包括：土石方工程量、砌体工程量、混凝土及模板工程量、屋面工程量、天棚及其楼地面工程量、墙柱面工程量等。

钢筋工程量的编制主要取决于钢筋长度的计算，以往借助平法图集查找相关公式和参数，通过手工计算求出各类钢筋的长度，再乘以相应的根数和理论质量，就能得到钢筋质量。

运行软件时，只需通过画图的方式，快速建立建筑物的计算模型，软件会根据内置的平法图集和规范实现自动扣减，准确算量。此外，钢筋算量软件充分利用构件分层功能，在绘制相同属性的构件时，只需从其他楼层导入，就可实现各层的绘制，大大减少了绘制工作量。

广联达钢筋算量软件参照传统手工算量的基本原理，将手工算量的模式与方法内置到软件中，依据最新的平法图集规范，实现了钢筋算量工作的程序化，加快了造价人员的计算速度，提高了计算的准确度。

14.3 钢筋工程量计算软件

钢筋算量软件能计算的工程量包括：柱、剪力墙、梁、板、基础、楼梯、圈梁、过梁、构造柱、压顶、砌体等构件的钢筋工程量。

软件算量并不是单独存在的，而是将手工算量的方法完全内置在软件中，只是将过程利用软件实现，依靠已有的计算扣减规则，利用计算机这个高效的运算工具快速、完整地计算出所有的细部工程量，让工程人员从烦琐的背规则、列式子、按计算器中解脱出来。

钢筋的主要计算依据为《混凝土结构施工图平面整体表示方法制图规则和构造详图（现浇混凝土框架、剪力墙、梁、板）》（16G101-1）、《混凝土结构施工图平面整体表示方法制图规则和构造详图（现浇混凝土板式楼梯）》（16G101-2）、《混凝土结构施工图平面整体表示方法制图规则和结构详图（独立基础、条形基础、阀板基础及桩承台）》（16G-101-3），算量软件的实质是将钢筋的计算规则内置，通过建立工程、定义构件的钢筋信息、建立结构模型、钢筋工程量汇总计算，最终形成报表。

14.4 土建（安装）算量计算软件

（1）神机妙算软件

神机妙算系列产品为工程量、钢筋翻样和清单计价三个，主程序由张昌平一个人写，其余的像钢筋图库、定额这些二次开发由各地分公司实施，各地能根据本地的定额、计算规则和特殊情况进行充分的本地化，这个优点在清单计价实施前对其他同行业的软件有着无可比拟的优势，其在钢筋翻样软件中样采用图库、参数和单根的方法，其常用模式是在某种构件图库的下面用表格进行输入，它的单根法在同类软中最完美的，它几乎囊括了所有形状的钢筋，并且用户可以利用其内置的宏语言自己做图库。

神机妙算软件虽然辉煌一时，但其开发力量相当薄弱，从软件的版本来看，似乎停滞不前，钢筋软件由于操作复杂，已经很少有人使用，而且随着时间的推移，暴露出了软件运行速度慢，系统不够稳定，计算结果不精确等缺点。神机妙算是自主开发平台的三维算量软件，但是其软件一直不能完善成熟，目前的情况不容乐观。

（2）鲁班软件

鲁班软件运行速度相当之快，在输入完数据的同时已得到计算结果。软件的易用性、适用性得到用户的公认，不过有些图形绘制的基础功能不太完美，不够符合预算人员的绘图习惯，多是设计人员使用。鲁班钢筋最出色的功能在于可以使用构件向导方便地完成钢筋输入工作，这是鲁班钢筋优于其他软件的特色功能。但是随着广联达钢筋和清华钢筋支持图形平面标注的功能升级，鲁班钢筋将面对强有力的挑战。

鲁班软件因为只关注于工程量计算，所以无其他配套计价软件，它出路在于其文件格式开放，为其他软件识别调用。但是时至今日鲁班软件只能支持神机妙算套价软件，仍然不能支持广联达套价和清华套价软件。鲁班软件由于研发人员的出走已经造成其软件缺乏升级能力，如果长期这样下去必然会走神机妙算公司的老路，导致其软件在市场上缺乏竞争力而最终失去市场。鲁班公司未来的命运如何还要看其是否能够满足客户升级的需要，提供及时有效的升级。

（3）清华斯维尔

它的系列品种较多、较全、较广。斯维尔算量软件与众不同的是把工程量和钢筋整合在一个软件中，在建筑构件图上直接布置钢筋，可输出钢筋施工图。它的可视化检验功能具有预防多算、少扣、纠正异常错误、排除统计出错等特点，给用户带来新的体验，但是这个有一定实力的软件品牌不是建设部指定清单计价软件的提供商，较为可惜，如果不与别的软件公司进行兼并和联合，其前景不容乐观。随着广联达三维算量软件和算量钢筋二合一软件的升级，清华软件面对广联达强劲的挑战，在多处功能方面清华已经落伍于广联达。

（4）PKPM

中国建筑科学研究院本来主要从事建筑结构设计软件开发，后涉足工程技术和工程造价软件的开发。是唯一一家成为住房和城乡建设部指定清单计价软件的提供商。由此可见其雄厚的开发实力。其软件最大的特点是一次建模、全程使用，各种 PKPM 软件随时随地调用。其软件拥有自主开发平台，而不用第三方中间软件支撑，同时又具有强大的图形和计算功能，这的确难能可贵。它的钢筋软件秉承设计软件的风格，通过绘图实现钢筋统计，并提供两种单位（cm 和 mm），对异形板、异形构件的处理应付自如，只要在默认的图纸上修改钢筋参数即可。但它没有提供钢筋图库，其实许多标准的构件用图库是最简单快捷也是最有效的方法。

总体来说，PKPM 是一款有实力、有潜力的造价软件品牌。由于其营销方法不得当，软件比较难学，缺乏有效的培训渠道和学习环境，算量软件细节如在构件划分和绘制方面有些细节未考虑到造价技术实际应用，使得这款优秀的软件市场占有率极低。

（5）广联达

广联达是造价软件市场中最有实力的软件企业，已经展现出一定的垄断潜力。它的系列产品操作流程是由工程量软件和钢筋统计软件计算出工程量，通过数字网站询价，然后用清单计价软件进行组价。

广联达算量软件在自主平台上开发，功能较完善，该公司和神机妙算公司一样是国内第一批靠造价软件起家的软件品牌。在神机妙算失去升级实力的时候广联达品牌软件保持了强劲的升级势头，使其在二维算量软件时代成为当之无愧的第一品牌。

14.5 工程定额计价模式与清单计价模式下报价软件的区别

（1）工程定额计价模式的软件功能

定额软件有定额库。定额软件的主要功能是套定额，然后自动计算出结果。这充分体现出计算机运行的高效。定额软件能根据操作者设置的工程特征、项目判别、建筑面积等自动取费，所以要求软件必须要所有的费用表，以便能根据不同工程类别分别计算。定额软件要能进行各种换算，例如混凝土强度等级、土方运距等，这样大大节约了操作者的时间。

（2）清单报价模式的软件功能

在清单计价模式下，如果有良好的软件工具，施工企业完全有可能在投标阶段测算自己的成本价。清单计价软件必须要适应不同甲方的要求。清单软件要求各项费用组成更细化。

随着互联网向传统细分领域的发展，工程造价也赶上了这趟车。从造价软件的兴起，到造价信息的大数据化，再到造价交易的互联网平台化，这其中逐渐从单一信息向信息的快速发散变化。

第 15 章

综合实训案例

某县城剪力墙结构工程概况见表 15-1。

表 15-1　某县城剪力墙结构工程概况一览表

地理位置	某县城			
地上层数	17	地下层数	—	
房屋高度	51.000m	室内外高差	0.15m	
绝对高程系	黄海高程	±0.000 对应绝对高程	56.7	
设计使用年限	50 年	结构安全等级	二级	
上部结构形式	剪力墙结构	基础形式	筏板基础	
抗震设防类别	丙类	地基	复合地基	
抗震设防烈度	6 度	设计基本地震加速度值 0.05g		
设计地震分组	第一组	水平地震影响系数最大值	多遇地震	0.04
结构阻尼比	0.05		罕遇地震	0.28
砌体施工质量控制等级	B 级	结构构件	计算措施	构造措施
耐火等级	一级	抗震等级	剪力墙 四级	四级
地下室防水等级	—		框架 四级	四级
混凝土结构的环境类别	外露构件、外围构件的外侧及 ±0.000 以下构件与水或土接触的面均为二 a 类环境			
	卫生间、地下室等室内潮湿环境为二 a 类环境,其余为一类环境			

本工程计价部分依据:

《建设工程工程量清单计价规范》(GB 50500—2013);

《房屋建筑与装饰工程工程量计算规范》《GB 50854—2013》

《河南省房屋建筑与装饰工程预算定额》(上下册);

《混凝土结构施工图平面整体标示表示方法制图规则构造详图》11G101。

结构设计说明主要包含有工程概况、设计依据、建设场地工程地质概况、结构分析、地基基础设计、建筑材料、基本构造要求、施工要求、设计配合、其他、所采用的标准图集等,具体内容详见附加资料。

建筑设计总说明包括如下内容。

① 建筑主要功能:本工程为二类高层住宅楼,地下 1 层,地上 17 层。地下 1 层为车库,层高为 3.9m,地上 1~17 层为住宅,层高为 3m。

② 工程技术经济指标如表 15-2 所列。

表 15-2　工程技术经济指标

工程等级		二级	建筑分类		二类	
设计合理使用年限		50 年	建筑面积		5467.99m²	
建筑基底面积		281.134m²	建筑高度		51.3m	
层数	地上	17 层	耐火等级	地上		二级
	地下	1 层		地下		一级
屋面防水等级		一级	地下室防水等级		二级	
场地类别		Ⅱ类	基础形式		筏板	
结构类型		剪力墙	抗震设防烈度		6 度	
防雷级别		三级	二次加压供水		设置	
自动喷水灭火系统		设置	火灾自动报警系统		设置	
集中供暖系统		不设置	附设人防工程		不设置	

序号	面积指标	单位	数量	备注
1	住宅总建筑面积	m²	5138.84	
2	住宅总使用面积	m²	3905.16	未含阳台面积
3	住宅使用面积系数	%	78.26	
4	各功能空间使用面积	m²		详见户型平面图

户型	套型建筑面积 m²	套型使用面积 m²	使用系数 %	套型阳台面积 （半面积)m²	套数 50
户型 A	116.59	88.68	75.99	3.28	16
户型 B	102.72	77.88	75.99	3.21	16
户型 C	90.74	69.06	75.99	2.5	15
户型 CC	90.4	69.06	75.99	2.16	1
户型 AA	87.84	66.18	75.99	3.28	1

本工程朝向：南北朝向，建筑位于某县内，属夏热冬冷地区。

考虑到篇幅原因，本工程施工图纸、广联达图形、工程量计算 、工程计价、招标控制价、建筑节能做法、装饰装修做法可扫描下方二维码下载观看。

扫码查看完整案例　　扫码下载案例配套文件和三套练习用工程图纸

［1］ GB 50854—2013.房屋建筑与装饰工程工程量计算规范.

［2］ GB 50854—2013.建设工程工程量清单计价规范

［3］ TY01-31-2015.房屋建筑与装饰工程消耗量定额.

［4］ 16G101.混凝土结构施工图平面整体表示方法制图规则和构造详图.

［5］ HA01-31-2016.河南省房屋建筑与装饰工程预算定额.

［6］ 刘启利.建筑工程计量计价实例详解［M］.北京：中国电力出版社，2010.

［7］ 全国造价工程师执业资格考试培训教材编审委员会.工程造价计价与控制［M］.北京：中国计划出版社，2018.

［8］ 全国造价工程师执业资格考试培训教材编审委员会.建设工程计价［M］.北京：中国计划出版社，2018.

［9］ 王永正.建筑工程计量与计价［M］.北京：清华大学出版社，2016.

［10］ 宋显锐，翟丽旻.建筑与装饰装修工程计量与计价［M］.武汉：武汉理工大学出版社，2016.

［11］ 肖明和，简红.建筑工程计量与计价［M］.北京.北京大学出版社，2009.

［12］ 王朝霞.建筑工程定额与计价［M］.北京：中国电力出版社，2007.

［13］ 蔡红新.建筑工程计量与计价［M］.北京：机械工业出版社，2008.

［14］ 李佐华.建筑工程计量与计价［M］.北京：高等教育出版社，2008.

［15］ 张丽萍，于庆展.建筑工程计价与基础［M］.北京：中国计划出版社，2007.